“十三五”国家重点出版物出版规划项目
卓越工程能力培养与工程教育专业认证系列规划教材
(电气工程及其自动化、自动化专业)

工程电磁场

张惠娟　吕殿利　姜丽媛
杨文荣　李玲玲　王志华　编著

机械工业出版社

本书为国家级一流本科课程配套教材，主要讲述电磁场与电磁波的基本理论和分析方法。具体内容包括：电磁场的数学基础知识，静电场、恒定电场、恒定磁场、时变电磁场、正弦平面电磁波的传播，准静态电磁场、导行电磁波及电磁辐射。静态场部分主要突出了边值问题的分析，包括方程的建立及其求解，其中对边值问题的解析求解、间接求解（镜像法）、数值求解等方法进行了较为全面的介绍。时变场部分主要对时变场的特性、均匀平面电磁波的传播规律、平面电磁波的极化特性、电磁能量的传播、反射与折射规律等进行了详细讨论。

本书在叙述上由浅入深、循序渐进，强调理论与工程实际相结合，培养学生建立场的思维方式，学会应用场的方法分析工程电磁问题。

本书可作为高等院校电气、生物医学工程、电子信息、通信、微波工程等电类工程专业的本科教材，也可供有关工程技术人员参考。

图书在版编目（CIP）数据

工程电磁场/张惠娟等编著. —北京：机械工业出版社，2022.1（2025.1重印）

“十三五”国家重点出版物出版规划项目　卓越工程能力培养与工程教育专业认证系列规划教材. 电气工程及其自动化、自动化专业

ISBN 978-7-111-68658-3

Ⅰ.①工…　Ⅱ.①张…　Ⅲ.①电磁场-高等学校-教材　Ⅳ.①O441.4

中国版本图书馆CIP数据核字（2021）第132688号

机械工业出版社（北京市百万庄大街22号　邮政编码100037）

策划编辑：于苏华　聂文君　责任编辑：于苏华　张　丽

责任校对：王明欣　封面设计：鞠　杨

责任印制：张　博

北京建宏印刷有限公司印刷

2025年1月第1版第6次印刷

184mm×260mm · 20.25印张 · 504千字

标准书号：ISBN 978-7-111-68658-3

定价：63.00元

电话服务　网络服务

客服电话：010-88361066　机　工　官　网：www.cmpbook.com

010-88379833　机　工　官　博：weibo.com/cmp1952

010-68326294　金　书　网：www.golden-book.com

封底无防伪标均为盗版　机工教育服务网：www.cmpedu.com

序

工程教育在我国高等教育中占有重要地位，高素质工程科技人才是支撑产业转型升级、实施国家重大发展战略的重要保障。当前，世界范围内新一轮科技革命和产业变革加速进行，以新技术、新业态、新产业、新模式为特点的新经济蓬勃发展，迫切需要培养、造就一大批多样化、创新型卓越工程科技人才。目前，我国高等工程教育规模世界第一。我国工科本科在校生约占我国本科在校生总数的1/3，近年来我国每年工科本科毕业生约占世界总数的1/3以上。如何保证和提高高等工程教育质量，如何适应国家战略需求和企业需要，一直受到教育界、工程界和社会各方面的关注。多年以来，我国一直致力于提高高等教育的质量，组织并实施了多项重大工程，包括卓越工程师教育培养计划（以下简称卓越计划）、工程教育专业认证和新工科建设等。

卓越计划的主要任务是探索建立高校与行业企业联合培养人才的新机制，创新工程教育人才培养模式，建设高水平工程教育教师队伍，扩大工程教育的对外开放。计划实施以来，各相关部门建立了协同育人机制。卓越计划要求试点专业要大力改革课程体系和教学形式，依据卓越计划培养标准，遵循工程的集成与创新特征，以强化工程实践能力、工程设计能力与工程创新能力为核心，重构课程体系和教学内容；加强跨专业、跨学科的复合型人才培养；着力推动基于问题的学习、基于项目的学习、基于案例的学习等多种研究性学习方法，加强学生创新能力训练，“真刀真枪”做毕业设计。卓越计划实施以来，培养了一批获得行业认可、具备很好的国际视野和创新能力、适应经济社会发展需要的各类型高质量人才，教育培养模式改革创新取得突破，教师队伍建设初见成效，为卓越计划的后续实施和最终目标的达成奠定了坚实基础。各高校以卓越计划为突破口，逐渐形成各具特色的人才培养模式。

2016年6月2日，我国正式成为工程教育“华盛顿协议”第18个成员，这标志着我国工程教育真正融入世界工程教育，人才培养质量开始与其他成员达到了实质等效，同时，也为以后我国参加国际工程师认证奠定了基础，为我国工程师走向世界创造了条件。专业认证把以学生为中心、以产出为导向和持续改进作为三大基本理念，与传统的内容驱动、重视投入的教育形成了鲜明对比，是一种教育范式的革新。通过专业认证，把先进的教育理念引入了我国工程教育，有力地推动了我国工程教育专业教学改革，逐步引导我国高等工程教育实现从课程导向向产出导向转变、从以教师为中心向以学生为中心转变、从质量监控向持续改进转变。

在实施卓越计划和开展工程教育专业认证的过程中，许多高校的电气工程及其自动化、自动化专业结合自身的办学特色，引入先进的教育理念，在专业建设、人才培养模式、教学内容、教学方法、课程建设等方面积极开展教学改革，取得了较好的效果，建设了一大批优质课程。为了将这些优秀的教学改革经验和教学内容推广给广大高校，中国工程教育专业认证协会电子信息与电气工程类专业认证分委员会、教育部高等学校电气类专业教学指导委员会、教育部高等学校自动化类专业教学指导委员会、中国机械工业教育协会自动化学科教学委员会、中国机械工业教育协会电气工程及其自动化学科教学委员会联合组织规划了“卓越工程能力培养与工程教育专业认证系列规划教材（电气工程及其自动化、自动化专业）”。本套教材通过国家新闻出版广电总局的评审，入选了“十三五”国家重点图书。本套教材密切联系行业和市场需求，以学生工程能力培养为主线，以教育培养优秀工程师为目标，突出学生工程理念、工程思维和工程能力的培养。本套教材在广泛吸纳相关学校在“卓越工程师教育培养计划”实施和工程教育专业认证过程中的经验和成果的基础上，针对目前同类教材存在的内容滞后、与工程脱节等问题，紧密结合工程应用和行业企业需求，突出实际工程案例，强化学生工程能力的教育培养，积极进行教材内容、结构、体系和展现形式的改革。

经过全体教材编审委员会委员和编者的努力，本套教材陆续跟读者见面了。由于时间紧迫，各校相关专业教学改革推进的程度不同，本套教材还存在许多问题。希望各位老师对本套教材多提宝贵意见，以使教材内容不断完善提高。也希望通过本套教材在高校的推广使用，促进我国高等工程教育教学质量的提高，为实现高等教育的内涵式发展贡献一份力量。

卓越工程能力培养与工程教育专业认证系列规划教材
（电气工程及其自动化、自动化专业）
编审委员会

前　言

"电磁场理论"是高等学校电气工程、电子信息工程等相关学科的专业技术基础课，随着智能信息化时代的到来，计算机技术的快速发展，"场"的观念与方法在工程领域的应用愈发重要。本书是在2008年出版的《工程电磁场与电磁波基础》教材的基础上重新编写的，力图做到：

1. 体系完整、内容充实、便于自学

本书遵循从特殊到一般，再从一般到特殊的认知规律构建知识体系，先从静态场中的静电场、恒定电场、恒定磁场分别讲解，再讲述时变电磁场的一般规律，然后再对时变场特例中的平面电磁波、准静态场、导行电磁波分别讨论，最后简要介绍了电磁辐射，便于理解与掌握。

本书文字表述通俗易懂、公式推导步骤详尽，着重基本概念、基本内容和基本技能的处理，注重相关内容的对比分析，由浅入深、循序渐进。

2. 强调对学生总结、归纳知识能力的培养

随着高等教育的各项改革，网络化教学、混合式线上线下教学模式的不断深入，知识碎片化等给学生带来了知识体系的不完整问题。因此本书在每一章的开头加入了课程导学，在结尾增加了本章小结，以培养学生对不同场的特性进行对比分析，并提高对知识总结、概括、归纳的能力。

3. 进一步加强对学生运用数学工具解决工程问题能力的培养

亥姆霍兹定理给出了建立矢量场数学方程的原则，因此将亥姆霍兹定理作为本书分析的主线贯穿每一章，强调学生掌握建立电磁场边值问题数学模型的基础方法。因此，本书第一章介绍了电磁场的数学基础内容，并在后续章节中从工程应用的角度培养学生具备利用其作为数学工具将工程实际问题的物理模型转化为数学模型的能力。

4. 强调对学生建立场的思维、运用场的手段解决工程电磁相关问题能力的培养

场与路是研究工程电磁问题不同条件下的两种不同工具与手段，作为电类专业的学生而言缺一不可。相比于电路，场的方法更逼近工程实际，相应地，建立的数学模型更复杂，其方程的求解方法也需要更多的数学理论与方法。因此，指导学生建立场的思维、运用场的手段、借用数学工具解决工程问题的思维方法更为重要。

30余年课程建设的教学实践，我们深深感到，电磁场课程的教学不仅仅是对知识本身的传授，更多的是对思维方法的传播，掌握电磁场理论并具备解决相关工程问题的能力，可以为每一个学习者终身学习与创新思维构筑更广阔的平台。然能力所限，恐难全部实现，错误和不足之处恳请读者批评指正，意见及建议请发邮件至 zhanghuijuan@hebut.edu.cn。

本书相关的国家级精品资源共享课及开放课程分别在爱课程及学堂在线上线，欢迎访问。

编著者

2021年秋于天津

课程导学

课程导学

“场”是一种世界观，它为人类研究自然、社会和人类本身提供了一整套完整的研究方法。除了我们本书讲到的电场、磁场外，还有大家熟知的速度场、温度场、力场等物理场。

人类发现并研究电磁现象的历史悠久。中国西周（公元前1100—公元前771）的青铜铭文就记载有“电”字和“雷”字，先秦（公元3世纪前）记载：“阴阳相薄，感而为雷，激而为霆。霆，电也”。中国在公元前7世纪发现磁石。公元前6世纪，希腊大几何学家泰勒斯（Thales）认为，电和磁是同一种现象，这些奇特的物质含有吮吸周围物体的“精灵”。

我国最早将“磁”写为“慈”，在公元前4世纪左右的《管子》一书中有“上有慈石者，其下有铜金”的记载，《吕氏春秋》也有“慈石召铁，或引之也”的记录。

磁石只能吸铁，而不能吸金、银、铜等其他物体，也早为我国古人所知。西汉初年（公元前2世纪）的《淮南子》书中有“慈石能吸铁，及其于铜则不通矣”“慈石之能连铁也，而求其引瓦，则难矣”的记载。

17世纪之前，人类大都是通过观察和零碎的知识来认识电和磁的，17世纪后才有了一些系统的研究。

直到1785年，库伦通过纽秤实验得到了库伦定律，才使得电磁学进入了定量研究阶段。之后伏打发明电堆，电学由静电走向动电，奥斯特发现了电流的磁效应，打破了电学和磁学的彼此隔离，法拉第发现了电磁感应现象，证实了电现象和磁现象的统一。

直至1865年，英国伟大的物理学家、数学家麦克斯韦对前人和他自己的研究综合概括，将电磁场理论用简洁、对称、完美的数学形式表示出来，并经后人整理，完成了经典电磁学的基本方程——麦克斯韦方程组的构建，终于实现了物理学史上第二次理论大综合，将原本互相独立的电学和磁学发展成为近代的电磁场理论。1887年，德国科学家赫兹用实验证实了麦克斯韦关于电磁波存在的预言，开启了电磁场理论工程应用与发展的时代。

进入21世纪，人类社会步入信息化时代，电磁场理论作为信息技术的理论基础支撑使得信息技术快速发展并应用于各行各业。我国自改革开放以来，通过一代代科技人员的不懈努力，科技水平逐年提升，在信息通信、无人机技术、电磁弹射器研发、高速铁路、交直流特高压输电等领域都取得了举世瞩目的成就。因此说，我们既有光荣的历史，也正在创造新的辉煌，经过坚持不懈的努力，必将实现中华民族的伟大复兴。

电磁场理论是电气工程、电子信息工程等相关学科的专业技术基础课，也是与机械、化工、医疗卫生、生命健康等各行各业交叉融合的新兴学科的重要基础。场的思维方法及其应用更是智能化信息时代能源技术和信息技术研究与应用必不可少的重要基础，在学习中建议：

1. 利用好数学工具

电磁场理论的特点之一是大量运用微积分与场论知识建立场的方程并求解与分析，但是，本书的重点不是数学应用，而是利用数学作为工具掌握电磁理论、运用理论分析指导工程实际。荀子在《劝学》中说，人要“善假于物也”，因此在学习中要像毛主席教导我们的那样：在战略上藐视敌人，在战术上重视敌人。对于数学，我们既要善于利用之，又要避免陷入大量繁琐的公式推演。

其中亥姆赫兹定理是电磁场理论分析的主线，无论是静态场、时变场还是电磁波，都围绕着矢量的通量与环量、散度与旋度性质来分析，可以说亥姆赫兹定理为各种情况下场的分析提供了非常具体的研究路线；唯一性定理是非解析法求解电磁场边值问题的重要依据，当我们善于利用这些定理于场的分析中就会起到“事半功倍”的效果。

2. 抓课程主线，建立科学思维

电磁场理论中包含了大量知识的类比，如极化与磁化、电场与磁场、标量电位与矢量磁位、标量泊松方程与矢量泊松方程、静态场方程与时变场方程、库伦规范与洛伦兹规范、场与路等等，不一而足，在学习中要善于发现电磁知识中的美学，帮助理解与记忆。

在学习中要注重“大局观”，善于利用辨证思维去学习，“求大同存小异”，在深刻理解各类场的特点、差异中，注重归纳总结每一种场的共性问题。下图即为各类静态场及时变场等不同场的主要内容与分析路径。

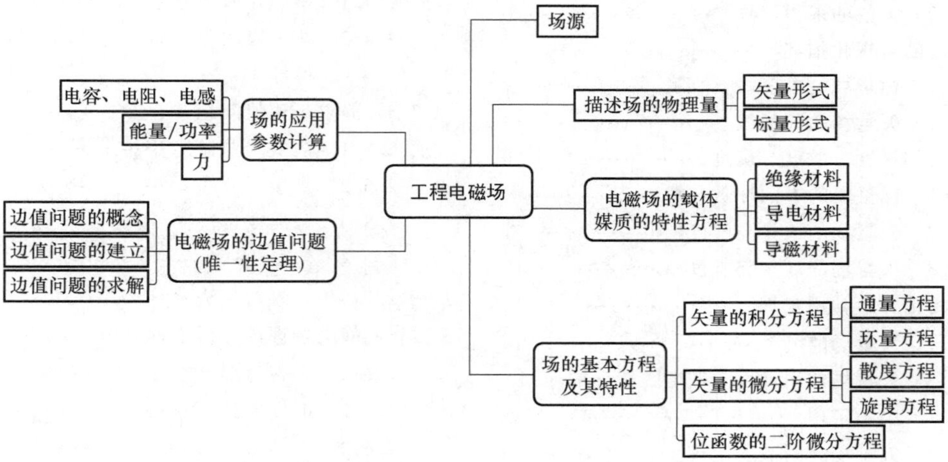

老子曰“道生一，一生二，二生三，三生万物”，当我们学会利用类比、总结、归纳的方法去学习、分析问题时，完整的电磁场体系就会建立起来，我们提炼知识的能力就会提升，科学思维就建立起来了。

3. 注重职业道德、科学素养与创新意识的养成

子曰：“学而不思则罔，思而不学则殆”。工程问题是在满足一定的约束条件下以最佳方案实现预期目标，电磁场理论就是指导我们遵守职业规范、在满足电磁环境基准条件下最大程度地利用电磁能、控制消除电磁污染，使电磁技术造福人类。

目　录

第1章　电磁场的数学基础

本章导学

古语说："工欲善其事，必先利其器"。场论是电磁场分析必不可少而且是强有力的基础工具，因此本书开篇第1章将简要回顾、归纳电磁场学习所需要的矢量场和标量场分析的方法、定理、定律，初步了解电磁场分析所遵循的方法，为后续各章利用场论分析电磁规律奠定必要的数学基础知识。本章最后，通过电磁场麦克斯韦方程组初步了解、认识场论与电磁场基本方程之间的联系。本章知识结构如图1-0所示。

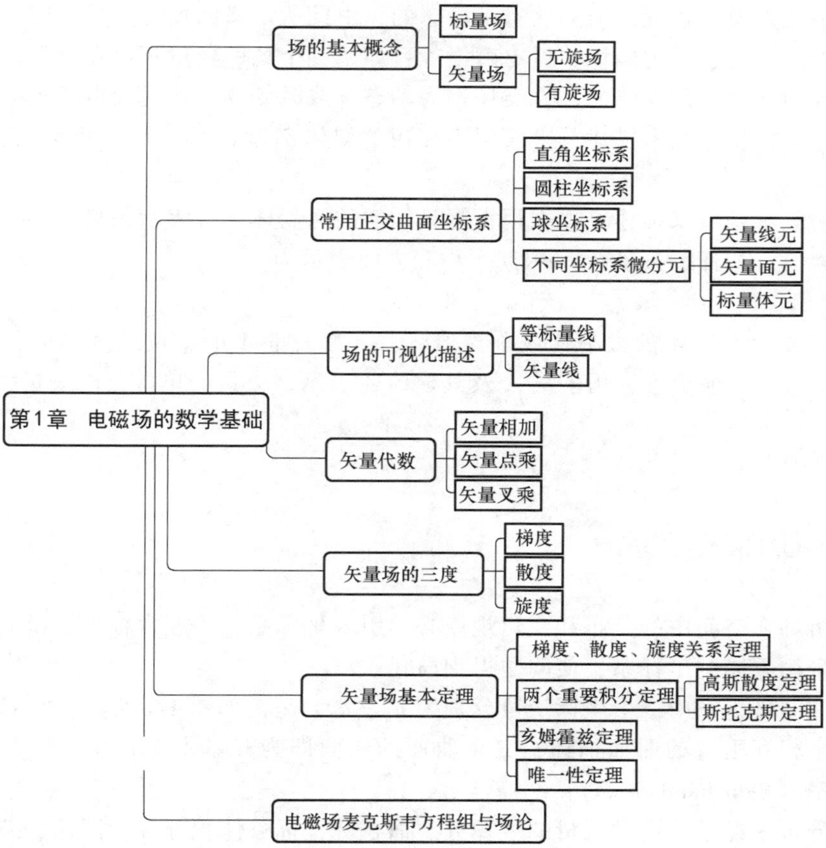

图1-0　本章知识结构

1.1 场的概念及其分类

“场”是一种世界观，用场的方式来研究自然界和社会现象已成为人类研究自然与社会的重要方法。牛顿的万有引力定律表明，任何两个物质之间都存在着力的相互作用，而这种力的存在并不需要物体之间的接触，承载这种作用力的载体就是场（field），称为力场，正是由于这种场的存在才使得诸如苹果之类的物体和人类一样被地球吸住而不是坠入太空。此外，还有温度场、压力场、速度场等形形色色的场。同样带电体之间也存在着特殊的作用场，这就是电场和磁场。

一个确定区域中的场被定义为系统中某物理量在该区域的一种分布。如果被描述的物理量是标量，则定义的场被称为标量场（scalar field）。如温度、湿度、高度这些量描述的都是标量场。大家已经十分熟悉的电位函数也是一个标量场函数，对一个指定了参考电位点的系统而言，空间任一点的电位相对于参考电位点或高或低或正或负，均有一个确定大小的电位值与之对应，所以说电位的分布是一个标量场。如果被描述的物理量是矢量，则定义的场被称为矢量场（vector field）。如风速、电场强度、磁场强度等物理量既有大小、又有方向，因此描述它的场就是矢量场。矢量场又分为无旋场和有旋场两大类。

场不仅具有空间属性，还具有时间属性。如果一个物理系统的状态只在空间分布，不随时间变化，也就是说，物理系统的状态是静态的，由此所定义的场也是静态的，这样的场称为静态场，如静电场、恒定电场、恒定磁场等；如果一个场的场量不仅在空间分布，还随时间变化，这样的场分布是动态的，这类场称为动态场或时变场，如时变电磁场、电磁波等。

标量场可用标量函数来描述，一般用不加粗的斜体字母表示，如高度 h、温度 T、电位 φ 等。

矢量场用矢量函数来描述。本文用大写且加粗的黑斜体字母表示矢量，用不加粗的斜体字母表示其模值。如任一矢量 $\boldsymbol{A}$ 可用其大小和方向表示为

$$\boldsymbol{A}=A\boldsymbol{e}_{\mathrm{A}} \tag{1-1}$$

其中大写字母 A 为矢量 $\boldsymbol{A}$ 的大小（或称模值），$\boldsymbol{e}_{\mathrm{A}}$ 为矢量 $\boldsymbol{A}$ 的单位长度方向，称为单位矢量（unit vector）。一般也可利用矢量 $\boldsymbol{A}$ 及其模值 A 表示该矢量的单位方向矢量为

$$\boldsymbol{e}_{\mathrm{A}}=\frac{\boldsymbol{A}}{A} \tag{1-2}$$

1.2 正交曲面坐标系

为了分析场在空间中的分布和变化规律必须引入坐标系。一般常根据被研究对象的几何形状的不同采用不同的坐标系，使问题得到简化。

设正交曲面坐标系中三个坐标变量分别为 u_1、u_2、u_3，如图 1-1 所示，空间任意一点的坐标即由三个相互垂直的曲面描述，三个曲面的法向即为其基本单位坐标矢量 $\boldsymbol{e}_1$、$\boldsymbol{e}_2$、$\boldsymbol{e}_3$ 且构成右手系（right-handed set）：$\boldsymbol{e}_1\times\boldsymbol{e}_2=\boldsymbol{e}_3$。

电磁场分析中经常要用到矢量的线积分、面积分，标量体积分等，因此，有必要讨论其相应的微分元。

矢量线元定义为

$$\mathrm{d}\boldsymbol{l}=\mathrm{d}l_1\boldsymbol{e}_1+\mathrm{d}l_2\boldsymbol{e}_2+\mathrm{d}l_3\boldsymbol{e}_3 \tag{1-3}$$

数学上把长度元与坐标元之比定义为拉梅（Lame）系数或称度量系数，表示为

$$h_i=\frac{\mathrm{d}l_i}{\mathrm{d}u_i}\quad (i=1,2,3) \tag{1-4}$$

利用拉梅系数可将矢量线元表示为

$$\mathrm{d}\boldsymbol{l}=h_1\mathrm{d}u_1\boldsymbol{e}_1+h_2\mathrm{d}u_2\boldsymbol{e}_2+h_3\mathrm{d}u_3\boldsymbol{e}_3 \tag{1-5}$$

矢量面积元定义为

$$\mathrm{d}\boldsymbol{S}=\mathrm{d}S_1\boldsymbol{e}_1+\mathrm{d}S_2\boldsymbol{e}_2+\mathrm{d}S_3\boldsymbol{e}_3$$

其中标量面积元 $\mathrm{d}S_1$、$\mathrm{d}S_2$、$\mathrm{d}S_3$ 分别对应垂直于单位坐标矢量 $\boldsymbol{e}_1$、$\boldsymbol{e}_2$、$\boldsymbol{e}_3$ 的三个曲面，当各长度元足够小时可将曲面六面体近似看作正六面体，因此有

$$\mathrm{d}S_1=\mathrm{d}l_2\mathrm{d}l_3,\mathrm{d}S_2=\mathrm{d}l_1\mathrm{d}l_3,\mathrm{d}S_3=\mathrm{d}l_1\mathrm{d}l_2$$

利用拉梅系数表示矢量面元为

$$\mathrm{d}\boldsymbol{S}=h_2h_3\mathrm{d}u_2\mathrm{d}u_3\boldsymbol{e}_1+h_1h_3\mathrm{d}u_1\mathrm{d}u_3\boldsymbol{e}_2+h_1h_2\mathrm{d}u_1\mathrm{d}u_2\boldsymbol{e}_3 \tag{1-6}$$

相应的标量体积元为

$$\mathrm{d}V=\mathrm{d}l_1\mathrm{d}l_2\mathrm{d}l_3=h_1h_2h_3\mathrm{d}u_1\mathrm{d}u_2\mathrm{d}u_3 \tag{1-7}$$

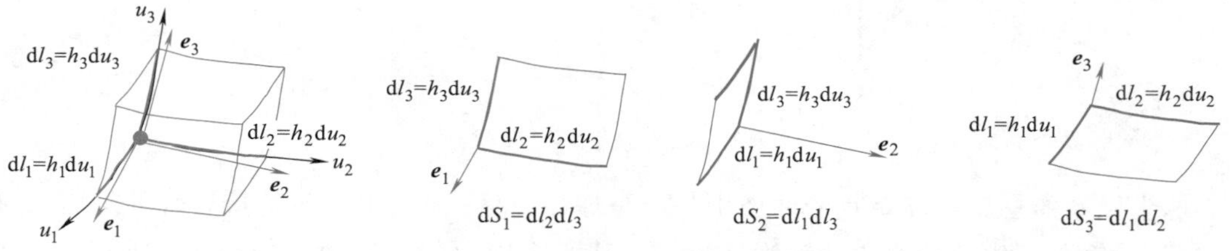

图 1-1　正交曲面坐标系及其微分元

在电磁场问题中，常用的坐标系分别是直角坐标系、圆柱坐标系和球坐标系，下面分别讨论。

直角坐标系用三个相互垂直的平面来描述空间任意一点的坐标，如图 1-2 所示，其三个单位坐标矢量 $\boldsymbol{e}_x$、$\boldsymbol{e}_y$、$\boldsymbol{e}_z$ 均为常矢量，即大小为 1，方向不变，三者的方向满足右手法则 $\boldsymbol{e}_x\times\boldsymbol{e}_y=\boldsymbol{e}_z$，拉梅系数均为 1，即 $h_x=h_y=h_z=1$。

直角坐标系下的矢量线元、矢量面元都比较简单，分别是各坐标方向的线段、与坐标方向垂直的矩形面积，标量体元是六面体。

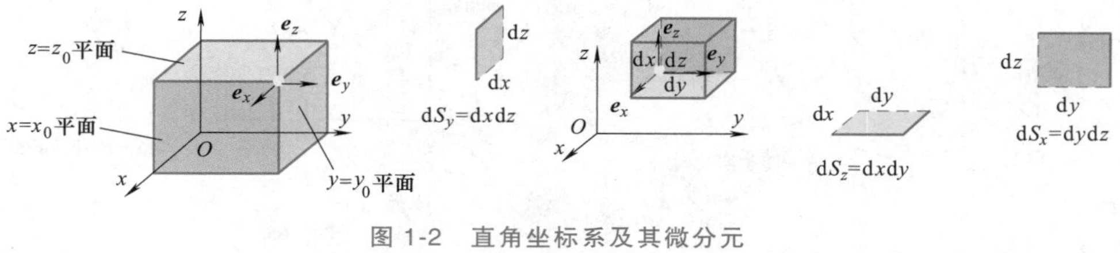

图 1-2　直角坐标系及其微分元

圆柱坐标系用三个相互垂直的曲面来描述空间任意一点的坐标，其中两个为平面，分别

为垂直于 z 轴的平面和以 z 轴为旋转轴的半无限大平面，另外一个是以 z 轴为轴心的圆柱面，如图 1-3 所示。三个曲面中只有垂直于 z 轴的平面的法向不变，因此只有 $\boldsymbol{e}_z$ 为常矢量，另外两个坐标矢量 $\boldsymbol{e}_r$、$\boldsymbol{e}_\phi$ 为变矢量，其方向随空间位置的改变而改变，满足 $\boldsymbol{e}_r \times \boldsymbol{e}_\phi = \boldsymbol{e}_z$。三个方向的矢量线元、矢量面元分别标注在图中。

工程中很多设备的形状是圆柱形的，如圆导线、圆柱形线圈等，所以应熟练掌握圆柱坐标系各坐标对应的矢量线元、面元、标量体元。另外在某些对称情况下，圆柱的面积分、体积分可以化简，将高阶积分降维为一重积分。如轴对称时

$$dS_z = 2\pi r dr \tag{1-8}$$

$$dV = 2\pi r h dr \tag{1-9}$$

式中，h 为圆柱 z 方向的高度。

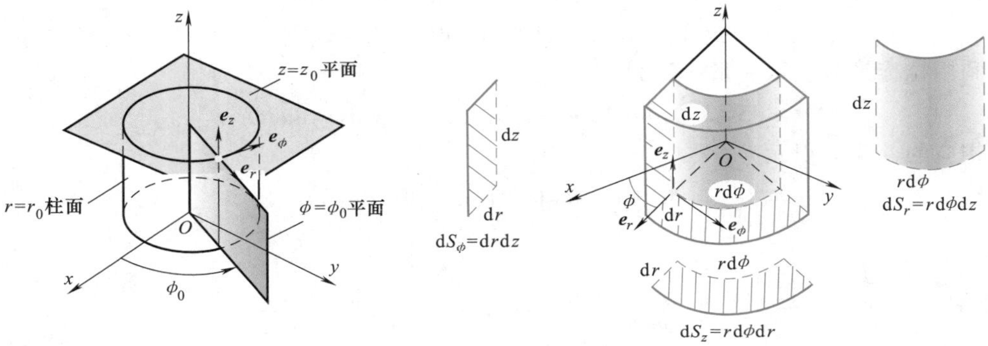

图 1-3　圆柱坐标系及其微分元

球坐标系的三个相互垂直的曲面中一个是球面，另一个是以 z 轴为旋转轴的平面（或球的内切圆平面），第三个是以 z 轴为旋转轴、球心为锥顶的圆锥面，如图 1-4 所示。三个曲面的法向均随空间位置改变，因此三个单位坐标矢量 $\boldsymbol{e}_r$、$\boldsymbol{e}_\theta$、$\boldsymbol{e}_\phi$ 均为变矢量，其方向随空间位置的改变而改变，且 $\boldsymbol{e}_r \times \boldsymbol{e}_\theta = \boldsymbol{e}_\phi$。球坐标系中三个方向的矢量线元、矢量面元分别标注在图 1-4 中。类似的，对称情况下，球体的体元也可以进行简化，三重体积分降维为一重积分。如球面对称时

$$dV = 4\pi r^2 dr \tag{1-10}$$

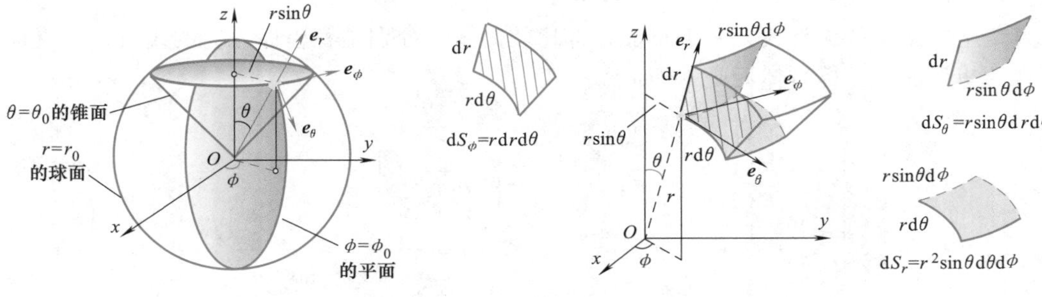

图 1-4　球坐标系及其微分元

为了方便对比，将三种坐标系下的拉梅系数、矢量线元、矢量面元、标量体元等列在表 1-1 中。

表 1-1　常用坐标系下拉梅系数、矢量线元、矢量面元、标量体元

	直角坐标系	圆柱坐标系	球坐标系
微分元图例	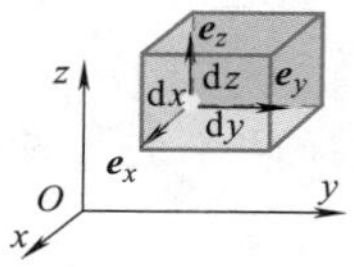	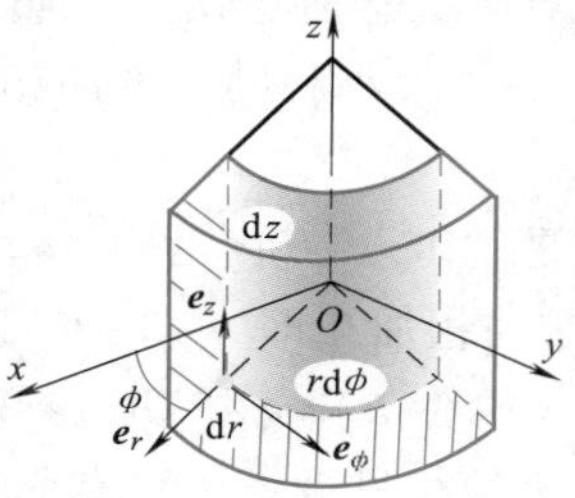	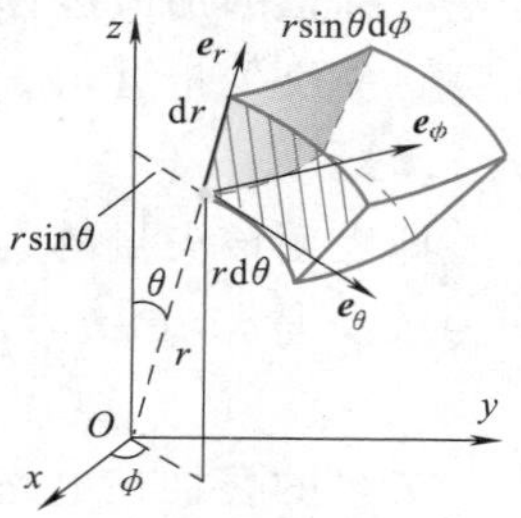
坐标变量及取值范围 u_1、u_2、u_3	(x,y,z)，$-\infty<x<+\infty$，$-\infty<y<+\infty$，$-\infty<z<+\infty$	(r,ϕ,z)，$0\leqslant r<+\infty$，$0\leqslant\phi<2\pi$，$-\infty<z<+\infty$	(r,θ,ϕ)，$0\leqslant r<+\infty$，$0\leqslant\theta<\pi$，$0\leqslant\phi<2\pi$
单位坐标矢量及特点 $\boldsymbol{e}_1$、$\boldsymbol{e}_2$、$\boldsymbol{e}_3$	$\boldsymbol{e}_x$、$\boldsymbol{e}_y$、$\boldsymbol{e}_z$ 均为常矢量 $\boldsymbol{e}_x\times\boldsymbol{e}_y=\boldsymbol{e}_z$	$\boldsymbol{e}_r$、$\boldsymbol{e}_\phi$、$\boldsymbol{e}_z$ $\boldsymbol{e}_z$ 为常矢量，$\boldsymbol{e}_r$、$\boldsymbol{e}_\phi$ 为变矢量，其方向随空间位置的改变而改变 $\boldsymbol{e}_r\times\boldsymbol{e}_\phi=\boldsymbol{e}_z$	$\boldsymbol{e}_r$、$\boldsymbol{e}_\theta$、$\boldsymbol{e}_\phi$ 均为变矢量 其方向随空间位置的改变而改变 $\boldsymbol{e}_r\times\boldsymbol{e}_\theta=\boldsymbol{e}_\phi$
拉梅系数 h_1、h_2、h_3	$h_x=h_y=h_z=1$	$h_r=h_z=1$，$h_\phi=r$	$h_r=1$，$h_\theta=r$，$h_\phi=r\sin\theta$
矢量线元 $\mathrm{d}\boldsymbol{l}=h_1\mathrm{d}u_1\boldsymbol{e}_1+h_2\mathrm{d}u_2\boldsymbol{e}_2+h_3\mathrm{d}u_3\boldsymbol{e}_3$	$\mathrm{d}\boldsymbol{l}=h_x\mathrm{d}x\boldsymbol{e}_x+h_y\mathrm{d}y\boldsymbol{e}_y+h_z\mathrm{d}z\boldsymbol{e}_z=\mathrm{d}x\boldsymbol{e}_x+\mathrm{d}y\boldsymbol{e}_y+\mathrm{d}z\boldsymbol{e}_z$	$\mathrm{d}\boldsymbol{l}=h_r\mathrm{d}r\boldsymbol{e}_r+h_\phi\mathrm{d}\phi\boldsymbol{e}_\phi+h_z\mathrm{d}z\boldsymbol{e}_z=\mathrm{d}r\boldsymbol{e}_r+r\mathrm{d}\phi\boldsymbol{e}_\phi+\mathrm{d}z\boldsymbol{e}_z$	$\mathrm{d}\boldsymbol{l}=h_r\mathrm{d}r\boldsymbol{e}_r+h_\theta\mathrm{d}\theta\boldsymbol{e}_\theta+h_\phi\mathrm{d}\phi\boldsymbol{e}_\phi=\mathrm{d}r\boldsymbol{e}_r+r\mathrm{d}\theta\boldsymbol{e}_\theta+r\sin\theta\mathrm{d}\phi\boldsymbol{e}_\phi$
矢量面元 $\mathrm{d}\boldsymbol{S}_1=h_2h_3\mathrm{d}u_2\mathrm{d}u_3\boldsymbol{e}_1$ $\mathrm{d}\boldsymbol{S}_2=h_1h_3\mathrm{d}u_1\mathrm{d}u_3\boldsymbol{e}_2$ $\mathrm{d}\boldsymbol{S}_3=h_1h_2\mathrm{d}u_1\mathrm{d}u_2\boldsymbol{e}_3$	$\mathrm{d}\boldsymbol{S}_1=h_yh_z\mathrm{d}y\mathrm{d}z\boldsymbol{e}_x=\mathrm{d}y\mathrm{d}z\boldsymbol{e}_x$ $\mathrm{d}\boldsymbol{S}_2=h_xh_z\mathrm{d}x\mathrm{d}z\boldsymbol{e}_y=\mathrm{d}x\mathrm{d}z\boldsymbol{e}_y$ $\mathrm{d}\boldsymbol{S}_3=h_xh_y\mathrm{d}x\mathrm{d}y\boldsymbol{e}_z=\mathrm{d}x\mathrm{d}y\boldsymbol{e}_z$	$\mathrm{d}\boldsymbol{S}_r=h_\phi h_z\mathrm{d}\phi\mathrm{d}z\boldsymbol{e}_r=r\mathrm{d}\phi\mathrm{d}z\boldsymbol{e}_r$ $\mathrm{d}\boldsymbol{S}_\phi=h_rh_z\mathrm{d}r\mathrm{d}z\boldsymbol{e}_\phi=\mathrm{d}r\mathrm{d}z\boldsymbol{e}_\phi$ $\mathrm{d}\boldsymbol{S}_z=h_rh_\phi\mathrm{d}r\mathrm{d}\phi\boldsymbol{e}_z=r\mathrm{d}r\mathrm{d}\phi\boldsymbol{e}_z$	$\mathrm{d}\boldsymbol{S}_r=h_\theta h_\phi\mathrm{d}\theta\mathrm{d}\phi\boldsymbol{e}_r=r^2\sin\theta\mathrm{d}\theta\mathrm{d}\phi\boldsymbol{e}_r$ $\mathrm{d}\boldsymbol{S}_\theta=h_rh_\phi\mathrm{d}r\mathrm{d}\phi\boldsymbol{e}_\theta=r\sin\theta\mathrm{d}r\mathrm{d}\phi\boldsymbol{e}_\theta$ $\mathrm{d}\boldsymbol{S}_\phi=h_rh_\theta\mathrm{d}r\mathrm{d}\theta\boldsymbol{e}_\phi=r\mathrm{d}r\mathrm{d}\theta\boldsymbol{e}_\phi$
标量体元 $\mathrm{d}V=h_1h_2h_3\mathrm{d}u_1\mathrm{d}u_2\mathrm{d}u_3$	$\mathrm{d}V=h_xh_yh_z\mathrm{d}x\mathrm{d}y\mathrm{d}z=\mathrm{d}x\mathrm{d}y\mathrm{d}z$	$\mathrm{d}V=h_rh_\phi h_z\mathrm{d}r\mathrm{d}\phi\mathrm{d}z=r\mathrm{d}r\mathrm{d}\phi\mathrm{d}z$	$\mathrm{d}V=h_rh_\theta h_\phi\mathrm{d}r\mathrm{d}\theta\mathrm{d}\phi=r^2\sin\theta\mathrm{d}r\mathrm{d}\theta\mathrm{d}\phi$

1.3　矢量代数

为了不失一般性，以直角坐标系为例，讨论矢量的运算。

设直角坐标系中矢量 $\boldsymbol{A}$ 的三个分量分别表示为 A_x、A_y、A_z，利用三个单位矢量 $\boldsymbol{e}_x$、$\boldsymbol{e}_y$、$\boldsymbol{e}_z$ 可以将其表示成 $\boldsymbol{A}=A_x\boldsymbol{e}_x+A_y\boldsymbol{e}_y+A_z\boldsymbol{e}_z=A\boldsymbol{e}_\mathrm{A}$，其中

$$A=\sqrt{A_x^2+A_y^2+A_z^2}, \quad \boldsymbol{e}_\mathrm{A}=\frac{A_x\boldsymbol{e}_x+A_y\boldsymbol{e}_y+A_z\boldsymbol{e}_z}{\sqrt{A_x^2+A_y^2+A_z^2}} \tag{1-11}$$

1.3.1　矢量的加法运算

矢量相加（vector addition）要遵循平行四边形法则，矢量相加后的各坐标分量是每个矢

量对应坐标分量之和，其相加的结果仍是矢量。如

$$\boldsymbol{A}+\boldsymbol{B}=(A_x+B_x)\boldsymbol{e}_x+(A_y+B_y)\boldsymbol{e}_y+(A_z+B_z)\boldsymbol{e}_z$$

与标量的加减运算相对应，有时也用“矢量的加减运算”来表示两个矢量之间的叠加运算。一个矢量 $\boldsymbol{A}=A\boldsymbol{e}_{\mathrm{A}}$，与之大小相同、方向相反的矢量应写作

$$-\boldsymbol{A}=A(-\boldsymbol{e}_{\mathrm{A}})$$

即表明该矢量的大小是“A”，方向为“$-\boldsymbol{e}_{\mathrm{A}}$”。这样两个矢量相减（vector subtraction）即为 $\boldsymbol{A}$ 矢量与（$-\boldsymbol{B}$）矢量的相加，即

$$\boldsymbol{A}-\boldsymbol{B}=\boldsymbol{A}+(-\boldsymbol{B})=(A_x-B_x)\boldsymbol{e}_x+(A_y-B_y)\boldsymbol{e}_y+(A_z-B_z)\boldsymbol{e}_z$$

矢量的叠加在电路理论的相量分析中也有应用，只是表示方法略有不同。

类似的，一个矢量与一个标量 α（实数）相乘，可写作

$$\alpha\boldsymbol{A}=\alpha A_x\boldsymbol{e}_x+\alpha A_y\boldsymbol{e}_y+\alpha A_z\boldsymbol{e}_z=\alpha A\boldsymbol{e}_{\mathrm{A}}$$

若 $\alpha>0$，则矢量 $\alpha\boldsymbol{A}$ 与原矢量 $\boldsymbol{A}$ 同方向，大小是原矢量 $\boldsymbol{A}$ 的 α 倍；若 $\alpha<0$，则模值是原矢量 $\boldsymbol{A}$ 的 $|\alpha|$ 倍不变，方向与原矢量 $\boldsymbol{A}$ 相反。

1.3.2 矢量的乘积运算

两个标量 a 与 b 相乘，标量参数之间可用“×”“·”号或什么符号也不加，都代表二者之间的倍数关系，即

$$a\times b=a\cdot b=ab$$

两个矢量之间用“×”和“·”号分别表示叉积和点积两种不同的运算形式，而两个矢量之间无任何符号并列放置则无任何意义，这是由矢量的性质决定的。可见矢量的运算要比标量的运算更复杂，要注意区分。

1. 矢量的标量积

任意两个矢量 $\boldsymbol{A}$ 与 $\boldsymbol{B}$ 的标量积（scalar product）是一个标量，它等于两个矢量的大小与它们夹角的余弦的乘积，记为

$$\boldsymbol{A}\cdot\boldsymbol{B}=AB\cos\theta \tag{1-12}$$

标量积又称为点积或内积，其物理意义为一个矢量在另一个矢量上的投影与另一矢量大小的乘积。显然，相互垂直的矢量之间投影为零。由此不难得出结论，如果两个大小不为零的矢量的标量积为零，则二者一定相互垂直。或者说，两个相互垂直的矢量其点积一定等于零。例如，直角坐标系中的单位矢量有下列关系式，即

$$\boldsymbol{e}_x\cdot\boldsymbol{e}_y=\boldsymbol{e}_y\cdot\boldsymbol{e}_z=\boldsymbol{e}_z\cdot\boldsymbol{e}_x=0$$

$$\boldsymbol{e}_x\cdot\boldsymbol{e}_x=\boldsymbol{e}_y\cdot\boldsymbol{e}_y=\boldsymbol{e}_z\cdot\boldsymbol{e}_z=1$$

任意两矢量 $\boldsymbol{A}$、$\boldsymbol{B}$ 的标量积，在直角坐标系下用矢量的三个分量表示则为

$$\boldsymbol{A}\cdot\boldsymbol{B}=A_xB_x+A_yB_y+A_zB_z$$

标量积服从交换律（commutative law）和结合律（associative law），即

$$\boldsymbol{A}\cdot\boldsymbol{B}=\boldsymbol{B}\cdot\boldsymbol{A} \tag{1-13}$$

$$\boldsymbol{A}\cdot(\boldsymbol{B}+\boldsymbol{C})=\boldsymbol{A}\cdot\boldsymbol{B}+\boldsymbol{A}\cdot\boldsymbol{C} \tag{1-14}$$

2. 矢量的矢量积

两个矢量 $\boldsymbol{A}$ 与 $\boldsymbol{B}$ 的矢量积（vector product）还是一个矢量。矢量积的大小等于两个矢量的大小与它们夹角 θ 的正弦的乘积，一般规定 $|\theta|\leqslant\pi$。矢量积的物理意义为两个矢量所

构成的平行四边形的面积，其方向垂直于矢量 $\boldsymbol{A}$ 与 $\boldsymbol{B}$ 组成的平面，记为

$$\boldsymbol{C}=\boldsymbol{A}\times\boldsymbol{B}=AB\sin\theta\ \boldsymbol{e}_C \tag{1-15}$$

三个矢量之间的方向符合右手螺旋法则：伸出右手，四指指向矢量 $\boldsymbol{A}$（被乘）的方向，从矢量 $\boldsymbol{A}$ 沿着小于 180°的方向向矢量 $\boldsymbol{B}$（乘）的方向旋转，拇指所指的方向即为矢量 $\boldsymbol{C}$（乘积）的方向。该法则可用单位矢量 $\boldsymbol{e}_A$、$\boldsymbol{e}_B$、$\boldsymbol{e}_C$ 表示为 $\boldsymbol{e}_C=\boldsymbol{e}_A\times\boldsymbol{e}_B$。

矢量积又称为叉积（cross product）。如果两个不为零的矢量的叉积等于零，则这两个矢量必然相互平行。或者说，两个相互平行的矢量其叉积一定等于零。

例如，直角坐标系中的单位矢量有下列关系式，即

$$\boldsymbol{e}_x\times\boldsymbol{e}_y=\boldsymbol{e}_z,\boldsymbol{e}_y\times\boldsymbol{e}_z=\boldsymbol{e}_x,\boldsymbol{e}_z\times\boldsymbol{e}_x=\boldsymbol{e}_y$$

$$\boldsymbol{e}_x\times\boldsymbol{e}_x=\boldsymbol{e}_y\times\boldsymbol{e}_y=\boldsymbol{e}_z\times\boldsymbol{e}_z=0$$

矢量 $\boldsymbol{A}$、$\boldsymbol{B}$ 的叉积在直角坐标系下可用行列式形式展开为

$$\boldsymbol{A}\times\boldsymbol{B}=\begin{vmatrix}\boldsymbol{e}_x & \boldsymbol{e}_y & \boldsymbol{e}_z\\ A_x & A_y & A_z\\ B_x & B_y & B_z\end{vmatrix} \tag{1-16}$$

矢量的叉积不服从交换律，但服从结合律，有

$$\boldsymbol{A}\times\boldsymbol{B}=-\boldsymbol{B}\times\boldsymbol{A} \tag{1-17}$$

$$\boldsymbol{A}\times(\boldsymbol{B}+\boldsymbol{C})=\boldsymbol{A}\times\boldsymbol{B}+\boldsymbol{A}\times\boldsymbol{C} \tag{1-18}$$

如

$$\boldsymbol{e}_x\times\boldsymbol{e}_z=-\boldsymbol{e}_y,\quad \boldsymbol{e}_z\times\boldsymbol{e}_y=-\boldsymbol{e}_x,\quad \boldsymbol{e}_z\times\boldsymbol{e}_\phi=-\boldsymbol{e}_r。$$

在磁场分析中经常要利用电流矢量和距离矢量的叉积判断磁场的方向，因此要熟练掌握利用右手螺旋法则判断矢量叉积的方向这种方法。

3. 矢量的混合积

矢量 $\boldsymbol{A}$ 与矢量 $\boldsymbol{B}\times\boldsymbol{C}$ 之间的乘积也分为点积和叉积两种运算形式，其中点积 $\boldsymbol{A}\cdot(\boldsymbol{B}\times\boldsymbol{C})$ 称为三个矢量的混合积，又称三重积，其运算性质为

$$\boldsymbol{A}\cdot(\boldsymbol{B}\times\boldsymbol{C})=\boldsymbol{B}\cdot(\boldsymbol{C}\times\boldsymbol{A})=\boldsymbol{C}\cdot(\boldsymbol{A}\times\boldsymbol{B}) \tag{1-19}$$

其大小等于三个矢量构成的空间六面体的体积。在直角坐标系下可用行列式形式展开为

$$\boldsymbol{A}\cdot(\boldsymbol{B}\times\boldsymbol{C})=\begin{vmatrix}A_x & A_y & A_z\\ B_x & B_y & B_z\\ C_x & C_y & C_z\end{vmatrix} \tag{1-20}$$

矢量 $\boldsymbol{A}$ 与矢量 $\boldsymbol{B}\times\boldsymbol{C}$ 之间的叉积 $\boldsymbol{A}\times(\boldsymbol{B}\times\boldsymbol{C})$ 称为三个矢量的三重积，其运算可展开为

$$\boldsymbol{A}\times(\boldsymbol{B}\times\boldsymbol{C})=(\boldsymbol{A}\cdot\boldsymbol{C})\boldsymbol{B}-(\boldsymbol{A}\cdot\boldsymbol{B})\boldsymbol{C} \tag{1-21}$$

1.4　场的可视化描述

1.4.1　标量场的等值线（面）

对于不均匀标量场，空间各点的标量值一般不等。为了形象地描述标量场的分布规律，通常把某一标量值相同的点用光滑的曲线或曲面连起来，这些点构成的空间曲线或曲面称为

标量场的等值线或等值面。

一般按相同标量差值画出一族曲线（面），根据等值线分布的疏密程度即可定性判断空间标量函数的分布规律。标量场的等值线在工程及日常生活中都会遇到，如测绘地图上的等高线、天气预报图中的等温线等。

在直角坐标系下标量函数 Φ 的等值线（面）方程可写为

$$\Phi(x,y,z)=C \tag{1-22}$$

其中 C 为任意常数。取不同的常数，即可得到一族等值线（面）方程。

在一般工程实际中，标量函数都是单值函数，因此标量函数的等值线（面）是互不相交的。

图 1-5 所示为某一温度场的等温线分布示意图，从图中可以清楚地看出中心区域 A 处温度最高，一定是热源所在区间。此外，东南方向等温线稀疏，西北方向等温线较密，说明东南方向温度变化慢，西北方向温度变化快。因此，若某人位于中心区域，如欲迅速脱离热源，理论上的最佳路径一定是沿着温度变化最快的 AB 方向，而不是 AC 方向。

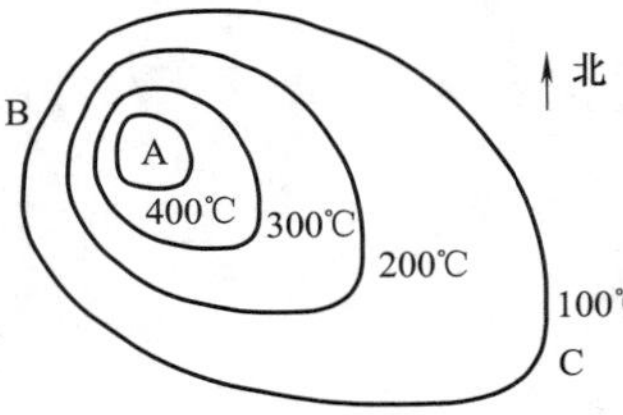

图 1-5　等标量线

由此可见，对标量场的变化规律的分析也是非常重要并具有工程实际需要的。

例 1-1　求标量场 $\varphi=x^2+3y^2-z$ 通过点 $M(1,\ 0,\ 1)$ 的等值面方程。

解　点 M 的坐标是 $x_0=1$，$y_0=0$，$z_0=1$，则该点的标量数值为 $\varphi_0=x_0^2+3y_0^2-z_0=0$。因此其等值面方程为

$$\varphi=x^2+3y^2-z=C=0$$

即

$$z=x^2+3y^2$$

1.4.2　矢量场的矢量线

矢量既有大小又有方向，为了同时描述其大小和方向，除了直接用矢量的数值和方向来表示以外，还可以用矢量线来形象、定性地描述其空间的分布规律。

若矢量场中一条曲线上每一点的切线方向与该点的场矢量方向重合，则称该曲线为矢量场的矢量线或场线。像静电场的电场线、磁场的磁场线、流速场中的流线等，都是矢量线的例子。

设矢量线上任一点的矢径为 $\boldsymbol{l}$，则根据矢量线的定义，必有

$$\boldsymbol{A}\times\mathrm{d}\boldsymbol{l}=0$$

在直角坐标系中，矢径的表达式为

$$\mathrm{d}\boldsymbol{l}=\mathrm{d}x\boldsymbol{e}_x+\mathrm{d}y\boldsymbol{e}_y+\mathrm{d}z\boldsymbol{e}_z$$

因此，矢量场的矢量线满足微分方程

$$\frac{\mathrm{d}x}{A_x}=\frac{\mathrm{d}y}{A_y}=\frac{\mathrm{d}z}{A_z}$$

由于函数的单值性，矢量场的矢量线也是一族互不相交的曲线。

例 1-2　求矢量场 $\boldsymbol{A}=xy^2\boldsymbol{e}_x+x^2y\boldsymbol{e}_y+zy^2\boldsymbol{e}_z$ 的矢量线方程。

解 矢量线应满足的微分方程为

$$\frac{\mathrm{d}x}{xy^2}=\frac{\mathrm{d}y}{x^2y}=\frac{\mathrm{d}z}{y^2z}$$

从而有

$$\frac{\mathrm{d}x}{xy^2}=\frac{\mathrm{d}y}{x^2y} \quad 和 \quad \frac{\mathrm{d}x}{xy^2}=\frac{\mathrm{d}z}{y^2z}$$

解得

$$\begin{cases}x^2-y^2=C\\x=Cz\end{cases}$$

式中，C 为常数，矢量线即为两组空间曲面的交线。

图 1-6 给出了平行板电容器中电场线和无限长直导线周围磁场线的分布示意图。对应图 1-6a，电场不均匀分布，越远离极板的地方电场线越稀疏，场强越弱，说明极板的边缘处具有边缘效应。对于图 1-6b 而言，能够看出磁场具有轴对称分布特性，但离导线越远磁场线越稀疏，相应的场强越弱。从这两个场图的对比还可看到矢量场分布规律不同，前者场线有头有尾，不具有涡旋形状，后者场线无头无尾，具有涡旋形状，相应的分别被称为无旋场和有旋场。

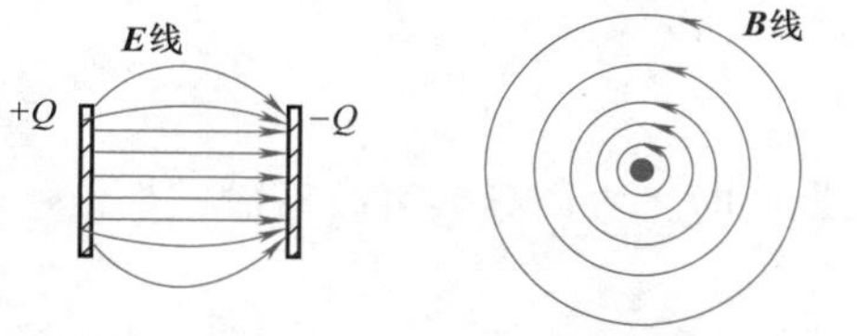

a) 平行板电容器电场　　b) 无限长直导线磁场

图 1-6 典型电场与磁场矢量线分布示意图

对于无旋场和有旋场的定量描述则要用到矢量场的通量（散度）和环量（旋度）等物理量，下节分别介绍。

1.5 场的梯度、散度、旋度

1.5.1 标量场的方向导数与梯度

数学上为了描述标量场函数沿空间某一方位的变化情况定义了方向导数，即标量函数 φ 在空间 P 点沿某一方向 l 上的变化率，即

$$\left.\frac{\partial\varphi}{\partial l}\right|_P=\lim_{\Delta l\to 0}\frac{\varphi(P')-\varphi(P)}{\Delta l}$$

在直角坐标系中，设标量函数 $\varphi(x,y,z)$ 在 $P(x,y,z)$ 处可微，则有

$$\Delta\varphi=\varphi(P')-\varphi(P)=\frac{\partial\varphi}{\partial x}\Delta x+\frac{\partial\varphi}{\partial y}\Delta y+\frac{\partial\varphi}{\partial z}\Delta z+\delta\Delta l \tag{1-23}$$

式中，当 $\Delta l\to 0$ 时 $\delta\to 0$。将式（1-23）两边同除以 Δl 并令 $\Delta l\to 0$ 取极限即可得到方向导数的计算公式，即

$$\frac{\partial\varphi}{\partial l}=\frac{\partial\varphi}{\partial x}\cos\alpha+\frac{\partial\varphi}{\partial y}\cos\beta+\frac{\partial\varphi}{\partial z}\cos\gamma$$

式中，$\cos\alpha$，$\cos\beta$，$\cos\gamma$ 为 l 方向的方向余弦。

显然，方向导数与方向 l 的选择密切相关，所以说方向导数是描述标量场在空间变化规

律的重要物理量。

记该 dl 方向的单位矢量为 $\boldsymbol{e}_l$，可知

$$\boldsymbol{e}_l=\cos\alpha\boldsymbol{e}_x+\cos\beta\boldsymbol{e}_y+\cos\gamma\boldsymbol{e}_z$$

定义标量函数 φ 的梯度（gradient）为

$$\mathrm{grad}\varphi=\frac{\partial\varphi}{\partial x}\boldsymbol{e}_x+\frac{\partial\varphi}{\partial y}\boldsymbol{e}_y+\frac{\partial\varphi}{\partial z}\boldsymbol{e}_z$$

梯度为矢量，其方向为标量场增加最快的方向，其大小表示标量场的最大增加率。

若引入矢量微分算子 ∇，它在直角坐标系中可表示为

$$\nabla=\boldsymbol{e}_x\frac{\partial}{\partial x}+\boldsymbol{e}_y\frac{\partial}{\partial y}+\boldsymbol{e}_z\frac{\partial}{\partial z}$$

则梯度可表示为

$$\nabla\varphi=\frac{\partial\varphi}{\partial x}\boldsymbol{e}_x+\frac{\partial\varphi}{\partial y}\boldsymbol{e}_y+\frac{\partial\varphi}{\partial z}\boldsymbol{e}_z$$

此时，方向导数可改写成

$$\frac{\partial\varphi}{\partial l}=\nabla\varphi\cdot\boldsymbol{e}_l$$

矢性微分算子 ∇ 读作"nabla"或"del"，∇ 又称为哈密尔顿（Hamilton）算子，该算子具有双重属性。作为算子，它对其后面的函数进行微分运算，同时它又是一个矢量，必须符合矢量的运算规则。

可以证明，广义正交曲面坐标系中梯度的展开式为

$$\nabla\varphi=\frac{1}{h_1}\frac{\partial\varphi}{\partial u_1}\boldsymbol{e}_1+\frac{1}{h_2}\frac{\partial\varphi}{\partial u_2}\boldsymbol{e}_2+\frac{1}{h_3}\frac{\partial\varphi}{\partial u_3}\boldsymbol{e}_3 \tag{1-24}$$

在圆柱坐标系中拉梅系数为 $h_r=1$，$h_\phi=r$，$h_z=1$，因此梯度的展开式为

$$\nabla\varphi=\frac{\partial\varphi}{\partial r}\boldsymbol{e}_r+\frac{1}{r}\frac{\partial\varphi}{\partial\phi}\boldsymbol{e}_\phi+\frac{\partial\varphi}{\partial z}\boldsymbol{e}_z \tag{1-25}$$

球坐标系中拉梅系数为 $h_r=1$，$h_\theta=r$，$h_\phi=r\sin\theta$，其梯度展开式为

$$\nabla\varphi=\frac{\partial\varphi}{\partial r}\boldsymbol{e}_r+\frac{1}{r}\frac{\partial\varphi}{\partial\theta}\boldsymbol{e}_\theta+\frac{1}{r\sin\theta}\frac{\partial\varphi}{\partial\phi}\boldsymbol{e}_\phi \tag{1-26}$$

这里要特别提醒，不同坐标系下的梯度展开式是不一样的，不能直接套用直角坐标系的梯度公式计算圆柱坐标、球坐标下的梯度值。

例 1-3　求标量场 $\varphi=x^2z+y^2$ 在点 $M(1,1,2)$ 处沿 $\boldsymbol{l}=\boldsymbol{e}_x+2\boldsymbol{e}_y+2\boldsymbol{e}_z$ 方向的方向导数及梯度。

解　$\boldsymbol{l}$ 方向、点 $M(1,1,2)$ 处的方向余弦为

$$\cos\alpha=\frac{1}{\sqrt{1^2+2^2+2^2}}=\frac{1}{3},\ \cos\beta=\frac{2}{\sqrt{1^2+2^2+2^2}}=\frac{2}{3},\ \cos\gamma=\frac{2}{\sqrt{1^2+2^2+2^2}}=\frac{2}{3}$$

由梯度公式可求得该点的梯度为

$$\nabla\varphi\big|_{\mathrm{M}}=\left(\frac{\partial\varphi}{\partial x}\boldsymbol{e}_x+\frac{\partial\varphi}{\partial y}\boldsymbol{e}_y+\frac{\partial\varphi}{\partial z}\boldsymbol{e}_z\right)\bigg|_{\mathrm{M}}=(2xz\boldsymbol{e}_x+2y\boldsymbol{e}_y+x^2\boldsymbol{e}_z)\big|_{\mathrm{M}}=4\boldsymbol{e}_x+2\boldsymbol{e}_y+\boldsymbol{e}_z$$

因此该点的方向导数为

$$\left.\frac{\partial \varphi}{\partial l}\right|_{M}=\nabla \varphi \cdot \boldsymbol{e}_{l}\big|_{M}=\frac{\partial \varphi}{\partial x} \cos \alpha+\frac{\partial \varphi}{\partial y} \cos \beta+\frac{\partial \varphi}{\partial z} \cos \gamma=\frac{10}{3}$$

例 1-4　求标量函数 $\varphi(r,\theta,\phi)=\frac{K_0}{r^2}\cos\theta$ 的梯度，式中 K_0 为常数。

解　由已知可见，标量函数 φ 与角度 ϕ 无关，代入球坐标梯度展开式（1-26），则展开式只有前面两项，因此有

$$\nabla \varphi=\frac{\partial \varphi}{\partial r} \boldsymbol{e}_{r}+\frac{1}{r} \frac{\partial \varphi}{\partial \theta} \boldsymbol{e}_{\theta}=-\frac{2 K_{0}}{r^{3}} \cos \theta \boldsymbol{e}_{r}-\frac{K_{0}}{r^{3}} \sin \theta \boldsymbol{e}_{\theta}$$

标量场的梯度函数建立了标量场与矢量场的联系，这一联系使得某一类矢量场可以通过标量函数来研究，反之也可以通过矢量场来研究标量场。

1.5.2　矢量场的通量与散度

如何区分矢量场是否具有涡旋性？如何对场量与产生场的源之间进行定量描述？这些就要用到本小节与下一节给出的通量、环量等概念进行分析。

1. 矢量的通量及其性质

矢量场的常用积分物理量之一即为矢量的通量（flux）。矢量 $\boldsymbol{A}$ 沿某一有向曲面 $\boldsymbol{S}$ 的面积分称为矢量 $\boldsymbol{A}$ 穿过该有向曲面 $\boldsymbol{S}$ 的通量，其积分值为标量，用 $\boldsymbol{\Psi}$ 表示，且

$$\Psi=\int_{S} \boldsymbol{A} \cdot \mathrm{d} \boldsymbol{S} \tag{1-27}$$

显然通量值可为正、负或零。

为了理解通量的物理意义，取积分曲面为某个闭合面，规定闭合面的方向为曲面的外法向。若矢量穿过闭合面的通量为零，则表明进入闭合面的矢量总和与流出闭合面的矢量总和相互抵消，即在闭合面所包围的空间内矢量线连续无间断；若矢量穿过闭合面的通量大于零，则表明流出闭合面的矢量总和大于进入闭合面的矢量的总和，这意味着在闭合面所包围的空间内有发出矢量线的源；若矢量穿过闭合面的通量小于零，则表明流出闭合面的矢量总和小于进入闭合面的矢量总和，这意味着在闭合面所包围的空间内有吸收矢量线的洞（或汇），称为矢量的负源。因此，当闭合面内有正源时，矢量通过该闭合面的通量一定为正；当闭合面内有洞时，矢量通过该闭合面的通量一定为负；当闭合面内无源，或正、负源相抵时，矢量通过该闭合面的通量一定为零，如图 1-7 所示。

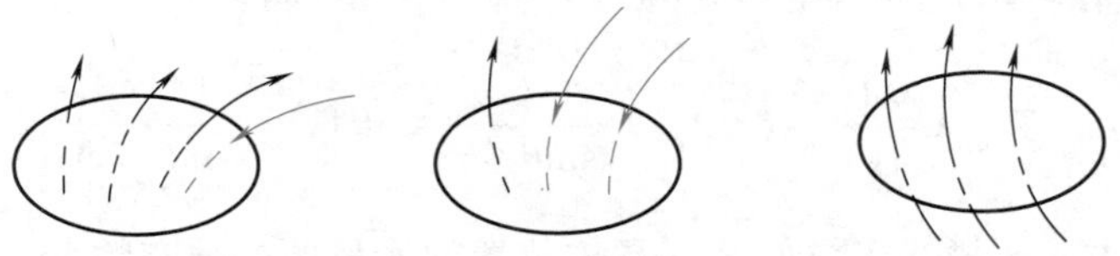

a) $\Psi>0$　　b) $\Psi<0$　　c) $\Psi=0$

图 1-7　矢量场的通量

在物理学中，真空中的电场强度 $\boldsymbol{E}$ 通过任一闭合曲面的通量等于该闭合面包围的所有自由电荷的电量之和与真空介电常数 ε_0 之比，即

$$\oint_S \boldsymbol{E} \cdot \mathrm{d}\boldsymbol{S} = \frac{\sum q_k}{\varepsilon_0}$$

可见，当闭合面中存在正电荷时，通量为正；当闭合面中存在负电荷时，通量为负；在电荷不存在的无源区中，穿过任一闭合面的通量为零。这一物理学实例充分地显示出闭合面中正源、负源及无源的通量特性。

可以说，闭合曲面的通量从宏观上建立了矢量场通过闭合曲面的通量与曲面内产生矢量场的源的关系。但是，矢量的通量仅表示闭合面中源的整体的总量，它不能显示源的具体分布特性。很自然会联想到，利用数学上的微分运算对矢量场的源点进行定位，这就是下面要讨论的矢量场的散度。

2. 矢量的散度及其性质

当闭合面 S 向面内某点无限收缩时，矢量 $\boldsymbol{A}$ 通过该闭合面 S 的通量与该闭合面包围的体积之比的极限称为矢量场 $\boldsymbol{A}$ 在该点的散度（divergence），即

$$\mathrm{div}\boldsymbol{A} = \lim_{\Delta V \to 0} \frac{\oint_S \boldsymbol{A} \cdot \mathrm{d}\boldsymbol{S}}{\Delta V} \tag{1-28}$$

上述定义表明，散度是一个标量值，它表示穿过体积为零的“点”的通量体密度值，即对应通量源的密度。

利用哈密尔顿算子描述散度一定是两个矢量的点积，即 $\nabla \cdot \boldsymbol{A}$。设

$$\boldsymbol{A} = A_1\boldsymbol{e}_1 + A_2\boldsymbol{e}_2 + A_3\boldsymbol{e}_3$$

可以证明广义正交曲面坐标系中散度的展开式为

$$\nabla \cdot \boldsymbol{A} = \frac{1}{h_1h_2h_3}\left[\frac{\partial}{\partial u_1}(h_2h_3A_1) + \frac{\partial}{\partial u_2}(h_1h_3A_2) + \frac{\partial}{\partial u_3}(h_1h_2A_3)\right] \tag{1-29}$$

直角坐标系中拉梅系数分别为 $h_x = h_y = h_z = 1$，散度的展开式为

$$\nabla \cdot \boldsymbol{A} = \frac{\partial A_x}{\partial x} + \frac{\partial A_y}{\partial y} + \frac{\partial A_z}{\partial z} \tag{1-30}$$

圆柱坐标系中拉梅系数分别为 $h_r = 1$，$h_\phi = r$，$h_z = 1$，散度展开式为

$$\nabla \cdot \boldsymbol{A} = \frac{1}{r}\frac{\partial}{\partial r}(rA_r) + \frac{1}{r}\frac{\partial A_\phi}{\partial \phi} + \frac{\partial A_z}{\partial z} \tag{1-31}$$

球坐标系中拉梅系数分别为 $h_r = 1$，$h_\theta = r$，$h_\phi = r\sin\theta$，散度展开式为

$$\nabla \cdot \boldsymbol{A} = \frac{1}{r^2}\frac{\partial}{\partial r}(r^2A_r) + \frac{1}{r\sin\theta}\frac{\partial}{\partial \theta}(\sin\theta A_\theta) + \frac{1}{r\sin\theta}\frac{\partial A_\phi}{\partial \phi} \tag{1-32}$$

矢量场的散度 $\nabla \cdot \boldsymbol{A}$ 描述了空间某一具体位置的通量源的分布情况，它也是空间坐标的函数，是标量。若某点 $\nabla \cdot \boldsymbol{A} = 0$，表明该点为无源点；若 $\nabla \cdot \boldsymbol{A} \neq 0$，则表明该点为有源点，且 $\nabla \cdot \boldsymbol{A} > 0$ 为正源，$\nabla \cdot \boldsymbol{A} < 0$ 为负源，散度值即对应该点通量源的密度。如果某一区域内处处都有 $\nabla \cdot \boldsymbol{A} = 0$，则该区域为无源区，反之则为有源区。

例 1-5　已知矢量场 $\boldsymbol{F}(r,\phi,z) = \frac{K_0}{r}\boldsymbol{e}_r$（$r \geqslant a$），求：(1) 矢量的散度；(2) 矢量由内向

外穿过圆柱面 $x^2+y^2=a^2$ 与平面 $z=h_1$ 和平面 $z=h_2$ 所围封闭曲面的通量，其中 K_0、a、h_1、h_2 均为大于零的常数，且 $h_2>h_1$。

解　(1) 由已知可见，矢量只有半径方向的分量，且只与半径有关，即 $\boldsymbol{F}(r,\phi,z)=F_r(r)\boldsymbol{e}_r$，因此，由圆柱坐标散度展开式（1-31）可知，散度展开式只有第一项，故

$$\nabla \cdot \boldsymbol{F}=\frac{1}{r}\frac{\partial}{\partial r}(rF_r)=\frac{1}{r}\frac{\mathrm{d}}{\mathrm{d}r}(K_0)=0$$

结果表明，圆柱外没有场源，即 $r\geqslant a$ 的区域为无源区。

(2) 设圆柱侧面为 S_1，上下底面分别为 S_2、S_3，由通量式（1-27）可知

$$\Psi=\int_{S_1}\boldsymbol{F}\cdot \mathrm{d}\boldsymbol{S}_1+\int_{S_2}\boldsymbol{F}\cdot \mathrm{d}\boldsymbol{S}_2+\int_{S_3}\boldsymbol{F}\cdot \mathrm{d}\boldsymbol{S}_3$$

由于矢量 $\boldsymbol{F}$ 只有半径方向的分量，即矢量垂直于圆柱侧面 S_1，平行于上下底面 S_2、S_3，因此上式中后面两项点积分为零，通量值只剩第一项存在，而且其矢量积分可以简化为标量积分，进一步再简化为被积函数与圆柱面积的乘积，即

$$\Psi=\int_{S_1}\frac{K_0}{r}\boldsymbol{e}_r\cdot \mathrm{d}S_1\boldsymbol{e}_r=\int_{S_1}\frac{K_0}{r}\mathrm{d}S_1=\frac{K_0}{a}[2\pi a(h_2-h_1)]=2\pi K_0(h_2-h_1)$$

结果表明，该圆柱闭合面内有大于零的正源，场源的总和为 $2\pi K_0(h_2-h_1)$，也正是由于这些正源产生了由轴心指向柱面方向的矢量场 $\boldsymbol{F}$。

1.5.3　矢量场的环量与旋度

1. 矢量的环量及其性质

对于具有涡旋性质的矢量场，除了要确定产生涡旋特性的源的强度外，还要确定涡旋场的旋转方向，数学上采用矢量的环量来描述。在矢量场 $\boldsymbol{A}$ 中取一条闭合有向曲线 $\boldsymbol{l}$，矢量 $\boldsymbol{A}$ 沿该曲线的环路线积分定义为矢量 $\boldsymbol{A}$ 的环量，用 Γ 表示，即

$$\Gamma=\oint_l \boldsymbol{A}\cdot \mathrm{d}\boldsymbol{l} \tag{1-33}$$

可见，若在闭合有向曲线 $\boldsymbol{l}$ 上，矢量场 $\boldsymbol{A}$ 的方向处处与线元 $\mathrm{d}\boldsymbol{l}$ 的方向保持一致，则环量 $\Gamma>0$；若处处相反，则 $\Gamma<0$。因此，环量既可以用来描述矢量场涡旋特性，又可以根据其正负判断矢量场大致的旋转方向。如果任意选择一个闭合曲线，其环量总为零，则说明该矢量场为无旋场，否则称为有旋场。若环量大于零，说明矢量场的涡旋方向与有向曲线的方向大体一致，否则旋转方向与有向曲线的方向相逆。

由物理学可知，真空中磁感应强度 $\boldsymbol{B}$ 沿任一闭合有向曲线 $\boldsymbol{l}$ 的环量等于该闭合曲线包围的传导电流 I 与真空磁导率 μ_0 的乘积。即

$$\oint_l \boldsymbol{B}\cdot \mathrm{d}\boldsymbol{l}=\mu_0 I$$

其中磁感应强度 $\boldsymbol{B}$ 的方向与电流 I 的方向符合右手螺旋法则，且环量的大小与闭合曲线内包含的电流的强度成正比。

由此可见，环量可以表示产生具有涡旋特性的源的强度。与通量相似，环量代表的是闭合曲线包围的总的源强度，它并不能描述源的分布特性。

2. 矢量的旋度及其性质

为了研究矢量场环量的微分性质、了解场中每个点上涡旋源的性质，参照矢量场散度的

研究方法，引入矢量场旋度（curl）的概念。

设 P 为矢量场 $\boldsymbol{A}$ 中的某一点，包含 P 点做一个微小面元 ΔS，其周界为 $\boldsymbol{l}$，周界的环绕方向与面元 ΔS 的法向矢量 $\boldsymbol{e}_n$ 成右手螺旋关系。令曲面 ΔS 在 P 点处保持以 $\boldsymbol{e}_n$ 为法向矢量不变，以任意方式缩向 P 点，定义矢量 $\boldsymbol{A}$ 的环量与曲面面积之比的极限值为矢量 $\boldsymbol{A}$ 的环量密度，即

$$\lim_{\Delta S\to 0}\frac{\oint_l \boldsymbol{A}\cdot \mathrm{d}\boldsymbol{l}}{\Delta S}$$

显然，该环量密度与曲面 ΔS 的取向密切相关，其中一定可以找到某个方向，使得在此方向下该点的环量密度最大。由此定义一个新矢量，其大小为场点 P 的最大环量密度，其方向为获得最大环量密度的面元 ΔS 的法线方向 $\boldsymbol{e}_n$，称该矢量为场点 P 的旋度，用 $\nabla\times\boldsymbol{A}$ 表示为

$$\nabla\times\boldsymbol{A}=\lim_{\Delta S\to 0}\frac{\boldsymbol{e}_n\left|\oint_l \boldsymbol{A}\cdot \mathrm{d}\boldsymbol{l}\right|_{\max}}{\Delta S} \tag{1-34}$$

广义正交曲面坐标系中旋度的展开式为

$$\nabla\times\boldsymbol{A}=\frac{1}{h_1h_2h_3}\begin{vmatrix} h_1\boldsymbol{e}_1 & h_2\boldsymbol{e}_2 & h_3\boldsymbol{e}_3\\ \dfrac{\partial}{\partial u_1} & \dfrac{\partial}{\partial u_2} & \dfrac{\partial}{\partial u_3}\\ h_1A_1 & h_2A_2 & h_3A_3\end{vmatrix} \tag{1-35}$$

直角坐标系中拉梅系数分别为 $h_x=h_y=h_z=1$，所以有

$$\nabla\times\boldsymbol{A}=\begin{vmatrix} \boldsymbol{e}_x & \boldsymbol{e}_y & \boldsymbol{e}_z\\ \dfrac{\partial}{\partial x} & \dfrac{\partial}{\partial y} & \dfrac{\partial}{\partial z}\\ A_x & A_y & A_z\end{vmatrix}=\left(\frac{\partial A_z}{\partial y}-\frac{\partial A_y}{\partial z}\right)\boldsymbol{e}_x+\left(\frac{\partial A_x}{\partial z}-\frac{\partial A_z}{\partial x}\right)\boldsymbol{e}_y+\left(\frac{\partial A_y}{\partial x}-\frac{\partial A_x}{\partial y}\right)\boldsymbol{e}_z \tag{1-36}$$

圆柱坐标系中拉梅系数为 $h_r=1$，$h_\phi=r$，$h_z=1$，相应的旋度展开式为

$$\nabla\times\boldsymbol{A}=\left(\frac{1}{r}\frac{\partial A_z}{\partial \phi}-\frac{\partial A_\phi}{\partial z}\right)\boldsymbol{e}_r+\left(\frac{\partial A_r}{\partial z}-\frac{\partial A_z}{\partial r}\right)\boldsymbol{e}_\phi+\frac{1}{r}\left(\frac{\partial}{\partial r}(rA_\phi)-\frac{\partial A_r}{\partial \phi}\right)\boldsymbol{e}_z \tag{1-37}$$

球坐标系中拉梅系数为 $h_r=1$，$h_\theta=r$，$h_\phi=r\sin\theta$，相应的旋度展开式为

$$\nabla\times\boldsymbol{A}=\frac{1}{r\sin\theta}\left(\frac{\partial}{\partial\theta}(A_\phi\sin\theta)-\frac{\partial A_\theta}{\partial\phi}\right)\boldsymbol{e}_r+\frac{1}{r}\left(\frac{1}{\sin\theta}\frac{\partial A_r}{\partial\phi}-\frac{\partial}{\partial r}(rA_\phi)\right)\boldsymbol{e}_\theta+\frac{1}{r}\left(\frac{\partial}{\partial r}(rA_\theta)-\frac{\partial A_r}{\partial\theta}\right)\boldsymbol{e}_\phi \tag{1-38}$$

矢量场的旋度 $\nabla\times\boldsymbol{A}$ 描述了空间某一具体位置的涡旋源的大小、方向的分布情况，它也是空间坐标的函数，是矢量。若某点 $\nabla\times\boldsymbol{A}=\boldsymbol{0}$，表明该点为无旋点，反之则为有旋点，矢量的方向即为该点涡旋源的方向。如果某一区域内处处都有 $\nabla\times\boldsymbol{A}=0$，则该区域为无旋区，反之则为有旋区。

例 1-6　已知矢量场 $\boldsymbol{F}=3y\boldsymbol{e}_x+(3x-2z)\boldsymbol{e}_y-(Cy+z)\boldsymbol{e}_z$ 为无旋场，求系数 C。

解　矢量场为无旋场，必有 $\nabla\times\boldsymbol{F}=0$，即

$$\nabla\times\boldsymbol{F}=\begin{vmatrix}\boldsymbol{e}_x & \boldsymbol{e}_y & \boldsymbol{e}_z\\ \dfrac{\partial}{\partial x} & \dfrac{\partial}{\partial y} & \dfrac{\partial}{\partial z}\\ 3y & 3x-2z & -(Cy+z)\end{vmatrix}=(-C+2)\boldsymbol{e}_x=0$$

由此求得系数 $C=2$。

1.6 场论分析常用定理

1.6.1 矢量场的分类

根据矢量场的散度和旋度值是否为零可将矢量场进行如下分类：

1. 调和场

若矢量场 $\boldsymbol{A}$ 在某区域 V 内，处处有 $\nabla\cdot\boldsymbol{A}=0$ 和 $\nabla\times\boldsymbol{A}=0$，则称该区域内的场为调和场。显然，在工程实际中并不存在在整个空间内散度和旋度处处均为零的矢量场。

2. 有源无旋场

若矢量场 $\boldsymbol{A}$ 在某区域 V 内，处处有 $\nabla\times\boldsymbol{A}=0$，而在某些位置或整个区域内 $\nabla\cdot\boldsymbol{A}\neq 0$，则称该区域内的场为有源无旋场。

有源无旋场的场矢量线有头有尾，不构成涡旋形状。一般称有源无旋场为保守场，如图 1-6a 所示的电场即为保守场。

3. 无源有旋场

若矢量场 $\boldsymbol{A}$ 在某区域 V 内，处处有 $\nabla\cdot\boldsymbol{A}=0$，而在某些位置或整个区域内 $\nabla\times\boldsymbol{A}\neq 0$，则称该区域内的场为无源有旋场。

有旋场的矢量线总是无头无尾，构成涡旋形状，图 1-6b 所示的磁场即为涡旋场。

4. 有源有旋场

若矢量场 $\boldsymbol{A}$ 在某区域 V 内，散度不为零、旋度也不为零，则称该区域内的场为有源有旋场。

该矢量场的源应为散度源和涡旋源两种，设 $\nabla\cdot\boldsymbol{A}=\Psi\neq 0$，$\nabla\times\boldsymbol{A}=\boldsymbol{F}\neq 0$，则其中每个场点的散度值 Ψ 即为该点的通量源密度、旋度值 $\boldsymbol{F}$ 即为该点的涡旋源密度。

对于线性的矢量场，可以证明任意一个有源有旋场总可以分解为一个无旋有散场和一个无散有旋场的叠加。

1.6.2 矢量场常用梯度、散度、旋度的关系定理

数学上可以证明如下定理：

定理 1：任一标量场 φ 的梯度场一定为无旋场。或者说，任一标量函数的梯度再进行旋度运算一定恒为零，即

$$\nabla\times\nabla\varphi\equiv 0 \tag{1-39}$$

定理 2：任一矢量场 $\boldsymbol{F}$ 的旋度场一定为无散场。或者说，任一矢量函数的旋度再进行散度运算一定恒为零，即

$$\nabla\cdot\nabla\times\boldsymbol{F}\equiv 0 \tag{1-40}$$

定理 3：一个无旋场 $\boldsymbol{F}$ 必可表示为某个标量场 φ 的梯度。或者说，若 $\nabla\times\boldsymbol{F}\equiv 0$，则必存在某一标量 φ，使得

$$\boldsymbol{F}=\nabla\varphi \tag{1-41}$$

显然，此定理与第一个定理互为逆定理。

定理 4：一个无源场 $\boldsymbol{F}$ 必可表示为另一矢量场 $\boldsymbol{B}$ 的旋度。或者说，若 $\nabla\cdot\boldsymbol{F}\equiv 0$，则必存在另一矢量 $\boldsymbol{B}$，使得

$$\boldsymbol{F}=\nabla\times\boldsymbol{B} \tag{1-42}$$

此定理与第二个定理互为逆定理。

矢量场其他常用公式：

$\nabla(fg)=f\nabla g+g\nabla f$

$\nabla(f/g)=(g\nabla f-f\nabla g)/g^2,\ (g\neq 0)$

$\nabla f(u)=f'(u)\nabla u$

$\nabla\cdot(\alpha\boldsymbol{A})=\alpha\nabla\cdot\boldsymbol{A}+\nabla\alpha\cdot\boldsymbol{A}$

$\nabla\times(\alpha\boldsymbol{A})=\alpha\nabla\times\boldsymbol{A}+\nabla\alpha\times\boldsymbol{A}$

$\nabla\cdot(\boldsymbol{A}\times\boldsymbol{B})=\boldsymbol{B}\cdot\nabla\times\boldsymbol{A}-\boldsymbol{A}\cdot\nabla\times\boldsymbol{B}$

$\nabla\times(\boldsymbol{A}\times\boldsymbol{B})=\boldsymbol{A}(\nabla\cdot\boldsymbol{B})-\boldsymbol{B}(\nabla\cdot\boldsymbol{A})+(\boldsymbol{B}\cdot\nabla)\boldsymbol{A}-(\boldsymbol{A}\cdot\nabla)\boldsymbol{B}$

$\nabla(\boldsymbol{A}\cdot\boldsymbol{B})=\boldsymbol{A}\times(\nabla\times\boldsymbol{B})+\boldsymbol{B}\times(\nabla\times\boldsymbol{A})+(\boldsymbol{B}\cdot\nabla)\boldsymbol{A}+(\boldsymbol{A}\cdot\nabla)\boldsymbol{B}$

$\nabla\times(\nabla\times\boldsymbol{A})=\nabla(\nabla\cdot\boldsymbol{A})-\nabla^2\boldsymbol{A}$

1.6.3 矢量场高斯散度定理

从散度定义可证明如下高斯（Gauss）散度定理

$$\oint_S\boldsymbol{A}\cdot\mathrm{d}\boldsymbol{S}=\int_V\nabla\cdot\boldsymbol{A}\mathrm{d}V \tag{1-43}$$

式中，V 为闭合曲面 S 所包围的空间体积。

从数学角度看，高斯散度定理建立了矢量场在空间内部矢量散度的体积分与该矢量沿此空间表面矢量的面积分之间的联系，若已知矢量场的散度，则该定理可以将复杂的矢量点积的面积分转化为易于计算的标量体积分。从物理角度上看，高斯散度定理建立了空间某一闭合曲面上场量与该区域内部的矢量场之间的关系，简称为“表”与“里”的关系。因此，如果已知区域 V 内的场，根据高斯散度定理即可求出边界 S 上的场，反之亦然。

1.6.4 矢量场斯托克斯定理

从旋度定义可以得到如下斯托克斯（Stokes）定理，即

$$\oint_l\boldsymbol{A}\cdot\mathrm{d}\boldsymbol{l}=\int_S\nabla\times\boldsymbol{A}\cdot\mathrm{d}\boldsymbol{S} \tag{1-44}$$

式中，S 为空间闭合曲线 l 所界定的空间曲面的面积。特别要提醒读者注意的是，对于给定的某个空间闭合曲线 l，以该曲线为周界的空间曲面应该有无穷多个（即，不唯一）。

从数学角度可以看出，斯托克斯定理建立了一个开放曲面上的矢量旋度的面积分与该矢量沿此曲面边界的曲线上线积分之间的联系。从物理角度上看，该定理建立了空间某一区域中的矢量场与该区域边缘上场量之间的关系，简称为“边”与“面”的关系。

1.6.5　矢量场亥姆霍兹定理

若矢量场 $\boldsymbol{F}$ 在无限区域中处处是单值的，且其导数连续有界，源分布在有限区域 V' 中，则当矢量场的散度及旋度给定后，该矢量场 $\boldsymbol{F}$ 可以表示为

$$\boldsymbol{F}(\boldsymbol{r}) = -\nabla\Phi(\boldsymbol{r}) + \nabla\times\boldsymbol{A}(\boldsymbol{r}) \tag{1-45}$$

式中，

$$\Phi(\boldsymbol{r}) = \frac{1}{4\pi}\int_{V'}\frac{\nabla'\cdot\boldsymbol{F}(\boldsymbol{r}')}{|\boldsymbol{r}-\boldsymbol{r}'|}\mathrm{d}V' \tag{1-46}$$

$$\boldsymbol{A}(\boldsymbol{r}) = \frac{1}{4\pi}\int_{V'}\frac{\nabla'\times\boldsymbol{F}(\boldsymbol{r}')}{|\boldsymbol{r}-\boldsymbol{r}'|}\mathrm{d}V' \tag{1-47}$$

数学上可以严格证明上述定理，本文仅就定理在电磁场理论中的应用加以说明。

引理：假设在无限空间中有两个矢量函数 $\boldsymbol{F}$ 和 $\boldsymbol{G}$，它们具有相同的散度和旋度，那么一定有 $\boldsymbol{F}\equiv\boldsymbol{G}$ 成立，即具有相同的散度和旋度的矢量场只能有唯一的解。

现设这两个矢量函数不等，可令

$$\boldsymbol{F}=\boldsymbol{G}+\boldsymbol{P} \tag{1-48}$$

对式（1-48）两边分别取旋度和散度有

$$\nabla\times\boldsymbol{F}=\nabla\times\boldsymbol{G}+\nabla\times\boldsymbol{P}$$

$$\nabla\cdot\boldsymbol{F}=\nabla\cdot\boldsymbol{G}+\nabla\cdot\boldsymbol{P}$$

由于矢量 $\boldsymbol{F}$ 和矢量 $\boldsymbol{G}$ 具有相同的散度和旋度，因此必然有 $\nabla\times\boldsymbol{P}=0$ 和 $\nabla\cdot\boldsymbol{P}=0$，由 $\nabla\times\boldsymbol{P}=0$ 及前面的定理 3 可知必存在某一标量函数 φ，使得 $\boldsymbol{P}=\nabla\varphi$，代入 $\nabla\cdot\boldsymbol{P}=0$ 有

$$\nabla\cdot\nabla\varphi=\nabla^2\varphi=0 \tag{1-49}$$

式（1-49）称为标量函数 φ 的拉普拉斯方程。在直角坐标系中，式（1-49）可写作

$$\nabla^2\varphi=\frac{\partial^2\varphi}{\partial x^2}+\frac{\partial^2\varphi}{\partial y^2}+\frac{\partial^2\varphi}{\partial z^2}=0$$

由于亥姆霍兹（Helmholtz）定理指定场域为无限区域，而标量函数 φ 若要在无限区域满足上述方程就只能是不存在极值的函数，这意味着函数 φ 只能为一常数 C。因此矢量 $\boldsymbol{F}$ 和矢量 $\boldsymbol{G}$ 之差只能为零，即 $\boldsymbol{P}=\nabla\varphi=0$。由此可以证明矢量 $\boldsymbol{F}$ 和矢量 $\boldsymbol{G}$ 相等。

对于无旋场 $\boldsymbol{F}_{\mathrm{d}}$ 来说，$\nabla\times\boldsymbol{F}_{\mathrm{d}}=0$，但这个场的散度不会处处为零。这是因为任何一个物理场必然有源来激发它，若这个场的涡旋源和通量源都为零，那么这个场就不存在了。因此无旋场必然对应于有散场，根据矢量场定理 3 可令（负号是根据工程实际物理意义人为加的）

$$\boldsymbol{F}_{\mathrm{d}}(\boldsymbol{r})=-\nabla\Phi(\boldsymbol{r})$$

对于无散场 $\boldsymbol{F}_{\mathrm{c}}$ 来说，$\nabla\cdot\boldsymbol{F}_{\mathrm{c}}=0$，但这个场的旋度不会处处为零，根据矢量场定理 4 可令

$$\boldsymbol{F}_{\mathrm{c}}(\boldsymbol{r})=\nabla\times\boldsymbol{A}(\boldsymbol{r})$$

由此可见，任一矢量场 $\boldsymbol{F}$，设其散度为 $\nabla\cdot\boldsymbol{F}=\Psi$，旋度为 $\nabla\times\boldsymbol{F}=\boldsymbol{B}$，则该矢量场总可以分解为一个无旋有散场 $\boldsymbol{F}_{\mathrm{d}}$ 和一个无散有旋场 $\boldsymbol{F}_{\mathrm{c}}$ 的叠加，其中

$$\begin{cases}\nabla\times\boldsymbol{F}_{\mathrm{d}}=0\\ \nabla\cdot\boldsymbol{F}_{\mathrm{d}}=\Psi\end{cases}\qquad\begin{cases}\nabla\cdot\boldsymbol{F}_{\mathrm{c}}=0\\ \nabla\times\boldsymbol{F}_{\mathrm{c}}=\boldsymbol{B}\end{cases}$$

综上可见，矢量场 $\boldsymbol{F}$ 可以表示为

$$\boldsymbol{F}(\boldsymbol{r})=-\nabla\Phi(\boldsymbol{r})+\nabla\times\boldsymbol{A}(\boldsymbol{r})$$

亥姆霍兹定理包含如下三层含义：

1）任一矢量场都是由两种激励源激发的，分别为通量源和涡旋源两种类型的场源；

2）该矢量场可表示为一个有散无旋场与一个有旋无散场之和，其中有散无旋场的散度即对应于激发该矢量场的通量源，有旋无散场的旋度即对应于激发该矢量场的涡旋源。

3）当所讨论矢量场的散度和旋度均为零时，矢量场也随之消失。即通量源和涡旋源是产生矢量场的唯一的场源。

因此说分析矢量场的散度及旋度特性是研究矢量场的首要问题，当两类源在空间分布确定后，矢量场也就唯一确定了，这就是亥姆霍兹定理。

亥姆霍兹定理是电磁场理论分析的主线，无论是静态场、时变场还是电磁波，都围绕着矢量的通量与环量、散度与旋度性质来分析，可以说亥姆霍兹定理为各种情况下场的分析提供了非常具体的研究路线。

1.6.6 矢量场唯一性定理

位于某一区域中的矢量场，当其散度、旋度以及边界上场量的切向分量或法向分量给定后，则该区域中的矢量场被唯一确定，这就是矢量场的唯一性定理（Uniqueness Theorem）。

由于散度和旋度代表产生矢量场的源，而边界上场量的切向分量或法向分量则代表场的边界条件，因此唯一性定理表明，矢量场是由其源及边界条件共同决定的。

唯一性定理对求电磁场问题的解具有十分重要的意义，它指出了电磁场具有唯一解的充要条件，且可用来判定所得到的解正确与否。据此，可以尝试任何一种能找到的最方便的方法求解电磁场问题，只要这个解能满足所有给定方程与定解条件，那么这个解就是正确的，任何其他方法求得的同一问题的解必然是与它完全相同的。

在后面几章的讨论中不难发现，针对不同情况，人们已找到了许多种求解电磁场问题的方法。如镜像法、电轴法、分离变量法及数值解法等，而这些方法应用的理论基础正是唯一性定理。

1.7 电磁场麦克斯韦方程组与场论

麦克斯韦总结并推广了法拉第等人对电磁场的研究，提出了位移电流的假说，建立了描述电磁场普遍规律的方程组，称为电磁场麦克斯韦方程组，其积分形式为

$$\begin{cases}\oint_l \boldsymbol{H}\cdot \mathrm{d}\boldsymbol{l}=\int_S \boldsymbol{J}\cdot \mathrm{d}\boldsymbol{S}+\int_S \dfrac{\partial \boldsymbol{D}}{\partial t}\cdot \mathrm{d}\boldsymbol{S}\\ \oint_l \boldsymbol{E}\cdot \mathrm{d}\boldsymbol{l}=-\int_S \dfrac{\partial \boldsymbol{B}}{\partial t}\cdot \mathrm{d}\boldsymbol{S}\\ \oint_S \boldsymbol{B}\cdot \mathrm{d}\boldsymbol{S}=0\\ \oint_S \boldsymbol{D}\cdot \mathrm{d}\boldsymbol{S}=\int_V \rho \mathrm{d}V\end{cases} \tag{1-50}$$

式中，$\boldsymbol{H}$ 为磁场强度矢量，$\boldsymbol{B}$ 为磁感应强度矢量，$\boldsymbol{E}$ 为电场强度矢量，$\boldsymbol{D}$ 为电位移矢量，$\boldsymbol{J}$

为体电流密度矢量，ρ 为电荷体密度。本书后面几章会逐一给出这些物理量的定义。

从场论的观点来看，麦克斯韦第一、第二方程分别建立了电磁场的环量方程。这里，第一方程表明对应磁场的环量源是传导电流和位移电流，其中位移电流是由变化的电场产生的；第二方程表明对应电场的环量源是变化的磁场，若电磁场是静态的，场源不随时间变化，则电场为守恒场，不构成涡旋状。类似的，麦克斯韦第三、第四方程则分别建立了电磁场的通量方程，其中，第三方程表明磁场的通量总为零，即产生磁场的通量源不存在，这与自然界没有孤立的磁荷是一致的；第四方程表明电场的通量源是电荷。

因此，麦克斯韦方程组就建立了完整的电磁场积分形式的数学模型，该方程组既描述了矢量场的环量源与场量的关系，又给出了通量源与场量的关系，故上述方程被认为是全面描述电磁场普遍规律的定理。

按照亥姆霍兹定理，当环量源与通量源，即电流与电荷均给定时，电磁场就是唯一确定的场。

应用斯托克斯定理、高斯散度定理与麦克斯韦积分形式的方程，可以得到相应的微分形式的方程，即

$$\begin{cases}\nabla\times\boldsymbol{H}=\boldsymbol{J}+\dfrac{\partial\boldsymbol{D}}{\partial t}\\[2mm]\nabla\times\boldsymbol{E}=-\dfrac{\partial\boldsymbol{B}}{\partial t}\\[2mm]\nabla\cdot\boldsymbol{B}=0\\\nabla\cdot\boldsymbol{D}=\rho\end{cases}\tag{1-51}$$

如果说积分形式的麦克斯韦方程组（Maxwell′s Equations in Integral Form）是从宏观的角度描述电磁场的场量与场源之间的整体对应关系，那么微分形式的麦克斯韦方程组（Maxwell′s Equations in Point Form）则是从微观的角度描述了场域内每个点处场量与场源之间的个体对应关系，这从其对应的英文词组 in Point Form 就可以更明显地看出来。在很多情况下，人们对电磁场的局部特性更为关注（如生物医学上的病源定位），此时以微分形式的方程去分析问题就会更加方便。

由上述讨论可见，矢量分析是建立电磁场数学模型并进行相应分析必不可少的，所以从这个意义上来说，场论是建立电磁场理论的语言工具。

当然，针对实际工程问题选择不同形式的方程可以得到不同方式的求解问题的工程计算方法，如电磁场数值分析中的模拟电荷法、矩量法和边界元法等就是以麦克斯韦积分形式方程为数学模型建立的，有限元法、有限差分法和蒙特卡洛法等则是建立在麦克斯韦微分形式方程的数学模型基础之上的。所以说，两种形式的方程互相对应，互相补充，都是分析电磁场、电磁波不可或缺的理论基石。

本 章 小 结

本章主要分为两部分内容（见图 1-8），一部分是场的基本概念、矢量代数、场的主要定理等场论基础，重点要理解梯度、散度、旋度的定义及其计算；另一部分给出了对标量场、矢量场研究的技术路线，对于矢量场，按照亥姆霍兹定理指明的分别进行通量与环量或

散度与旋度的分析就可以建立起场的数学模型，得到场的积分形式或微分形式的特性方程。可以说亥姆霍兹定理是矢量场分析的主线，后续章节中场的基本方程都是以此定理为依据建立的。

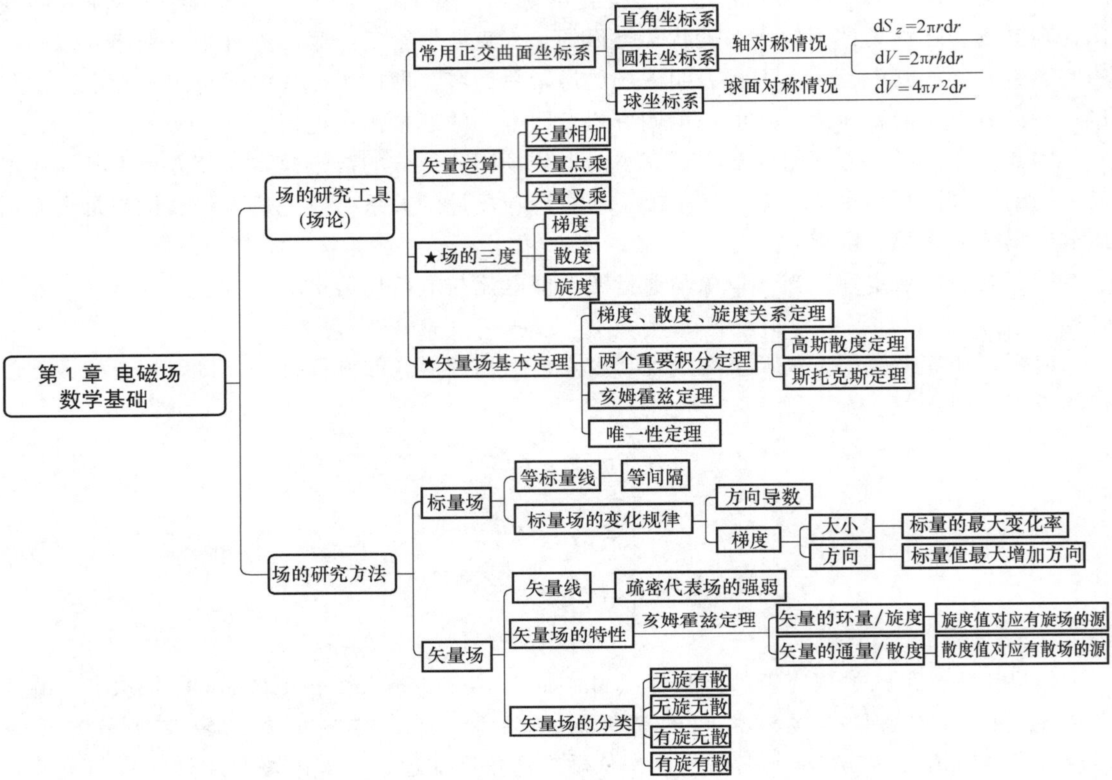

图 1-8 本章主要内容

习 题 1

1-1 求标量场 $\varphi=(x+y)^2-z$ 通过点 $M(1,0,1)$ 的等值面方程。

1-2 设标量 $u=xy^2+yz^3$，矢量 $\boldsymbol{A}=2\boldsymbol{e}_x+2\boldsymbol{e}_y-\boldsymbol{e}_z$，试求标量函数 u 在点 $(2,-1,1)$ 处沿矢量 $\boldsymbol{A}$ 的方向上的方向导数。

1-3 求标量场 $u=\dfrac{x^2+y^2}{z}$ 在点 $M(1,1,2)$ 处沿 $\boldsymbol{l}=\boldsymbol{e}_x+2\boldsymbol{e}_y+2\boldsymbol{e}_z$ 方向的方向导数。

1-4 设标量 $u(x,y,z)=3x^2y-y^3z^2$，求 u 在点 $M(1,-2,1)$ 处的梯度。

1-5 已知标量 $u(r,\theta,\phi)=\dfrac{2}{r^2}\cos\theta$，求梯度 ∇u。

1-6 求二维标量场 $u(x,y)=y^2-x$ 的梯度，并取一闭合回路 C，证明 $\oint_C \nabla u\cdot \mathrm{d}\boldsymbol{l}=0$。

1-7 给定三个矢量 $\boldsymbol{A}$、$\boldsymbol{B}$、$\boldsymbol{C}$ 如下：

$$\boldsymbol{A}=11\boldsymbol{e}_x+9\boldsymbol{e}_y+18\boldsymbol{e}_z,\boldsymbol{B}=17\boldsymbol{e}_x+9\boldsymbol{e}_y+27\boldsymbol{e}_z,\boldsymbol{C}=4\boldsymbol{e}_x-6\boldsymbol{e}_y+5\boldsymbol{e}_z$$

(1) 试证明三个矢量在同一平面上；

(2) 求矢量 $\boldsymbol{A}$ 的单位矢量 $\boldsymbol{e}_A$；

(3) 求 $\boldsymbol{A}\times\boldsymbol{B}$，$\boldsymbol{A}\cdot\boldsymbol{C}$。

1-8　求矢量场 $\boldsymbol{A}=xy^2\boldsymbol{e}_x+x^2y\boldsymbol{e}_y+zy^2\boldsymbol{e}_z$ 的矢量线方程。

1-9　求矢量场 $\boldsymbol{A}=x(z-y)\boldsymbol{e}_x+y(x-z)\boldsymbol{e}_y+z(y-x)\boldsymbol{e}_z$ 在点 $M(1,0,1)$ 处的旋度以及沿矢量 $\boldsymbol{l}=2\boldsymbol{e}_x+6\boldsymbol{e}_y+3\boldsymbol{e}_z$ 方向的环量面密度。

1-10　球面 S 上任意点的位置矢量为 $\boldsymbol{r}=x\boldsymbol{e}_x+y\boldsymbol{e}_y+z\boldsymbol{e}_z$，求矢量面积分 $\oint_S \boldsymbol{r}\cdot \mathrm{d}\boldsymbol{S}$。

1-11　若矢量 $\boldsymbol{A}=x^2\boldsymbol{e}_x+y^3\boldsymbol{e}_y+(3z-x)\boldsymbol{e}_z$，求 $\boldsymbol{A}$ 在点 $M(1,0,-1)$ 处的散度和在点 $M(1,-1,-1)$ 处的旋度。

1-12　设 $r=\sqrt{x^2+y^2+z^2}$ 为点 $M(x,y,z)$ 的矢径 $\boldsymbol{r}$ 的模，试证明：$\nabla r=\dfrac{\boldsymbol{r}}{r}=\boldsymbol{e}_r$。

1-13　利用散度定理证明 $\int_V \nabla\times\boldsymbol{A}\mathrm{d}V=\int_S \mathrm{d}\boldsymbol{S}\times\boldsymbol{A}$。

1-14　应用斯托克斯定理证明 $\int_S \mathrm{d}\boldsymbol{S}\times\nabla\varphi=\int_l \varphi\mathrm{d}\boldsymbol{l}$。

1-15　设 $|\boldsymbol{R}|=[(x-x')^2+(y-y')^2+(z-z')^2]^{1/2}$ 为源点 $\boldsymbol{r}'$ 到场点 $\boldsymbol{r}$ 的距离，$\boldsymbol{R}$ 的方向规定为从源点指向场点。试利用直角坐标证明：$\nabla^2\left(\dfrac{1}{R}\right)=-4\pi\delta(\boldsymbol{r}-\boldsymbol{r}')$。

1-16　试判断下列矢量场是否为均匀矢量场：

(1) 圆柱坐标系中 $\boldsymbol{A}=\boldsymbol{e}_r A_1\sin\phi+\boldsymbol{e}_\phi A_1\cos\phi+\boldsymbol{e}_z A_2$，其中 A_1、A_2 为常数。

(2) 球坐标系中，$\boldsymbol{A}=\boldsymbol{e}_r A_0$，其中 A_0 为常数。

1-17　证明对任意矢量 $\boldsymbol{A}$，下列式子成立：

(1) $\boldsymbol{A}\cdot\dfrac{\mathrm{d}\boldsymbol{A}}{\mathrm{d}t}=A\dfrac{\mathrm{d}A}{\mathrm{d}t}$（记 $\boldsymbol{A}\cdot\boldsymbol{A}=A^2$）；　(2) $\dfrac{\mathrm{d}}{\mathrm{d}t}\left(\boldsymbol{A}\times\dfrac{\mathrm{d}\boldsymbol{A}}{\mathrm{d}t}\right)=\boldsymbol{A}\times\dfrac{\mathrm{d}^2\boldsymbol{A}}{\mathrm{d}t^2}$。

第2章　静　电　场

本章导学

任何一个场的产生都是有相应的场源的，静电场（steady electric field）的场源是静止电荷，因此本章第一部分系统介绍静电场的场源，然后利用第一章场论的知识进一步讨论场源与静电场基本物理量之间的关系，建立单一介质空间的静电场基本方程，并对导体与电介质在静电场中的特性进行详细分析；第二部分针对工程实际问题，通过不同介质分界面处场量间的约束关系，给出工程静电场边值问题的概念、建模及常用的分析方法；本章最后一部分则以静电场的工程实际应用中的电容、能量与力的计算为例，对静电场实际分析进行初步介绍。本章知识结构如图 2-0 所示。

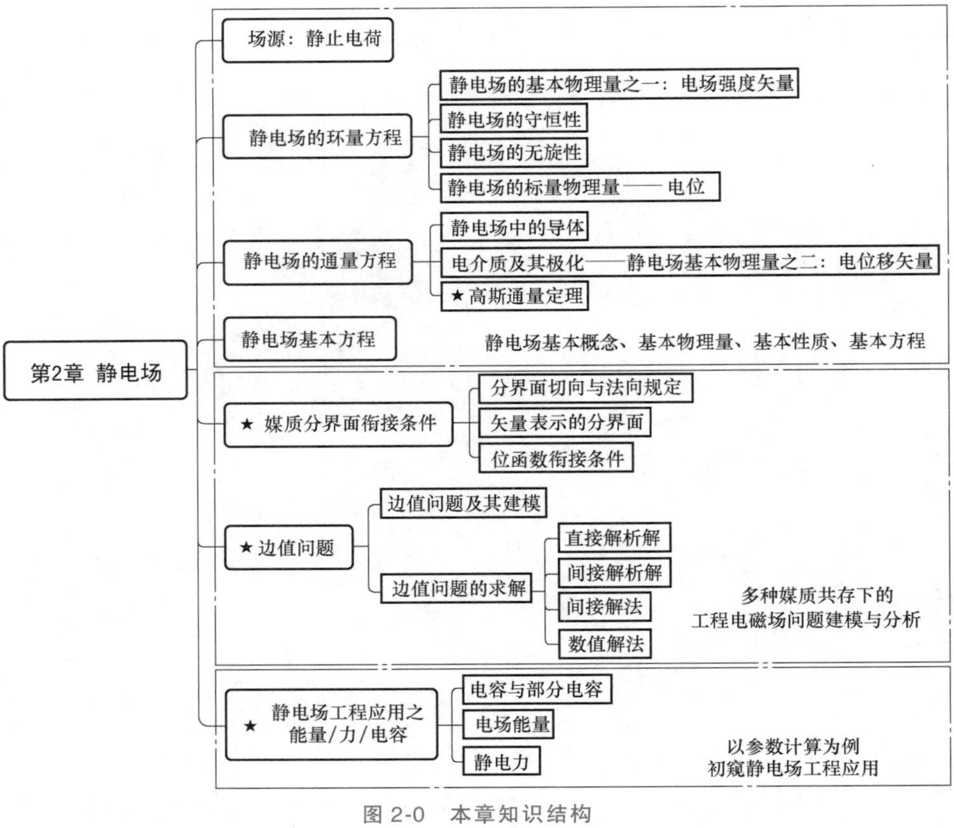

图 2-0　本章知识结构

静电场是后续恒定电场、恒定磁场、时变场、电磁波等其他场的分析基础与范例，是全书的重点，牢固掌握静电场分析方法是学好工程电磁场这门课程的重要保障。

2.1 静电场的场源

与电路理论中的激励与响应相类似，电荷是产生静电场的激励，称为源量，而电场强度、电位等则是与其相对应的响应，称为场量。

为了区分源量与场量，本书采用加撇的符号表示源量，不加撇的符号表示场量。图 2-1 以直角坐标系为例说明源量与场量的表达方式，图中电荷所在的源域体积用 V'表示，源域坐标用加撇的符号（x'，y'，z'）表示，相应的点称为源点，用 $\boldsymbol{r}'$表示从坐标原点到源点的距离矢量，简称为源点矢量。场域坐标用不加撇的符号（x，y，z）表示，相应的点称为场点，用 $\boldsymbol{r}$ 表示从坐标原点到场点的距离矢量，简称为场点矢量。在此坐标系下源点矢量与场点矢量分别为

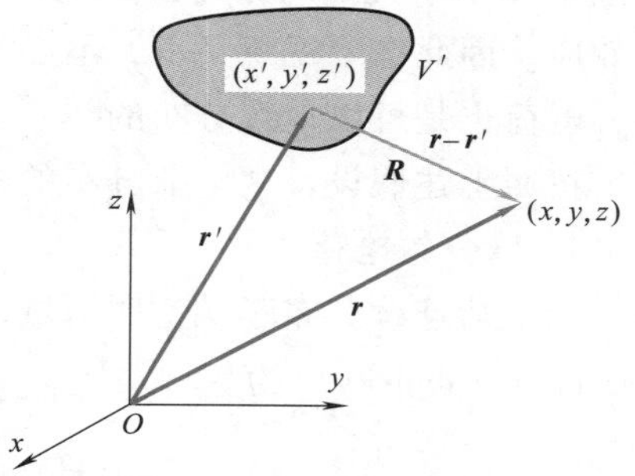

图 2-1 源点与场点坐标的矢量表示

$$\boldsymbol{r}'=x'\boldsymbol{e}_x+y'\boldsymbol{e}_y+z'\boldsymbol{e}_z \tag{2-1}$$

$$\boldsymbol{r}=x\boldsymbol{e}_x+y\boldsymbol{e}_y+z\boldsymbol{e}_z \tag{2-2}$$

源点到场点的距离矢量用 $\boldsymbol{R}$ 表示，为

$$\boldsymbol{R}=\boldsymbol{r}-\boldsymbol{r}'=(x-x')\boldsymbol{e}_x+(y-y')\boldsymbol{e}_y+(z-z')\boldsymbol{e}_z=R\boldsymbol{e}_R \tag{2-3}$$

在其他坐标系下也可用类似的方法表示。显然，源点到场点的距离矢量 $\boldsymbol{R}$ 既是场点矢量 $\boldsymbol{r}$ 的函数，也是源点矢量 $\boldsymbol{r}'$的函数。

例 2-1 求矢量 $\nabla\frac{1}{R}$及 $\nabla'\frac{1}{R}$，其中 ∇是对场点做运算，∇'是对源点做运算（设 $R\neq0$）。

解 以直角坐标系为例，由式（2-3）有

$$R=\sqrt{(x-x')^2+(y-y')^2+(z-z')^2}$$

由题意知算子 ∇及 ∇'在直角坐标系中分别为

$$\nabla=\frac{\partial}{\partial x}\boldsymbol{e}_x+\frac{\partial}{\partial y}\boldsymbol{e}_y+\frac{\partial}{\partial z}\boldsymbol{e}_z \text{ 及 } \nabla'=\frac{\partial}{\partial x'}\boldsymbol{e}_x+\frac{\partial}{\partial y'}\boldsymbol{e}_y+\frac{\partial}{\partial z'}\boldsymbol{e}_z$$

利用矢量运算公式可求得

$$\begin{aligned}\nabla\frac{1}{R}&=-\frac{\nabla R}{R^2}=-\frac{1}{R^2}\left[\frac{\partial R}{\partial x}\boldsymbol{e}_x+\frac{\partial R}{\partial y}\boldsymbol{e}_y+\frac{\partial R}{\partial z}\boldsymbol{e}_z\right]\\&=-\frac{1}{R^2}\left[\frac{1}{2}\ \frac{2(x-x')}{R}\boldsymbol{e}_x+\frac{1}{2}\ \frac{2(y-y')}{R}\boldsymbol{e}_y+\frac{1}{2}\ \frac{2(z-z')}{R}\boldsymbol{e}_z\right]=-\frac{\boldsymbol{R}}{R^3}=-\frac{1}{R^2}\boldsymbol{e}_R\end{aligned}$$

同理求得

$$\nabla'\frac{1}{R}=\frac{1}{R^2}\boldsymbol{e}_R$$

即

$$\nabla\frac{1}{R}=-\nabla'\frac{1}{R}=-\frac{1}{R^2}\boldsymbol{e}_R$$

上述结论在后续电磁场分析中会经常用到，且该结论在圆柱坐标系和球坐标下皆成立。

1913 年美国科学家密立根通过油滴实验证明，电荷量具有量子化特性，即电荷只能取离散的、不连续的量值，即电子电荷的整数倍。一般带电体的电量只能是电子电荷量 e 的整数倍。现代精确测定的电子电荷量值为 $e=1.602\ 177\ 33\times10^{-19}$，电荷的国际单位制单位为 C（库）。本书研究的对象是经典电磁场理论，只考虑宏观统计的电磁场现象而不考虑场的量子效应。因此在宏观意义下，不必考虑电荷量子化的事实，而认为带电体的电量是连续变化的，电荷也是可以连续分布的。

按照上述假设，视电荷分布的不同形式，定义如下四种电荷。

1. 体分布电荷

当电荷连续分布于某空间区域内时，可定义该体积内任一源点 $\boldsymbol{r}'$ 处的体电荷密度（volume charge density）为

$$\rho(\boldsymbol{r}')=\lim_{\Delta V'\to 0}\frac{\Delta q(\boldsymbol{r}')}{\Delta V'}\quad(\text{单位}:\mathrm{C/m^3})\tag{2-4}$$

式中，位于源点 $\boldsymbol{r}'$ 处的元体积 $\Delta V'$ 不是数学意义上的无限小，在几何尺寸上远小于所讨论的电磁系统的体积，但又要大到使其内的净电荷量 $\Delta q(\boldsymbol{r}')$ 足以包含大量的电子电荷，即宏观意义的无限小（本书以后提到的无限小含义均类似），这样定义的体电荷密度 ρ 是空间坐标变量的连续函数。

对于一个已知体积 V'，其内部包含的电荷总量即可由体积分求得

$$Q=\int_{V'}\rho(\boldsymbol{r}')\mathrm{d}V'\tag{2-5}$$

大家熟悉的雷击云中的带电方式就属于体电荷分布的典型实例。

2. 面分布电荷

仿照体分布电荷的定义及其说明，当电荷连续分布于厚度忽略不计的面积区域内时，可定义该面积内任一源点 $\boldsymbol{r}'$ 处的面电荷密度（surface charge density）为

$$\sigma(\boldsymbol{r}')=\lim_{\Delta S'\to 0}\frac{\Delta q(\boldsymbol{r}')}{\Delta S'}\quad(\text{单位}:\mathrm{C/m^2})\tag{2-6}$$

对于一个已知面积 S'，其内部包含的电荷总量即可由面积分求得

$$Q=\int_{S'}\sigma(\boldsymbol{r}')\mathrm{d}S'\tag{2-7}$$

在物理电磁学中，静电场中导体内的自由电荷在静电平衡的情况下即分布于导体的表面，这是面电荷分布的典型实例。

3. 线分布电荷

当电荷连续分布于截面积忽略不计的线型区域内时，可定义该线内任一源点 $\boldsymbol{r}'$ 处的线电荷密度（line charge density）为

$$\tau(\boldsymbol{r}')=\lim_{\Delta l'\to 0}\frac{\Delta q(\boldsymbol{r}')}{\Delta l'}\quad(\text{单位}:\mathrm{C/m})\tag{2-8}$$

对于一个已知曲线 l'，其内部包含的电荷总量可由线积分求得

$$Q = \int_{l'} \tau(\boldsymbol{r}')\,\mathrm{d}l' \tag{2-9}$$

大家熟知的电路理论中的基本物理量电流是由线分布的运动电荷形成的。一般情况下，传输线中的电荷分布可简化为线分布。

4. 点电荷

在理想化的情况下，当带电体的几何尺寸忽略不计时，可认为电荷集中于一个点，称为点电荷 $q(\boldsymbol{r}')$。实际上点电荷可视为分布于广义点的体分布电荷的特例，因此，只要知道点电荷产生场的结果就可类推，积分得到任意分布的其他三种分布电荷产生的场。

2.2　电场强度及其环量特性

静电场的基本物理量是电场强度与电位。本节先从库仑定律出发引入电场强度的定义及其计算，再由静电场的基本特性——守恒性的讨论中引出另一重要物理量“电位”。

2.2.1　静电场的特征与电场强度

静电场的存在表现为对静止电荷具有作用力。作用力的大小表明电荷所在点的电场的强弱，力的方向则代表该点电场的方向。为了客观描述电场，取试验电荷 q_t（该电荷为正的点电荷，其带电量要小到不影响被研究的电场分布），若试验电荷在电场中某场点所受的力为 $\boldsymbol{F}(\boldsymbol{r})$，则该点的电场强度（electric field intensity）定义为

$$\boldsymbol{E}(\boldsymbol{r}) = \frac{\boldsymbol{F}(\boldsymbol{r})}{q_t} \quad (\text{单位}:\text{N/C 或 V/m}) \tag{2-10}$$

1785 年法国物理学家库仑所做的静电力实验定量地研究了电场对静止电荷的作用力，称为库仑定律，该实验定律给出：在无限大真空中，静止电荷 q_1 与 q_2（如图 2-2 所示）之间的作用力可表示为

$$\boldsymbol{F}_{12} = \frac{q_1 q_2}{4\pi\varepsilon_0 R_{12}^2}\boldsymbol{e}_{21} \tag{2-11a}$$

$$\boldsymbol{F}_{21} = \frac{q_1 q_2}{4\pi\varepsilon_0 R_{21}^2}\boldsymbol{e}_{12} \tag{2-11b}$$

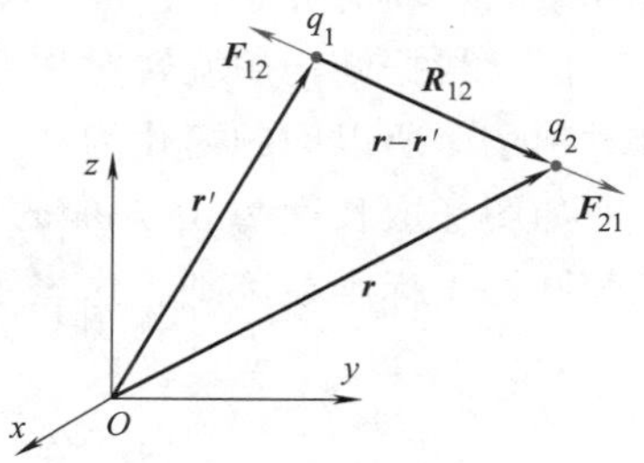

图 2-2　点电荷之间的库仑力

式中，$\boldsymbol{F}_{12}$ 是电荷 q_2 对电荷 q_1 的作用力，单位是 N，方向由 q_2 指向 q_1，用 $\boldsymbol{e}_{21}$ 表示；$\boldsymbol{F}_{21}$ 是电荷 q_1 对电荷 q_2 的作用力，方向由 q_1 指向 q_2，用 $\boldsymbol{e}_{12}$ 表示；ε_0 是真空的介电常数（electrical permittivity），单位是 F/m，数值是

$$\varepsilon_0 = \frac{10^{-9}}{36\pi} \approx 8.85\times10^{-12}$$

显然，两个电荷之间的作用力应该大小相等，方向相反。

对比电场强度的定义式与库仑定律，设电荷 q_1 是产生静电场的源电荷 q，电荷 q_2 是实验电荷，则点电荷 q 在空间任意一点产生的电场为

$$\boldsymbol{E}(\boldsymbol{r}) = \frac{q}{4\pi\varepsilon_0 R^2}\boldsymbol{e}_R$$

由于 $\boldsymbol{e}_R=\dfrac{\boldsymbol{R}}{R}=\dfrac{\boldsymbol{r}-\boldsymbol{r}'}{|\boldsymbol{r}-\boldsymbol{r}'|}$，故上式可进一步写为

$$\boldsymbol{E}(\boldsymbol{r})=\frac{q}{4\pi\varepsilon_0 R^2}\boldsymbol{e}_R=\frac{q}{4\pi\varepsilon_0 R^3}\boldsymbol{R}=\frac{q(\boldsymbol{r}-\boldsymbol{r}')}{4\pi\varepsilon_0|\boldsymbol{r}-\boldsymbol{r}'|^3} \tag{2-12}$$

由于自由空间属于线性系统，库仑定律一定满足叠加原理，所以若产生电场的源电荷不止一个，则只需将所有点电荷产生的电场强度进行矢量叠加即可，即

$$\boldsymbol{E}(\boldsymbol{r})=\sum_{i=1}^{n}\frac{q_i}{4\pi\varepsilon_0 R_i^2}\boldsymbol{e}_{R_i}=\sum_{i=1}^{n}\frac{q_i}{4\pi\varepsilon_0 R_i^3}\boldsymbol{R}_i=\sum_{i=1}^{n}\frac{q_i(\boldsymbol{r}-\boldsymbol{r}_i')}{4\pi\varepsilon_0|\boldsymbol{r}-\boldsymbol{r}_i'|^3} \tag{2-13a}$$

由前面分布电荷的定义可知，对应体分布、面分布、线分布三种分布电荷的微分元电荷分别为 $\mathrm{d}q=\rho\mathrm{d}V$、$\mathrm{d}q=\sigma\mathrm{d}S$、$\mathrm{d}q=\tau\mathrm{d}l$，若产生电场的源电荷为体分布、面分布、线分布的电荷，则只需对相应的源域进行矢量积分即可得到空间任意场点的电场强度分别为

$$\boldsymbol{E}(\boldsymbol{r})=\frac{1}{4\pi\varepsilon_0}\int_{V'}\frac{\rho(\boldsymbol{r}')}{R^2}\boldsymbol{e}_R\mathrm{d}V'=\frac{1}{4\pi\varepsilon_0}\int_{V'}\frac{\rho(\boldsymbol{r}')\boldsymbol{R}}{R^3}\mathrm{d}V'=\frac{1}{4\pi\varepsilon_0}\int_{V'}\frac{\rho(\boldsymbol{r}')(\boldsymbol{r}-\boldsymbol{r}')}{|\boldsymbol{r}-\boldsymbol{r}'|^3}\mathrm{d}V' \tag{2-13b}$$

$$\boldsymbol{E}(\boldsymbol{r})=\frac{1}{4\pi\varepsilon_0}\int_{S'}\frac{\sigma(\boldsymbol{r}')}{R^2}\boldsymbol{e}_R\mathrm{d}S'=\frac{1}{4\pi\varepsilon_0}\int_{S'}\frac{\sigma(\boldsymbol{r}')\boldsymbol{R}}{R^3}\mathrm{d}S'=\frac{1}{4\pi\varepsilon_0}\int_{S'}\frac{\sigma(\boldsymbol{r}')(\boldsymbol{r}-\boldsymbol{r}')}{|\boldsymbol{r}-\boldsymbol{r}'|^3}\mathrm{d}S' \tag{2-13c}$$

$$\boldsymbol{E}(\boldsymbol{r})=\frac{1}{4\pi\varepsilon_0}\int_{l'}\frac{\tau(\boldsymbol{r}')}{R^2}\boldsymbol{e}_R\mathrm{d}l'=\frac{1}{4\pi\varepsilon_0}\int_{l'}\frac{\tau(\boldsymbol{r}')\boldsymbol{R}}{R^3}\mathrm{d}l'=\frac{1}{4\pi\varepsilon_0}\int_{l'}\frac{\tau(\boldsymbol{r}')(\boldsymbol{r}-\boldsymbol{r}')}{|\boldsymbol{r}-\boldsymbol{r}'|^3}\mathrm{d}l' \tag{2-13d}$$

理论上，只要给定源电荷的分布密度，利用上述公式就可求得空间电场的分布。但无论是点电荷系的叠加还是分布电荷的积分都是对矢量进行的运算，只有相对简单的情况下才可能实现，所以在实际应用中受到诸多限制。本书后面几节会陆续介绍其他方法。

例 2-2　设真空中一段长为 L 的线段均匀分布着线密度为 τ 的电荷，如图 2-3 所示，求线外空间电场的分布。

解　根据结构的旋转对称性可知空间电场的分布一定是以该线段为轴对称分布的，称为轴对称场，所以问题简化为二维场，只需在 $\phi=0$ 的平面内进行分析即可。

如图任取长度为 $\mathrm{d}l'=\mathrm{d}z'$的一段微分元，元电荷为 $\mathrm{d}q=\tau\mathrm{d}z'$，源点矢量和场点矢量（为了与圆柱坐标半径区别，这里用 $\boldsymbol{r}_0$ 表示场点矢量）分别为

$$\boldsymbol{r}'=z'\boldsymbol{e}_z$$

$$\boldsymbol{r}_0=r\boldsymbol{e}_r+z\boldsymbol{e}_z$$

故源点到场点的矢量为

$$\boldsymbol{R}=\boldsymbol{r}_0-\boldsymbol{r}'=r\boldsymbol{e}_r+(z-z')\boldsymbol{e}_z$$

代入式（2-13d）有

$$\boldsymbol{E}(\boldsymbol{r})=\frac{1}{4\pi\varepsilon_0}\int_{l'}\frac{\tau(\boldsymbol{r}')\boldsymbol{R}}{R^3}\mathrm{d}l'=\frac{\tau}{4\pi\varepsilon_0}\int_{-\frac{L}{2}}^{\frac{L}{2}}\frac{r\boldsymbol{e}_r+(z-z')\boldsymbol{e}_z}{[r^2+(z-z')^2]^{3/2}}\mathrm{d}z' \tag{2-14}$$

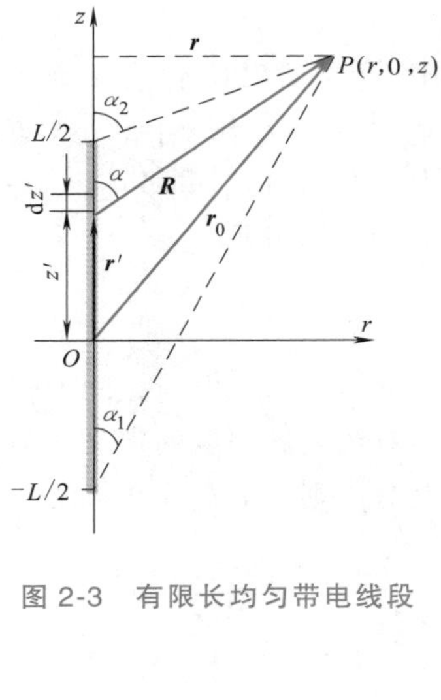

图 2-3　有限长均匀带电线段

为简化积分，引入角度变量 α 进行如下代换，即

$$R=r/\sin\alpha,\quad z-z'=r/\tan\alpha,\quad \mathrm{d}z'=(r/\sin^2\alpha)\mathrm{d}\alpha$$

代入式（2-14）并积分，可得

$$\boldsymbol{E}(\boldsymbol{r})=\frac{\tau}{4\pi\varepsilon_0 r}[(\sin\alpha_2-\sin\alpha_1)\boldsymbol{e}_z-(\cos\alpha_2-\cos\alpha_1)\boldsymbol{e}_r]$$

若线电荷分布在无线长范围，即 $L\to\infty$，则有 $\alpha_1\to 0$，$\alpha_2\to\pi$，相应的电场为

$$\boldsymbol{E}(\boldsymbol{r})=\frac{\tau}{2\pi\varepsilon_0 r}\boldsymbol{e}_r$$

2.2.2 静电场的环量特性

有了表征静电场的基本物理量电场强度之后，按照亥姆霍兹定理，先来讨论静电场的环量所具有的特性。考虑分析问题的一般性，假设所讨论的静电场是由点电荷 q 产生的，由前面的分析可知真空中任一点的电场为

$$\boldsymbol{E}(\boldsymbol{r})=\frac{q}{4\pi\varepsilon_0 R^2}\boldsymbol{e}_R$$

现取一个单位正试验电荷 q_t，沿空间任一曲线从 A 点经过 m 点到 B 点，移动此试验电荷，如图 2-4 所示，电场力所做的功为

$$W=\int_{AmB}q_t\boldsymbol{E}(\boldsymbol{r})\cdot\mathrm{d}\boldsymbol{l}=\int_{AmB}\frac{q_t q}{4\pi\varepsilon_0 R^2}\boldsymbol{e}_R\cdot\mathrm{d}\boldsymbol{l}=\int_{R_A}^{R_B}\frac{q_t q}{4\pi\varepsilon_0 R^2}\mathrm{d}R=\frac{q_t q}{4\pi\varepsilon_0}\left(\frac{1}{R_A}-\frac{1}{R_B}\right)$$

显然，电场力做功只与 A 点和 B 点的位置有关，与积分路径无关，或者说沿路径 $\overline{AmB}$ 与路径 $\overline{AnB}$ 做功相同，即

$$\int_{AmB}q_t\boldsymbol{E}(\boldsymbol{r})\cdot\mathrm{d}\boldsymbol{l}_1=\int_{AnB}q_t\boldsymbol{E}(\boldsymbol{r})\cdot\mathrm{d}\boldsymbol{l}_2 \tag{2-15}$$

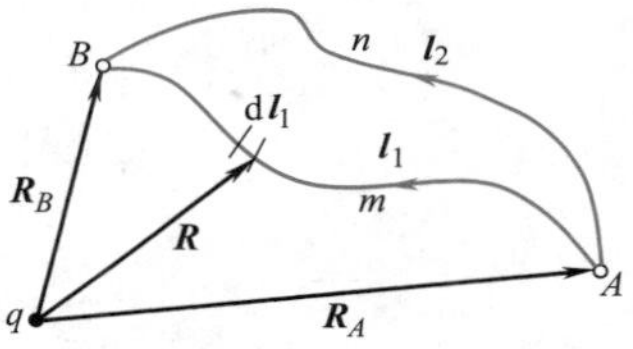

图 2-4 电荷沿不同路径移动

式（2-15）表明在静电场中电场强度沿任意闭合回线的环路线积分恒为零，即

$$\oint_l \boldsymbol{E}\cdot\mathrm{d}\boldsymbol{l}=0 \tag{2-16}$$

式（2-16）是静电场非常重要的特性之一，说明静电场与重力场一样是一种保守场，或者说，静电场具有守恒性。

利用斯托克斯定理可将式（2-16）改写为面积分形式，即

$$\oint_l \boldsymbol{E}\cdot\mathrm{d}\boldsymbol{l}=\int_S \nabla\times\boldsymbol{E}\cdot\mathrm{d}\boldsymbol{S}\equiv 0$$

为了使积分结果为零，必然要求被积函数在闭合回线 l 所界定的任意空间曲面 S 上的每一点处为零，因此在静电场中任一点处均应满足

$$\nabla\times\boldsymbol{E}\equiv 0 \tag{2-17}$$

式（2-17）表明静电场中电场强度的旋度处处为零，或者说静电场总是无旋的，静电场的电场线不可能闭合，而是有头有尾，且互不相交。

2.2.3 静电场的位函数——标量电位

1. 静电场标量位函数的定义及其意义

为了客观描述电场的性质，将移动单位正电荷从 A 点到 B 点所做的功定义为 AB 两点之间的电位差（potential difference），用 U_{AB} 表示，即

$$U_{\mathrm{AB}}=\frac{W}{q_t}=\frac{\int_A^B \boldsymbol{F}\cdot\mathrm{d}\boldsymbol{l}}{q_t}=\int_A^B \boldsymbol{E}\cdot\mathrm{d}\boldsymbol{l} \tag{2-18}$$

由上一小节的分析，在点电荷产生的电场中有

$$U_{AB}=\frac{q}{4\pi\varepsilon_0}\left(\frac{1}{R_A}-\frac{1}{R_B}\right)$$

顾名思义，电位差 U_{AB} 是指 A 点与 B 点的电位之差，一般用 φ 表示电位，则有

$$U_{AB}=\varphi_A-\varphi_B=\frac{q}{4\pi\varepsilon_0 R_A}-\frac{q}{4\pi\varepsilon_0 R_B}$$

若令 $R_B\to\infty$，显然有 $\varphi_B=0$，称 B 点为零电位参考点，则点电荷产生的场中任意场点 $\boldsymbol{r}$ 处相对于参考点的电位可表示为

$$\varphi(\boldsymbol{r})=\frac{q}{4\pi\varepsilon_0 R}=\frac{q}{4\pi\varepsilon_0|\boldsymbol{r}-\boldsymbol{r}'|} \tag{2-19}$$

由式（2-19）可方便地推出点电荷系及体分布、面分布、线分布的分布电荷在空间任一点产生的电位公式分别为

$$\varphi(\boldsymbol{r})=\frac{1}{4\pi\varepsilon_0}\sum_{k=1}^{n}\frac{q_k}{R_k}=\frac{1}{4\pi\varepsilon_0}\sum_{k=1}^{n}\frac{q_k}{|\boldsymbol{r}-\boldsymbol{r}_k'|} \tag{2-20a}$$

$$\varphi(\boldsymbol{r})=\frac{1}{4\pi\varepsilon_0}\int_{V'}\frac{\rho(\boldsymbol{r}')}{R}\mathrm{d}V'=\frac{1}{4\pi\varepsilon_0}\int_{V'}\frac{\rho(\boldsymbol{r}')}{|\boldsymbol{r}-\boldsymbol{r}'|}\mathrm{d}V' \tag{2-20b}$$

$$\varphi(\boldsymbol{r})=\frac{1}{4\pi\varepsilon_0}\int_{S'}\frac{\sigma(\boldsymbol{r}')}{R}\mathrm{d}S'=\frac{1}{4\pi\varepsilon_0}\int_{S'}\frac{\sigma(\boldsymbol{r}')}{|\boldsymbol{r}-\boldsymbol{r}'|}\mathrm{d}S' \tag{2-20c}$$

$$\varphi(\boldsymbol{r})=\frac{1}{4\pi\varepsilon_0}\int_{l'}\frac{\tau(\boldsymbol{r}')}{R}\mathrm{d}l'=\frac{1}{4\pi\varepsilon_0}\int_{l'}\frac{\tau(\boldsymbol{r}')}{|\boldsymbol{r}-\boldsymbol{r}'|}\mathrm{d}l' \tag{2-20d}$$

式（2-18）既是电位差的定义式也是利用电场强度求电位分布的方法之一。

如例 2-2 中已求得无限长均匀分布线电荷在空间任一点产生的电场为 $E(\boldsymbol{r})=\frac{\tau}{2\pi\varepsilon_0 r}\boldsymbol{e}_r$，由此得到在任一垂直于 z 轴的平面上 AB 两点之间的电位差为

$$\varphi_A-\varphi_B=\int_A^B\boldsymbol{E}\cdot\mathrm{d}\boldsymbol{l}=\frac{\tau}{2\pi\varepsilon_0}\int_{r_A}^{r_B}\frac{\mathrm{d}r}{r}=\frac{\tau}{2\pi\varepsilon_0}(\ln r_B-\ln r_A)$$

仍然将 B 点作为零电位参考点，即令 $\varphi_B=\frac{\tau}{2\pi\varepsilon_0}\ln r_B=0$，则线电荷场中任意场点 $\boldsymbol{r}$ 处的电位为

$$\varphi(\boldsymbol{r})=-\frac{\tau}{2\pi\varepsilon_0}\ln r \tag{2-21}$$

此时参考点显然不是无穷远处，而是 $r_B=1$ 处，即半径为 1 的圆柱面为该系统的等位面，当然也可将任一 $r_B=$常数的圆柱面指定为参考面，这时只需在式（2-21）的基础上增加一个常数 $C=\frac{\tau}{2\pi\varepsilon_0}\ln r_B$，即

$$\varphi(\boldsymbol{r})=-\frac{\tau}{2\pi\varepsilon_0}\ln r+C$$

因此依据式（2-18）定义静电场中任一场点 $\boldsymbol{r}$ 相对于指定参考点的电位为

$$\varphi(\boldsymbol{r})=\int_{\text{场点}}^{\text{参考点}}\boldsymbol{E}\cdot\mathrm{d}\boldsymbol{l} \tag{2-22}$$

在实际应用中应视具体情况选择电位参考点，显然参考点不同时，空间某点的电位值也将不同，但是，一旦参考点选定，空间各点的电位之差，即各点之间的电位分布规律则相对不变，或者说空间各点的电位之差与参考点的选择无关。电路理论中节点分析法正是建立在此理论基础之上的。

电位的特点在于其标量性，因此更便于点电荷系或分布电荷产生的电位的叠加求和，以后还会看到，其位函数方程也相对容易求解。

2. 电场强度与电位的对应关系

对照式（2-13）与式（2-20）会发现这两组公式具有非常相似的特征，显然后一组电位积分公式是标量积分，远比前一组电场强度矢量积分公式更易于求解。如果能够找出场强 $\boldsymbol{E}$ 与电位 φ 的关系，就可以通过简单易求的电位分布——标量场，间接求得复杂的电场分布——矢量场。而在易于求得场强 $\boldsymbol{E}$ 的情况下也可方便地利用式（2-22）求得电位 φ 的分布。

我们仍然从点电荷的电场出发进行分析。为便于比较，将式（2-12）及式（2-19）重新列出，即

$$\boldsymbol{E}(\boldsymbol{r})=\frac{q}{4\pi\varepsilon_0 R^2}\boldsymbol{e}_R$$

$$\varphi(r)=\frac{q}{4\pi\varepsilon_0 R}$$

可见，上述公式的区别在于$\frac{1}{R^2}\boldsymbol{e}_R$与$\frac{1}{R}$，由前面例 2-1 已知 $\nabla\frac{1}{R}=-\frac{1}{R^2}\boldsymbol{e}_R$，因此有

$$\boldsymbol{E}(\boldsymbol{r})=\frac{q}{4\pi\varepsilon_0 R^2}\boldsymbol{e}_R=-\frac{q}{4\pi\varepsilon_0}\nabla\frac{1}{R}=-\nabla\left(\frac{q}{4\pi\varepsilon_0 R}\right)$$

即

$$\boldsymbol{E}(\boldsymbol{r})=-\nabla\varphi \tag{2-23}$$

可见电场强度等于电位的负梯度。由前面的分析知道电位的分布与参考点的选择有关，但参考点的不同显然不影响电场强度的计算结果，因为

$$\boldsymbol{E}(\boldsymbol{r})=-\nabla(\varphi+C)=-\nabla\varphi$$

所以，只要求得空间电位的分布，即可通过梯度运算方便地求得电场的分布。按照式（2-23）也可进行逆运算，由场强 $\boldsymbol{E}$ 求得电位 φ 的分布，即有

$$\varphi(\boldsymbol{r})=-\int_l \boldsymbol{E}\cdot\mathrm{d}\boldsymbol{l}+C \tag{2-24}$$

应当指出，式（2-24）与式（2-22）是等价的，只不过式（2-24）是式（2-23）的逆运算，因此有负号，是不定积分，待定系数 C 由指定的参考点来确定；而式（2-22）是指定参考点后做定积分运算，积分上下限分别为参考点和场点，所以不再有负号。在同一系统、同一参考点的情况下两种积分得到的结果一定相同。

电场强度与电位的梯度关系也可由静电场的无旋性，即式（2-17）导出，在静电场中任一点处均应满足

$$\nabla\times\boldsymbol{E}=0$$

由场论分析可知任一无旋场一定可以用一个标量函数的梯度表示，即

$$\nabla\times\nabla\varphi=0 \tag{2-25}$$

显然，式（2-25）可以写作

$$-\nabla\times\nabla\varphi=\nabla\times(-\nabla\varphi)=0$$

按照梯度的定义可知，梯度的大小代表标量函数在空间的变化率，其方向代表最大变化率方向，而电场强度的方向恰恰由高电位指向低电位，因此电位函数的负梯度方向就是电场强度 $\boldsymbol{E}$ 的方向，即式（2-23）。

在直角坐标系、圆柱坐标系、球坐标系中，式（2-23）的展开式分别为

$$\boldsymbol{E}=-\nabla\varphi=-\left(\frac{\partial\varphi}{\partial x}\boldsymbol{e}_x+\frac{\partial\varphi}{\partial y}\boldsymbol{e}_y+\frac{\partial\varphi}{\partial z}\boldsymbol{e}_z\right) \tag{2-26a}$$

$$\boldsymbol{E}=-\nabla\varphi=-\left(\frac{\partial\varphi}{\partial r}\boldsymbol{e}_r+\frac{1}{r}\frac{\partial\varphi}{\partial\phi}\boldsymbol{e}_\phi+\frac{\partial\varphi}{\partial z}\boldsymbol{e}_z\right) \tag{2-26b}$$

$$\boldsymbol{E}=-\nabla\varphi=-\left(\frac{\partial\varphi}{\partial r}\boldsymbol{e}_r+\frac{1}{r}\frac{\partial\varphi}{\partial\theta}\boldsymbol{e}_\theta+\frac{1}{r\sin\theta}\frac{\partial\varphi}{\partial\phi}\boldsymbol{e}_\phi\right) \tag{2-26c}$$

例 2-3　已知真空中某静电场的电位为 $\varphi=2x^2y-5z$，求点 $P(-4,3,6)$ 处的电位 φ_P 及电场强度 $\boldsymbol{E}_P$。

解　将场点坐标值代入电位表达式即可得到 P 点的电位为

$$\varphi_P=2x^2y-5z=[2\times(-4)^2\times3-5\times6]\text{V}=66\text{V}$$

由式（2-26a）得空间任一点的电场强度为

$$\boldsymbol{E}=-\nabla\varphi=-\frac{\partial\varphi}{\partial x}\boldsymbol{e}_x-\frac{\partial\varphi}{\partial y}\boldsymbol{e}_y-\frac{\partial\varphi}{\partial z}\boldsymbol{e}_z=-4xy\boldsymbol{e}_x-2x^2\boldsymbol{e}_y+5\boldsymbol{e}_z$$

将 P 点坐标代入上式，有

$$\boldsymbol{E}_P=(48\boldsymbol{e}_x-32\boldsymbol{e}_y+5\boldsymbol{e}_z)\text{V/m}$$

该点电场强度的大小为

$$E_P=\sqrt{48^2+32^2+5^2}\text{V/m}=57.9\text{V/m}$$

方向为

$$\boldsymbol{e}_{E_P}=\frac{\boldsymbol{E}_P}{E_P}=\frac{48\boldsymbol{e}_x-32\boldsymbol{e}_y+5\boldsymbol{e}_z}{57.9}=0.829\boldsymbol{e}_x-0.553\boldsymbol{e}_y+0.086\boldsymbol{e}_z$$

因此，P 点电场强度还可写为

$$\boldsymbol{E}_P=E_P\boldsymbol{e}_{E_P}=57.9\times(0.829\boldsymbol{e}_x-0.553\boldsymbol{e}_y+0.086\boldsymbol{e}_z)\text{V/m}$$

显然，电场强度 $\boldsymbol{E}_P$ 的后一种写法可以更清晰、明确地描述该点电场的大小及方向。

例 2-4　相距为 d、等值异性的两个点电荷，当 d 远小于观察点的距离时，称这样的电荷组合为电偶极子（dipole），定义电偶极距（dipole moment）为 $\boldsymbol{p}=q\boldsymbol{d}$。现将一对电偶极子放于如图 2-5 所示的坐标系中，求远离电偶极子（称为远场）任一点 P 处的电场强度和电位。

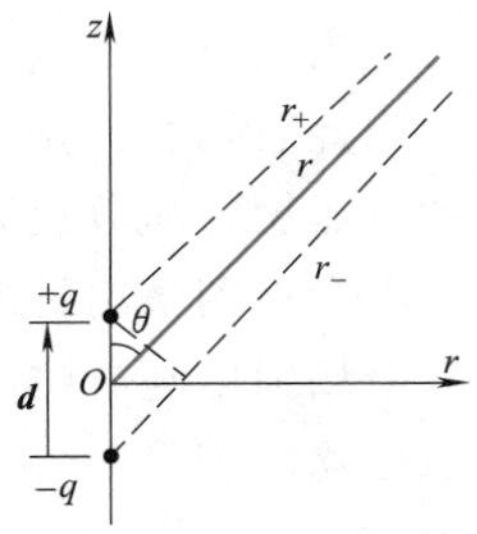

图 2-5　电偶极子

解　该系统实际上是两个点电荷构成的，因此只需利用点电荷的相关公式叠加即可。

显然先求电位后利用梯度运算求解电场更为简便，设正负电荷与场点之间的距离分别用 r_+、r_- 表示。由点电荷电位公式有

$$\varphi=\frac{q}{4\pi\varepsilon_0 r_+}+\frac{-q}{4\pi\varepsilon_0 r_-}=\frac{q}{4\pi\varepsilon_0}\left(\frac{1}{r_+}-\frac{1}{r_-}\right)=\frac{q(r_- - r_+)}{4\pi\varepsilon_0 r_+ r_-}$$

由于场点 P 远离电偶极子即 $r\gg d$，因此可近似认为 $\boldsymbol{e}_{r_+}$、$\boldsymbol{e}_{r_-}$ 与 $\boldsymbol{e}_r$ 平行，且

$$r_+ r_- \approx\left(r-\frac{d}{2}\cos\theta\right)\left(r+\frac{d}{2}\cos\theta\right)\approx r^2$$

$$r_- - r_+ \approx d\cos\theta$$

因此

$$\varphi(r)=\frac{qd\cos\theta}{4\pi\varepsilon_0 r^2}=\frac{\boldsymbol{p}\cdot\boldsymbol{e}_r}{4\pi\varepsilon_0 r^2} \tag{2-27}$$

由于电位 φ 是球坐标系 r、θ 的函数，因此利用式（2-26c）即可求得电场强度为

$$\boldsymbol{E}(\boldsymbol{r})=-\nabla\varphi=-\frac{\partial\varphi}{\partial r}\boldsymbol{e}_r-\frac{1}{r}\frac{\partial\varphi}{\partial\theta}\boldsymbol{e}_\theta=\frac{2qd\cos\theta}{4\pi\varepsilon_0 r^3}\boldsymbol{e}_r+\frac{qd\sin\theta}{4\pi\varepsilon_0 r^3}\boldsymbol{e}_\theta$$

$$=\frac{p}{4\pi\varepsilon_0 r^3}(2\cos\theta\boldsymbol{e}_r+\sin\theta\boldsymbol{e}_\theta)$$

例 2-5　试分别就图 2-6 所示的几种情况求真空中场点 P 的电场与电位：

（1）半径为 a 的圆环上均匀分布有线电荷 τ，场点位于圆环几何中心轴线上；

（2）半径为 a 的圆盘上均匀分布有面电荷 σ，场点位于圆盘几何中心轴线上；

（3）半径为 a 的球面上均匀分布有面电荷 σ，场点位于球外；

（4）半径为 a 的球体上均匀分布有体电荷 ρ，场点位于球外。

解　此题仍采用先求标量电位再利用梯度运算求矢量场强的方法分析。

（1）如图 2-6a 在圆环上任取一线元 $\mathrm{d}l'=a\mathrm{d}\phi'$，则 $R=(a^2+z^2)^{1/2}$，由式（2-20d）可得

$$\varphi(z)=\frac{1}{4\pi\varepsilon_0}\int_{l'}\frac{\tau\mathrm{d}l'}{R}=\frac{\tau}{4\pi\varepsilon_0}\int_0^{2\pi}\frac{a\mathrm{d}\phi'}{(a^2+z^2)^{1/2}}=\frac{\tau a}{2\varepsilon_0(a^2+z^2)^{1/2}}$$

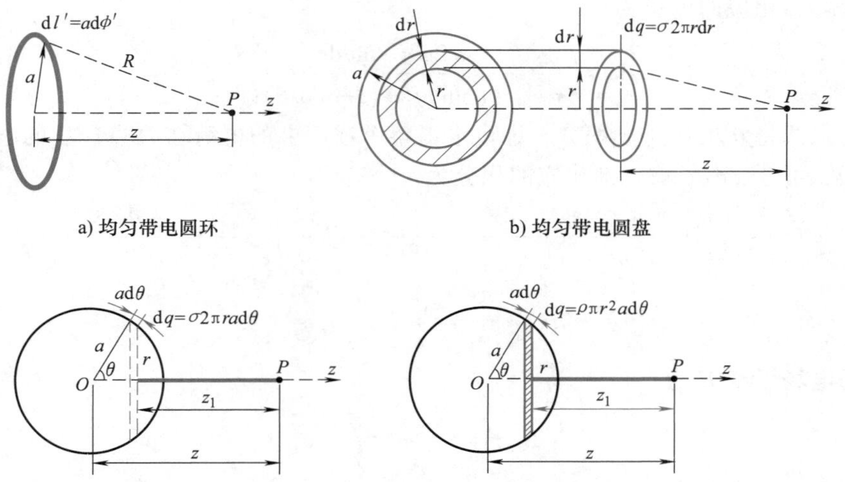

图 2-6　例 2-5 图

由电位与电场的梯度关系式可得该点的电场强度为

$$E(z)=-\nabla\varphi=-\frac{\partial\varphi}{\partial z}e_z=\frac{\tau az}{2\varepsilon_0(a^2+z^2)^{3/2}}e_z$$

(2) 由于圆盘可视为无数个圆环构成，因此可借用 (1) 的结果求解。现在圆盘上任取一半径为 r、宽为 $\mathrm{d}r$ 的圆环作为微分元，如图 2-6b 所示，由 (1) 可知 $q=\tau 2\pi a$ 的圆环电荷产生的电位应为

$$\varphi=\frac{\tau a}{2\varepsilon_0(a^2+z^2)^{1/2}}=\frac{\tau 2\pi a}{4\pi\varepsilon_0(a^2+z^2)^{1/2}}=\frac{q}{4\pi\varepsilon_0(a^2+z^2)^{1/2}}$$

因此，对应的微分圆环元电荷 $\mathrm{d}q=\sigma 2\pi r\mathrm{d}r$ 产生的元电位应为

$$\mathrm{d}\varphi=\frac{\sigma 2\pi r\mathrm{d}r}{4\pi\varepsilon_0(r^2+z^2)^{1/2}}=\frac{\sigma r\mathrm{d}r}{2\varepsilon_0(r^2+z^2)^{1/2}}$$

沿半径方向积分即可求得整个圆盘上的电荷在 P 点产生的电位为

$$\varphi(z)=\frac{\sigma}{2\varepsilon_0}\int_0^a\frac{r\mathrm{d}r}{(r^2+z^2)^{1/2}}=\frac{\sigma}{2\varepsilon_0}[(a^2+z^2)^{1/2}-z]$$

该圆盘在 P 点产生的电场则为

$$E(z)=-\nabla\varphi=-\frac{\partial\varphi}{\partial z}e_z=\frac{\sigma}{2\varepsilon_0}\left[1-\frac{z}{(a^2+z^2)^{1/2}}\right]e_z$$

作为此题的特例，若将圆盘改为无限大平面，即 $a\to\infty$，则上式电场可表示为

$$E(z)=\frac{\sigma}{2\varepsilon_0}e_z$$

(3) 仿照 (2) 的分析方法，在球面上取微分圆环，如图 2-6c 所示，圆环的半径 $r=a\sin\theta$，宽度为 $a\mathrm{d}\theta$，则该微分圆环的元电荷为

$$\mathrm{d}q=\sigma 2\pi(a\sin\theta)(a\mathrm{d}\theta)=\sigma 2\pi a^2\sin\theta\mathrm{d}\theta$$

(1) 中 $\varphi(z)$ 的表达式中的圆环半径 a 应为 $r=a\sin\theta$，场点到圆环平面的距离 z 应修正为 $z_1=z-a\cos\theta$，相应的电位为

$$\mathrm{d}\varphi=\frac{\sigma 2\pi a^2\sin\theta\mathrm{d}\theta}{4\pi\varepsilon_0[(a\sin\theta)^2+(z-a\cos\theta)^2]^{1/2}}$$

只需对上式将 θ 从 0 到 π 积分，即可求得整个球面上的电荷在 P 点产生的电位 φ。为简化积分过程，可令 $x=a\cos\theta$，则相应的积分为

$$\varphi(z)=\frac{\sigma a}{2\varepsilon_0}\int_a^{-a}\frac{\mathrm{d}x}{[a^2-x^2+(z-x)^2]^{1/2}}=\frac{\sigma a}{2\varepsilon_0}\int_a^{-a}\frac{\mathrm{d}x}{(z^2+a^2-2zx)^{1/2}}$$

$$=\frac{\sigma a}{2\varepsilon_0 z}(z^2+a^2-2zx)^{1/2}\Big|_a^{-a}=\frac{\sigma a^2}{\varepsilon_0 z}$$

该点的电场强度 E 为

$$E(z)=-\frac{\partial\varphi}{\partial z}e_z=\frac{\sigma a^2}{\varepsilon_0 z^2}e_z$$

(4) 可利用 (3) 的结果求解。在球体中取一半径为 r、厚 $\mathrm{d}r$ 的同心球面作为微分元，由电荷 $q=\sigma 4\pi a^2$ 的球面在场点产生电位 $\varphi=\dfrac{\sigma 4\pi a^2}{4\pi\varepsilon_0 z}$ 可知，微分元电荷 $\mathrm{d}q=\rho 4\pi r^2\mathrm{d}r$ 所产生的

电位应为

$$d\varphi=\frac{\rho 4\pi r^2 dr}{4\pi\varepsilon_0 z}=\frac{\rho r^2 dr}{\varepsilon_0 z}$$

由此式将半径 r 从 0 到 a 积分，即可求得整个球体上的电荷在 P 点产生的电位为

$$\varphi(z)=\frac{\rho}{\varepsilon_0 z}\int_0^a r^2 dr=\frac{\rho a^3}{3\varepsilon_0 z}$$

相应的电场强度 $\boldsymbol{E}$ 为

$$\boldsymbol{E}(z)=-\frac{\partial\varphi}{\partial z}\boldsymbol{e}_z=\frac{\rho a^3}{3\varepsilon_0 z^2}\boldsymbol{e}_z$$

（4）中也可仿照（3）的方法取半径 $r=a\sin\theta$，宽度为 $a d\theta$ 的圆面作为微分元，如图 2-6d 所示，由（2）的结果积分求得，请读者自己完成计算过程。

3. 电场线与等位面

为了形象地描述电场的分布特征，法拉第提出了电场线（streamline）的概念，电场线又称电场线或 $\boldsymbol{E}$ 线，由一族有向曲线构成，曲线 $\boldsymbol{l}$ 上各点的切线方向 $d\boldsymbol{l}$ 就是该点电场强度的方向，即场中任意一点的电场强度 $\boldsymbol{E}$ 都与该点的线元 $d\boldsymbol{l}$ 同方向。由第 1 章场论知识可知，描述两个平行矢量的关系式是二者的叉积为零，即

$$\boldsymbol{E}\times d\boldsymbol{l}=0 \tag{2-28}$$

求解此微分方程即可得到 $\boldsymbol{E}$ 线方程。在直角坐标系中该方程简化为

$$\frac{dx}{E_x}=\frac{dy}{E_y}=\frac{dz}{E_z} \tag{2-29}$$

由第 1 章标量场等标量线的概念及其描述可知，将电位相等的点连起来构成的曲面或曲线称为静电场的等位面（equipotential surface）或等位线，其方程为

$$\varphi(\boldsymbol{r})=C \tag{2-30}$$

取不同的常数 C 即可得到一族等位线方程。由电场强度与电位之间的梯度关系可知 $\boldsymbol{E}$ 线与等位面（线）一定是处处正交的。

以例 2-2 中无限长线电荷产生的电场为例，其电场强度和电位（以 $r=1$ 的圆柱面为参考面）分别为

$$\boldsymbol{E}(\boldsymbol{r})=\frac{\tau}{2\pi\varepsilon_0 r}\boldsymbol{e}_r$$

$$\varphi(r)=\frac{\tau}{2\pi\varepsilon_0}\ln r$$

显然等位面一定是 $r=$常数的圆柱面，而电场线则是与之正交的射面，即 $\phi=$常数的射面，如图 2-7a 所示。图 2-7 中还给出了其他一些常见场图的分布，图中等位面之间的间隔即电位差是相等的，因此等位面越密的地方场强也越大。

由唯一性定理及静电场的性质可知，静电场中的 $\boldsymbol{E}$ 线一定是有头有尾——起始于正电荷终止于负电荷的一族曲线，且互不相交。

随着计算机技术的普及应用，可以方便地利用现有软件的强大功能库完成场的计算及场图绘制，工程上也可借助做图法定性分析场的分布。一般先根据电极之间的电位差，选择适当的等位线根数，利用等电位差原则画出一族等位线，再根据 $\boldsymbol{E}$ 线与等位线处处正交的原

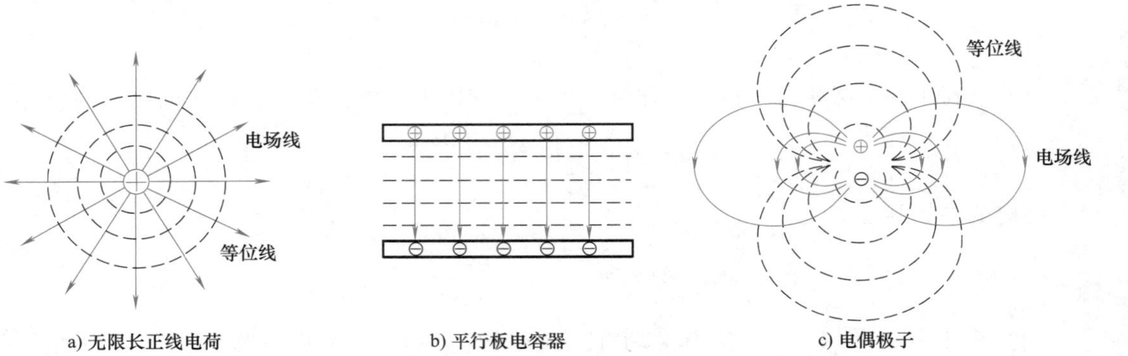

图 2-7 常见电荷的空间电场线（图中实线）与等位线（图中虚线）分布示意图

则画出 $\boldsymbol{E}$ 线。

2.3 静电场通量特性——高斯定理

上一节讨论了静电场的守恒定理，即场强的环量性质，这一节按照亥姆霍兹定理讨论场强 $\boldsymbol{E}$ 的通量性质，即高斯定理。

法拉第在研究电磁现象时发现电磁场的载体对场的分布等影响非常明显，由物理的电磁学可知，电场的载体可分为真空（free space）、导体（conductor）和电介质（dielectric）（半导体不在本书讨论范围之内）三类，在这一节分别对三种载体中场强的通量性质加以讨论。

2.3.1 真空中的高斯定理

享有“数学王子”美称的德国数学家、物理学家高斯通过缜密运算推出了著名的高斯定理：在真空中，通过任一闭合曲面的电场强度的通量 Φ_e，等于该曲面所包围的所有电荷的代数和除以 ε_0，即

$$\Phi_e = \oint_S \boldsymbol{E} \cdot d\boldsymbol{S} = \frac{\sum\limits_{k=1}^{n} q_k}{\varepsilon_0} \tag{2-31}$$

下面仍以点电荷产生的场为例对上式加以说明，将点电荷系电场强度公式［见式（2-13a）］代入上述通量表达式则有

$$\Phi_e = \oint_S \boldsymbol{E} \cdot d\boldsymbol{S} = \sum_{k=1}^{n} \oint_S \frac{q_k \boldsymbol{e}_{R_k} \cdot d\boldsymbol{S}}{4\pi\varepsilon_0 R_k^2} = \sum_{k=1}^{n} \frac{q_k}{4\pi\varepsilon_0} \oint_S \frac{\boldsymbol{e}_{R_k} \cdot d\boldsymbol{S}}{R_k^2} \tag{2-32}$$

由数学立体角的定义可知，式（2-32）中的积分 $\oint_S \frac{\boldsymbol{e}_{R_k} \cdot d\boldsymbol{S}}{R_k^2}$ 表示曲面 S 对点电荷 q_k 所在的点张开的立体角 Ω_k，对于闭合曲面 S，有

$$\Omega_k = \oint_S \frac{\boldsymbol{e}_{R_k} \cdot d\boldsymbol{S}}{R_k^2} = \begin{cases} 4\pi, & k \text{ 点在 } S \text{ 内} \\ 0, & k \text{ 点在 } S \text{ 外} \end{cases} \tag{2-33}$$

将式（2-33）代入通量表达式即可得到式（2-31），式中右端电荷的总量取决于各点电荷与曲面（又称为高斯面）之间的互相位置，只有那些被 S 面包围的电荷才出现在求和式子中，而那些没有被 S 面围住的电荷虽然对电场 $\boldsymbol{E}$ 的构成做了相应的贡献但却不出现在公式右端项中；或者说，只有高斯面包围的电荷才是式（2-31）右端项中的有效电荷。

高斯定理广泛应用于求解对称情况下电场的分布，这里要强调的是，通量 Φ_e 是电场强度 $\boldsymbol{E}$ 与面积元 $\mathrm{d}\boldsymbol{S}$ 的矢量点积的面积分，实际应用此定理求解电场时需注意：要依据矢量的方向正确选择高斯面。

例 2-6　利用高斯定理求例 2-5（4）题（4）中体密度为 ρ 的均匀球体（半径为 a）内外的电场分布与电位分布。

解　由于电荷在球内均匀分布，且处于无限大真空中，因此其电场一定是球对称的，也就是说，电场 $\boldsymbol{E}$ 只有半径方向的分量，且只与坐标 r 有关，即 $\boldsymbol{E}=E_r(\boldsymbol{r})\boldsymbol{e}_r$。因此可以选择与球同心的球面作为高斯面，此时高斯面的法线方向与电场 $\boldsymbol{E}$ 同方向，从而将矢量面积分简化为标量积分，同时由于对称性，任一半径的球面上电场为常量，因此上述积分还可进一步简化为

$$\oint_S \boldsymbol{E}\cdot\mathrm{d}\boldsymbol{S}=\oint_S E_r(\boldsymbol{r})\boldsymbol{e}_r\cdot\mathrm{d}S\boldsymbol{e}_r=\oint_S E_r(\boldsymbol{r})\mathrm{d}S=E_r(\boldsymbol{r})4\pi r^2$$

对于球外 $r>a$ 处的电场，由于高斯面包围整个球体，故所含电荷为球体内的总电荷，即

$$\oint_S \boldsymbol{E}_o\cdot\mathrm{d}\boldsymbol{S}=E_o(\boldsymbol{r})4\pi r^2=\frac{1}{\varepsilon_0}\int_{V'}\rho\mathrm{d}V'=\frac{1}{\varepsilon_0}\rho\frac{4}{3}\pi a^3$$

故

$$E_o(\boldsymbol{r})=\frac{\rho a^3}{3\varepsilon_0 r^2},\quad r>a$$

而对于球内 $r<a$ 处的电场，由于高斯面小于球面，因而包含的电荷只是总电荷的一部分，即

$$\oint_S \boldsymbol{E}_i\cdot\mathrm{d}\boldsymbol{S}=E_i(\boldsymbol{r})4\pi r^2=\frac{1}{\varepsilon_0}\int_{V'}\rho\mathrm{d}V'=\frac{1}{\varepsilon_0}\rho\frac{4}{3}\pi r^3$$

所以

$$E_i(\boldsymbol{r})=\frac{\rho r}{3\varepsilon_0},\quad r<a$$

显然若仍然沿用例 2-5 的积分方法求球内电场分布会困难得多。

电位的计算可由式（2-22）得到，由于电场沿半径方向，故选择沿半径方向做积分路径以简化矢量积分为标量积分。另外，由于球外电场 $E_o\propto\dfrac{1}{r^2}$，因此可将无穷远处取为电位参考点，故当 $r>a$ 时

$$\varphi_o(\boldsymbol{r})=\int_{场点}^{参考点}\boldsymbol{E}_o\cdot\mathrm{d}\boldsymbol{l}=\int_r^{\infty}E_o\mathrm{d}r=\int_r^{\infty}\frac{\rho a^3}{3\varepsilon_0 r^2}\mathrm{d}r=\frac{\rho a^3}{3\varepsilon_0 r}$$

而当 $r\leqslant a$ 时

$$\varphi_i(\boldsymbol{r})=\int_{场点}^{参考点}\boldsymbol{E}\cdot\mathrm{d}\boldsymbol{l}=\int_r^{a}E_i\mathrm{d}r+\int_a^{\infty}E_o\mathrm{d}r$$

$$= \int_r^a \frac{\rho r}{3\varepsilon_0} \mathrm{d}r + \frac{\rho a^2}{3\varepsilon_0} = \frac{\rho a^2}{2\varepsilon_0} - \frac{\rho r^2}{6\varepsilon_0}$$

由此例题的运算过程可见，应用高斯定理的关键之一是正确选择高斯面，利用对称性使高斯面的法向与场强 $\boldsymbol{E}$ 同方向，化矢量积分为面积分；关键之二是正确计算高斯面内所包含的电荷，当电荷不均匀分布时，必须用积分方法计算总电荷。

例 2-7 设真空中有一半径为 a 的无限长圆柱体，圆柱内部分布着体密度为 $\rho=2r$ 的体电荷，求空间的电场分布。

解 与上题相比，电荷不是均匀分布，即 $\rho\neq$常数，但电荷的分布规律仍满足轴对称性，因此其场强一定也是轴对称的，且只与坐标 r 有关，即 $\boldsymbol{E}=E_r(\boldsymbol{r})\boldsymbol{e}_r$，因此可选择与圆柱体同轴的柱面（设长为 $l\gg a$）作为高斯面，有

$$\oint_S \boldsymbol{E}\cdot \mathrm{d}\boldsymbol{S} = \int_{圆柱面} E_r(\boldsymbol{r})\boldsymbol{e}_r \cdot \mathrm{d}S\boldsymbol{e}_r = E_r(\boldsymbol{r})2\pi rl$$

$r>a$ 时

$$E_o(\boldsymbol{r})2\pi rl = \frac{1}{\varepsilon_0}\int_V \rho \mathrm{d}V = \frac{1}{\varepsilon_0}\int_0^a (2r)2\pi rl\mathrm{d}r = \frac{4}{3\varepsilon_0}\pi a^3 l$$

$$E_o(\boldsymbol{r}) = \frac{2a^3}{3\varepsilon_0 r}$$

$r<a$ 时

$$E_i(\boldsymbol{r})2\pi rl = \frac{1}{\varepsilon_0}\int_0^r 4\pi\xi^2 l\mathrm{d}\xi = \frac{4\pi r^3 l}{3\varepsilon_0}$$

$$E_i(\boldsymbol{r}) = \frac{2r^2}{3\varepsilon_0}$$

即

$$\boldsymbol{E}(\boldsymbol{r}) = \begin{cases} \dfrac{2r^2}{3\varepsilon_0}\boldsymbol{e}_r & r<a \\ \dfrac{2a^3}{3\varepsilon_0 r}\boldsymbol{e}_r & r>a \end{cases}$$

再次提醒读者注意的是，此例由于电荷密度是空间坐标的函数，因此高斯面内包含的电荷量必须进行积分计算求得，而不能像例 2-5 那样直接用体密度 ρ 乘以体积 V 求解。

到目前为止，所讨论的静电场问题都仅限于真空区域，事实上工程实际中的电磁装置是由多种材料的零部件构成的，比如继电器就是由电工钢片叠成的铁心、铜漆包线缠绕的线圈、绝缘介质、镀银触头、硬橡胶外壳等组合而成。由电磁学的理论可知，从物质的电特性进行分类可把物质（又称为媒质）分为导体与介质两大类，因此有必要分别单独讨论这两类媒质中场的特性，为分析工程实际中的电场问题奠定基础。

2.3.2 静电场中的导体及其特性

一般电气装置中的铜、铝质导流排、导线，钢、铁质导磁支架，镀金、银、金属合金等材质的触点等均属于导电体范畴，简称为导体。它们共同的特点是导体分子内含有大量的自由电荷，这些自由电荷受原子核的束缚力很弱，在外加电场的作用下可以在导体内自由移

动，形成流动的电荷，因此形象地称为导电体。

根据电磁学可知，可将处于静电场中的导体所具有的特性归纳如下：

1）静电场中导体内的电场为零（否则自由电荷会在非零电场的作用下运动，这与静电场概念相悖）；

2）导体内部没有自由电荷，所有电荷均移至导体表面，或者说导体内自由电荷的体密度为零，电荷以面分布形式存在，趋于导体的尖角处且处于一种静电平衡状态；

3）导体为等位体，即导体的电位为常数；

4）导体外部的电场垂直于导体表面，且在导体尖角处场强最强。

由以上结论可知，静电场中的导体是最简单的，电场为零，故不需要求解。但进一步探究会发现上述结论中还有相当多的定性描述，对于不规则导体其表面电荷的分布规律与哪些因素有关？如果场中含有多个互不相连的导体，每个导体的电位是否相同？如何确定？这些问题都有待本章后面几节讨论。

2.3.3 静电场中介质的极化及其极化特性

与导体不同的是介质分子中能自由移动的电子十分稀少，大部分电子被原子核紧紧束缚在其周围，在外加电场作用下这些电子只能在原子核周围小范围偏移，而不能像导体中的电子那样沿电场方向自由运动，因此说介质不具有导电能力，故被称为电的绝缘体。当然，如果外加电场超过某一极限，介质中的电子就会脱离原子核的束缚而运动，从而导电，甚至损坏，这种现象称为介质被击穿，相应的电场强度称为介质的击穿场强。例如空气在通常情况下是绝缘的，但若电场强度超过 3×10^6V/m，空气也会被击穿导电。此外，由于构成介质的材料特性不同，各种介质的击穿场强也不尽相同，如硬橡胶的击穿场强为 60×10^6V/m。当然，同一种介质，在不同环境下电特性也会改变，如空气在雾天或雨天，其击穿场强就会下降，这就是有些高压电网在雨季容易出现电晕现象的原因之一。一般常用电工材料的击穿场强可由《电工手册》查得。

与自由电荷相对应，介质中电子所带的电荷被称为束缚电荷（bound charges），物理学家把介质分子分为极性分子（polar molecule）和非极性分子（nonpolar molecule）两大类，非极性分子中原子正负电荷的作用中心重合，对外不显电性，而极性分子中原子正负电荷的作用中心不重合，每个原子类似于一个电偶极子，通常情况下这些电偶极子按同性相斥、异性相吸的规律排列，合成电矩为零，对外产生的合成电场亦为零。

在外加电场作用下，非极性分子与极性分子的束缚电荷均会改变分布规律，如图 2-8a～c 所示，对非极性分子而言，原来重心重合的正负电荷由于受外加电场的影响发生不同方向的偏移，相当于由非极性分子转变为极性分子，即原子核与负的电子重心等效成一个个电偶极子。这两类分子中的电偶极子在外加电场作用下发生有规律的偏移、旋转，其中正电荷顺着电场方向旋转，负电荷逆着电场方向旋转，使介质表面形成了有规律的电荷分布，如图 2-8d 所示，整个介质类似于一个有极性的物体，这种现象称为介质的极化，两类分子中的电荷均被称作极化电荷。

介质极化的结果是在介质内部形成了一个与外加电场方向相反的极化电场，该电场与外加电场叠加使得介质中的合成电场弱于外加电场的强度，正是介质的这一特性使得绝缘介质在大容量电气装置中得到了广泛的应用，如高压电缆中使用浸油、浸树脂的纸或聚乙烯材料

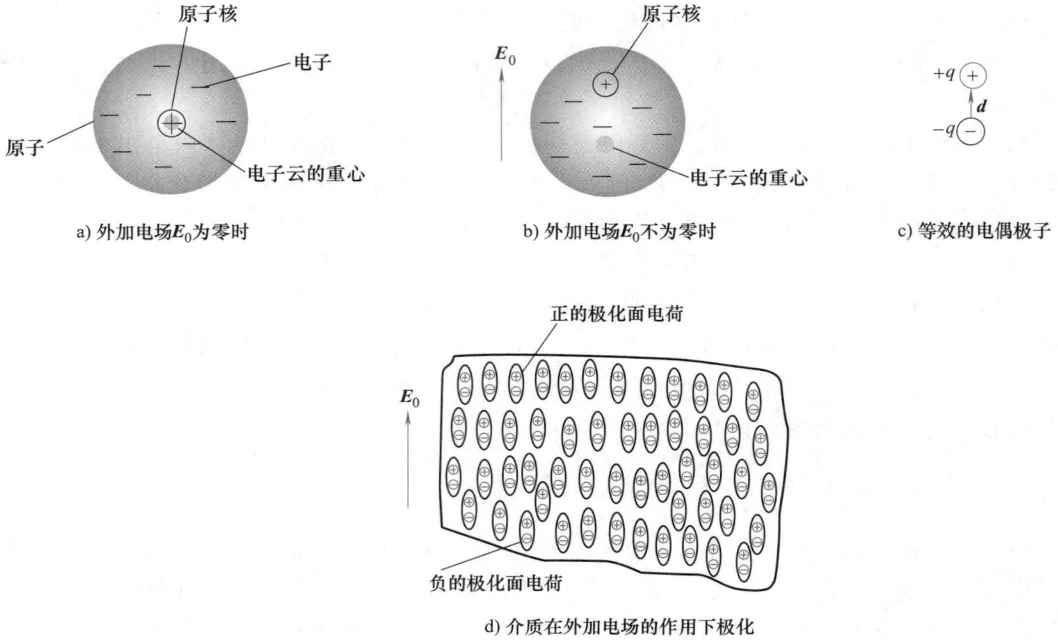

图 2-8　介质分子的极化

代替空气作为导体间的绝缘材料。

在工程实际中，由于不同介质的击穿场强不同，或者说不同材料的介质所能承受的外加电场的强度不同，为了合理、安全地利用各种材料，对介质中电场的定量分析就必不可少了。

回顾真空中利用点电荷的电场积分计算分布电荷的电场分析方法，对比介质极化的结论不难看出，极化电荷产生的极化电场完全可以仿照上述方法积分得到。

由前面的讨论已知，无论是由极性分子还是非极性分子构成的介质在外加电场作用下极化后均可视为一对对电偶极子，当然这些电偶极子的分布密度、电偶极矩等是由介质本身的分子构成且由外加电场决定的。相对于某一确定的介质而言，在某个给定的外加电场下，上述要素是确定的，它所产生的极化电场也相应确定，因此介质极化后极化电荷所产生的场与真空中具有相同分布规律的电偶极子所产生的电场相同。换句话说，如果把介质换成真空，在原来介质存在的空间填充与极化电荷分布规律相同的一对对电偶极子，它们所产生的电场分布一定是相同的。这样替换的结果就把难题由复杂介质中的电场分布问题简化到真空中电偶极子族产生电场的计算问题了，难题迎刃而解。

把前面例 2-4 得到的一对位于真空中坐标原点的电偶极子在空间任一点产生的电位表达式重新列在这里，有

$$\varphi(r)=\frac{qd\cos\theta}{4\pi\varepsilon_0 r^2}=\frac{\boldsymbol{p}\cdot\boldsymbol{e}_r}{4\pi\varepsilon_0 r^2}$$

显然，位于空间任意源点 $\boldsymbol{r}'$位置的元电偶极矩 d$\boldsymbol{p}$ 产生的元电位应为

$$\mathrm{d}\varphi(r)=\frac{\mathrm{d}\boldsymbol{p}(\boldsymbol{r}')\cdot\boldsymbol{e}_R}{4\pi\varepsilon_0 R^2} \tag{2-34}$$

若已知元电偶极矩 d$\boldsymbol{p}$，则只需将式（2-34）对整个介质所在空间积分即可。

仿照体分布电荷的定义，设介质体积 $\Delta V'$中含 N 个极化电荷的电偶极子，这些电偶极子的总电偶极矩为 $\sum\limits_{i=1}^{N}\boldsymbol{p}_i$ ，则定义极化强度（polarization）矢量为

$$\boldsymbol{P}(\boldsymbol{r})=\lim_{\Delta V'\to 0}\frac{\sum\limits_{i=1}^{N}\boldsymbol{p}_i}{\Delta V'}$$

显然，矢量 $\boldsymbol{P}$ 可看作介质中电偶极矩的体密度（the dipole moment per unit volume），其量纲为 $\mathrm{C/m^2}$。由极化强度可知元偶极矩 $\mathrm{d}\boldsymbol{p}=\boldsymbol{P}\mathrm{d}V'$，故整个极化介质中的所有极化电荷在空间产生的合成电位为

$$\varphi(\boldsymbol{r})=\frac{1}{4\pi\varepsilon_0}\int_{V'}\frac{\boldsymbol{P}(\boldsymbol{r}')\cdot\boldsymbol{e}_R}{R^2}\mathrm{d}V' \tag{2-35}$$

由例 2-1 已知，$\nabla\frac{1}{R}=-\nabla'\frac{1}{R}=-\frac{1}{R^2}\boldsymbol{e}_R$ ，所以式（2-35）可进一步改写为

$$\varphi(\boldsymbol{r})=\frac{1}{4\pi\varepsilon_0}\int_{V'}\boldsymbol{P}(\boldsymbol{r}')\cdot\nabla'\frac{1}{R}\mathrm{d}V' \tag{2-36}$$

利用矢量恒等式 $\nabla\cdot(\varphi\boldsymbol{A})=\varphi\nabla\cdot\boldsymbol{A}+\boldsymbol{A}\cdot\nabla\varphi$ ，将式（2-36）积分分解为以下两项，即

$$\varphi(\boldsymbol{r})=-\frac{1}{4\pi\varepsilon_0}\int_{V'}\frac{\nabla'\cdot\boldsymbol{P}(\boldsymbol{r}')}{R}\mathrm{d}V'+\frac{1}{4\pi\varepsilon_0}\int_{V'}\nabla'\cdot\frac{\boldsymbol{P}(\boldsymbol{r}')}{R}\mathrm{d}V' \tag{2-37}$$

再利用高斯散度定理将式（2-37）中的第二项等效变换为沿介质表面的面积分，有

$$\varphi(\boldsymbol{r})=\frac{1}{4\pi\varepsilon_0}\int_{V'}\frac{-\nabla'\cdot\boldsymbol{P}(\boldsymbol{r}')}{R}\mathrm{d}V'+\frac{1}{4\pi\varepsilon_0}\oint_{S'}\frac{\boldsymbol{P}(\boldsymbol{r}')\cdot\boldsymbol{e}_\mathrm{n}}{R}\mathrm{d}S' \tag{2-38}$$

式中，$\boldsymbol{e}_\mathrm{n}$ 为介质表面的外法线方向的单位矢量。

对比真空中体分布电荷、面分布电荷电位的计算公式，即式（2-20b）、式（2-20c），为方便观察重新列出，即

$$\varphi(\boldsymbol{r})=\frac{1}{4\pi\varepsilon_0}\int_{V'}\frac{\rho(\boldsymbol{r}')}{R}\mathrm{d}V',\quad \varphi(\boldsymbol{r})=\frac{1}{4\pi\varepsilon_0}\int_{S'}\frac{\sigma(\boldsymbol{r}')}{R}\mathrm{d}S'$$

可见，式（2-38）中体积分中的$-\nabla\cdot\boldsymbol{P}$ 相当于一种体分布电荷的体密度，面积分中的 $\boldsymbol{P}\cdot\boldsymbol{e}_\mathrm{n}$ 相当于一种面分布电荷的面密度，这些电荷与介质极化后形成的极化电荷相对应，因此定义极化电荷的体密度和面密度分别为

$$\rho_\mathrm{p}=-\nabla\cdot\boldsymbol{P} \tag{2-39a}$$

$$\sigma_\mathrm{p}=\boldsymbol{P}\cdot\boldsymbol{e}_\mathrm{n} \tag{2-39b}$$

由此可以将式（2-38）改写为

$$\varphi(\boldsymbol{r})=\frac{1}{4\pi\varepsilon_0}\int_{V'}\frac{\rho_\mathrm{p}}{R}\mathrm{d}V'+\frac{1}{4\pi\varepsilon_0}\oint_{S'}\frac{\sigma_\mathrm{p}}{R}\mathrm{d}S' \tag{2-40}$$

可见，在引入了极化电荷的体密度、面密度概念之后，介质极化后的电场就可以等效看作真空中极化电荷产生的场，而其极化电荷的分布取决于极化强度矢量 $\boldsymbol{P}$。可以证明，介质

极化后整体极化电荷的总和为零，即

$$q_{\mathrm{p}} = \int_{V'} \rho_{\mathrm{p}} \mathrm{d}V' + \oint_{S'} \sigma_{\mathrm{p}} \mathrm{d}S' = 0$$

极化强度是描述介质极化的重要参数，实验表明，自然界中存在的介质尽管极化特性各异但其极化强度大多与介质中的合成电场有关，表示为

$$\boldsymbol{P} = \boldsymbol{P}(\boldsymbol{E})$$

通常可简化为

$$\boldsymbol{P} = \varepsilon_0 \chi_{\mathrm{e}} \boldsymbol{E} \tag{2-41}$$

式中，χ_{e} 称为介质的极化率（electric susceptibility）。

根据介质极化率的不同可以将介质分为三类：若极化率是一维标量，则表明介质的极化强度 $\boldsymbol{P}$ 与合成电场的方向相同，极化强度的某一坐标分量仅取决于电场强度相应的坐标分量，而极化率与电场方向无关，称这类介质为各向同性（isotropic）介质。与之相对应的另一类介质，其极化强度的某一坐标分量不仅与电场强度的相应坐标分量有关，还与电场强度的其他坐标分量有关，这时的极化率是一个三维二阶张量，极化强度与电场强度的关系可表示为

$$\begin{bmatrix} P_x \\ P_y \\ P_z \end{bmatrix} = \varepsilon_0 \begin{bmatrix} \chi_{\mathrm{e}11} & \chi_{\mathrm{e}12} & \chi_{\mathrm{e}13} \\ \chi_{\mathrm{e}21} & \chi_{\mathrm{e}22} & \chi_{\mathrm{e}23} \\ \chi_{\mathrm{e}31} & \chi_{\mathrm{e}32} & \chi_{\mathrm{e}33} \end{bmatrix} \begin{bmatrix} E_x \\ E_y \\ E_z \end{bmatrix}$$

即当电场的方向发生改变时，介质极化的强度将随之改变。如 $\boldsymbol{E} = \boldsymbol{e}_x E_0$ 时，介质的极化率由 $\chi_{\mathrm{e}11}$、$\chi_{\mathrm{e}21}$、$\chi_{\mathrm{e}31}$ 三个元素决定，若同样强度的电场方向改变，如 $\boldsymbol{E} = \boldsymbol{e}_y E_0$ 时，介质的极化率则由 $\chi_{\mathrm{e}12}$、$\chi_{\mathrm{e}22}$、$\chi_{\mathrm{e}32}$ 三个元素决定。这表明介质的极化特性与电场强度的方向有关，或者说沿不同方向施加电场时，介质的极化特性将发生改变，因此，称这类介质为各向异性（anisotropic）介质。

若极化率与空间坐标无关，表明介质空间内各点的极化率均相同，则称介质为均匀（homogeneous）介质，否则为非均匀介质。

若极化率的值不随电场强度的量值变化，称介质为线性介质，反之则称为非线性介质。如工程上常用的铁电材料（ferroelectric）就不仅具有非线性性质，而且具有滞后效应（hysteresis effect），即其极化特性与样本的过去状态有关。

一般常用的绝缘材料大多情况下都可视为线性、均匀、各向同性的，此时式（2-41）中的极化率为一正的实常数，大多可由《电工手册》查得。

2.3.4 介质中的高斯定理

在前面的分析中，根据介质极化的物理本质，将存在电介质时的静电场问题等价为真空中的极化电荷与自由电荷共同作用产生的静电场，使问题的分析得到了简化。

下面继续讨论介质中电场强度的通量性质。

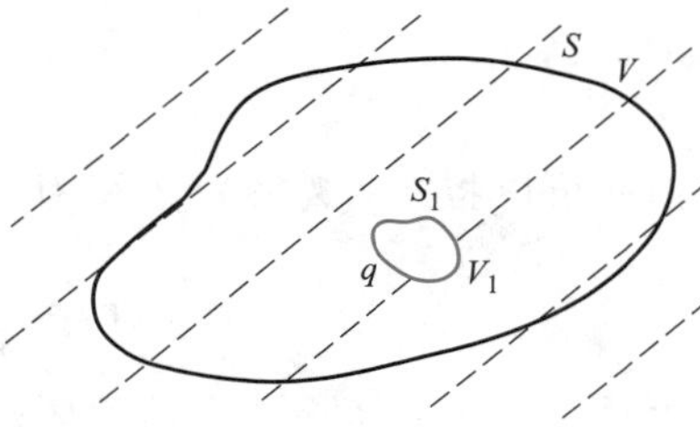

图 2-9　介质中的高斯定理

假设电场由自由电荷 q 产生，如图 2-9 所示。为不失一般性，设这些自由电荷分布在体积为 V_1、表面为 S_1 的导体中，导体周围填充无限大介质，如图

中虚线所示，现在介质中任取一包围自由电荷的封闭曲面 S，该高斯面包围的体积为 V。由上一节分析可知，介质在自由电荷产生的场中极化，形成体分布和面分布的极化电荷，将介质用极化电荷代换，达到静电平衡后的电场即可看成是由自由电荷和极化电荷共同在真空中引起的，因此真空中静电场的高斯定理仍适用，只是总电荷不仅包括自由电荷，也包括极化电荷，即

$$\oint_S \boldsymbol{E} \cdot \mathrm{d}\boldsymbol{S} = \frac{1}{\varepsilon_0}(q + q_\mathrm{p}) \tag{2-42}$$

式中，q_p 为高斯面 S 内的总极化电荷。由于 $\rho_\mathrm{p} = -\nabla \cdot \boldsymbol{P}$，$\sigma_\mathrm{p} = \boldsymbol{P} \cdot \boldsymbol{e}_\mathrm{n}$，故极化电荷为

$$q_\mathrm{p} = \int_{V-V_1} \rho_\mathrm{p} \mathrm{d}V' + \oint_{S_1} \sigma_\mathrm{p} \mathrm{d}S = \int_{V-V_1} -\nabla \cdot \boldsymbol{P} \mathrm{d}V + \oint_{S_1} \boldsymbol{P} \cdot \boldsymbol{e}_\mathrm{n} \mathrm{d}S$$

应用高斯散度定理，则有

$$q_\mathrm{p} = \oint_{S+S_1} -\boldsymbol{P} \cdot \boldsymbol{e}_\mathrm{n} \mathrm{d}S + \oint_{S_1} \boldsymbol{P} \cdot \boldsymbol{e}_\mathrm{n} \mathrm{d}S = -\oint_S \boldsymbol{P} \cdot \boldsymbol{e}_\mathrm{n} \mathrm{d}\boldsymbol{S}$$

将上式带入式（2-42），注意方程式两边的面积分是针对同一个高斯面 S 的，因此可以合并，有

$$\oint_S (\varepsilon_0 \boldsymbol{E} + \boldsymbol{P}) \cdot \mathrm{d}\boldsymbol{S} = q \tag{2-43}$$

式（2-43）表明，合成矢量（$\varepsilon_0 \boldsymbol{E}+\boldsymbol{P}$）的通量值只与闭合面内包围的自由电荷有关，与介质的极化电荷无关。因此将该合成矢量定义为电位移（displacement density）矢量，即

$$\boldsymbol{D} = \varepsilon_0 \boldsymbol{E} + \boldsymbol{P} \tag{2-44}$$

而式（2-43）则简化为

$$\oint_S \boldsymbol{D} \cdot \mathrm{d}\boldsymbol{S} = q \tag{2-45}$$

称式（2-45）为任意介质均满足的一般形式的高斯定理。定理表明，在任意介质中，通过任意封闭曲面 $\boldsymbol{S}$ 的电位移的通量等于闭合面内包围的自由电荷的总和，而与闭合面外的自由电荷以及介质中的极化电荷无关。

在前面讨论介质的极化时，是用真空中的极化电荷替换介质来等价计算介质中的电场的，在引入了电位移矢量之后，极化电荷对电场的作用通过式（2-44）就归入了电位移矢量中。因为由极化而产生的极化电荷的效果已包括在极化强度矢量 $\boldsymbol{P}$ 中，所以也就包括在电位移矢量 $\boldsymbol{D}$ 中了，因此只需由自由电荷即可分析介质中的电场分布而不必管极化电荷，电场的分析得到了进一步的简化。

假设闭合面内的自由电荷是体密度为 ρ 的分布电荷，将高斯散度定理应用于式（2-45）可得

$$\int_V \nabla \cdot \boldsymbol{D} \mathrm{d}V = \int_V \rho \mathrm{d}V \tag{2-46}$$

若要式（2-46）适用于任意选取的积分曲面，只有对应场中每一点的被积函数均处处相等，即

$$\nabla \cdot \boldsymbol{D} = \rho \tag{2-47}$$

这是高斯定理的微分形式的方程，它表明静电场中任一点的电位移 $\boldsymbol{D}$ 的散度等于该点的自由电荷的体密度。

真空是介质的一种特殊形式，其极化强度为零，因此真空中 $\boldsymbol{D}=\varepsilon_0\boldsymbol{E}$，此时介质中的高斯定理为 $\oint_S \varepsilon_0\boldsymbol{E}\cdot \mathrm{d}\boldsymbol{S}=q$，这与真空中的高斯定理式（2-31）一致，可见真空情况下电位移矢量与电场同方向。

事实上，式（2-44）是电位移矢量的定义式方程，它描述了介质极化后极化强度 $\boldsymbol{P}$ 与电场强度 $\boldsymbol{E}$ 之间的关系。

将 $\boldsymbol{P}=\varepsilon_0\chi_e\boldsymbol{E}$ 代入式（2-44），则可将表达式简化，有 $\boldsymbol{D}=\varepsilon_0\boldsymbol{E}+\varepsilon_0\chi_e\boldsymbol{E}=\varepsilon_0(1+\chi_e)\boldsymbol{E}$，令

$$\varepsilon=\varepsilon_0(1+\chi_e)=\varepsilon_0\varepsilon_r$$

则

$$\boldsymbol{D}=\varepsilon\boldsymbol{E} \tag{2-48}$$

式（2-48）称为电介质的本构关系方程，或称为特性方程。式中 ε 称为电介质的介电常数（permittivity），单位为 F/m，而 $\varepsilon_r=1+\chi_e=\varepsilon/\varepsilon_0$ 称为相对介电常数（relative permittivity or dielectric constant），无量纲。

对于真空，其相对介电常数 $\varepsilon_r=1$，对于地球表层的空气，其相对介电常数 $\varepsilon_r=1.0006$，一般情况可近似为 1。工程上，可以把大多数绝缘材料看作线性、各向同性的均匀电介质，此情况下相对介电常数是正的实数，介质中的电位移矢量与电场强度成正比且同方向。表 2-1 给出了几种常用介质的相对介电常数。

表 2-1　几种常用介质的相对介电常数

介质	空气	油	纸	有机玻璃	石蜡	聚乙烯
ε_r	1.0	2.3	1.3~4.0	2.6~3.5	2.1	2.3
介质	石英	云母	陶瓷	纯水	树脂	聚苯乙烯
ε_r	3.3	6.0	5.3~6.5	81	3.3	2.6

对于任意介质，由式（2-44）可知，电位移矢量由电场强度 $\boldsymbol{E}$ 和极化强度 $\boldsymbol{P}$ 共同决定，如果介质为各向异性，电位移矢量就会与电场方向不一致，此时二者的关系可表示为

$$\begin{bmatrix} D_x \\ D_y \\ D_z \end{bmatrix}=\begin{bmatrix} \varepsilon_{11} & \varepsilon_{12} & \varepsilon_{13} \\ \varepsilon_{21} & \varepsilon_{22} & \varepsilon_{23} \\ \varepsilon_{31} & \varepsilon_{32} & \varepsilon_{33} \end{bmatrix}\begin{bmatrix} E_x \\ E_y \\ E_z \end{bmatrix}$$

可见，介质的本构关系方程 $\boldsymbol{D}=\varepsilon\boldsymbol{E}$ 表明了介质在电场作用下极化后介质中电场强度与电位移之间的约束方程，该约束方程在电磁场理论中所起的作用类似于电路理论中元件的电压与电流的约束方程（VCR），表明介质在电场作用下极化的特性，是构成介质的材料本身所特有的性质，也是描述介质中电场性质必不可少的特性方程。作为必不可少的绝缘材料，电介质的特性在电工装备的设计中是一个非常重要的组成部分，本书所涉及的只是最基本的各向同性情况。后续讨论中如果不进行特殊说明，都用 $\boldsymbol{D}=\varepsilon\boldsymbol{E}$ 代表线性各向同性介质的特性方程。

对于线性、各向同性的均匀介质，由于介质的介电常数与坐标无关，本章第一节给出的电场强度及电位与自由电荷的计算公式均成立，只需将式中的真空介电常数 ε_0 换成介质的介电常数 ε 即可。

例 2-8　同轴电缆的长度 L 远大于截面半径，已知内、外导体半径分别为 a 和 b，外皮厚度忽略不计，如图 2-10 所示。其间充满介电常数为 ε 的介质，将该电缆的内外导体与直流

电压源 U_0 相连接。试求：（1）介质中的电场强度 $\boldsymbol{E}$；（2）介质中 E_{max} 位于哪里？其值多大？

解　（1）由已知条件可知，电缆长度 L 远大于截面半径，故可忽略边缘效应，设电荷在内外导体中均匀分布，因此电场为轴对称分布。将内、外导体中的面分布电荷等效为沿轴线方向单位长度的线分布电荷，设分别为 $+\tau$ 和 $-\tau$，应用高斯定理，则介质内有

$$\oint_S \boldsymbol{D}\cdot \mathrm{d}\boldsymbol{S} = D_r 2\pi r L = \tau L$$

即

$$\boldsymbol{D}=\frac{\tau}{2\pi r}\boldsymbol{e}_r$$

所以

$$\boldsymbol{E}=\frac{\tau}{2\pi\varepsilon r}\boldsymbol{e}_r \quad (a<r<b)$$

又因为

$$U_0=\int_l \boldsymbol{E}\cdot \mathrm{d}\boldsymbol{l}=\int_a^b E_r \mathrm{d}r=\frac{\tau}{2\pi\varepsilon}\ln\frac{b}{a}$$

则

$$\tau=\frac{2\pi\varepsilon U_0}{\ln\dfrac{b}{a}}$$

代入电场强度表达式，得

$$\boldsymbol{E}=\frac{U_0}{r\ln\dfrac{b}{a}}\boldsymbol{e}_r \quad (a<r<b)$$

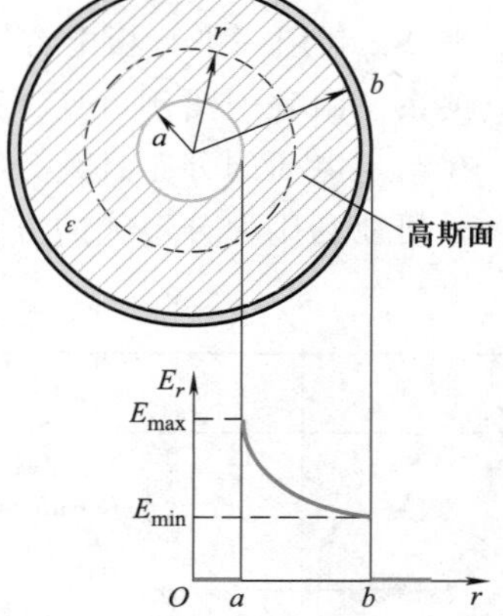

图 2-10　同轴电缆内的电场分布

（2）介质内电场分布如图 2-10 所示，其中内导体内部及外导体外部的电场均为零，而介质中电场强度与半径成反比，因此最大场强一定位于内导体表面（$r=a$）处，其值为

$$E_{max}=\frac{U_0}{a\ln\dfrac{b}{a}}$$

2.4　静电场基本方程与媒质分界面的衔接条件

在前面几节，已经分别讨论了真空、导体等单一媒质中静电场的通量与环量、散度与旋度，这一节将在总结单一媒质静电场方程及其物理意义的基础上，进一步讨论不同媒质共存时静电场应满足的基本方程，以及不同场域或不同媒质共存时分界面处场量应满足的约束，即衔接条件。

2.4.1 单一媒质中静电场的基本方程

将前面推导得到的介质中的环量方程式（2-16）与通量方程式（2-45）重新列出来，加上介质的本构关系方程式（2-48），便构成了静电场积分形式的基本方程，即

$$\begin{cases} \oint_l \boldsymbol{E} \cdot \mathrm{d}\boldsymbol{l} \equiv 0 \\ \oint_S \boldsymbol{D} \cdot \mathrm{d}\boldsymbol{S} = q \\ \boldsymbol{D} = \varepsilon \boldsymbol{E} \end{cases}$$

积分形式的方程从宏观上表明静电场是守恒场（方程式中用恒等号强调），穿过任一闭合面的电位移的通量等于该闭合面内包含的所有自由电荷之和，而与极化电荷无关。由本章第一节的讨论已知电场强度 $\boldsymbol{E}$ 线是一族有头有尾的曲线，曲线始于正电荷、止于负电荷，这里要强调的是这些电荷既可以是自由电荷，也可以是介质极化的束缚电荷。

仿照 $\boldsymbol{E}$ 线也可画出 $\boldsymbol{D}$ 线和 $\boldsymbol{P}$ 线的分布图，由高斯定理可知，$\boldsymbol{D}$ 线始于正的自由电荷止于负的自由电荷而与束缚电荷无关；再由 $\oint_S \boldsymbol{P} \cdot \mathrm{d}\boldsymbol{S} = -q_{\mathrm{p}}$ 可知，$\boldsymbol{P}$ 线始于负的束缚电荷止于正的束缚电荷。

表 2-2 利用一平行板电容器内空气与介质中的场线分布示意图描述了这三种曲线之间的对应关系，由表中图例可见，三种矢量线之间的对应关系与关系式 $\boldsymbol{D}=\varepsilon_0\boldsymbol{E}+\boldsymbol{P}$ 相对应。

在给定电荷的分布且其分布规律满足某种对称分布的情况下（如前面例 2-7、例 2-8 等）可以方便地利用积分形式的方程求解静电场。

表 2-2 $\boldsymbol{D}$ 线、$\boldsymbol{P}$ 线与 $\boldsymbol{E}$ 线

	$\boldsymbol{D}$ 线	$\boldsymbol{P}$ 线	$\boldsymbol{E}$ 线
方程	$\oint_S \boldsymbol{D} \cdot \mathrm{d}\boldsymbol{S} = q$	$\oint_S \boldsymbol{P} \cdot \mathrm{d}\boldsymbol{S} = -q_{\mathrm{p}}$	$\oint_S \boldsymbol{E} \cdot \mathrm{d}\boldsymbol{S} = \frac{1}{\varepsilon_0}(q+q_{\mathrm{p}})$
矢量线与电荷	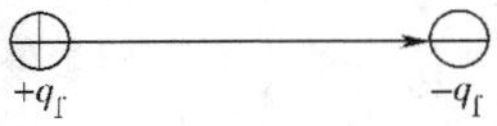	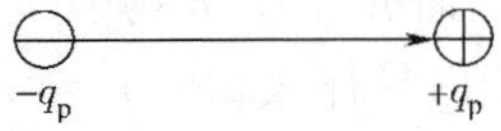	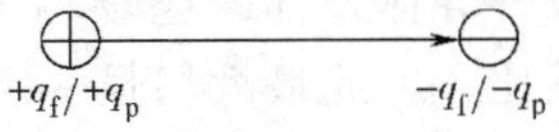
图例	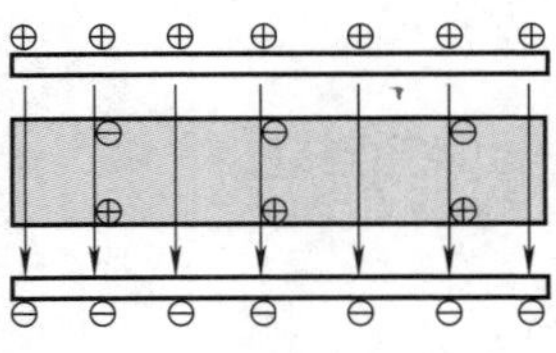	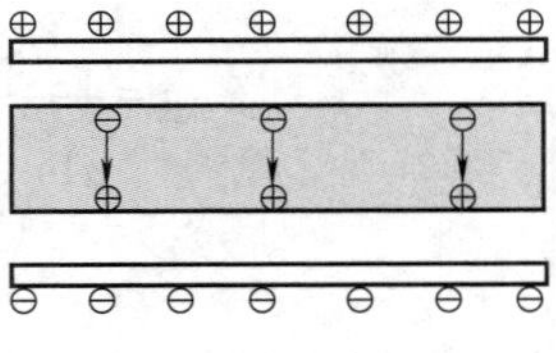	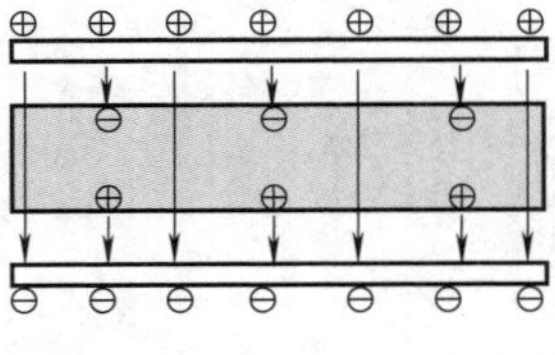

相应的，方程式（2-17）、式（2-47）、式（2-48）构成了各向同性介质中静电场微分形式的基本方程，即

$$\begin{cases} \nabla \times \boldsymbol{E} \equiv 0 \\ \nabla \cdot \boldsymbol{D} = \rho \\ \boldsymbol{D} = \varepsilon \boldsymbol{E} \end{cases}$$

这组方程表明静电场是无旋有散场，电场的无旋性（方程式中用恒等号强调）即验证了电场线有头有尾的结论，而场中每一点的源与该点的电位移的散度值一一对应。如果某一点 $\nabla \cdot \boldsymbol{D}>0$，则说明该点是一个正电荷所在的源点，电场线一定从该点发出；如果某一点 $\nabla \cdot \boldsymbol{D}<0$，则说明该点是一个负电荷所在的源点，电场线一定止于该点；如果某点 $\nabla \cdot \boldsymbol{D}=0$，则说明该点无源，电场线一定从该点平滑穿过。

从概念上说，积分形式的基本方程描述的是场中任意一个闭合回线和任意一个封闭曲面上的场量积分的整体情况，而微分形式的基本方程描述的是场中每一点的场量分布及其变化情况，后者是从前者的等价变换得到的。从求解方程的角度来说，微分形式的方程在某些情况下更易于分析和计算。

2.4.2 两种媒质分界面上场量的衔接条件

在静电场中，空间往往分区域地分布着两种或多种媒质（导体或电介质）。对于两种互相密接的媒质，分界面两侧的静电场之间存在着一定的约束关系，称为静电场中不同媒质分界面上的衔接条件。它反映了从一种媒质过渡到另一种媒质时电场变量在分界面上的变化规律。

当两种或多种媒质共存时，各介质与单独存在时相似，均会在电场作用下极化，所以可以分别用体分布的极化电荷和面分布的极化电荷代替各个介质，而各媒质所在的场均满足静电场的积分形式或微分形式的基本方程。由于各媒质本身材料、各自所处的位置、与场源的连接状态等等的不同，使得媒质内部电场的分布各有不同，正如光线从空气进入水面会折射一样，在两种媒质的交界处电场的场量也会发生改变，这种改变应该遵循的规律就是场量应满足的衔接条件。

1. 两种媒质的分界面处场量的衔接条件

设两种介质 ε_1 与 ε_2 的分界面 Γ 如图 2-11a 所示，规定电场的方向由介质 ε_1 指向介质 ε_2，对于分界面上任意一点，垂直于分界面由介质 ε_1 指向介质 ε_2 的方向为法线方向，用 $\boldsymbol{e}_n$ 表示，平行于分界面的方向作为切线方向，用 $\boldsymbol{e}_t$ 表示。显然，分界面上每一点的场量均可以分解为法向和切向两个分量。

现分别沿平行于边界上某点的切线方向 $\boldsymbol{e}_t$ 和法线方向 $\boldsymbol{e}_n$ 取一有向矩形闭合曲线，设其长度为 Δl，宽度为 Δh，且 $\Delta h \ll \Delta l$，则沿此回线电场强度的环路线积分应为

$$\oint_l \boldsymbol{E} \cdot \mathrm{d}\boldsymbol{l} = \int_{12} \boldsymbol{E} \cdot \mathrm{d}\boldsymbol{l} + \int_{23} \boldsymbol{E} \cdot \mathrm{d}\boldsymbol{l} + \int_{34} \boldsymbol{E} \cdot \mathrm{d}\boldsymbol{l} + \int_{41} \boldsymbol{E} \cdot \mathrm{d}\boldsymbol{l}$$

为了找出分界面上该点的场量的对应关系，令闭合曲线足够小（为便于标识，图中曲线画得较大），可认为 $\Delta h \to 0$，且在线段 12 上各点的场量与该点介质 ε_1 中的电场相同，相应的线积分即为电场强度的切线分量 E_{1t} 与路径 Δl 的乘积，类似的在线段 34 上各点的场量与该点介质 ε_2 中的电场相同，相应的线积分即为电场强度的切线分量 E_{2t} 与路径 Δl 的乘积，从而有

$$\oint_l \boldsymbol{E} \cdot \mathrm{d}\boldsymbol{l} \approx E_{1t}\Delta l - E_{2t}\Delta l = 0 \tag{2-49}$$

注意，式（2-49）结果在整个分界面 Γ 上都应该成立，即 $E_{1t}|_\Gamma = E_{2t}|_\Gamma$，这里用下标 Γ 表示边界上任意位置。为简化表达式，略去分界面下标 Γ，写作

$$E_{1t} \equiv E_{2t} \tag{2-50}$$

式（2-50）表明，在两种介质分界面上，任意点处不同介质中电场强度的切向分量总是连续的。

类似的，取跨越分界面的一个扁平圆柱体如图 2-11b 所示，令两个底面面积 ΔS 足够小且垂直于该点的法向，圆柱体高度 $\Delta h \to 0$，则电位移矢量穿过该圆柱面的通量为

$$\oint_S \boldsymbol{D} \cdot \mathrm{d}\boldsymbol{S} \approx (D_{2n} - D_{1n})\Delta S = \sigma \Delta S$$

式中，σ 是分界面上可能存在的自由电荷面密度，从而得

$$D_{2n} - D_{1n} = \sigma \tag{2-51}$$

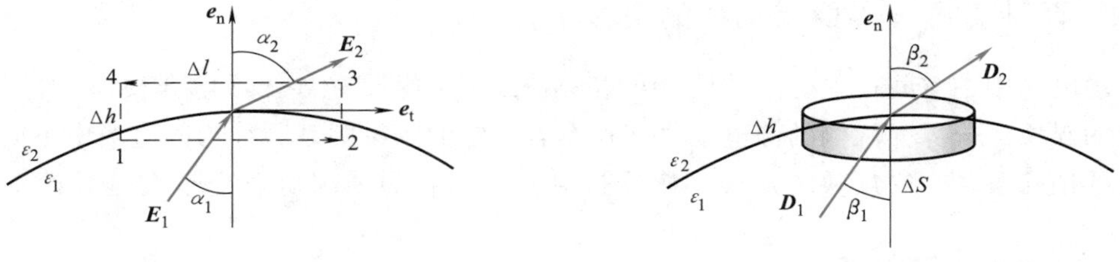

a) 切线方向场量之间的对应关系　　b) 法线方向场量之间的对应关系

图 2-11　两种介质分界面上场量之间的对应关系

式（2-51）表明，在两种介质分界面上，不同介质中电位移矢量的法向分量之差等于该点自由电荷的面密度值。

特殊情况下，当两种介质分界面上不存在自由电荷（$\sigma=0$）时，则有

$$D_{2n} = D_{1n} \tag{2-52}$$

此情况下介质分界面上电位移矢量的法向分量也是连续的。

对于线性、各向同性介质，由于 $\boldsymbol{D}_1=\varepsilon_1\boldsymbol{E}_1$，$\boldsymbol{D}_2=\varepsilon_2\boldsymbol{E}_2$，可将式（2-50）与式（2-51）改写成

$$\begin{cases} E_{1t}=E_{2t} \\ \varepsilon_2 E_{2n}-\varepsilon_1 E_{1n}=\sigma \end{cases} \quad 或 \quad \begin{cases} \dfrac{D_{1t}}{\varepsilon_1}=\dfrac{D_{2t}}{\varepsilon_2} \\ D_{2n}-D_{1n}=\sigma \end{cases} \tag{2-53}$$

可见，两种介质分界面处电场强度的切线分量总是连续的，但电场强度的法向分量并不连续，或者说有跃变；电位移的切线分量总是不连续的，而电位移的法向分量只在界面没有自由电荷的情况下连续，否则其法向分量之差等于该点自由电荷的面密度值。此外，场量的跃变受介质介电常数比值的约束而不能随意改变，这就是不同介质分界面处场量之间应遵循的规律，或者说应满足的约束条件。

当 $\sigma=0$ 时介质分界面衔接条件还可写作

$$\begin{cases} E_1\sin\alpha_1=E_2\sin\alpha_2 \\ \varepsilon_1 E_1\cos\alpha_1=\varepsilon_2 E_2\cos\alpha_2 \end{cases}$$

将两式相除，得

$$\frac{\tan\alpha_1}{\tan\alpha_2}=\frac{\varepsilon_1}{\varepsilon_2} \tag{2-54}$$

式（2-54）称为静电场两种介质分界面的折射定律。该定律表明，在分界面无自由电荷时电场与分界面法向夹角的正切之比与其相应介质的介电常数之比成正比。

此外，由介质的本构关系方程有

$$D_{1n}=\varepsilon_0 E_{1n}+P_{1n},\quad D_{2n}=\varepsilon_0 E_{2n}+P_{2n}$$

所以 $\sigma=0$ 时，由 $D_{2n}=D_{1n}$ 得

$$\varepsilon_0 E_{2n}-\varepsilon_0 E_{1n}=P_{1n}-P_{2n}=\boldsymbol{P}_1\cdot\boldsymbol{e}_n-\boldsymbol{P}_2\cdot\boldsymbol{e}_n \tag{2-55}$$

由式（2-39b）可知，式（2-55）右端项分别代表两种介质表面极化电荷的面密度，即

$$\sigma_{p1}=\boldsymbol{P}_1\cdot\boldsymbol{e}_n,\quad \sigma_{p2}=\boldsymbol{P}_2\cdot(-\boldsymbol{e}_n)$$

因此分界面上的净极化电荷的面密度 σ_p 为

$$\sigma_p=\sigma_{p_1}+\sigma_{p_2}=\boldsymbol{P}_1\cdot\boldsymbol{e}_n+\boldsymbol{P}_2\cdot(-\boldsymbol{e}_n)=\varepsilon_0(E_{2n}-E_{1n}) \tag{2-56}$$

式（2-56）表明，由于分界面两侧介质材料的不同造成了分界面处产生了面极化电荷，该极化电荷引起了分界面两侧电场强度、电位移矢量在数值、方向上的改变，所以我们既要掌握相关公式，又要透过现象看本质，充分理解其物理实质。

介质分界面的衔接条件（2-50）和（2-51）是两种媒质分界面上每一点处电场强度的切向分量之间和电位移的法向分量之间必须满足的约束条件，这种约束与分界面两侧介质无关。这与电路理论中网络的拓扑约束 KCL、KVL 相似：KCL 和 KVL 分别为节点上各支路电流之间和回路上各支路电压之间必须满足的约束，与支路元件的类型无关。

设 $\boldsymbol{e}_n$ 是分界面上任意点处的法向单位矢量；$\boldsymbol{F}$ 表示该点的某一场矢量，该矢量一定可以分解为两个分量——沿 $\boldsymbol{e}_n$ 方向的法向分量和垂直于 $\boldsymbol{e}_n$ 方向的切向分量。由矢量恒等式 $\boldsymbol{A}\times(\boldsymbol{B}\times\boldsymbol{C})=(\boldsymbol{A}\cdot\boldsymbol{C})\boldsymbol{B}-(\boldsymbol{A}\cdot\boldsymbol{B})\boldsymbol{C}$ 可得

$$\boldsymbol{e}_n\times(\boldsymbol{e}_n\times\boldsymbol{F})=(\boldsymbol{e}_n\cdot\boldsymbol{F})\boldsymbol{e}_n-(\boldsymbol{e}_n\cdot\boldsymbol{e}_n)\boldsymbol{F}$$

即

$$\boldsymbol{F}=(\boldsymbol{e}_n\times\boldsymbol{F})\times\boldsymbol{e}_n+(\boldsymbol{e}_n\cdot\boldsymbol{F})\boldsymbol{e}_n \tag{2-57}$$

可见，式（2-57）第一项 $\boldsymbol{e}_n\times\boldsymbol{F}$ 垂直于 $\boldsymbol{e}_n$ 方向，切于分界面，称为矢量 $\boldsymbol{F}$ 的切向分量；第二项 $\boldsymbol{e}_n\cdot\boldsymbol{F}$ 沿 $\boldsymbol{e}_n$ 方向，称为矢量 $\boldsymbol{F}$ 的法向分量。

按照这种分解方式将式（2-50）、式（2-51）分别用矢量形式描述，则为

$$\boldsymbol{e}_n\times(\boldsymbol{E}_2-\boldsymbol{E}_1)=0 \tag{2-58}$$

$$\boldsymbol{e}_n\cdot(\boldsymbol{D}_2-\boldsymbol{D}_1)=\sigma \tag{2-59}$$

在第 4 章磁场分析中会看到，在某些情况下采用这种矢量表示方式会更方便。

例 2-9　电场由空气（$\varepsilon_{r1}=1$）进入电介质（$\varepsilon_{r2}=4$），设分界面上没有自由电荷，已知界面某点空气一侧的电场强度 $E_1=10\text{V/m}$，与该点分界面的法向夹角为 $\alpha_1=26.6°$，试求介质一侧该点：（1）电场强度 E_2、电位移 D_2 及其与法向的夹角 α_2；（2）极化电荷的面密度。

解　由介质分界面的折射定律可得

$$\tan\alpha_2=\frac{\varepsilon_2}{\varepsilon_1}\tan\alpha_1=\frac{\varepsilon_{r2}}{\varepsilon_{r1}}\tan\alpha_1=4\tan26.6°=2$$

所以有

$$\alpha_2=63.4°$$

由于分界面处电场的切线分量总是连续的，即 $E_{1t}=E_{2t}$，所以有 $E_1\sin\alpha_1=E_2\sin\alpha_2$，故

$$E_2=\frac{E_1\sin\alpha_1}{\sin\alpha_2}=\frac{10\sin 26.6°}{\sin 63.4°}\text{V/m}=5\text{V/m}$$

再由分界面处电位移的法线分量的连续方程 $D_{2n}=D_{1n}$，可得 $D_1\cos\alpha_1=D_2\cos\alpha_2$，故

$$D_2=\frac{D_1\cos\alpha_1}{\cos\alpha_2}=\frac{\varepsilon_0\varepsilon_{r1}E_1\cos\alpha_1}{\cos\alpha_2}=\frac{8.85\times10^{-12}\times10\cos 26.6°}{\cos 63.4°}\text{C/m}^2=177\times10^{-12}\text{C/m}^2$$

由分界面上的极化电荷的面密度公式（2-56）可得

$$\begin{aligned}\sigma_p&=\varepsilon_0(E_{2n}-E_{1n})=\varepsilon_0(E_2\cos\alpha_2-E_1\cos\alpha_1)\\&=8.85\times10^{-12}\times(5\times\cos 63.4°-10\times\cos 26.6°)\text{C/m}^2=-5.93\times10^{-11}\ \text{C/m}^2\end{aligned}$$

例 2-10　某同轴电缆长度 L 远大于截面半径，已知内、外导体半径分别为 a 和 b。其间填充两种介质，介质分界面与电缆同轴，半径为 $c=1\text{cm}$，且 $c/a=b/c=2$，如图 2-12 所示，设介电常数分别为 $\varepsilon_1=4\varepsilon_0$，$\varepsilon_2=2\varepsilon_0$，现将该电缆的内、外导体与直流电压源 $U_0=180\text{kV}$ 相连接。试求：(1) 导体间的电场强度，并绘出电场分布示意图；(2) 介质分界面上的极化电荷分布。

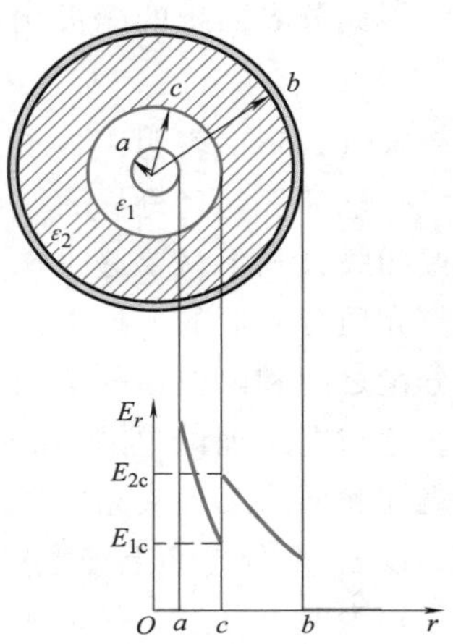

图 2-12　单心电缆填充不同介质

解　(1) 由于介质为均匀的且与导体同轴，所以电场为轴对称分布，电场强度与半径同方向，或者说电场与介质分界面的法向一致，不存在切线分量，因此由介质分界面的衔接条件可推断，分界面处两种介质中的电位移相同，仍然可以利用高斯定理求解。

设内、外导体沿轴线方向线电荷密度分别为 $+\tau$ 和 $-\tau$，由高斯定理，得

$$\oint_S \boldsymbol{D}\cdot d\boldsymbol{S}=D_r 2\pi rL=\tau L$$

即

$$\boldsymbol{D}=\frac{\tau}{2\pi r}\boldsymbol{e}_r$$

相应的电场强度分别为

$$\boldsymbol{E}_1=\frac{\tau}{2\pi\varepsilon_1 r}\boldsymbol{e}_r\quad(a<r<c)$$

$$\boldsymbol{E}_2=\frac{\tau}{2\pi\varepsilon_2 r}\boldsymbol{e}_r\quad(c<r<b)$$

又因为

$$U_0=\int_l \boldsymbol{E}\cdot d\boldsymbol{l}=\int_a^c E_{1r}dr+\int_c^b E_{2r}dr=\frac{\tau}{2\pi\varepsilon_1}\ln\frac{c}{a}+\frac{\tau}{2\pi\varepsilon_2}\ln\frac{b}{c}$$

则单位长度电荷的密度为

$$\tau=\frac{2\pi U_0}{\frac{1}{\varepsilon_1}\ln\frac{c}{a}+\frac{1}{\varepsilon_2}\ln\frac{b}{c}}$$

得

$$\boldsymbol{E}_1=\frac{U_0}{\ln\dfrac{c}{a}+\dfrac{\varepsilon_1}{\varepsilon_2}\ln\dfrac{b}{c}}\frac{1}{r}\boldsymbol{e}_r=\frac{U_0}{3\ln 2}\frac{1}{r}\boldsymbol{e}_r\quad(a<r<c)$$

$$\boldsymbol{E}_2=\frac{U_0}{\dfrac{\varepsilon_2}{\varepsilon_1}\ln\dfrac{c}{a}+\ln\dfrac{b}{c}}\frac{1}{r}\boldsymbol{e}_r=\frac{U_0}{1.5\ln 2}\frac{1}{r}\boldsymbol{e}_r\quad(c<r<b)$$

由上述结果可见，内外两层介质中的电场强度因受介电常数影响的不同而不同，在介质分界面处发生跃变，如在此例中，$E_{2c}=2E_{1c}$。

（2）由分界面上的极化电荷的面密度公式（2-56），可得单位长度的极化电荷面密度为

$$\sigma_p'=\varepsilon_0(E_{2n}-E_{1n})=\varepsilon_0\left(\frac{U_0}{\dfrac{\varepsilon_2}{\varepsilon_1}\ln\dfrac{c}{a}+\ln\dfrac{b}{c}}\frac{1}{r}-\frac{U_0}{\ln\dfrac{c}{a}+\dfrac{\varepsilon_1}{\varepsilon_2}\ln\dfrac{b}{c}}\frac{1}{r}\right)\Bigg|_{r=c}=7.66\times10^{-5}\ \mathrm{C/m}$$

将本例题的电场分布与例2-8的电场分布结果对比可见，在电缆内、外导体之间施加同样电压的情况下，对于多层绝缘结构，内外导体之间的电场强度差值较小，相同导体尺寸的多层绝缘电缆可以承受更大的电压，所以工程上常采用多层绝缘结构制作电缆。

2. 两种媒质的分界面处电位的衔接条件

由电位与电场强度之间的负梯度关系可知，在两种介质分界面上电位必须连续而不可能跃变，否则将意味着无限大的电场强度，这在实际中是不可能的，因此与 $E_{1t}\equiv E_{2t}$ 相对应的边界条件就是

$$\varphi_1\equiv\varphi_2 \tag{2-60}$$

再将 $\boldsymbol{D}=\varepsilon\boldsymbol{E}=-\varepsilon\nabla\varphi$ 及 $D_n=-\varepsilon\dfrac{\partial\varphi}{\partial n}$ 代入式（2-51）得

$$-\varepsilon_2\frac{\partial\varphi_2}{\partial n}+\varepsilon_1\frac{\partial\varphi_1}{\partial n}=\sigma \tag{2-61}$$

3. 导体表面电荷及电场的分布

设两种媒质分别为导体和电介质，其中导体为媒质1，电介质为媒质2。由于导体电位为常数，电场强度为零，即 $E_{1t}=0$，$D_{1n}=0$，所以由介质分界面边界条件有

$$E_{2t}=0,\sigma=D_{2n}\big|_\Gamma \tag{2-62}$$

式（2-62）表明，在介质与导体的分界面 Γ 处，介质中电场的切线分量恒为零，即介质中的电场线总是沿导体表面垂直方向离开或进入导体表面。而介质中电位移矢量的法向分量就是对应分界面上该点自由电荷的面密度，或者说导体表面任意点自由电荷的面密度与介质中分界面处该点电位移矢量的法向分量值相对应。

利用边界条件式（2-62），在已知导体表面的电荷分布规律的情况下，就可以按照电荷密度的大小相应地画出电场线的疏密分布了。

类似的，可以推出用电位函数表示的导体表面的衔接条件为

$$\varphi_1=\varphi_2=常数,\sigma=-\varepsilon_2\frac{\partial\varphi_2}{\partial n}\bigg|_\Gamma \tag{2-63}$$

利用式（2-62）、式（2-63）即可由介质中的电位移矢量或电位求得导体的电位及其表

面电荷的分布。请读者利用上述公式求出例 2-8、例 2-10 中同轴电缆内外导体上电荷的分布密度。

例 2-11　一平行板电容器如图 2-13 所示，设极板面积远大于极板间距离，其中图 2-13a 中两种介质分界面与极板平行，极板间电压为 U_0；图 2-13b 中两种介质分界面与极板垂直，极板上电荷为 Q。分别求极板间电场的分布。

解　忽略边缘效应，认为平行板内每种介质中的电场均匀分布，且垂直于极板，电场方向由高电位极板 A 指向低电位极板 B。

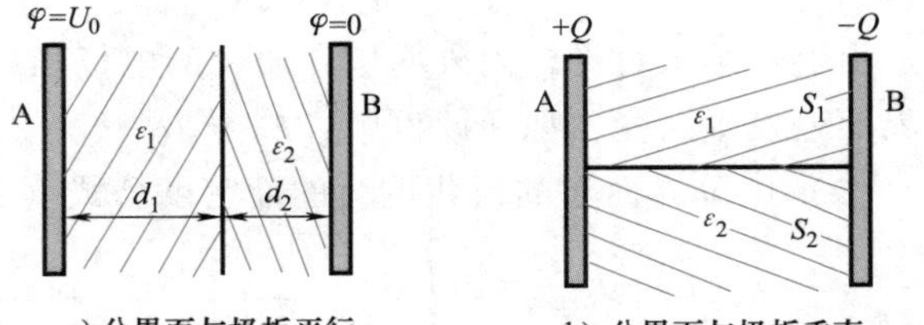

a) 分界面与极板平行　　b) 分界面与极板垂直

图 2-13　填充不同介质的平行板电容器

(1) 介质分界面与极板平行。此时介质分界面的法向就是电场的方向，或者说电场只有法向分量存在，切向分量不存在，故 $D_1 = D_2$。因此在电压 U_0 作用下，有

$$\begin{cases} E_1 d_1 + E_2 d_2 = U_0 \\ \varepsilon_1 E_1 = \varepsilon_2 E_2 \end{cases}$$

求解此方程，得

$$E_1 = \frac{\varepsilon_2 U_0}{\varepsilon_1 d_2 + \varepsilon_2 d_1},\quad E_2 = \frac{\varepsilon_1 U_0}{\varepsilon_1 d_2 + \varepsilon_2 d_1}$$

极板 A 上的电荷面密度为

$$\sigma = D_{1n} = \varepsilon_1 E_1 = \frac{\varepsilon_1 \varepsilon_2 U_0}{\varepsilon_1 d_2 + \varepsilon_2 d_1}$$

若设 $\varepsilon_2 > \varepsilon_1$，则 $E_1 > E_2$。在工程实际中，如果因制造工艺上的不完善，使极板与绝缘材料间留有空气层（如此例中的介质 ε_1），设绝缘材料的相对介电常数为 ε_{r2}，则空气层中电场强度 E_1 将为绝缘材料中电场强度 E_2 的 ε_{r2}（>1）倍，这时，空气层有可能被击穿，从而导致整个电容器的损坏。

(2) 介质分界面与极板垂直。此时介质分界面的切向就是电场的方向，或者说电场只有切向分量存在，法向分量不存在，故 $E_1 = E_2$。

又由于两种介质与极板相连，所以电荷 Q 在极板上分布密度不同，设与介质 ε_1 相对应的极板上电荷的面密度为 σ_1，与介质 ε_2 相对应的极板上电荷的面密度为 σ_2，由导体与介质分界面边界条件式（2-62）可知

$$\sigma_1 = D_1,\ \sigma_2 = D_2$$

故可列方程如下

$$\begin{cases} \sigma_1 S_1 + \sigma_2 S_2 = Q \\ \dfrac{\sigma_1}{\varepsilon_1} = \dfrac{\sigma_2}{\varepsilon_2} \end{cases}$$

求解此方程，得

$$\sigma_1 = D_1 = \frac{\varepsilon_1 Q}{\varepsilon_1 S_1 + \varepsilon_2 S_2},\ \sigma_2 = D_2 = \frac{\varepsilon_2 Q}{\varepsilon_1 S_1 + \varepsilon_2 S_2}$$

两种介质中的电场为

$$E_1 = E_2 = \frac{Q}{\varepsilon_1 S_1 + \varepsilon_2 S_2}$$

2.5 静电场边值问题

前面讨论了已知电荷分布求解静电场分布的基本方法和规律，包括利用场量 $\boldsymbol{E}$、φ 与场源 q、ρ、σ、τ 之间的积分公式和利用高斯定理等几种求解电场分布的方法。这些方法一般只适用于场源、场域具有某些对称性的简单或者说典型问题，因此工程实用性不强。此外，通常情况下导体中的电荷分布是未知的，一般多给定导体间电压，因此如何通过施加在电极上的电压（或导体的电位）获得电场的分布就更具有实际代表性。这一节首先讨论如何建立以电位为未知场量的静电场方程，然后讨论方程的常用分析、求解方法。

2.5.1 边值问题概述

1. 泛定方程——电位泊松方程和拉普拉斯方程

电位的引出是基于静电场的无旋性，或者说电位与电场强度之间的梯度关系式 $\boldsymbol{E}=-\nabla\varphi$ 与静电场基本方程中的 $\nabla\times\boldsymbol{E}=0$ 是等价的。设 $\boldsymbol{D}=\varepsilon\boldsymbol{E}$，将这些关系式代入静电场的另一个基本方程 $\nabla\cdot\boldsymbol{D}=\rho$ 中，有

$$\nabla\cdot(\varepsilon\boldsymbol{E}) = -\nabla\cdot(\varepsilon\nabla\varphi) = \rho$$

从而得到静电场中电位所满足的一般形式的方程，为

$$\nabla\cdot(\varepsilon\nabla\varphi) = -\rho \tag{2-64}$$

将式（2-64）进一步展开，有

$$\nabla\cdot(\varepsilon\boldsymbol{E}) = -\nabla\cdot(\varepsilon\nabla\varphi) = -\varepsilon\nabla\cdot\nabla\varphi - \nabla\varphi\cdot\nabla\varepsilon = \rho \tag{2-65}$$

如果介质是均匀线性各向同性的，则介电常数 ε 为常数，其梯度应为零，即 $\nabla\varepsilon=0$，相应的可将式（2-65）简化为 $-\varepsilon\nabla\cdot\nabla\varphi=\rho$，或写作

$$\nabla^2\varphi = -\frac{\rho}{\varepsilon} \tag{2-66}$$

式（2-66）称为静电场的泊松方程（Poisson's equation），式中 $\nabla\cdot\nabla=\nabla^2$ 称为拉普拉斯算子，该算子是两个矢量算子 ∇ 的点积，因此是标量算子。注意，泊松方程只适用于线性、各向同性的均匀介质。

对于电荷密度 $\rho=0$ 的无源空间，方程简化为齐次偏微分方程

$$\nabla^2\varphi = 0 \tag{2-67}$$

称为静电场电位的拉普拉斯方程（Laplace's equation）。

在正交曲面坐标系中拉普拉斯展开式为

$$\nabla^2\varphi = \nabla\cdot\nabla\varphi = \frac{1}{h_1 h_2 h_3}\left[\frac{\partial}{\partial u_1}\left(\frac{h_2 h_3}{h_1}\frac{\partial\varphi}{\partial u_1}\right) + \frac{\partial}{\partial u_2}\left(\frac{h_1 h_3}{h_2}\frac{\partial\varphi}{\partial u_2}\right) + \frac{\partial}{\partial u_3}\left(\frac{h_1 h_2}{h_3}\frac{\partial\varphi}{\partial u_3}\right)\right] \tag{2-68}$$

在直角坐标系下拉梅系数均为 1，故拉普拉斯方程的展开式为

$$\nabla^2\varphi=\frac{\partial^2\varphi}{\partial x^2}+\frac{\partial^2\varphi}{\partial y^2}+\frac{\partial^2\varphi}{\partial z^2} \tag{2-69}$$

圆柱坐标系、球坐标系下拉普拉斯方程的展开式列于附录中，此处不再重复。

可见泊松方程为二阶线性非齐次偏微分方程。注意，电位的泊松方程只是在均匀介质中与静电场微分形式的基本方程等价。

由数理方程可知，满足上述电位方程的通解有无穷多组，或者说电位泊松方程和拉普拉斯方程是描述任一线性、均匀、各向同性介质中静电场的共性方程，数学上称这种偏微分方程为泛定方程。只有给定了相应的定解条件，泛定方程才有唯一确定的解。

2. 定解条件与边值问题

针对某一实际物理问题的模型一般都会有相应的特定区域和激励与之相对应，称为该物理问题的定解条件，一般这些条件对应于场域的周界，所以又称为边界条件。注意不同介质分界面的衔接条件与场域周界的边界条件是两个不同的概念，前者是两种场域或者两种介质分界面上场量必须遵循的约束条件，与场域周界情况无关，而后者则为场域的边界（周界）所处的状态，与边界的划分、边界处介质的材料性质、场源与边界的对应关系等有关。

泛定方程与其相应的边界条件（定解条件）合称为边值问题（boundary value problems）。通常给定的边界条件有三种类型，对应如下三种边值问题。

1）第一类边界条件：给定边界 Γ 上的电位值 $\varphi|_\Gamma$。

第一类边界条件又称为狄利克雷（Dirichlet）边界条件。一般与场源相连的导体其电位为常数，且等于外加电源的电压，这种情况就属于第一类边界条件。第一类边界条件与泛定方程一起构成第一类边值问题。

2）第二类边界条件：给定边界 Γ 上电位函数的法向导数值$\left.\frac{\partial\varphi}{\partial n}\right|_\Gamma$。

第二类边界条件又称为诺伊曼（Neumann）边界条件。由前面导体与介质分界面边界条件可知 $\sigma=-\varepsilon_2\frac{\partial\varphi_2}{\partial n}$，所以给定导体表面电荷即属于这种情况。第二类边界条件与泛定方程一起构成第二类边值问题。

3）第三类边界条件：部分边界上给定电位函数值，部分边界给定其法向导数，即前面两种边界条件的线性组合$\left.\left[\varphi+f(S)\frac{\partial\varphi}{\partial n}\right]\right|_\Gamma$。

第三类边界条件又称为柯西（Cauchy）边界条件，该边界条件与泛定方程一起构成第三类边值问题，也叫作混合边值问题。

3. 边值问题模型的建立

按照边值问题的定义，建立边值问题的步骤为

第一步：针对不同介质区域、不同场域，确定未知电位变量的个数，选择适当的坐标系，写出相应的泊松方程或拉普拉斯方程，即泛定方程。为了减少未知量、降低计算机内存、提高计算精度等，工程上经常利用场域的对称性针对实际问题场域的1/2、1/4甚至1/8子域进行分析。

第二步：根据给定的已知条件写出相应的边界条件。

第三步：根据需要，补充不同介质、不同场域的分界面衔接条件。

第四步：根据实际物理模型补充其他定解条件。如场域的对称性、电位参考点（面）的选定、无穷远边界电位分布、一些特殊情况（如坐标原点、几何轴心、球心处电位梯度不应出现无限大等）的确定等。通常将后面三步给出的条件合称为边值问题的定解条件。

例 2-12　一长直金属槽，如图 2-14 所示，其三壁接地，顶盖接电压源 $u_s=U_0\sin\dfrac{\pi}{a}x$，若欲求金属槽内电位分布，试建立相应的边值问题。

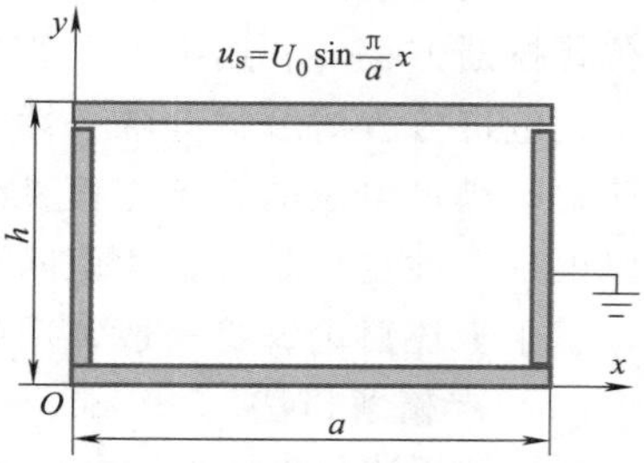

图 2-14　接地金属槽

解　由已知条件可知，金属槽 z 方向尺寸长度远大于截面方向的尺寸，因此可视为二维平行平面场，且金属槽底部三壁电位为 0，顶部为给定函数值，所以属于典型的第一类边界条件，故相应的边值问题为

$$\begin{cases}\dfrac{\partial^2\varphi}{\partial x^2}+\dfrac{\partial^2\varphi}{\partial y^2}=0 & 0\leqslant x\leqslant a,\quad 0\leqslant y<h\\ \varphi=U_0\sin\dfrac{\pi}{a}x & 0\leqslant x\leqslant a,\quad y=h\\ \varphi=0 & 0\leqslant x\leqslant a,\quad y=0\\ \varphi=0 & x=0,\quad 0\leqslant y\leqslant h\\ \varphi=0 & x=a,\quad 0\leqslant y\leqslant h\end{cases}$$

本例也可取整个场域的 1/2 进行分析，请读者自己列写相应的边值问题模型。

例 2-13　图 2-15 所示长直同轴电缆，缆芯截面为边长 $2b$ 的正方形，外皮内半径为 a，厚度忽略不计，中间填充介电常数为 ε 的电介质。现内、外导体之间施加电压 U_0，试建立该静电场相应的边值问题模型。

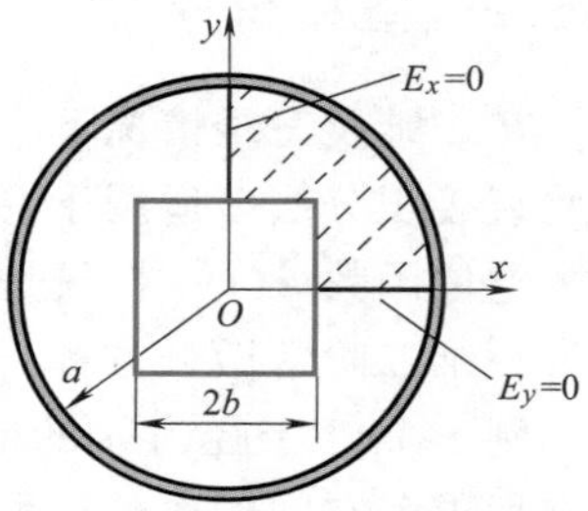

图 2-15　外圆内方的同轴电缆

解　忽略长度方向的边缘效应，电场可简化为二维平行平面场。由于电缆结构上的对称性，只需对整个场域的 1/4，即图中阴影所示区域进行分析即可。

设外导体为参考电位，则内外导体边界为第一类边界条件。由于结构的对称使得电场沿 x、y 轴对称分布，即在对称面上电场线一定沿半径方向，或者说只存在与内外导体表面成法线方向的电场，而切线方向的电场为零。确切地说，在 x 轴上电场只有 x 方向的分量，y 方向的分量为 0；在 y 轴上电场只有 y 方向的分量，x 方向的分量为 0。据此，相应的静电场边值问题可写为

$$\begin{cases}\dfrac{\partial^2\varphi}{\partial x^2}+\dfrac{\partial^2\varphi}{\partial y^2}=0 & \text{图 2-15 中阴影所示区域}\\ \varphi=U_0 & 0\leqslant x\leqslant b,\quad y=b\ \text{及}\ x=b,\quad 0\leqslant y\leqslant b\\ \varphi=0 & x^2+y^2=a^2,\quad 0\leqslant x\leqslant a,\quad 0\leqslant y\leqslant a\\ \dfrac{\partial\varphi}{\partial x}=0 & x=0,\quad b\leqslant y\leqslant a\\ \dfrac{\partial\varphi}{\partial y}=0 & y=0,\quad b\leqslant x\leqslant a\end{cases}$$

本例也可取整个场域的 1/8 进行分析，请读者自己列写相应的边值问题。

4. 边值问题求解方法概述

静电场边值问题的求解就是在给定第一、二、三类边值问题下求解电位函数的泊松方程或拉普拉斯方程。利用数学上的格林定理可以证明唯一性定理，在满足边界上相应的边界条件下，电位方程的解具有唯一性。按照这一定理可以设想，无论用何种方法找到一组解，如果该解既满足电位的泛定方程又满足相应的定解条件，那么这组解就是该静电场的唯一解。可以说唯一性定理是分析边值问题的理论基础和保障。

基于上述讨论，将一般常用的边值问题分析方法概述如下：

（1）严格解析法

严格解析法是直接求解电位偏微分方程得到其精确解析解的方法，故又称为直接积分法。

（2）近似解析法

近似解析法是利用数学上的分离变量法、保角变换法、复位函数法等求解微分方程的方法。这类方法得到的解一般是由无穷组级数或无穷多组特殊函数（如勒让德函数等）构成的，工程实际应用时一般根据实际精度要求截取前面若干项作为近似解，因此称此类方法为近似解析法。

（3）间接解法

间接解法是利用唯一性定理及物理概念构造方程的解，如镜像法等。

（4）数值解法

数值解法是利用数值分析将偏微分方程或积分方程等价为一组高阶代数方程组，然后利用计算机技术迭代求解的一类近似分析方法，如有限差分法、有限元法、矩量法等。

下面几节将分别介绍直接积分法、分离变量法、镜像法、有限差分法等。

2.5.2 直接积分法

在二维及三维情况下，电位偏微分方程的直接积分（direct intergration）一般很难得到，因此直接积分法多适用于一维情况。当待求场域以及场源分布具有某些对称性等特殊情况时，电位函数 $\varphi(\boldsymbol{r})$ 将只是某一个坐标变量的单变量函数，此时相应的电位偏微分方程就降维为一维二阶常微分方程，这时就可直接积分求解该常微分方程。

例 2-14 半径为 a 的带电导体球，已知球体电位为 U（无穷远处电位为零），试利用电位方程求解空间的电位函数分布。

解 设带电球体位于无限大真空，由于结构上为球对称，故选用球坐标系求解方程。由于导体为孤立球体，故电荷一定均匀分布于导体表面，由此可以判断电位 φ 与坐标 θ、ϕ 无关，只是半径 r 的单变量函数。导体球内电场为零，导体为等位体，无须求解；导体球外没有电荷，故满足拉普拉斯方程，球坐标系下位函数拉普拉斯方程展开式可简化为

$$\nabla^2\varphi=\frac{1}{r^2}\frac{\partial}{\partial r}\left(r^2\frac{\partial\varphi}{\partial r}\right)+\frac{1}{r^2\sin\theta}\frac{\partial}{\partial\theta}\left(\sin\theta\frac{\partial\varphi}{\partial\theta}\right)+\frac{1}{r^2\sin^2\theta}\frac{\partial^2\varphi}{\partial\phi^2}=\frac{1}{r^2}\frac{\partial}{\partial r}\left(r^2\frac{\partial\varphi}{\partial r}\right)=0$$

根据题意写出边值问题如下：

$$\begin{cases}\dfrac{1}{r^2}\dfrac{\mathrm{d}}{\mathrm{d}r}\left(r^2\dfrac{\mathrm{d}\varphi}{\mathrm{d}r}\right)=0 & r>a\\ \varphi=U & r=a\\ \varphi=0 & r\to\infty\end{cases}$$

可见这是典型的第一类边值问题。求解该二阶常微分方程，得到通解为

$$\varphi=-\frac{C_1}{r}+C_2$$

将定解条件代入，求得待定系数分别为 $C_1=-aU$，$C_2=0$，故空间电位的分布为

$$\varphi=\begin{cases}U & r\leqslant a\\ \dfrac{aU}{r} & r>a\end{cases}$$

事实上，本例完全可以用高斯定理进行分析计算。

例 2-15　设真空中有一半径为 a、介电常数为 ε 的球体，球内分布有体密度为 $\rho=2r^2$ 的体电荷，求球内外的电场与电位分布。

分析　本题带电球体位于无限大真空，结构上符合球对称，电荷虽然不是均匀分布，但其体密度 $\rho=2r^2$ 只与半径 r 有关，与坐标 θ、ϕ 无关，仍然符合球对称分布，因此可以判断电场强度 $\boldsymbol{E}$、电位 φ 均与坐标 θ、ϕ 无关，是半径 r 的单变量函数，且电场方向为径向。显然，本题可利用高斯定理、散度方程、电位泊松方程多种方法分别求解。鉴于此，分别采用上述三种方法求解（设球内为场域 1，球外为场域 2）以进行比较。

解法一　利用高斯定理先求电位移，再由电位移求电场强度及电位。

当 $0<r<a$ 时，应用积分形式的高斯定理 $\oint_S \boldsymbol{D}_1\cdot\mathrm{d}\boldsymbol{S}=Q$ 可求得

$$D_1 4\pi r^2=\int_0^r\rho(\xi)4\pi\xi^2\mathrm{d}\xi=\int_0^r 8\pi\xi^4\mathrm{d}\xi=\frac{8}{5}\pi r^5$$

所以

$$D_1=\frac{2}{5}r^3,\quad \boldsymbol{E}_1=\frac{2r^3}{5\varepsilon}\boldsymbol{e}_r$$

当 $r>a$ 时，同理可得球外电场为

$$D_2 4\pi r^2=\int_0^a\rho(\boldsymbol{r})4\pi r^2\mathrm{d}r=\int_0^a 8\pi r^4\mathrm{d}r=\frac{8}{5}\pi a^5$$

故

$$D_2=\frac{2a^5}{5r^2},\quad \boldsymbol{E}_2=\frac{2a^5}{5\varepsilon_0 r^2}\boldsymbol{e}_r$$

对于此题而言，因为电荷在有限范围的球内分布，所以一定有 $\varphi|_\infty\to 0$，故选择无穷远处为电位参考点，由电位积分公式（2-22）有

当 $r>a$ 时，球外电位为

$$\varphi_2=\int_r^\infty\boldsymbol{E}_2\cdot\mathrm{d}\boldsymbol{r}=\int_r^\infty\frac{2a^5}{5\varepsilon_0 r^2}\cdot\mathrm{d}r=\frac{2a^5}{5\varepsilon_0 r}$$

可见球面电位为 $\varphi_2(a)=\dfrac{2a^4}{5\varepsilon_0}$。

对于球内，即 $0<r\leqslant a$ 时，电位为

$$\varphi_1=\int_r^a\boldsymbol{E}_1\cdot\mathrm{d}\boldsymbol{r}+\int_a^\infty\boldsymbol{E}_2\cdot\mathrm{d}\boldsymbol{r}=\int_r^a\frac{2\xi^3}{5\varepsilon}\mathrm{d}\xi+\varphi_2(a)=-\frac{r^4}{10\varepsilon}+\frac{a^4}{10\varepsilon}+\frac{2a^4}{5\varepsilon_0}$$

解法二　利用微分形式的散度方程先求解电位移再求电场强度及电位。

由球坐标系散度方程展开式（1-32）可知，当电位移与坐标 θ、ϕ 无关而只是半径 r 的单变量函数时，散度方程展开式只有第一项存在，因此对于球内的点（$0<r\leqslant a$），散度方程为

$$\nabla\cdot\boldsymbol{D}_1=\frac{1}{r^2}\frac{\mathrm{d}}{\mathrm{d}r}(r^2D_{1r})=2r^2$$

将上式两边积分，得到该方程的通解为

$$D_{1r}=\frac{2r^3}{5}+\frac{C_1}{r^2} \tag{1}$$

类似的，球外散度方程为

$$\nabla\cdot\boldsymbol{D}_2=\frac{1}{r^2}\frac{\mathrm{d}}{\mathrm{d}r}(r^2D_{2r})=0$$

将上式两边积分，得到通解为

$$D_{2r}=\frac{C_2}{r^2} \tag{2}$$

接下来的问题是确定通解中的待定系数 C_1、C_2。观察上式（1）可见，该通解包含 $1/r^2$ 因子，当 $r\to0$ 时表达式$\to\infty$，这意味着球心处电场强度会无穷大，这显然与实际情况不符，因此该因子应剔除。这可以理解为 C_1/r^2 项因子虽然在数学上满足电位移散度方程，但是不符合工程实际物理意义而被剔掉，而且丢掉该项，剩余的表达式仍旧满足原方程，所以球内散度方程的有效解为

$$D_{1r}=\frac{2r^3}{5}$$

相应的球内电场强度为

$$\boldsymbol{E}_1=\frac{2r^3}{5\varepsilon}\boldsymbol{e}_r$$

再由两种介质分界面的衔接条件 $D_{1r}(a)=D_{2r}(a)$，有 $\frac{2a^3}{5}=\frac{C_2}{a^2}$，因此 $C_2=\frac{2a^5}{5}$，所以球外散度方程的通解为

$$D_2=\frac{2a^5}{5r^2}$$

相应的球外电场强度为

$$\boldsymbol{E}_2=\frac{2a^5}{5\varepsilon_0r^2}\boldsymbol{e}_r$$

这与解法一中得到的结论一致。电位的计算方法、过程同解法一，此处不再赘述。

解法三　利用电位泊松方程先求电位，再由电位求电场强度。由于电位与坐标 θ、ϕ 无关只是半径 r 的单变量函数，故拉普拉斯方程展开式应简化为

$$\nabla^2\varphi=\frac{1}{r^2}\frac{\partial}{\partial r}\left(r^2\frac{\partial\varphi}{\partial r}\right)+\frac{1}{r^2\sin\theta}\frac{\partial}{\partial\theta}\left(\sin\theta\frac{\partial\varphi}{\partial\theta}\right)+\frac{1}{r^2\sin^2\theta}\frac{\partial^2\varphi}{\partial\phi^2}=\frac{1}{r^2}\frac{\partial}{\partial r}\left(r^2\frac{\partial\varphi}{\partial r}\right)=0$$

结合前面的分析可列出边值问题如下：

$$
\begin{cases}
\dfrac{1}{r^2}\dfrac{\mathrm{d}}{\mathrm{d}r}\left(r^2\dfrac{\mathrm{d}\varphi_1}{\mathrm{d}r}\right)=-\dfrac{2r^2}{\varepsilon} & 0<r<a \qquad (1)\\
\dfrac{1}{r^2}\dfrac{\mathrm{d}}{\mathrm{d}r}\left(r^2\dfrac{\mathrm{d}\varphi_2}{\mathrm{d}r}\right)=0 & r>a \qquad (2)\\
\varphi_1\big|_{r=a}=\varphi_2\big|_{r=a} & (3)\\
\varepsilon_1\dfrac{\mathrm{d}\varphi_1}{\mathrm{d}r}\bigg|_{r=a}=\varepsilon_2\dfrac{\mathrm{d}\varphi_2}{\mathrm{d}r}\bigg|_{r=a} & (4)\\
\varphi_2\big|_{r\to\infty}=0 & (5)\\
\dfrac{\mathrm{d}\varphi_1}{\mathrm{d}r}\bigg|_{r=0}\ \text{应为有限值} & (6)
\end{cases}
$$

对方程式(1) 两边积分可得

$$r^2\frac{\mathrm{d}\varphi_1}{\mathrm{d}r}=-\frac{2r^5}{5\varepsilon}+C_1$$

两边除以 r^2，有

$$\frac{\mathrm{d}\varphi_1}{\mathrm{d}r}=-\frac{2r^3}{5\varepsilon}+\frac{C_1}{r^2} \qquad (7)$$

再进行一次积分，求得通解为

$$\varphi_1=-\frac{r^4}{10\varepsilon}-\frac{C_1}{r}+C_2$$

同样可求得方程式(2) 的通解为

$$\varphi_2=-\frac{C_3}{r}+C_4$$

由定解条件式(5) 可知系数 $C_4=0$，根据条件式(6) 可判断系数 $C_1=0$，再由分界面衔接条件式(3)、式 (4) 可得

$$
\begin{cases}
-\dfrac{a^4}{10\varepsilon}+C_2=-\dfrac{C_3}{a}\\
-\dfrac{2a^3}{5}=\dfrac{\varepsilon_0 C_3}{a^2}
\end{cases}
$$

解得 $C_3=-\dfrac{2a^5}{5\varepsilon_0}$ ，$C_2=\dfrac{a^4}{10\varepsilon}+\dfrac{2a^4}{5\varepsilon_0}$，故球内外电位分别为

$$\varphi_1=-\frac{r^4}{10\varepsilon}+\frac{a^4}{10\varepsilon}+\frac{2a^4}{5\varepsilon_0} \qquad 0<r<a$$

$$\varphi_2=\frac{2a^5}{5\varepsilon_0 r} \qquad r\geqslant a$$

最后由球坐标系电位与电场强度的梯度关系式 $\boldsymbol{E}=-\nabla\varphi=-\dfrac{\mathrm{d}\varphi}{\mathrm{d}r}\boldsymbol{e}_r$ 得到

$$\boldsymbol{E}_1=\frac{2r^3}{5\varepsilon}\boldsymbol{e}_r \qquad 0<r<a$$

$$\boldsymbol{E}_2=\frac{2a^5}{5\varepsilon_0 r^2}\boldsymbol{e}_r \qquad r>a$$

求解的球内外电场强度与利用高斯定理求得的结果一致。显然对本题而言，利用高斯定理求解是最简单、最高效的方法。

例 2-16　两块半无限大的导电平板相交成夹角为 α 的电极系统，设导电板互相绝缘，外加电压为 U，如图 2-16 所示，试求极板之间的电场分布。

解　显然此题难以利用高斯定理求解。

由于两个等位面夹角为 α，以两个导电板平面的交线为基准轴，可见无论场点距离基准轴远、近、高、低，只要位于相应的平面上电位就是定值不变，即电位值只与导电板的夹角有关，所以本题适于采用圆柱坐标系。

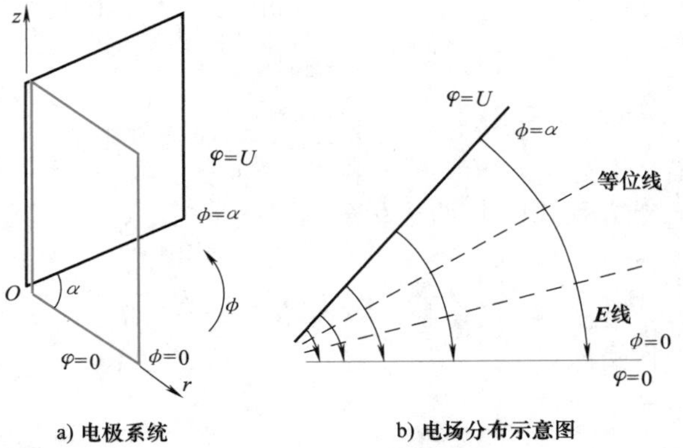

图 2-16　例 2-16 图

建立如图 2-16 所示的坐标系，则电位 φ 与坐标 r、z 无关，只是角度 ϕ 的单变量函数，由附录圆柱坐标系公式可将拉普拉斯方程展开式简化为

$$\nabla^2\varphi=\frac{1}{r^2}\frac{\partial^2\varphi}{\partial\phi^2}$$

根据题意写出第一类边值问题如下：

$$\begin{cases}\dfrac{\partial^2\varphi}{\partial\phi^2}=0 & 0\leqslant\phi\leqslant\alpha\\ \varphi=U & \phi=\alpha\\ \varphi=0 & \phi=0\end{cases}$$

求解该二阶常微分方程，得到通解为

$$\varphi=C_1\phi+C_2$$

将定解条件代入，求得待定系数分别为 $C_1=U/\alpha$，$C_2=0$，故空间电位的分布为

$$\varphi=\frac{U}{\alpha}\phi$$

电场强度可由电位的负梯度求解得到，利用附录圆柱坐标梯度展开有

$$\boldsymbol{E}=-\nabla\varphi=-\left(\frac{\partial\varphi}{\partial r}\boldsymbol{e}_r+\frac{1}{r}\frac{\partial\varphi}{\partial\phi}\boldsymbol{e}_\phi+\frac{\partial\varphi}{\partial z}\boldsymbol{e}_z\right)=-\frac{1}{r}\frac{\partial\varphi}{\partial\phi}\boldsymbol{e}_\phi=\frac{U}{\alpha r}(-\boldsymbol{e}_\phi)$$

可见，极板间电位与角度 ϕ 成正比，等位线为射线；电场强度与半径 r 成反比，越靠近极板夹角处强度越大，如图 2-16b 所示。电场强度表达式中的负号说明电场强度的方向沿坐标减少的方向，正是由高电位极板指向低电位极板。

例 2-17 一块宽为 $2a$、介电常数为 ε 的无限大的介质板位于真空中，现以垂直介质板的方向为 x 轴建立坐标系，如图 2-17 所示，已知体电荷 $\rho=2x$ 分布于介质中，求空间电场的分布。

解 由于介质板在 y、z 方向无限大，因此电场一定为平行平面电场，所以只需分析与之垂直的任一坐标面即可。由于电位与 y、z 无关，只是坐标 x 的单变量函数，因此电位方程为二阶常微分方程。

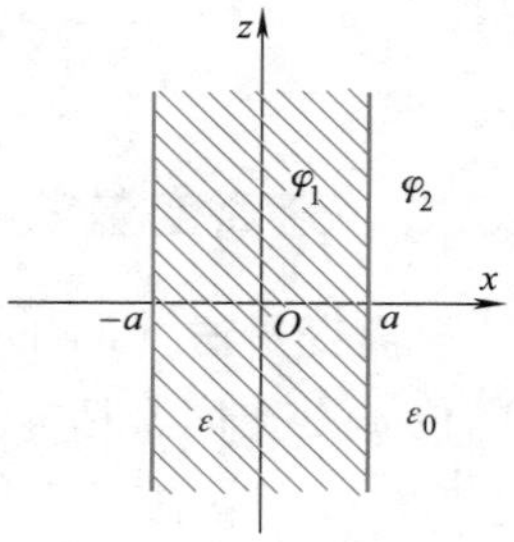

图 2-17 例 2-17 图

设介质板内、外电位分别为 φ_1、φ_2，由电荷分布的奇对称分布可判断空间电位的分布也应为奇对称。现取场域的 1/2 进行分析，写出相应的边值问题为

$$\begin{cases}\dfrac{d^2\varphi_1}{dx^2}=-\dfrac{2x}{\varepsilon} & 0\leqslant x\leqslant a \quad (1)\\ \dfrac{d^2\varphi_2}{dx^2}=0 & x>a \quad (2)\\ \varphi_1=\varphi_2 & x=a \quad (3)\\ \varepsilon\dfrac{d\varphi_1}{dx}=\varepsilon_0\dfrac{d\varphi_2}{dx} & x=a \quad (4)\end{cases}$$

由微分方程式（1）、（2）求得电位 φ_1、φ_2 的通解分别为

$$\varphi_1=-\frac{1}{3\varepsilon}x^3+C_1x+C_2$$

$$\varphi_2=C_3x+C_4$$

由电位的奇对称分布特点可判断系数 $C_2=C_4=0$，再由场域分界面边界条件式（3）、（4）可得

$$\begin{cases}-\dfrac{1}{3\varepsilon}a^3+C_1a=C_3a\\ -a^2+\varepsilon C_1=\varepsilon_0C_3\end{cases}$$

故得待定系数为

$$C_1=\frac{(3\varepsilon-\varepsilon_0)a^2}{3(\varepsilon-\varepsilon_0)},\quad C_3=\frac{2a^2}{3(\varepsilon-\varepsilon_0)}$$

最终求得介质板内、外的电位为

$$\varphi=\begin{cases}-\dfrac{1}{3\varepsilon}x^3+\dfrac{(3\varepsilon-\varepsilon_0)a^2}{3(\varepsilon-\varepsilon_0)}x & |x|\leqslant a\\ \dfrac{2a^2}{3(\varepsilon-\varepsilon_0)}x & |x|\geqslant a\end{cases}$$

再由梯度公式 $\boldsymbol{E}=-\nabla\varphi=-\dfrac{d\varphi}{dx}\boldsymbol{e}_x$ 求得空间电场的分布为

$$E=\begin{cases}\left[\dfrac{1}{\varepsilon}x^2-\dfrac{(3\varepsilon-\varepsilon_0)a^2}{3(\varepsilon-\varepsilon_0)}\right]\boldsymbol{e}_x & |x|<a\\ \dfrac{2a^2}{3(\varepsilon-\varepsilon_0)}\boldsymbol{e}_x & |x|>a\end{cases}$$

2.5.3 分离变量法

分离变量法（method of separation of variables）是数理方程中应用最广泛的一种方法。设电位 φ 是空间坐标 u、v、w 的函数，若电位可分解成如下形式，即

$$\varphi(\boldsymbol{r})=\varphi(u,v,w)=U(u)V(v)W(w)$$

其中 $U(u)$、$V(v)$、$W(w)$ 分别为 u、v、w 的单变量函数，则称电位 $\varphi(u,v,w)$ 是变量可分离的。对于这类可分离变量其满足的偏微分方程可以简化为若干个常微分方程，这样就可以相对容易地利用求解常微分方程的方法处理边值问题。

非齐次微分方程的通解是由两部分组成的，其中一部分为相对应的齐次微分方程的通解，另一部分为非齐次微分方程的特解。特解的形式取决于微分方程的右端项，针对电位微分方程而言，特解的形式取决于电荷的分布规律，这是由实际的物理模型决定的，只有齐次微分方程的通解更具有通性，因此电磁场理论中的分离变量法只针对拉普拉斯方程在不同坐标系下的情况来讨论其通解。

1. 直角坐标系下的分离变量法

设电位 $\varphi(\boldsymbol{r})$ 可分离为 $X(x)$、$Y(y)$、$Z(z)$ 三个单变量函数的乘积，即

$$\varphi(\boldsymbol{r})=X(x)Y(y)Z(z)$$

将其代入拉普拉斯方程 $\nabla^2\varphi(\boldsymbol{r})=\dfrac{\partial^2\varphi}{\partial x^2}+\dfrac{\partial^2\varphi}{\partial y^2}+\dfrac{\partial^2\varphi}{\partial z^2}=0$ 中，有

$$\nabla^2\varphi=YZ\frac{\partial^2 X}{\partial x^2}+XZ\frac{\partial^2 Y}{\partial y^2}+XY\frac{\partial^2 Z}{\partial z^2}=0 \tag{2-70}$$

将上式两边除以 $X(x)Y(y)Z(z)$ 有

$$\frac{1}{X}\frac{\mathrm{d}^2X}{\mathrm{d}x^2}+\frac{1}{Y}\frac{\mathrm{d}^2Y}{\mathrm{d}y^2}+\frac{1}{Z}\frac{\mathrm{d}^2Z}{\mathrm{d}z^2}=0 \tag{2-71}$$

显然方程式（2-71）与式（2-70）相比具有质的不同，此方程的特点是第一项 $\dfrac{1}{X}\dfrac{\mathrm{d}^2X}{\mathrm{d}x^2}$ 只是坐标 x 的函数，与变量 y、z 无关，第二项 $\dfrac{1}{Y}\dfrac{\mathrm{d}^2Y}{\mathrm{d}y^2}$ 只是坐标 y 的函数，与变量 x、z 无关，第三项 $\dfrac{1}{Z}\dfrac{\mathrm{d}^2Z}{\mathrm{d}z^2}$ 只是坐标 z 的函数，与变量 x、y 无关。

由于拉普拉斯方程适用于场域中任意场点，因此上述三个分量只能是与坐标无关的常数，称为分离常数（separation constant），设分别对应 K_x^2，K_y^2，K_z^2，即

$$\frac{1}{X}\frac{\mathrm{d}^2X}{\mathrm{d}x^2}=\pm K_x^2,\quad \frac{1}{Y}\frac{\mathrm{d}^2Y}{\mathrm{d}y^2}=\pm K_y^2,\quad \frac{1}{Z}\frac{\mathrm{d}^2Z}{\mathrm{d}z^2}=\pm K_z^2$$

式中，正负号表示分离常数可正可负，这些分离常数必须满足如下约束方程，即

$$\pm K_x^2 \pm K_y^2 \pm K_z^2 = 0 \tag{2-72}$$

显然，满足上述方程的情况有两种，其中最简单的一种是各个分离常数均为零，另一种则至少有两个常数不为零，以下分别讨论。

（1）分离常数均为零

此时方程式（2-70）等价于三个单变量二阶齐次常微分方程。以 $\frac{1}{X}\frac{\mathrm{d}^2X}{\mathrm{d}x^2}=0$ 为例，可知方程的通解对应于

$$X(x)=a_1x+a_2 \tag{2-73}$$

式中，各系数均为待定常数。

电位方程为线性函数意味着相应的电场强度为常数，如上一节例 2-17 介质外的电场即对应于这种情况。

（2）分离常数中至少有两个常数不为零

此时方程式（2-71）等价于三个单变量二阶非齐次常微分方程，以 $\frac{1}{X}\frac{\mathrm{d}^2X}{\mathrm{d}x^2}=\pm K_x^2$ 为例，此时又有以下两种情况：

第一种情况：分离常数为正数，$K_x^2>0$，此时方程为

$$\frac{\mathrm{d}^2X}{\mathrm{d}x^2}-K_x^2X=0$$

该方程的通解对应一指数函数，即

$$X=B\mathrm{e}^{\pm K_x x}$$

也可以是双曲正弦函数或双曲余弦函数，统称为指数函数类型的通解。由于分离常数可以有无穷多个，因此可将通解用级数形式表示为

$$X(x)=\sum_{m=1}^{\infty}B_m\begin{Bmatrix}\mathrm{e}^{\pm}\\ \sinh\\ \cosh\end{Bmatrix}K_x x$$

第二种情况：分离常数为负数，$K_x^2<0$，此时系数 K_x 应为虚数，令 $K_x=\mathrm{j}K'_x$，方程为

$$\frac{\mathrm{d}^2X}{\mathrm{d}x^2}+K_x'^2X=0$$

相应的通解对应正弦函数和余弦函数，统称为三角函数，即

$$X(x)=C\sin K'_x x \qquad 或 \qquad X(x)=C\cos K'_x x$$

同样分离常数可以有无穷多个，因此将通解用级数形式表示为

$$X(x)=\sum_{n=1}^{\infty}C_n\begin{Bmatrix}\sin\\ \cos\end{Bmatrix}K'_x x$$

对应 y、z 方向的方程通解类似。

把 x、y、z 三个方程的通解合在一起（为便于表述，分离常数上不再加撇进行区分）得到直角坐标系拉普拉斯方程的通解为

$$\varphi(x,y,z)=\sum_{m=1}^{\infty}\sum_{n=1}^{\infty}A_{mn}\left\{\begin{matrix}\sin\\ \cos\\ ---\\ e^{\pm}\\ \sinh\\ \cosh\end{matrix}\right\}K_x x\cdot\left\{\begin{matrix}\sin\\ \cos\\ ---\\ e^{\pm}\\ \sinh\\ \cosh\end{matrix}\right\}K_y y\cdot\left\{\begin{matrix}\sin\\ \cos\\ ---\\ e^{\pm}\\ \sinh\\ \cosh\end{matrix}\right\}K_z z \tag{2-74}$$

式中，点表示三种函数的乘积，虚线把指数函数与三角函数两种类型的通解隔开，由式（2-72）可知分离常数不应该同时为正也不可能同时为负，而且，三个分离常数中只有两个是独立的，因此电位的通解形式应该既有指数函数又有三角函数，也就是说应该包括虚线上下两种形式的函数。比如若已经确定 x、y 方向的通解为指数函数形式，则 z 方向的通解只能为三角函数形式，反之亦然。

二维情况下，分离常数为两个，一正一负，模值相等，通解只能是一个指数函数形式和一个三角函数形式的解，式（2-74）则简化为一次级数的叠加。

由数学知识可知，三角函数的特点是具有周期对称性，其中正弦函数在整数周期内从零到零变化，余弦函数则在某个最大值之间变化；指数函数为单调函数，双曲正弦为过零点的奇函数，双曲余弦为过（0,1）点的偶函数。实际确定拉普拉斯方程的通解函数时，应根据定解条件及上述通解函数的分布特点来判断，确定通解的函数类型。

例 2-18　一长、宽、高分别为 a、b、c 的长方形金属槽，以其长、宽、高三个方向作为直角坐标系的 x、y、z 方向，除 $z=c$ 面电位不为零外，其他各面表面电位都为零。若 $z=c$ 表面上给定的电位函数分别为：（1）$\varphi(x,y,c)=U_0\sin\left(\frac{\pi x}{a}\right)\sin\left(\frac{\pi y}{b}\right)$；（2）$\varphi(x,y,c)=U_0$，式中，$U_0$ 为常数。求金属槽内的电位分布。

解　为满足 $x=0$ 和 $x=a$ 两个表面的边界条件，即当 x 为 0 和 a 时，对于所有的 y 和 z，电位 φ 都等于零，即 $X(x)$ 在 $x=0$ 和 $x=a$ 两个平面上均为零。不难看出，$X(x)$ 的三种可能的解中，只有正弦函数满足周期为零的边界条件，且长度 a 是半个波长的整数倍即可，因此有

$$K_x a=m\pi$$

式中，m 为正整数，故 x 方向的分离常数为

$$K_x=\frac{m\pi}{a}$$

因此 $X(x)$ 的通解为

$$X(x)=\sum_{m=1}^{\infty}B_m\sin\left(\frac{m\pi}{a}x\right)$$

同理 y 方向的通解也应为正弦函数，分离常数为 $K_y=\frac{n\pi}{b}$，通解为

$$Y(y)=\sum_{n=1}^{\infty}C_n\sin\left(\frac{n\pi}{b}y\right)$$

由分离常数约束方程式（2-72）可知 z 方向的分离常数一定为

$$K_z=\sqrt{\left(\frac{m\pi}{a}\right)^2+\left(\frac{n\pi}{b}\right)^2}$$

按照前面的讨论可判断，电位 z 方向的通解只能是指数函数形式，由于电位沿 z 方向从 0 增加至给定的电位值，因此只有双曲正弦函数满足这一边界条件，即

$$Z(z) \propto \sinh\sqrt{\left(\frac{m\pi}{a}\right)^2+\left(\frac{n\pi}{b}\right)^2}\,z$$

由此可写出电位的通解表达式为

$$\varphi(x,y,z)=\sum_{m=1}^{\infty}\sum_{n=1}^{\infty}A_{mn}\sin\left(\frac{m\pi}{a}x\right)\sin\left(\frac{n\pi}{b}y\right)\sinh\left[\sqrt{\left(\frac{m\pi}{a}\right)^2+\left(\frac{n\pi}{b}\right)^2}\,z\right]$$

式中，$A_{mn}=B_mC_n$，根据边界条件分别确定通解中的待定系数即可。

（1）当 $z=c$ 时，$\varphi(x,y,c)=U_0\sin\left(\frac{\pi x}{a}\right)\sin\left(\frac{\pi y}{b}\right)$，代入通解表达式有

$$\sum_{m=1}^{\infty}\sum_{n=1}^{\infty}A_{mn}\sin\left(\frac{m\pi}{a}x\right)\sin\left(\frac{n\pi}{b}y\right)\sinh\left[\sqrt{\left(\frac{m\pi}{a}\right)^2+\left(\frac{n\pi}{b}\right)^2}\,c\right]=U_0\sin\left(\frac{\pi x}{a}\right)\sin\left(\frac{my}{b}\right)$$

可见 $m=n=1$，且系数

$$A_{11}=\frac{U_0}{\sinh\left[\sqrt{\left(\frac{\pi}{a}\right)^2+\left(\frac{\pi}{b}\right)^2}\,c\right]}$$

故电位的通解为

$$\varphi(x,y,z)=\frac{U_0}{\sinh\left[\sqrt{\left(\frac{\pi}{a}\right)^2+\left(\frac{\pi}{b}\right)^2}\,c\right]}\sin\left(\frac{\pi}{a}x\right)\sin\left(\frac{\pi}{b}y\right)\sinh\left[\sqrt{\left(\frac{\pi}{a}\right)^2+\left(\frac{\pi}{b}\right)^2}\,z\right]$$

（2）当 $z=c$ 时，$\varphi(x,y,c)=U_0$，故

$$\sum_{m=1}^{\infty}\sum_{n=1}^{\infty}A_{mn}\sin\left(\frac{m\pi}{a}x\right)\sin\left(\frac{n\pi}{b}y\right)\sinh\left[\sqrt{\left(\frac{m\pi}{a}\right)^2+\left(\frac{n\pi}{b}\right)^2}\,c\right]=U_0$$

令 $A'_{mn}=A_{mn}\sinh\left[\sqrt{\left(\frac{m\pi}{a}\right)^2+\left(\frac{n\pi}{b}\right)^2}\,c\right]$，利用傅里叶级数的知识，将上式两边均乘以 $\sin\left(\frac{s\pi}{a}x\right)\sin\left(\frac{t\pi}{b}y\right)$ 并分别沿 x、y 边界做积分运算，有

$$\int_0^a\int_0^b A'_{mn}\sin\left(\frac{s\pi}{a}x\right)\sin\left(\frac{m\pi}{a}x\right)\sin\left(\frac{t\pi}{b}y\right)\sin\left(\frac{n\pi}{b}y\right)\mathrm{d}x\mathrm{d}y=\int_0^a\int_0^b U_0\sin\left(\frac{s\pi}{a}x\right)\sin\left(\frac{t\pi}{b}y\right)\mathrm{d}x\mathrm{d}y$$

上式左右两边积分结果分别为

$$\int_0^a\sin\left(\frac{s\pi}{a}x\right)\sin\left(\frac{m\pi}{a}x\right)\mathrm{d}x=\begin{cases}0 & m\neq s\\ \dfrac{a}{2} & m=s\end{cases},\quad\int_0^b\sin\left(\frac{t\pi}{b}y\right)\sin\left(\frac{n\pi}{b}y\right)\mathrm{d}y=\begin{cases}0 & n\neq t\\ \dfrac{b}{2} & n=t\end{cases}$$

和

$$\int_0^a\sin\left(\frac{s\pi}{a}x\right)\mathrm{d}x=\begin{cases}\dfrac{2a}{s\pi} & s\text{ 为奇数}\\ 0 & s\text{ 为偶数}\end{cases},\quad\int_0^b\sin\left(\frac{t\pi}{b}y\right)\mathrm{d}y=\begin{cases}\dfrac{2b}{t\pi} & t\text{ 为奇数}\\ 0 & t\text{ 为偶数}\end{cases}$$

所以有

$$A'_{st}\frac{ab}{4}=A_{st}\sinh\left(\sqrt{\left(\frac{s\pi}{a}\right)^2+\left(\frac{t\pi}{b}\right)^2}c\right)\frac{ab}{4}=\frac{4ab}{st\pi^2}U_0 \quad s、t\text{ 均为奇数}$$

或写作

$$A_{mn}=\frac{16U_0}{mn\pi^2\sinh\left(\sqrt{\left(\frac{m\pi}{a}\right)^2+\left(\frac{n\pi}{b}\right)^2}c\right)} \qquad m、n\text{ 均为奇数}$$

最终得到的电位的通解为

$$\varphi(x,y,z)=\sum_{\substack{m=1\\odd}}^{\infty}\sum_{\substack{n=1\\odd}}^{\infty}\frac{16U_0\sin\left(\frac{m\pi}{a}x\right)\sin\left(\frac{n\pi}{b}y\right)\sinh\left[\sqrt{\left(\frac{m\pi}{a}\right)^2+\left(\frac{n\pi}{b}\right)^2}z\right]}{mn\pi^2\sinh\left[\sqrt{\left(\frac{m\pi}{a}\right)^2+\left(\frac{n\pi}{b}\right)^2}c\right]}$$

通过上述几个例题的分析可见，当待求边值问题的场函数是两个或两个以上坐标变量的函数，且当场域边界面（线）和某一正交曲线坐标系的坐标面（线）相吻合时，分离变量法往往是一种简便而有效的方法。

对于泛定方程为拉普拉斯方程的边值问题，分离变量法的求解步骤可归纳如下：

1）根据场源、场域边界几何形状的特征，选用适当的坐标系，建立边值问题的数学模型；

2）根据具体问题的边界条件，确定待求边值问题的通解函数类型（三角函数或指数函数）及分离常数，写出方程的通解；

3）根据问题所给定的定解条件，逐一确定通解中各个待定系数，最终可求得待求场函数唯一确定的解答。

2. 圆柱坐标系下的分离变量法

拉普拉斯方程在圆柱坐标系下的展开式为

$$\nabla^2\varphi(\boldsymbol{r})=\frac{1}{r}\frac{\partial}{\partial r}\left(r\frac{\partial\varphi}{\partial r}\right)+\frac{1}{r^2}\frac{\partial^2\varphi}{\partial\phi^2}+\frac{\partial^2\varphi}{\partial z^2}=0$$

设 $\varphi(\boldsymbol{r})=R(r)\Phi(\phi)Z(z)$ 并代入拉普拉斯方程，有

$$\frac{\Phi Z}{r}\frac{\mathrm{d}}{\mathrm{d}r}\left(r\frac{\mathrm{d}R}{\mathrm{d}r}\right)+\frac{RZ}{r^2}\frac{\mathrm{d}^2\Phi}{\mathrm{d}\phi^2}+R\Phi\frac{\mathrm{d}^2Z}{\mathrm{d}z^2}=0$$

将上式两边除以 $R(r)\Phi(\phi)Z(z)$ 有

$$\frac{1}{rR}\frac{\mathrm{d}}{\mathrm{d}r}\left(r\frac{\mathrm{d}R}{\mathrm{d}r}\right)+\frac{1}{r^2\Phi}\frac{\mathrm{d}^2\Phi}{\mathrm{d}\phi^2}+\frac{1}{Z}\frac{\mathrm{d}^2Z}{\mathrm{d}z^2}=0 \tag{2-75}$$

一般分如下两种情况讨论：

1）式（2-75）中各项均为零，即

$$\frac{1}{rR}\frac{\mathrm{d}}{\mathrm{d}r}\left(r\frac{\mathrm{d}R}{\mathrm{d}r}\right)=0,\quad \frac{1}{r^2\Phi}\frac{\mathrm{d}^2\Phi}{\mathrm{d}\phi^2}=0,\quad \frac{1}{Z}\frac{\mathrm{d}^2Z}{\mathrm{d}z^2}=0$$

对应的通解为

$$R(r)=A_{10}r+A_{20},\quad \Phi(\phi)=B_{10}\phi+B_{20},\quad Z(z)=C_{10}z+C_{20} \tag{2-76}$$

2）设系统在 z 坐标方向场量无变化，即电场为 XOY 平面内的平行平面场，此时 $Z(z)$

为常数，方程式（2-75）第三项为零，前两项与坐标 z 无关，亦为零，因此有

$$\frac{1}{rR}\frac{\mathrm{d}}{\mathrm{d}r}\left(r\frac{\mathrm{d}R}{\mathrm{d}r}\right)+\frac{1}{r^2\Phi}\frac{\mathrm{d}^2\Phi}{\mathrm{d}\phi^2}=0$$

上式两边乘以 r^2，有

$$\frac{r}{R}\frac{\mathrm{d}}{\mathrm{d}r}\left(r\frac{\mathrm{d}R}{\mathrm{d}r}\right)+\frac{1}{\Phi}\frac{\mathrm{d}^2\Phi}{\mathrm{d}\phi^2}=0$$

上式左侧第一项仅为 r 的函数，第二项仅为 ϕ 的函数。与直角坐标系中的分析方法类似，设分离常数为 n^2，则有

$$\frac{r}{R}\frac{\mathrm{d}}{\mathrm{d}r}\left(r\frac{\mathrm{d}R}{\mathrm{d}r}\right)=n^2 \tag{2-77}$$

$$\frac{1}{\Phi}\frac{\mathrm{d}^2\Phi}{\mathrm{d}\phi^2}=-n^2 \tag{2-78}$$

令 $r=\mathrm{e}^t$，对式（2-77）进行代换，有 $\frac{\mathrm{d}r}{\mathrm{d}t}=\mathrm{e}^t$，$\frac{\mathrm{d}t}{\mathrm{d}r}=\mathrm{e}^{-t}$，则原方程为

$$\frac{r}{R}\frac{\mathrm{d}}{\mathrm{d}r}\left(r\frac{\mathrm{d}R}{\mathrm{d}r}\right)=\frac{\mathrm{e}^t}{R}\frac{\mathrm{d}}{\mathrm{d}t}\left(\mathrm{e}^t\frac{\mathrm{d}R}{\mathrm{d}t}\mathrm{e}^{-t}\right)\frac{\mathrm{d}t}{\mathrm{d}r}=\frac{1}{R}\frac{\mathrm{d}^2R}{\mathrm{d}t^2}=n^2$$

即

$$\frac{\mathrm{d}^2R}{\mathrm{d}t^2}-n^2R=0$$

对此方程可容易求得通解为

$$R=A\mathrm{e}^{nt}+B\mathrm{e}^{-nt}$$

将 $r=\mathrm{e}^t$ 代入，则方程式（2-77）的通解为

$$R(r)=Ar^n+Br^{-n}$$

方程式（2-78）的通解则为三角函数，即

$$\Phi(\phi)=C\sin n\phi+D\cos n\phi$$

对于圆柱坐标系，要求电位函数满足周期性，即

$$\varphi(r,\phi)=\varphi(r,\phi+2k\pi)$$

式中，k 应为自然数，这要求 n 也为自然数才能成立。

与方程式（2-77）、式（2-78）相反的另一组方程 $\frac{r}{R}\frac{\mathrm{d}}{\mathrm{d}r}\left(r\frac{\mathrm{d}R}{\mathrm{d}r}\right)=-n^2$ 和 $\frac{1}{\Phi}\frac{\mathrm{d}^2\Phi}{\mathrm{d}\phi^2}=n^2$ 的解因不满足周期性而舍掉。

最终得到二维圆柱坐标系拉普拉斯方程的通解为

$$\varphi=\sum_{n=1}^{\infty}(A_nr^n+B_nr^{-n})(C_n\sin n\phi+D_n\cos n\phi) \tag{2-79}$$

式中，n 为自然数；A、B、C、D 为待定系数。

例 2-19　一段半径为 a、介电常数为 ε_0 的长直柱形空气气泡位于均匀外电场 E_0 中，气泡轴线与 E_0 相垂直，如图 2-18 所示。设外加电场方向为 x 轴方向，气泡轴线与 z 轴相合，

空间介质介电常数为 ε_2。现忽略边缘效应，求气泡内、外的电位分布。

解　由题意，设气泡为无限长圆柱体，因此电场为平行平面场。设气泡内、外电位分别为 φ_1 和 φ_2，由题意可知，远离气泡外的电场强度为常数，因此由式(2-73) 可见电位应为坐标 x 的线性函数，即

$$\varphi\big|_{r\to\infty}=-Ex=-E_0r\cos\phi$$

此外，气泡轴心处电位应为有效值，由此写出边值问题为

$$\begin{cases}\nabla^2\varphi_1=0 & r<a \quad (1)\\ \nabla^2\varphi_2=0 & r>a \quad (2)\\ \varphi_1=\varphi_2 & r=a \quad (3)\\ \varepsilon_0\dfrac{\partial\varphi_1}{\partial r}=\varepsilon_2\dfrac{\partial\varphi_2}{\partial r} & r=a \quad (4)\\ \varphi_2=-E_0r\cos\phi & r\to\infty \quad (5)\\ \varphi_1\text{ 为有限值} & r\to 0 \quad (6)\end{cases}$$

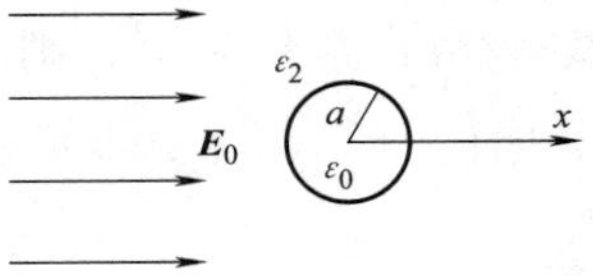

图 2-18　均匀电场中的空气气泡

由式（2-79）得电位的通解表达式分别为

$$\varphi_1=\sum_{n=1}^{\infty}(A_{1n}r^n+B_{1n}r^{-n})(C_{1n}\sin n\phi+D_{1n}\cos n\phi)$$

$$\varphi_2=\sum_{n=1}^{\infty}(A_{2n}r^n+B_{2n}r^{-n})(C_{2n}\sin n\phi+D_{2n}\cos n\phi)$$

由定解条件式(5) 可判断系数 C_{2n} 应为零，自然数 n 应为 1，$A_{21}=-E_0$，所以气泡外电位可简化为

$$\varphi_2=-E_0r\cos\phi+\frac{D_2}{r}\cos\phi$$

由定解条件式(6) 可判断系数 B_{1n} 应为零，而条件式(3) 要求气泡内、外具有相同的函数类型，因此系数 C_{1n} 也应为零，故气泡内电位可简化为

$$\varphi_1=A_1r\cos\phi$$

再由分界面衔接条件式（3）、（4）有

$$A_1a\cos\phi=-E_0a\cos\phi+\frac{D_2}{a}\cos\phi$$

$$\varepsilon_0A_1\cos\phi=-\varepsilon_2E_0\cos\phi-\varepsilon_2\frac{D_2}{a^2}\cos\phi$$

求解上述方程，得 $A_1=\dfrac{-2\varepsilon_2}{\varepsilon_0+\varepsilon_2}E_0$，$D_2=\dfrac{\varepsilon_0-\varepsilon_2}{\varepsilon_0+\varepsilon_2}a^2E_0$，最终求得气泡内、外的电位为

$$\begin{cases}\varphi_1=-\dfrac{2\varepsilon_2}{\varepsilon_0+\varepsilon_2}E_0r\cos\phi & r<a\\ \varphi_2=-E_0r\cos\phi+\dfrac{\varepsilon_0-\varepsilon_2}{\varepsilon_0+\varepsilon_2}a^2E_0\dfrac{\cos\phi}{r} & r\geqslant a\end{cases}$$

由于 $x=r\cos\phi$，因此可把气泡内电位改写为

$$\varphi_1=\frac{-2\varepsilon_2}{\varepsilon_0+\varepsilon_2}E_0x$$

可见，气泡内电场强度为常数，即

$$\boldsymbol{E}_1=-\nabla\varphi_1=-\frac{\partial\varphi_1}{\partial x}\boldsymbol{e}_x=\frac{2\varepsilon_2}{\varepsilon_0+\varepsilon_2}E_0\boldsymbol{e}_x$$

由上述结果可见气泡在均匀外加电场作用下被均匀极化，且内部电场与外加电场之比为 $\frac{2\varepsilon_2}{\varepsilon_0+\varepsilon_2}$。一般情况下都有 $\varepsilon_2>\varepsilon_0$，所以气泡中的电场总是高于周围介质中的电场，这会引起空间电场分布的不平衡，这种情况在有些工程实践中需要避免。

如变压器油介质中应尽量避免空气泡、铁屑等杂质的混入，以防绝缘介质的击穿。

2.5.4　镜像法

利用镜像法（method of images）可以非常方便地求解一些特殊类型的场，这也是非常实用的一种分析方法。本方法主要用于点电荷、线电荷与导体或介质共存时电场的分析。在这类边值问题中，点电荷或分布电荷在导体或介质表面产生感应电荷或束缚电荷，这些感应电荷或束缚电荷与原电荷一起形成合成电场。但这些感应电荷或束缚电荷的分布规律一般是未知的，而且显然因受电荷与导体或介质间的相互位置、导体的形状、介质的参数等诸多因素的影响而难以确定。

镜像法的基本思想是用一个或若干个称为镜像电荷的自由电荷等效代替边界上的那些未知分布的感应电荷或束缚电荷。按照唯一性定理，只要镜像电荷与原电荷共同作用的结果既满足位函数方程又满足定解条件，则电场的解就是唯一的，最终实际的电场就等效于这些自由电荷产生的电场。这样，就可以利用原电荷与镜像电荷构成的点电荷系统相对容易地求得空间电场的分布。

1. 点电荷与导体平面的镜像

设点电荷 q 位于无限大接地导电平板上方 h 处，其周围介质为 ε，如图 2-19a 所示。由于导电板接地，故导电板上只有负的感应电荷，且由于导电板为无限大，这些感应电荷应以点电荷到平面的垂线为轴（设为坐标轴 z 轴）对称分布于导电板表面，而且离轴线越近，感应电荷分布越密。导电板下方电场为零，无须求解，因此上半空间的电场边值问题为

$$\begin{cases}\nabla^2\varphi=0, & \text{介质中点电荷所在点除外}\\ \varphi=0, & \text{导电板平面上各点}\end{cases}$$

设用一个点电荷 $-q'$ 代替导电板上所有感应电荷，为了保证拉普拉斯方程不变，该电荷不允许放置在介质中，因此只能放在导电板下方。按照上述面电荷分布规律的轴对称分析可设想将导电板撤掉换成介质 ε，使得整个空间成为单一媒质的情况，把电荷 q' 放置于 z 轴的延长线上与原电荷 q 成镜像的位置，如图 2-19b 所示。注意，图中水平虚线只是为了表示原来导电板所在的位置，实际计算电场时应视为不存在。

此时空间任一点 P 的电位为

$$\varphi_P=\frac{1}{4\pi\varepsilon}\left(\frac{q}{r_1}-\frac{q'}{r_2}\right)$$

可见，当 $q'=q$ 时，在 XOY 平面（原导电板所在平面）上任意一点处 $r_1=r_2$，满足零电位面的边界条件，按照唯一性定理，此时上半空间电场的分布不变，因此利用镜像电荷 q' 与原电荷 q 即可求得其电位分布，即

$$\varphi_P(x,z)=\frac{q}{4\pi\varepsilon}\left(\frac{1}{r_1}-\frac{1}{r_2}\right)=\frac{q}{4\pi\varepsilon}\left\{[x^2+(z-h)^2]^{-\frac{1}{2}}-[x^2+(z+h)^2]^{-\frac{1}{2}}\right\}$$

再由 $\boldsymbol{E}=-\nabla\varphi$ 可进一步求得电场强度（略）。

图 2-19c 给出了空间介质中电场的分布示意图，要注意图 2-19b 与图 2-19a 只是上半空间等效，称为有效区，下半空间不等效，称为无效区，因此图 2-19c 中场图只有上半空间是真实的，下半空间不存在，故没有画出。

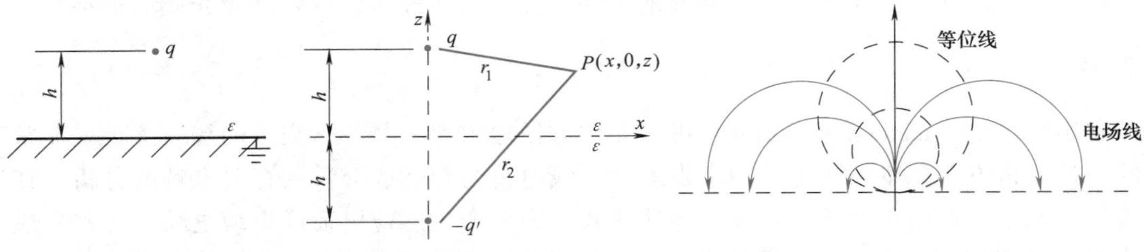

a) 点电荷与导体平面　b) 镜像电荷的大小与位置　c) 空间电场的分布示意图

图 2-19　点电荷与导体平面的镜像

由电位表达式还可求得导电板上感应电荷的分布为

$$\sigma=\varepsilon\left.\frac{\partial\phi}{\partial z}\right|_{z=0}=-\frac{qh}{2\pi(r^2+h^2)^{3/2}}$$

由上式进一步求得导电板上总的感应电荷为

$$q_{in}=\int\sigma\mathrm{d}S=-\frac{qh}{2\pi}\int_0^{\infty}\frac{2\pi r\mathrm{d}r}{(r^2+h^2)^{3/2}}=\left.\frac{qh}{(r^2+h^2)^{1/2}}\right|_0^{\infty}=-q$$

这与导电板上感应电荷的总量相符。显然，如果把点电荷换成与纸平面垂直（平行于导体平板）的带电导线，一般称为电轴，可用同样的方法分析电场的分布。工程上传输线与大地之间的电场就可以简化为这种模型进行分析。

仿照上述分析过程再来看两块半无限大相交成直角的导电板与点电荷 q 之间的电场分析，如图 2-20 所示。待求场域为第一象限空间，此时两块导电板上的感应电荷分布规律不同且未知，若用镜像电荷代替两块导电板上的电荷，则只能放置于其他三个象限才能保证第一象限空间电位方程不变，因此分别在二、四象限点电荷与垂直平面和水平平面的镜像位置放一个与原电荷大小相同、符号相反的镜像点电荷 $-q$（称为点电荷的一次镜像电荷），但是这两个镜像电荷与原电荷共同作用的结果不能保证两个坐标面同时为零电位面，因此在第三象限与前面一次镜像电荷成镜像位置处再放置一个与一次镜像电荷大小相同、符号相反的镜像点电荷 q（称为一次镜像电荷的二次镜像电荷）（注意，这里两个二次镜像电荷重合于一点）。这样撤掉两块导电板后的整个空间由四个点电荷构成，这四个电荷既保证了原场域（第一象限）电位方程不变，又满足了水平、垂直两个平面为零电位面的边界条件。所以用三个镜像电荷成功地等效代替了未知分布的感应电荷，电场的计算则简化为四个点电荷的电

场叠加计算。

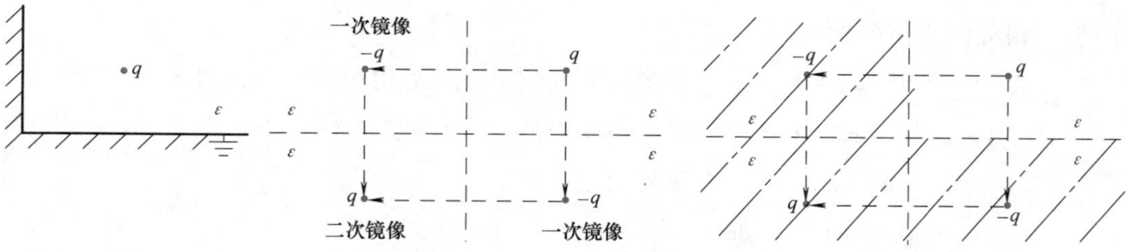

a) 点电荷与导电板　　b) 镜像电荷分布　　c) 有效区与无效区

图 2-20　点电荷与相交成直角的导电板之间的镜像

类似的，可用同样的方法确定点电荷 q 与相交为 α（要求 $\alpha \leqslant \pi/2$，请读者自己分析原因）的两块半无限大导电板之间的镜像，如图 2-21a 所示。可以证明，若令 $n=\pi/\alpha$，则只有 n 为整数时才能用有限次镜像电荷等效代替感应电荷，而且镜像电荷的总数为 $(2n-1)$ 个，且第 n 次镜像电荷重合。图 2-21b 给出了 $\alpha=\pi/3$ 时 5 个镜像电荷的分布示意图，可见所有镜像电荷都位于以导电板夹角处为圆心，点电荷到夹角中心点处的距离为半径的圆周上。注意，有效区为导电板之间的空间，其余部分为无效区。

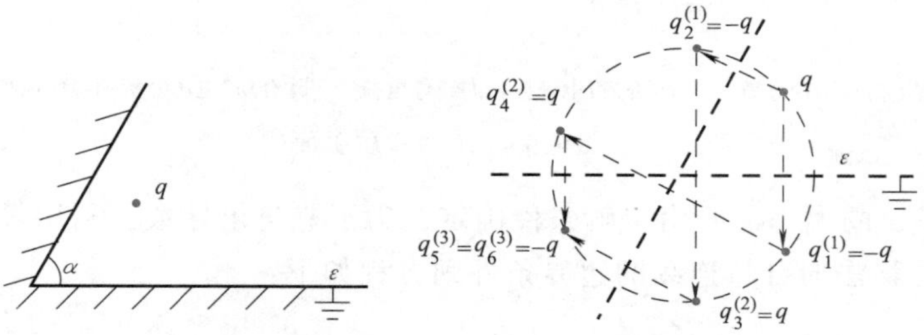

a) 点电荷与导电板　　b) 夹角为60°时镜像电荷的分布

图 2-21　点电荷 q 与相交为 α 角的两块半无限大导电板之间的镜像

若 π/α 不是整数时也可应用这种方法近似计算，此时一般根据精度要求选择有限个镜像电荷与原电荷计算空间电场的分布。特殊地，当 $\alpha=0$ 时，对应两块平行放置的无限大导电板与点电荷之间的镜像，相应的镜像电荷将有无穷多个。

例 2-20　求图 2-19 中点电荷所受导电板对它的电场力。

解　因为空间电场等效为点电荷与镜像电荷共同产生的电场，所以点电荷所受到的导电板对它的电场力即为镜像电荷对它的力。按图 2-19 所示坐标方向，点电荷所在处的电场为

$$\boldsymbol{E}=\frac{q}{4\pi\varepsilon(2h)^2}(-\boldsymbol{e}_z)$$

因此电场力为

$$\boldsymbol{F}=\frac{q^2}{16\pi\varepsilon h^2}(-\boldsymbol{e}_z)$$

力的方向沿 $-z$ 轴方向，由此可见点电荷受到导电板的吸力。

2. 点电荷与平面介质分界面的镜像

对于图 2-22 所示的系统，两种介质中的电场均由点电荷与介质分界面上的束缚电荷共同产生，相应的边值问题为

$$\begin{cases}\nabla^2\varphi_1=0 & \text{上半空间介质 } \varepsilon_1 \text{ 中,点电荷所在点除外}\\ \nabla^2\varphi_2=0 & \text{下半空间介质 } \varepsilon_2 \text{ 中}\\ \varphi_1=\varphi_2 & \text{分界面上}\\ \varepsilon_1\dfrac{\partial\varphi_1}{\partial n}=\varepsilon_2\dfrac{\partial\varphi_2}{\partial n} & \text{分界面上}\end{cases}$$

规定由介质 1 指向介质 2 的方向为分界面的法向。按照前面总结的镜像法的分析步骤，在求解介质 ε_1 中的电场时将下半空间也换成相同的介质 ε_1，用点电荷 q'代替分界面的束缚电荷并置于下半空间（无效区）的镜像位置。对于介质 ε_2 中的电场则将上半空间换成相同的介质 ε_2，用点电荷代替束缚电荷并置于上半空间（无效区）原电荷的位置，由于该镜像电荷与原电荷重合，故用 q''表示二者之和。

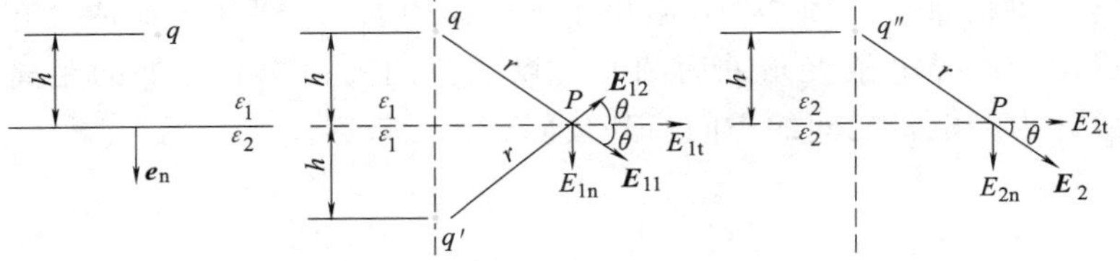

a) 点电荷与两种介质　　b) 介质1电场分析的镜像电荷　　c) 介质2电场分析的镜像电荷

图 2-22　点电荷与两种介质平面的镜像

镜像电荷 q'、q''的大小需要由定解条件确定，为了避免求导数，利用等价的电场强度切线分量连续、电位移法向分量连续的边界条件列方程如下：

$$\begin{cases}\dfrac{q}{4\pi\varepsilon_1 r^2}\cos\theta+\dfrac{q'}{4\pi\varepsilon_1 r^2}\cos\theta=\dfrac{q''}{4\pi\varepsilon_2 r^2}\cos\theta\\ \dfrac{q}{4\pi r^2}\sin\theta-\dfrac{q'}{4\pi r^2}\sin\theta=\dfrac{q''}{4\pi r^2}\sin\theta\end{cases}$$

由此解得

$$\begin{cases}q'=\dfrac{\varepsilon_1-\varepsilon_2}{\varepsilon_1+\varepsilon_2}q\\ q''=q-q'=\dfrac{2\varepsilon_2}{\varepsilon_1+\varepsilon_2}q\end{cases}\tag{2-80}$$

上式表明，有了镜像电荷计算公式，即式（2-80），点电荷在电介质 1 中产生的电场就可以等效地由图 2-22b 中的点电荷 q 和镜像电荷 q'计算得到，点电荷在电介质 2 中产生的电场则可以由图 2-22c 中的点电荷 q''计算得到。其中，镜像电荷 q'可正可负，取决于介质 ε_1 与 ε_2 的相对值，但其绝对值总是小于原电荷的大小，而电荷 q''总是与原电荷同极性。特殊地，当 $\varepsilon_1=\varepsilon_2$ 时，不存在边界也就没有镜像电荷，此时 $q'=0$，$q''=q$，还原为单一媒质、单个点电荷的电场。

当然，如果把点电荷换成与分界面平行的线分布电荷也可以用类似方法进行分析。注意，应用镜像法分析电场时的有效区。

例 2-21 设图 2-23 中介质 $\varepsilon_1=\varepsilon_0$、$\varepsilon_2=2\varepsilon_0$，求：（1）点电荷与边界垂线一半处的电位；（2）点电荷的镜像位置点的电场强度；（3）介质分界面上的最大电场强度。

解 根据镜像电荷的计算式（2-80）可求得

$$q'=\frac{\varepsilon_1-\varepsilon_2}{\varepsilon_1+\varepsilon_2}q=-\frac{1}{3}q \qquad q''=q-q'=\frac{4}{3}q$$

（1）点电荷与边界垂线一半处即为图 2-23a 中 A 点，位于介质 1 中，因此该点电位应由图 2-23b 计算，即由电荷 q 与 q' 计算，按照叠加定理，有

$$\varphi_A=\frac{q}{4\pi\varepsilon_1(h/2)}+\frac{q'}{4\pi\varepsilon_1(3h/2)}=\frac{4q}{9\pi\varepsilon_1 h}=\frac{4q}{9\pi\varepsilon_0 h}$$

（2）点电荷的镜像位置点一定位于下半平面，因此处于介质 2 中，即图 2-23c 中 B 点，因此该点电场强度应由图 2-23c 中 q'' 计算，由点电荷的电场计算公式有

$$E_B=\frac{q''}{4\pi\varepsilon_2(2h)^2}=\frac{q}{12\pi\varepsilon_2 h^2}=\frac{q}{24\pi\varepsilon_0 h^2} \quad \text{方向垂直向下}$$

（3）介质分界面上的最大电场强度值一定出现在点电荷与介质分界面垂线与介质的交点处，需要对两种介质边界上的电场分别计算，通过比较得到最大值。

介质 1 中的最大场强点为图 2-23b 中的 C_1 点，该点电场强度应由 q 与 q' 计算，有

$$E_{C_1}=\frac{q}{4\pi\varepsilon_1 h^2}+\frac{|q'|}{4\pi\varepsilon_1 h^2}=\frac{q}{3\pi\varepsilon_1 h^2}=\frac{q}{3\pi\varepsilon_0 h^2} \quad \text{方向垂直向下}$$

介质 2 中的最大场强点为图 2-23c 中的 C_2 点，该点电场强度应由 q'' 计算，有

$$E_{C_2}=\frac{q''}{4\pi\varepsilon_2 h^2}=\frac{q}{3\pi\varepsilon_2 h^2}=\frac{q}{6\pi\varepsilon_0 h^2} \quad \text{方向垂直向下}$$

对比可知分界面处最大电场强度为

$$E_{max}=E_{C_1}=\frac{q}{3\pi\varepsilon_0 h^2}$$

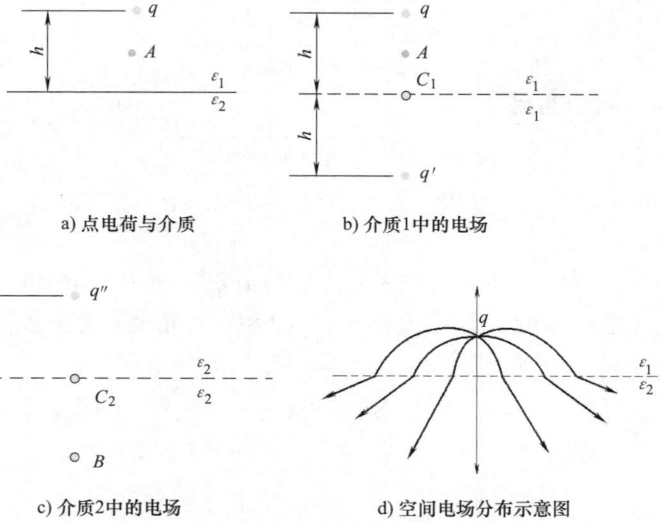

a) 点电荷与介质　b) 介质1中的电场
c) 介质2中的电场　d) 空间电场分布示意图

图 2-23 例 2-21 图

图 2-23d 给出了空间电场分布示意图。如果两种介质参数互换，即 $\varepsilon_1=2\varepsilon_0$，$\varepsilon_2=\varepsilon_0$，电场分布情况将如何变化？请读者自行画出。

特别要注意的是，在分析这类边值问题时，一定要注意有效区的概念。对于上半空间（介质 ε_1 中）的电场只有电荷 q 与 q' 参与计算，与电荷 q'' 无关，同样，对于下半空间（介质 ε_2 中）的电场只有电荷 q'' 参与计算，与电荷 q 与 q' 无关。

此外，式（2-80）对应于点电荷 q 位于介质 1 中的情况，如果将电荷置于介质 2 中，应对公式进行相应的调整。

通过上述分析，总结镜像法的原理、应用方法及注意事项如下：

1）镜像法的理论依据是唯一性定理与叠加定理；

2）用集中分布的电荷代替未知分布的感应电荷或极化电荷；这些集中分布的电荷是为了计算方便而设定的假想电荷，称为镜像电荷；

3）镜像电荷必须放在无效区，以保证边值问题的方程不变；

4）镜像电荷的数量、大小、正负、位置等依据场域分界面的衔接条件确定；

5）注意有效区，不同介质（区域）中的场应由相应的电荷计算。

唯一性定理是边值问题间接求解的重要理论依据，借助该定理，镜像法解决了解析法难以计算的一类特殊问题，使得微分方程的间接解法在工程上得到了推广应用，这种分析问题的思想还可由平面镜像推广至球面和柱面镜像，以及恒定电场、恒定磁场和时变场。

3. 点电荷与导体球面的镜像

首先分析最简单的导体球接地的情况。如图 2-24a 所示，半径为 a 的球体接地，点电荷 q 与球心的距离为 d，若不考虑地面对系统的影响，则导体球上负的感应电荷一定以点电荷与球心的连线为轴，对称且不均匀地分布于靠近点电荷一侧的球面上。这意味着镜像电荷（设为 $-q'$）一定在这条连线上，且偏离球心靠近点电荷的半径上某点处，设其与球心之间的距离为 b。按照唯一性定理，只要镜像电荷 $-q'$ 与点电荷 q 在球面上任意一点产生的电位为零，即可确定镜像电荷的大小和位置。

按照这一思路，将球体撤掉，如图 2-24b 所示，用镜像电荷 $-q'$ 代替感应电荷，在原来球面（用虚线表示）上任选一点 P，该点电位为

$$\varphi_{\mathrm{P}}=\frac{q}{4\pi\varepsilon r}-\frac{q'}{4\pi\varepsilon r'}=0$$

导体球镜像法

由空间几何关系可以得到

$$\frac{q'}{q}=\frac{r'}{r}=\frac{\sqrt{a^2+b^2-2ab\cos\theta}}{\sqrt{a^2+d^2-2ad\cos\theta}}$$

可整理为

$$[q^2(a^2+b^2)-q'^2(a^2+d^2)]+2a(q'^2d-q^2b)\cos\theta=0 \tag{2-81}$$

要保证球面上任意一点电位为零，即要求式（2-81）在角度 θ 为任意值时都成立，这就要求

$$\begin{cases}q^2(a^2+b^2)-q'^2(a^2+d^2)=0\\2a(q'^2d-q^2b)=0\end{cases}$$

由此解得

$$b=\frac{a^2}{d} \tag{2-82}$$

$$q'=\frac{a}{d}q \tag{2-83}$$

式（2-82）表明，对于球心而言，点电荷所在点与镜像电荷所在点互为反演点。

确定了镜像电荷的大小和位置后，球外空间的电场即可由点电荷 q 与 $-q'$ 在单一介质中的电场分布等效代替，当然有效区仅仅是球外区域。图 2-24c 给出了电场分布示意图。

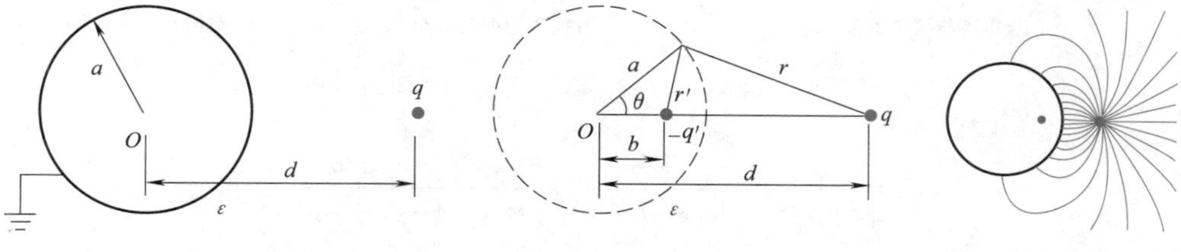

a) 点电荷与接地金属球　　b) 镜像电荷的分布　　c) 电场分布示意图

图 2-24　点电荷与球面的镜像

有了上述分析基础，现在来分析导体球不接地的情况。此时与导体球接地时的不同之处在于导体上应该有大小相同的正负两种感应电荷 $+q'$ 与 $-q'$ 同时存在（请读者自己分析其分布规律），导体球仍然为等位体，只是电位不为零。

按照镜像法基本规律，镜像电荷 $+q'$ 与 $-q'$ 只能放置于球内并且要保证导体球为等位体。由上面的分析已知，当满足式（2-82）、式（2-83）时，镜像电荷 $-q'$ 与点电荷 q 共同作用使得球面为零电位面，那么另外一个镜像电荷 $+q'$ 只有放在球心才能保证球体为等位体，并且有

$$\varphi_{球}=\frac{q'}{4\pi\varepsilon a}=\frac{q}{4\pi\varepsilon d}$$

最终，球外（有效区）任意场点的电场即可由位于单一媒质中的三个点电荷求得。

类似地，还可利用本节讨论的方法进一步分析给定电位的导体球、携带给定电荷量的导体球与点电荷之间的电场分布情况。对于位于导体球空腔内的点电荷产生的电场也可用类似的方法分析确定。

例 2-22　半径为 a 的导体球与电压源 U_s 相连，点电荷 q 在球外，距离球心为 d 处，如图 2-25a 所示。若不考虑地面对系统的影响，求点电荷所受的电场力，并画出空间电场的分布示意图。

解　电压源与导体球相连，球体为等位体。电压源使导体球带正电荷 Q，该电荷与电压源的关系为

$$\varphi_{球}=U_s=\frac{Q}{4\pi\varepsilon a},\quad Q=4\pi\varepsilon aU_s$$

应用镜像法求解该电场时，为保持球体为等位体，导体球的电荷应等效置于球心，因此空间电场的分布应由点电荷 q、镜像电荷 $-q'$、导体球电荷 Q 共同作用产生，如图 2-25b 所示，其电场分布示意图如图 2-25c 所示。

请读者注意观察图 2-24c 与图 2-25c 两种电场分布图的差别。

显然，点电荷所在处的电场强度由镜像电荷 $-q'$、导体球电荷 Q 共同作用产生，由点电荷电场强度公式及叠加定理有

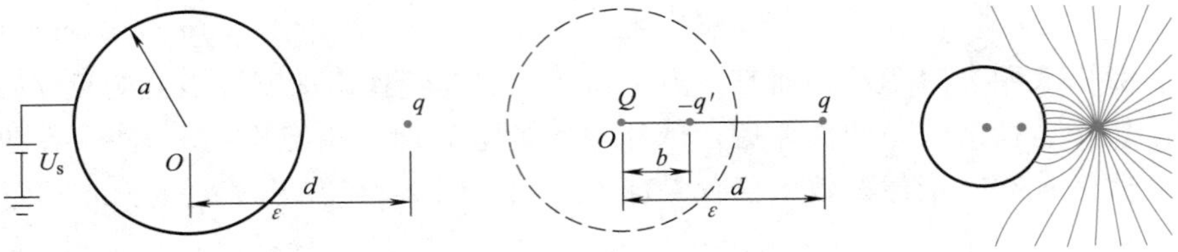

a) 点电荷与接电源金属球　　b) 镜像电荷的分布　　c) 电场分布示意图

图 2-25　点电荷与接电源的金属球之间的电场

$$E_q=\frac{Q}{4\pi\varepsilon d^2}-\frac{q'}{4\pi\varepsilon(d-b)^2}=\frac{aU_s}{d^2}-\frac{adq}{4\pi\varepsilon(d^2-a^2)^2}$$

方向由球心指向点电荷。

由库仑定律可知，点电荷所受的电场力为

$$F=qE_q=\frac{aU_sq}{d^2}-\frac{adq^2}{4\pi\varepsilon(d^2-a^2)^2}$$

若 $F>0$，则电荷所受的力为斥力，反之则为吸力。

4. 圆柱导体之间的镜像——电轴法

圆柱形导线是工程上采用最多的一种导体。首先分析一对横截面尺寸忽略不计的传输线在空间电场、电位的分布。设传输线无限长、带均匀异号线电荷 τ，场的分布可简化为二维场。建立如图 2-26a 所示的坐标系，设空间任意一点 P 到正的带电导线的距离用 r_+表示，到负的带电导线的距离用 r_-表示，利用叠加定理分别求两根带电导线在整个空间产生的电场。

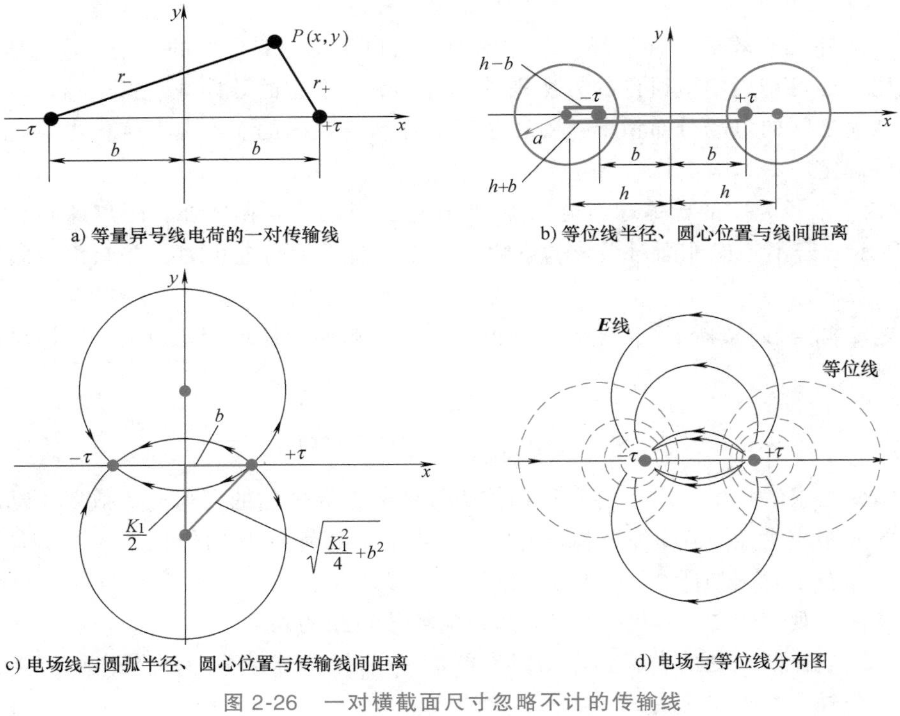

a) 等量异号线电荷的一对传输线　　b) 等位线半径、圆心位置与线间距离

c) 电场线与圆弧半径、圆心位置与传输线间距离　　d) 电场与等位线分布图

图 2-26　一对横截面尺寸忽略不计的传输线

当无限大空间只有一个无限长带均匀正电荷 τ 的导线时，由前面例题 2-2 可知 P 点电场强度为

$$\boldsymbol{E}_+=\frac{\tau}{2\pi\varepsilon r_+}\boldsymbol{e}_{r_+}$$

现取空间某点 Q 为电位参考点，则带电导线在 P 点产生的电位为

$$\varphi_{P_+}=\int_{r_+}^{r_{Q_+}}\boldsymbol{E}_+\cdot \mathrm{d}\boldsymbol{r}=\frac{\tau}{2\pi\varepsilon}\ln r_{Q_+}-\frac{\tau}{2\pi\varepsilon}\ln r_+=C_1-\frac{\tau}{2\pi\varepsilon}\ln r_+$$

类似的，当负的带电导线单独存在时，P 点电场强度为

$$\boldsymbol{E}_-=\frac{-\tau}{2\pi\varepsilon r_-}\boldsymbol{e}_{r_-}$$

该导线在 P 点产生的电位为

$$\varphi_{P_-}=\int_{r_-}^{r_{Q_-}}\boldsymbol{E}_-\cdot \mathrm{d}\boldsymbol{r}=-\frac{\tau}{2\pi\varepsilon}\ln r_{Q_-}+\frac{\tau}{2\pi\varepsilon}\ln r_-=C_2+\frac{\tau}{2\pi\varepsilon}\ln r_-$$

由于电位为标量，因此可以直接将两个导线单独作用时产生的电位相加得到 P 点的合成电位为

$$\varphi_P=\varphi_{P_+}+\varphi_{P_-}=\frac{\tau}{2\pi\varepsilon}\ln\frac{r_-}{r_+}+\frac{\tau}{2\pi\varepsilon}\ln\frac{r_{Q_+}}{r_{Q_-}}=\frac{\tau}{2\pi\varepsilon}\ln\frac{r_-}{r_+}+C$$

式中，系数 $C=C_1+C_2$ 是取决于参考点的常数，显然，当参考点位于 YOZ 平面上时 $r_{Q_+}=r_{Q_-}$，$r_+=r_-$，系数 C 为零，因此，求得空间任意一点的电位为

$$\varphi_P=\frac{\tau}{2\pi\varepsilon}\ln\frac{r_-}{r_+}=\frac{\tau}{2\pi\varepsilon}\ln\frac{\sqrt{(x+b)^2+y^2}}{\sqrt{(x-b)^2+y^2}} \tag{2-84}$$

再由 $\boldsymbol{E}=-\nabla\varphi=-\frac{\partial\varphi}{\partial x}\boldsymbol{e}_x-\frac{\partial\varphi}{\partial y}\boldsymbol{e}_y$ 求得电场强度为

$$\boldsymbol{E}=\frac{\tau b}{\pi\varepsilon_0}\left\{\frac{2xy}{[(x-b)^2+y^2][(x+b)^2+y^2]}\boldsymbol{e}_x+\frac{x^2-y^2-b^2}{[(x-b)^2+y^2][(x+b)^2+y^2]}\boldsymbol{e}_y\right\}$$

由等位线方程的定义及式（2-84）可知，只要令 $\frac{r_-}{r_+}=K$ 就可得到一族等位线方程，即

$$\left(\frac{r_-}{r_+}\right)^2=\frac{(x+b)^2+y^2}{(x-b)^2+y^2}=K^2$$

可整理成

$$\left(x-\frac{K^2+1}{K^2-1}b\right)^2+y^2=\left(\frac{2Kb}{K^2-1}\right)^2$$

令

$$h=\frac{K^2+1}{K^2-1}b,\quad a=\left|\frac{2Kb}{K^2-1}\right|$$

则有

$$(x-h)^2+y^2=a^2 \tag{2-85}$$

且

$$a^2+b^2=h^2 \tag{2-86a}$$

或写作

$$a^2=(h+b)(h-b) \tag{2-86b}$$

可见方程（2-85）是 XOY 平面内的一族圆的方程，其圆心坐标分别为（$|h|$,0）和（$-|h|$,0），半径为 a，如图 2-26b 所示，$(h+b)$、$(h-b)$ 分别表示圆心到两个带电导线的距离，因此式（2-86）既描述了等位圆半径、圆心坐标与导线之间的数值之间的对应关系，又表明了两个导线所在的点与等位圆圆心三点之间的反演关系。

对于 $\boldsymbol{E}$ 线方程，由式（2-29），即方程 $\dfrac{\mathrm{d}x}{E_x}=\dfrac{\mathrm{d}y}{E_y}$ 得

$$\frac{\mathrm{d}x}{2xy}=\frac{\mathrm{d}y}{x^2-y^2-b^2}$$

求解上述方程有

$$x^2+\left(y-\frac{K_1}{2}\right)^2=b^2+\left(\frac{K_1}{2}\right)^2 \tag{2-87}$$

上述方程同样是一族圆的方程，该圆以两个带电导线之间的连线 $2b$ 为弦、圆心在 y 轴上，圆心坐标分别为（0，$|K_1/2|$）和（0，$-|K_1/2|$），圆的半径为 $\sqrt{b^2+(K_1/2)^2}$，如图 2-26c 所示，整个圆周被弦 $2b$ 分为上下两段弧线，分别代表由正的带电导线指向负的带电导线之间的电场线，显然这族圆与前面得到的等位线圆族处处正交。图 2-26d 为空间电场及等位线的分布示意图。

有了上述分析结果，现在来看实际传输线空间电场的分布。实际传输线可以看作两根半径均为 a 的无限长平行圆柱导体分别带等量异号的电荷，如图 2-27 所示。

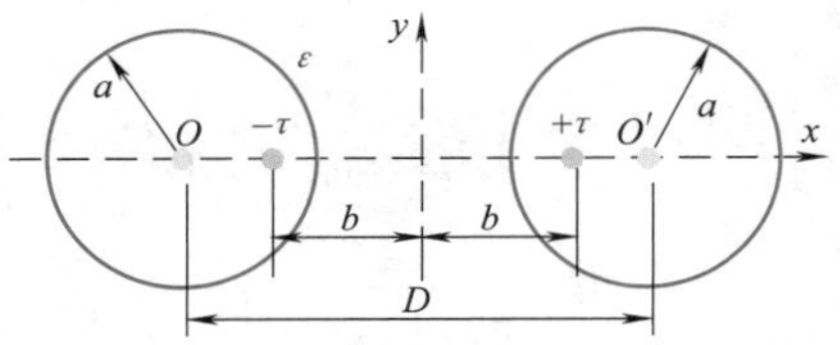

图 2-27　相同半径圆柱导体之间的镜像

对比图 2-27 与图 2-26 中的电位分布图可知，图 2-26a 细导线周围一定有一对半径为 a 的等位圆与图 2-27 圆柱导线横截面相对应。因此，可以将具有一定横截面尺寸导线上不均匀分布的面电荷等效成两根假想的线分布的带电导线，该线分布的带电导线在圆柱表面（等位面）外产生的场与实际圆柱导线的场由于满足唯一性定理而具有相同的场分布规律。因此，将两根假想的带电导线称为两个圆柱导体的等效电轴。这样，空间电场的分布即等效于两个电轴产生的电场，这种镜像方法又称为电轴法。

很明显，只要以两根圆柱导体几何中心的连线及垂直平分线建立坐标系，就可以方便地找到等效电轴的位置，即

$$b=\sqrt{\left(\frac{D}{2}\right)^2-a^2}$$

电轴法

工程上常见的电力传输线周围的电场即可由电轴法进行分析。显然，一对传输线之间的最大场强一定位于导线之间的导体表面处。该电场强度与传输线所加电压、导线的半径、线间距、空气介质的介电常数等有关。当导线表面最大场强超出空气的击穿场强时，导线周围的空气就会被击穿，发出蓝色的弧光，这种现象称为电晕现象。电晕现象的发生和气象、导

体表面的污染及传输线本身的结构均有关，轻微的空气电离会造成电力损耗，严重的则可能引起电网断电等恶性事故，因此应尽量避免。

一般高压电网中常把输电线加工制作成图 2-28 所示的四分裂、六分裂甚至八分裂的分裂导线方式（图 2-28b、c 中虚线所示为绝缘间隔架），以降低导线表面的最大电场强度。

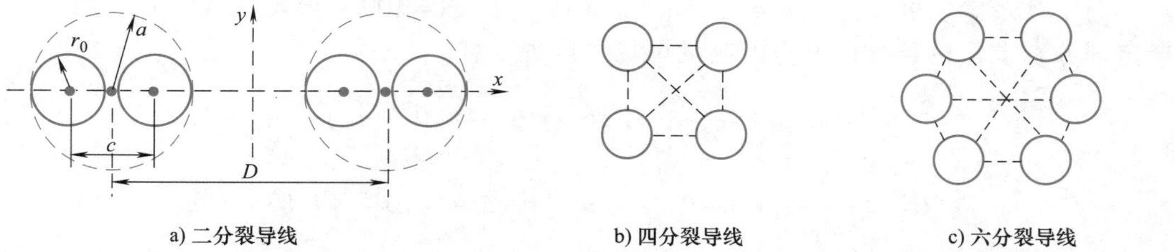

图 2-28 分裂导线

可以证明（请读者自己推导），在图 2-28a 二分裂情况下（$c=a$，$\sqrt{r_0c}<a$），最大电场强度可由图 2-26 中单股导线表面最大电场强度的 $E_{\max}\approx\dfrac{U_0}{2a\ln\dfrac{D}{a}}$降低为 $E_{\max}\approx\dfrac{U_0}{4r_0\ln\dfrac{D}{\sqrt{r_0c}}}$。

实际上，导线分裂的数量越多，最大电场强度降低的效果越明显。因此，电网电压等级越高，传输线分裂数也相应增加。我国±1100kV 直流输电工程中即采用了八分裂输电网，是目前世界上技术最先进的特高压直流输电工程。

实际上，导线分裂的数量越多，最大电场强度降低的效果越明显。因此，电网电压等级越高，传输线分裂数也相应增加。

例 2-23* 图 2-29 所示三相架空输电线相间电压有效值为 $U_1=765\text{kV}$，频率 50Hz，相间距 $D=16\text{m}$，离地面高度为 12m，导线半径 $a=0.3\text{cm}$，现有一位打雨伞者位于导线下方，设伞尖 P 点距离地面高度为 2m。忽略地面对系统的影响，求 P 点的电场强度。

解 工程上通常把 50Hz 交流电的场近似看作静态场问题，因此可以套用静电场分析方法求解。

由于导线线径远远小于导线到地面之间的距离以及相间距离，故近似认为电荷集中分布于导线几何轴线上，由式（2-84）可近似计算两条输电线之间的电压为

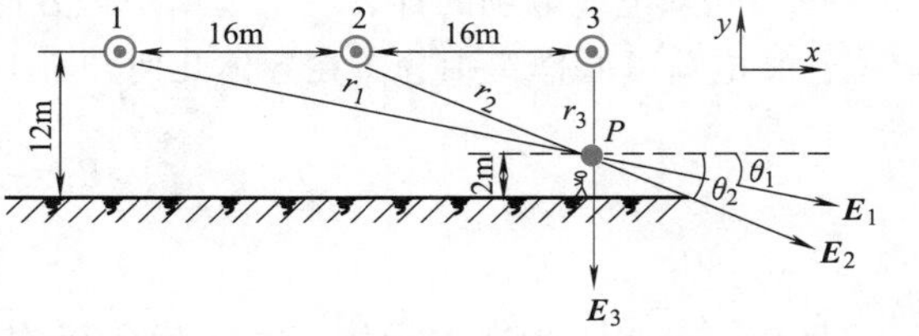

图 2-29 三相架空输电线与地面之间的电场

$$U_{12}=\frac{\tau}{\pi\varepsilon_0}\ln\frac{D_{12}}{a}$$

$$U_{23}=\frac{\tau}{\pi\varepsilon_0}\ln\frac{D_{23}}{a}$$

$$U_{31}=\frac{\tau}{\pi\varepsilon_0}\ln\frac{D_{31}}{a}$$

由 $U_{12}+U_{23}+U_{31}=3U_1$ 及 $D_{12}=D_{23}=D$，$D_{31}=2D$（工程上一般取几何平均距离 $D_m=$

$\sqrt[3]{D_{12}D_{23}D_{31}}\approx 1.26D$ 作为各相之间的平均距离，计算结果基本相同），则有

$$\frac{\tau}{2\pi\varepsilon_0}=\frac{1}{2}\frac{3U_1}{2\ln\dfrac{D}{a}+\ln\dfrac{2D}{a}}=\frac{U_1}{11.64}=6.57\times10^4$$

图中其余参数可计算得 $r_1=33.5\text{m}$，$r_2=18.9\text{m}$，$r_3=10\text{m}$，$\theta_1=17.4°$，$\theta_2=32°$，利用高斯定理分别求每根导线在 P 点产生的电场强度矢量有

$$\boldsymbol{E}_3=\frac{\tau}{2\pi\varepsilon_0 r_3}(-\boldsymbol{e}_y)=6.54\times10^3(-\boldsymbol{e}_y)$$

$$\boldsymbol{E}_2=\frac{-\tau}{2\pi\varepsilon_0 r_2}[\mathrm{e}_x\cos\theta_2-\mathrm{e}_y\sin\theta_2]=-2.94\times10^3\boldsymbol{e}_x+1.83\times10^3\boldsymbol{e}_y$$

$$\boldsymbol{E}_1=\frac{-\tau}{2\pi\varepsilon_0 r_1}[\mathrm{e}_x\cos\theta_1-\mathrm{e}_y\sin\theta_1]=-1.86\times10^3\boldsymbol{e}_x+0.58\times10^3\boldsymbol{e}_y$$

设以导线 3 为基准，按照三相电路依次相差 120°的相位关系可知，总电场为

$$\begin{aligned}\boldsymbol{E}&=[-1.86\cos(-120°)-2.94\cos120°]\times10^3\boldsymbol{e}_x+[0.58\cos(-120°)+1.83\cos120°-6.54]\times10^3\boldsymbol{e}_y\\&=2.4\times10^3\boldsymbol{e}_x-7.75\times10^3\boldsymbol{e}_y\end{aligned}$$

故

$$E_{\max}=\sqrt{E_x^2+E_y^2}=\sqrt{2.4^2+7.75^2}\times10^3\text{V/m}=8.11\times10^3\ \text{V/m}$$

计算结果表明，高压线下的场强是很高的。在架设高压电缆时必须根据电压等级与相应的行业标准规定的人体安全电场强度计算安全的架设高度，以确保行人的安全及健康。

例 2-24　一同轴电缆内导体半径为 $R_1=2\text{cm}$，外导体的半径为 $R_2=4\text{cm}$，厚度忽略不计。已知中间介质的介电常数为 $\varepsilon=10\varepsilon_0$，设其击穿场强为 $4.5\times10^8\text{V/m}$。现已知导体间加电压 $U_0=220\text{kV}$，求介质中的最大电场强度。

若电缆加工过程中出现了制造误差，内、外导体不同轴，间距为 d，变成了如图 2-30a 所示的偏心电缆，求电缆正常工作在 220kV 电压下的允许偏差 d。

解　同轴电缆电场的计算可由高斯定理方便地求得。设以外导体为参考电位，内导体为高电位，其电荷可看作集中分布在导体几何轴心上，线密度为 τ，则内、外导体之间的电场为

$$E_r=\frac{U_0}{r\ln\dfrac{R_2}{R_1}}$$

显然，场强出现在内导体表面，代入相关数据有

$$E_{\max}=\frac{U_0}{R_1\ln\dfrac{R_2}{R_1}}=3.65\times10^7\text{V/m}$$

偏心情况下可利用电轴法分析。先确定等效电轴的位置，设正、负电轴所在点分别用 M、N 表示，由图 2-30b 可列方程

$$\begin{cases}h_1^2=R_1^2+b^2\\h_2^2=R_2^2+b^2\\d=h_2-h_1\end{cases}$$

解之，有

$$h_1=\frac{R_2^2-R_1^2-d^2}{2d}\ ,\qquad h_2=\frac{R_2^2-R_1^2+d^2}{2d}$$

由电场强度与电位之间的梯度关系可判断最大场强的位置在图中 A 点，由叠加定理及高斯定理可知 A 点电场强度为

$$E_{\mathrm{A}}=\frac{\tau}{2\pi\varepsilon}\left(\frac{1}{\overline{AM}}+\frac{1}{\overline{AN}}\right)=\frac{\tau}{2\pi\varepsilon}\left[\frac{1}{R_1-(h_1-b)}+\frac{1}{b+(h_1-R_1)}\right]$$

由于 x 轴上电轴之间的电场强度同方向，因此利用 A、B 两点之间的电位差计算电荷密度是最方便的，由式（2-84）有

$$\begin{aligned}U_0=\varphi_{\mathrm{A}}-\varphi_{\mathrm{B}}&=\frac{\tau}{2\pi\varepsilon}\ln\frac{r_{\mathrm{A}-}}{r_{\mathrm{A}+}}-\frac{\tau}{2\pi\varepsilon}\ln\frac{r_{\mathrm{B}-}}{r_{\mathrm{B}+}}\\&=\frac{\tau}{2\pi\varepsilon}\ln\frac{\overline{AN}}{\overline{AM}}-\frac{\tau}{2\pi\varepsilon}\ln\frac{\overline{BN}}{\overline{BM}}\\&=\frac{\tau}{2\pi\varepsilon}\ln\frac{b+h_1-R_1}{R_1-(h_1-b)}-\frac{\tau}{2\pi\varepsilon}\ln\frac{b+h_2-R_2}{R_2-(h_2-b)}\end{aligned}$$

由此求得电荷密度为

$$\tau=\frac{2\pi\varepsilon U_0}{\ln\dfrac{(b+h_1-R_1)(R_2-h_2+b)}{(R_1-h_1+b)(b+h_2-R_2)}}$$

代入电场强度计算式，求得最大电场强度为

$$E_{\mathrm{Amax}}=\frac{U_0}{\ln\dfrac{(b+h_1-R_1)(R_2-h_2+b)}{(R_1-h_1+b)(b+h_2-R_2)}}\left(\frac{1}{R_1-h_1+b}+\frac{1}{b+h_1-R_1}\right)$$

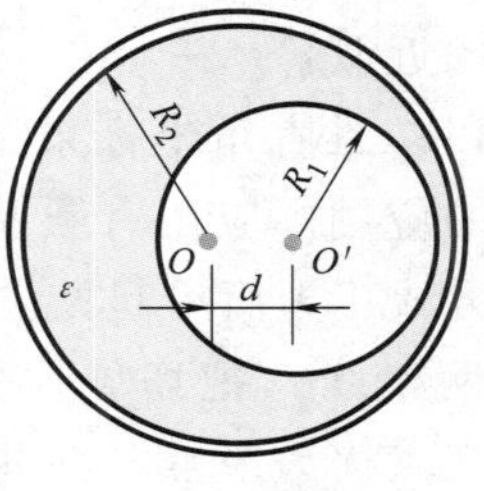

a) 偏心电缆

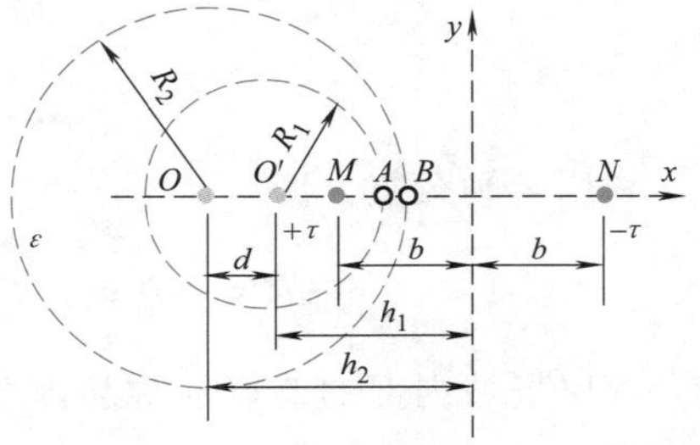

b) 偏心电缆之间的镜像

图 2-30　例 2-24 图

偏心情况下电缆正常工作须满足 $E_{\mathrm{Amax}}\leqslant 4.5\times10^8\,\mathrm{V/m}$，由此可求得间距 $d\approx0.5\mathrm{cm}$，即轴间距小于 5mm 的情况下电缆可以正常使用。所以，面对难以避免的加工误差时，应通过科学计算才能确保在满足安全规范下物尽其用。

2.5.5　有限差分法

数值分析简介

有限差分法是计算机数值计算最早采用的方法，至今仍被广泛运用。该方法是一种直接将微分问题变为代数问题的近似数值解法，数学概念直观，表达简单，是发展较早且比较成熟的数值方法。随着计算机技术的发展，各种数值计算方法发展很快，尤其是在有限差分法和变分方法相结合的基础上发展起来的有限元法日益得到广泛应用，很多成熟的商业软件应运而生，但是有限差分法以其固有的特点仍然是一种不容忽视的数值计算方法。例如对于高频电磁场的传输、辐射、散射和透入等工程问题，可将麦克斯韦方程组中旋度方程直接转化为差分方程形成时域有限差分法（finite difference time domain method，简称 FDTDM）。

有限差分法的基本思想是：利用网络剖分，将连续的定解区域离散化为有限个网格离散

节点的集合，然后基于差分原理以各离散点上函数的差商来近似替代该点处的偏导数，于是原微分方程和定解条件近似地代之以代数方程组，即有限差分方程组，这样，待求的拉普拉斯方程的问题变为相应的求联立差分方程组的解的问题。求解出各离散点上的函数值，利用插值方法即可求出整个场域上的近似解。

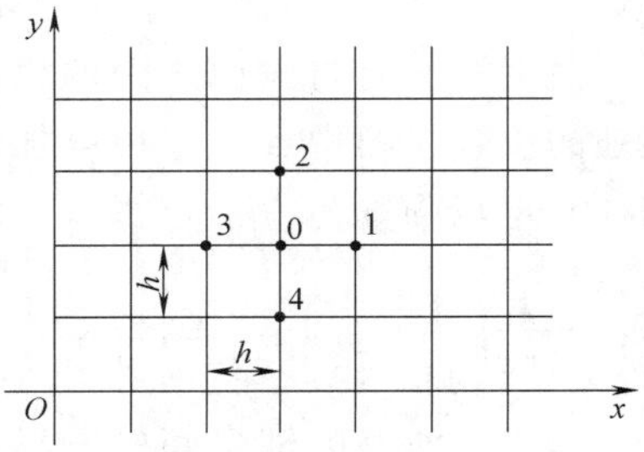

图 2-31　有限差分的网格分割

下面以二维直角坐标系拉普拉斯方程为例来阐述有限差分法的应用。应用有限差分法，首先要确定网格节点的分布方式，为简单起见，用分别与 x、y 轴平行的两组直线（网格线）把场域划分成足够多的正方形网格，网格线的交点称为节点，两相邻平行网格线间的距离称为步距 h，设其中 5 个节点编号如图 2-31 所示。

为方便讨论，将拉普拉斯方程重新列写如下：

$$\frac{\partial^2\varphi}{\partial x^2}+\frac{\partial^2\varphi}{\partial y^2}=0 \tag{2-88}$$

利用泰勒级数，即

$$f(x)=f(x_0)+f'(x_0)(x-x_0)+\frac{1}{2!}f''(x_0)(x-x_0)^2+\cdots \tag{2-89}$$

现以场域内部的节点（称为内节点）0 节点为例，将电位在 0 点［坐标（x_0,y_0）］沿 x 方向展开，有

$$\varphi(x_0+\Delta x,y_0)=\varphi(x_0,y_0)+\frac{\partial\varphi}{\partial x}(x_0,y_0)(x-x_0)+\frac{1}{2!}\frac{\partial^2\varphi}{\partial x^2}(x_0,y_0)(x-x_0)^2+\cdots$$

当 x 方向增量为 $x-x_0=\Delta x=h$ 时，忽略高次项，得到节点 1 的电位近似为

$$\varphi_1\approx\varphi_0+\left.\frac{\partial\varphi}{\partial x}\right|_0 h+\frac{1}{2}\left.\frac{\partial^2\varphi}{\partial x^2}\right|_0 h^2 \tag{2-90}$$

当 x 方向增量为 $x-x_0=-\Delta x=-h$ 时，忽略高次项，得到节点 3 的电位近似为

$$\varphi_3\approx\varphi_0-\left.\frac{\partial\varphi}{\partial x}\right|_0 h+\frac{1}{2}\left.\frac{\partial^2\varphi}{\partial x^2}\right|_0 h^2 \tag{2-91}$$

将式（2-90）与式（2-91）相加，得到

$$\varphi_1+\varphi_3\approx2\varphi_0+\left.\frac{\partial^2\varphi}{\partial x^2}\right|_0 h^2 \tag{2-92}$$

类似的，将电位在 0 点沿 y 方向展开，可以得到

$$\varphi_2+\varphi_4\approx2\varphi_0+\left.\frac{\partial^2\varphi}{\partial y^2}\right|_0 h^2 \tag{2-93}$$

将式（2-92）与式（2-93）代入方程式（2-88）即可得到空间 0 节点的拉普拉斯方程展开式为

$$\left.\left(\frac{\partial^2\varphi}{\partial x^2}+\frac{\partial^2\varphi}{\partial y^2}\right)\right|_0=\frac{\varphi_1+\varphi_2+\varphi_2+\varphi_4-4\varphi_0}{h^2}=0$$

即

$$\varphi_1+\varphi_2+\varphi_2+\varphi_4-4\varphi_0=0 \tag{2-94}$$

式（2-94）即为0节点拉普拉斯方程的差分格式的展开式，又称为与拉普拉斯方程等价的差分方程。

该差分方程可以推广至其他内节点。该方程表明，场域内任意一点的电位都可以由该节点上下左右相邻四个节点电位之和的平均值得到。当场域中除边界外的所有内节点均由差分方程写出后，即可得到一组大型稀疏代数方程组，再结合场域周界的边界条件即可求得所有节点的电位值。

由式（2-90）与式（2-91）还可进一步推出0节点处电场强度的近似计算公式为

$$E_x=-\frac{\partial\varphi}{\partial x}\bigg|_0\approx\frac{\varphi_0-\varphi_1}{h}\approx\frac{\varphi_3-\varphi_0}{h}\approx\frac{\varphi_3-\varphi_1}{2h} \tag{2-95}$$

$$E_y=-\frac{\partial\varphi}{\partial y}\bigg|_0\approx\frac{\varphi_0-\varphi_2}{h}\approx\frac{\varphi_4-\varphi_0}{h}\approx\frac{\varphi_4-\varphi_2}{2h} \tag{2-96}$$

显然，场域剖分得越密，场域任意节点的电位及电场强度的计算结果精度越高。

关于边界条件的处理及差分方程组的求解等更多内容请参阅相关专业书籍，本书不进行过多介绍。

2.6　静电场理论分析工程应用

前面曾讲，“场”是基础，“路”是特例。作为电气、电子工程师应该兼备电磁场理论和电路理论的知识。在电路理论中，电压U和电流I是两个基本的物理量，电阻R、电感L、电容C是重要的电路参数。而在电磁场理论中，基本物理量是电场强度$\boldsymbol{E}$、电位移矢量$\boldsymbol{D}$、磁场强度$\boldsymbol{H}$、磁感应强度$\boldsymbol{B}$，媒质的参数是介电常数ε、电导率γ、磁导率μ。表面看两种参数之间没有联系，事实上，电路理论中的参数均可由电磁场理论求得。

本节先讨论一般意义的电容的计算，然后引出部分电容的概念，最后以静电能量、电场力的计算为例进一步讨论静电场理论分析的工程应用。

2.6.1　电容与部分电容

物理学中对电容的定义是从两个导体构成的平行板电容器引出的。极板上的带电量Q与导电板之间的电压U的比值定义为电容（capacitance），即

$$C=\frac{Q}{U} \tag{2-97}$$

但是电容值与导体上所带电荷及所加电压无关，而与导体的形状、尺寸、相互位置、介质材料有关，如平行板之间的距离d相对于导电板的面积S而言很小时，电容与这两个参数及极板间介质ε之间的关系为

$$C=\varepsilon\frac{S}{d}$$

对于其他结构的两个导体之间的电容的计算可以按照电容的定义式利用前面几节讨论过的电场分析方法求得。

此外，工程上许多电气设备往往是由两个以上导体构成的，称为多导体系统，因此需要在原有电容的基础上拓宽概念，引入部分电容并分析部分电容与相关电场的分布。

1. 两个导体系统的电容

从电容的定义式入手，可分两种方法计算电容：第一种，假设导体上的带电量（电荷或分布电荷的密度），依据电荷推出空间的电位分布，确定导体间的电压，从而计算电容；第二种，假设在导体之间施加电压，进一步求出空间电场的分布，利用介质中电位移或电位与导体电荷面密度的关系确定导体上的电荷，进而计算电容。至于实际应用中选用哪种方法则要根据具体问题确定最佳的分析方法。

例 2-25　求内、外半径分别为 a、b 的球形电容器的电容。

解　由于是球体，故利用高斯定理假设已知电荷求电场分布最为简便。设内导体上带电量为 Q，则距球心 r 处的电场强度为

$$\boldsymbol{E}(\boldsymbol{r})=\frac{Q}{4\pi\varepsilon_0 r^2}\boldsymbol{e}_r$$

因此导体球之间的电压为

$$U=\int_a^b E\mathrm{d}r=\frac{Q}{4\pi\varepsilon_0}\left(\frac{1}{a}-\frac{1}{b}\right)$$

代入电容定义式，即可求得球形电容器的电容为

$$C=\frac{Q}{U}=\frac{4\pi\varepsilon_0 ab}{b-a}$$

如果把地球看作球体的话，其平均半径约为 6370km，若以 25km 作为大气层的厚度并以真空的介电常数代入上式可得

$$C=\frac{4\pi\varepsilon_0 ab}{b-a}=\frac{6370\times10^3\times6395\times10^3}{9\times10^9\times2.5\times10^4}\mathrm{F}=0.18\mathrm{F}$$

可见即便是大如地球这样的球形电容也才区区 0.18F，如果把无穷远处作为地球的另一极，则电容更是小到 0.05733F。这说明用法拉作为电容的单位实在是太大了，所以一般常见的电容多为微法（μF）或皮法（pF）。

类似这种结构简单、对称的电容器的电容计算都可采用这种方法求得。如内、外半径分别为 a、b 的同轴电缆单位长度的电容为 $C=\dfrac{2\pi\varepsilon}{\ln(b/a)}$（参见例 2-8）。

例 2-26　求半径为 a，相距为 D 的双线传输线之间的电容。

解　利用镜像法，参见图 2-27，等效电轴的位置为 $b=\sqrt{(D/2)^2-a^2}$，两个导线之间的电压可由导线表面相距最近的两点的电位之差求得，设为 $A_1[-(D/2-a),0]$ 与 $A_2[(D/2-a),0]$，由式（2-84）可知

$$\varphi_{A_1}=\frac{\tau}{2\pi\varepsilon_0}\ln\frac{r_-}{r_+}=\frac{\tau}{2\pi\varepsilon_0}\ln\frac{b-(D/2-a)}{b+(D/2-a)}$$

$$\varphi_{A_2}=\frac{\tau}{2\pi\varepsilon_0}\ln\frac{r_-}{r_+}=\frac{\tau}{2\pi\varepsilon_0}\ln\frac{b+(D/2-a)}{b-(D/2-a)}$$

故传输线之间的电压为

$$U=\varphi_{A_2}-\varphi_{A_1}=\frac{\tau}{\pi\varepsilon_0}\ln\frac{b+(D/2-a)}{b-(D/2-a)}$$

从而得到传输线之间单位长度的电容为

$$C'=\frac{\tau}{U}=\frac{\pi\varepsilon_0}{\ln\frac{b+(D/2-a)}{b-(D/2-a)}}$$

一般情况下传输线之间的距离远比线径大得多，等效电轴可近似认为与导线的几何轴心重合，这样上式可简化为

$$C'=\frac{\pi\varepsilon_0}{\ln\frac{D}{a}}$$

例 2-27 无限长同轴电缆内、外导体半径分别为 a、b，两种介质如图 2-32 所示分布，求电缆单位长度的电容。

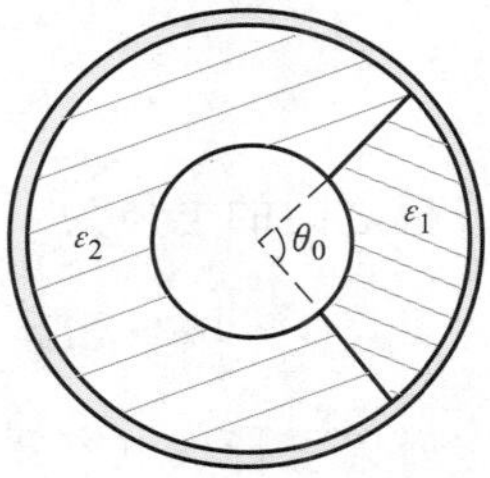

图 2-32 两种介质的同轴电缆

解 以圆柱坐标系为基准，由于电缆无限长，故空间电场为平行平面场，即电场强度、电位与 z 坐标无关。设在内、外导体之间加电压 U，分别列出两种介质中的边值问题如下：

$$\begin{cases}\nabla^2\varphi_1=0 & 介质\ \varepsilon_1\ 中\\ \varphi=U & r=a\\ \varphi=0 & r=b\end{cases}\qquad\begin{cases}\nabla^2\varphi_2=0 & 介质\ \varepsilon_2\ 中\\ \varphi=U & r=a\\ \varphi=0 & r=b\end{cases}$$

由上述方程可见，两种介质具有相同的电位方程、相同的边界条件，因此按照唯一性定理，一定有 $\varphi_1=\varphi_2$，也就是说电位一定与角度无关，只是半径 r 的函数，再由介质分界面的衔接条件可以断定两种介质中的电场强度一定相同，而且沿着半径方向。这表明，内、外导体间的电场与介质无关，因此无须求解上述边值问题方程，直接由高斯定理（参见例 2-8）即可得到内、外导体之间的电场强度（读者可求解上述边值问题方程加以验证）为

$$\boldsymbol{E}=\frac{U}{r\ln\frac{b}{a}}\boldsymbol{e}_r\quad(a<r<b)$$

由此可知介质中的电位移分别为

$$\boldsymbol{D}_1=\frac{\varepsilon_1 U}{r\ln\frac{b}{a}}\boldsymbol{e}_r,\qquad \boldsymbol{D}_2=\frac{\varepsilon_2 U}{r\ln\frac{b}{a}}\boldsymbol{e}_r$$

由式（2-62）可知介质中的电位移的法向分量就是导体表面自由电荷的面密度，因此可计算单位长度的内导体上总的电荷为

$$Q'=\int_S\sigma\mathrm{d}S=\sigma_1S_1+\sigma_2S_2=\frac{\varepsilon_1U}{a\ln\frac{b}{a}}\theta_0a+\frac{\varepsilon_2U}{a\ln\frac{b}{a}}(2\pi-\theta_0)a=\frac{\varepsilon_1\theta_0+\varepsilon_2(2\pi-\theta_0)}{\ln\frac{b}{a}}U$$

从而得电缆单位长度的电容为

$$C'=\frac{Q'}{U}=\frac{\varepsilon_1\theta_0+\varepsilon_2(2\pi-\theta_0)}{\ln\frac{b}{a}}$$

例 2-28　图 2-33 为一高度测量传感器的工作原理示意图，通过测量平行板电容器的电容即可间接测得介质液面的高度 h。设电容器垂直纸面方向的极板宽度为 D，极板面积远大于极板间距离 d，试证明

$$h=\frac{Cd-\varepsilon_0 DH}{(\varepsilon-\varepsilon_0)D}$$

解　电容器的结构与图 2-13b 相似。当平行板面积远大于极板间距离时可忽略边缘效应。仿照例 2-11，设极板上电荷为 Q，则两种介质中的电场为

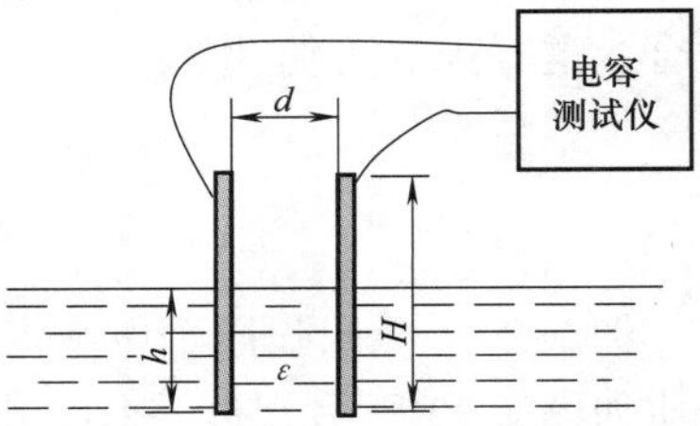

图 2-33　例 2-28 图

$$E_1=E_2=\frac{Q}{\varepsilon_0 D(H-h)+\varepsilon Dh}$$

故极板之间的电压为

$$U=\int_l \boldsymbol{E}\cdot \mathrm{d}\boldsymbol{l}=Ed=\frac{Qd}{\varepsilon_0 D(H-h)+\varepsilon Dh}$$

所以平行板电容器的电容为

$$C=\frac{Q}{U}=\frac{\varepsilon_0 D(H-h)+\varepsilon Dh}{d}=\frac{\varepsilon_0 DH}{d}+\frac{(\varepsilon-\varepsilon_0)Dh}{d}$$

故

$$h=\frac{Cd-\varepsilon_0 DH}{(\varepsilon-\varepsilon_0)D}$$

2. 多导体系统的部分电容

设空间有 $(n+1)$ 个导体，其中 0 号导体为参考电位体，其余 n 个导体的电位为 φ_1，φ_2，φ_3，…，φ_n，带电量分别为 q_1，q_2，q_3，…，q_n。若所有 $(n+1)$ 个导体带电量的总和为 0，则称该多导体系统为静电独立系统，这样的系统内各导体的电荷与电位之间的关系不受系统以外电场的影响。

若空间介质为线性介质，则每个导体的电位与各导体上电荷之间的关系也应该是线性的，即

$$\begin{cases}\varphi_1=\alpha_{11}q_1+\alpha_{12}q_2+\cdots+\alpha_{1j}q_j+\cdots+\alpha_{1n}q_n\\ \varphi_2=\alpha_{21}q_1+\alpha_{22}q_2+\cdots+\alpha_{2j}q_j+\cdots+\alpha_{2n}q_n\\ \qquad\vdots\\ \varphi_i=\alpha_{i1}q_1+\alpha_{i2}q_2+\cdots+\alpha_{ij}q_j+\cdots+\alpha_{in}q_n\\ \qquad\vdots\\ \varphi_n=\alpha_{n1}q_1+\alpha_{n2}q_2+\cdots+\alpha_{nj}q_j+\alpha_{nn}q_n\end{cases} \tag{2-98}$$

式中，系数 α_{ij} 称为电位系数，其中下标相同的系数 α_{ii} 称为 i 导体的自有电位系数，下标不同的系数 α_{ij} 称为 i 导体与 j 导体之间的互有电位系数，其定义式及含义为

$$\alpha_{ij}=\left.\frac{\varphi_i}{q_j}\right|_{q_j\neq 0,\text{其余导体的电荷为零}}$$

电位系数只与各导体的几何形状、尺寸、相互位置及空间介质的介电常数有关，与各导体的带电量及电位无关。将式（2-98）求逆可得

$$\begin{cases} q_1=\beta_{11}\varphi_1+\beta_{12}\varphi_2+\cdots+\beta_{1j}\varphi_j+\cdots+\beta_{1n}\varphi_n \\ q_2=\beta_{21}\varphi_1+\beta_{22}\varphi_2+\cdots+\beta_{2j}\varphi_j+\cdots+\beta_{2n}\varphi_n \\ \vdots \\ q_i=\beta_{i1}\varphi_1+\beta_{i2}\varphi_2+\cdots+\beta_{ij}\varphi_j+\cdots+\beta_{in}\varphi_n \\ \vdots \\ q_n=\beta_{n1}\varphi_1+\beta_{n2}\varphi_2+\cdots+\beta_{nj}\varphi_n+\beta_{nn}\varphi_n \end{cases} \tag{2-99}$$

式中，系数 β_{ij} 称为感应系数，其中下标相同的系数称为导体的自有感应系数，下标不同的称为导体之间的互有感应系数，其定义式及含义为

$$\beta_{ij}=\left.\frac{q_i}{\varphi_j}\right|_{\varphi_j\neq0,\text{其余导体的电位为零}}$$

电位系数与感应系数之间的关系用系数矩阵表示为

$$[\beta]=[\alpha]^{-1}$$

将式（2-99）重新整理可写为如下形式：

$$\begin{cases} q_1=C_{11}\varphi_1+C_{12}(\varphi_1-\varphi_2)+\cdots+C_{1i}(\varphi_1-\varphi_i)+\cdots+C_{1n}(\varphi_1-\varphi_n) \\ q_2=C_{21}(\varphi_2-\varphi_1)+C_{22}\varphi_2+\cdots+C_{2i}(\varphi_2-\varphi_i)+\cdots+C_{2n}(\varphi_2-\varphi_n) \\ \vdots \\ q_i=C_{i1}(\varphi_i-\varphi_1)+C_{i2}(\varphi_i-\varphi_2)+\cdots+C_{ii}\varphi_i+\cdots+C_{in}(\varphi_i-\varphi_n) \\ \vdots \\ q_n=C_{n1}(\varphi_n-\varphi_1)+C_{n2}(\varphi_n-\varphi_2)+\cdots+C_{ni}(\varphi_n-\varphi_i)+\cdots+C_{nn}\varphi_n \end{cases} \tag{2-100}$$

其中

$$C_{ii}=\beta_{i1}+\beta_{i2}+\cdots+\beta_{in} \tag{2-101}$$

表示 i 号导体与参考导体之间的部分电容，称为该导体的自有部分电容，而

$$C_{ij}=-\beta_{ij} \tag{2-102}$$

称为 i 导体与 j 导体之间的互有部分电容。

一般情况下所有部分电容都为正值，且有 $C_{ij}=C_{ji}$。部分电容既可通过参数 α、β 的计算求得，也可通过实验的方法测得。

例 2-29　图 2-34 为一对称三芯电缆，若将内导体全部相连，测得内导体与外皮之间的电容为 0.057μF；若将其中 1、2 两个内导体与外皮相连，测得 3 导体与外皮之间的电容为 0.045μF。求电缆的各部分电容。

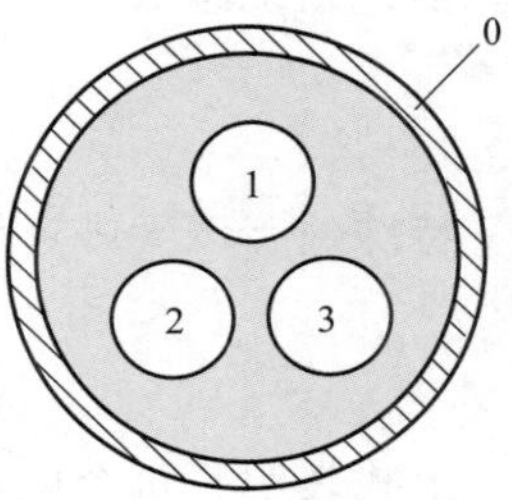

图 2-34　对称三芯电缆

解　由于结构对称，故

$$C_{10}=C_{20}=C_{30}=\frac{0.057}{3}\mu\text{F}=0.019\mu\text{F}$$

由第二项测量结果可知

$$C_{23}+C_{31}+C_{30}=0.045\mu\text{F}$$

所以得到

$$C_{12}=C_{23}=C_{31}=\frac{0.045-0.019}{2}\mu F=0.013\mu F$$

2.6.2 电场能量

当电源与电容器相连且给其极板提供电荷时，即电源给电容器提供了能量。假设电容器极板是电阻率为零的理想导体，极板间介质是理想的绝缘体，则极板间就没有电流流动，也就没有欧姆损耗，那么电源提供的能量将以静电能量（energy，用 W_e 表示）的形式存储在电容器中，且其大小一定与电容器的电容 C、带电量 Q、电压 U 都有关。

前面在引出电位的定义时曾用到移动单位电荷 dq 与做功 dW_e 之间的关系，即

$$dW_e=u dq$$

式中，u 为对应于某一时刻相应电容器的电压。由于 $u=\frac{q}{C}$，所以有

$$dW_e=u dq=\frac{q}{C}dq$$

若电容器的电荷从 0 开始最终充至 Q、电压从 0 开始最终充至 U，则储存的总电场能量应为

$$W_e=\int_0^Q \frac{q}{C}dq=\frac{Q^2}{2C}=\frac{1}{2}CU^2 \tag{2-103}$$

这一结果也验证了电容器储存的总电场能量与电容器的电容 C、带电量 Q、电压 U 有关，与中间电场的建立过程无关。若把电容器看作两个导体的系统，其中一个极板视作零电位参考体，另一个极板电位为 $\varphi=U$，则上式可写作 $W_e=\frac{1}{2}Q\varphi$。该结论还可推广至（$n+1$）个导体的静电独立系统。

对于线性系统，设第 i 个带电体最终的电荷为 Q_i，相对于 0 号参考体的电位为 Φ_i，若每个带电体的电荷按某一比例 α 增长，$\alpha<1$，则相应的电位也将按相同的比例增加，即某一时刻带电量和电位分别为 $q_i=\alpha Q_i$ 和 $\varphi_i=\alpha\Phi_i$，当该带电量电荷增加 dq_i 时，整个系统的电场能量的增量一定为

$$dw_e=\sum_{i=1}^{n}\varphi_i dq_i=\sum_{i=1}^{n}\alpha\Phi_i Q_i d\alpha \tag{2-104}$$

最终系统总的电场能量只需对式（2-104）中比例系数 α 从 0 到 1 积分即可得到，即

$$W_e=\int dw_e=\sum_{i=1}^{n}\Phi_i Q_i\int_0^1\alpha d\alpha=\frac{1}{2}\sum_{i=1}^{n}\Phi_i Q_i \tag{2-105a}$$

特殊地，以无限远为参考电位，对 n 个点电荷构成的系统，其电场能量为

$$W_e=\frac{1}{2}\sum_{i=1}^{n}q_i\varphi_i=\frac{1}{2}\sum_{i=1}^{n}q_i\sum_{j=1,j\neq i}^{n}\frac{q_j}{4\pi\varepsilon R_{ij}} \tag{2-105b}$$

上式表明，每个电荷的电位是由其余所有电荷产生的电位的叠加，因此点电荷系的电场能量是电荷之间的相互作用能的总和。

对于电荷为连续分布的带电体，由于 $dq=\rho dV$、$dq=\sigma dS$、$dq=\tau dl$，则只需进行相应的

积分即可得到电场能量分别为

$$W_e = \frac{1}{2}\int_V \rho\varphi \mathrm{d}V \tag{2-106a}$$

$$W_e = \frac{1}{2}\int_S \sigma\varphi \mathrm{d}S \tag{2-106b}$$

$$W_e = \frac{1}{2}\int_l \tau\varphi \mathrm{d}l \tag{2-106c}$$

此时的电场能量既包含相互作用能也包括带电体单独存在时的固有能。

对于能量的分布规律，以体分布电荷为例来分析。将电位移与电荷之间的关系式 $\nabla \cdot \boldsymbol{D}=\rho$ 带入电场能量计算公式，有

$$W_e = \frac{1}{2}\int_V \rho\varphi \mathrm{d}V = \frac{1}{2}\int_V \varphi \nabla \cdot \boldsymbol{D}\mathrm{d}V \tag{2-107}$$

利用矢量恒等式 $\nabla \cdot (\varphi \boldsymbol{D})=\varphi\nabla \cdot \boldsymbol{D}+\boldsymbol{D} \cdot \nabla\varphi$、电场强度与电位的关系式 $\boldsymbol{E}=-\nabla\varphi$ 并利用高斯散度定理，可将式（2-107）重新整理为

$$W_e = \frac{1}{2}\int_V \nabla \cdot (\varphi \boldsymbol{D})\mathrm{d}V - \frac{1}{2}\int_V \boldsymbol{D} \cdot \nabla\varphi \mathrm{d}V = \frac{1}{2}\oint_S \varphi \boldsymbol{D}\mathrm{d}S + \frac{1}{2}\int_V \boldsymbol{D} \cdot \boldsymbol{E}\mathrm{d}V$$

式中，V 一般应取为无限大的场域空间，这样包围该体积的外表面 S 就是距场源无限远处的闭合面，当电荷在有限范围内分布时，对应 S 面上任何一点都有 $D \propto \frac{1}{r^2}$，$\varphi \propto \frac{1}{r}$，因此式中当 $r\to\infty$ 时，面积分将趋于 0，这样相应的电场能量为

$$W_e = \frac{1}{2}\int_V \boldsymbol{D} \cdot \boldsymbol{E}\mathrm{d}V \tag{2-108}$$

注意式（2-108）中积分区域体积 V 与式（2-106a）中的体积 V 所代表的含义略有不同，式（2-106a）中的体积 V 可以是电场存在的整个空间，也可以仅仅是电荷存在的有源区域，而式（2-108）若与式（2-106a）等价必然要求体积 V 是电场存在的整个空间。

静电场的电场能量体密度为 $\frac{1}{2}\boldsymbol{D} \cdot \boldsymbol{E}$，若以小写字母 w_e 表示，则有

$$w_e = \frac{1}{2}\boldsymbol{D} \cdot \boldsymbol{E} \tag{2-109}$$

若介质为线性、各向同性的，则 $\boldsymbol{D}=\varepsilon\boldsymbol{E}$，式（2-109）还可写为

$$w_e = \frac{1}{2}\varepsilon E^2 \tag{2-110}$$

利用上述各方程式即可计算空间电场能量的总和及其分布。有时也可利用电场能量由式（2-103）计算导体间的等效电容。

例 2-30　一半径为 a 的球形介质 ε 位于真空中，球内均匀分布着体电荷密度为 ρ_0 的电荷，求空间的电场能量。

解　由高斯定理可求得球内、外的电场强度为

$$\boldsymbol{E}_1 = \frac{\rho_0 r}{3\varepsilon}\boldsymbol{e}_r \qquad r<a$$

$$E_2=\frac{\rho_0a^3}{3\varepsilon_0r^2}e_r \qquad r>a$$

故由式（2-108）可得

$$W_e=\frac{1}{2}\int_{V_1}\varepsilon E_1^2\mathrm{d}V_1+\frac{1}{2}\int_{V_2}\varepsilon_0E_2^2\mathrm{d}V_2=\frac{1}{2}\int_0^a\varepsilon\left(\frac{\rho_0r}{3\varepsilon}\right)^2 4\pi r^2\mathrm{d}r+\frac{1}{2}\int_a^{\infty}\varepsilon_0\left(\frac{\rho_0a^3}{3\varepsilon_0r^2}\right)^2 4\pi r^2\mathrm{d}r$$

$$=\frac{2\pi\rho_0^2a^5}{45\varepsilon}+\frac{2\pi\rho_0^2a^5}{9\varepsilon_0}=\frac{2\pi\rho_0^2a^5}{9}\left(\frac{1}{5\varepsilon}+\frac{1}{\varepsilon_0}\right)$$

2.6.3 电场力

任何带电体在电场中都会受到力的作用，这是电场的特性，也是判断电场是否存在的依据。

一个点电荷在另一个点电荷产生的电场中所受电场力的计算公式就是库仑力实验定律，也是前面定义电场强度的依据。因此，只要已知点电荷 q 所在位置的电场强度 $\boldsymbol{E}$ 就可相应地求得该电荷受到的电场力为

$$\boldsymbol{F}=q\boldsymbol{E} \tag{2-111}$$

如前面例 2-20 就是利用镜像法先求出点电荷所在处的电场强度再由式（2-111）计算而得到的电场力。原则上可由电场与电荷密度之间的对应关系仿照式（2-111）进行相应的积分就可以求得任意分布电荷的带电体在静电场中所受的力。但是在实际应用中，由于这种积分运算难以进行而受到了的限制。因此在工程实际应用中常利用一种称为虚位移法的方法得到导体、介质等在电场中的受力。

虚位移法是基于能量守恒原理建立起来的。设静电独立系统中某导体在电场中由于受到电场力 F 的作用沿空间某坐标方向发生一定的位移，设用符号 g 表示该坐标，位移则表示为 $\mathrm{d}g$。由于电场是静止的，因此这种位移实际上不可能出现，是假想的，故称为虚位移。而导体由于此位移做功为 $F\mathrm{d}g$。对于整个系统而言，该导体位置的移动引起了系统所有其他导体相对于该导体之间位置的改变，从而使得各导体之间的部分电容发生变化。而部分电容的变化意味着整个系统存储的静电能量的改变，表示为 d_gW_e，其中下标 g 用于强调电场能量的改变是由坐标 g 方向的虚位移引起的。

按照能量守恒原理，这两部分能量应该由系统中的电源提供，用 d_gW 表示，即有

$$\mathrm{d}_gW=\mathrm{d}_gW_e+F\mathrm{d}g \tag{2-112}$$

一般情况下，系统中各导体可能与外加电源相连，此时导体的电位由于电源维持不变，称为常电位系统；有时外加电源也可能在给导体充电后断开，这样导体上的电荷将保持不变，相应地称为常电荷系统，以下针对这两种情况分别讨论。

1. 常电位系统

常电位系统下每个导体的电位 φ_k 为常数，由于虚位移引起了各导体之间部分电容的变化使得各导体的带电量发生改变，用 d_gq_k 表示，这些电荷一定由电源提供，因此电源提供的能量为

$$\mathrm{d}_gW=\sum\varphi_k\mathrm{d}_gq_k$$

同时导体带电量的改变也引起系统静电能量 d_gW_e 的改变，由式（2-105）可知

$$d_g W_e = \frac{1}{2} \sum \varphi_k d_g q_k$$

可见，电源提供的能量一半用于系统静电能量的增量，另一半则用于产生虚位移所做的功，因而有

$$F dg = d_g W - d_g W_e = \sum \varphi_k d_g q_k - \frac{1}{2} \sum \varphi_k d_g q_k = \frac{1}{2} \sum \varphi_k d_g q_k = d_g W_e$$

由此可知相应的电场力为

$$\boldsymbol{F} = \left.\frac{d_g W_e}{dg}\right|_{\varphi_k = 常量} = \left.\frac{\partial W_e}{\partial g}\right|_{\varphi_k = 常量} \tag{2-113}$$

即，电场力等于常电位系统下静电能量沿虚位移方向的微分或变化率。

2. 常电荷系统

在常电荷系统下外加电源不存在，因此 $d_g W = 0$，而每个导体的电荷 q_k 为常数，由于虚位移引起了各导体之间部分电容的变化使得各导体的电位发生改变，从而引起系统静电能量发生改变，故有

$$0 = d_g W_e + F dg$$

因此电场力为

$$F = -\left.\frac{d_g W_e}{dg}\right|_{q_k = 常量} = -\left.\frac{\partial W_e}{\partial g}\right|_{q_k = 常量} \tag{2-114}$$

式（2-114）表明，电场力等于常电荷系统下静电能量沿虚位移方向微分的负值或者负的变化率。式中的负号说明在没有外加电源提供能量的情况下，导体的虚位移只能靠系统自身能量的减少来维持，因此式（2-114）与式（2-113）实质上是等价的。

显然，介质的虚位移同样会引起系统部分电容的改变以及上述相应能量的变化，因此上述公式可同样应用于求解介质分界面的受力。

此外，虚位移法还可扩展用于表面张力、压强、转矩等称为广义力的计算，相应的虚位移坐标量分别为面积、体积、角度等称为广义坐标量，广义力与广义坐标与功的关系为

$$广义力 \times 广义坐标 = 功 \tag{2-115}$$

例 2-31 求真空中半径为 R 的孤立带电球体的电场力。

解 首先分析一下导体球受电场力作用下可能的位移方向。

由于导体球处于无限大空间，其自身电荷产生的电场是球对称分布的，因此导体球受力一定是均匀的，而不可能沿某一方向移动，所以该电场力一定沿半径方向，如果将导体球视作一个气球的话，该力将使其沿半径方向或者膨胀或者被压缩，因此其虚位移就是半径 R。

有了上述分析就可以根据电场能量计算电场力了。假设导体表面电荷 q 为常数，则导体球相对于无穷远的电位 φ 为

$$\varphi(R) = \frac{q}{4\pi\varepsilon_0 R}$$

这样空间电场能量则为

$$W_e = \frac{1}{2} q\varphi = \frac{q^2}{8\pi\varepsilon_0 R}$$

可见电场能量是导体球半径 R 的函数，因此，由式（2-114）即可得到电场力为

$$F=-\frac{\partial W_e}{\partial R}\bigg|_{q=\text{常量}}=\frac{q^2}{8\pi\varepsilon_0 R^2}$$

假设导体电位 φ 为常数，则导体电荷为

$$q=4\pi\varepsilon_0 R\varphi$$

电场能量则为

$$W_e=\frac{1}{2}q\varphi=2\pi\varepsilon_0 R\varphi^2$$

由式（2-113）可得到电场力为

$$F=\frac{\partial W_e}{\partial R}\bigg|_{\varphi=\text{常量}}=2\pi\varepsilon_0\varphi^2=2\pi\varepsilon_0\left(\frac{q}{4\pi\varepsilon_0 R}\right)^2=\frac{q^2}{8\pi\varepsilon_0 R^2}$$

可见，两种方法得到的结果是一样的。

例 2-32　求例 2-11 中平行板电容器两种介质分界面之间的电场力。

解　（1）介质分界面与极板平行

前例中已经求得介质中电场强度分别为

$$E_1=\frac{\varepsilon_2 U_0}{\varepsilon_1 d_2+\varepsilon_2 d_1},\quad E_2=\frac{\varepsilon_1 U_0}{\varepsilon_1 d_2+\varepsilon_2 d_1}$$

设极板面积为 S，则空间电场能量为

$$W_e=\frac{1}{2}\varepsilon_1 E_1^2 d_1 S+\frac{1}{2}\varepsilon_2 E_2^2 d_2 S=\frac{\varepsilon_1\varepsilon_2 U_0^2 S}{2(\varepsilon_1 d_2+\varepsilon_2 d_1)} \tag{2-116}$$

显然，在忽略边缘效应的情况下，介质分界面受力引起的虚位移应该是分界面的左右移动，即参数 d_1 或 d_2 的改变。现取 d_1 为虚位移变量，设平行板间距为 d，则 $d_2=d-d_1$，代入式（2-116）进行代换，有

$$W_e(d_1)=\frac{\varepsilon_1\varepsilon_2 U_0^2 S}{2(\varepsilon_2-\varepsilon_1)d_1+2\varepsilon_1 d} \tag{2-117}$$

由式（2-113），将式（2-117）对虚位移 d_1 求微分，并将 $d=d_1+d_2$ 带回，即可得到电场力为

$$F=\frac{\partial W_e}{\partial d_1}\bigg|_{U_0=\text{常量}}=\frac{(\varepsilon_1-\varepsilon_2)\varepsilon_1\varepsilon_2 U_0^2 S}{2[(\varepsilon_2-\varepsilon_1)d_1+\varepsilon_1 d]^2}=\frac{(\varepsilon_1-\varepsilon_2)\varepsilon_1\varepsilon_2 U_0^2 S}{2(\varepsilon_1 d_2+\varepsilon_2 d_1)^2}$$

因此，介质分界面单位面积的电场力为

$$f=\frac{(\varepsilon_1-\varepsilon_2)\varepsilon_1\varepsilon_2 U_0^2}{2(\varepsilon_1 d_2+\varepsilon_2 d_1)^2}$$

（2）介质分界面与极板垂直

例 2-11 中已经求得介质中电场强度为

$$E_1=E_2=\frac{Q}{\varepsilon_1 S_1+\varepsilon_2 S_2}$$

设两种介质的高度分别为 h_1、h_2，介质分界面面积为 S_0，如图 2-35 所示。则空间电场能量为

$$W_e=\frac{1}{2}\varepsilon_1 E_1^2 h_1 S_0+\frac{1}{2}\varepsilon_2 E_2^2 h_2 S_0=\frac{Q^2 S_0(\varepsilon_1 h_1+\varepsilon_2 h_2)}{2(\varepsilon_1 S_1+\varepsilon_2 S_2)^2}$$

类似的，设电容器高度为 h，则有 $h_2=h-h_1$，故

$$W_e(h_1)=\frac{Q^2S_0[(\varepsilon_1-\varepsilon_2)h_1+\varepsilon_2h]}{2(\varepsilon_1S_1+\varepsilon_2S_2)^2} \tag{2-118}$$

由式（2-114），将式（2-118）对虚位移 h_1 求微分，可得到电场力为

$$F=-\frac{\partial W_e}{\partial h_1}\bigg|_{Q=\text{常量}}=\frac{(\varepsilon_1-\varepsilon_2)S_0Q^2}{2(\varepsilon_1S_1+\varepsilon_2S_2)^2}$$

介质分界面单位面积的电场力则为

$$f=\frac{(\varepsilon_1-\varepsilon_2)Q^2}{2(\varepsilon_1S_1+\varepsilon_2S_2)^2}$$

上面两种位置的介质分界面受力有一个共同点就是都与介电常数之差（$\varepsilon_1-\varepsilon_2$）有关，因此两种介质参数不同，受力的大小及方向也就不同。

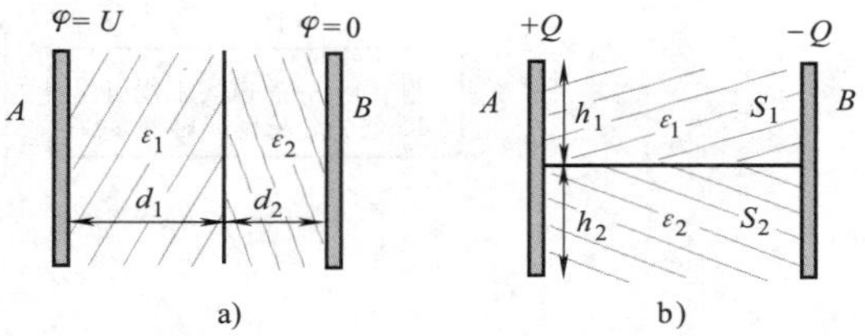

图 2-35 填充不同介质的平行板电容器

由于力是矢量，因此这里的正负号应该代表力的方向。可以证明：电场力等于电场能量沿虚位移方向的微分，大于零说明力的方向沿着位移增加的方向，小于零则说明力的方向沿着位移减小的方向。

对于此题而言，当 $\varepsilon_1>\varepsilon_2$ 时电场力大于零，对应于图 2-35a 可知电场力方向由左向右，对应于图 2-35b 力的方向向下；当 $\varepsilon_1<\varepsilon_2$ 时电场力小于零，力的方向相反。无论介质如何放置，电场力的方向总是由介电常数大的一面指向介电常数小的一面，或者说介电常数大的介质总是试图将介电常数小的介质推离自己，从而扩大自己的空间，即以大欺小。

本章小结

静电场是无旋有散场，其无旋性是静态电场的重要特征，一方面可以作为静态电场的判据，另外一方面，表明静态电场的电场矢量线有头有尾，而其头、尾对应的就是产生电场的场源，对应的积分方程则是电位移的通量积分等于闭合面内自由电荷的总和，微分方程则是电位移的散度等于该点自由电荷的体密度。因此在结构简单和对称的情况下，电场的分析可以归纳为题型 1 和题型 2，如图 2-36 所示。

不同介质分界面的衔接条件是多种载体共存时实际电场问题分析的重要依据，此外导体与电介质在静电场中的特性也是分析复杂电场问题的必要基础，因此，静电场中更接近解决工程问题的分析方法是题型 3 中边值问题的建模与分析，这也是本章的难点部分，学习好这部分内容有助于更好地建立工程电磁场问题场的分析理念，同时，也能为后续专业课学习及将来解决更复杂工程实际问题奠定更宽广的分析思路。实际工程问题的求解目标复杂多样，但是其基础大多离不开电容、能量与力这些主要内容，即对应题型 4。

静电场的分析过程、分析方法是其他恒定电场、恒定磁场、时变场分析的范例，有了静电场的分析基础，后续各章的学习就会一通百通，因此在电磁场理论的学习中一定要抓牢静电场，同时要善于运用对比思维掌握其他各类场的特性并加以运用。

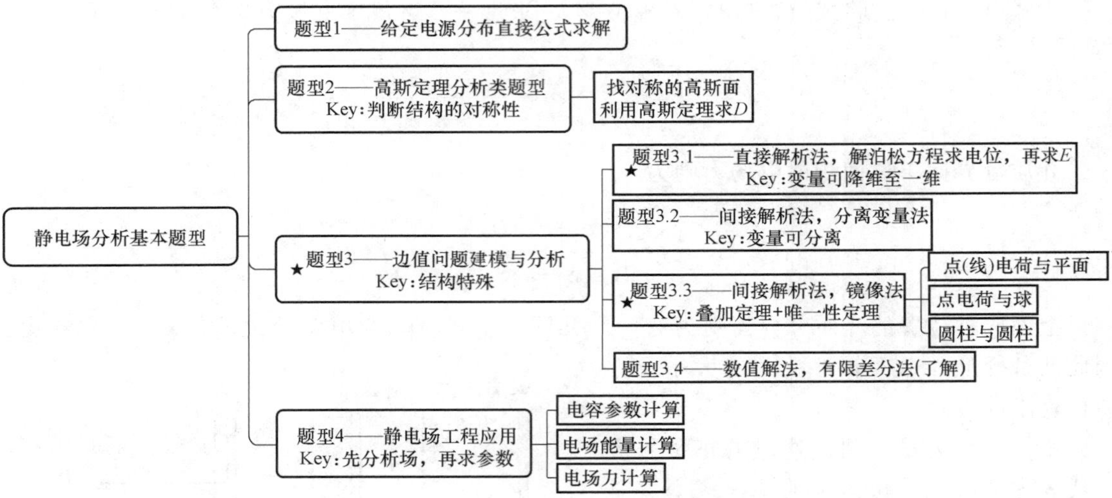

图 2-36 本章题型与重要知识点

习 题 2

2-1 导体曲面 $xy=2$ 的电位为 200V，$x=0(y>0)$ 以及 $y=0(x>0)$ 的两导体平面的电位为零，求 p 点（$x=4\text{m}$，$y=0.5\text{m}$）的电场强度。

2-2 一半径为 a 的均匀带电圆环，电荷总量为 q，求：圆环轴线上离环中心点为 z 处的电场强度 $\boldsymbol{E}$。

2-3 已知真空中静电场的电位 $\varphi(x)=\dfrac{x^2}{\varepsilon_0}+\dfrac{U}{d}x$，求电场强度的分布及电荷体密度 ρ。

2-4 已知某空间电场强度 $\boldsymbol{E}=(yz-2x)\boldsymbol{e}_x+xz\boldsymbol{e}_y+xy\boldsymbol{e}_z$，问：(1) 该电场可能是静态电场吗？(2) 如果是静电场，求与之对应的电位的分布。

2-5 真空中，电荷按体密度 $\rho=\rho_0\left(1-\dfrac{r^2}{a^2}\right)$ 分布在半径为 a 的球形区域内，其中 ρ_0 为常数。试计算球内、外的电场强度和电位函数。

2-6 在半径为 a 的无限长带电直圆柱中分布有电荷 $\rho=\rho_0 e^{-\alpha r}$，其中 ρ_0、α 均为常数。求圆柱内、外的电场强度。

2-7 已知真空中的电场强度 $\boldsymbol{E}=\dfrac{E_0 r^3}{a^3}\boldsymbol{e}_r$（其中变量 E_0 为常数，r 为球坐标系中的半径坐标，且 $0\leqslant r<a$），求体电荷密度 ρ。

2-8 已知在半径为 a 的球体区域内外，电场强度矢量表达式为

$$\boldsymbol{E}=\begin{cases}\dfrac{Ar}{3\varepsilon}\left(1-\dfrac{r^2}{a^2}\right)\boldsymbol{e}_r & r<a\\[2ex] \dfrac{Ba^2}{\varepsilon_0 r^2}\boldsymbol{e}_r & r>a\end{cases}$$

其中 A、B 均为常数。求此区域的电荷分布。

2-9 真空中有一个半径 $a=1\text{cm}$ 的球体，已知电场

$$\boldsymbol{E}(r)=\begin{cases}\left(\dfrac{2r^3+10^{-6}}{\varepsilon_0 r^2}\boldsymbol{e}_r\right) & 0<r<a \\ 0 & r>a\end{cases}\qquad(\text{单位为 V/m})$$

求系统中电荷的分布。

2-10 计算均匀电荷面密度为 σ 的无限大平面的电场。

2-11 一个半径为 a 的导体球，要使得它在空气中带电且不放电，试求它所能带的最大电荷量及表面电位各是多少？已知空气的击穿场强为 $3\times10^6\text{V/m}$。

2-12 空气中有一内、外半径分别为 a 和 b 的带电介质球壳，介质的介电常数为 ε，介质内有电荷密度为 $\rho=\dfrac{A}{r^2}$ 的电荷分布，其中系数 A 为常数。求总电荷及空间电场强度、电位的分布。若 $b\to a$，结果如何？

2-13 在半径分别为 a 和 b 的两个同心导体球壳间有均匀的电荷分布，其电荷体密度 $\rho=\rho_0(\text{C/m}^3)$。已知外球壳接地，内球壳的电位为 U_0，如图 2-37 所示。求两导体球壳间的电场和电位分布。

2-14 电荷均匀分布于两圆柱面间的区域中，体密度为 $\rho=\rho_0(\text{C/m}^3)$，两圆柱面半径分别为 a 和 b，轴线相距为 c（$c<b-a$），如图 2-38 所示。求空间各部分的电场。

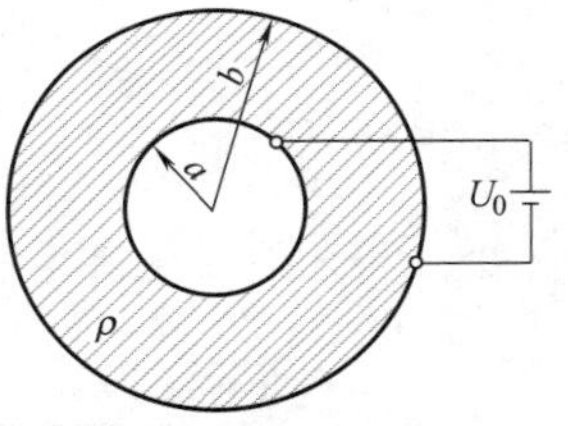

图 2-37 题 2-13 图

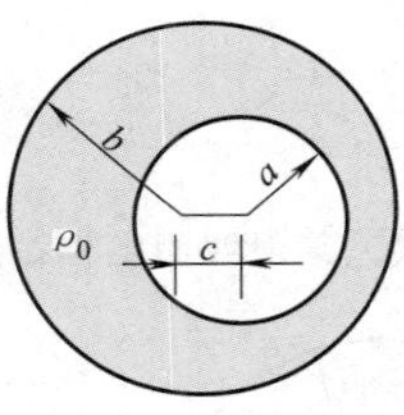

图 2-38 题 2-14 图

2-15 圆柱形电容器外导体内半径为 b，内导体半径为 a。当外加电压 U 固定时，在 b 一定的条件下，求使电容器中的最大电场强度取极小值 $E_{\min}$ 的内导体半径 a 的值和这个 $E_{\min}$ 的值。

2-16 一个半径为 R 的介质球，介电常数为 ε，介质球内的极化强度为 $\boldsymbol{P}=\dfrac{K}{r}\boldsymbol{e}_r$，其中 K 为常数。试计算：(1) 束缚电荷体密度和面密度；(2) 自由电荷密度；(3) 球内、外的电场和电位分布。

2-17 设平行板电容器的极板与 x 轴垂直，平行板内介质的介电常数为 $\varepsilon=K(1+x)$，其中 K 为常数。若 $x=0$ 处的极板接地，$x=d$ 处的极板电位为 U。试求介质中电场的分布及电容器的电容。（提示：平行板内的介质不均匀分布）

2-18 无限长同轴电缆内、外导体的半径分别为 r_1 和 r_2，单位长度的带电量分别为 $+\tau_0$ 和 $-\tau_0$。两导体间填充介质，介电常数为 $\varepsilon=K/r$，其中 K 为常数。试求介质中的电场强度、极化电荷的分布。（提示：电缆内、外导体之间的介质不均匀分布）

2-19 自由空间均匀电场 E_0 中有一厚度为 d 的无限大均匀介质板，介质板的相对介电常数为 $\varepsilon_r=4$，介质板的法线方向与外电场方向夹角为 θ_1。求：(1) 使介质板内电场方向与板的法线方向夹角为 45°时的 θ_1 值；(2) 介质板表面的极化电荷面密度。

2-20 两种电介质的相对介电常数分别为 $\varepsilon_{r1}=2$ 和 $\varepsilon_{r2}=3$，其分界面为 $z=0$ 平面。如果已知介质 1 中的电场为 $\boldsymbol{E}_1=2y\boldsymbol{e}_x-3x\boldsymbol{e}_y+(5+z)\boldsymbol{e}_z$，那么对于介质 2 中的 $\boldsymbol{E}_2$ 和 $\boldsymbol{D}_2$，能得到什么结果？

2-21 试证明，当两种介质分界面上存在面分布的自由电荷 σ 时，折射定律与进入介质分界面的电场强度 $\boldsymbol{E}_1$ 的大小有关，且

$$\frac{\tan\alpha_1}{\tan\alpha_2}=\frac{\varepsilon_1}{\varepsilon_2}\left(1+\frac{\sigma}{\varepsilon_1 E_1 \cos\alpha_1}\right)$$

2-22　两块无限大接地导体平面分别置于 $x=0$ 和 $x=a$ 处，其间在 $x=x_0(0<x_0<a)$ 处有一面密度为 $\sigma_0(\mathrm{C/m^2})$ 的均匀电荷分布。求两导体板之间的电场和电位。

2-23　设长直同轴圆柱结构的内、外导体之间分布着体电荷，密度为 $\rho=A/r$ $(a<r<b)$，其中 a 和 b 分别为内、外导体的半径，A 为常数。设内导体维持在电位 U_0，外导体接地，用求解泊松方程的方法求区域 $a<r<b$ 内的电位分布。

2-24　球形电容器的内导体半径为 a，外导体内半径为 b，其间填充介电常数分别为 ε_1 和 ε_2 的两种均匀介质，如图 2-39 所示。设内球带电荷为 q，外球壳接地，求：(1) 两球壳间的电场和电位分布；(2) 极化电荷分布；(3) 导体表面上的自由电荷面密度。

2-25　已知某平行平面场 $\varphi\big|_{x=0}=\varphi\big|_{x=a}=\varphi\big|_{y=0}=0$，$\sigma\big|_{y=b}=\sigma_0$，写出该边值问题的方程及定解条件。

2-26　求图 2-40 所示矩形场域内的电位分布，其中

(1) $\varphi_1(y)=0\mathrm{V}$，$\varphi_2(y)=100\mathrm{V}$；

(2) $\dfrac{\partial\varphi_1}{\partial n}=0$，$\varphi_2(y)=U_0$

2-27　边长为 a 的正方形金属槽，如图 2-41 所示，已知

$$\varphi_1(x,y,a)=U_0\sin\left(\frac{\pi x}{a}\right)\sin\left(\frac{\pi y}{b}\right)\quad(0\leqslant x\leqslant a,\ 0\leqslant y\leqslant a)$$

$$\varphi_2(x,a,z)=U_0\sin\left(\frac{\pi x}{a}\right)\sin\left(\frac{\pi y}{b}\right)\quad(0\leqslant x\leqslant a,\ 0\leqslant z\leqslant a)$$

式中，U_0 为常数，其他四面电位都为零。求金属槽内的电位分布。（提示：利用叠加定理对系统拆分求解）

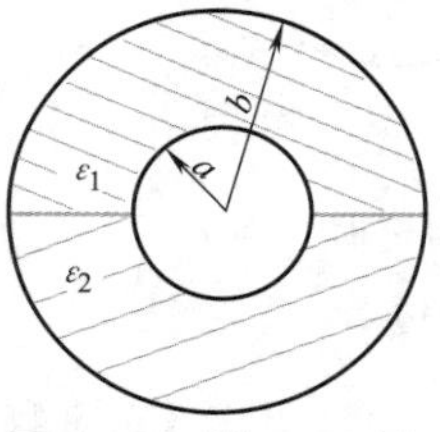

图 2-39　题 2-24 图

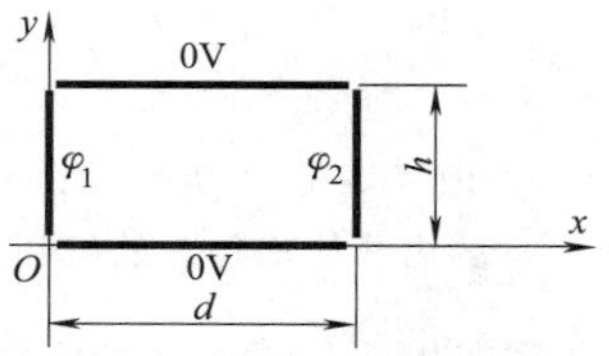

图 2-40　题 2-26 图

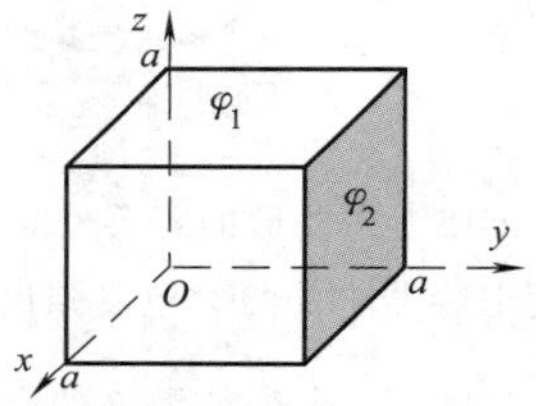

图 2-41　题 2-27 图

2-28　一个点电荷 q 与无限大导体平面距离为 d，如果把它移到无穷远处，需要做多少功？

2-29　如图 2-42 所示两个电荷分别位于两种介质中，两种介质的分界面为无限大平面，介电常数分别为 $\varepsilon_1=\varepsilon_0$ 和 $\varepsilon_2=2\varepsilon_0$，点电荷 q_1 与 q_2 相对于界面为镜像位置，相距为 $2h$。求：(1) 点电荷 q_1 与边界距离一半处的电位；(2) q_1 所受的力。

2-30　一半径为 R 的金属半球置于真空中一无限大接地导电平板上，球心正上方有一点电荷 q，如图 2-43 所示，求镜像电荷的大小、数量及位置；求点电荷受力。

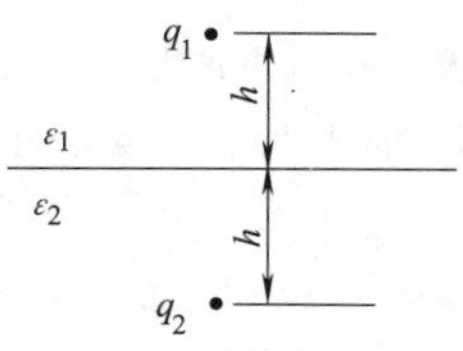

图 2-42　题 2-29 图

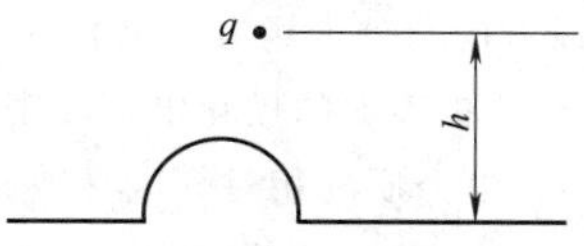

图 2-43　题 2-30 图

2-31　一电荷量为 q、质量为 m 的小带电体，放置在无限大导体平面下方，与平面距离 h。求 q 的值以

使带电体上受到的静电力恰与重力相平衡（设 $m=2\times10^{-3}$kg，$h=0.02$m）。

2-32　在一个半径为 a 的接地圆柱导体管内，与管轴平行、分别位于导体横截面直径的延长线两侧放置两根导线。当两根导线带等量异号的电荷时，要使导线间受力为零，其间距应为多大？

2-33　设架空双线传输线的导线半径为 1cm，线间距离 $d=2$m，线间电压 $U=110$kV，空气击穿场强为 3×10^{6}V/m，忽略不计导线间的邻近效应和地面影响，计算导线表面最大场强，判断空气能否击穿？

2-34　半径为 R 的空心球金属薄壳内，有一点电荷 q，离球心距离为 b，$b<R$。设球壳为中性，即壳内、外表面总电荷为零。求壳内、外的电场。

2-35　半径为 a 的长导线架在空中，导线与墙和地面都相互平行，且距墙和地面分别为 d_1 和 d_2，设墙和地面都视为理想导体，且 $d_1\gg a$，$d_2\gg a$。试求此导线对地的单位长度的电容。

2-36　设有两根平行无限长的圆柱导线，半径为 r_0，相距为 d（$d\gg r_0$），导线间加电压 U，求此导线单位长度所受的电场力。

2-37　半径为 a、介电常数为 ε 的介质球体，设球体内均匀分布着电荷，总电荷量为 q，求：(1) 空间各点的电场强度 $\boldsymbol{E}$；(2) 极化电荷的分布；(3) 静电能量。

2-38　有一同轴圆柱导体，其内导体半径为 a，外导体内表面的半径为 b，其间填充介电常数为 ε 的介质，现将同轴导体充电，使每米长带电荷 τ_0。试证明储存在每米长同轴导体间的静电能量为

$$W=\frac{\tau_0^2}{4\pi\varepsilon}\ln\frac{b}{a}$$

2-39　已知两半径分别为 a 和 $b(b>a)$ 的同轴圆柱构成的电容器，其电位差为 V。试证：将半径分别为 a 和 b，介电常数为 ε 的介质管拉进电容器时（忽略摩擦），拉力为

$$F=\frac{\pi(\varepsilon-\varepsilon_0)V^2}{\ln\frac{b}{a}}$$

2-40　试证明例 2-30 中介质球的受力为 $F=\dfrac{2\pi\rho_0^2a^4(\varepsilon-\varepsilon_0)}{9\varepsilon\varepsilon_0}$。

2-41　有两个质量均为 m 的完全相同金属小球 A 和 B，用一个原长为 l_0 的轻弹簧连接，小球和弹簧之间是绝缘的。用丝线把小球和弹簧吊起来，如图 2-44 所示。此时弹簧的长度为 l_1。使两个小球带上等量同种电荷后，弹簧的长度变为 l_2，问两个小球所带电量为多少。（提示：设弹簧的拉伸系数为 K，单位为 kg/m。弹簧较轻，自身重量忽略不计）

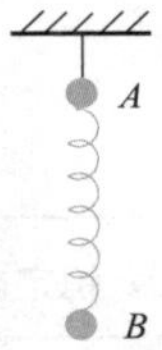

图 2-44　题 2-41 图

第3章　恒定电场

本章导学

在静电场中，导体中的电荷是静止不动的，导体内部的电场强度为零。而在外加电源的作用下，导体中的自由电荷会定向运动，从而形成电流，该电流会在导体内、外产生电磁场。若电流为恒定速度运动的电荷产生，则称为恒定电流（steady current），相应的电场则称为恒定电场（见图 3-0）。事实上，恒定电流周围既存在恒定电场又存在恒定磁场，只是二者相互独立、互不影响，因此可以分别进行分析。

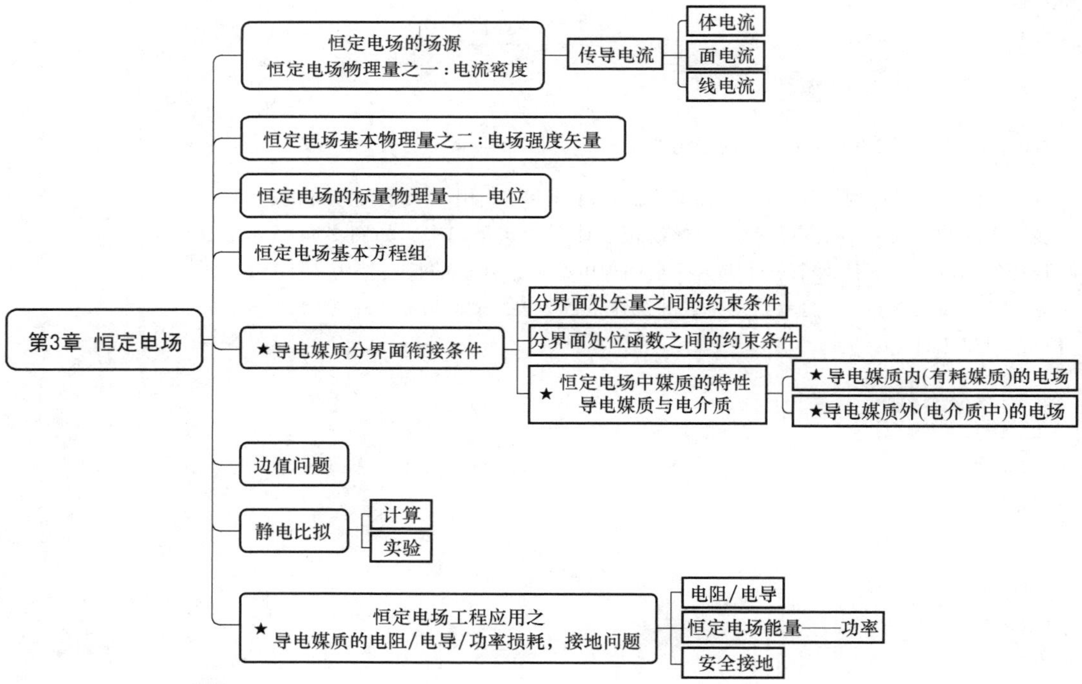

图 3-0　本章知识结构

由图 3-0 可以看出，恒定电场的分析过程与静电场是类似的，也是从场源出发，逐一建立恒定电场的积分方程和微分方程，通过恒定电场边值问题及参数计算介绍典型恒定电场的工程应用。

本章重点讨论导电媒质内部的恒定电流和恒定电场。这一章的学习，既要注意恒定电场与静电场的联系，又要注意二者的区别，理解并掌握静电比拟的概念及其应用。

3.1 导电媒质中的电流及其特性

电荷的定向运动形成电流。在导电媒质（如导体、电解液、半导体、大地）中的电流，是由于电荷（电子）的流动引起的，称作传导电流（conduction current）。带电粒子在某种空间中的运动形成的电流称为运流电流（convection current），例如真空管中电子从阴极向阳极的运动形成的电流、粒子加速器中带电粒子的运动形成的电流、荧光灯和霓虹灯中气体电离形成的电流等。本章的讨论主要针对导电媒质中的传导电流。

3.1.1 电流与电流密度

电流的大小用电流强度来描述，单位时间内通过某一横截面积的电荷量，称为电流强度，简称电流，记作 I，定义为

$$I=\lim_{\Delta t\to 0}\frac{\Delta q}{\Delta t}=\frac{\mathrm{d}q}{\mathrm{d}t} \tag{3-1}$$

式中，$\mathrm{d}q$ 是在时间间隔 $\mathrm{d}t$ 内穿过载流媒质横截面的电荷量。电流流动的方向规定为正电荷运动的方向，电流的量值等于单位时间内通过其横截面的电荷总量。在 SI 单位制中，电流的单位是安（A），1A = 1C/s。

从场的观点来看，电流强度是一个通量概念的量，它没有说明电荷在导体截面上每一点流动的情况，为了描述导体中每点处电荷的流动情况引入电流密度（electric current density）这一物理量。在电磁理论研究中，根据电流的分布可以定义体电流、面电流和线电流模型，其中面电流、线电流都是体电流的特例。

1. 体电流

电流在导电媒质的一个体积范围内流动，称为体电流。体电流密度矢量的大小定义为在观察点处垂直于单位面积上所通过的电流，方向规定为该点正电荷运动的方向。在导电媒质中某一点处取一个垂直于电荷的运动方向 $\boldsymbol{e}_{\mathrm{n}}$ 的面积元 $\mathrm{d}S$，设通过 $\mathrm{d}S$ 的电流为 $\mathrm{d}I$，则根据体电流密度矢量的定义有

$$\boldsymbol{J}=\frac{\mathrm{d}I}{\mathrm{d}S}\boldsymbol{e}_{\mathrm{n}} \tag{3-2}$$

式中，$\boldsymbol{e}_{\mathrm{n}}$ 为面积元单位法向矢量。体电流密度的单位为安/米^2（A/m^2）。

类似电场线，用电流线直观地描绘电流密度的分布。根据矢量线的定义，电流线上每一点的切线方向与该点处 $\boldsymbol{J}$ 矢量的方向一致，电流线的密度正比于该点处体电流密度的量值。

对于图 3-1 所示的任意曲面，流出该曲面 S 的电流为

$$I=\int \mathrm{d}I=\int_S J\cos\theta \mathrm{d}S=\int_S \boldsymbol{J}\cdot \mathrm{d}\boldsymbol{S} \tag{3-3}$$

它是体电流密度在曲面 S 上的通量，其中 $\mathrm{d}\boldsymbol{S}$ 为任意方向的面积元，θ 为 $\boldsymbol{J}$ 与 $\mathrm{d}\boldsymbol{S}$ 的夹角。

下面讨论体电流密度与运动电荷体密度之间的关系。

假设运动正电荷体密度为ρ，其平均运动速度为$\boldsymbol{v}$，如图 3-2 所示，取垂直于电荷运动方向的面积元 d$\boldsymbol{S}$，则在单位时间 dt 内穿出 d$\boldsymbol{S}$ 的运动正电荷量为

$$\mathrm{d}q=\rho\mathrm{d}V=\rho\mathrm{d}S\mathrm{d}h=\rho v\mathrm{d}S\mathrm{d}t$$

体电流密度量值为

$$J=\frac{\mathrm{d}I}{\mathrm{d}S}=\frac{\mathrm{d}q/\mathrm{d}t}{\mathrm{d}S}$$

故

$$J=\rho v$$

因$\boldsymbol{J}$与$\boldsymbol{v}$方向相同，因此有

$$\boldsymbol{J}=\rho\boldsymbol{v} \tag{3-4}$$

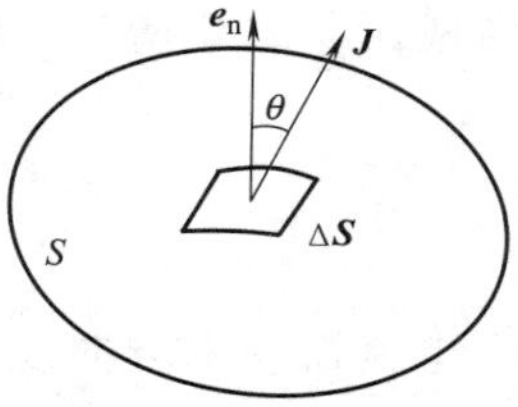

图 3-1　流出曲面的电流

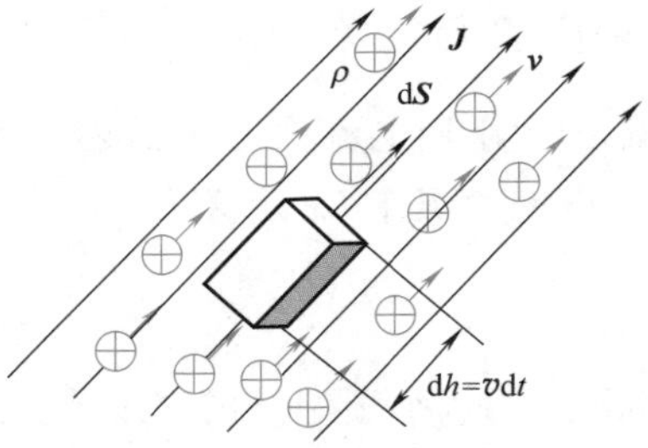

图 3-2　体电流密度与运动电荷体密度的关系

2. 面电流

当载流体的厚度可以忽略时，可近似地认为电流沿一厚度为零的曲面流动，称作**面电流**。为了描述面电流的分布，引入面电流密度矢量，面电流密度矢量的大小定义为观察点处垂直于电流方向的单位长度上通过的电流，其方向为观察点处正电荷运动方向。在面电流的某点处取一与该点正电荷运动方向$\boldsymbol{e}_v$垂直的线元 d$\boldsymbol{l}$，沿$\boldsymbol{e}_v$方向流过 d$\boldsymbol{l}$ 的电流为 dI，如图 3-3a 所示，则面电流密度矢量为

$$\boldsymbol{K}=\frac{\mathrm{d}I}{\mathrm{d}l}\boldsymbol{e}_v \tag{3-5}$$

面电流密度矢量的单位为安/米（A/m）。

通过曲线l的电流用面电流密度表示为

$$I=\int_l \boldsymbol{K}\cdot(\boldsymbol{e}_n\times\mathrm{d}\boldsymbol{l}) \tag{3-6}$$

式中，$\boldsymbol{e}_n$为曲面的单位法向矢量。

若面密度为σ的面电荷以平均速度$\boldsymbol{v}$运动，经过 dt 时间，电荷运动的距离为 dh，如图 3-3b 所示，则相应的面电流密度为

$$K=\frac{\mathrm{d}I}{\mathrm{d}l}=\frac{\mathrm{d}q}{\mathrm{d}t\mathrm{d}l}=\frac{\sigma\mathrm{d}S}{\mathrm{d}t\mathrm{d}l}=\frac{\sigma\mathrm{d}h\mathrm{d}l}{\mathrm{d}t\mathrm{d}l}=\sigma\frac{\mathrm{d}h}{\mathrm{d}t}=\sigma v$$

$\boldsymbol{K}$的方向为$\boldsymbol{v}$的方向，即

$$\boldsymbol{K}=\sigma\boldsymbol{v} \tag{3-7}$$

3. 线电流

沿细导线或空间一线形区域流动的电流，可近似看作沿一截面积为零的几何线流动，称

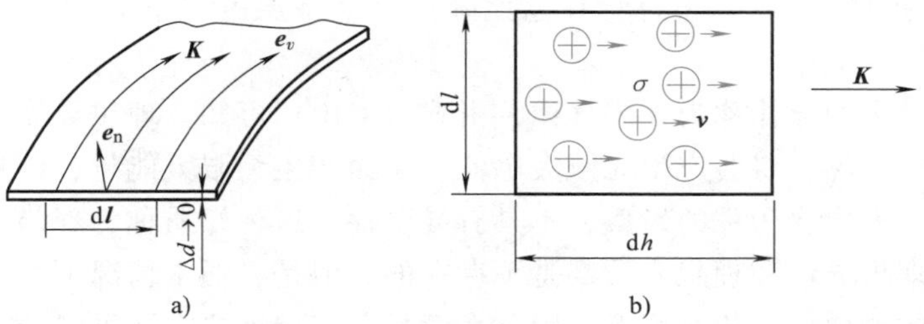

图 3-3 面电流密度

作线电流，用电流 I 描述。线密度为 τ 的线电荷以速度 v 运动，则电流

$$I=\tau v \tag{3-8}$$

则有

$$I=\frac{\mathrm{d}q}{\mathrm{d}t}=\frac{\tau\mathrm{d}l}{\mathrm{d}t}=\tau v \tag{3-9}$$

设有元电荷 $\mathrm{d}q$，其速度为 $\boldsymbol{v}$，则 $\boldsymbol{v}\mathrm{d}q$ 称为元电流段，对于体分布电荷，$\mathrm{d}q=\rho\mathrm{d}V$，其元电流段为

$$\boldsymbol{v}\mathrm{d}q=\boldsymbol{v}\rho\mathrm{d}V=\boldsymbol{J}\mathrm{d}V$$

对于面分布电荷，$\mathrm{d}q=\sigma\mathrm{d}S$，代入式（3-7），其元电流段为

$$\boldsymbol{v}\mathrm{d}q=\boldsymbol{v}\sigma\mathrm{d}S=\boldsymbol{K}\mathrm{d}S$$

对于线分布电荷，$\mathrm{d}q=\tau\mathrm{d}l$，代入式（3-8），其元电流段为

$$\boldsymbol{v}\mathrm{d}q=\boldsymbol{v}\tau\mathrm{d}l=v\tau\mathrm{d}\boldsymbol{l}=I\mathrm{d}\boldsymbol{l}$$

3.1.2 电流与电场强度

下面以体电流为例讨论导电媒质中电流密度与电场强度的关系。

在一般导电媒质中，要使电荷进行定向运动必须有外力推动，例如金属导体中自由电子定向运动时，不断地与组成晶格点阵的金属离子碰撞而失去动量，因此要维持其定向运动，即维持电流流动，导体中必须存在一个电场，在电场力的作用下，电子获得动量。可见恒定电场与静电场不同，导体中电场强度 $\boldsymbol{E}$ 不等于零。

实验表明，对于大部分导电媒质，其中电流密度与电场强度的关系可表示为

$$\boldsymbol{J}=\gamma\boldsymbol{E} \tag{3-10}$$

γ 称为导电媒质的电导率（conductivity），单位是西［门子］/米（S/m）。其倒数是导体的电阻率 $\rho=1/\gamma$，单位为欧米（Ω · m）。式（3-10）称为欧姆定律的微分形式（differential form of Ohm's law）。它表明，导电媒质中任意一点的电流密度和电场强度成正比，比例系数为导电媒质的电导率。

在电路理论中，只要电阻值不随电压和电流的变化而变化，欧姆定律就成立，类似地，在恒定电场中，导电媒质的电导率如果不随电场的变化而变化，则欧姆定律的微分形式一定成立。满足欧姆定律的媒质称为欧姆媒质或线性媒质。线性媒质中，$\boldsymbol{J}$ 和 $\boldsymbol{E}$ 的方向相同。电导率不随电场方向而改变的媒质，称为各向同性媒质。均匀导电媒质中 γ 处处为常数，不随空间坐标变化。

工程上，许多导电媒质的 γ 或 ρ 是随温度变化的，例如金属导体的电导率 γ 随温度升高

通常会减小。另有某些金属或化合物在温度降低至某一温度以下后，$\gamma\to\infty$，变为超导体，这时式（3-10）不再适用。

电导率为无限大的导体称为理想导体，由式（3-10）可知，理想导体中不可能存在恒定电场，如果有恒定电场，将会产生无限大电流，从而产生无限大能量，这是不可能的，任何能量都是有限的。电导率为零的媒质，不具有导电性，这种媒质称为理想介质，也称为绝缘体。在实际中，理想导体和理想介质都是不存在的，但是，通常情况下金属的电导率相对很高，而绝缘介质的电导率则相对很低，因此在满足一定精度要求下可以分别近似看作理想导体和理想介质，以简化工程分析。表 3-1 给出了一些常用媒质的电导率。从表中可以看出，大部分金属的电导率大于 10^7，为良导体，石英等材料的电导率在 10^{-10} 以下，为绝缘体。

表 3-1　常用媒质的电导率 γ

材料	$\gamma/(\mathrm{S\cdot m^{-1}})$	材料	$\gamma/(\mathrm{S\cdot m^{-1}})$
银	6.17×10^7	砂	1200
铜	5.80×10^7	石灰石	10^{-2}
金	4.10×10^7	清水	10^{-3}
铝	3.82×10^7	粘土	5×10^{-3}
钨	1.82×10^7	酒精	3.3×10^{-4}
锌	1.67×10^7	硅	4×10^{-5}
镍	1.45×10^7	瓷	10^{-10}
铁	1.03×10^7	聚苯乙烯	10^{-16}
锰	0.227×10^7	琥珀	0.2×10^{-14}
康铜	0.226×10^7	玻璃	$10^{-10}\sim10^{-14}$
不锈钢	0.11×10^7	硬橡胶	$10^{-13}\sim10^{-16}$
汞	0.1×10^7	云母	$10^{-11}\sim10^{-15}$
镍铬铁合金	0.1×10^7	硫	10^{-15}
碳（石墨）	2.86×10^4	石英	10^{-17}

长度为 l 的细导线，截面积为 S，电流为 I，设导线的电导率 γ 是常数，并设导线两端的电压为 U，则导线内的电场强度近似为均匀的，且为 $E=U/l$，代入式（3-10）则有

$$J=\gamma E=\frac{\gamma U}{l}$$

通过导线截面的电流可积分得到，为

$$I=\int_S \boldsymbol{J}\cdot\mathrm{d}\boldsymbol{S}=\frac{\gamma US}{l}$$

令 $R=\dfrac{l}{\gamma S}$，则有

$$U=RI \tag{3-11}$$

这就是我们熟知的电路中的欧姆定律，它描述了导体中电压与电流的关系，是与式（3-10）对应的积分形式线性电阻的欧姆定律。其中 R 只与导线的形状、尺寸和其本身的电导率有关，称为细导线的电阻。

3.1.3　导电媒质的功率损耗

自由电荷在导电媒质内移动时，不可避免地会与其他质点发生碰撞。如金属导体中自由电子在电场力作用下定向运动时，会不断与原子晶格发生碰撞，将动能转变为原子的热振

动，造成能量损耗。因此，如果要在导体内维持恒定电流，必须持续地对电荷提供能量，这些能量最终转化为热能。下面介绍导电媒质中功率密度的计算。

导电媒质的功率即为单位时间内电场力做功，即

$$\mathrm{d}P=\frac{\mathrm{d}A}{\mathrm{d}t}=\frac{\mathrm{d}qU}{\mathrm{d}t}=\frac{\mathrm{d}q\boldsymbol{E}\cdot\mathrm{d}\boldsymbol{l}}{\mathrm{d}t}$$

将 $\mathrm{d}q=I\mathrm{d}t$ 带入上式则有

$$\mathrm{d}q\boldsymbol{E}\cdot\mathrm{d}\boldsymbol{l}=I\mathrm{d}t\boldsymbol{E}\cdot\mathrm{d}\boldsymbol{l}=I\mathrm{d}\boldsymbol{l}\cdot\boldsymbol{E}\mathrm{d}t=\boldsymbol{J}\mathrm{d}V\cdot\boldsymbol{E}\mathrm{d}t=\gamma E^2\mathrm{d}V\mathrm{d}t$$

即

$$\mathrm{d}P=\gamma E^2\mathrm{d}V$$

$$P=\int_V\gamma E^2\mathrm{d}V \tag{3-12}$$

式（3-12）为积分形式的焦耳定律。

单位体积导电媒质的功率损耗为

$$p=\frac{\mathrm{d}P}{\mathrm{d}V}=\gamma E^2=\boldsymbol{J}\cdot\boldsymbol{E} \tag{3-13}$$

式（3-13）即为微分形式的焦耳定律。p 为功率密度，即单位体积的功率损耗，其单位为瓦/米^3（$\mathrm{W/m^3}$）。

焦耳定律的微分形式表示导体内任一点单位体积的功率损耗与该点的电流密度和电场强度间的关系。电路理论中的焦耳定律积分形式 $P=I^2R$ 可由它积分而得。

3.1.4 超导电性

1911年，荷兰莱顿大学的卡茂林-昂尼斯意外地发现，将汞冷却到4.2K时，汞的电阻突然消失。后来他又发现许多金属（铌、铅、钒等）和合金都具有与上述汞相类似的低温下失去电阻的特性，这种现象称为超导态。使物体出现超导态的温度称为临界温度（例如铌为9.26K）。超导体的直流电阻率在一定的低温下突然消失，被称作零电阻效应。导体没有了电阻，电流流经超导体时就不发生热损耗，电流可以毫无阻力地在导线中流动。一旦产生电流，只要以低温维持其超导状态，电流就不会减小。又由于电阻为零，就可以用很细的导线通以极大的电流而不至于导线熔化。

超导体的理想导电性可以使电力系统发生革命性的变化，如超导线圈用于发电机和电动机可以大大提高工作效率，降低损耗，从而导致电工领域的重大变革。

3.2 恒定电场的基本方程

3.2.1 恒定电场的通量特性——电流连续性定理

本节研究恒定电场的通量特性。在导电媒质内任取一闭合面 $\boldsymbol{S}$，按照电流与电流密度的对应关系，电流密度的闭合面积分值应对应于流出该闭合面所有电流的代数和，即

$$\oint_S\boldsymbol{J}\cdot\mathrm{d}\boldsymbol{S}=\sum I_k$$

设该空间内运动电荷的体密度为 ρ，若电流密度闭合面的面积分不为零，而闭合面内又

没有维持电流恒定的其他电源，由物理学中电荷守恒原理可知，该面积分值一定对应于闭合面内所包围的体积中总电荷的减少量，即有

$$\oint_S \boldsymbol{J} \cdot \mathrm{d}\boldsymbol{S} = -\frac{\partial q}{\partial t} \tag{3-14}$$

式（3-14）表明在一个区域中电荷的减少伴随穿越该区域表面电流的流动，也就是说电荷不能创造，也不能消失，只能转移。

对式（3-14）左边应用高斯散度定理，并代入 $q = \int_V \rho \mathrm{d}V$ 有

$$\int_V \nabla \cdot \boldsymbol{J} \mathrm{d}V = -\int_V \frac{\partial \rho}{\partial t} \mathrm{d}V \tag{3-15}$$

式（3-15）对任取的体积 V 均成立，故必有

$$\nabla \cdot \boldsymbol{J} = -\frac{\partial \rho}{\partial t} \tag{3-16}$$

对于导电媒质中的恒定电场，一定有

$$\oint_S \boldsymbol{J} \cdot \mathrm{d}\boldsymbol{S} = 0 \tag{3-17}$$

和

$$\nabla \cdot \boldsymbol{J} = 0 \tag{3-18}$$

式（3-17）即为恒定电场中传导电流连续性方程，是电荷守恒原理的另一种表现形式，表明电流在闭合面上某些部分流入，必在另外部分流出，代数和等于零。式（3-18）表明，恒定电场中电流密度矢量的散度处处为零。场中任一点都不能发出或终止电流线，电流是连续的，电流线是无头无尾的闭合曲线。

若将式（3-17）中闭合面看作广义节点，可得

$$\sum I = 0 \tag{3-19}$$

这是电路理论中的基尔霍夫电流定律（Kirchhoff's Current Law，KCL），表示流出广义节点的电流的代数和等于零。式（3-18）则是 KCL 的微分形式。

3.2.2 电源电动势和局外场强

焦耳定律说明恒定电流通过导电媒质时将电能转化成热能而损耗，因此，要在一个闭合的导体回路（超导体除外）中维持持续的恒定电流，必须在导体回路中连接有电源。电源的作用是将其他形式的能量，如化学能（电池）、机械能（直流发电机）、热能（热电偶）和光能（太阳能电池）等转变为电能，以补偿导体中电荷做定向运动时损失的能量。电源内部存在对带电粒子有作用力的非库仑力，这个非库仑力使正电荷在电源内部不断地从负极运动至正极，以维持电源极板上和与电源相连的导体上的电荷分布不变，从而维持导体内的恒定电场和电流。

静态场中恒定电源内部这种非库仑力称为局外力，记作 $\boldsymbol{f}'_{\mathrm{e}}$。由于局外力也使电荷受到作用力，将局外力等效为一个局外电场的作用。定义单位正电荷所受局外力为局外电场强度，简称局外场强，用 $\boldsymbol{E}_{\mathrm{e}}$ 表示。

$$\boldsymbol{E}_{\mathrm{e}} = \lim_{q \to 0} \frac{\boldsymbol{f}'_{\mathrm{e}}}{q} \tag{3-20}$$

由于局外场强使正电荷移向正极板，负电荷移向负极板，所以其方向从电源负极指向正极，与极板电荷产生的电场方向恰恰相反，如图 3-4 所示。电源以外 $\boldsymbol{E}_e=0$。局外场强是等效电场强度，不同于实际的库仑电场强度。

局外场强沿某一路径的线积分称为该路径上的电动势，即

$$\mathscr{E}=\int_l \boldsymbol{E}_e \cdot \mathrm{d}\boldsymbol{l} \tag{3-21}$$

图 3-4 中以 a 和 b 分别表示电源的正极和负极，则电源电动势为

$$\mathscr{E}=\int_b^a \boldsymbol{E}_e \cdot \mathrm{d}\boldsymbol{l}$$

该式表明电动势为将单位正电荷从电源负极移至正极局外电场所做的功。

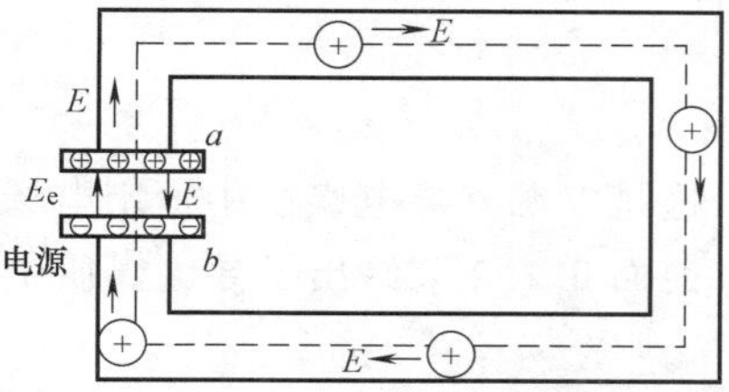

图 3-4　局外场路径电源的环量

电源内、外都存在着由电荷产生的库仑电场 $\boldsymbol{E}$，在电源内部库仑电场强度 $\boldsymbol{E}$ 的方向从正极板指向负极板，局外场强 $\boldsymbol{E}_e$ 与库仑场强 $\boldsymbol{E}$ 的方向相反。

3.2.3　恒定电场的环量特性

由于形成恒定电流的电荷处于静态平衡状态，因此这些相对静止的电荷产生的电场与静电场具有相同的环量特性，即如果积分路径 l 不经过电源内部，则有

$$\oint_l \boldsymbol{E} \cdot \mathrm{d}\boldsymbol{l}=0 \tag{3-22}$$

式（3-22）对应的微分形式是

$$\nabla \times \boldsymbol{E}=0 \tag{3-23}$$

这说明如果只研究电源以外导电媒质中的电场，则因只存在库仑电场，恒定电场是守恒的，即无旋的，因此恒定电场仍然是保守场。

现在来分析回路中存在外加电源的情况下总电场强度 $\boldsymbol{E}'$ 的闭合路径线积分。取闭合积分路径 l 顺时针穿过电源内部，如图 3-4 所示，有

$$\oint_l \boldsymbol{E}' \cdot \mathrm{d}\boldsymbol{l}=\oint_l \boldsymbol{E} \cdot \mathrm{d}\boldsymbol{l}+\oint_l \boldsymbol{E}_e \cdot \mathrm{d}\boldsymbol{l}=0+\mathscr{E} \tag{3-24}$$

故

$$\oint_l \boldsymbol{E}' \cdot \mathrm{d}\boldsymbol{l}=\mathscr{E} \tag{3-25}$$

即总电场强度 $\boldsymbol{E}'$ 沿穿过电流内部的闭合路径的线积分等于该路径上的电源电动势。

类似的，如果回路中含有导体构成的负载，便可得到电路理论中的基尔霍夫电压定律（Kirchhoff's Voltage Law，KVL），即

$$\sum I_k R_k=\sum \mathscr{E}_k \tag{3-26}$$

3.2.4　恒定电场的基本方程

现将恒定电场中场矢量的基本方程归结如下。电源以外导电媒质中恒定电场的基本方程，即

$$\oint_S \boldsymbol{J} \cdot \mathrm{d}\boldsymbol{S} = 0$$

$$\oint_l \boldsymbol{E} \cdot \mathrm{d}\boldsymbol{l} = 0$$

它们表征了导电媒质中恒定电场的基本性质，即电流的连续性、电场的守恒性。这是电源外导电媒质中恒定电场积分形式的基本方程。

由高斯散度定理和斯托克斯定理得到

$$\nabla \cdot \boldsymbol{J} = 0$$

$$\nabla \times \boldsymbol{E} = 0$$

这是电源外导电媒质中恒定电场微分形式的基本方程。

前面 3.1.2 节给出了导电媒质中电流密度和电场强度满足欧姆定律，即

$$\boldsymbol{J} = \gamma \boldsymbol{E} \tag{3-27}$$

式（3-27）是导电媒质的特征方程，又称为恒定电场的特性方程，表示不同导电体中电流密度矢量与电场强度矢量之间必须遵循的约束方程。此方程与上述两组方程合在一起分别构成了恒定电场积分形式和微分形式的基本方程组。

3.3 恒定电场边值问题

3.3.1 两种导电媒质分界面的衔接条件

在两种不同导电媒质分界面上，场量会发生突变。与静电场类似，采用基于导电媒质中恒定电场积分形式的基本方程导出恒定电场分界面上的衔接条件。在分界面上观察点处做一小扁柱形闭合面 S，如图 3-5a，令 $\Delta h \to 0$，由 $\oint_S \boldsymbol{J} \cdot \mathrm{d}\boldsymbol{S} = 0$，有

$$\oint_S \boldsymbol{J} \cdot \mathrm{d}\boldsymbol{S} \approx -J_{1\mathrm{n}} \Delta S + J_{2\mathrm{n}} \Delta S = 0 \tag{3-28}$$

即

$$J_{1\mathrm{n}} = J_{2\mathrm{n}} \tag{3-29}$$

再如图 3-5b 所示，在分界面观察点处做一小矩形回路 l，令 $\Delta l_2 \to 0$，由 $\oint_l \boldsymbol{E} \cdot \mathrm{d}\boldsymbol{l} = 0$，有

$$\oint_l \boldsymbol{E} \cdot \mathrm{d}\boldsymbol{l} \approx E_{1\mathrm{t}} \Delta l_1 - E_{2\mathrm{t}} \Delta l_1 = 0 \tag{3-30}$$

即

$$E_{1\mathrm{t}} = E_{2\mathrm{t}} \tag{3-31}$$

式（3-29）和式（3-31）分别表明分界面两侧电流密度的法向分量是连续的、电场强度的切向分量是连续的，二式的矢量形式写作

$$\boldsymbol{e}_\mathrm{n} \cdot (\boldsymbol{J}_2 - \boldsymbol{J}_1) = 0 \tag{3-32}$$

$$\boldsymbol{e}_\mathrm{n} \times (\boldsymbol{E}_2 - \boldsymbol{E}_1) = 0 \tag{3-33}$$

对于各向同性线性均匀媒质，由式（3-27）、式（3-29）和式（3-31）有

$$\gamma_1 E_1 \cos\alpha_1 = \gamma_2 E_2 \cos\alpha_2$$

$$E_1 \sin\alpha_1 = E_2 \sin\alpha_2$$

两式相除，得

$$\frac{\tan\alpha_1}{\tan\alpha_2}=\frac{\gamma_1}{\gamma_2} \tag{3-34}$$

式（3-34）为电场强度和电流密度在分界面两侧需满足的折射定律。

3.3.2 两种特殊分界面衔接条件

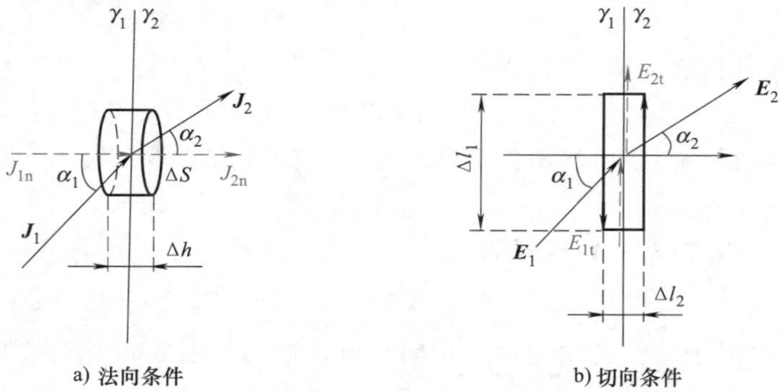

图 3-5 不同导电媒质分界面上的衔接条件

1. 导体与理想电介质（绝缘体）的分界面

设第一种媒质为导体，第二种媒质为理想电介质，由于理想电介质的电导率为零，即 $\gamma_2=0$，由 $\boldsymbol{J}_2=\gamma_2\boldsymbol{E}_2$ 可知，理想电介质中不存在电流，即 $\boldsymbol{J}_2=0$，故 $J_{1n}=J_{2n}=0$，即在导体表面电流密度没有法向分量，电流是沿着导体内表面切向流动的。因此，一根细导线无论如何弯曲，其内的电流都是随导线的弯曲而弯曲，电流沿导线流动。

对于导体一侧，有 $E_{1n}=J_{1n}/\gamma_1=0$，即导体一侧电场强度也只有切向分量。而理想电介质一侧，$E_{2t}=E_{1t}\neq0$，由 $\sigma=\varepsilon_2E_{2n}-\varepsilon_1E_{1n}$ 及 $E_{1n}=0$，得 $E_{2n}=\sigma/\varepsilon_2$。因导体表面存在自由面电荷，故 $E_{2n}\neq0$。因此在理想电介质一侧，电场强度既有切向分量，又有法向分量。电场线不垂直于导体表面，导体表面不是等位面。

实际上由于导体的电导率通常比较大，导体内电场强度相对较小，所以有 $E_{2t}\ll E_{2n}$，因此在计算理想电介质中恒定电场的时候可近似认为电场线垂直于导体表面。

2. 良导体和不良导体的分界面

若第一种媒质是良导体，第二种媒质是不良导体，即 $\gamma_1\gg\gamma_2$，当电流线从 γ_1 进入 γ_2 时，折射角 $\alpha_2=\arctan\left(\dfrac{\gamma_2\tan\alpha_1}{\gamma_1}\right)$，只要 $\alpha_1\neq90°$，α_2 的值必然很小。如第一种媒质为钢，$\gamma_1=5\times10^6\text{S/m}$，第二种媒质为土壤，$\gamma_2=10^{-2}\text{S/m}$，此时 $\gamma_1\gg\gamma_2$，例如取 $\alpha_1=89°59'50''$，算出 $\alpha_2=8''$。此结果说明，当电流线从良导体进入不良导体时，只要入射角 $\alpha_1\neq90°$，在不良导体一侧电流线可近似视为垂直流出或流入电极表面，电极表面近似为等位面。这样给分析工程问题的简化计算带来很大的便利。

计算两种导电媒质（$\gamma_1\neq0$，$\gamma_2\neq0$）分界面上的自由电荷面密度可使用公式

$$\sigma=D_{2n}-D_{1n}=\left(\frac{\varepsilon_2}{\gamma_2}J_{2n}-\frac{\varepsilon_1}{\gamma_1}J_{1n}\right)=\left(\frac{\varepsilon_2}{\gamma_2}-\frac{\varepsilon_1}{\gamma_1}\right)J_{1n} \tag{3-35}$$

由式（3-35）可见，若媒质的电导率和介电常数之间满足关系

$$\frac{\varepsilon_1}{\gamma_1}=\frac{\varepsilon_2}{\gamma_2} \tag{3-36}$$

则分界面上的自由电荷为零，否则，两种媒质分界面处就会有自由电荷的存在，该自由电荷

是在建立恒定电流场的过渡过程中积累在媒质分界面处的。

3.3.3 恒定电场边值问题

对电源以外导电媒质中的恒定电场，由式 $\nabla \times \boldsymbol{E}=0$ 可定义电位函数，即

$$\boldsymbol{E}=-\nabla \varphi \tag{3-37}$$

由式(3-18)，代入式(3-27) 和式 (3-37) 得

$$\nabla \cdot \boldsymbol{J}=\nabla \cdot (\gamma \boldsymbol{E})=\nabla \cdot \gamma(-\nabla\varphi)=-\nabla \cdot \gamma\nabla\varphi=0$$

即可得到恒定电场电位函数一般形式的方程，即

$$\nabla \cdot \gamma \nabla\varphi=0 \tag{3-38}$$

将式(3-38) 展开为

$$\nabla \cdot \gamma\nabla\varphi=\gamma\nabla \cdot \nabla\varphi+\nabla\varphi \cdot \nabla\gamma=\gamma\nabla^2\varphi+\nabla\varphi \cdot \nabla\gamma=0$$

对于线性各向同性的均匀导电媒质，其电导率 γ 是常数，则 $\nabla\gamma=0$，代入上式得

$$\gamma \nabla^2\varphi=0$$

即

$$\nabla^2\varphi=0 \tag{3-39}$$

式(3-39) 即为线性各向同性均匀媒质中的电位拉普拉斯方程。

由式(3-29) 和式(3-31) 可得电位 φ 在分界面上的衔接条件为

$$\varphi_1=\varphi_2 \tag{3-40}$$

$$\gamma_1 \frac{\partial\varphi_1}{\partial n}=\gamma_2 \frac{\partial\varphi_2}{\partial n} \tag{3-41}$$

上述衔接条件与场域边界上给定的边界条件一起构成了恒定电场的边值条件。很多恒定电场问题的解决都归结为在一定边值条件下求解位函数的拉普拉斯方程的问题，称为恒定电场的边值问题。

恒定电场边值问题的模型建立、方程求解等均与静电场边值问题相似。

3.4 静电比拟

静电比拟

将电源以外导电媒质中的恒定电场与没有电荷分布的电介质中的静电场进行比较，发现二者的方程具有相同的数学形式，见表 3-2。

表 3-2 恒定电场与静电场的比较

		恒定电场 ($E_e=0$)	静电场 ($\rho=0$)
基本方程		$\nabla\times\boldsymbol{E}=0$, ($\boldsymbol{E}=-\nabla\varphi$)	$\nabla\times\boldsymbol{E}=0$, ($\boldsymbol{E}=-\nabla\varphi$)
		$\nabla\cdot\boldsymbol{J}=0$	$\nabla\cdot\boldsymbol{D}=0$
特性方程		$\boldsymbol{J}=\gamma\boldsymbol{E}$	$\boldsymbol{D}=\varepsilon\boldsymbol{E}$
分界面衔接条件		$E_{1t}=E_{2t}$	$E_{1t}=E_{2t}$
		$J_{1n}=J_{2n}$	$D_{1n}=D_{2n}$
位函数方程	非均匀媒质	$\nabla\cdot\gamma\ \nabla\varphi=0$	$\nabla\cdot\varepsilon\nabla\varphi=0$
	均匀媒质	$\nabla^2\varphi=0$	$\nabla^2\varphi=0$

（续）

	恒定电场（$E_e=0$）	静电场（$\rho=0$）
位函数分界面衔接条件	$\varphi_1=\varphi_2$	$\varphi_1=\varphi_2$
	$\gamma_1\dfrac{\partial\varphi_1}{\partial n}=\gamma_2\dfrac{\partial\varphi_2}{\partial n}$	$\varepsilon_1\dfrac{\partial\varphi_1}{\partial n}=\varepsilon_2\dfrac{\partial\varphi_2}{\partial n}$
场与源的关系	$I=\int_S \boldsymbol{J}\cdot d\boldsymbol{S}$	$q=\int_S \boldsymbol{D}\cdot d\boldsymbol{S}$

由以上对比可见，恒定电场中的量$\boldsymbol{E}$、$\boldsymbol{J}$、γ、φ和I分别与静电场中的量$\boldsymbol{E}$、$\boldsymbol{D}$、ε、φ和q相对应，并且其对应的方程形式上相同，因而在待求解的场域几何形状相同的情况下，恒定电场与静电场的求解在数学上是同一问题。只要以恒定电场中的量代换静电场方程中相应的量便得到恒定电场相应的方程。

在均匀媒质中，两个场的电位都满足拉普拉斯方程，如果问题的边界条件相同，则两个场具有相同形式的解，因而，两个场的电场强度$\boldsymbol{E}$也是相同的。恒定电场中的电流密度矢量$\boldsymbol{J}$与静电场中电位移矢量$\boldsymbol{D}$具有相同的分布。如果场中存在两种以上分区均匀的媒质在满足条件$\gamma_1:\gamma_2:\cdots=\varepsilon_1:\varepsilon_2:\cdots$时，以上结论仍然成立。因此，如果已知一个场中问题的解答，只需以另一个场中相应的量代换，便可得到后者相应问题的解。

在用实验的方法研究场的问题时，因为静电场的测量比较困难，因而常用模拟法求静电场的分布。模拟法就是应用一种具有中等电导率的媒质代替静电场所在空间的介质或真空，另外一种具有高电导率的导体制成电极使其形状与形成静电场的导体电极相同，在模拟电极上加上与原静电场中电极上电位成比例的电位，于是在导电媒质中形成恒定电流场，可以利用导电媒质中的恒定电场研究相同边界条件的静电场的分布。实际的模拟装置有电阻纸、电解槽、电阻网络等，这种求解问题和实验的方法称为**静电比拟**。

应用静电比拟的方法，静电场中某些问题的分析方法，如镜像法、电轴法都可推广至恒定电场。

比较表3-2方程可以看出，恒定电场和静电场的电场强度满足的方程形式相同，同样引入电位函数，且电位在均匀媒质中都满足相同的拉普拉斯方程，但是在非均匀媒质中恒定电场和静电场的位函数方程不同，恒定电场和静电场是不同性质的场。恒定电场和静电场都属于静态电场，其场量不随时间变化，但是**恒定电场与静电场有本质的区别**：

1）静电场是由相对于观察者静止且电量不随时间变化的静止电荷引起的场；恒定电场是由分布不随时间变化但做恒定速度运动的电荷形成的恒定电流作用下产生的场。

2）静电场中的导体内电场为零，导体是等位体，导体表面是等位面，导体外的电场垂直于导体表面；而恒定电场中导体内部电场不为零，导体不是等位体，导体表面也不是等位面，导体外的电场不垂直于导体表面，电场强度在导体表面既有垂直分量也有平行分量，因此沿导体有电压降，也有损耗。

3）静电场建立后，带电体的电量不随时间变化，也不需要外界提供能量；恒定电场需要外加电源，由电源提供功率损耗所需要的能量。

4）恒定电流周围既有恒定电场也有恒定磁场，同时存在于同一空间，只是电场和磁场都是静态场，互不激发，互不影响，可分开讨论。

例3-1 单芯同轴电缆如图3-6所示，其中两层绝缘材料均为非理想电介质，电导率分

别为 γ_1 和 γ_2，介电常数分别为 ε_1 和 ε_2。已知电缆内、外导体之间电压为 U。计算电缆中恒定电场分布及两种介质分界面上自由电荷面密度，并求两种电介质中最大的电场强度相等的条件。

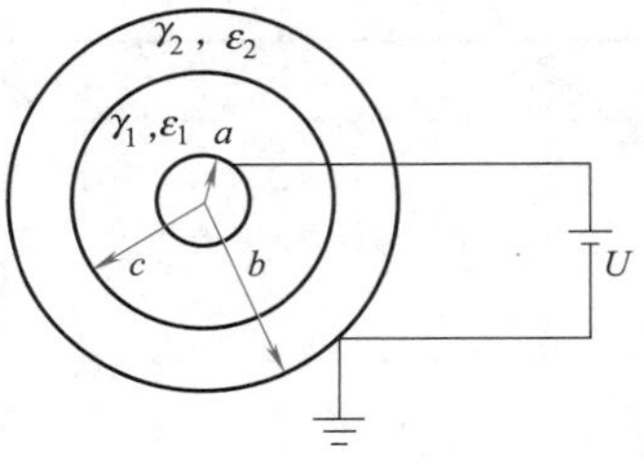

图 3-6　单芯同轴电缆

解　通常电缆长度远大于电缆的半径，可作为二维电场问题计算。

如果内、外导体之间的电介质为理想电介质，即不考虑电介质的导电性时，本例与第 2 章例 2-10 是同一个问题，在静电场中可以利用高斯定理进行求解。按照静电比拟的原则，只需要将例 2-10 中电场强度计算表达式中的介电常数换成相应的电导率就可以得到本例导电媒质中的电场。

此例中，导体间的介质变成了非理性电介质，从导电媒质电场分布的角度出发进行分析，过程如下：

由于电缆间填充的电介质绝缘性变差，电介质由原来的绝缘材料变成了具有一定导电性质的不良导体，一般称为有损介质。当电缆上加电压后，内、外导体之间就会存在半径方向的电场，从而在有损介质中沿该方向出现漏电流。

设单位长度电缆中漏电流为 I，由对称性可知电流线为均匀辐射状直线。由电流连续性定理可知，内、外两层介质中漏电流相同，取半径为 r 的单位长度同轴圆柱面，有

$$\boldsymbol{J}=\frac{I}{2\pi r}\boldsymbol{e}_r$$

因此，两种电介质中电场强度分别为

$$\boldsymbol{E}_1=\frac{\boldsymbol{J}}{\gamma_1}=\frac{I}{2\pi\gamma_1 r}\boldsymbol{e}_r \qquad (a\leqslant r\leqslant c)$$

$$\boldsymbol{E}_2=\frac{\boldsymbol{J}}{\gamma_2}=\frac{I}{2\pi\gamma_2 r}\boldsymbol{e}_r \qquad (c\leqslant r\leqslant b)$$

内、外导体间电压为

$$U=\int_a^c \boldsymbol{E}_1\cdot \mathrm{d}\boldsymbol{r}+\int_c^b \boldsymbol{E}_2\cdot \mathrm{d}\boldsymbol{r}==\frac{I}{2\pi}\left(\frac{1}{\gamma_1}\ln\frac{c}{a}+\frac{1}{\gamma_2}\ln\frac{b}{c}\right)$$

则内、外导体间单位长度漏电流及其密度分别为

$$I=\frac{2\pi U}{\frac{1}{\gamma_1}\ln\frac{c}{a}+\frac{1}{\gamma_2}\ln\frac{b}{c}},\quad \boldsymbol{J}=\frac{I}{2\pi r}\boldsymbol{e}_r=\frac{U}{r\left(\frac{1}{\gamma_1}\ln\frac{c}{a}+\frac{1}{\gamma_2}\ln\frac{b}{c}\right)}\boldsymbol{e}_r$$

因此，两种电介质中电场强度分别为

$$\boldsymbol{E}_1=\frac{\boldsymbol{J}}{\gamma_1}=\frac{U}{r\left(\ln\frac{c}{a}+\frac{\gamma_1}{\gamma_2}\ln\frac{b}{c}\right)}\boldsymbol{e}_r \qquad (a\leqslant r\leqslant c)$$

$$\boldsymbol{E}_2=\frac{\boldsymbol{J}}{\gamma_2}=\frac{U}{r\left(\frac{\gamma_2}{\gamma_1}\ln\frac{c}{a}+\ln\frac{b}{c}\right)}\boldsymbol{e}_r \qquad (c\leqslant r\leqslant b)$$

与例 2-10 计算结果对比可见，由假设漏电流，根据电流分布规律分析计算得到的电场

分布与静电比拟的方法得到的结果是相似的。如果从边值问题来看，二者具有相同的位函数方程、相同的定解条件，电位的分布规律也是相似的，由此推导出的径向电场分布也一定相似（利用位函数方程求解过程由读者自己完成）。所以，在已有例 2-10 静电场分析结果后，恒定电场的分析过程是可以直接由静电比拟方法推出的。

进一步，由式（3-35）可得分界面上自由电荷面密度为

$$\sigma=\left(\frac{\varepsilon_2}{\gamma_2}-\frac{\varepsilon_1}{\gamma_1}\right)J_{1n}=\frac{U(\gamma_1\varepsilon_2-\gamma_2\varepsilon_1)}{R_2\left(\gamma_2\ln\frac{R_2}{R_1}+\gamma_1\ln\frac{R_3}{R_2}\right)}$$

两种有损介质中最大电场强度分别为

$$E_{1\max}=\frac{I}{2\pi\gamma_1 a},\quad E_{2\max}=\frac{I}{2\pi\gamma_2 b}$$

令 $E_{1\max}=E_{2\max}$，则有$\frac{b}{a}=\frac{\gamma_1}{\gamma_2}$，即两种电介质中最大电场强度相等的条件。

3.5 恒定电场工程问题分析

3.5.1 导电体的电阻及其损耗

对于电导率为常数的均匀媒质，位于两电极之间的导体的电导值定义为流过导体的电流 I 与导体两端的电压 U 的比值，即

$$G=\frac{I}{U}\tag{3-42}$$

式中，G 为电导，单位为西（S）。

电导的倒数称作电阻，即

$$R=\frac{1}{G}=\frac{U}{I}\tag{3-43}$$

式中，R 为电阻，单位为欧（Ω）。

根据电导和电阻的定义，可假设电压计算电流或假设电流计算电压，通过恒定电场的计算从而求得电导或电阻。

1）**假设电流求电压**：这种情况适合导体具有对称结构的情况，首先假设已知导体电流 I，由对称性得到电流密度 $\boldsymbol{J}$，再由微分形式欧姆定律求得电场强度 $\boldsymbol{E}$，进而计算导体电压 U。

2）**假设电压求电流**：在不具备对称结构的情况下，假设已知导体电压 U，利用拉普拉斯方程求得电位 φ，进而计算电场强度 $\boldsymbol{E}$，再由微分形式欧姆定律求得电流密度 $\boldsymbol{J}$，即可积分求得电流 I。

导体的电导或电阻决定于导体材料的导电性能、导体的形状和电极的位置等。一般情况下如导体形状不规则，不易用解析的方法计算电场强度，则可以借助近似方法或数值方法来计算电场强度，从而计算电导或电阻。

对一段电导率及截面都均匀的导体，导体截面上的电流密度和沿导体长度方向的电场强

度都是均匀分布的，导体的电导为

$$G=\frac{I}{U}=\frac{JS}{El}=\frac{\gamma ES}{El}$$

即

$$G=\gamma\frac{S}{l} \tag{3-44}$$

电阻为

$$R=\frac{1}{G}=\rho\frac{l}{S} \tag{3-45}$$

式中，γ，ρ 分别是导体材料的电导率和电阻率；l 是导体长度；S 是导体截面积。

计算电导还可以采用静电比拟的方法。对比均匀电介质条件下电容的计算公式

$$C=\frac{Q}{U}=\frac{\int_S \boldsymbol{D}\cdot \mathrm{d}\boldsymbol{S}}{\int_l \boldsymbol{E}\cdot \mathrm{d}\boldsymbol{l}}=\frac{\varepsilon\int_S \boldsymbol{E}\cdot \mathrm{d}\boldsymbol{S}}{\int_l \boldsymbol{E}\cdot \mathrm{d}\boldsymbol{l}}$$

和均匀导电媒质条件下的电导的计算公式

$$G=\frac{I}{U}=\frac{\int_S \boldsymbol{J}\cdot \mathrm{d}\boldsymbol{S}}{\int_l \boldsymbol{E}\cdot \mathrm{d}\boldsymbol{l}}=\frac{\gamma\int_S \boldsymbol{E}\cdot \mathrm{d}\boldsymbol{S}}{\int_l \boldsymbol{E}\cdot \mathrm{d}\boldsymbol{l}}$$

可见只要静电场中的导体与电流场中的电极的形状、尺寸、位置等几何状况完全相同，电导与电容之间的关系就对应为

$$\frac{C}{G}=\frac{\varepsilon}{\gamma} \tag{3-46}$$

因此，如果已知电容的表示式，只要用电导率 γ 代换其中介电常数 ε，便得到相应的电导的表达式。

例 3-2　薄导电弧片的厚度为 h，两端加有电压 U_0（见图 3-7）。分别计算如下两种条件下弧片中恒定电流场的分布及弧片的电导：(1) 弧片如图 3-7a 所示；(2) 弧片由 1 和 2 两种导电媒质组成，如图 3-7b 所示。

解　显然导体中电流不是均匀分布，因此需采用第二种计算方法。通过求解拉普拉斯方程，计算电位分布，再求电场及电流。采用圆柱坐标系（r，ϕ，z），可以判定电位函数 φ 与 z 坐标和 r 坐标无关，只与 ϕ 坐标有关，因此由附录（附录-8）电位的方程可将位函数方程降维为一维进行求解。

(1) 对图 3-7a 中的问题，建立边值问题如下：

$$\begin{cases}\dfrac{1}{r^2}\dfrac{\partial^2\varphi}{\partial\phi^2}=0\\ \varphi\big|_{\phi=0}=0\\ \varphi\big|_{\phi=\theta}=U_0\end{cases}$$

求解该边值问题可以得到其通解及积分常数分别为

$$\varphi = A\phi + B,\quad A = \frac{U_0}{\theta},\quad B = 0$$

故得到导体中电位为

$$\varphi = \frac{U_0}{\theta}\phi$$

再由附录（附录-5）求得电场为

$$\boldsymbol{E} = -\nabla\varphi = -\frac{1}{r}\frac{\partial\varphi}{\partial\phi}\boldsymbol{e}_\phi = -\frac{U_0}{\theta r}\boldsymbol{e}_\phi$$

由欧姆定律可得电流密度为

$$\boldsymbol{J} = \gamma\boldsymbol{E} = -\frac{\gamma U_0}{\theta r}\boldsymbol{e}_\phi$$

因此弧片中总电流可积分得到

$$I = \int_S \boldsymbol{J}\cdot\mathrm{d}\boldsymbol{S} = \int_{R_1}^{R_2}\frac{\gamma U_0}{\theta r}(-\boldsymbol{e}_\phi)\cdot h\mathrm{d}r(-\boldsymbol{e}_\phi) = \frac{\gamma U_0 h}{\theta}\ln\frac{R_2}{R_1}$$

最终求得弧片电导为

$$G = \frac{I}{U_0} = \frac{\gamma h}{\theta}\ln\frac{R_2}{R_1}$$

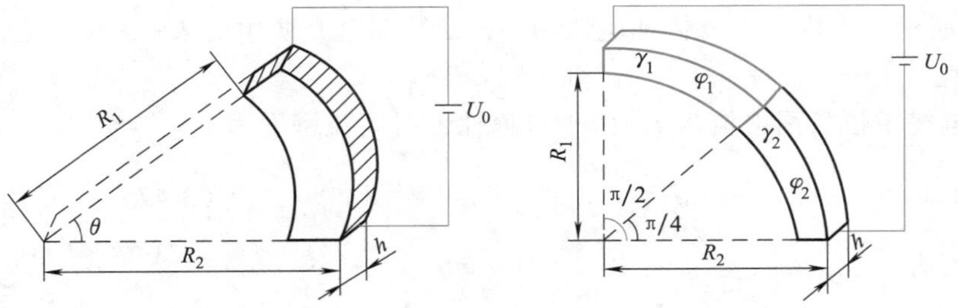

a) 角度为θ的弧片　　b) 两种导电媒质组成的弧片

图 3-7　例 3-2 图

（2）对图 3-7b 中的两种媒质，设 γ_1 和 γ_2 中的电位分别为 φ_1 和 φ_2，与第一问类似的分析方法可以得到两种媒质中的电位通解表达式分别为

$$\varphi_1 = A_1\phi + B_1,\quad \varphi_2 = A_2\phi + B_2$$

边值问题中边界条件及两种导电媒质分界面上边界条件分别为

$$\varphi_1\big|_{\phi=\pi/2} = U_0,\quad \varphi_2\big|_{\phi=0} = 0$$

$$\varphi_1\big|_{\phi=\pi/4} = \varphi_2\big|_{\phi=\pi/4},\ \gamma_1\left.\frac{\partial\varphi_1}{\partial(-\phi)}\right|_{\phi=\pi/4} = \gamma_2\left.\frac{\partial\varphi_2}{\partial(-\phi)}\right|_{\phi=\pi/4}$$

利用定解条件代入通解表达式可求通解中四个积分常数，得到两种介质中的电位分别为

$$\varphi_1 = \frac{4U_0\gamma_2}{\pi(\gamma_1+\gamma_2)}\phi + \frac{\gamma_1-\gamma_2}{\gamma_1+\gamma_2}U_0\quad(\pi/4\leqslant\phi\leqslant\pi/2)$$

$$\varphi_2 = \frac{4U_0\gamma_1}{\pi(\gamma_1+\gamma_2)}\phi\quad(0\leqslant\phi\leqslant\pi/4)$$

进一步求得电场强度和电流密度分别为

$$\boldsymbol{E}_1=-\nabla\varphi_1=-\frac{4U_0\gamma_2}{\pi(\gamma_1+\gamma_2)r}\boldsymbol{e}_\phi \qquad (\pi/4\leqslant\phi\leqslant\pi/2)$$

$$\boldsymbol{E}_2=-\nabla\varphi_2=-\frac{4U_0\gamma_1}{\pi(\gamma_1+\gamma_2)r}\boldsymbol{e}_\phi \qquad (0\leqslant\phi\leqslant\pi/4)$$

$$\boldsymbol{J}_1=\gamma_1\boldsymbol{E}_1=-\frac{4U_0\gamma_1\gamma_2}{\pi(\gamma_1+\gamma_2)r}\boldsymbol{e}_\phi,\quad \boldsymbol{J}_2=\gamma_2\boldsymbol{E}_2=-\frac{4U_0\gamma_1\gamma_2}{\pi(\gamma_1+\gamma_2)r}\boldsymbol{e}_\phi \quad (0\leqslant\phi\leqslant\pi/2)$$

积分求得总电流为

$$I=\int_S\boldsymbol{J}\cdot\mathrm{d}\boldsymbol{S}=\int_{R_1}^{R_2}\frac{-4U_0\gamma_1\gamma_2}{\pi(\lambda_1+\gamma_2)r}\boldsymbol{e}_\phi\cdot h\mathrm{d}r(-\boldsymbol{e}_\phi)=\frac{4U_0h\gamma_1\gamma_2}{\pi(\gamma_1+\gamma_2)}\ln\frac{R_2}{R_1}$$

最终求得弧片电导为

$$G=\frac{I}{U_0}=\frac{4h}{\pi}\frac{\gamma_1\gamma_2}{\gamma_1+\gamma_2}\ln\frac{R_2}{R_1}$$

工程上的导电媒质既包括用于维持电流流动的导电体（如导线、导电板等），也包括前面讨论的理应作为绝缘、支撑或其他必要的部件的有损介质（如铁心、铁皮外壳等），很多时候需要计算这些导电媒质相应的电导、电阻、漏电导、漏电阻以及相应的损耗。尽管概念不同，但是计算过程是相似的。

例 3-3　设同轴电缆内、外半径分别为 a、b，填充的介质发生电流泄漏，设其电导率为 γ，如图 3-8 所示，若内、外导体加电压为 U，计算漏电介质中的 $\boldsymbol{E}$、$\boldsymbol{J}$ 和单位长度的绝缘电阻 R 及其损耗。

解　设电缆单位长漏电流为 I。由于对称性，得电流密度为

$$\boldsymbol{J}=\frac{I}{2\pi r}\boldsymbol{e}_r \tag{3-47}$$

电场强度为

$$\boldsymbol{E}=\frac{\boldsymbol{J}}{\gamma}=\frac{I}{2\pi\gamma r}\boldsymbol{e}_r \tag{3-48}$$

内、外导体之间电压为

$$U=\int_a^b\boldsymbol{E}\cdot\mathrm{d}\boldsymbol{r}=\frac{I}{2\pi\gamma}\ln\frac{b}{a} \tag{3-49}$$

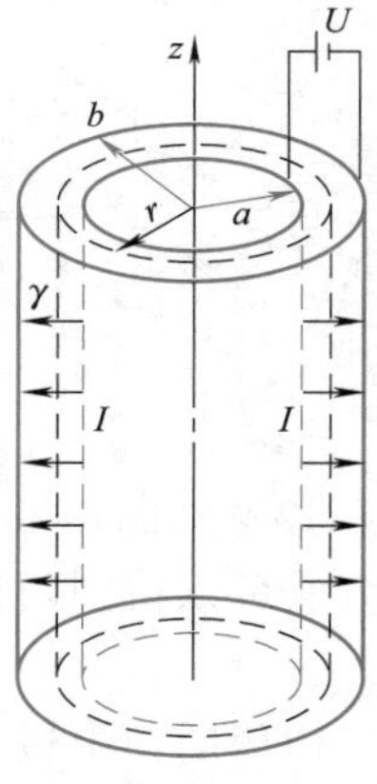

图 3-8　例 3-3 图

将式（3-49）带入式（3-47）和式（3-48），可以得到

$$\boldsymbol{J}=\frac{\gamma U}{r\ln\frac{b}{a}}\boldsymbol{e}_r,\quad \boldsymbol{E}=\frac{U}{r\ln\frac{b}{a}}\boldsymbol{e}_r$$

因此单位长度的电缆的绝缘电阻为

$$R=\frac{U}{I}=\frac{1}{2\pi\gamma}\ln\frac{b}{a}$$

相应的，单位长度的损耗为

$$P=\frac{U^2}{R}=\frac{2\pi\gamma}{\ln\frac{b}{a}}U^2$$

此例也可用静电比拟法，由第 2 章例 2-26 计算得到的同轴电缆内、外导体之间的单位长度电容 $C=\dfrac{2\pi\varepsilon}{\ln\dfrac{b}{a}}$及$\dfrac{C}{G}=\dfrac{\varepsilon}{\gamma}$可得单位长度漏电导，其倒数即为单位长度漏电阻。

接地安全

3.5.2　接地安全问题

在工程上，经常将电气设备的一部分和大地连接，称为接地。接地分为保护接地和工作接地。保护接地是为了保证电工设备正常工作和操作人员人身安全而接地。工作接地是以大地为导线或者为消除电气设备的导电部分对地电压的升高而接地。接地装置包括接地体和接地线。在地下埋入金属导体，如圆钢、钢管等，称作接地体。接地线将设备连接至接地体上。工作电流、短路电流或雷电电流通过接地体分散流入大地。接地电阻指电流由接地装置流入大地再经大地流向另一接地体或向远处扩散所遇到的电阻，等于接地点上的电压与通过接地体流入大地的电流之比。它包括接地线、接地体的电阻，接地体与土壤之间的接触电阻和电流所流经的土壤的电阻，其中土壤的电阻占主要部分。以下讨论的接地电阻就是指这一电阻。

在直流或低频交流情况下，接地电阻可利用恒定电流场的方法分析计算。与金属接地体相比，土壤是一种不良导体，接地体可视作电极。由于接地体附近土壤中电流密度较大，电压主要降落在这一区域，故相距较远的接地体可以看作是孤立的，而认为电流在土壤中流至无穷远处。

下面主要以球形或半球形的接地体为例分析计算接地电阻。设接地体的半径为 a，土壤的电导率为 γ。

如图 3-9 所示，接地体深埋于地下时，可以忽略地表面的影响。

对接地体附近的一点，有

$$\boldsymbol{J}=\frac{I}{4\pi r^2}\boldsymbol{e}_r$$

电场强度为

$$\boldsymbol{E}=\frac{\boldsymbol{J}}{\gamma}=\frac{I}{4\pi\gamma r^2}\boldsymbol{e}_r$$

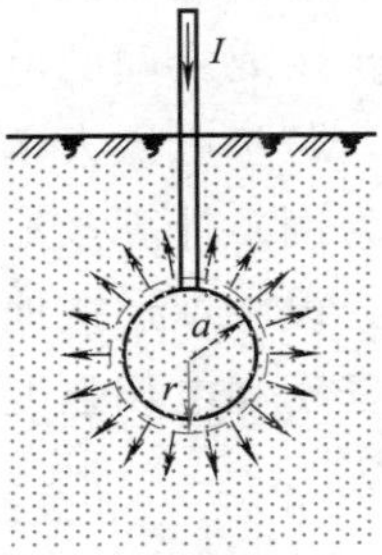

图 3-9　埋于地下的接地体

接地导体球表面电压为

$$U=\int_a^{\infty}\boldsymbol{E}\cdot \mathrm{d}\boldsymbol{r}=\int_a^{\infty}\frac{I}{4\pi\gamma r^2}\mathrm{d}r=\frac{I}{4\pi\gamma a}$$

则接地电阻为

$$R=\frac{U}{I}=\frac{1}{4\pi\gamma a} \tag{3-50}$$

图 3-10a 表示一个埋入地表面的半球形接地体，此时接地电阻可用镜像法分析。设半球形接地体中电流是 I。现假设整个空间充满导电媒质土壤，在上半空间放置一半球形镜像电极，镜像电极中电流也设为 I（见图 3-10b）。由图 3-10a 可求得接地体的电位

$$\varphi=\frac{2I}{4\pi\gamma a}=\frac{I}{2\pi\gamma a}$$

因此图 3-10a 中半球形电极接地电阻为

$$R=\frac{\varphi}{I}=\frac{1}{2\pi\gamma a}$$

图 3-11a 表示一个球形接地体距地面较近，应该考虑地表面对土壤电流分布的影响。此时可采用镜像法。镜像电极及放置镜像电极后整个空间电流线的分布如图 3-11b 所示，其下半空间中场的解答是原来的解。当 h 与 a 相比大很多时，可以近似计算接地体的电位和接地电阻。

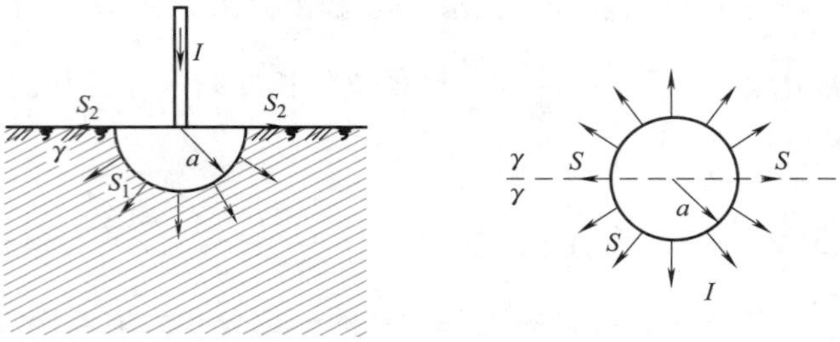

a) 埋入地表面的半球形接地体　　b) 镜像电极

图 3-10　埋入地表面的半球形接地体

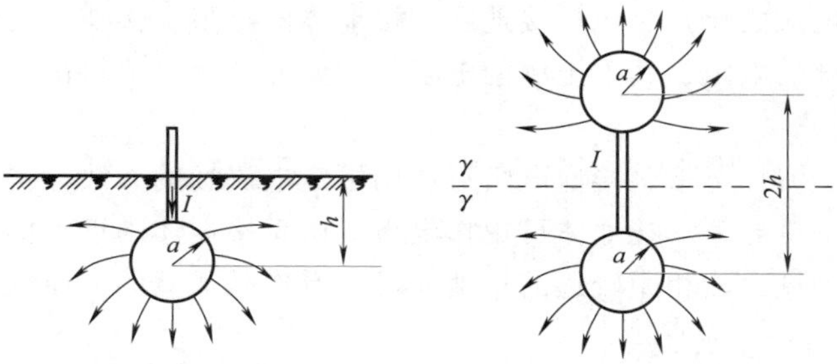

a) 距地面较近的球形接地体　　b) 镜像电极

图 3-11　地表面的球形接地体

接地电流流入大地后，大地中流动的电流在地表面会产生电压。在地表面上，人的一个跨步距离之间的电压称为跨步电压，当跨步电压达到一定值时会危及人身安全。在接地体周围，跨步电压大于人体能承受的电压的允许值的区域属危险区。现以最恶劣的半球形接地情况为例，计算接地体附近的跨步电压和危险区半径。

设半球形接地体中流出电流为 I。由镜像法（见图 3-10b），地中距球心距离为 r 处的电流密度和电场强度分别为

$$\boldsymbol{J}=\frac{I}{2\pi r^2}\boldsymbol{e}_r$$

$$\boldsymbol{E}=\frac{\boldsymbol{J}}{\gamma}=\frac{I}{2\pi\gamma r^2}\boldsymbol{e}_r$$

地表面距球心 r 处电位为

$$\varphi=\int_r^\infty \boldsymbol{E}\cdot \mathrm{d}\boldsymbol{r}=\frac{I}{2\pi\gamma r}$$

设人的跨步距离为 b，地面上人至接地体中心的距离是 l（见图 3-12），则跨步电压由

$$U_{\text{step}}=\frac{I}{2\pi\gamma}\left(\frac{1}{l}-\frac{1}{l+b}\right)$$

解出，若 $b\ll l$，则

$$U_{\text{step}} \approx \frac{I}{2\pi\gamma}\frac{b}{l^2} \tag{3-51}$$

即可得危险区半径

$$l = \sqrt{\frac{Ib}{2\pi\gamma U_{\text{step}}}} \tag{3-52}$$

式（3-52）表明，危险区半径与接地体电流 I、跨步距离 b、土壤的电导率 γ 和人体能承受的电压 U_{step} 有关。

应该指出的是，实际上危及生命的不是电压，而是通过人体的电流，当通过人体的工频电流超过 8mA 时，会有危险，超过 30mA 时会危及生命。

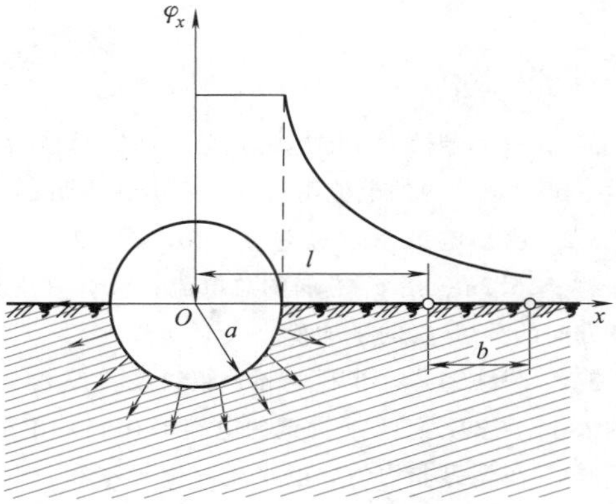

图 3-12　跨步电压

除工作接地以外，用电设备的意外短路、雷击接地等也会造成人、动物、建筑物、火车等的伤害与损坏，因此，确保用电设备及人员的用电安全、大型建筑与设备的防雷等都是电气工程师必须承担的责任，在工程中必须科学设计、严格施工。

本章小结

传导电流只能存在于导电媒质中，因此导电媒质内恒定电场的分析相比静电场而言，内容比较少，问题相对简单，均匀、对称条件下的恒定电场可以直接利用欧姆定律或解拉普拉斯方程方法进行求解。静电比拟的概念与应用是解决导电媒质外的电场的分析与计算的重要方法，需要充分理解、掌握并加以运用。此外，带电设备及建筑物等的安全接地问题也是这一章的重要内容。

恒定电场分析的基本题型归纳为如图 3-13 中的三类，无论哪种题型，电场的分析都是最基础的。

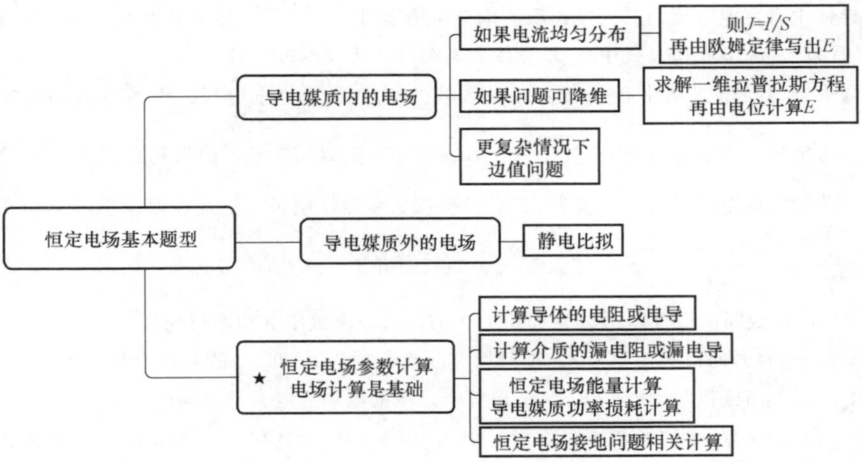

图 3-13　本章重要知识点

习 题 3

3-1 一个半径为 a 的球内均匀分布着总量为 q 的电荷，若其以角速度 ω 绕一直径匀速旋转，如图 3-14 所示。试求球体内的电流密度并计算分布电流的总和。

3-2 已知电流密度矢量 $\boldsymbol{J}=10y^2z\boldsymbol{e}_x-2x^2y\boldsymbol{e}_y+2x^2z\boldsymbol{e}_z$，试求：（1）穿过面积 $x=3\text{m}^2$，$2\text{m}\leqslant y\leqslant 3\text{m}$，$3.8\text{m}\leqslant z\leqslant 5.2\text{m}$，沿 $\boldsymbol{e}_x$ 方向的总电流；（2）在上述面积中心处电流密度的大小；（3）在上述面积上电流密度 x 方向的分量 J_x 的平均值。

3-3 圆柱钢芯（半径 1cm）铝绞线（厚 0.5cm）中通入 1000A 电流，计算两种材料中的电流密度、电流的大小、电场强度。（设钢的电导率 $0.11\times10^7\text{S/m}$，铝的电导率 $1\times10^7\text{S/m}$）

3-4 在无界非均匀导电媒质（电导率和介电常数均是坐标的函数）中，若有恒定电流存在，证明媒质中的自由电荷密度为 $\rho=\boldsymbol{E}\cdot\left(\nabla\varepsilon-\dfrac{\varepsilon}{\gamma}\nabla\gamma\right)$。

3-5 同轴电缆的内、外导体之间有两层同轴的有损耗介质，其介电常数分别为 ε_1 和 ε_2，电导率分别为 γ_1 和 γ_2，如图 3-15 所示。设内、外导体的电压为 U_0。求：（1）两种介质中的 $\boldsymbol{J}$ 和 $\boldsymbol{E}$；（2）分界面上的自由电荷面密度。

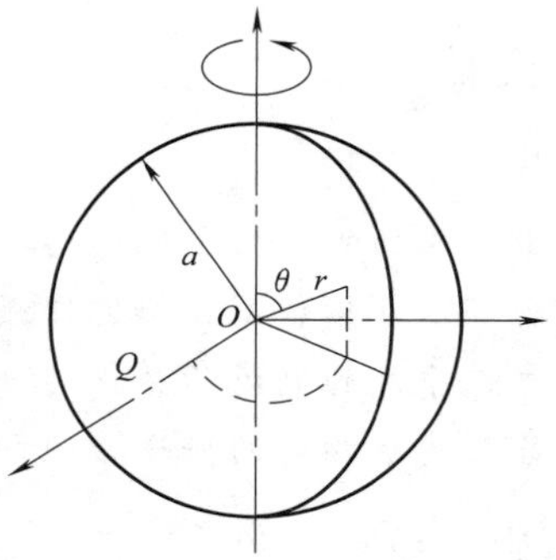

图 3-14 题 3-1 图

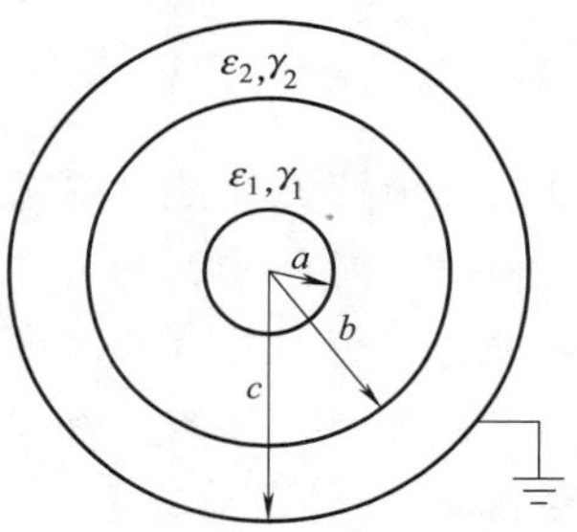

图 3-15 题 3-5 图

3-6 试推导不同导电媒质的分界面上存在自由面电荷的条件。

3-7 在导体中有恒定电流而其周围媒质的电导率为零时，试证明导体表面电通量密度的法向分量 $D_{\text{n}}=\sigma$，但矢量关系 $\boldsymbol{D}=\boldsymbol{e}_{\text{n}}\sigma$ 不成立（式中 $\boldsymbol{e}_{\text{n}}$ 是导体表面向外的法线单位矢量）。

3-8 无限大均匀导电媒质中有分布在有限区域的 N 个理想导电电极，设各电极的电位分别是 U_1，U_2，…，U_{N}，各电极流出的电流是 I_1，I_2，…，I_{N}，证明导电媒质中总的热损耗功率是 $P=\sum\limits_{i=1}^{N}U_iI_i$。

3-9 有一非均匀导电媒质板，厚度为 d，其两侧面为良导体电极，下板表面与坐标 $z=0$ 重合，介质的电阻率为 $\rho_R=\dfrac{1}{\gamma}=\rho_{R1}+\dfrac{\rho_{R1}-\rho_{R2}}{d}z$，介电常数为 ε_0，而其中有 $\boldsymbol{J}=\boldsymbol{e}_zJ_0$ 的均匀电流。试求：（1）介质中的自由电荷密度；（2）两极板间的电位差；（3）面积为 A 的一块介质板中的功率损耗。

3-10 平行板电容器的极板面积为 S，期间填充厚度分别为 d_1 和 d_2 的漏电介质，电导率分别为 γ_1 和 γ_2，如图 3-16 所示。当极板间加电压 U_0 时，求各个区域的电场强度，并求漏电电阻。

3-11 将半径为 $a=10\text{cm}$ 的半个导体球刚好埋入电导率为 $\gamma=0.01\text{S/m}$ 的大地中，电极平面与地面重合，如图 3-17 所示，求当电极通过的电流为 100A 时，土壤损耗的功率。

3-12 一个同心球电容器的内导体的半径为 a，外导体的内半径为 c，期间填充两种漏电介质，电导率

分别为 γ_1 和 γ_2，分界面半径为 b。当外加电压为 $\boldsymbol{U}_0$ 时，求两个极板间的绝缘电阻和功率损耗。

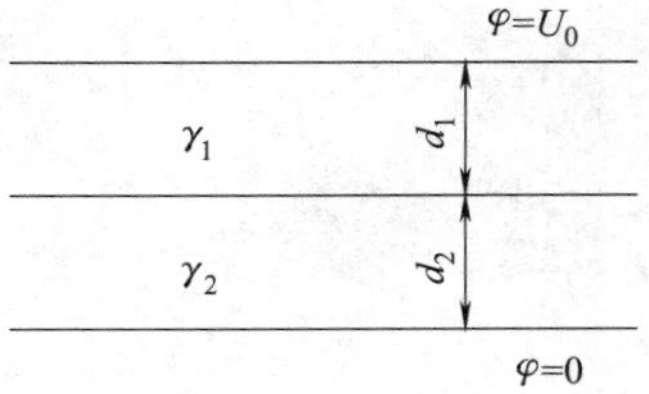

图 3-16　题 3-10 图

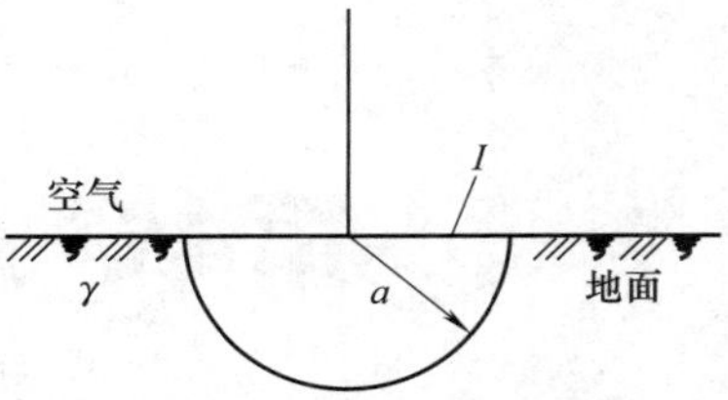

图 3-17　题 3-11 图

3-13　一个半径为 a 的导体球作为电极深埋地下，土壤的电导率为 γ。略去地面的影响，求电极的接地电阻。

3-14　一同轴电缆的内导体半径为 a，外导体的内半径为 b，外加电压为 U_0，中间填充 $\varepsilon_r=\dfrac{\rho}{a}$ 的电介质。求介质中的 $\boldsymbol{E}$、$\boldsymbol{D}$ 及漏电导。

3-15　电导率为 γ 的无界均匀介质间，有两个半径为 R_1 和 R_2 的理想导体小球，两球之间的距离为 d（$d\gg R_1$，$d\gg R_2$），试求两导体球面间的电阻。

3-16　地球及其大气层可看作一泄漏球形电容器。晴朗天气，地球表面有稳恒电场 $E(r_0)$，其值约为 100V/m，并指向地球中心。大气层的电导率 $\gamma(r)=\gamma_0+\alpha(r-r_0)^2$，已测出 $\gamma_0=3\times10^{-14}\text{S/m}$，$\alpha=0.5\times10^{-20}\text{S/m}^3$，地球半径 $r_0=6\times10^6\text{m}$。试计算：（1）流向地球的总电流 I；（2）大气层中的电荷体密度 ρ 和地球表面的电荷面密度 σ；（3）地球表面的电位 $\phi(r_0)$。

3-17　设有同心球电容器，内球半径为 a，外球内半径为 b，中间充有两层介质，其分界面为半径 $r=c$ 的球面。内、外层介质的介电常数及电导率分别为 ε_1、γ_1，ε_2、γ_2。若在内、外球间加电压 $\boldsymbol{U}_0$，试求（1）两层介质中的电场和电流分布 $\boldsymbol{J}$ 及 $r=a$，b，c 处的自由电荷密度；（2）此电容器的漏电阻；（3）电容器的损耗功率。

3-18　一铜棒的横截面积为 $20\times80\text{mm}^2$，长为 2m，两端的电位差为 50mV。已知铜的电导率为 $\gamma=5.7\times10^7\text{S/m}$，铜棒内自由电子的电荷密度为 $1.36\times10^{10}\text{C/m}^3$。求：（1）铜棒的电阻；（2）铜棒中的电流和电流密度；（3）铜棒内的电场强度；（4）铜棒所消耗的功率。

3-19　一个半径为 a 的半球形接地导体埋于电导率为 γ 的土壤中，如图 3-18 所示。试求：（1）导出计算接地电阻的公式；（2）若 $a=0.2\text{m}$，$OA=5.2\text{m}$，该地段的大地电导率为 10^{-2}S/m，行人前落脚点在 A 点，后落脚点在 B 点，跨距为 0.8m，计算跨步电压。

3-20　半径分别为 r_1、r_2，厚度为 h，张角为 α_0 的扇形电阻片（其电导率为 γ），如图 3-19 所示。试求两种不同的极板（金属极板，不计算其电阻）放置方法，该扇形片的电阻 R。（1）两极板分别置于 A、B 面（平面）上；（2）两极板分别置于 C、D 面（圆弧面）上。

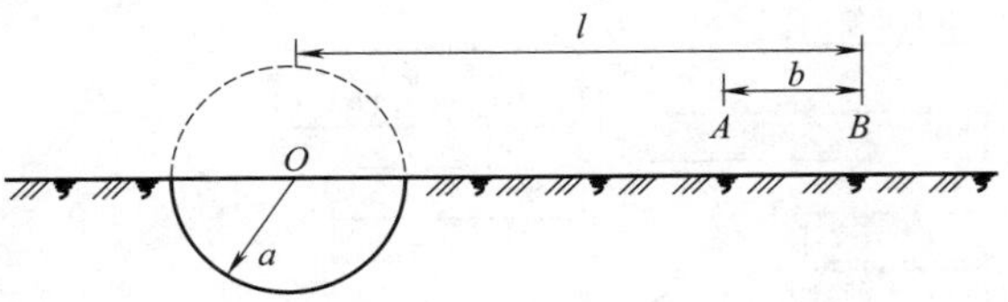

图 3-18　题 3-19 图

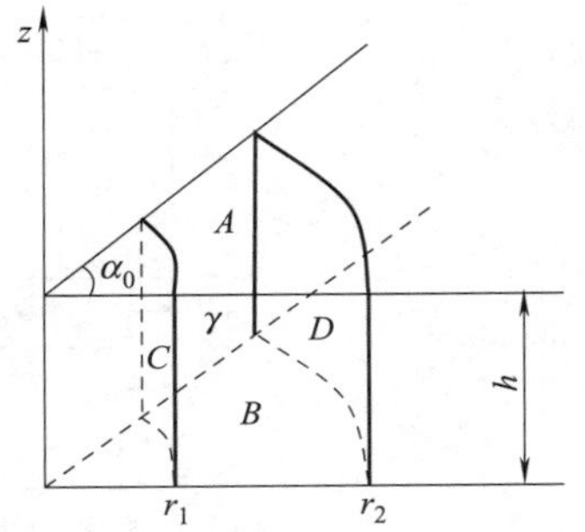

图 3-19　题 3-20 图

第4章　恒定磁场

本章导学

磁场是统一的电磁场的一个方面，它的表现是对引入其中的运动电荷或电流具有力的作用。恒定磁场的分析过程与静电场非常相似，因此在本章的学习过程中一定要注意利用类比的方法进行学习。但是两种场的场源一个是标量源，一个是矢量源，因此磁场的分析更加复杂，所以在学习中既要类比又要注意其不同的特性。本章主要内容及知识结构如图 4-0 所示。

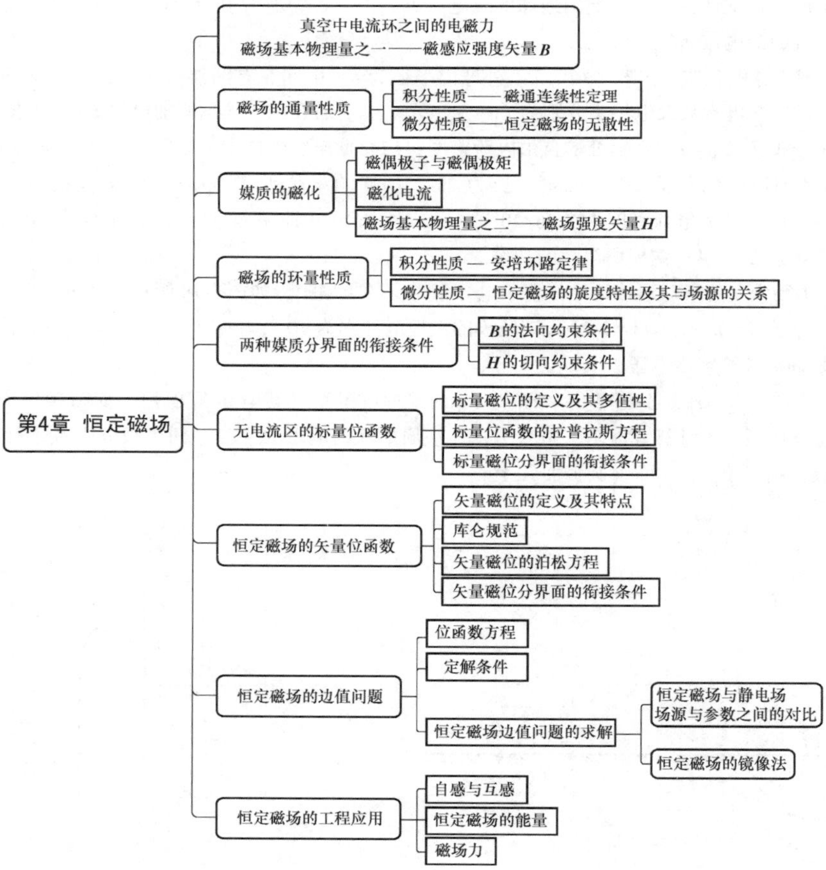

图 4-0　本章知识结构

4.1　磁感应强度及其通量特性

第 3 章已经给出了恒定电流产生恒定磁场的场源（电流密度）的定义和场源的分类等，接下来用分析静电场类似的方法分析恒定电流产生的磁场及其特性。永磁体周围的磁场也可近似看作恒定磁场，但其磁场作用机理不同，本书不进行讨论。

4.1.1　安培力定律及磁感应强度

1820 年，安培（Andre Ampere）通过实验研究了载流回路之间作用力的规律，给出了著名的安培力定律。

设 $\boldsymbol{l}'$、$\boldsymbol{l}$ 为真空中由细导线组成的两个回路，分别通以电流 I'、I。现假设 $\boldsymbol{l}'$是一个引起场的源回路，$\boldsymbol{l}$ 是试验回路。在两个回路上分别选择微分元电流段 $I'\mathrm{d}\boldsymbol{l}'$、$I\mathrm{d}\boldsymbol{l}$，如图 4-1 所示。$\boldsymbol{r}'$是元电流的位置矢量，$\boldsymbol{r}$ 是场点的位置矢量，$\boldsymbol{R}=\boldsymbol{r}-\boldsymbol{r}'$是元电流 $I'\mathrm{d}\boldsymbol{l}'$到试验回路场点的距离矢量。则试验回路所受的力为

$$\boldsymbol{F}=\frac{\mu_0}{4\pi}\oint_l\oint_{l'}\frac{I\mathrm{d}\boldsymbol{l}\times(I'\mathrm{d}\boldsymbol{l}'\times\boldsymbol{e}_R)}{R^2}\tag{4-1}$$

式中，μ_0 是真空中的磁导率，在国际单位制中其数值为 $\mu_0=4\pi\times10^{-7}$ 亨/米（H/m）；$\boldsymbol{e}_R$ 为沿 $\boldsymbol{R}$ 方向的单位矢量。

安培力定律表明，一个通电线圈对放置于附近的另一个通电线圈具有力的作用，由于两线圈没有接触，这个力不是直接的作用力，而是通过磁场传递的。电流在其周围产生磁场，电流称为这个磁场的源，不随时间变化的电流，即恒定电流产生的磁场也不随时间变化，称为恒定磁场。

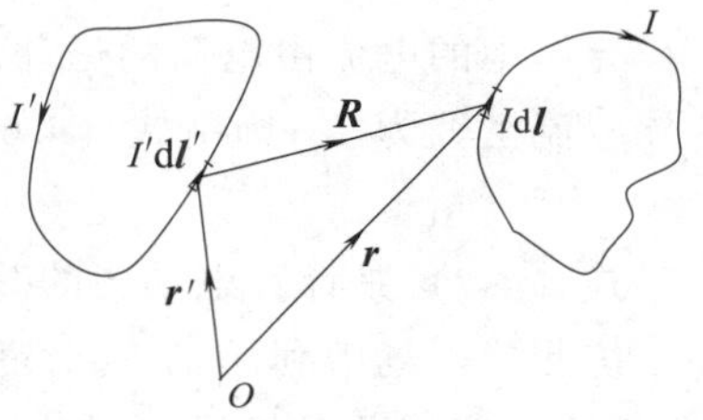

图 4-1　两个电流回路之间的作用力

试验载流线圈 l 受到的力的大小与源电流在该点产生的场有关，且为

$$\mathrm{d}\boldsymbol{F}=I\mathrm{d}\boldsymbol{l}\times\boldsymbol{B}\tag{4-2}$$

显然，试验线圈所受的力越大，说明产生磁场的源越强。结合安培力定律式（4-1），可知载流回路的源电流 I'在场点 $I\mathrm{d}\boldsymbol{l}$ 处产生的磁场的大小为

$$\boldsymbol{B}=\frac{\mu_0}{4\pi}\oint_{l'}\frac{I'\mathrm{d}\boldsymbol{l}'\times\boldsymbol{e}_R}{R^2}\tag{4-3}$$

式（4-3）称为比奥-萨伐尔定律。$\boldsymbol{B}$ 称为磁感应强度矢量，它是表征磁场特性的基本场量，在国际单位制中，其单位为特［斯拉］（T）。

根据第 3 章关于电流的分类及元电流的定义，可以得到体分布和面分布电流在空间产生的磁场磁感应强度的计算公式分别为

$$\boldsymbol{B}=\frac{\mu_0}{4\pi}\oint_{V'}\frac{\boldsymbol{J}\times\boldsymbol{e}_R}{R^2}\mathrm{d}V'=\frac{\mu_0}{4\pi}\oint_{V'}\frac{\boldsymbol{J}\times\boldsymbol{R}}{R^3}\mathrm{d}V'\tag{4-4}$$

$$\boldsymbol{B}=\frac{\mu_0}{4\pi}\oint_{S'}\frac{\boldsymbol{K}\times\boldsymbol{e}_R}{R^2}\mathrm{d}S'=\frac{\mu_0}{4\pi}\oint_{S'}\frac{\boldsymbol{K}\times\boldsymbol{R}}{R^3}\mathrm{d}S' \tag{4-5}$$

式中，V'为体电流的源区体积；S'为面电流的源区面积。

可以看出，磁场的方向取决于源的电流元方向和电流元到场点之间的距离方向的叉乘积，即

$$\boldsymbol{e}_B=\boldsymbol{e}_I\times\boldsymbol{e}_R$$

式中，$\boldsymbol{e}_B$ 表示磁场的方向；$\boldsymbol{e}_I$ 表示场源中电流元的方向；$\boldsymbol{e}_R$ 表示电流元到场点之间的距离的方向。可见，磁场不同于静电场，静电场中电场矢量的方向仅取决于场源的元电荷到场点之间的距离的方向。电场和磁场是两种不同性质的场，其源的性质不同，电场的源是标量，磁场的源是矢量。

洛伦兹从运动电荷在磁场中受力的角度给出了洛伦兹力公式，即

$$\boldsymbol{F}=q(\boldsymbol{v}\times\boldsymbol{B}) \tag{4-6}$$

式中，$\boldsymbol{v}$ 为电荷的运动速度；$\boldsymbol{B}$ 为磁感应强度；q 为运动电荷；$\boldsymbol{F}$ 为电荷受到的洛伦兹力。式（4-6）表明，静止的电荷在磁场中不会受到磁场的作用力，运动电荷所受到的力总与运动电荷的速度相垂直，它只能改变运动电荷速度的方向，不能改变速度的量值，因此与库仑力不同，洛伦兹力对运动电荷不做功。需要指出的是，式（4-6）是从微观的角度给出的磁场力的表达式，即运动电荷受到的磁场力；式（4-1）是从宏观的角度给出的磁场力的表达式，即电流在磁场中受到的磁场力，二者是等价的。

导体中的电流由电荷的运动形成，单位时间通过单位面积的电荷即电流密度，设导体中传导电流密度为 $\boldsymbol{J}$，则由式（4-6）可得磁场对单位体积载流导体的作用力为

$$\boldsymbol{f}=\boldsymbol{J}\times\boldsymbol{B} \tag{4-7}$$

式（4-7）是计算电动力的基本公式。

仿照静电场中利用 $\boldsymbol{E}$ 线对静电场进行可视化的形象描述，在恒定磁场中可以作 $\boldsymbol{B}$ 线（磁感应强度线或磁场线）描述磁场的分布。根据磁场线的定义，$\boldsymbol{B}$ 线上的每一点的切线方向与该点的磁感应强度的方向一致，若 $\mathrm{d}\boldsymbol{l}$ 为磁场线的长度元，则该 $\mathrm{d}\boldsymbol{l}$ 处的 $\boldsymbol{B}$ 矢量将与 $\mathrm{d}\boldsymbol{l}$ 的方向一致，即 $\boldsymbol{B}$ 线的微分方程为

$$\boldsymbol{B}\times\mathrm{d}\boldsymbol{l}=0 \tag{4-8}$$

例 4-1　计算真空中电流为 I，长度为 $2L$ 的长直细导线外任一点处的磁感应强度。

解　导线上恒定电流为 I，考虑到场具有轴对称性，选择圆柱坐标系，设导线与 z 轴重合，坐标原点选在导线中点上，直导线产生的磁场与 ϕ 角无关，如图 4-2 所示。由图示几何关系写出元电流、源点到场点的距离 R 等计算量分别为

$$I\mathrm{d}\boldsymbol{l}'=I\mathrm{d}z'\boldsymbol{e}_z,R=\sqrt{r^2+(z-z')^2},I\mathrm{d}\boldsymbol{l}'\times\boldsymbol{e}_R=I\mathrm{d}z'\boldsymbol{e}_z\times\boldsymbol{e}_R=I\mathrm{d}z'\sin\theta\boldsymbol{e}_\phi=I\frac{r}{R}\mathrm{d}z'\boldsymbol{e}_\phi$$

代入线电流磁感应强度计算式（4-3），有

$$\begin{aligned}\boldsymbol{B}&=\frac{\mu_0 I}{4\pi}\int_{-L}^{L}\frac{r\mathrm{d}z'}{R^3}\boldsymbol{e}_\phi=\frac{\mu_0 Ir}{4\pi}\int_{-L}^{L}\frac{\mathrm{d}z'}{[r^2+(z-z')^2]^{3/2}}\boldsymbol{e}_\phi=\frac{\mu_0 Ir}{4\pi}\left.\frac{-(z-z')}{r^2[r^2+(z-z')^2]^{1/2}}\right|_{-L}^{L}\boldsymbol{e}_\phi\\&=\frac{\mu_0 I}{4\pi r}\left[\frac{z+L}{[r^2+(z+L)^2]^{1/2}}-\frac{z-L}{[r^2+(z-L)^2]^{1/2}}\right]\boldsymbol{e}_\phi=\frac{\mu_0 I}{4\pi r}(\cos\theta_1-\cos\theta_2)\boldsymbol{e}_\phi\end{aligned}$$

若载流直导线无限长，即 $L\to\infty$，则 $\theta_1\to 0$，$\theta_2\to\pi$，可得

$$\boldsymbol{B}=\frac{\mu_0 I}{2\pi r}\boldsymbol{e}_\phi \tag{4-9}$$

在无限长载流直导线所产生的磁场中，容易看出，磁感应强度线是中心在导线轴上而与导线垂直的一族圆，其方向与电流方向成右手螺旋关系，如图 4-3 所示。

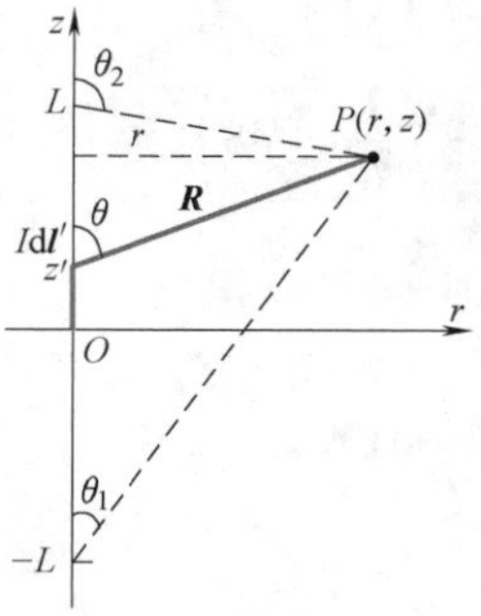

图 4-2 例 4-1 图

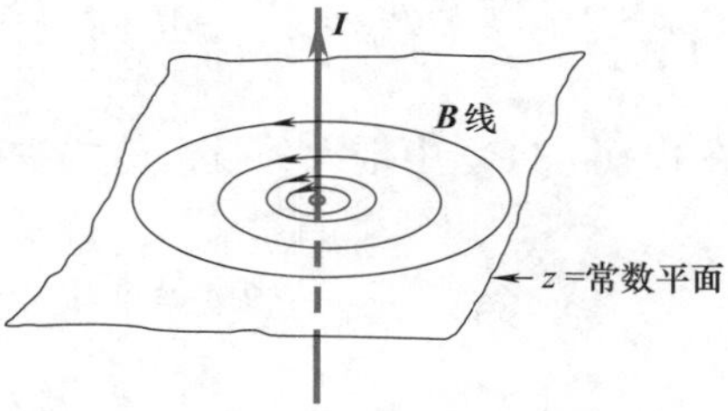

图 4-3 长直细导线磁场线分布图

例 4-2 一个位于 xOy 平面、载有电流 I 的圆环，如图 4-4 所示，其半径为 a，求在 $+z$ 轴上一点的磁感应强度。

解 在圆环上取元电流段 $I\mathrm{d}\boldsymbol{l}=Ia\mathrm{d}\phi\boldsymbol{e}_\phi$，有

$\boldsymbol{R}=-a\boldsymbol{e}_r+z\boldsymbol{e}_z$，$R=\sqrt{a^2+z^2}$，于是有

$$\mathrm{d}\boldsymbol{l}\times\boldsymbol{R}=(a^2\boldsymbol{e}_z+az\boldsymbol{e}_r)\mathrm{d}\phi$$

由式（4-3）得磁感应强度为

$$\boldsymbol{B}=\frac{\mu_0 I}{4\pi}\int_0^{2\pi}\left[\frac{a^2\boldsymbol{e}_z}{(a^2+z^2)^{3/2}}+\frac{az\boldsymbol{e}_r}{(a^2+z^2)^{3/2}}\right]\mathrm{d}\phi$$
$$=\frac{\mu_0 I a^2}{2(a^2+z^2)^{3/2}}\boldsymbol{e}_z$$

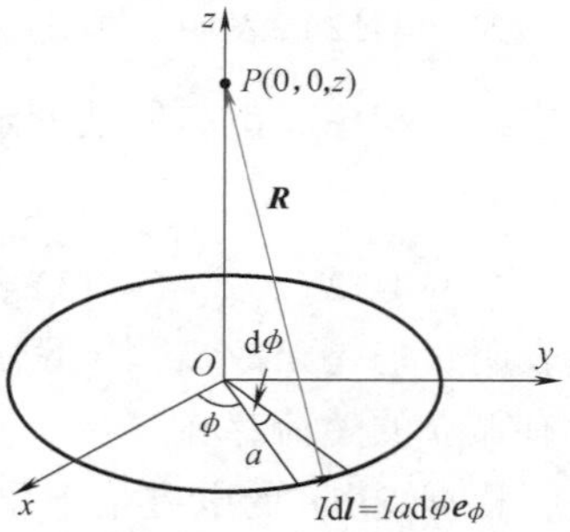

图 4-4 例 4-2 图

这样，在带电圆环的轴上只有 z 方向磁感应强度分量。令 $z=0$，则在圆环中心的磁感应强度为

$$\boldsymbol{B}=\frac{\mu_0 I}{2a}\boldsymbol{e}_z$$

4.1.2 磁场的通量特性——磁通连续性定理

磁感应强度 $\boldsymbol{B}$ 通过任一面积 S 的通量称为磁通量，简称为磁通，用 Φ_m 表示，即

$$\Phi_\mathrm{m}=\int_S \boldsymbol{B}\cdot\mathrm{d}\boldsymbol{S} \tag{4-10}$$

在国际单位制中，磁通的单位是韦伯（Wb）。

由磁通的定义，又把磁感应强度矢量称为磁通密度矢量（magnetic flux density），$1\mathrm{T}=1\mathrm{Wb/m^2}$。电场中电位移矢量的面积分叫作电通量，电位移矢量又称为电通量矢量，但是电通量没有太多物理意义，而磁通量非常重要，在很多专业课（如电机学）的磁场分析中经

常把磁通量作为磁路分析的主要变量。

现以线电流的磁场为例，进一步讨论恒定磁场的通量特性。在直流电流回路 l 产生的磁场中任取一闭合面 S，则 S 上的磁通 Φ_m 为

$$\Phi_m = \oint_S \boldsymbol{B} \cdot d\boldsymbol{S} = \oint_S \left(\frac{\mu_0}{4\pi} \oint_l \frac{I d\boldsymbol{l} \times \boldsymbol{e}_R}{R^2} \right) \cdot d\boldsymbol{S}$$

应用矢量乘法的轮换法则 $\boldsymbol{A} \cdot (\boldsymbol{B} \times \boldsymbol{C}) = \boldsymbol{B} \cdot (\boldsymbol{C} \times \boldsymbol{A}) = \boldsymbol{C} \cdot (\boldsymbol{A} \times \boldsymbol{B})$，有

$$\Phi_m = \oint_l \frac{\mu_0 I}{4\pi} d\boldsymbol{l} \cdot \oint_S \frac{\boldsymbol{e}_R \times d\boldsymbol{S}}{R^2} = \oint_l \frac{\mu_0 I}{4\pi} d\boldsymbol{l} \cdot \oint_S \left(-\nabla \frac{1}{R} \times d\boldsymbol{S} \right) \tag{4-11}$$

在式（4-11）中带入矢量恒等式 $-\oint_S \boldsymbol{A} \times d\boldsymbol{S} = \int_V \nabla \times \boldsymbol{A} dV$，可以得到

$$\Phi_m = \oint_S \boldsymbol{B} \cdot d\boldsymbol{S} = \oint_l \frac{\mu_0 I d\boldsymbol{l}}{4\pi} \cdot \int_V \nabla \times \nabla \frac{1}{R} dV$$

由 $\nabla \times \nabla \frac{1}{R} \equiv 0$，可得

$$\oint_S \boldsymbol{B} \cdot d\boldsymbol{S} = 0 \tag{4-12}$$

式（4-12）表明，恒定磁场中磁感应强度 $\boldsymbol{B}$ 穿过任意闭合面的磁通量恒为零，称为磁通连续性定理。由高斯散度定理 $\oint_S \boldsymbol{B} \cdot d\boldsymbol{S} = \int_V \nabla \cdot \boldsymbol{B} dV = 0$，得到相应的微分形式方程为

$$\nabla \cdot \boldsymbol{B} = 0 \tag{4-13}$$

式（4-12）、式（4-13）分别为磁通连续性定理的积分形式和微分形式。磁通连续性定理表明磁场是无散场，$\boldsymbol{B}$ 线是无头无尾的闭合曲线。这表明自然界没有孤立的磁荷存在（注：直到目前为止，尚未发现孤立的磁荷存在，根据 Dirac 的电磁量子化条件，磁单极即孤立的磁荷是存在的，许多物理学家在不同的领域致力寻找磁单极，但是至今没有收获）。

例 4-3　真空中长直导线通有电流 I，在其产生的磁场中有一个等边三角形回路，如图 4-5 所示，求三角形回路内的磁通。

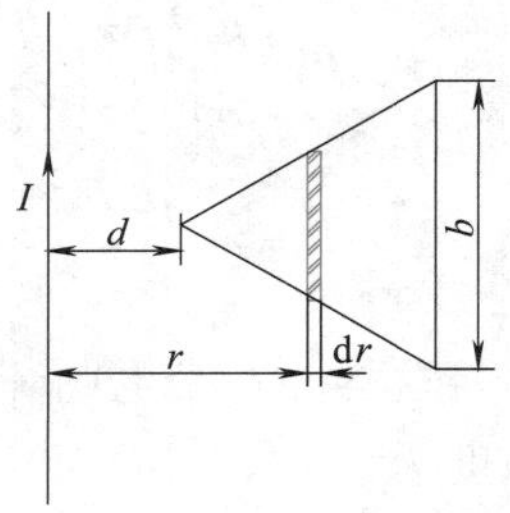

图 4-5　例 4-3 图

解　利用例 4-1 的结论，长直导线的磁场为

$$\boldsymbol{B} = \frac{\mu_0 I}{2\pi r} \boldsymbol{e}_\phi$$

在三角形中选取面积元，即

$$d\boldsymbol{S} = 2(r-d)\tan 30° dr \boldsymbol{e}_\phi = \frac{2(r-d)}{\sqrt{3}} dr \boldsymbol{e}_\phi$$

穿过三角形面积的磁通为

$$\Phi_m = \int_S \boldsymbol{B} \cdot d\boldsymbol{S} = \frac{\mu_0 I}{\sqrt{3}\pi} \int_d^{d+\sqrt{3}b/2} \frac{r-d}{r} dr = \frac{\mu_0 I}{\pi} \left[\frac{b}{2} - \frac{d}{\sqrt{3}} \ln\left(1 + \frac{\sqrt{3}b}{2d}\right) \right]$$

例 4-4　设 $\boldsymbol{B} = B\boldsymbol{e}_z$，计算位于 $z=0$ 平面上，中心在坐标原点，半径为 R 的半球所通过的磁通。

解　半球和半径为 R 的圆盘所形成的封闭面如图 4-6 所示，由磁通连续性定理，通过半

球的磁通应等于通过半径为 R 的圆盘的磁通，穿过圆盘的磁通为

$$\Phi_m = \int_S \boldsymbol{B} \cdot d\boldsymbol{S} = \pi R^2 B$$

建议读者通过对半球表面的积分证明上述结果。

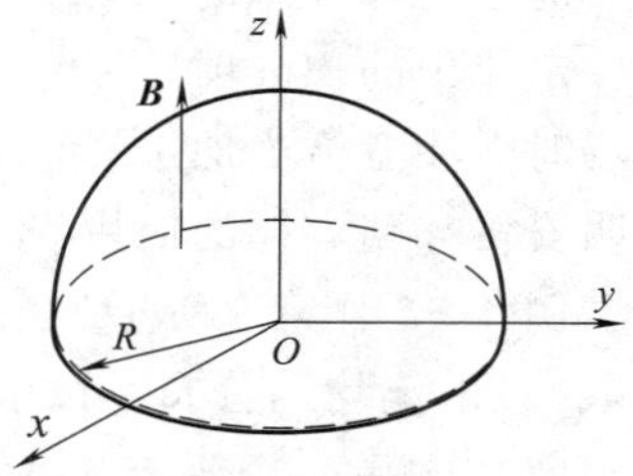

图 4-6　例 4-4 图

4.2　恒定磁场环量特性——安培环路定律

4.2.1　真空中的安培环路定律

安培提出安培力定律后继续探索磁的本性，于 1827 年出版了《电动力学理论》一书，用数学理论描述和总结了电磁现象，得出了著名的安培环路定律：在真空的磁场中，沿任意回路取 $\boldsymbol{B}$ 的线积分，其值等于真空的磁导率乘以穿过该回路所限定面积上电流的代数和，即

$$\oint_l \boldsymbol{B} \cdot d\boldsymbol{l} = \mu_0 \sum I \tag{4-14}$$

式中，电流 I 的正负决定于电流的方向与积分回路绕行方向是否符合右手螺旋关系，符合为正，不符合为负。

下面以线电流产生的磁场为例对式（4-14）加以说明。在真空中，若磁场是由无限长载流直导线 I 引起的，在垂直于导线的任意平面内取一闭合回路 l 作为积分路径，如图 4-7a 所示。积分路径上的元长度 $d\boldsymbol{l}$ 距导线的距离为 r，对轴线所张开的角度为 $d\phi$，则 $r d\phi = \boldsymbol{e}_\phi \cdot d\boldsymbol{l}$，将线电流磁感应强度式（4-9）代入式（4-14）积分表达式，则有

$$\oint_l \boldsymbol{B} \cdot d\boldsymbol{l} = \oint_l \frac{\mu_0 I}{2\pi r} \boldsymbol{e}_\phi \cdot d\boldsymbol{l} = \oint_l \frac{\mu_0 I}{2\pi r} r d\phi = \frac{\mu_0 I}{2\pi}\int_0^{2\pi} d\phi = \mu_0 I$$

如果积分路径没有与电流交链，如图 4-7b 所示，由于 $\int_0^{2\pi} d\phi = 0$，从而 $\oint_l \boldsymbol{B} \cdot d\boldsymbol{l} = 0$。

如果与积分路径交链的电流不止一个，如图 4-7c 所示，则有 $\oint_l \boldsymbol{B} \cdot d\boldsymbol{l} = \mu_0 (I_1 - I_2)$，式中电流方向与 l 成右手螺旋方向则取正，否则取负。

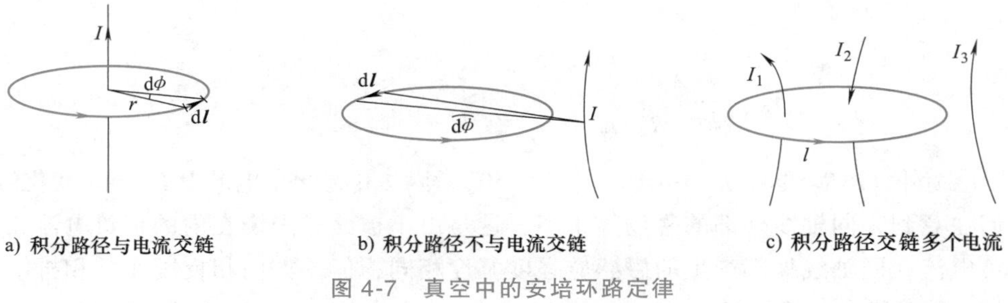

图 4-7　真空中的安培环路定律

需要指出的是，上述虽然是对线电流讨论的，但其结论可推广到任意分布的电流情况。对体分布电流，式（4-14）中右端项中的电流为积分环路所包围的总电流。

对于对称分布的磁场，应用安培环路定律可以使 $\boldsymbol{B}$ 的计算变得很简单。这里要强调的是，定律中的积分项是磁感应强度 $\boldsymbol{B}$ 与线元 $\mathrm{d}\boldsymbol{l}$ 的矢量点积分，实际应用安培环路定律求解磁场时需注意恰当地选择积分路径，才能方便简化积分运算，求出磁感应强度值。下面举例说明安培环路定律的应用。

例 4-5　图 4-8 所示为一根无限长同轴电缆的截面，内、外导体分别通有方向相反的电流 I，设电流均匀分布，试求各部分的磁感应强度。

解　这是一个平行平面磁场，且轴对称，磁场的分布与电缆的长度坐标无关，也和 ϕ 角无关。根据图中给定的电流方向，用右手螺旋法则可以判断 $\boldsymbol{B}$ 为顺时针方向。取一个半径为 r 的同心圆周为积分回路，利用安培环路定律即可分别计算各个区域的磁感应强度。

当 $r<R_1$ 时，内导体的电流密度 $J=\dfrac{I}{\pi R_1^2}$，则穿过积分回路圆面积的电流 I' 为内导线中的部分电流，即

$$I'=\frac{I}{\pi R_1^2}\pi r^2=I\frac{r^2}{R_1^2}$$

根据安培环路定律有

$$\oint_l \boldsymbol{B}_1\cdot\mathrm{d}\boldsymbol{l}=\oint_l B_{\phi1}\boldsymbol{e}_\phi\cdot\mathrm{d}l\boldsymbol{e}_\phi=B_{\phi1}2\pi r=\mu_0\frac{Ir^2}{R_1^2}$$

得

$$B_{\phi1}=\frac{\mu_0 I}{2\pi R_1^2}r$$

类似地，当 $R_1<r<R_2$ 时，与积分回路交链的电流为内导体中的全部电流 I，因此

$$B_{\phi2}=\frac{\mu_0 I}{2\pi r}$$

当 $R_2<r<R_3$ 时，积分回路交链的电流为

$$I'=I-I\frac{r^2-R_2^2}{R_3^2-R_2^2}=I\frac{R_3^2-r^2}{R_3^2-R_2^2}$$

因此有

$$B_{\phi3}=\frac{\mu_0 I}{2\pi r}\frac{R_3^2-r^2}{R_3^2-R_2^2}$$

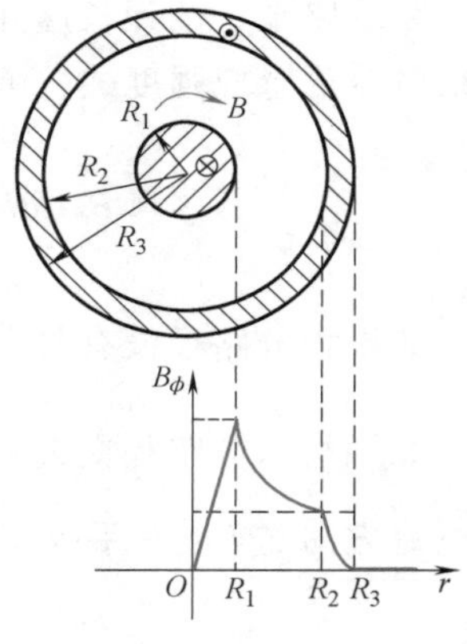

图 4-8　例 4-5 图

对于电缆外（$r>R_3$ 处），$I'=I-I=0$，则 $B_{\phi4}=0$。图 4-8 中绘出了电缆中 B_ϕ 随 r 变化的曲线。

我们注意到，同轴线外部的磁场等于零，这是由于被路径围绕在内的正负电流相等的原因，正负电流在同轴线外部产生的磁感应强度幅度相同，但是方向相反因而互相抵消。结合第 2 章例 2-8 电场的计算结果可知，这样的同轴电缆线将其电场与磁场都封闭在导体内及导体之间的介质中，对外有着很好的屏蔽效果，不会对周围环境产生电磁干扰，同时也可以避免外界电磁场对电缆中的信号造成影响，具有很好的电磁兼容特性，所以在工程上得到了广

泛应用。

4.2.2 媒质的磁化与任意介质中的安培环路定律

1. 媒质的磁化

上述讨论的是真空中的磁场，当场域中存在物质时，不同的介质会对磁场产生不同的影响。一切物质都是由分子或原子组成，在分子或原子中，电子在其轨道上以恒速围绕原子核做圆周运动，从而形成一个闭合的环形电流，把这种环形电流构成的小电流回路称为磁偶极子（magnetic dipole）。

设分子回路的电流为 I，分子回路的面积为 $\boldsymbol{a}$，面积的方向与电流的绕向取右手螺旋方向，如图 4-9a 所示，则定义磁偶极子的磁偶极矩（magnetic dipole moment）为

$$\boldsymbol{m} = I\boldsymbol{a} \tag{4-15}$$

其单位为 $\mathrm{A \cdot m^2}$。轨道电子产生的磁矩称为轨道磁矩，另一方面，电子及原子核本身绕自己的轴线旋转（自旋），它产生自旋磁矩。原子的净磁矩是由所有电子的轨道磁矩和自旋磁矩所组成。在没有外磁场时，由于热运动，这些磁矩是随机排列的，使得宏观的合成磁矩为零，整块物质对外不显示磁性，如图 4-9b 所示。当有外加磁场时，每个磁偶极子都会受到磁场力的作用而偏转，偏转的结果使它们沿着磁场方向有规律地重新排列，如图 4-9c 所示，宏观的合成磁矩不再为零，这种现象称为磁化。材料内部磁偶极子的有序排列宏观表现相当于沿材料表面流动的面电流，图 4-9d 为媒质均匀磁化的示意图。

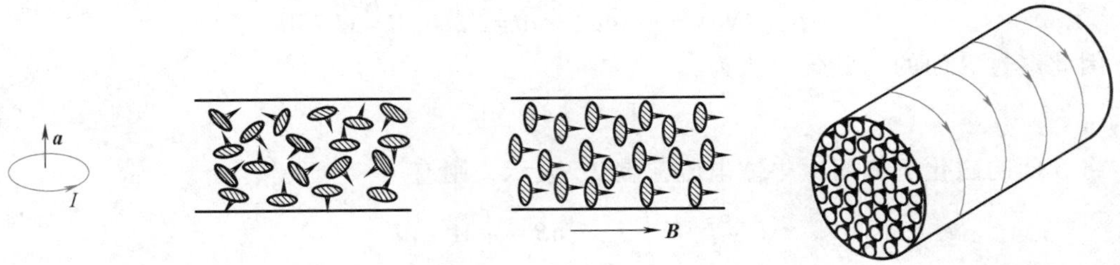

a) 磁偶极子　b) 无外加磁场的媒质　c) 有外加磁场的媒质　d) 媒质均匀磁化

图 4-9　磁偶极子及媒质的磁化

磁化结果出现的合成磁矩产生附加磁场，这种附加磁场影响外磁场，导致磁化状态发生改变，从而又使附加磁场发生改变，一直到媒质中的合成磁场产生的磁化能够建立一个稳定的附加磁场，磁化状态达到平衡。

2. 磁化强度与磁化电流

由上述分析可见，无论哪种磁性物质，磁化结果都在物质中产生了磁矩。为了衡量媒质磁化的程度，定义单位体积中所有磁矩的矢量和为磁化强度矢量，用 $\boldsymbol{M}$ 表示，即

$$\boldsymbol{M} = \lim_{\Delta V \to 0} \frac{\sum_{i=1}^{N} \boldsymbol{m}_i}{\Delta V} \tag{4-16}$$

式中，$\boldsymbol{m}_i$ 为 ΔV 中第 i 个磁偶极子的磁矩，ΔV 为微小体积，其尺寸远大于分子、原子的间距，而远小于物质及场的宏观不均匀性。磁化强度取决于外加磁场和物质本身的特性。

物质发生磁化后，出现的磁矩是由于物质中形成新的电流产生的，这种电流称为磁化电

流。实际上，磁化电流是由于物质内电子的运动方向改变，或者产生新的运动方式形成的，但是形成磁化电流的电子仍然被束缚在原子或分子周围，所以磁化电流又称为束缚电流。它们虽然不引起电荷的迁移，但是它和发生电荷迁移的自由电流一样能产生磁场。

仿照静电场中介质极化的等效分析过程，可以利用单个磁偶极子的空间磁场分布（见后面例 4-13）推导出磁介质的等效磁化电流为 $\boldsymbol{I}_{\mathrm{m}}=\oint_l \boldsymbol{M}\cdot\mathrm{d}\boldsymbol{l}$。

这里给出磁化电流模型的另一种解释如下。

在磁介质内任取一个周界为 l、面积为 S 的闭合回路，计算穿过该回路磁化电流的总和，如图 4-10 所示。可以看出，只有那些与 S 面相交链的分子电流对 S 面的总电流才有贡献。与 S 面相交链的分子电流有两种情况，一种是在面内交链，分子电流穿入穿出 S 面各一次，其对 S 面总电流没有贡献，如图中分子电流 1；另一种情况是与 S 面的边界线 l 交链的分子电流，它们只通过 S 面一次，因而对 S 面的总电流有贡献，如图中分子电流 2；分子电流 3 不与 S 面相交链，其对 S 面总电流就没有贡献。

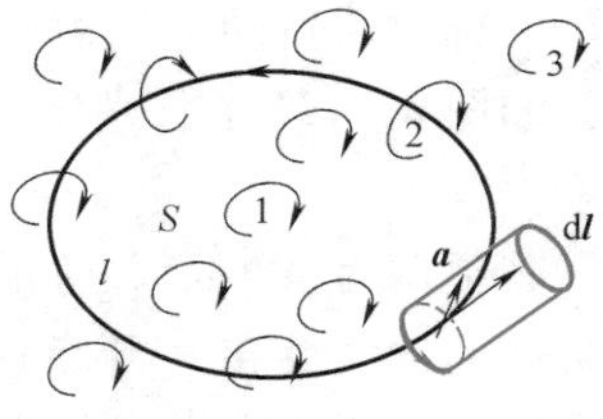

图 4-10　媒质中的磁化电流

在 S 面的边界线 l 上沿其环绕方向取微分元长度 $\mathrm{d}\boldsymbol{l}$，则在 $\mathrm{d}\boldsymbol{l}$ 附近媒质的磁化可看作是均匀的。选以 $\mathrm{d}\boldsymbol{a}$ 为底、$\mathrm{d}\boldsymbol{l}$ 为轴的微分圆柱体，其体积 $\mathrm{d}V=\mathrm{d}\boldsymbol{a}\cdot\mathrm{d}\boldsymbol{l}$，则柱内的所有分子电流均与 $\mathrm{d}\boldsymbol{l}$ 交链，且通过 S 面一次。设柱内单位体积内的分子数为 N 个，每个分子电流的大小为 i，则穿过微分圆柱的分子电流的总和为

$$\mathrm{d}I_{\mathrm{m}}=iN\mathrm{d}V=N(i\mathrm{d}\boldsymbol{a})\cdot\mathrm{d}\boldsymbol{l}=N\boldsymbol{m}\cdot\mathrm{d}\boldsymbol{l}=\boldsymbol{M}\cdot\mathrm{d}\boldsymbol{l}$$

因此穿过 S 面的总磁化电流为

$$\boldsymbol{I}_{\mathrm{m}}=\oint_l \boldsymbol{M}\cdot\mathrm{d}\boldsymbol{l} \tag{4-17}$$

将 S 面的磁化电流用磁化体电流密度 $\boldsymbol{J}_{\mathrm{m}}$ 表示，则有

$$\boldsymbol{I}_{\mathrm{m}}=\int_S \boldsymbol{J}_{\mathrm{m}}\cdot\mathrm{d}\boldsymbol{S}=\oint_l \boldsymbol{M}\cdot\mathrm{d}\boldsymbol{l}$$

应用斯托克斯定理，则有

$$\int_S \boldsymbol{J}_{\mathrm{m}}\cdot\mathrm{d}\boldsymbol{S}=\int_S \nabla\times\boldsymbol{M}\cdot\mathrm{d}\boldsymbol{S}$$

由于 S 的任意性，则有

$$\boldsymbol{J}_{\mathrm{m}}=\nabla\times\boldsymbol{M} \tag{4-18}$$

式（4-17）表明，在磁化的媒质中磁化强度沿任一闭合路径的环流量等于该闭合回路包围的总磁化电流。式（4-18）表示媒质内任一点的磁化电流密度是该点磁化强度的旋度。

对于不同导磁媒质的分界面，由于磁化强度不同，分界面上会出现磁化面电流，下面推导磁化面电流的计算。

在媒质分界面上作一矩形回路，如图 4-11 所示，平行于分界面的边长为 Δl_1，设 Δl_1 足够小，认为媒质在 Δl_1 长度范围内均匀磁化。设垂直于分界面的边长为更高阶无穷小长度，即认为 $\Delta l_2\to 0$。由式（4-17），若分界面存在磁化面电流，则有

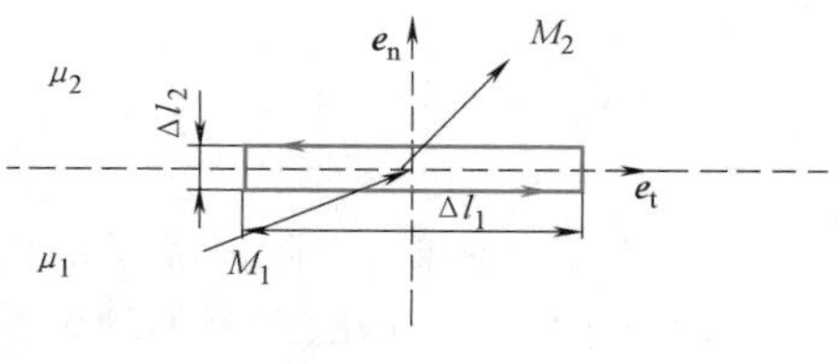

图 4-11　媒质分界面磁化面电流

$$\boldsymbol{I}_{\mathrm{m}} = \oint_l \boldsymbol{M} \cdot \mathrm{d}\boldsymbol{l} \approx (M_{1t} - M_{2t})\Delta l_1 = K_{\mathrm{m}}\Delta l_1$$

式中，K_{m} 为磁化面电流密度。磁化强度与磁化电流之间的方向也遵循右手螺旋关系，因此，写成矢量形式为

$$\boldsymbol{e}_{\mathrm{n}} \times (\boldsymbol{M}_2 - \boldsymbol{M}_1) = \boldsymbol{K}_{\mathrm{m}} \tag{4-19}$$

式中，$\boldsymbol{e}_{\mathrm{n}}$ 为媒质 1 指向媒质 2 的单位法向矢量。若媒质 2 为真空，则媒质 1 中磁化面电流密度为

$$\boldsymbol{K}_{\mathrm{m}} = -\boldsymbol{e}_{\mathrm{n}} \times \boldsymbol{M}_1$$

或者写为

$$\boldsymbol{K}_{\mathrm{m}} = \boldsymbol{M} \times \boldsymbol{e}_{\mathrm{n}} \tag{4-20}$$

式（4-20）表明，媒质表面的磁化面电流密度矢量等于其磁化强度矢量与媒质表面的外法向的叉积。

3. 磁介质中的安培环路定律

在导磁媒质的磁场中，将媒质的磁化电流对磁场的作用用等效的分布电流表示，将媒质“抽去”，等效电流当作真空中已知的电流来处理，看作是磁场的源，磁场所遵循的基本定律形式上仍满足真空中的安培环路定律。因此，任意取一闭合路径 $\boldsymbol{l}$，则磁感应强度沿此回路的线积分为

$$\oint_l \boldsymbol{B} \cdot \mathrm{d}\boldsymbol{l} = \mu_0 \sum (I + I_{\mathrm{m}}) \tag{4-21}$$

式中，$\sum I$ 为与回路 l 相交链的传导电流的代数和；$\sum I_{\mathrm{m}}$ 为与回路 l 相交链的磁化电流的总和。

将式（4-17）代入式（4-21），则可以写成

$$\oint_l \boldsymbol{B} \cdot \mathrm{d}\,\boldsymbol{l} = \mu_0\left(\sum I + \oint_l \boldsymbol{M} \cdot \mathrm{d}\boldsymbol{l}\right)$$

即

$$\oint_l \left(\frac{\boldsymbol{B}}{\mu_0} - \boldsymbol{M}\right) \cdot \mathrm{d}\boldsymbol{l} = \sum I \tag{4-22}$$

可见，合成矢量 $\dfrac{\boldsymbol{B}}{\mu_0} - \boldsymbol{M}$ 只与回路内交链的传导电流有关，定义

$$\boldsymbol{H} = \frac{\boldsymbol{B}}{\mu_0} - \boldsymbol{M} \tag{4-23}$$

为磁场强度矢量，则式（4-22）可写为

$$\oint_l \boldsymbol{H} \cdot \mathrm{d}\boldsymbol{l} = \sum I \tag{4-24}$$

式（4-24）为任意媒质中的安培环路定律，在真空中，无磁化电流，即 $\boldsymbol{M}=0$、$\boldsymbol{B}=\mu_0\boldsymbol{H}$，式（4-24）与式（4-14）相同。定律表明，磁场强度矢量沿任一闭合路径的环流量等于该闭合曲线所交链的传导电流的代数和，而与媒质的分布无关。由此可见，磁场强度的引入简化了媒质中磁场的分析计算，这与静电场中电位移矢量的定义、所起的作用是类似的。

应用斯托克斯定理于式（4-24），可得

$$\oint_l \boldsymbol{H} \cdot \mathrm{d}\boldsymbol{l} = \int_S (\nabla \times \boldsymbol{H}) \cdot \mathrm{d}\boldsymbol{S} = I = \int_S \boldsymbol{J} \cdot \mathrm{d}\boldsymbol{S}$$

即

$$\nabla \times \boldsymbol{H} = \boldsymbol{J} \tag{4-25}$$

这是微分形式的安培环路定律。

磁化强度描述媒质在外磁场中被磁化的程度，对于线性、各向同性的媒质，磁化强度与磁场强度成正比，即

$$\boldsymbol{M} = \chi_m \boldsymbol{H} \tag{4-26}$$

式中，χ_m 为媒质的磁化率，是一个无量纲的常数。将式（4-26）代入式（4-23）可得

$$\boldsymbol{B} = \mu_0(\boldsymbol{H}+\boldsymbol{M}) = \mu_0(1+\chi_m)\boldsymbol{H}$$

令

$$\mu = (1+\chi_m)\mu_0 = \mu_r\mu_0 \tag{4-27}$$

则有

$$\boldsymbol{B} = \mu\boldsymbol{H} \tag{4-28}$$

式（4-28）称为线性媒质的本构关系方程，其中 μ 为媒质的磁导率，单位是亨/米（H/m），μ_r 称为相对磁导率（定义为媒质的磁导率与真空磁导率的比值），对于真空，$\mu=\mu_0$。

相对磁导率是由媒质本身特性决定的，表 4-1 给出了部分常用材料的相对磁导率。随着材料科学与技术的不断发展，常用电工材料的相对磁导率也在不断提升，使得磁技术在医疗、生命科学、军事（如电磁炮）等领域高新技术的应用越来越广泛。

表 4-1　常用材料的相对磁导率 μ_r

材料	μ_r	材料	μ_r
铜	0.999993554	钴	60
铋	0.9999986	铁粉	100
石 蜡	0.99999942	机器结构钢	300
木 材	0.9999995	铁氧体	1000
银	0.99999981	坡莫合金 45	2500
铝	1.00000065	电工钢(硅钢)	3000
铍	1.00000079	矽铁	3500
氯化镍	1.00004	纯铁	4000
镍	50	铝硅铁粉	30000
铸 铁	60	镍铁钼导磁合金	100000

例 4-6　一根细而长的导线沿 z 轴放置，载有电流 I，利用安培环路定律求真空中任一点的磁场强度和磁感应强度。

解　长直导线产生的磁场是轴对称的，取与导线同心的、半径为 r 的圆环作为积分回路，应用安培环路定律得

$$\oint_l \boldsymbol{H} \cdot \mathrm{d}\boldsymbol{l} = \int_0^{2\pi} H_\phi r\mathrm{d}\phi = 2\pi r H_\phi = I$$

$$\boldsymbol{H} = \frac{I}{2\pi r}\boldsymbol{e}_\phi$$

磁感应强度为

$$\boldsymbol{B} = \mu_0\boldsymbol{H} = \frac{\mu_0 I}{2\pi r}\boldsymbol{e}_\phi$$

可见用安培环路定律计算得到的磁感应强度矢量与用叠加积分法（例 4-1）计算得到的结果是一样的。显然，在对称情况下利用安培环路定律计算过程更简单。

例 4-7 有一圆柱形铁环，环的内、外半径分别为 a 和 b，高为 h，如图 4-12 所示。设铁环的相对磁导率为 μ_r，环上密绕 N 匝通有电流 I 的线圈，忽略漏磁的情况下，求铁环内：(1) 磁场强度 $\boldsymbol{H}$ 和磁感应强度 $\boldsymbol{B}$；(2) 总磁通；(3) 磁化强度矢量；(4) 磁化体电流密度和磁化面电流密度。

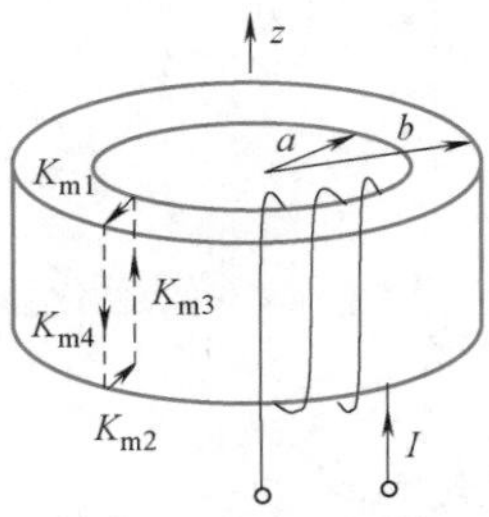

图 4-12 例 4-7 图

解 (1) 由于不考虑漏磁，因此 $r<a$ 和 $r>b$ 处，$\boldsymbol{H}=\boldsymbol{B}=0$

当 $a<r<b$ 时，由安培环路定理 $\oint_l \boldsymbol{H}\cdot \mathrm{d}\boldsymbol{l}=NI$，及磁场分布的对称性，可得

$$\boldsymbol{H}=\frac{NI}{2\pi r}\boldsymbol{e}_\phi,\boldsymbol{B}=\mu\boldsymbol{H}=\frac{\mu_0\mu_r NI}{2\pi r}\boldsymbol{e}_\phi$$

(2) 穿过铁环横截面的总磁通为

$$\Phi=\int_a^b \boldsymbol{B}\cdot \mathrm{d}\boldsymbol{S}=\int_a^b \boldsymbol{B}\cdot h\mathrm{d}r\boldsymbol{e}_\phi=\frac{\mu_0\mu_r NIh}{2\pi}\ln\frac{b}{a}$$

(3) 磁化强度矢量为

$$\boldsymbol{M}=\chi_m\boldsymbol{H}=(\mu_r-1)\boldsymbol{H}=\frac{(\mu_r-1)NI}{2\pi r}\boldsymbol{e}_\phi$$

(4) 由式 (4-18) 并利用圆柱坐标系旋度公式展开式计算铁环内磁化体电流密度为

$$\boldsymbol{J}_m=\nabla\times\boldsymbol{M}=\frac{1}{r}\frac{\partial}{\partial r}(rM_\phi)\boldsymbol{e}_z=0$$

由式 (4-20) 计算铁环的上表面处磁化面电流密度为

$$\boldsymbol{K}_{m1}=\boldsymbol{M}\times\boldsymbol{e}_z=\frac{(\mu_r-1)NI}{2\pi r}\boldsymbol{e}_r$$

类似的，铁环的下表面处磁化面电流密度为

$$\boldsymbol{K}_{m2}=\boldsymbol{M}\times(-\boldsymbol{e}_z)=\frac{(\mu_r-1)NI}{2\pi r}(-\boldsymbol{e}_r)$$

铁环内表面的磁化面电流密度为

$$\boldsymbol{K}_{m3}=\boldsymbol{M}\Big|_{r=a}\times(-\boldsymbol{e}_r)=\frac{(\mu_r-1)NI}{2\pi a}\boldsymbol{e}_z$$

铁环外表面的磁化面电流密度为

$$\boldsymbol{K}_{m4}=\boldsymbol{M}\Big|_{r=b}\times\boldsymbol{e}_r=\frac{(\mu_r-1)NI}{2\pi b}(-\boldsymbol{e}_z)$$

由计算结果可见，铁磁环表面的磁化面电流与环上所加线圈中的电流具有相同的方向，因此磁化的结果使得铁环内磁场相互增强，磁感应强度增大。

例 4-8 已知半径为 a，磁导率为 μ 的无限长圆柱形导磁媒质，其中心有无限长的线电流 I，圆柱外为空气。求导磁媒质内的磁场强度、磁感应强度、磁化强度、媒质表面的磁化电流。

解 先利用安培环路定律求磁场强度，再由磁场强度计算磁感应强度和磁化强度。以线电流 I 为轴线，半径 r 的圆周为积分路径，有

$$\oint_l \boldsymbol{H} \cdot \mathrm{d}\boldsymbol{l} = 2\pi r H_\phi = I$$

$$\boldsymbol{H} = \frac{I}{2\pi r}\boldsymbol{e}_\phi, \quad \boldsymbol{B} = \mu \boldsymbol{H} = \frac{\mu I}{2\pi r}\boldsymbol{e}_\phi$$

导磁媒质的磁化强度为

$$\boldsymbol{M} = \frac{\mu}{\mu_0}\boldsymbol{H} - \boldsymbol{H} = (\mu_r - 1)\frac{I}{2\pi r}\boldsymbol{e}_\phi$$

当 $r=a$ 时，表面的磁化面电流为

$$\boldsymbol{K}_m = \boldsymbol{M} \times \boldsymbol{e}_r = \frac{(\mu_r - 1)I}{2\pi a}(-\boldsymbol{e}_z)$$

空气中（$r>a$）传导电流与媒质表面的磁化电流产生的场相互抵消，磁场为零。

4.2.3 磁材料及其特性

与极化现象不同的是，磁化结果使物质中的合成磁场可能减弱也可能增强，而电介质极化总是减弱原来的电场。

根据物质的磁化过程，可以把物质的磁性能分为以下三种类型。

1. 抗磁性物质

通常情况下这种物质原子中的合成磁矩为零。当有外加磁场时，电子除了自旋和轨道运动外，还要围绕外加磁场发生运动，这种运动方式称为进动。分析表明，电子进动产生的附加磁矩方向总是与外加磁场的方向相反，导致物质中合成磁场减弱，因此，这种磁性能称为抗磁性。所有的有机化合物和大部分无机化合物是抗磁性物质，银、铜、铋、锌、铅及汞等也属于抗磁性物质。

2. 顺磁性物质

这种物质在正常情况下原子中的合成磁矩并不为零，只是由于热运动的结果，宏观的合成磁矩为零。在外加磁场的作用下，除了电子的进动产生磁性以外，磁偶极子的磁矩方向朝着外加磁场方向转变，使得合成磁场增强，这种磁性能称为顺磁性。铝、锡、镁、钨、铂及钯等属于顺磁性物质。

3. 铁磁性及亚铁磁性物质

上述抗磁性和顺磁性物质的磁化现象均不显著，而铁磁性及亚铁磁性物质在外加磁场作用下，会发生显著的磁化现象。

这种物质内部存在磁畴（domain），磁畴是材料中的一个小区域，每个磁畴中磁矩方向相同。在没有外磁场时，每个磁畴的磁矩方向杂乱无章，彼此不同，对外不显示磁性，如图 4-13a 所示。在外磁场作用下，大量磁畴发生转动，各个磁畴方向趋于一致，且磁畴面积还会扩大，因而产生较强的磁性，如图 4-13b 所示，通常铁磁类材料具有这种磁性能，例如铁、镍、钴等。

这种铁磁性物质的磁性能还具有明显的非线性特性，且存在磁滞和剩磁现象。磁滞现象是指材料的磁特性与外加磁场的变化不是瞬时完成的，时间上存在滞后性。剩磁是指去除外加磁场后，材料不会回到原来的未磁化状态，仍然维持一部分沿外加磁场方向的磁化，必须加一个相反方向的外加磁场才能使净磁化回到零。

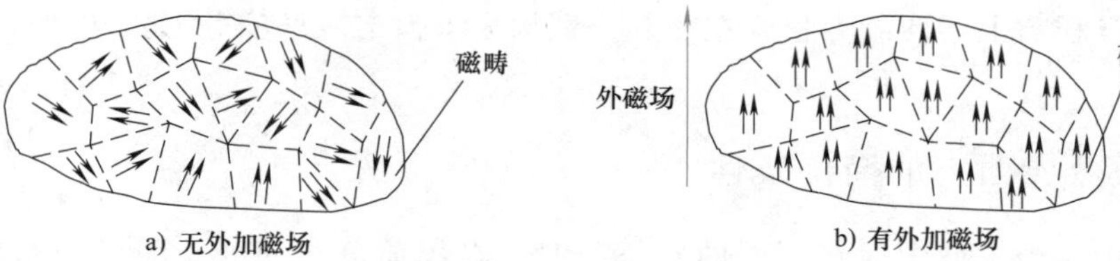

图 4-13 铁磁材料的磁畴

还有一类金属氧化物，它们的磁化现象比铁磁物质稍弱一些，但剩磁小，且电导率很低，这种物质称为亚铁磁性物质，例如铁氧体等就是亚铁磁性物质。由于其电导率很低，高频电磁波可以进入内部，具有高频下涡流损耗小等可贵的特性，使得铁氧体在高频和微波器件中得到广泛的应用。

铁磁材料具有很大的相对磁导率，在 10^2 ~ 10^3 之间，甚至更高，这类材料的 $\boldsymbol{B}$ 和 $\boldsymbol{H}$ 之间的关系为非线性的，具有磁滞现象，即依赖于材料以前的历史记录的 $\boldsymbol{B}$ 和 $\boldsymbol{H}$ 之间的关系。

图 4-14 给出了描述铁磁材料 $\boldsymbol{B}$ 和 $\boldsymbol{H}$ 之间关系的典型曲线，称为静态磁滞回线（hysteresis loop）。磁化过程为 $a1b$—$b2c$—$c3d$—$d4e$—$e5f$—$f6g$—$g7b$，图中 c 点对应的磁感应强度 B_r 称为剩磁（remanent flux density），d 点对应的磁化强度 H_c 为矫顽力（coercive force）。不同铁磁材料的磁滞回线包围的面积不同，矫顽力较小的称为软磁，较大的为硬磁。

通常，在磁感应强度较小的情况下可以将铁磁材料近似看作线性的。

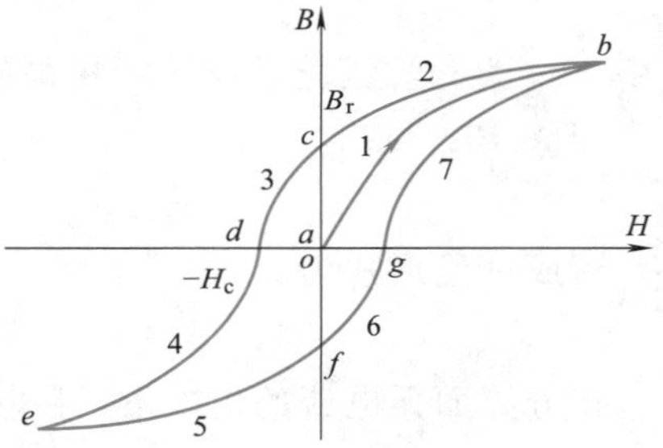

图 4-14 铁磁材料的磁滞回线

铁磁材料具有的强导磁性使得这类材料在电工设备中得到了广泛应用。

4.3 恒定磁场基本方程与媒质分界面衔接条件

4.3.1 恒定磁场的基本方程

磁通连续性定理和安培环路定律表征了恒定磁场的基本性质，不论导磁媒质分布情况如何，凡是恒定磁场都具备这两个特性，即

$$\oint_S \boldsymbol{B} \cdot \mathrm{d}\boldsymbol{S} = 0$$

$$\oint_l \boldsymbol{H} \cdot \mathrm{d}\boldsymbol{l} = \sum I$$

相应的微分形式方程为

$$\nabla \times \boldsymbol{H} = \boldsymbol{J}$$

$$\nabla \cdot \boldsymbol{B} = 0$$

可见恒定磁场是无源有旋场。对于线性、各向同性的媒质，恒定磁场的媒质本构关系方程为

$$\boldsymbol{B} = \mu \boldsymbol{H}$$

该方程表明了线性各向同性的媒质中磁感应强度与磁场强度两个物理量之间必须遵循的约束方程，此方程与上述两组方程合在一起分别构成了恒定磁场积分形式和微分形式的基本方程组。

4.3.2 媒质分界面上的衔接条件

恒定磁场中，当场域中存在不同的磁媒质时，在媒质分界面处，同样会出现场量的突变。下面推导磁场强度和磁感应强度在两种不同媒质分界面上满足的边界条件。

与静电场类似，可以利用恒定磁场的积分形式基本方程推导场量在不同媒质分界面的衔接条件。

在分界面上，围绕任一点取一无穷小矩形回路，方向如图 4-15a 所示。令分界面法向的回路长度比切线方向的长度为更高阶的无穷小量，即 $\Delta l_2 \to 0$，如果分界面上存在传导面电流，面电流密度为 $\boldsymbol{K}$，根据安培环路定律 $\oint_l \boldsymbol{H} \cdot \mathrm{d}\boldsymbol{l} = I$，并且仿照静电场介质分界面衔接条件的推导过程可以得到

$$\boldsymbol{e}_{\mathrm{n}} \times (\boldsymbol{H}_2 - \boldsymbol{H}_1) = \boldsymbol{K} \tag{4-29}$$

其中，$\boldsymbol{e}_{\mathrm{n}}$ 为分界面上从媒质 1 指向媒质 2 的法线方向单位矢量。如果分界面上无传导面电流，即 $\boldsymbol{K}=0$，则有

$$\boldsymbol{e}_{\mathrm{n}} \times (\boldsymbol{H}_2 - \boldsymbol{H}_1) = 0 \tag{4-30}$$

写成标量形式为

$$H_{1\mathrm{t}} = H_{2\mathrm{t}} \tag{4-31}$$

在分界面无电流的情况下，磁场强度的切向分量是连续的。

类似地，在媒质分界面上包围某点 P 做一无穷小扁圆柱体，如图 4-15b 所示，且令圆柱体的高度为更高阶的无穷小量，即 $\Delta l \to 0$，则根据 $\oint_S \boldsymbol{B} \cdot \mathrm{d}\boldsymbol{S} = 0$，有

$$\oint_S \boldsymbol{B} \cdot \mathrm{d}\boldsymbol{S} = \boldsymbol{B}_2 \cdot \boldsymbol{e}_{\mathrm{n}} \Delta S - \boldsymbol{B}_1 \cdot \boldsymbol{e}_{\mathrm{n}} \Delta S = 0$$

即

$$\boldsymbol{e}_{\mathrm{n}} \cdot (\boldsymbol{B}_2 - \boldsymbol{B}_1) = 0 \tag{4-32}$$

写成标量形式为

$$B_{1\mathrm{n}} = B_{2\mathrm{n}} \tag{4-33}$$

可见，磁感应强度的法线方向分量总是连续的。

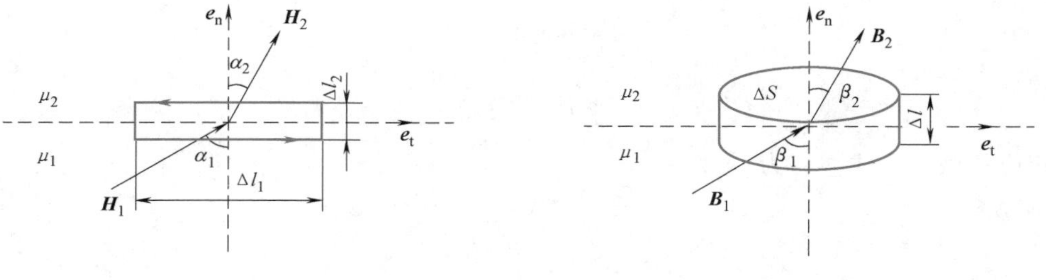

a) 切线方向场量之间的对应关系　　b) 法线方向场量之间的对应关系

图 4-15　两种媒质分界面上场量之间的对应关系

当分界面上无传导面电流时，如两种媒质均为各向同性，图 4-15 中 $\beta_1=\alpha_1$、$\beta_2=\alpha_2$，由式（4-31）和式（4-33）并考虑到 $\boldsymbol{B}=\mu\boldsymbol{H}$，则在它们的分界面上 $\boldsymbol{B}$ 线和 $\boldsymbol{H}$ 线的折射规律为

$$\frac{\tan\alpha_1}{\tan\alpha_2}=\frac{\mu_1}{\mu_2} \tag{4-34}$$

式（4-34）为恒定磁场的折射定律。

特殊地，当磁场由铁磁物质进入到非铁磁物质时，由于铁磁物质的磁导率比非铁磁物质大得多，故在铁磁物质中无论磁感应线与分界面的法线成什么角度（只要不是 90°），它在紧邻分界面的非铁磁物质中，都可以近似认为是与分界面相垂直的。如设 $\mu_1=3000\mu_0$、$\mu_2=\mu_0$，则当 $\alpha_1=80°$ 时，在介质 2 中磁感应强度线与法线的夹角为

$$\alpha_2=\arctan\left(\tan80°\times\frac{\mu_0}{3000\mu_0}\right)=\arctan0.00187=6'$$

即在铁磁物质与非铁磁物质分界面处，在非铁磁物质中磁场线近似垂直于分界面。

例 4-9　设 $x=0$ 平面是两种媒质的分界面，且分界面上无电流分布，$x<0$ 处媒质的相对磁导率为 $\mu_{r1}=4$、$x>0$ 处媒质的相对磁导率为 $\mu_{r2}=3$。已知 $\boldsymbol{B}_1=12\boldsymbol{e}_x+8\boldsymbol{e}_y$，求 $\boldsymbol{B}_2$、$\boldsymbol{H}_1$、$\boldsymbol{H}_2$。

解　由 $\boldsymbol{B}=\mu\boldsymbol{H}$，有

$$\boldsymbol{H}_1=\frac{1}{\mu_1}\boldsymbol{B}_1=\frac{1}{\mu_{r1}\mu_0}\boldsymbol{B}_1=\left(\frac{3}{\mu_0}\boldsymbol{e}_x+\frac{2}{\mu_0}\boldsymbol{e}_y\right)\text{A/m}$$

由介质分界面衔接条件，且分界面上无电流分布，有

$$B_{2n}=B_{1n}=12\text{T}$$

$$H_{2t}=H_{1t}=\frac{2}{\mu_0}\text{A/m}$$

在介质 2 中，$B_{2t}=3\mu_0H_{2t}=6\text{T}$，$H_{2n}=\frac{1}{3\mu_0}B_{2n}=\frac{4}{\mu_0}\text{A/m}$。由此可得

$$\boldsymbol{B}_2=12\boldsymbol{e}_x+6\boldsymbol{e}_y$$

$$\boldsymbol{H}_2=\frac{4}{\mu_0}\boldsymbol{e}_x+\frac{2}{\mu_0}\boldsymbol{e}_y$$

例 4-10　一个半径 $r=0.1\text{m}$、相对磁导率 $\mu_r=5$ 的圆柱体，其磁感应强度 $\boldsymbol{B}=\frac{0.2}{r}\boldsymbol{e}_\phi$。若圆柱外为空气，试求分界面空气一侧的磁感应强度。

解　分界面为半径 $r=0.1\text{m}$ 的圆柱面，圆柱体内表面的磁感应强度为

$$\boldsymbol{B}_1=\left.\frac{0.2}{r}\right|_{r=0.1}\boldsymbol{e}_\phi=\frac{0.2}{0.1}\boldsymbol{e}_\phi=2\boldsymbol{e}_\phi$$

$\boldsymbol{B}_1$ 的方向为分界面的切线方向。设圆柱体外表面的磁场强度和磁感应强度分别为 $\boldsymbol{H}_0$ 和 $\boldsymbol{B}_0$，由分界面衔接条件得

$$H_{0t}=H_{1t}=\frac{B_1}{\mu_r\mu_0}=\frac{1}{5\mu_0}B_1,\quad B_{0n}=B_{1n}=0$$

因此，圆柱体外表面的磁感应强度为

$$\boldsymbol{B}_0=B_{0t}\boldsymbol{e}_\phi=\mu_0H_{0t}\boldsymbol{e}_\phi=\frac{1}{5}B_1\boldsymbol{e}_\phi=0.4\boldsymbol{e}_\phi$$

4.4 恒定磁场的位函数及其边值问题

讨论静电场时，由于静电场的无旋性，引入了标量位函数，即电位 φ，方便描述电场的性质及分布，并简化了静电场的计算。对于恒定磁场，同样希望根据恒定磁场的基本性质找到相应的位函数来描述其磁场，以方便讨论恒定磁场的分布与计算。

4.4.1 标量磁位及其边值问题

1. 标量磁位的定义

在恒定磁场中，由其旋度方程 $\nabla\times\boldsymbol{H}=\boldsymbol{J}$ 可知磁场不是无旋场，但是在没有电流分布的区域内，传导电流密度 $\boldsymbol{J}=0$，则有

$$\nabla\times\boldsymbol{H}=0$$

上式表明在无电流区域恒定磁场具有无旋性。根据矢量分析恒等式，在传导电流为零的区域内，一定存在标量函数 φ_{m} 满足

$$\boldsymbol{H}=-\nabla\varphi_{\mathrm{m}} \tag{4-35}$$

式中，φ_{m} 称作标量磁位（scalar magnetic potential），也简称作磁位，在国际单位制中，φ_{m} 的单位是安（A）。

引入磁位的概念完全是为了使某些情况下磁场的计算简化，它并无物理意义，式（4-35）中负号只是为了和静电场中相应的方程对应。

磁位相等的各点连成的曲面称为等磁位面，其方程是 $\varphi_{\mathrm{m}}=$常数。由式（4-35）知，等磁位面与磁场强度 $\boldsymbol{H}$ 线相互垂直。

仿照静电场中电压的公式，定义磁场中两点间的磁压为

$$U_{\mathrm{mab}}=\int_{\mathrm{a}}^{\mathrm{b}}\boldsymbol{H}\cdot\mathrm{d}\boldsymbol{l}=-\int_{\varphi_{\mathrm{ma}}}^{\varphi_{\mathrm{mb}}}\mathrm{d}\varphi_{\mathrm{m}}=\varphi_{\mathrm{ma}}-\varphi_{\mathrm{mb}}$$

在静电场中，两点的电压与路径无关，只与两点的位置有关，只要选定参考点，场中各点都有确定的电位值。但在磁场中，情况就不同了。如图 4-16 所示，取一围绕电流的闭合路径 $aebca$ 来求磁场强度的线积分，则根据安培环路定律，应有 $\oint_{aebca}\boldsymbol{H}\cdot\mathrm{d}\boldsymbol{l}=I$，可见 $\int_{aeb}\boldsymbol{H}\cdot\mathrm{d}\boldsymbol{l}=\int_{acb}\boldsymbol{H}\cdot\mathrm{d}\boldsymbol{l}+I$。如取积分回路围绕电流 k 次（k 是任意整数），则

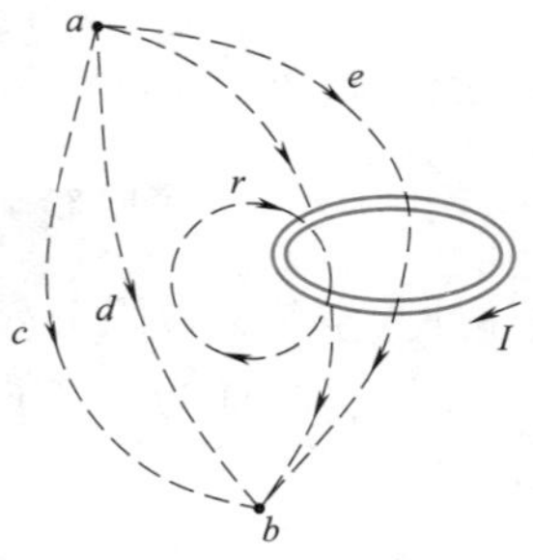

图 4-16 磁位与积分路径的关系

$$\oint_{arbca}\boldsymbol{H}\cdot\mathrm{d}\boldsymbol{l}=kI$$

则有

$$\int_{arb}\boldsymbol{H}\cdot\mathrm{d}\boldsymbol{l}=\int_{acb}\boldsymbol{H}\cdot\mathrm{d}\boldsymbol{l}+kI$$

这说明在磁场中，任意两点间的磁压随积分路径而变。这样，对于磁场中的任意一点来说，即使选定参考点，其磁位仍是一个多值函数。磁位的多值性，对于计算磁感应强度并没有影响。在电流回路引起的磁场中，若积分路径不穿过载流回路所限定的面，则磁场中各点的磁位为单值函数，两点的磁压也就与积分路径无关了，这样就可以避免磁位的多值性。

2. 标量磁位的方程及其边值问题

在无电流区域磁场满足无散性，在基本方程 $\nabla\cdot\boldsymbol{B}=0$ 中代入磁感应强度 $\boldsymbol{B}$ 与磁场强度 $\boldsymbol{H}$ 的关系 $\boldsymbol{B}=\mu\boldsymbol{H}$，并考虑到 $\boldsymbol{H}=-\nabla\varphi_{\mathrm{m}}$，则有

$$\nabla\cdot(-\mu\nabla\varphi_{\mathrm{m}})=-\nabla\cdot\mu\nabla\varphi_{\mathrm{m}}=0$$

即

$$\nabla\cdot\mu\nabla\varphi_{\mathrm{m}}=0 \tag{4-36}$$

式（4-36）为恒定磁场标量磁位一般形式的方程。对于均匀、线性、各向同性的媒质，μ 为常数，则式（4-36）简化为

$$\nabla^2\varphi_{\mathrm{m}}=0 \tag{4-37}$$

式（4-37）为均匀线性各向同性媒质中恒定磁场标量磁位的拉普拉斯方程。

两种不同媒质分界面上的边界条件式（4-31）和式（4-33）用标量磁位表示为

$$\varphi_{\mathrm{m1}}=\varphi_{\mathrm{m2}} \tag{4-38}$$

$$\mu_1\frac{\partial\varphi_{\mathrm{m1}}}{\partial n}=\mu_2\frac{\partial\varphi_{\mathrm{m2}}}{\partial n} \tag{4-39}$$

式（4-37）、式（4-38）和式（4-39）与场域边界条件一起就构成了用标量磁位描述无源区恒定磁场的边值问题。

前面在讨论铁磁物质与空气分界面磁场分布特性时给出过，因为铁的磁导率远大于空气的磁导率，故铁磁物质内的磁场强度与空气中的磁场强度相比很小，空气中的磁场与铁磁体表面近似垂直，因此由磁场强度与标量磁位之间的梯度关系可以看出，磁导率很大的铁磁体表面是近似的等磁位面，这些结论在磁场分析，尤其是数值分析法建立边值问题的定解条件时非常重要。

可以通过求标量磁位的拉普拉斯方程在给定边界条件下的解答来求得磁场分布，比直接计算场矢量 $\boldsymbol{B}$ 或 $\boldsymbol{H}$ 要简单。但是在应用时，一定要注意标量磁位的适用条件，在有电流分布的区域里，不能引用标量磁位。

例 4-11　试分析一无限长直线电流在空间产生的标量磁位分布。

解　由安培环路定律可知，直导线的磁场强度为

$$\boldsymbol{H}=\frac{I}{2\pi r}\boldsymbol{e}_\phi$$

由圆柱坐标系梯度展开式 $\nabla\varphi_{\mathrm{m}}=\frac{\partial\varphi_{\mathrm{m}}}{\partial r}\boldsymbol{e}_r+\frac{1}{r}\frac{\partial\varphi_{\mathrm{m}}}{\partial\phi}\boldsymbol{e}_\phi+\frac{\partial\varphi_{\mathrm{m}}}{\partial z}\boldsymbol{e}_z$，可以写出

$$\boldsymbol{H}=-\nabla\varphi_{\mathrm{m}}=-\frac{1}{r}\frac{\partial\varphi_{\mathrm{m}}}{\partial\phi}\boldsymbol{e}_\phi=\frac{I}{2\pi r}\boldsymbol{e}_\phi$$

对上式积分，可得

$$\varphi_{\mathrm{m}}=-\frac{I}{2\pi}\phi+C$$

取 $\phi=0$ 作为参考磁位面，则有

$$\varphi_{\mathrm{m}}=-\frac{I}{2\pi}\phi$$

可见，长直导线的等标量磁位线是一族射线，标量磁位随 ϕ 坐标增加而减小；与之对

应的磁场线是一族同心圆，$\boldsymbol{H}$ 的方向总是由高磁位面指向低磁位面，如图 4-17 所示。

例 4-12　计算如图 4-18a 所示双线传输线周围的标量磁位分布。

解　利用例 4-11 的结果，可叠加求得双线传输线的标量磁位为

$$\varphi_m=-\frac{I}{2\pi}\alpha_1+\frac{I}{2\pi}\alpha_2=\frac{I}{2\pi}\alpha$$

可见，等标量磁位线方程即对应 α = 常数的方程，画出等标量磁位线，如图 4-18b 所示。

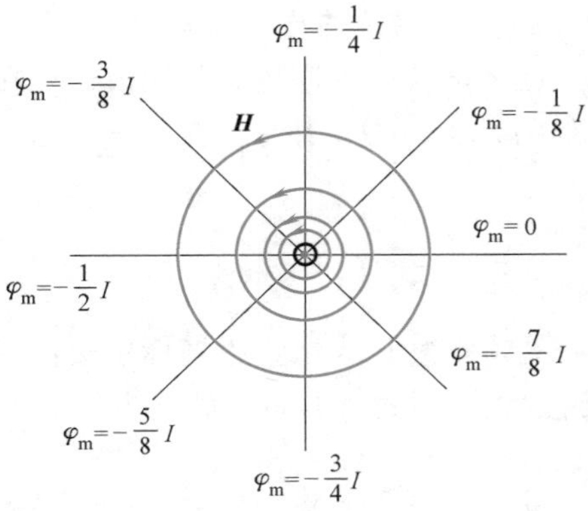

图 4-17　例 4-11 图

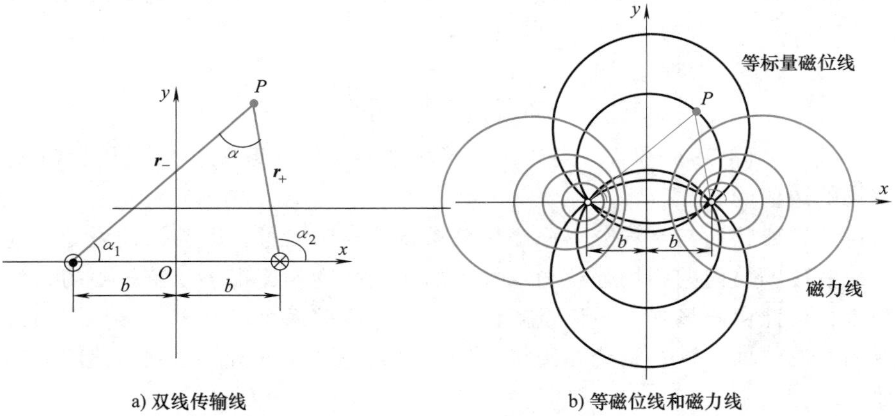

a) 双线传输线　　b) 等磁位线和磁力线

图 4-18　例 4-12 图

由此例分析结果可见，双线传输线的等标量磁位线是以双线连线 $2b$ 为弦、圆心在纵轴上的一族偏心圆。根据磁场强度与标量磁位的梯度关系可以推出，其空间的磁场强度矢量线是与这组等标量磁位线正交、圆心在横轴上的另外一族偏心圆。请读者将图 4-18 与第 2 章图 2-26 对照，比较双线传输线空间电场与磁场的分布对应关系。

4.4.2　矢量磁位及其边值问题

恒定磁场中无电流存在的区域由于磁场的无旋性，可以引入标量磁位函数来描述，但是标量磁位不能适用于有电流分布的区域。因此，引入矢量磁位更具有一般性。

1. 矢量磁位及其方程

由于恒定磁场的无散性，即 $\nabla\cdot\boldsymbol{B}=0$，根据矢量恒等式

$$\nabla\cdot(\nabla\times\boldsymbol{A})\equiv0$$

可以引入一个矢量函数 $\boldsymbol{A}$，将磁感应强度表示为矢量 $\boldsymbol{A}$ 的旋度，即

$$\boldsymbol{B}=\nabla\times\boldsymbol{A} \tag{4-40}$$

显然，式（4-40）恒满足恒定磁场的无散性 $\nabla\cdot\boldsymbol{B}=\nabla\cdot(\nabla\times\boldsymbol{A})=0$。这个矢量函数 $\boldsymbol{A}$ 称为恒定磁场的矢量磁位（vector magnetic potential），也称为磁矢位，在国际单位制中，它的单位是韦伯/米（Wb/m）。该矢量磁位 $\boldsymbol{A}$ 可以用来描述整个磁场区域，包括有电流区和无电

流区。

由安培环路定律的微分形式方程 $\nabla\times\boldsymbol{H}=\boldsymbol{J}$，同时考虑到 $\boldsymbol{B}=\mu\boldsymbol{H}$，因此有

$$\nabla\times\frac{\boldsymbol{B}}{\mu}=\boldsymbol{J} \tag{4-41}$$

再把式（4-40）代入式（4-41），可得

$$\nabla\times\frac{1}{\mu}\nabla\times\boldsymbol{A}=\boldsymbol{J} \tag{4-42}$$

式（4-42）称为恒定磁场的双旋度方程（curl-curl equation），为恒定磁场矢量磁位一般形式的泊松方程。对于非线性媒质，磁导率不仅是坐标的函数，也是磁感应强度 $\boldsymbol{B}$ 的函数，也即是矢量磁位 $\boldsymbol{A}$ 的函数。

在矢量场中，要唯一的确定一个矢量，必须同时确定它的散度与旋度。式（4-40）只定义了 $\boldsymbol{A}$ 的旋度，这就导致了 $\boldsymbol{A}$ 的多值性。

为了保证 $\boldsymbol{A}$ 的单值性，需要人为规定 $\boldsymbol{A}$ 的散度。规定 $\boldsymbol{A}$ 的散度叫作选择规范。求解 $\boldsymbol{A}$ 的目的是为了求解 $\boldsymbol{B}$，选择不同的 $\boldsymbol{A}$ 的散度不影响 $\boldsymbol{B}$ 的结果，因此选择 $\boldsymbol{A}$ 的规范的原则是使 $\boldsymbol{A}$ 的方程尽量简单。当然，要唯一的确定矢量磁位 $\boldsymbol{A}$，还需给定 $\boldsymbol{A}$ 的参考点。

对式（4-42）应用矢量恒等式 $\nabla\times(\nabla\times\boldsymbol{A})=\nabla(\nabla\cdot\boldsymbol{A})-(\nabla\cdot\nabla)\boldsymbol{A}$，为了简便，这里选定 $\boldsymbol{A}$ 的散度为零，即

$$\nabla\cdot\boldsymbol{A}=0 \tag{4-43}$$

式（4-43）称为库仑规范（Coulomb's gauge）条件。在各向同性、线性、均匀磁媒质中，磁导率 μ 为常数，因此可以将式（4-42）双旋度方程转化为矢量泊松方程，即

$$\nabla^2\boldsymbol{A}=-\mu\boldsymbol{J} \tag{4-44}$$

在无源区中，$\boldsymbol{J}=0$，则式（4-44）简化为

$$\nabla^2\boldsymbol{A}=0 \tag{4-45}$$

式（4-45）为无源区各向同性的线性均匀导磁媒质中矢量磁位 $\boldsymbol{A}$ 满足的拉普拉斯方程。

在直角坐标系中，矢量形式的泊松方程可分解为相应的三个坐标分量的标量方程，分别为

$$\nabla^2A_x=-\mu J_x,\quad \nabla^2A_y=-\mu J_y,\quad \nabla^2A_z=-\mu J_z$$

这三个方程的形式和静电场电位的泊松方程完全相似。参照静电场中电位与其场源（体电荷密度）之间的对应关系可以推知矢量磁位对应三个标量方程的通解分别为

$$A_x=\frac{\mu}{4\pi}\int_{V'}\frac{J_x\mathrm{d}V'}{R},\quad A_y=\frac{\mu}{4\pi}\int_{V'}\frac{J_y\mathrm{d}V'}{R},\quad A_z=\frac{\mu}{4\pi}\int_{V'}\frac{J_z\mathrm{d}V'}{R}$$

将三个式子合并写成矢量形式，有

$$\boldsymbol{A}=\frac{\mu}{4\pi}\int_{V'}\frac{\boldsymbol{J}\mathrm{d}V'}{R} \tag{4-46}$$

类似的，对于面分布电流和线分布电流，相应的矢量磁位计算公式分别为

$$\boldsymbol{A}=\frac{\mu}{4\pi}\int_{S'}\frac{\boldsymbol{K}\mathrm{d}S'}{R} \tag{4-47}$$

$$\boldsymbol{A}=\frac{\mu}{4\pi}\int_{l'}\frac{I\mathrm{d}\boldsymbol{l}'}{R} \tag{4-48}$$

可见，每个元电流产生的矢量磁位与元电流有相同的方向。磁感应强度的方向由元电流的单位矢量与源点到场点的距离的单位矢量叉乘得到，但矢量磁位的方向则仅取决于元电流的方向，而通常情况下，产生场的电流及其方向是已知的，因此矢量磁位的方向相对容易判断，这就是引入矢量磁位分析磁场的优势之一。

例 4-13* 设带电流为 I、半径为 a 的磁偶极子被置于 xoy 平面的坐标原点处，如图 4-19 所示。试利用矢量磁位分析真空中该磁偶极子产生的磁场，并证明磁介质的磁化电流模型相应公式。

解 (1) 先分析磁偶极子在空间任意一点产生的矢量磁位。

根据式 (4-48)，任一点的矢量磁位可写成

$$\boldsymbol{A}=\frac{\mu_0 I}{4\pi}\oint_{l'}\frac{\mathrm{d}\boldsymbol{l}'}{R}$$

式中积分路径即为磁偶极子的环线。在环线上取任意一点 Q，则电流元为 $I\mathrm{d}\boldsymbol{l}'=Ia\mathrm{d}\alpha\boldsymbol{e}_\alpha$，代入上面矢量磁位计算公式，有

$$\boldsymbol{A}=\frac{\mu_0}{4\pi}\oint_{l'}\frac{I\mathrm{d}\boldsymbol{l}'}{R}=\frac{\mu_0}{4\pi}\int_0^{2\pi}\frac{Ia\boldsymbol{e}_\alpha}{R}\mathrm{d}\alpha \tag{4-49}$$

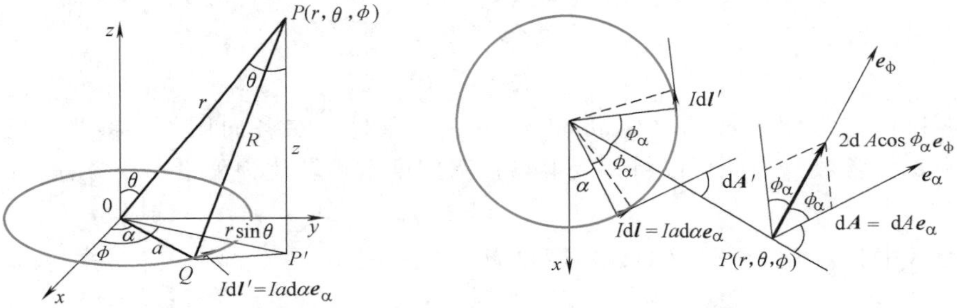

a) 磁偶极子与场点矢量 b) 矢量磁位的对称叠加

图 4-19 例 4-13 图

式 (4-49) 中的被积函数随着角度 α 的改变 R 值发生变化，且矢量磁位的方向也随 α 变化，直接积分比较困难。根据该电流回路的几何对称性，在圆周上取两个对称的微分元电流，如图 4-19b 所示，可以看到，两个微分元电流产生的合成位函数方向相对 P 点而言是沿着 $\boldsymbol{e}_\phi$ 方向固定的，令 $\phi-\alpha=\phi_\alpha$，因此只需要把式 (4-49) 中对角度 α 的积分改成对角度 ϕ_α 的积分，即可把矢量磁位积分等价成标量积分，有

$$\boldsymbol{A}=\frac{\mu_0}{4\pi}\int_0^{2\pi}\frac{Ia\boldsymbol{e}_\alpha}{R}\mathrm{d}\alpha=\frac{\mu_0 Ia}{4\pi}\left(\int_0^{\pi}\frac{\cos\phi_\alpha}{R}\mathrm{d}\phi_\alpha\right)\boldsymbol{e}_\phi \tag{4-50}$$

为了化简 $1/R$ 求积分，对图 4-19a 应用空间几何关系写出如下关系式

$$r^2=z^2+(r\sin\theta)^2,\ r_{QP'}^2=a^2+(r\sin\theta)^2-2a(r\sin\theta)\cos\phi_\alpha$$

$$R^2=z^2+r_{QP'}^2=z^2+a^2+(r\sin\theta)^2-2a(r\sin\theta)\cos\phi_\alpha=r^2+a^2-2ra\sin\theta\cos\phi_\alpha$$

利用幂级数展开并忽略高次项，有

$$\frac{1}{R}=\frac{1}{r}\left(1-\frac{2a\sin\theta\cos\phi_\alpha}{r}+\frac{a^2}{r^2}\right)^{-\frac{1}{2}}\approx\frac{1}{r}-\frac{a\sin\theta\cos\phi_\alpha}{r^2}$$

将 $1/R$ 代入上面的矢量磁位计算表达式（4-50），并积分有

$$A_\phi=\frac{\mu_0 Ia}{4\pi r}\int_0^\pi\left(1-\frac{a\sin\theta\cos\phi_\alpha}{r}\right)\cos\phi_\alpha\,\mathrm{d}\phi_\alpha=\frac{\mu_0 I\pi a^2}{4\pi r^2}\sin\theta$$

代入磁偶极矩 $\boldsymbol{m}=I\pi a^2\boldsymbol{e}_z$ 并改写成矢量形式，有

$$\boldsymbol{A}=\frac{\mu_0 m}{4\pi r^2}\sin\theta\boldsymbol{e}_\phi=\frac{\mu_0 m}{4\pi r^2}\boldsymbol{e}_z\times\boldsymbol{e}_r=\frac{\mu_0}{4\pi}\frac{\boldsymbol{m}\times\boldsymbol{e}_r}{r^2}$$

通过球面坐标系中的旋度运算，可得到磁感应强度为

$$\boldsymbol{B}=\frac{\mu_0 m}{4\pi r^3}(2\cos\theta\boldsymbol{e}_r+\sin\theta\boldsymbol{e}_\theta)$$

（2）利用该例题分析结果，推导导磁媒质磁化后的磁化电流相关公式。

若磁偶极子位于空间任意位置，则有 $\mathrm{d}\boldsymbol{A}=\frac{\mu_0}{4\pi}\mathrm{d}\boldsymbol{m}\times\nabla\frac{1}{R}$，故磁介质磁化后形成的所有磁偶极子在空间产生的矢量磁位之和为

$$\boldsymbol{A}=\frac{\mu_0}{4\pi}\int_{V'}\boldsymbol{M}\times\nabla'\frac{1}{R}\mathrm{d}V' \tag{4-51}$$

利用矢量恒等式 $\nabla\cdot(\varphi\boldsymbol{A})=\varphi\nabla\cdot\boldsymbol{A}+\boldsymbol{A}\cdot\nabla\varphi$ 并利用高斯散度定理，将式（4-51）改写为

$$\boldsymbol{A}=\frac{\mu_0}{4\pi}\int_{V'}\frac{\nabla'\times\boldsymbol{M}}{R}\mathrm{d}V'+\frac{\mu_0}{4\pi}\oint_{S'}\frac{\boldsymbol{M}\times\boldsymbol{e}_\mathrm{n}}{R}\mathrm{d}S'$$

对比真空中体电流、面电流的矢量磁位计算公式，即可得到等效的体磁化电流密度、面磁化电流密度及总磁化电流计算公式分别为

$$\boldsymbol{J}_\mathrm{m}=\nabla\times\boldsymbol{M},\ \boldsymbol{K}_\mathrm{m}=\boldsymbol{M}\times\boldsymbol{e}_\mathrm{n},\ I_\mathrm{m}=\int_S\boldsymbol{J}_\mathrm{m}\cdot\mathrm{d}\boldsymbol{S}=\oint_l\boldsymbol{M}\cdot\mathrm{d}\boldsymbol{l}$$

这些公式与 4.2 节给出的式(4-18)、式(4-20)、式(4-17）是一一对应的。

2. 矢量磁位的通量与环量

对于矢量磁位场，可以建立其环量与通量方程。由 $\Phi_\mathrm{m}=\int_S\boldsymbol{B}\cdot\mathrm{d}\boldsymbol{S}$，利用斯托克斯定理，可得 $\Phi_\mathrm{m}=\int_S\boldsymbol{B}\cdot\mathrm{d}\boldsymbol{S}=\oint_S\nabla\times\boldsymbol{A}\cdot\mathrm{d}\boldsymbol{S}=\oint_l\boldsymbol{A}\cdot\mathrm{d}\boldsymbol{l}$，即

$$\oint_l\boldsymbol{A}\cdot\mathrm{d}\boldsymbol{l}=\Phi_\mathrm{m} \tag{4-52}$$

式（4-52）表明，矢量磁位 $\boldsymbol{A}$ 沿任一闭合路径 l 的环量等于穿过此路径为周界的任一曲面的磁通量，从场源的角度也可以说磁通是矢量磁位的源。

工程上，矢量磁位除用于计算磁感应强度 $\boldsymbol{B}$ 以外，还可由它直接计算磁通量。

对于矢量磁位的通量，利用高斯散度定理，并结合引入的库伦规范，可知

$$\oint_S\boldsymbol{A}\cdot\mathrm{d}\boldsymbol{S}=\int_V(\nabla\cdot\boldsymbol{A})\mathrm{d}V=0$$

即矢量磁位的通量为零

$$\oint_S\boldsymbol{A}\cdot\mathrm{d}\boldsymbol{S}=0 \tag{4-53}$$

因此，按照亥姆霍兹定理，矢量磁位方程结合相应的定解条件即可唯一确定其场的

分布。

3. 矢量磁位边值问题

矢量磁位适用于任意有源和无源场域，满足泊松方程或拉普拉斯方程。当场中电流分布已知时，可以通过建立微分方程和相应的边界条件，建立起恒定磁场中矢量磁位的边值问题。

前面已经推导给出了不同媒质分界面上磁感应强度与磁场强度需满足的分界面衔接条件分别为

$$\boldsymbol{e}_n\cdot(\boldsymbol{B}_2-\boldsymbol{B}_1)=0,\ \boldsymbol{e}_n\times(\boldsymbol{H}_2-\boldsymbol{H}_1)=\boldsymbol{K}$$

由磁感应强度与矢量磁位的旋度关系及库仑规范 $\nabla\cdot\boldsymbol{A}=0$ 可以证明，在分界面处矢量磁位的切向分量和法向分量均连续，因此有

$$\boldsymbol{A}_1=\boldsymbol{A}_2 \tag{4-54}$$

对应于磁场强度矢量的衔接条件，则有

$$\boldsymbol{e}_n\times\left(\frac{1}{\mu_2}\nabla\times\boldsymbol{A}_2-\frac{1}{\mu_1}\nabla\times\boldsymbol{A}_1\right)=\boldsymbol{K} \tag{4-55}$$

对于平行平面磁场，$\boldsymbol{A}=A\boldsymbol{e}_z$，衔接条件可以简化为

$$\begin{cases}A_1=A_2\\ \dfrac{1}{\mu_1}\dfrac{\partial A_1}{\partial n}-\dfrac{1}{\mu_2}\dfrac{\partial A_2}{\partial n}=K\end{cases} \tag{4-56}$$

矢量磁位微分方程与场域周界上给定的边界条件、媒质分界面衔接条件等一起构成了描述恒定磁场的边值问题。矢量磁位边值问题的求解方法与标量电位、标量磁位边值问题的求解方法类似，只需注意其矢量的方向特性即可。

例 4-14　一半径为 a 的长直圆柱导线通有电流，电流密度 $\boldsymbol{J}=J_z\boldsymbol{e}_z$。导体内、外媒质的磁导率均为 μ_0，求导体内、外的矢量磁位和磁感应强度。

解　选择圆柱坐标系，由对称性可知，$\boldsymbol{A}=A_z\boldsymbol{e}_z$，且 A_z 仅为 r 的函数，建立边值问题模型如下：

$$\begin{cases}\dfrac{1}{r}\dfrac{\partial}{\partial r}\left(r\dfrac{\partial A_1}{\partial r}\right)=-\mu_0J_z,\ r<a\\ \dfrac{1}{r}\dfrac{\partial}{\partial r}\left(r\dfrac{\partial A_2}{\partial r}\right)=0,\ r>a\\ A_1=A_2,\ r=a\\ \dfrac{1}{\mu_1}\dfrac{\partial A_1}{\partial r}=\dfrac{1}{\mu_2}\dfrac{\partial A_2}{\partial r},\ r=a\end{cases}$$

求解上述微分方程，得到通解分别为

$$A_1=-\frac{\mu_0J_z}{4}r^2+C_1\ln r+C_2,\ A_2=C_3\ln r+C_4$$

根据实际物理意义可知，当 $r\to0$ 时，A_1 为有限值，故应有 $C_1=0$。代入边界条件，并取导体表面作为磁位参考面，即$A_1|_{r=a}=A_2|_{r=a}=0$，可以得到其余待定系数分别为

$$C_2=\frac{\mu_0J_za^2}{4},\ C_3=-\frac{\mu_0J_z}{2}a^2,\ C_4=-C_3\ln a$$

最终求得空间矢量磁位的分布为

$$\begin{cases} \boldsymbol{A}_1=\dfrac{\mu_0 J_z}{4}(a^2-r^2)\boldsymbol{e}_z, & r\leqslant a \\ \boldsymbol{A}_2=\dfrac{\mu_0 J_z a^2}{4}\ln\dfrac{a}{r}\boldsymbol{e}_z, & r>a \end{cases}$$

利用圆柱坐标系 $\boldsymbol{B}=\nabla\times\boldsymbol{A}$ 展开式，可以解出磁感应强度为

$$\begin{cases} \boldsymbol{B}_1=\dfrac{\mu_0 J_z r}{2}\boldsymbol{e}_\phi, & r\leqslant a \\ \boldsymbol{B}_2=\dfrac{\mu_0 J_z a^2}{2r}\boldsymbol{e}_\phi, & r>a \end{cases}$$

4. 矢量磁位线与磁场分布

在直角坐标系平行平面磁场中，设矢量磁位 $\boldsymbol{A}=A_z\boldsymbol{e}_z$，则在 xoy 平面内磁感应强度 $\boldsymbol{B}$ 线的方程为

$$\frac{B_x}{\mathrm{d}x}=\frac{B_y}{\mathrm{d}y}$$

即

$$B_y\mathrm{d}x-B_x\mathrm{d}y=0 \tag{4-57}$$

因为

$$\boldsymbol{B}=\nabla\times\boldsymbol{A}=\frac{\partial A_z}{\partial y}\boldsymbol{e}_x-\frac{\partial A_z}{\partial x}\boldsymbol{e}_y$$

将 $B_x=\dfrac{\partial A_z}{\partial y}, B_y=-\dfrac{\partial A_z}{\partial x}$，代入式（4-57）得

$$\frac{\partial A_z}{\partial x}\mathrm{d}x+\frac{\partial A_z}{\partial y}\mathrm{d}y=0$$

即

$$\mathrm{d}A_z=0$$

这说明直角坐标系平行平面磁场中等 A_z 线就是 $\boldsymbol{B}$ 线。注意，该结论只适用于直角坐标系。可以证明，在圆柱坐标系的轴对称场中，等 rA_ϕ 线是 $\boldsymbol{B}$ 线。工程上，利用矢量磁位 $\boldsymbol{A}$ 绘制 $\boldsymbol{B}$ 线得到了广泛应用。

4.4.3　磁场中的镜像法

求解恒定磁场边值问题的方法与静电场给出的方法是类似的。其中，根据磁场问题解答的唯一性，可以应用与静电场相似的镜像法来求解恒定磁场的问题。

例如，有两种媒质，磁导率分别为 μ_1 和 μ_2，在媒质 1 内置有电流为 I 的长直导线，且平行于分界面，如图 4-20a 所示，求解两种媒质中的磁场。

仿照静电场的镜像法，要求解媒质 1 中的磁场，可考虑整个场域都充满导磁媒质 μ_1，而其中的场是由线电流 I 和镜像电流 I' 共同产生的，如图 4-20b 所示。同样，对于媒质 2 中的磁场，可考虑整个场域都充满导磁媒质 μ_2，而其中的场由镜像线电流 I'' 产生，如图 4-20c 所示。

这样无论是对媒质1区域还是媒质2区域位函数所满足的方程都不改变。如果在两种媒质分界面上满足衔接条件，则原来场中的一切条件都能得到满足。

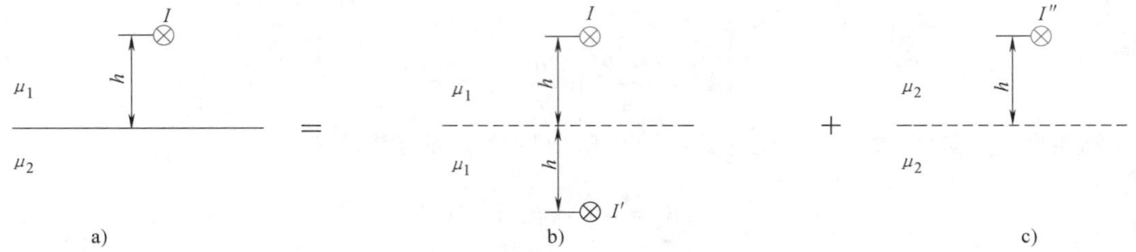

图 4-20　恒定磁场镜像法

利用恒定磁场与静电场的对偶性可知，静电场的电场分布与媒质的介电常数成反比，磁场的分布与媒质的磁导率成正比，因此只需要将静电场镜像法中带电导线与两种介质分界面中镜像电流的公式中的介电常数换成磁导率的倒数，即可得到相似结构磁场镜像法镜像电流计算公式如下：

$$I'=\frac{\mu_2-\mu_1}{\mu_2+\mu_1}I \tag{4-58}$$

$$I''=\frac{2\mu_1}{\mu_2+\mu_1}I \tag{4-59}$$

读者可以仿照静电场镜像法中利用介质分界面衔接条件去推导证明。

下面讨论两种特殊情况。

（1）第一种媒质是空气（$\mu_1=\mu_0$），第二种媒质是铁磁物质（$\mu_2\to\infty$），载流导线置于空气中，则根据式（4-58）和式（4-59），得

$$I'=\frac{\mu_2-\mu_0}{\mu_2+\mu_0}I\approx I,\quad I''=\frac{2\mu_1}{\mu_2+\mu_0}I\approx 0$$

这时，铁磁物质内的磁场强度 H_2 将处处为零，但磁感应强度 B_2 不是处处为零，即

$$B_2=\mu_2H_2=\mu_2\,\frac{I''}{2\pi r}=\mu_2\left(\frac{2\mu_0}{\mu_2+\mu_0}I\right)\frac{I}{2\pi r}\approx\frac{\mu_0 I}{\pi r}$$

（2）两种媒质的分布未变，但载流导线置于铁磁物质中，也就是 $\mu_1\to\infty$，而 $\mu_2=\mu_0$，这时

$$I'=\frac{\mu_0-\mu_1}{\mu_0+\mu_1}I\approx -I,\quad I''=\frac{2\mu_1}{\mu_1+\mu_0}I\approx 2I$$

可见，在导线中的电流相等的情况下，空气中的磁感应强度与整个空间都充满空气（即铁磁物质不存在）时相比较，增大了一倍。

4.5　恒定磁场工程问题分析

电磁场参数与建模

4.5.1　电感

利用通电线圈实现能量转换与信息传递及交换是工程中最常见的应用例子，可以说电感

现象是载流媒质间伴随着磁场必然存在的。当多个载流体共存时，两两载流体之间存在磁场之间的耦合，通常用互感系数描述这种耦合关系。此时，单个线圈的电感为自感。当考虑载流导线本身的尺寸时，电感又细分为内自感、外自感。下面分别讨论自感和互感的定义及其计算。

1. 自感

如磁场由某一电流回路 I 产生，则定义穿过此回路所限定的面积的磁链与回路电流的比值为自感系数，简称为自感，即

$$L=\frac{\Psi}{I} \tag{4-60}$$

在国际单位制中，自感的单位是 H（亨）。对于线性的各向同性的媒质，自感仅取决于回路的形状、尺寸和媒质的分布，而与通过回路的电流及磁链的值无关。与电容、电阻参数的计算相类似，运用场的观点，在相应的场量分析的基础上，就可以计算实际电磁系统的电感参数。

前面的讨论中定义磁通为穿过某一曲面磁感应强度的面积分，即

$$\Phi_m=\int_S \boldsymbol{B}\cdot d\boldsymbol{S}$$

通常情况下磁链与磁通不同，磁链反映励磁电流产生的磁场与实际线圈之间的交链。

对于如图 4-21 所示的多匝线圈，若导线是密绕的，磁场线穿过所有绕线闭合，则认为磁场与全部线圈交链（称为全耦合），此时

$$\Psi=N\Phi_m$$

但实际的磁场一定是有一部分磁场线只穿过部分绕线就闭合了，工程上称这部分磁场为漏磁，这种情况就认为磁场只与部分线圈交链。

为此，将磁场线与载流导线实际交链的电流设为 I'，线圈中励磁电流为 I，则定义磁链与磁通的关系为

$$\Psi=\frac{I'}{I}\Phi_m \tag{4-61}$$

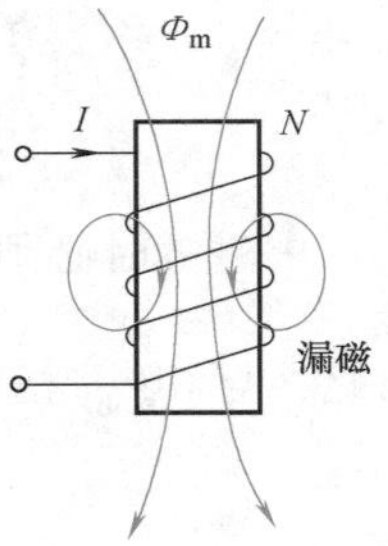

图 4-21 电感线圈及其磁场

显然，线圈全耦合时 $I'=NI$，$\Psi=N\Phi_m$，部分耦合时 $\Psi<N\Phi_m$。

对于单匝导线构成的回路，当不考虑导线横截面尺寸时，回路中的磁链与磁通相等。当载流导线截面积不可以忽略时，通常又将其磁链 Ψ 分为内磁链 Ψ_i 和外磁链 Ψ_o，完全在载流导体外部闭合的磁通形成的磁链称为外磁链 Ψ_o；载流导体内部与部分电流 I' 交链的磁链称为内磁链 $d\Psi_i$，内磁链为

$$\Psi_i=\int_S \frac{I'}{I}d\Phi_{mi} \tag{4-62}$$

对应于内磁链、外磁链的分类，由式（4-60）定义的自感也可以表示为内自感和外自感，记作 L_i、L_o，即

$$L_i=\frac{\Psi_i}{I},\quad L_o=\frac{\Psi_o}{I}$$

则总的电感为内自感和外自感之和，即

$$L=L_i+L_o$$

有了磁链的概念，电感的计算过程则与电容、电阻的计算类似，根据实际问题的结构选择适当的坐标系、合适的计算方法，根据电感的定义式进行计算即可，过程如下：

$$i\to \boldsymbol{H}\to \boldsymbol{B}\to \phi\to \psi\to L=\frac{\Psi}{I}$$

显然，磁场的分析计算是计算电感参数的基础。

例 4-15　计算图 4-22 所示长为 l 的同轴电缆的电感。

解　设构成电缆的所有材料的磁导率均为 μ_0，电缆中通过的电流为 I，如图 4-22 所示。

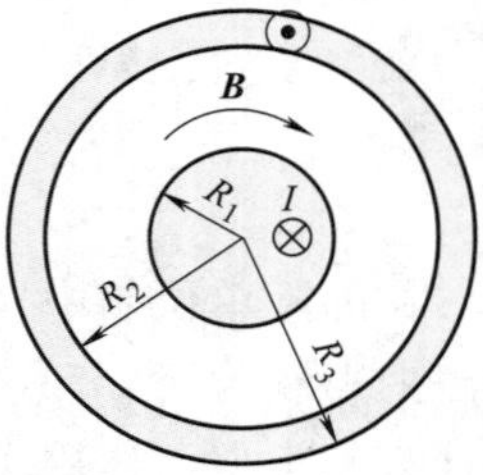

图 4-22　例 4-15 图

（1）当 $r<R_1$ 时，即在内导体内部，由安培环路定律 $\oint_l \boldsymbol{H}\cdot \mathrm{d}\boldsymbol{l}=\sum I$ 有

$$2\pi rH=\frac{\pi r^2}{\pi R_1^2}I$$

可得

$$\boldsymbol{B}=\mu_0\boldsymbol{H}=\frac{\mu_0 Ir}{2\pi R_1^2}\boldsymbol{e}_\phi$$

穿过由轴向长度为 l 宽为 $\mathrm{d}r$ 构成的矩形元面积上的元磁通为

$$\mathrm{d}\Phi_{\mathrm{mi}}=\boldsymbol{B}\cdot \mathrm{d}\boldsymbol{S}=\frac{\mu_0 Ir}{2\pi R_1^2}l\mathrm{d}r$$

求磁链时必须注意：与 $\mathrm{d}\Phi_{\mathrm{mi}}$ 相交链的电流不是 I，仅是它的一部分 I'，且 $I'=\dfrac{\pi r^2}{\pi R_1^2}I=\dfrac{r^2}{R_1^2}I$，因此，与 $\mathrm{d}\Phi_{\mathrm{mi}}$ 相应的元磁链为

$$\mathrm{d}\Psi_{\mathrm{i}}=\frac{I'}{I}\mathrm{d}\Phi_{\mathrm{mi}}=\frac{\mu_0 Ir^3}{2\pi R_1^4}l\mathrm{d}r$$

积分求得内导体中的总内自感磁链为

$$\Psi_{\mathrm{i}}=\int \mathrm{d}\Psi_{\mathrm{i}}=\int_0^{R_1}\frac{\mu_0 Ilr^3}{2\pi R_1^4}\mathrm{d}r=\frac{\mu_0 Il}{8\pi}$$

由此可得内自感为

$$L_{\mathrm{i}}=\frac{\Psi_{\mathrm{i}}}{I}=\frac{\mu_0 l}{8\pi}$$

可见，内自感的值仅与圆导线的长度有关，而与半径无关。此结论也可以作为其他环状圆柱导线内自感计算的近似公式使用。

（2）当 $R_1\leqslant r\leqslant R_2$ 时，由安培环路定律可得

$$B=\frac{\mu_0 I}{2\pi r}$$

取轴向长度为 l 宽为 $\mathrm{d}r$ 的矩形元面积，元磁链即元磁通为

$$\mathrm{d}\Psi_{\mathrm{o}}=\frac{\mu_0 Il}{2\pi r}\mathrm{d}r$$

内外导体之间的总自感磁链为

$$\Psi_o=\int \mathrm{d}\Psi_o=\int_{R_1}^{R_2}\frac{\mu_0 Il}{2\pi r}\mathrm{d}r=\frac{\mu_0 Il}{2\pi}\ln\frac{R_2}{R_1}$$

故外自感为

$$L_o=\frac{\Psi_o}{I}=\frac{\mu_0 l}{2\pi}\ln\frac{R_2}{R_1}$$

（3）当 $R_2\leqslant r\leqslant R_3$ 时，由安培环路定律可得

$$B=\frac{\mu_0}{2\pi r}I''=\frac{\mu_0}{2\pi r}\left[I-\frac{I\pi(r^2-R_2^2)}{\pi(R_3^2-R_2^2)}\right]=\frac{\mu_0 I}{2\pi r}\left(\frac{R_3^2-r^2}{R_3^2-R_2^2}\right)$$

取轴向长度为 l 宽为 $\mathrm{d}r$ 的矩形元面积，元磁通为

$$\mathrm{d}\Phi_{mi}=\frac{\mu_0}{2\pi r}\left(\frac{R_3^2-r^2}{R_3^2-R_2^2}\right)Il\mathrm{d}r$$

相应地，外导体内部的元磁链及其自磁链分别为

$$\mathrm{d}\Psi_i=\left(\frac{R_3^2-r^2}{R_3^2-R_2^2}\right)\mathrm{d}\Phi_{mi}=\left(\frac{R_3^2-r^2}{R_3^2-R_2^2}\right)\frac{\mu_0 Il}{2\pi r}\left(\frac{R_3^2-r^2}{R_3^2-R_2^2}\right)\mathrm{d}r$$

$$\Psi'_i=\int_{R_2}^{R_3}\frac{\mu_0 Il}{2\pi}\left(\frac{R_3^2-r^2}{R_3^2-R_2^2}\right)^2\frac{1}{r}\mathrm{d}r=\frac{\mu_0 Il}{2\pi}\left[\left(\frac{R_3^2}{R_3^2-R_2^2}\right)^2\ln\frac{R_3}{R_2}-\frac{R_3^2}{R_3^2-R_2^2}+\frac{1}{4}\frac{R_3^2+R_2^2}{R_3^2-R_2^2}\right]$$

则外壳导体的内自感为

$$L'_i=\frac{\mu_0 l}{2\pi}\left[\left(\frac{R_3^2}{R_3^2-R_2^2}\right)^2\ln\frac{R_3}{R_2}-\frac{R_3^2}{R_3^2-R_2^2}+\frac{1}{4}\frac{R_3^2+R_2^2}{R_3^2-R_2^2}\right]$$

（4）当 $r>R_3$ 时，$\boldsymbol{B}=0$，无磁场。

最终，求得同轴电缆的总电感为

$$\begin{aligned}L&=L_i+L_o+L'_i\\&=\frac{\mu_0 l}{8\pi}+\frac{\mu_0 l}{2\pi}\ln\frac{R_2}{R_1}+\frac{\mu_0 l}{2\pi}\left[\left(\frac{R_3^2}{R_3^2-R_2^2}\right)^2\ln\frac{R_3}{R_2}-\frac{R_3^2}{R_3^2-R_2^2}+\frac{1}{4}\frac{R_3^2+R_2^2}{R_3^2-R_2^2}\right]\end{aligned}$$

例 4-16　求图 4-23 所示双线传输线的电感。

解　假设两根导线中的电流各自均匀分布，在计算磁场时，认为电流集中在几何轴线上。

在距左轴线 x 处的磁感应强度

$$B_x=\frac{\mu_0 I}{2\pi x}+\frac{\mu_0 I}{2\pi(D-x)}$$

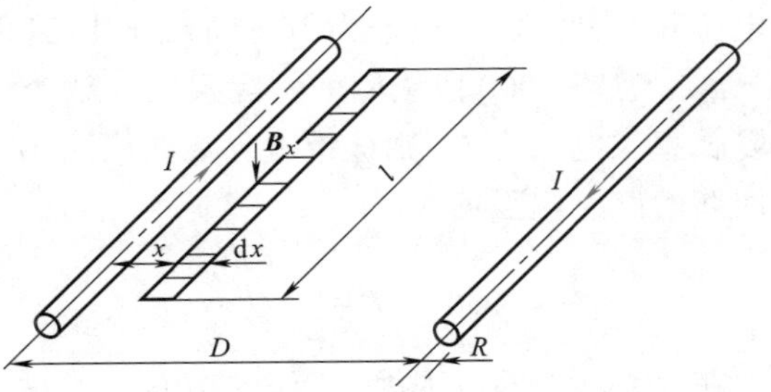

图 4-23　例 4-16 图

其方向如图 4-23 所示，穿过元面积 $l\mathrm{d}x$ 的磁通 $\mathrm{d}\Phi_m=B_x l\mathrm{d}x$，故外磁链为

$$\Psi_o=\int_S\boldsymbol{B}\cdot\mathrm{d}\boldsymbol{S}=\int_R^{D-R}B_x l\mathrm{d}x=\frac{\mu_0 lI}{\pi}\ln\frac{D-R}{R}$$

因而外自感为

$$L_o = \frac{\Psi_o}{I} = \frac{\mu_0 l}{\pi}\ln\frac{D-R}{R}$$

一般情况下 $D \gg R$ ，故

$$L_o \approx \frac{\mu_0 l}{\pi}\ln\frac{D}{R}$$

双线传输线的内自感为

$$L_i = 2\times\frac{\mu_0 l}{8\pi} = \frac{\mu_0 l}{4\pi}$$

因而得双线传输线的电感为

$$L = \frac{\mu_0 l}{4\pi} + \frac{\mu_0 l}{\pi}\ln\frac{D}{R} = \frac{\mu_0 l}{\pi}\left(\frac{1}{4} + \ln\frac{D}{R}\right)$$

此例，如果考虑地面影响，只需要利用镜像法进行相应的计算即可。

2. 互感

在线性媒质中，由回路 1 的电流 I_1 所产生的磁场与回路 2 相交链的磁链称为互感磁链，记作 Ψ_{21}，它和 I_1 成正比。回路 1 对回路 2 的互感为

$$M_{21} = \frac{\Psi_{21}}{I_1} \tag{4-63}$$

式中，M_{21} 即回路 1 对回路 2 的互感。同理，回路 2 对回路 1 的互感可表示为

$$M_{12} = \frac{\Psi_{12}}{I_2} \tag{4-64}$$

式（4-63）和式（4-64）中的 Ψ_{21} 和 Ψ_{12} 都表示互感磁链，它们下标的第一个数字表示与磁通交链的回路，第二个数字表示引起磁通的电流回路。可以证明

$$M_{12} = M_{21}$$

互感不仅和线圈及导线的形状、尺寸和周围媒质的磁导率有关，还和两回路的相对位置有关。在国际单位制中，互感的单位是亨（H）。

例 4-17　如图 4-24 所示，求真空中沿 y 轴放置的无限长线电流和与其共面、匝数为 1000 的矩形回路之间的互感。

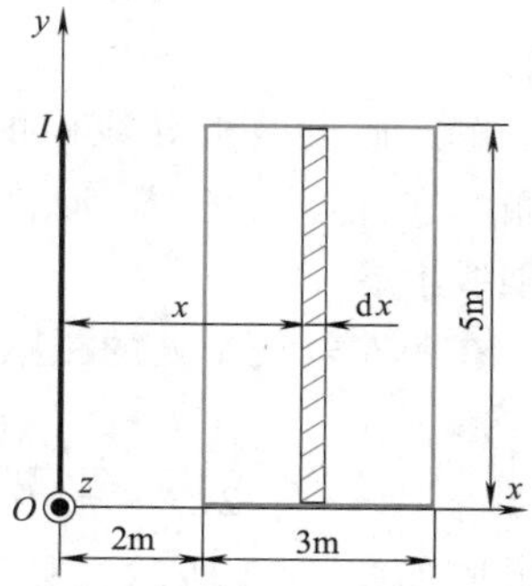

图 4-24　例 4-17 图

解　忽略 1000 匝线圈的实际尺寸，认为线圈紧耦合。设无限长直线电流为 I，则该带电导线在线圈中产生的、穿过矩形回路的磁感应强度为

$$\boldsymbol{B} = \frac{\mu_0 I}{2\pi x}(-\boldsymbol{e}_z)$$

在 $2 \leqslant x \leqslant 5$ 的范围内，距电流 I 的 x 处选一个 $\mathrm{d}S = 5\mathrm{d}x$ 的小面元，如图 4-24 中阴影部分所示，穿过小面元的磁通为

$$\mathrm{d}\Phi_m = \boldsymbol{B}\cdot\mathrm{d}\boldsymbol{S} = \frac{\mu_0 I}{2\pi x}\cdot 5\mathrm{d}x$$

该磁通与 N 匝矩形回路交链的磁链为

$$\mathrm{d}\Psi = N\mathrm{d}\Phi_{\mathrm{m}} = \frac{\mu_0 NI}{2\pi x}\cdot 5\mathrm{d}x$$

$$\Psi = \int_2^5 \frac{\mu_0 NI}{2\pi x}\cdot 5\mathrm{d}x = \frac{5\mu_0 NI}{2\pi}\ln\frac{5}{2}$$

代入数据可得无限长线电流和匝数为 1000 的矩形回路之间的互感为

$$M = \frac{\Psi}{I} = \frac{5\mu_0 N}{2\pi}\ln\frac{5}{2} = 0.916\mathrm{mH}$$

例 4-18　求图 4-25 所示传输线的互感。图中 AB、CD 各表示一对传输线，设电流方向如图 4-25 所示。

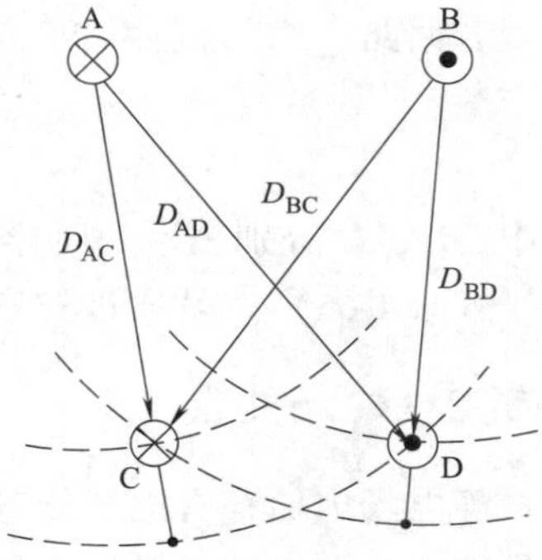

图 4-25　例 4-18 图

解　忽略导线之间的相互影响，设每根导线中的电流都是均匀分布，故可以把导线几何轴线作为电流对外作用的中心线，因而导线 A 中电流所产生的与 CD 传输线相交链的互感磁链应为

$$\Psi_{\mathrm{A}} = \Phi_{\mathrm{mA}} = \frac{\mu_0 Il}{2\pi}\ln\frac{D_{\mathrm{AD}}}{D_{\mathrm{AC}}}$$

同理导线 B 中电流所产生的与 CD 传输线相交链的互感磁链应为

$$\Psi_{\mathrm{B}} = \Phi_{\mathrm{mB}} = \frac{\mu_0 Il}{2\pi}\ln\frac{D_{\mathrm{BC}}}{D_{\mathrm{BD}}}$$

由于两部分磁通方向相同，总的互感磁链应为

$$\Psi = \Psi_{\mathrm{A}} + \Psi_{\mathrm{B}} = \frac{\mu_0 Il}{2\pi}\ln\frac{D_{\mathrm{AD}}D_{\mathrm{BC}}}{D_{\mathrm{AC}}D_{\mathrm{BD}}}$$

从而得互感为

$$M = \frac{\Psi}{I} = \frac{\mu_0 l}{2\pi}\ln\frac{D_{\mathrm{AD}}D_{\mathrm{BC}}}{D_{\mathrm{AC}}D_{\mathrm{BD}}}$$

3. 计算电感的诺依曼公式

在计算自感和互感时还可以应用矢量磁位的线积分来计算磁通，从而求磁链。这里介绍应用矢量磁位计算互感和自感的一般公式，即**诺依曼公式**。

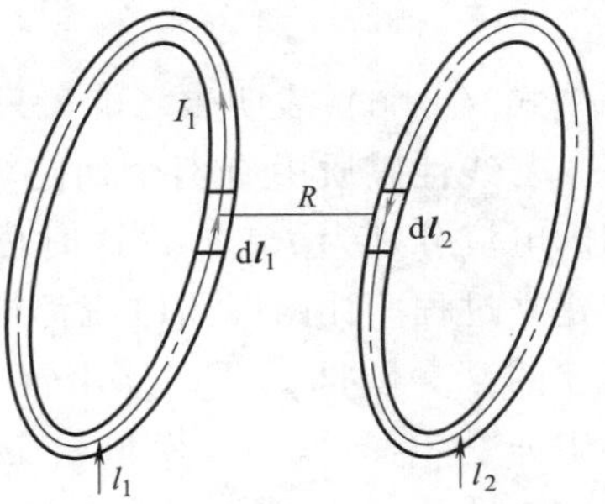

图 4-26　两个细导线电流回路

如图 4-26 所示为两个由细导线构成的回路，设导线及周围媒质的磁导率都为 μ_0。令回路 1 中通有电流 I_1，忽略导线的截面积，电流的对外作用中心可看作集中在导线的几何轴线上，因而，回路 I_1 在 $\mathrm{d}l_2$ 处产生的矢量磁位为

$$\boldsymbol{A}_1 = \frac{\mu_0 I_1}{4\pi}\oint_{l_1}\frac{\mathrm{d}\boldsymbol{l}_1}{R}$$

由回路 1 中电流 I_1 产生而和回路 2 相交链的互感磁链为

$$\Psi_{21} = \Phi_{\mathrm{m}21} = \oint_{l_2}\boldsymbol{A}_1\cdot\mathrm{d}\boldsymbol{l}_2 = \frac{\mu_0 I_1}{4\pi}\oint_{l_2}\oint_{l_1}\frac{\mathrm{d}\boldsymbol{l}_1\cdot\mathrm{d}\boldsymbol{l}_2}{R}$$

可见两细导线回路间的互感为

$$M_{21}=\frac{\Psi_{21}}{I_1}=\frac{\mu_0}{4\pi}\oint_{l_2}\oint_{l_1}\frac{\mathrm{d}\boldsymbol{l}_1\cdot\mathrm{d}\boldsymbol{l}_2}{R}$$

交换 1、2 下标，可得

$$M_{12}=\frac{\Psi_{12}}{I_2}=\frac{\mu_0}{4\pi}\oint_{l_1}\oint_{l_2}\frac{\mathrm{d}\boldsymbol{l}_2\cdot\mathrm{d}\boldsymbol{l}_1}{R}$$

即

$$M_{12}=M_{21}=M$$

若回路 1、2 分别由 N_1、N_2 匝的细导线紧密绕制而成，则互感为

$$M=\frac{N_1N_2\mu_0}{4\pi}\oint_{l_2}\oint_{l_1}\frac{\mathrm{d}\boldsymbol{l}_1\cdot\mathrm{d}\boldsymbol{l}_2}{R} \tag{4-65}$$

式中，$\boldsymbol{l}_1$，$\boldsymbol{l}_2$ 分别表示一匝导线的长度。

式（4-65）就是通过矢量磁位计算电感的一般公式，称为诺依曼公式。

4.5.2 磁场能量

静电场内储存有电场能量，恒定磁场中储存有磁场能量。这些能量是在电场或磁场建立过程中由外源做功转换而来的。本节将介绍磁场能量的计算及其分布方式，并在此基础上介绍计算磁场力的虚位移法。

1. 磁场能量的计算

假设磁场和电流的建立过程都缓慢进行，周围均为线性媒质，且没有电磁能量损失。这样，外源所做的功都转变为磁场中存储的能量。为简单起见，下面先讨论单个回路的情况。

设有一个回路 l，通过电流时穿过回路的磁通发生变化，会在回路中产生感应电动势。在 $\mathrm{d}t$ 时间间隔中，外源克服感应电动势所做的功 $\mathrm{d}A=ui\mathrm{d}t$。因为电压 $u=\dfrac{\mathrm{d}\Psi}{\mathrm{d}t}=L\dfrac{\mathrm{d}i}{\mathrm{d}t}$，所以 $\mathrm{d}A=Li\mathrm{d}i$，整个过程中外源所做的功全部转化为磁场中储存的能量，故

$$W_{\mathrm{m}}=\int\mathrm{d}A=\int_0^I Li\mathrm{d}i=\frac{1}{2}LI^2 \tag{4-66}$$

式（4-66）表明磁场能量只与回路电流最终状态有关，与电流建立的过程无关。

若线性媒质中有两个回路 l_1、l_2，如图 4-27 所示，它们的电流分别为 i_1、i_2，这时可以选择一个便于计算的电流建立过程。让两回路电流都按统一比例增长，即在磁场建立的某一瞬间，两回路电流分别为 $i_1=mI_1$ 和 $i_2=mI_2$，其中 m 为 $0\leqslant m\leqslant 1$ 的变量，在磁场建立之初 $m=0$，磁场建立之后 $m=1$。由于回路中的磁场与电流有线性关系，在这一瞬间，穿过两回路的磁链分别为 $m\Psi_1$ 和 $m\Psi_2$。这样外源所做的功应为两回路中外源克服电动势所做功之和，即

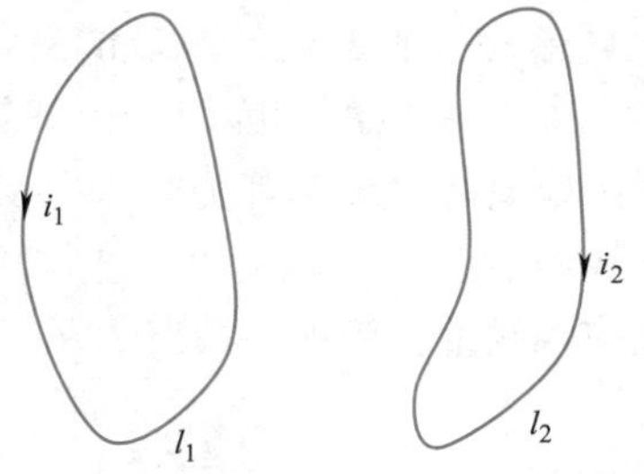

图 4-27 两个回路电流的建立

$$\mathrm{d}A=\mathrm{d}A_1+\mathrm{d}A_2$$

式中，$\mathrm{d}A_1=u_1i_1\mathrm{d}t=\dfrac{\mathrm{d}(m\Psi_1)}{\mathrm{d}t}mI_1\mathrm{d}t=mI_1\mathrm{d}(m\Psi_1)$，$\mathrm{d}A_2=mI_2\mathrm{d}(m\Psi_2)$。整个过程中外源对回路

电流所做的功都转变成磁场中储存的能量，故

$$\begin{aligned} W_m &= \int \mathrm{d}A = \int m I_1 \mathrm{d}(m\Psi_1) + \int m I_2 \mathrm{d}(m\Psi_2) \\ &= (I_1\Psi_1 + I_2\Psi_2)\int_0^1 m\mathrm{d}m \\ &= \frac{1}{2}(I_1\Psi_1 + I_2\Psi_2) \\ &= \frac{1}{2}\sum_{k=1}^{2} I_k\Psi_k \end{aligned} \tag{4-67}$$

式（4-67）就是两个电流回路系统存储的磁场能量，等于各回路电流与磁链乘积的代数和的一半，其中 I_k 和 Ψ_k 都是磁场建立后的最终值。达到稳定后，磁链与电流有下列关系，即

$$\Psi_1 = L_1 I_1 + M_{12} I_2 \tag{4-68a}$$

$$\Psi_2 = L_2 I_2 + M_{21} I_1 \tag{4-68b}$$

由 $M_{12} = M_{21} = M$，将式（4-68）代入式（4-67）得

$$W_m = \frac{1}{2}(L_1 I_1^{\ 2} + L_2 I_2^{\ 2} + 2MI_1 I_2) \tag{4-69}$$

顺便指出，式（4-69）中的 $\frac{1}{2}L_1 I_1^{\ 2}$ 和 $\frac{1}{2}L_2 I_2^{\ 2}$ 分别仅与 1 号和 2 号回路各自的电流和自感系数有关，故称为自有能，自有能恒为正。MI_1I_2 为互有能，互有能则可正可负，随电流流向而定。如同在电路理论中规定的方法，当两回路电流同时从各自回路（线圈）同名端流入（出）时互有能为正，否则为负。

对于 n 个电流回路组成的系统，可类推磁场能量的表达式为

$$W_m = \frac{1}{2}\sum_{k=1}^{n} I_k\Psi_k \tag{4-70}$$

其中

$$\Psi_k = \sum_{j=1}^{n} M_{kj} I_j \tag{4-71}$$

将式（4-71）代入式（4-70）得

$$W_m = \frac{1}{2}\sum_{k=1}^{n} I_k\Big(\sum_{j=1}^{n} M_{kj} I_j\Big) \tag{4-72}$$

式（4-72）中应用了 $M_{kj} = M_{jk}$ 这一关系，且当 $j=k$ 时，M_{kj} 即为 L_j。

2. 磁场能量的空间分布

磁场能量虽然来源于回路电流建立中外源所做的功，但它并不是只存在于电流回路内，而是分布于磁场所存在的整个空间中。为了更清楚地表明这一点，下面寻求磁场能量 W_m 和场量 B、H 的关系。在 n 个单匝的电流回路的磁场中，第 k 号回路的磁链可表示为

$$\Psi_k = \int_{S_k} \boldsymbol{B} \cdot \mathrm{d}\boldsymbol{S}_k = \oint_{l_k} \boldsymbol{A} \cdot \mathrm{d}\boldsymbol{l}_k \tag{4-73}$$

式中，$\boldsymbol{A}$ 为各回路电流在 k 号回路长度元 $\mathrm{d}\boldsymbol{l}_k$ 处产生的合成矢量磁位。

将式（4-73）代入式（4-70），即得 n 个载流线圈的磁场能量为

$$W_m = \frac{1}{2}\sum_{k=1}^{n}\oint_{l_k} I_k \boldsymbol{A} \cdot \mathrm{d}\boldsymbol{l}_k \tag{4-74}$$

对于体分布电流其元电流为 $\boldsymbol{J}\mathrm{d}V_k$，代替式（4-74）中 $I_k\mathrm{d}\boldsymbol{l}_k$，在电流所在体积 V_k 中积分。然后再将式（4-74）中的代数和化为体积分，并进一步将积分域扩展至整个场空间。这样，n 个载流回路系统的磁场能量也可用矢量磁位 $\boldsymbol{A}$ 表示为

$$W_m = \frac{1}{2}\int_V \boldsymbol{A} \cdot \boldsymbol{J}\mathrm{d}V \tag{4-75}$$

利用 $\boldsymbol{J}=\nabla\times\boldsymbol{H}$ 的关系，式（4-75）还可写为

$$W_m = \frac{1}{2}\int_V \boldsymbol{A} \cdot \nabla\times \boldsymbol{H}\mathrm{d}V \tag{4-76}$$

利用矢量恒等式 $\nabla\cdot(\boldsymbol{H}\times\boldsymbol{A})=\boldsymbol{A}\cdot\nabla\times\boldsymbol{H}-\boldsymbol{H}\cdot\nabla\times\boldsymbol{A}$，式（4-76）改写为

$$W_m = \frac{1}{2}\int_V \nabla\cdot(\boldsymbol{H}\times\boldsymbol{A})\mathrm{d}V + \frac{1}{2}\int_V \boldsymbol{H}\cdot\nabla\times\boldsymbol{A}\mathrm{d}V$$

再利用散度定理以及 $\boldsymbol{B}=\nabla\times\boldsymbol{A}$ 的关系，得

$$W_m = \frac{1}{2}\oint_S \boldsymbol{H}\times\boldsymbol{A}\mathrm{d}\boldsymbol{S} + \frac{1}{2}\int_V \boldsymbol{H}\cdot\boldsymbol{B}\mathrm{d}V \tag{4-77}$$

式（4-77）中等号右端第一项中的闭合面 S 是包围整个体积 V 的。假设所有电流回路都为有限分布，将体积扩展为全空间，其边界面（不妨设为球形，半径为 r）$S\to\infty$，即 $r\to\infty$，式（4-77）中第一项的闭合面积分应等于零，这是由于 $\boldsymbol{H}\propto\frac{1}{r^2}$、$\boldsymbol{A}\propto\frac{1}{r}$、$S\propto r^2$。因而

$$W_m = \frac{1}{2}\int_V \boldsymbol{H}\cdot\boldsymbol{B}\mathrm{d}V \tag{4-78}$$

这一结果与静电能量的表达式类似。对比静电能量体密度同样的讨论，由式（4-78）可以推出磁场能量的体密度为

$$w_m = \frac{1}{2}\boldsymbol{H}\cdot\boldsymbol{B} \tag{4-79}$$

对于各向同性的线性导磁媒质，还可写成

$$w_m = \frac{1}{2}\mu H^2 = \frac{1}{2}\frac{B^2}{\mu} \tag{4-80}$$

例 4-19　求长度为 l，内、外导体半径分别为 R_1 和 R_2（外导体厚度忽略）的同轴电缆，通有电流 I 时，电缆所存储的磁场能量，设两导体间媒质的磁导率为 μ_0。

解　利用安培环路定律并仿照例 4-5 题的计算结果可得到电缆中磁场的分布，即

$$\begin{cases} \boldsymbol{H}_1 = \dfrac{rI}{2\pi R_1^2}\boldsymbol{e}_\phi & r\leqslant R_1 \\ \boldsymbol{H}_2 = \dfrac{I}{2\pi r}\boldsymbol{e}_\phi & R_1\leqslant r\leqslant R_2 \\ \boldsymbol{H}_3 = 0 & r>R_2 \end{cases}$$

代入磁场能量计算公式进行积分，有

$$W_m = \frac{1}{2}\int_V \mu_0 H^2\mathrm{d}V = \frac{1}{2}\left[\int_0^{R_1}\mu_0\left(\frac{rI}{2\pi R_1^2}\right)^2\cdot 2\pi rl\mathrm{d}r + \int_{R_1}^{R_2}\mu_0\left(\frac{I}{2\pi r}\right)^2\cdot 2\pi rl\mathrm{d}r\right]$$

$$=\frac{\mu_0 I^2 l}{4\pi}\left(\int_0^{R_1}\frac{r^3}{R_1^4}\mathrm{d}r+\int_{R_1}^{R_2}\frac{\mathrm{d}r}{r}\right)$$

$$=\frac{\mu_0 I^2 l}{4\pi}\left(\frac{1}{4}+\ln\frac{R_2}{R_1}\right)$$

单一载流回路情况下，由磁场能量 $W_{\mathrm{m}}=\frac{1}{2}LI^2$ 的关系，可通过磁场能量求得电感，即

$$L=\frac{2W_{\mathrm{m}}}{I^2} \tag{4-81}$$

由此例可以得到同轴电缆的自感 $L=\frac{2W_{\mathrm{m}}}{I^2}=\frac{\mu_0 l}{2\pi}\left(\frac{1}{4}+\ln\frac{R_2}{R_1}\right)$。显然，利用磁场能量计算电感也是很方便的。许多工程实际问题中常用数值计算方法求出场量 $\boldsymbol{B}$ 和 $\boldsymbol{H}$，再根据式（4-78）和式（4-81）来确定载流系统的等效电感值。

例 4-20　试计算例 4-7 中绕有 N 匝线圈的圆柱形铁环中储存的磁场能量。

解　由例 4-7 知铁环内的磁场为

$$\boldsymbol{H}=\frac{NI}{2\pi r}\boldsymbol{e}_\phi$$

由式（4-80）计算铁环内的磁场能量的体密度为

$$w_{\mathrm{m}}=\frac{1}{2}\mu H^2=\frac{1}{8}\mu\left(\frac{NI}{\pi r}\right)^2$$

则线圈内部的总磁能为

$$W_{\mathrm{m}}=\frac{\mu N^2 I^2}{8\pi^2}\int_a^b\frac{2\pi rh}{r^2}\mathrm{d}r=\frac{\mu_r\mu_0 N^2 I^2 h}{4\pi}\ln\frac{b}{a}$$

4.5.3　磁场力

载流导体或运动电荷在磁场中所受的力叫作磁场力或电磁力。工程中利用磁场能量转换成机械能的应用非常多，如电磁吊车、电动机等，许多测量仪表也是利用电磁力进行驱动的。

磁场对运动电荷的作用力可用式（4-2）进行计算。磁场作用于元电流段 $I\mathrm{d}\boldsymbol{l}$ 的力为 $\mathrm{d}\boldsymbol{F}=I\mathrm{d}\boldsymbol{l}\times\boldsymbol{B}$，因此，磁场作用于载流回路的力为 $\boldsymbol{F}=\oint_l I\mathrm{d}\boldsymbol{l}\times\boldsymbol{B}$。

原则上，磁场力都可归结为磁场作用于元电流段的力，但这样需要矢量积分式计算，通常是很复杂的。如像静电场中讨论的那样，应用虚位移法求磁场力，则在很多问题中都可以简化计算。

设有 n 个载流回路所构成的系统，它们分别与电压为 U_1，U_2，…，U_n 的外电源相连接，且分别通有电流 I_1，I_2，…，I_n。假设除了第 P 号回路外，其余都固定不动，且回路 P 也仅有一个广义坐标 g 发生变化，这时在该系统中发生的功能过程是

$$\mathrm{d}_g W=\mathrm{d}_g W_{\mathrm{m}}+F\mathrm{d}g \tag{4-82}$$

$$\mathrm{d}_g W=\sum_{k=1}^{n}I_k\mathrm{d}\Psi_k \tag{4-83}$$

下面分别进行讨论。

1. 常电流系统

假定各回路中的电流保持不变，即 $I_k=$常量，称为常电流系统，这时根据式（4-70）有

$$d_g W_m\big|_{I_k=常量}=\frac{1}{2}\sum_{k=1}^{n}I_k d\Psi_k$$

外源提供的能量为

$$d_g W=\sum_{k=1}^{n}u_k i_k dt=\sum_{k=1}^{n}i_k d\Psi_k$$

可见 $d_g W_m\big|_{I_k=常量}=\frac{1}{2}d_g W$，即外源提供的能量有一半作为磁场能量的增量，另一半用于做机械功，即磁场能量的增量与机械功相等，则

$$F dg=d_g W_m\big|_{I_k=常量}$$

由此可得广义力为

$$F=\frac{d_g W_m}{dg}\bigg|_{I_k=常量}=\frac{\partial W_m}{\partial g}\bigg|_{I_k=常量} \tag{4-84}$$

2. 常磁链系统

假定与各回路相交链的磁链保持不变，即 $\Psi_k=$常量，称为常磁链系统，$d\Psi_k=0$，这时 dW 也为零，即外源提供的能量为零，根据式（4-82）有

$$F dg=-d_g W_m\bigg|_{\Psi_k=常量}$$

从而得广义力为

$$F=-\frac{d_g W_m}{dg}\bigg|_{\Psi_k=常量}=-\frac{\partial W_m}{\partial g}\bigg|_{\Psi_k=常量} \tag{4-85}$$

此时，磁场力做功只有靠系统磁场能量的减少来完成。

式（4-84）与（4-85）所给出的都是在假设位移存在时的磁场力计算公式，原理都基于能量守恒，无论用常电流系统还是常磁链系统，计算结果都是相等的，即

$$F=\frac{\partial W_m}{\partial g}\bigg|_{I_k=常量}=-\frac{\partial W_m}{\partial g}\bigg|_{\Psi_k=常量}$$

与静电场中电场力的虚位移法相似，如果计算结果大于零，表示力的方向沿位移增加的方向，否则，力的方向沿位移减小的方向。

3. 对于两个回路的系统

在实际问题中，常遇到求两个回路的系统相互作用力，这时，由于一个回路发生位移只影响互磁链，使其互感变化，故只要写出它们相互作用能的表达式，即

$$W_m=\frac{1}{2}(L_1 I_1^2+L_2 I_2^2+2MI_1 I_2)$$

然后求偏导数即可，式中前两项与位置无关，于是有

$$F=\frac{\partial W_m}{\partial g}\bigg|_{I_k=常量}=I_1 I_2\frac{\partial M}{\partial g}$$

例 4-21　一个单匝的矩形线圈 $abcd$，边长分别为 L 和 W，置于磁感应强度为 $\boldsymbol{B}$ 的均匀

磁场中，设磁场方向为 x 方向，线圈 L 边平行于 z 轴，线圈平面的法线与磁场成 α 夹角，如图 4-28 所示，若通过线圈的电流为 I，求线圈所受的力矩。

解　因为磁场是均匀场，因此可以直接利用安培力定律计算线框各个边的受力。

由图可见，ab 与 cd 边受力分别为

$$\boldsymbol{F}_{\mathrm{ab}}=\int_{\mathrm{ab}} I\mathrm{d}\boldsymbol{l}\times\boldsymbol{B}=WIB\cos\alpha\boldsymbol{e}_z$$

$$\boldsymbol{F}_{\mathrm{cd}}=\int_{\mathrm{cd}} I\mathrm{d}\boldsymbol{l}\times\boldsymbol{B}=-WIB\cos\alpha\boldsymbol{e}_z$$

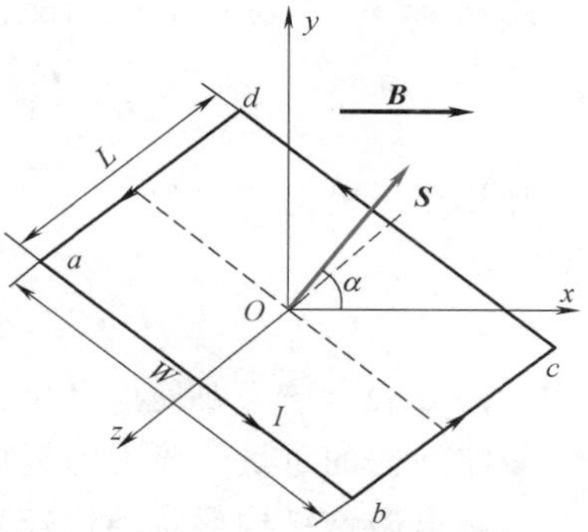

图 4-28　例 4-21 图

由 $l_{\mathrm{ab}}=l_{\mathrm{cd}}$，$\boldsymbol{F}_{\mathrm{ab}}$ 与 $\boldsymbol{F}_{\mathrm{cd}}$ 两力共线，且大小相等方向相反，合力为零。

bc 与 da 边受力分别为

$$\boldsymbol{F}_{\mathrm{bc}}=\int_{\mathrm{bc}} I\mathrm{d}\boldsymbol{l}\times\boldsymbol{B}=-BIL\boldsymbol{e}_y$$

$$\boldsymbol{F}_{\mathrm{da}}=\int_{\mathrm{da}} I\mathrm{d}\boldsymbol{l}\times\boldsymbol{B}=BIL\boldsymbol{e}_y$$

$\boldsymbol{F}_{\mathrm{bc}}$ 和 $\boldsymbol{F}_{\mathrm{da}}$ 为作用于两边的力，两个力的作用线不重合，因而产生力矩，使线圈转动。bc 与 da 边的力臂分别为 $\frac{W}{2}\sin\alpha\boldsymbol{e}_x$ 和 $-\frac{W}{2}\sin\alpha\boldsymbol{e}_x$，因此力矩分别为

$$\boldsymbol{T}_{\mathrm{bc}}=\frac{W}{2}\sin\alpha\boldsymbol{e}_x\times\boldsymbol{F}_{\mathrm{bc}}=-\frac{1}{2}BILW\sin\alpha\boldsymbol{e}_z$$

$$\boldsymbol{T}_{\mathrm{da}}=-\frac{W}{2}\sin\alpha\boldsymbol{e}_x\times\boldsymbol{F}_{\mathrm{da}}=-\frac{1}{2}BILW\sin\alpha\boldsymbol{e}_z$$

合力矩为

$$\boldsymbol{T}=\boldsymbol{T}_{\mathrm{bc}}+\boldsymbol{T}_{\mathrm{da}}=-BILW\sin\alpha\boldsymbol{e}_z$$

由于线圈所受力矩按正弦规律变化，当线圈平面与磁场平行时，力矩最大；当线圈平面与磁场垂直时，力矩为零。如果线圈平面不与磁场垂直，则力矩使线圈平面偏转，直到它的平面与磁场垂直。可见载流回路所受的力矩的作用趋势要使该回路包围尽可能多的磁通。这虽然是由矩形线圈导出的，但对任意形状的线圈都适用。

本例题是电动机和磁电式仪表的工作原理。若线圈紧密绕制 N 匝，则由磁场产生的力矩将是单匝线圈所受力矩的 N 倍。

例 4-22　如图 4-29 所示的起重电磁铁，已知线圈的安匝数为 NI，设气隙中的磁场均匀分布，不计衔铁的重量，近似计算电磁铁能够吸起来的货物的重量。

解　由于铁磁材料的磁导率相对空气而言非常大，故存储在磁媒质中的磁场能量远小于储存于空气隙中的部分，因而前者可以忽略不计。

由安培环路定律，可得气隙中的磁场为

$$\oint_l \boldsymbol{H}\cdot\mathrm{d}\boldsymbol{l}=H_0 2\delta_0=NI$$

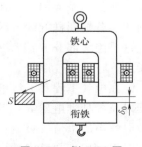

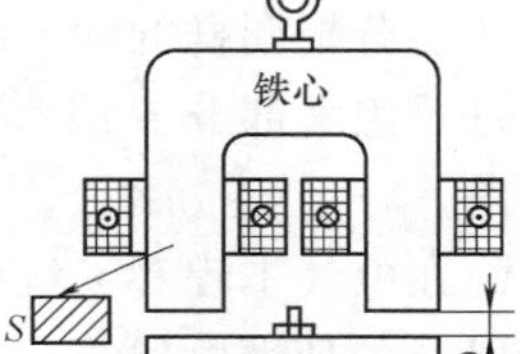

图 4-29　例 4-22 图

忽略漏磁，气隙中的磁场能量为

$$W_m=\frac{1}{2}\mu_0H_0^2(2S\delta_0)=\frac{\mu_0S(NI)^2}{\delta_0}$$

作用于磁极上的力为

$$F=\left.\frac{\partial W_m}{\partial\delta_0}\right|_{I=\text{常量}}=-\frac{\mu_0S(NI)^2}{\delta_0^2}$$

式中，$F<0$ 表示该力要使广义坐标 δ_0 减小，即表示向上的吸力。

忽略衔铁的重量，该力即近似为电磁铁能够吸起来的物体的重量。

实际电磁铁结构形状都比较复杂，铁磁材料内部及线圈中、周围空气中都会存在磁场，一般采用数值计算方法求解空间磁场的分布，再进行能量的计算、吸力的计算。

4.6 磁路及其计算

当磁场中存在有铁磁类材料时，由于磁导率高且为非线性，其磁场的分析和计算都比较复杂。但是由于其磁导率远远大于周围介质的磁导率，可以近似认为磁场主要集中在铁磁材料中，将磁通和闭合电路的电流相比较，把磁场简化为磁路来处理。磁路是构成电机、变压器、电磁铁与继电器等器件的重要组成部分。在工程应用上，常用磁路进行近似计算。本节介绍磁路的概念和磁路定律，并对恒定磁通磁路的计算进行讨论。

4.6.1 铁磁材料中的磁场特点与磁路

由于铁磁材料的高导磁性，使得铁磁质内的磁场 **B** 远大于铁磁质外的磁场 **B**，即铁磁质具有把 **B** 线聚集于自身内部的性质。当螺线管芯采用高导磁材料时，这种导磁材料的集聚性使得磁场大部分集中在材料内部，如图 4-30 所示，磁通的大部分在螺线管中环流，同时，由线圈所产生的总磁通的一小部分经过磁路外的空间闭合，称它们为漏磁通（leakage flux）。在设计磁路时，总是力求使漏磁通最小，这是符合经济原则的，也是可以做到的，为此在分析磁路时一般忽略漏磁通。

实际的电磁铁在设计中根据功能需要必须留有空气隙，有些则是由于磁回路的拼接造成空气隙的存在。通常，空气隙周围磁通的扩散是不可避免的，称为边缘效应（fringing effect），但是，当空气隙的长度相对于其他尺寸很小时，则绝大部分磁通集中在空气隙处磁心的两侧表面，边缘效应可以忽略。

例如，图 4-31a 所示为一个没有铁心的载流线圈，这种线圈产生的 **B** 线是弥散在整个空间的。若把同样的载流线圈绕在一个铁心上，如图 4-31b 所示，则不仅磁通量大大增加，而且这时绝大部分 **B** 线都集中于铁心内部且沿着铁心走向分布。这样，铁心成为 **B** 线的主要通路。

在电气工程和无线电技术中，很多需要较强磁场或较大磁通的设备（例如电机、变压器以及各种继电器等）都采用了闭合或近似闭合的铁磁材料，即铁心。绕在铁心上的线圈通以较小的电流（励磁电流），便能得到较强的磁场，且磁场近似被约束在由铁磁质组成的磁路内，周围非铁磁质中的磁场则很弱。

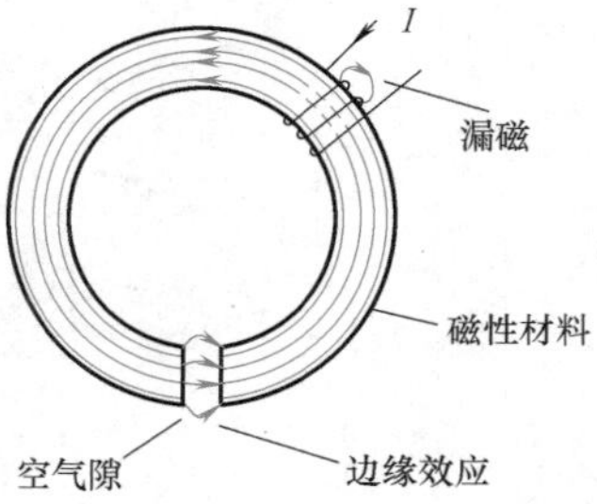

图 4-30 有空气隙的磁路

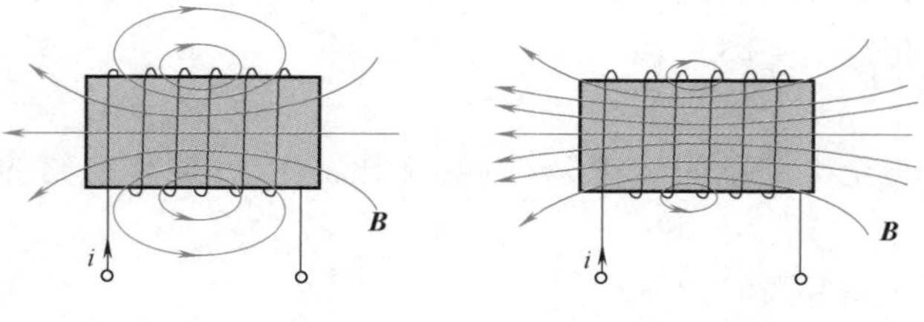

a) 无铁心线圈　b) 有铁心线圈

图 4-31 线圈磁场

按照磁通连续性定理，忽略漏磁时，不同横截面的铁磁体中尽管磁感应强度分布不同，但是磁通都是相同的，因此，在磁路分析中应以磁通为分析变量。当铁磁质为闭合或基本闭合的形状时，磁通就可看作像电路中的电流一样，沿着铁磁质内部闭合。由于电流流经的通路称为电路，故把磁场近似集中穿过的通路称为磁路。

磁路与电路有一系列对应的概念。磁路中的磁通 Φ_m 对应于电路中的电流 I，前者是 $\boldsymbol{B}$ 的通量而后者是 $\boldsymbol{J}$ 的通量，$\boldsymbol{B}$ 线和 $\boldsymbol{J}$ 线都是连续曲线。当然，二者是有区别的，电路中，传导电流基本上是在人们设计好的导体回路中流动，空气等非导电媒质中的漏电流可以忽略。而磁路中，绝大部分 $\boldsymbol{B}$ 线是通过人们预先设计的磁路（包括必要的气隙）中闭合，称为主磁通，但是磁路外的空气等其他空间也都有磁场，即磁场线会穿出铁心经过磁路周围的非铁磁质（包括空气）而闭合，这部分磁通称为漏磁通，因此，磁路分析相对误差比较大，工程实际分析中为提高计算精度通常需要考虑漏磁的影响。

4.6.2 磁路定律及磁路分析

为简化分析，进行如下假设：

1）磁通限定在磁性材料内部流动，没有漏磁；

2）在空气隙处，磁通没有扩散或边缘效应；

3）在磁性材料内部，磁通密度是均匀分布的。

以图 4-32a 所示的简单无分支闭合铁心线圈为例建立其磁路模型。设线圈密绕 N 匝，励磁电流为 I，由安培环路定律，取虚线回路作为积分路径，有

$$\oint_l \boldsymbol{H}\cdot \mathrm{d}\boldsymbol{l} = NI \tag{4-86}$$

设铁磁材料积分路径上各点的 $\boldsymbol{H}$（及 $\boldsymbol{B}$）与 $\mathrm{d}\boldsymbol{l}$ 平行且为相等的值，则被积函数可简化为

$$\boldsymbol{H}\cdot \mathrm{d}\boldsymbol{l} = \frac{\boldsymbol{B}}{\mu}\cdot \mathrm{d}\boldsymbol{l} = \frac{B}{\mu}\mathrm{d}l = \frac{\Phi_m}{\mu}\frac{\mathrm{d}l}{S}$$

式中，S 是铁心横截面积。代入式（4-86），注意到 Φ_m 对铁心各截面为常数，得

$$\Phi_m \oint_l \frac{1}{\mu}\frac{\mathrm{d}l}{S} = NI \tag{4-87}$$

对比导体的电阻公式 $R=\dfrac{l}{\gamma S}$，定义长度为 l、横截面为 S 的磁媒质（磁体）的磁阻为

$$R_m = \frac{l}{\mu S} \tag{4-88}$$

其中，磁导率 μ 与电导率 γ 对应，磁阻的单位为亨利的倒数（1/H）。

把式（4-88）代入式（4-87），得

$$\Phi_{\mathrm{m}} R_{\mathrm{m}} = NI$$

与全电路欧姆定律 $\varepsilon = RI$ 相类比，把 NI 叫作磁路的磁动势，记作

$$\mathscr{E}_{\mathrm{m}} = NI$$

于是

$$\Phi_{\mathrm{m}} = \frac{\mathscr{E}_{\mathrm{m}}}{R_{\mathrm{m}}} \tag{4-89}$$

式（4-89）称为磁路的欧姆定律，即引入磁动势和磁阻之后，磁路中的磁通、磁动势和磁阻三者之间的关系与电路中的欧姆定律完全相似。

将线圈的磁动势用电路中电压源符号表示，把磁阻用电路中电阻符号表示，按照式（4-89）对应关系画出图 4-32a 带铁心的电感线圈实物图的等效磁路模型图如图 4-32b 所示。该磁路模型对应于最简单的串联电路模型。磁路中的线圈磁动势对应电路中的电压源（如干电池）；铁心的磁阻对应于电路中的电阻；磁路中的磁通对应于电路中的电流；铁心通路则对应于电路中的导线，二者分别起着引导磁通和电流流动路线的作用。

以此类推，当磁路存在分支时，各分支的磁通可以不相同。图 4-33a 是一个双 E 形铁心线圈，图 4-33b 是其等效的磁路模型图，该磁路中三条支路分别对应铁心左中右三段磁心及其相应的磁阻。如果忽略从铁心侧面漏出的 $\boldsymbol{B}$ 线，由磁通连续性原理 $\oint_S \boldsymbol{B} \cdot \mathrm{d}\boldsymbol{S} = 0$，一定有连接同一节点的各支路的磁通代数和为零，即

$$\Phi_{\mathrm{m}} = \Phi_{\mathrm{m1}} + \Phi_{\mathrm{m2}} \tag{4-90}$$

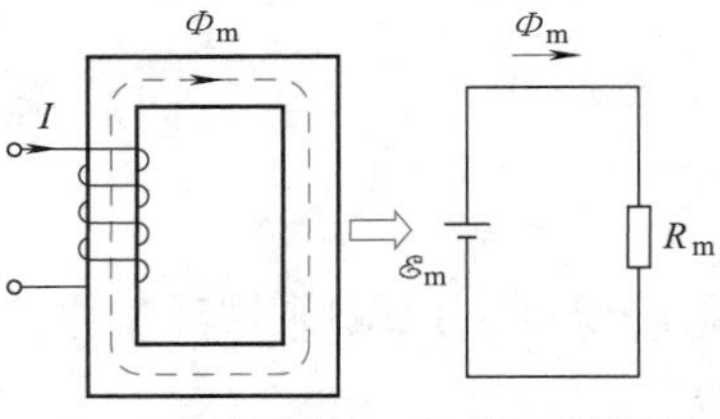

a) 电感线圈　b) 等效磁路模型

图 4-32　无分支闭合铁心的磁路

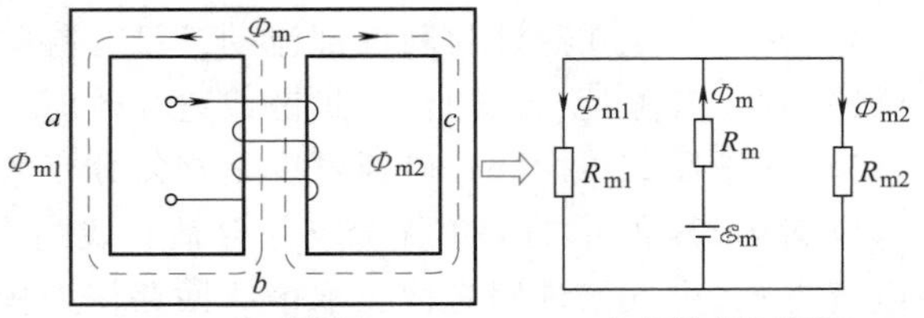

a) 双E形线圈　b) 等效磁路模型

图 4-33　有分支闭合铁心的磁路

这一关系与电路中基尔霍夫电流定律相对应，称为磁路的基尔霍夫第一定律。该定律可以推广到任意复杂的磁路，在磁路的每一个分支点上所连各支路的磁通代数和等于零，即

$$\sum \Phi_{\mathrm{m}i} = 0 \tag{4-91}$$

而对于每一个闭合回路，则有

$$\sum \Phi_{\mathrm{m}i} R_{\mathrm{m}i} = \sum \mathscr{E}_{\mathrm{m}i} \tag{4-92}$$

这一关系与电路中基尔霍夫电压定律相对应，称为磁路的基尔霍夫第二定律，即在磁路的任意闭合回路中，各段磁路上的磁压 $\Phi_{\mathrm{m}i} R_{\mathrm{m}i}$ 的代数和等于闭合回路中磁动势的代数和。

式（4-91）和式（4-92）合称为磁路定律，分别对应于电路的基尔霍夫电流定律和基尔霍夫电压定律。这种磁路与电路的对应，可使我们将熟悉的电路计算方法移植过来计算磁

路。仿照电路图，可搭建等效的磁路图。例如，对于图 4-32 所示磁路可简化为一个磁阻与磁动势串联；对于图 4-33 所示磁路可以看作是 a、c 二段磁阻并联后再与 b 段磁阻及磁动势串联而成。

应当指出，上述磁路定律是从磁场的基本方程——安培环路定律和磁通连续性定理出发，进行了许多近似得出的，例如不计漏磁，认为 $\boldsymbol{B}$ 线沿着铁心周线走向以及铁心截面上各处 $\boldsymbol{B}$ 均匀等，实际上只是一种估算。或者说，与电路模型类似，磁路模型也是不唯一的。实际应用中可以根据精度需要把铁心分成若干段，甚至还可以在磁路中加入漏磁阻。磁路的计算在电机、变压器、电磁铁和仪表设计中都有广泛的应用。

磁路与电路的比较，见表 4-2。

表 4-2　磁路与电路比较

	磁路	电路
物理量	磁势 $\mathscr{E}_m = NI$	电势 $\mathscr{E}$
	磁通 Φ_m	电流 I
	磁压降 $\Phi_m R_m$	电压降 RI
	磁阻 R_m	电阻 R
基本定律	磁路基尔霍夫第一定律 磁路基尔霍夫第二定律 磁路欧姆定律	基尔霍夫电流定律（基尔霍夫第一定律） 基尔霍夫电压定律（基尔霍夫第二定律） 电路欧姆定律

此外，磁路与电路存在着本质的区别：

1）磁路中 μ_r 不是常数，而是 $\boldsymbol{B}$ 值的函数，因而磁路是非线性的；而电路中大部分电阻可以看作线性电阻。

2）电导体与电介质的电导率相差极大，可达到 $10^{20} \sim 10^{21}$ 倍，可忽略漏电流误差；而磁导体与一般媒质的磁导率比值为 $10^3 \sim 10^4$ 倍，忽略漏磁时会带来相当大的误差。

3）电流会在电阻上产生一些热能转换，磁通不会在磁阻上产生磁能与热能的转换。

4）由于必须考虑漏磁通，磁路中的磁动势和磁阻是分布的参数，所以磁路是分布参数性质的路。

以上讨论的是不含永磁体的磁路。当磁路中有永磁体时，问题要复杂一些，因为永磁体本身也能激发磁场，本身也相当于一个磁动势，这个磁动势显然不能归结为 NI，这里不进行详细讨论。

磁通不随时间变化的恒定值的磁路（称作恒定磁通磁路）的计算，其目的是在已知磁路结构、尺寸及材料的情况下，找出磁通（工程问题对应磁感应强度、磁场能量、磁场力）与磁动势（工程问题即对应线圈的参数）之间的关系。一般分为两类问题：一类是已知磁通求磁动势；另一类是已知磁动势求磁通。

例 4-23　如图 4-34 所示铁心横截面为正方形的电磁铁，密绕 1500 匝线圈，通过线圈的电流为 4A，磁性材料的相对磁导率为 $\mu_r = 1200$。求：（1）磁路中的磁通、磁感应强度；（2）若衔铁与铁心吸合，不考虑空气隙，为保持与上述相同的磁通，线圈电流应该为多少？

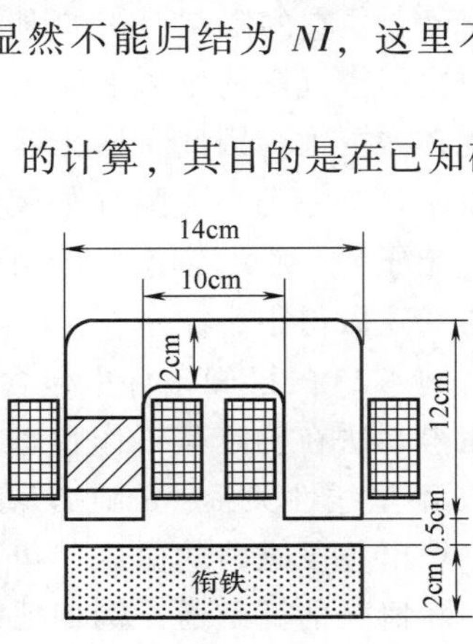

图 4-34　例 4-23 图

解 （1）由于磁性材料的磁导率为常数，且外加磁动势为已知，可以用磁阻法来计算磁通。

铁心平均磁路长度近似为

$$l_m = 12 \times 4\text{cm} = 48\text{cm}$$

略去边缘效应，磁路的截面积与空气隙的截面积相同，即

$$S = 2\text{cm} \times 2\text{cm} = 4\text{cm}^2$$

铁心和空气隙的磁阻分别为

$$R_{m1} = \frac{48 \times 10^{-2}}{1200 \times 4\pi \times 10^{-7} \times 4 \times 10^{-4}} \text{H}^{-1} = 7.96 \times 10^5 \text{H}^{-1}$$

$$R_{m2} = \frac{2 \times 0.5 \times 10^{-2}}{4\pi \times 10^{-7} \times 4 \times 10^{-4}} \text{H}^{-1} = 198.94 \times 10^5 \text{H}^{-1}$$

串联回路的总磁阻为

$$R_m = R_{m1} + R_{m2} = 206.90 \times 10^5 \text{H}^{-1}$$

由磁路定律，得到磁通量为

$$\Phi_m = \frac{NI}{R_m} = \frac{1500 \times 4}{206.90 \times 10^5} \text{Wb} = 29.0 \times 10^{-5} \text{Wb}$$

因此，空气隙和铁心中磁感应强度为

$$B = \frac{\Phi_m}{S} = \frac{29.0 \times 10^{-5}}{4 \times 10^{-4}} \text{T} = 0.725\text{T}$$

（2）若没有空气隙，磁路的总磁阻只有铁磁路的磁阻，即

$$R'_m = R_{m1} + 0 = 7.96 \times 10^5 \text{H}^{-1}$$

则为保持与上述相同的磁通，线圈电流只需为

$$I' = \frac{\Phi_m R'_m}{N} = \frac{29.0 \times 10^{-5} \times 7.96 \times 10^5}{1500} \text{A} = 0.154\text{A}$$

上例说明，虽然气隙很小（只占铁心长度的 2.1%），但对总磁阻却有很大影响（是铁心磁阻的 25 倍），这显然是由于空气磁导率比铁心磁导率小很多所致，由此可见，即使一个很小的气隙，它对器件的影响也是很大的，高磁阻的气隙起着主要的作用，整个磁路中的磁通 Φ_m 受它的限制，正如同在串联电路中高电阻起主要作用一样。为激发同一磁通，带气隙的比不带气隙的励磁电流大得多。如果气隙再大，磁阻必将更大，为激发同一磁通所需电流就必需更大。因此，变压器及一般铁心线圈都使用闭合铁心，只有在特殊需要时某些铁心线圈才开有一个小气隙（如荧光灯镇流器）。电机中由于必须有转动部分（转子）和不动部分（定子），不可能使用完全闭合的铁心，为了减少磁阻，一般都把转子铁心和定子铁心之间的气隙做得很小。

例 4-23 的已知条件中包含了铁磁质的 μ 值，但在实际工程问题中，因为铁磁质的非线性使得无法在确定其工作状态（$\boldsymbol{H}$ 或 $\boldsymbol{B}$）之前确定其 μ 值。磁路计算的困难一般恰恰在于 $\boldsymbol{B}$ 与 $\boldsymbol{H}$ 不呈线性关系，μ 随 $\boldsymbol{H}$ 值的不同而不同。已知 $\boldsymbol{B}$，求 μ（或 $\boldsymbol{H}$）需查 $\boldsymbol{B}$-$\boldsymbol{H}$ 曲线或表格。求出各段磁路的磁压（$\Phi_m R_m$ 或 Hl）便可求出 NI。如果已知 NI，求磁通 Φ_m 时，则需按实际情况估算磁通，例如把回路的全部磁动势看成只等于气隙的磁压进行估算，然后做些修正，寻求一个能满足式（4-87）的磁通。一般常需计算若干次才能得到满意的结果。显

然，这是一种试探法，实质上是已知磁路磁通求磁动势的多次计算方法。

4.6.3 磁屏蔽

在实际中有时需要把一部分空间屏蔽起来，免受外界磁场的干扰。上述铁心具有把 $\boldsymbol{B}$ 线集中到内部的性质，提供了制造磁屏蔽的可能性。一个高 μ 值铁磁质制成的屏蔽罩就能起到这样的作用，其道理可借助磁阻的并联来说明。屏蔽罩与空腔可看作并联的磁阻，由于空腔的磁导率 μ_0 远小于罩的磁导率 μ，其磁阻远大于罩的磁阻，于是来自外界的 $\boldsymbol{B}$ 线绝大部分将沿着空腔两侧的铁壳壁内“通过”，“进入”空腔内部的很少，从而达到屏蔽的目的。

应当指出的是，和闭合导体空腔内静电场为零不同，外磁场中闭合铁磁质空腔中的磁场并不为零，因而屏蔽的效果达不到静电屏蔽的效果。要改善屏蔽的效果，可以采用较厚的屏蔽罩或多层屏蔽的方法，把漏进空腔内的残余磁场一次次地屏蔽掉。另外，这种磁屏蔽方法不宜用于屏蔽高频交变磁场，因为这会在铁磁屏蔽罩中引起很大的铁损。

本章小结

对于恒定磁场的学习，一定要时时与静电场对比进行分析，同时牢记磁场的源是矢量源，正是由于静电场与恒定磁场的场源一个是标量一个是矢量，才造成两种场截然不同的特性。比如，正负电荷分别对应电场线的起点与终点，静电场为无旋有散场，而有方向的电流对应不同旋转方向的磁场，使得磁场为有旋无散场；再比如，在分界面有场源的情况下，电位移的法向分量之差对应自由电荷的面密度值，而磁场强度切向分量不能简单对应于面电流，必须用分界面法向单位矢量与磁场强度之差的叉积对应于面电流矢量；再比如，静电场可以利用标量位函数简化分析，而恒定磁场除特殊场域外需要利用矢量位函数简化分析等，这些既有相似性，又有本质的区别。两种场相互对照可以帮助我们更加准确地理解和掌握电场与磁场的概念、性质、特性，才能够建立起完整的电磁场理论，学以致用。

铁磁材料是电工装备中非常重要的材料，利用介质分界面衔接条件可以更好地理解与掌握工作在线性区的磁材料中的磁场的特性、磁材料表面磁场的分布特性，才能够更恰当、准确地建立磁场边值问题模型，为场的数值分析奠定基础。

单纯从解题的角度，可以给出恒定磁场主要的分析题型如图 4-35 所示。因为磁场的复

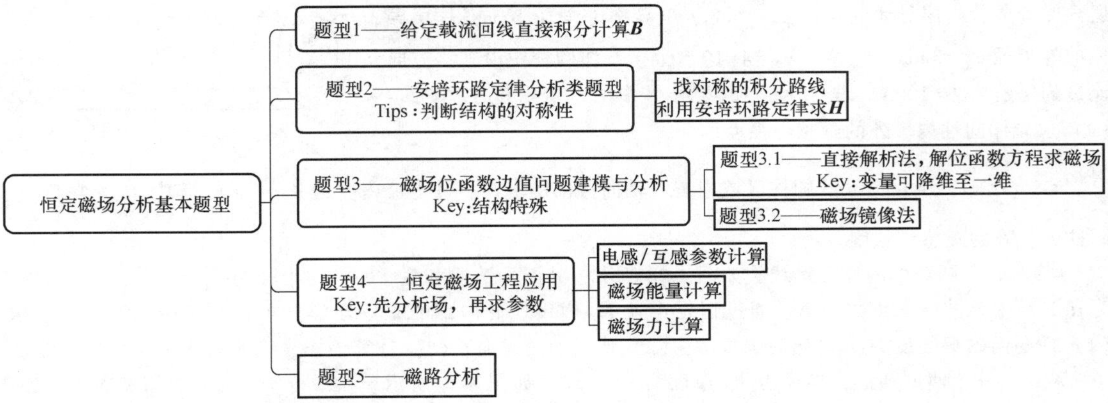

图 4-35 本章题型与主要知识点小结

杂性，解析求解的适用范围更小，而磁场位函数边值问题的求解方法与静电场类似，所以本书中只给出了一维位函数方程的解析求解和带电导线与平面的镜像法，其余方法（如分离变量法、数值解法等）都是数学方法的运用，原理是类似的。磁路分析是恒定磁场（包括低频准静态场）非常特殊的一类方法，在电机等电气设备的估算与初步设计中得到应用。

习　题　4

4-1　分别求图 4-36 中各种形状的线电流在真空中的 P 点产生的磁感应强度。

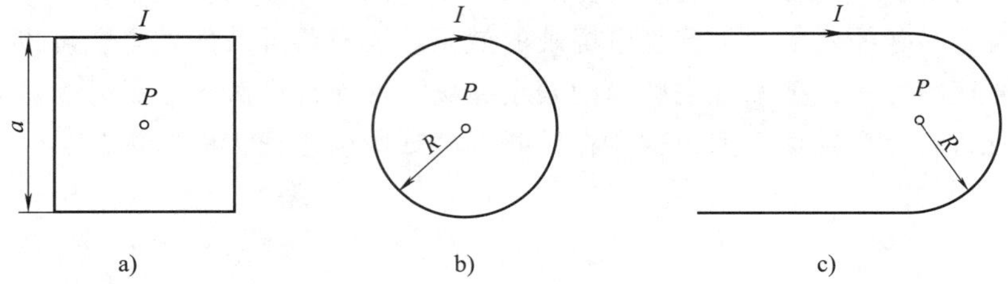

图 4-36　题 4-1 图

4-2　一个正 n 边形（边长为 a）线圈中通过的电流为 I，试证此线圈中心的磁感应强度为 $B=\dfrac{\mu_0 nI}{2\pi a}\tan\dfrac{\pi}{n}$。

4-3　下面矢量中哪些可能是磁感应强度 $\boldsymbol{B}$？如果是，求出相应的电流密度 $\boldsymbol{J}$。

1）$\boldsymbol{F}=40x\boldsymbol{e}_y-30y\boldsymbol{e}_x$　　2）$\boldsymbol{F}=Ar\boldsymbol{e}_\phi$

3）$\boldsymbol{F}=12\ (x\boldsymbol{e}_x-y\boldsymbol{e}_y)$　　4）$\boldsymbol{F}=4\boldsymbol{e}_r+3r\boldsymbol{e}_\theta$

5）$\boldsymbol{F}=-A\boldsymbol{e}_x+A\boldsymbol{e}_y$　　6）$\boldsymbol{F}=3r\boldsymbol{e}_r+2\boldsymbol{e}_z$

4-4　无限长直线电流垂直于磁导率分别为 μ_1 和 μ_2 的两种介质的分界面，试求：（1）两种介质中的磁感应强度 $\boldsymbol{B}_1$ 和 $\boldsymbol{B}_2$；（2）磁化电流分布。

4-5　一根细的圆铁杆和一个很薄的圆铁盘样品放在磁场 $\boldsymbol{B}_0$ 中，并使它们的轴与 $\boldsymbol{B}_0$ 平行（铁的磁导率为 μ）。求样品内的 $\boldsymbol{B}$ 和 $\boldsymbol{H}$；若已知 $B_0=1\text{T}$、$\mu_r=5000$，求两样品内的磁化强度 $\boldsymbol{M}$。

4-6　证明磁介质内部的磁化电流是传导电流的（μ_r-1）倍。

4-7　如图 4-37 所示，已知无限长直导体圆柱由电导率不同的两层导体构成，内层导体的半径 $a_1=2\text{mm}$，电导率 $\gamma_1=10^7\text{S/m}$；外层导体的外半径 $a_2=3\text{mm}$，电导率 $\gamma_2=4\times10^7\text{S/m}$。导体圆柱中沿轴线方向流过的电流为 $I=100\text{A}$，求：（1）两层导体中的电流密度 $\boldsymbol{J}_1$ 和 $\boldsymbol{J}_2$；（2）求导体圆柱内、外的磁感应强度。

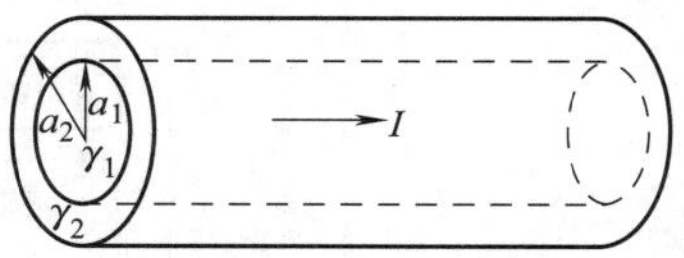

图 4-37　题 4-7 图

4-8　已知在半径为 a 的圆柱区域内有沿轴向方向的电流，其电流密度为 $\boldsymbol{J}=\dfrac{J_0 r}{a}\boldsymbol{e}_x$，其中 J_0 为常数，求圆柱内、外的磁感应强度。

4-9　有一圆截面的环形螺线管如图 4-38 所示，其圆形截面积为 S，平均半径为 l，铁环的相对磁导率为 μ_r，环上绕的线圈匝数为 N，通过恒定电流 I。假设铁心内部的磁场均匀分布且空气中没有漏磁，求：（1）铁心内磁场强度 $\boldsymbol{H}$ 和磁感应强度 $\boldsymbol{B}$；（2）环内的总磁通；（3）计算该螺线管的电感；（4）磁场能量。

4-10　一个薄铁圆盘，半径为 a，厚度为 b，$b\gg a$，如图 4-39 所示。在平行于 z 轴方向均匀磁化，磁化强度为 $\boldsymbol{M}$。试求沿圆铁盘轴线上、铁盘内、外的磁感应强度和磁场强度。

4-11 已知一个平面电流回路在真空中产生的磁场强度为 $\boldsymbol{H}_0$，若此平面电流回路位于磁导率分别为 μ_1 和 μ_2 的两种均匀磁介质的分界平面上，试求两种磁介质中的磁场强度 $\boldsymbol{H}_1$ 和 $\boldsymbol{H}_2$。

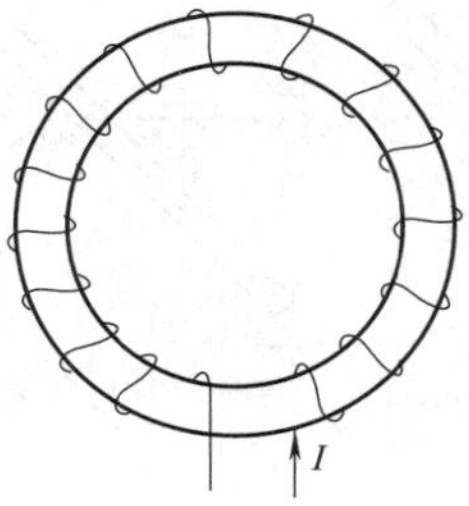

图 4-38 题 4-9 图

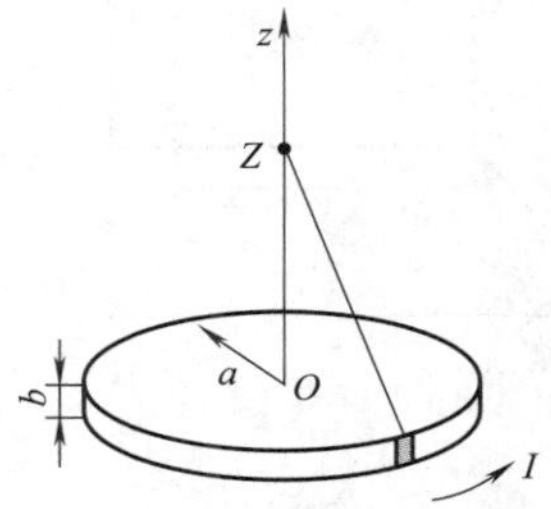

图 4-39 题 4-10 图

4-12 在恒定磁场中，若两介质 $\mu_1=4\mu_0$、$\mu_2=2\mu_0$，分界面为 $y=0$ 平面，其上有面电流密度 $\boldsymbol{K}=4\boldsymbol{e}_x\text{A/m}$，已知 $\boldsymbol{H}_1=(2\boldsymbol{e}_x+3\boldsymbol{e}_y-3\boldsymbol{e}_Z)\text{A/m}$，求 $\boldsymbol{H}_2$。

4-13 已知 $y<0$ 的区域内为均匀的磁介质，其相对磁导率 $\mu_r=5000$，$y>0$ 的区域为空气，求：当空气中的磁感应强度 $\boldsymbol{B}_0=(0.5\boldsymbol{e}_x-10\boldsymbol{e}_y)\text{T}$，磁介质中的磁感应强度 $\boldsymbol{B}$；当磁介质中的磁感应强度 $\boldsymbol{B}=(10\boldsymbol{e}_x+0.5\boldsymbol{e}_y)\text{mT}$，空气中的磁感应强度 $\boldsymbol{B}_0$。

4-14 真空中有一厚度为 d 的无限大载流块，电流密度为 $J_0\boldsymbol{e}_z$，在其中心位置有一半径为 a 的圆柱形空腔。求腔内的磁感应强度。

4-15 一铁制材料的螺线环，其平均周长为 30cm，截面积为 1cm^2，在环上均匀绕以 300 匝导线，当绕组内的电流为 0.032A 时，环内磁通量为 $2\times10^{-6}\text{Wb}$。试计算：(1) 环内的磁感应强度和磁场强度；(2) 磁化面电流密度；(3) 环内材料的磁导率和相对磁导率；(4) 磁心内的磁化强度。

4-16 自由空间中，已知磁矢位 $\boldsymbol{A}=3x^4y\boldsymbol{e}_z$，试求场源 $\boldsymbol{J}$ 的分布和磁场强度 $\boldsymbol{H}$ 的分布。

4-17 设无限长圆柱体内电流分布为 $\boldsymbol{J}=-rJ_0\boldsymbol{e}_z$ ($r\leqslant a$)，求矢量磁位 $\boldsymbol{A}$ 和磁感应强度 $\boldsymbol{B}$。

4-18 在阴极射线管中的均匀偏转磁场是由在管颈上放置一对按余弦规律绕线的线圈产生的。分析管颈中的磁场时，可以将管颈视为无限长，其表面电流密度为 $\boldsymbol{K}=K_0\cos\phi\boldsymbol{e}_z$，这样的线圈称为鞍线圈。证明：管颈中的磁场是均匀的。

4-19 一环形螺旋管的平均半径 $r_0=15\text{cm}$，其圆形截面半径 $a=2\text{cm}$，铁心的相对磁导率 $\mu_r=1400$，环上绕 $N=1000$ 匝线圈，通过电流 $I=0.7\text{A}$，计算螺旋管的电感；在铁心上开一个 $l_0=0.1\text{cm}$ 的空气缝隙，计算电感（假设开口后铁心的 μ_r 不变）；求空气缝隙和铁心内的磁场能量的比值。

4-20 同轴线的内导体是半径为 a 的圆柱，外导体是半径为 b 的薄圆柱面，其厚度可以忽略不计。内、外导体间充有磁导率分别为 μ_1 和 μ_2 两种磁介质，设同轴线中通过的电流为 I，试求：(1) 同轴线中单位长度所存储的磁场能量；(2) 单位长度的自感。

4-21 无限长直导线附近有一矩形回路，回路与导线不共面，如图 4-40 所示，试证它们之间的互感为：$M=-\dfrac{\mu_0 a}{2\pi}\ln\dfrac{R}{[2b(R^2-C^2)^{1/2}+b^2+R^2]^{1/2}}$

4-22 一个长直导线和一个圆环（半径为 a）在同一平面内，圆心与导线的距离是 d，证明它们之间互感为 $M=\mu_0(d-\sqrt{d^2-a^2})$。

4-23 如图 4-41 所示一对平行长直导线，导线半径 $a=10\text{mm}$、线轴相距 $D=2\text{m}$。若线间加恒定电压 $U=110\text{kV}$、电流 $I=100\text{A}$。试求：(1) 两根导线所在平面连线中点 P 处的电场能量密度和磁场能量密度；(2) 导线单位长度受到的磁场力 f_m。

4-24 如图 4-42 所示，长直导线与单匝矩形导线框共面，求导线框受到长直导线的作用力。

4-25 如图 4-43 所示为一 U 形电磁铁，其中通过 N 匝线圈的电流 I 在磁路中产生磁通 Φ，铁心的截面

积为 S，求：(1) 线圈的自感；(2) 衔铁受到的磁场力。

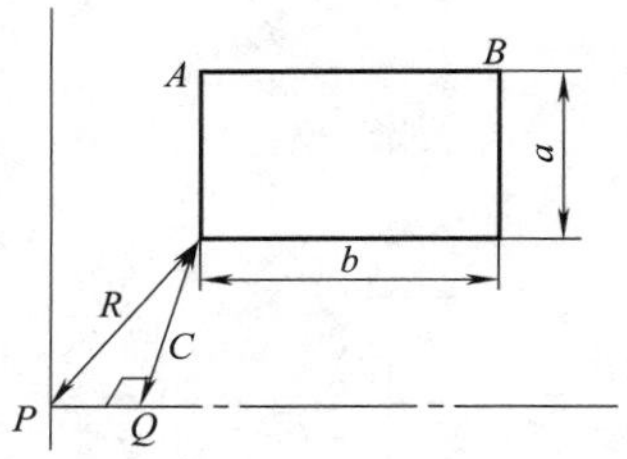

图 4-40　题 4-21 图

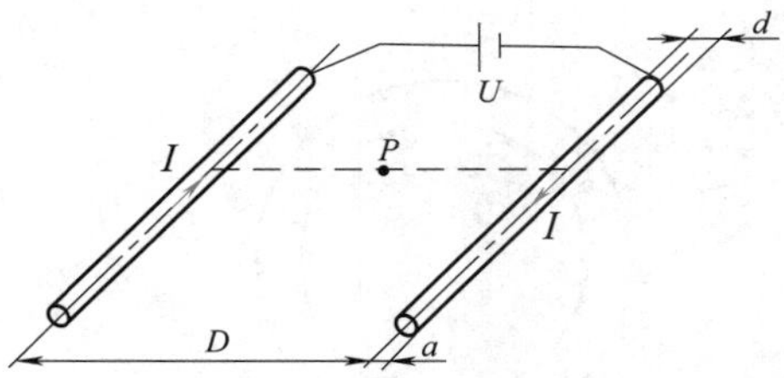

图 4-41　题 4-23 图

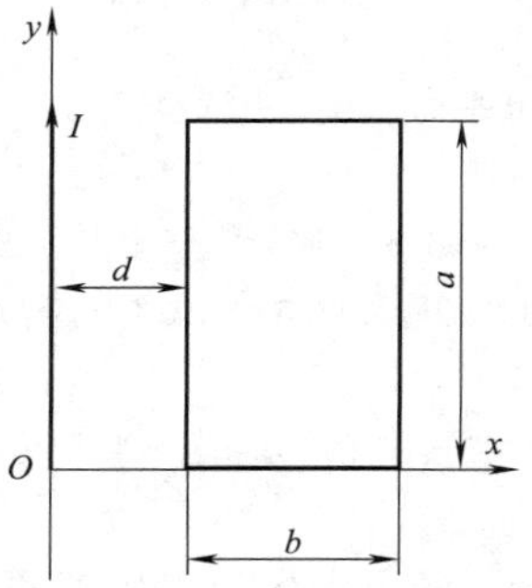

图 4-42　题 4-24 图

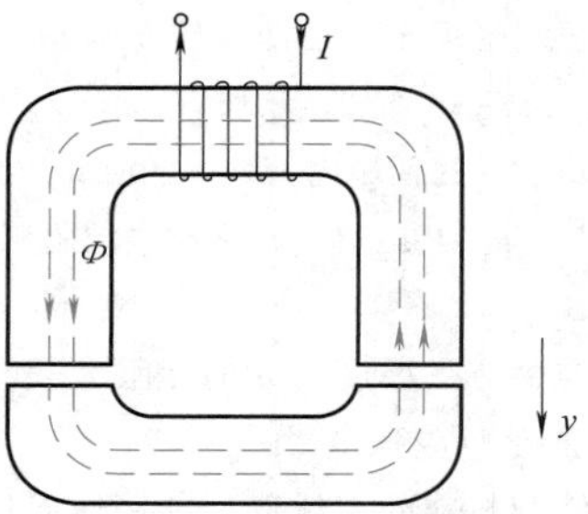

图 4-43　题 4-25 图

第5章　时变电磁场

本章导学

本章之前，我们所讨论的对象都是静态场（亦称稳态场），包括静电场、恒定电场和恒定磁场，其中前两者统称静态电场。在静态场中，电场与磁场被分割开来，各自作为一个独立的对象来讨论。在分析静态电场各场量的空间分布情况时，我们从不涉及与磁场有关的任何概念；同样，在分析恒定磁场时，也从不涉及与电场有关的任何概念。之所以如此，是因为静态电磁场的电场与磁场相互独立，即使存在于同一时空中，二者也不发生关联。另外，也不难发现，静态场的各场量都不是时间的函数，在场量的空间分布函数式中不含时间变量。

本章将讨论一种与静态电磁场上述特点完全不同的场——时变电磁场，并借助麦克斯韦方程在四维时空坐标下分析电磁场量的分布与变化情况。为此，将学习一些新的物理量，包括位移电流、动态位、坡印廷矢量等，并讨论时变电磁场的边界条件、波动规律以及电磁能量的流动与传播。

值得注意的是，时变电磁场与静态电磁场不应被对立起来看待。作为电磁场的两类，其根本区别仅在于激励源（亦称场源）的时变性，由此而导致二者特性的诸多不同。

静态电磁场对其场源的依赖在时间上是即时的（仅对线性理想介质而言）。对于静电场而言，空间中一旦存在静电荷，则立即在空间中建立起静电场分布；若将静电荷取走，则静电场立即消失。静电场的场量之一——电场强度 $\boldsymbol{E}$ 对其场源有如下依赖关系：

$$\boldsymbol{E}(\boldsymbol{r})=\frac{1}{4\pi\varepsilon}\int_{V'}\frac{\boldsymbol{r}-\boldsymbol{r}'}{|\boldsymbol{r}-\boldsymbol{r}'|^3}\rho(\boldsymbol{r}')\mathrm{d}V'=\frac{1}{4\pi\varepsilon}\int_{V'}\frac{\boldsymbol{e}_R}{R^2}\rho(\boldsymbol{r}')\mathrm{d}V'$$

其中，$\boldsymbol{r}$、$\boldsymbol{r}'$分别为场点、源点的位置矢量，$\boldsymbol{R}=\boldsymbol{r}-\boldsymbol{r}'=|r-r'|\boldsymbol{e}_R$；$\int_{V'}\rho(\boldsymbol{r}')\mathrm{d}V'$ 为 $\boldsymbol{E}(\boldsymbol{r})$ 的源。

同样，恒定磁场对其场源——恒定电流也有这种即时依赖关系，即只要场源电流存在，磁场就存在；若没有电流，周围的磁场就立即消失。对于恒定磁场，有

$$\boldsymbol{B}(\boldsymbol{r})=\frac{\mu}{4\pi}\int_{V'}\frac{\boldsymbol{J}(\boldsymbol{r}')\mathrm{d}V'\times(\boldsymbol{r}-\boldsymbol{r}')}{|\boldsymbol{r}-\boldsymbol{r}'|^3}\rho(\boldsymbol{r}')\mathrm{d}V'=\frac{\mu}{4\pi}\int_{V'}\frac{\boldsymbol{J}(\boldsymbol{r}')\mathrm{d}V'\times\boldsymbol{e}_R}{R^2}$$

其中，$\int_{V'}\boldsymbol{J}(\boldsymbol{r}')\mathrm{d}V'$ 为恒定磁场的源。

静态场由其场源即时建立，或者说，场的建立相对于其场源的存在没有时间上的滞后或

超前，因此静态电磁场的场量不随时间发生变化，不是时间的函数而仅是空间坐标的函数。上述两式体现了静态场的这一特点。

另一特点体现在静态电磁场的电场与磁场彼此独立。也就是说，如果空间中存在恒定电流，则该恒定电流产生的恒定电场与恒定磁场彼此无涉，互不影响。

完全不同于静态场，本章的讨论对象——时变电磁场拥有如下特点：

1）时变电磁场的场量既是空间坐标的函数，也是时间的函数；

2）时变电磁场的场量随时间的变化滞后于其场源随时间的变化；

3）时变电磁场的电场和磁场不再彼此独立，而是互为激励，即时变的电场产生时变的磁场，时变的磁场则产生时变的电场。电场与磁场互为因果，构成统一电磁场不可分割的两个方面。

时变电磁场的电场与磁场相互激发，由此改变电场能量与磁场能量的空间分布，从而产生能量的流动，形成从激励源向远方传播的电磁波。本章知识结构如图 5-0 所示。

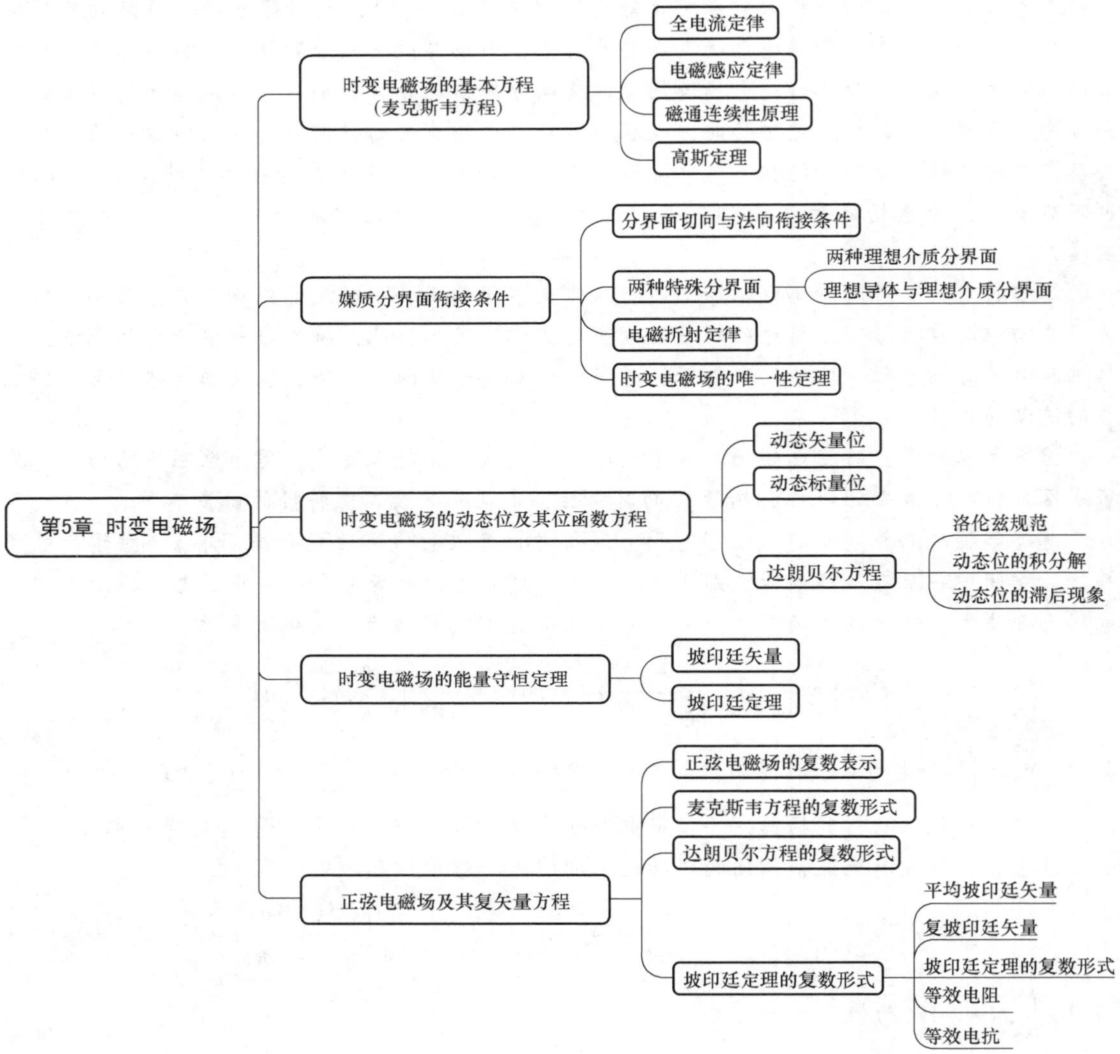

图 5-0　本章知识结构

5.1　电磁感应定律

英国科学家法拉第（M. Faraday）于1831年在实验中发现了时变磁场与电场之间的联系，即时变的磁场产生电场。实验电路如图5-1所示。在磁场中有导线构成一闭合回路 l，回路中接入检流计G；曲面 S 由回路 l 的周界所限定。当穿过 S 的磁通量 Φ 发生变化时，回路中会出现感应电流（表现在检流计G的指针发生偏转），这表明回路中产生了感应电动势（electromotive force），记为 $\mathscr{E}_{in}$。这种现象称为电磁感应现象。图中，R 为导电回路的电阻，I_{in} 为回路中的感应电流，并有 $I_{in}=\mathscr{E}_{in}/R$。

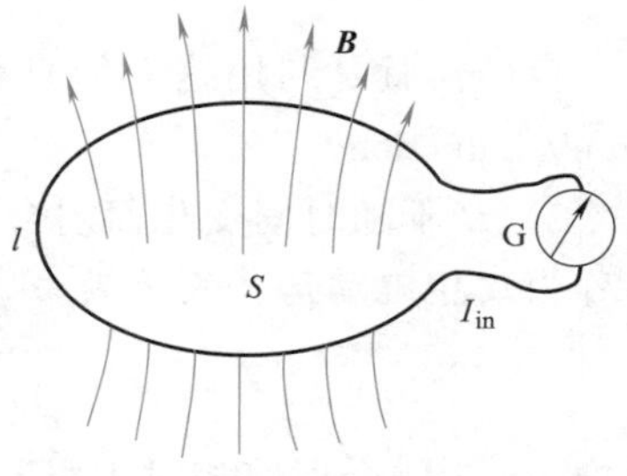

图5-1　电磁感应现象

法拉第对电磁感应现象进行了精心研究，总结出了感应电动势与磁通的时间变化率之间的关系，即闭合回路中感应电动势的大小等于穿过此回路的磁通 Φ 随时间的变化率。感应电动势的实际方向由楞次定律（Lenz's law）判定，即感应电动势在导电回路中的实际方向总是使它所产生的磁场来阻止回路中磁通的变化。这种关系可描述为

$$\mathscr{E}_{in}=-\frac{\mathrm{d}\Phi}{\mathrm{d}t}=-\frac{\mathrm{d}}{\mathrm{d}t}\int_S \boldsymbol{B}\cdot\mathrm{d}\boldsymbol{S} \tag{5-1}$$

此即法拉第电磁感应定律（Faraday's law）的数学表达式。

下面以图5-2所示系统为例来说明感应电动势实际方向的判断方法。这里，设当前时刻为 t，图中的虚线表示 t 时刻比（$t-\Delta t$）时刻减少的 $\boldsymbol{B}$ 线，也就是说，当前时刻的磁场正在减弱。根据楞次定律可知，此时，感应电动势产生的磁场必然试图抵消 $\boldsymbol{B}$ 的这种减弱的趋势，因此在图5-2中，感应电动势产生的磁场的方向应该是由下向上穿过闭合回路的。根据右手螺旋法则，可判断出感应电动势的实际方向为逆时针方向。

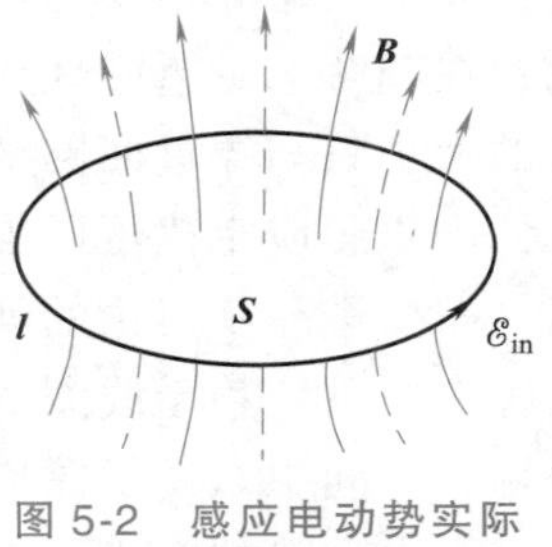

图5-2　感应电动势实际方向的判断

以上从磁场的强弱变化这一角度出发对感应电动势实际方向的判定方法进行了讨论，下面根据法拉第电磁感应定律对该问题进行再讨论。对此，在磁场中任取一绕行回路的方向为感应电动势的参考方向。当回路中 $\mathrm{d}\Phi/\mathrm{d}t>0$，即穿过回路的磁通增加时，由电磁感应定律可知 $\mathscr{E}_{in}<0$，此时感应电动势的实际方向与其参考方向相反，表明感应电流产生的磁场要阻止原磁场增强；反之，当 $\mathrm{d}\Phi/\mathrm{d}t<0$，即穿过回路的磁通减小时，可知 $\mathscr{E}_{in}>0$，此时感应电动势的实际方向与其参考方向相同，表明感应电流产生的磁场要阻止原磁场减弱。这也正是法拉第电磁感应定律中“-”号的物理意义。

例如在图5-2中，设闭合回路 $\boldsymbol{l}$ 的绕行方向为逆时针方向，该方向也是感应电动势的参考方向。$\boldsymbol{l}$ 的绕行方向确定之后，由右手螺旋法则便可确定曲面 $\boldsymbol{S}$ 的方向，这里，$\boldsymbol{S}$ 的方向是向上的。当磁场随时间 t 而减弱（即 $\boldsymbol{B}$ 的值减小）时，l 中的磁通量 $\Phi=\int_S \boldsymbol{B}\cdot\mathrm{d}\boldsymbol{S}$ 也随时间 t 减小，即 $\mathrm{d}\Phi/\mathrm{d}t<0$，因此感应电动势的实际方向与其参考方向相同，为逆时针方向。

导致闭合回路磁通变化的原因有以下三种：

1）磁感应强度 **B** 随时间变化而闭合回路的任一部分对媒质没有相对运动。这样产生的感应电动势称为感生电动势，表示为

$$\mathscr{E}_{\mathrm{in}} = -\int_S \frac{\partial \boldsymbol{B}}{\partial t} \cdot \mathrm{d}\boldsymbol{S}$$

变压器就是利用这一原理制成的，所以这种感应电动势也称为变压器电动势（transformer induction）。

2）**B** 不随时间变化而闭合回路的整体或局部相对于媒质有运动。这样产生的感应电动势称为动生电动势，表示为

$$\mathscr{E}_{\mathrm{in}} = \oint_l (\boldsymbol{v} \times \boldsymbol{B}) \cdot \mathrm{d}\boldsymbol{l}$$

式中，$\boldsymbol{v}$ 为闭合回路相对于媒质的运动速度。

这正是发电机的工作原理，故也称这种感应电动势为发电机电动势（motional induction）。

3）**B** 随时间变化且闭合回路相对于媒质有运动，此时产生的感应电动势是感生电动势和动生电动势的叠加。即

$$\mathscr{E}_{\mathrm{in}} = -\int_S \frac{\partial \boldsymbol{B}}{\partial t} \cdot \mathrm{d}\boldsymbol{S} + \oint_l (\boldsymbol{v} \times \boldsymbol{B}) \cdot \mathrm{d}\boldsymbol{l}$$

电磁感应定律使我们能够根据磁通的时间变化率直接确定感应电动势；至于感应电流，则还要已知闭合回路的电阻才能求得。对于给定的导体回路，感应电流与感应电动势成正比；如果回路并不闭合或者说回路的电阻为无限大，则虽有感应电动势却没有感应电流。因此，在理解电磁感应现象时，应理解感应电动势是比感应电流更为本质的物理量，感应电动势的大小只与穿过回路的磁通随时间的变化率有关，而与构成回路的材料的特性无关。因此，电磁感应定律可以推广到任意媒质内的假想回路中。

需要进一步讨论的问题是，这个感应电动势与线圈的存在是否有关。答案为感应电动势的存在并不依赖于线圈的存在。在放置于时变磁场的线圈中产生了感应电动势，是因为时变磁场在空间中激发了感应电场，正是这个感应电场推动了线圈中电荷的运动。

由电动势的定义可知，回路中的感应电动势为

$$\mathscr{E}_{\mathrm{in}} = \oint_l \boldsymbol{E}_{\mathrm{in}} \cdot \mathrm{d}\boldsymbol{l} = -\frac{\mathrm{d}\Phi}{\mathrm{d}t} \tag{5-2}$$

式中，$\boldsymbol{E}_{\mathrm{in}}$ 为感应电场。$\boldsymbol{E}_{\mathrm{in}}$ 的存在，是磁场变化的结果。

将式（5-2）代入式（5-1），得

$$\oint_l \boldsymbol{E}_{\mathrm{in}} \cdot \mathrm{d}\boldsymbol{l} = -\frac{\mathrm{d}}{\mathrm{d}t}\int_S \boldsymbol{B} \cdot \mathrm{d}\boldsymbol{S} \tag{5-3}$$

这就是电磁感应定律的积分形式，反映了感应电场与变化的磁场之间的定量关系。该式表明，感应电场 $\boldsymbol{E}_{\mathrm{in}}$ 的环量不等于零。与静电场不同，感应电场是非保守场，它的矢量线是一些无头无尾的闭合曲线，故称感应电场为涡旋电场。

一般情况下，空间中既存在由静止电荷产生的库仑电场，也存在感应电场。麦克斯韦将上述关系推广，认为对任何电磁场都有

$$\oint_l \boldsymbol{E} \cdot \mathrm{d}\boldsymbol{l} = -\int_S \frac{\partial \boldsymbol{B}}{\partial t} \cdot \mathrm{d}\boldsymbol{S} + \oint_l (\boldsymbol{v} \times \boldsymbol{B}) \cdot \mathrm{d}\boldsymbol{l} \tag{5-4}$$

式中，$\boldsymbol{E}$ 为空间中的总场强。

应用斯托克斯定理，得到式（5-4）的微分形式，即

$$\nabla\times\boldsymbol{E}=-\frac{\partial\boldsymbol{B}}{\partial t}+\nabla\times(\boldsymbol{v}\times\boldsymbol{B}) \tag{5-5}$$

此即法拉第电磁感应定律的微分形式，其物理意义为时变的磁场产生电场。

因此，法拉第电磁感应定律可描述为随时间变化的磁场产生电场，电场的方向、磁场的方向遵循楞次定律。

在静止媒质中，式（5-5）简化为

$$\nabla\times\boldsymbol{E}=-\frac{\partial\boldsymbol{B}}{\partial t}$$

麦克斯韦将上述关系作为电磁场的基本方程之一。它揭示了时变的磁场产生电场这一重要的物理本质，从而把电场与磁场紧密联系在一起。当前，电磁感应原理被广泛应用于工程应用中。利用电磁感应可以实现感应加热、无线通信、电磁测量等传统应用，此外在无线传能、无损检测等领域也得到了实际应用。

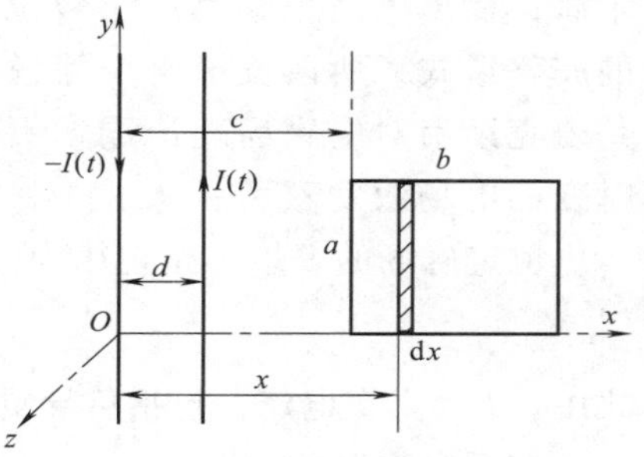

图 5-3　例 5-1 图

例 5-1　一面积为 $a\times b$ 的矩形线圈放置于由两根平行导线所确定的平面，相距为 d 的两导线中始终通以方向相反的电流，如图 5-3 所示。电流的变化规律为 $I(t)=10\sin(2\pi\times10^9 t)\text{A}$，试求线圈中的感应电动势。

解　建立直角坐标系。在 $c<x<b+c$ 范围内，两导线产生的磁感应强度 $\boldsymbol{B}$ 为

$$\boldsymbol{B}=\frac{\mu_0 I}{2\pi x}\boldsymbol{e}_z-\frac{\mu_0 I}{2\pi(x-d)}\boldsymbol{e}_z$$

穿过回路的磁通量 $\varPhi$ 为

$$\varPhi=\int_S\boldsymbol{B}\cdot\mathrm{d}\boldsymbol{S}=\int_c^{b+c}\frac{\mu_0 I}{2\pi}\left(\frac{1}{x}-\frac{1}{x-d}\right)\boldsymbol{e}_z\cdot a\mathrm{d}x\boldsymbol{e}_z=\frac{\mu_0 Ia}{2\pi}\ln\left[\frac{(b+c)(c-d)}{c(b+c-d)}\right]$$

线圈中的感应电动势 $\mathscr{E}_{\text{in}}$ 为

$$\mathscr{E}_{\text{in}}=-\frac{\mathrm{d}\varPhi}{\mathrm{d}t}=-\frac{\mu_0 a}{2\pi}\ln\left[\frac{(b+c)(c-d)}{c(b+c-d)}\right]\frac{\mathrm{d}I}{\mathrm{d}t}=-\mu_0 a\cos(2\pi\times10^9 t)\ln\left[\frac{(b+c)(c-d)}{c(b+c-d)}\right]\times10^9$$

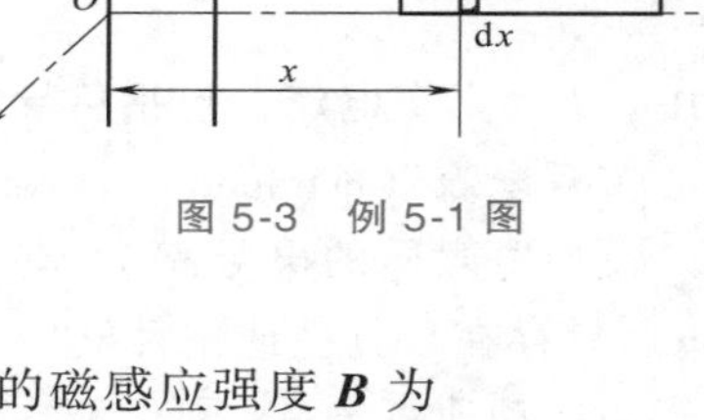

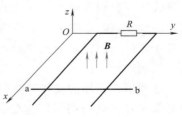

图 5-4　例 5-2 图

例 5-2　在两根平行导线的终端接入电阻 $R=0.2\Omega$，两导线间距为 0.2m，滑条 ab 搭接在两导线上，从而构成回路，正弦磁场 $\boldsymbol{B}=5\sin\omega t\boldsymbol{e}_z$ 垂直穿过该回路，如图 5-4 所示。如果滑条 ab 的位置以 $x=0.35(1-\cos\omega t)\text{m}$ 的规律变化，求回路中的感应电流。

解　在 t 时刻，回路中的磁通量为

$$\varPhi=\int_S\boldsymbol{B}\cdot\mathrm{d}\boldsymbol{S}=\int_0^x 5\sin\omega t\boldsymbol{e}_z\cdot0.2\mathrm{d}x\boldsymbol{e}_z$$
$$=0.35(1-\cos\omega t)\sin\omega t\ \text{Wb}$$

回路中的感应电动势为

$$\mathscr{E}_{in}=-\frac{d\Phi}{dt}=-0.35\frac{d[(1-\cos\omega t)\sin\omega t]}{dt}V=0.35\omega(\cos2\omega t-\cos\omega t)\ V$$

因此，回路中的感应电流为

$$I_{in}=\frac{\mathscr{E}_{in}}{R}=\frac{0.35\omega(\cos2\omega t-\cos\omega t)}{0.2}A=1.75\omega(\cos2\omega t-\cos\omega t)\ A$$

5.2　位移电流与全电流定律

法拉第电磁感应定律揭开了电场与磁场相互联系的一个方面——时变的磁场激发电场。麦克斯韦为了解决把恒定磁场中的安培环路定律应用到非恒定电流电路时所遇到的矛盾，提出了“位移电流”假说，对安培环路定律进行了修正，并给出了安培环路定律的完整形式。所谓位移电流假说，即随时间变化的电场形成位移电流。这一假说被认为是麦克斯韦对电磁场理论重大贡献的核心，它揭示了电场与磁场联系的另一个方面——时变的电场激发磁场。

恒定磁场的安培环路定律为

$$\oint_l \boldsymbol{H}\cdot d\boldsymbol{l}=\int_S \boldsymbol{J}\cdot d\boldsymbol{S}=I \tag{5-6}$$

式中，$\boldsymbol{J}$ 为真实电流，包括传导电流和运流电流。

传导电流（conduction current）是自由电荷定向移动形成的电流，只存在于导电媒质中。设导电媒质的电导率为 γ(S/m)，则传导电流密度 $\boldsymbol{J}=\gamma\boldsymbol{E}$。运流电流（convection current）只存在于真空或惰性气体中，是带电粒子在其中以一定速度运动形成的电流。设带电粒子的运动速度为 $\boldsymbol{v}$，则运流电流密度为 $\rho\boldsymbol{v}$。传导电流和运流电流分别存在于不同的媒质中，二者不可能在空间的同一点上共存。因此，式（5-6）中的 $\boldsymbol{J}$ 仅表示这两种真实电流中的一种。对于导体（例如金属）以及其他一些导电媒质（例如海水、土壤等），只有传导电流而没有运流电流。

考虑到运流电流的产生需要一些特殊条件，在实际的电磁场问题中并不多见，工程中常见的都是传导电流。因此本书中为了便于描述，在无特别说明的情况下，$\boldsymbol{J}$ 均表示传导电流。

麦克斯韦在将上述形式的安培环路定律应用于图 5-5 所示的含有电容器的交变电流电路时，发现了一个问题。图中，l 为闭合曲线，S_1 为由 l 限定的被导线贯穿的曲面，S_2 为由 l 限定的但不被导线贯穿且包含电容器一个极板的曲面。问题体现在：在分别采用曲面 S_1 和 S_2 应用安培环路定理计算 $\boldsymbol{H}$ 的环流时，得到的结论是矛盾的，恒定磁场的安培环路定律在后一种情形下似乎不成立。说明如下：

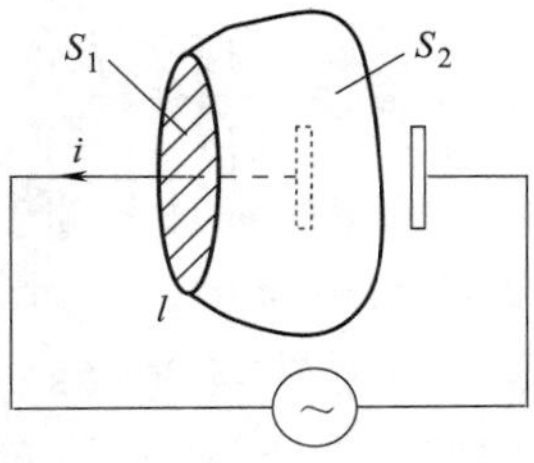

图 5-5　含电容器的交变电流电路

按照恒定磁场的安培环路定律，磁场强度 $\boldsymbol{H}$ 沿闭合回路的线积分等于穿过该回路所限定的任一曲面的电流。在图 5-5 中，对于 S_1，显然有

$$\oint_l \boldsymbol{H}\cdot d\boldsymbol{l}=\int_{S_1} \boldsymbol{J}\cdot d\boldsymbol{S}=i \tag{5-7}$$

然而对于 S_2，由于电容器中不存在传导电流，故有

$$\oint_l \boldsymbol{H} \cdot \mathrm{d}\boldsymbol{l} = \int_{S_2} \boldsymbol{J} \cdot \mathrm{d}\boldsymbol{S} = 0 \tag{5-8}$$

式（5-7）和式（5-8）是 $\boldsymbol{H}$ 沿同一闭合回路 l 积分得到的互相矛盾的两种结果，这一矛盾的直接原因是传导电流不连续。可见，恒定磁场中的安培环路定律存在局限性，不适用于处理时变场问题。

图 5-5 中，虽然在电容器极板间不存在传导电流，但正是由于极板处传导电流不连续，会引起极板上电荷量的变化，因此在极板间存在随时间变化的电场。麦克斯韦假想在极板间也存在某种“电流”，它与电场的时间变化率有关，且其大小等于同时刻电路中的传导电流。这个假想的电流，就是**位移电流**（displacement current）。以下是关于位移电流的论证过程。

记图 5-5 中 S_1、S_2 共同构成的闭合面为 S，根据电荷守恒原理，有

$$\oint_S \boldsymbol{J} \cdot \mathrm{d}\boldsymbol{S} = -\frac{\partial q}{\partial t}$$

式中，$\boldsymbol{J}$ 为传导电流密度，q 为电容器极板上的电荷量。对于闭合面 S，根据高斯定律，有 $\oint_S \boldsymbol{D} \cdot \mathrm{d}\boldsymbol{S} = q$，故上式可变换为

$$\oint_S \boldsymbol{J} \cdot \mathrm{d}\boldsymbol{S} = -\oint_S \frac{\partial \boldsymbol{D}}{\partial t} \cdot \mathrm{d}\boldsymbol{S} \tag{5-9}$$

因 S 为任意封闭曲面，所以被积函数恒等。这里，定义

$$\boldsymbol{J}_\mathrm{d} = \frac{\partial \boldsymbol{D}}{\partial t} \tag{5-10}$$

为**位移电流密度**。$\boldsymbol{J}_\mathrm{d}$ 具有电流密度的量纲，单位为 A/m^2（安/米^2）。

由定义可知，位移电流密度 $\boldsymbol{J}_\mathrm{d}$ 是电位移（电通密度）$\boldsymbol{D}$ 的时间变化率，或者说，是电场的时间变化率。$\boldsymbol{J}_\mathrm{d}$ 的大小只与电场的时间变化率有关，而与电场本身的大小无关。如果某一时刻电场的时间变化率为零，则即使电场很强，$\boldsymbol{J}_\mathrm{d}$ 也仍然为零。

在静电场中，由于场量 $\boldsymbol{E}$、$\boldsymbol{D}$ 的时间变化率为零，因此不存在位移电流；在电导率较低的媒质中，位移电流密度 $\boldsymbol{J}_\mathrm{d}$ 有可能大于传导电流密度 $\boldsymbol{J}$；而在良导体中，位移电流非常小，甚至可以忽略不计，电流主要以传导电流的形式存在。

由式（5-9）和 $\boldsymbol{J}_\mathrm{d}$ 的定义，可得

$$\oint_S \left(\boldsymbol{J} + \frac{\partial \boldsymbol{D}}{\partial t}\right) \cdot \mathrm{d}\boldsymbol{S} = 0 \text{，即} \oint_S (\boldsymbol{J} + \boldsymbol{J}_\mathrm{d}) \cdot \mathrm{d}\boldsymbol{S} = 0 \tag{5-11}$$

相应的微分形式为

$$\nabla \cdot \left(\boldsymbol{J} + \frac{\partial \boldsymbol{D}}{\partial t}\right) = 0 \text{，即} \nabla \cdot (\boldsymbol{J} + \boldsymbol{J}_\mathrm{d}) = 0 \tag{5-12}$$

与传导电流 $\boldsymbol{J}$ 不同，位移电流是一种等效电流。它的引入，使得以（$\boldsymbol{J}+\boldsymbol{J}_\mathrm{d}$）为密度的时变电流仍然保持连续性。在传导电流中断之处，就有位移电流延续，这就是麦克斯韦关于位移电流的假说。由于（$\boldsymbol{J}+\boldsymbol{J}_\mathrm{d}$）涵盖了真实电流（包括传导电流、运流电流）和位移电流，故称为**全电流**（total current）。式（5-11）和（5-12）表明，全电流遵循电流守恒定律，此二式称为**全电流连续性方程**（即时变条件下的电流连续性方程）。

麦克斯韦认为，不仅传导电流能够激发磁场，位移电流也能激发磁场。它对恒定磁

场的安培环路定律进行了修正，在其中增加了位移电流，从而得到积分形式的**全电流定律**，即

$$\oint_l \boldsymbol{H}\cdot \mathrm{d}\boldsymbol{l}=\int_S(\boldsymbol{J}+\boldsymbol{J}_{\mathrm{d}})\cdot \mathrm{d}\boldsymbol{S}=\int_S\left(\boldsymbol{J}+\frac{\partial \boldsymbol{D}}{\partial t}\right)\cdot \mathrm{d}\boldsymbol{S} \tag{5-13}$$

式中，S 为由闭合回路 l 所限定的任意曲面。

全电流定律表明，若用全电流（$\boldsymbol{J}+\boldsymbol{J}_{\mathrm{d}}$）替代原安培环路定律中的传导电流 $\boldsymbol{J}$，则安培环路定律在时变场中仍然适用。全电流定律亦称为广义安培环路定律，其微分形式为

$$\nabla\times\boldsymbol{H}=\boldsymbol{J}+\boldsymbol{J}_{\mathrm{d}}=\boldsymbol{J}+\frac{\partial \boldsymbol{D}}{\partial t} \tag{5-14}$$

全电流定律指出，时变磁场是由真实电流和位移电流共同产生的。因位移电流是由时变电场形成的，故可得出如下结论：随时间变化的电场能够产生磁场。这也是全电流定律的物理意义。

需要指出的是，位移电流作为一种形式上的物理概念，它与传导电流存在本质的不同，体现在：

1）产生的机理不同。位移电流是由电场的变化而不是电荷的运动形成的。

2）产生的热效应不同。尽管位移电流在电介质中会产生热效应，但不产生焦耳热损耗，这一点与传导电流在通过导体时会产生焦耳热损耗是不同的。

位移电流与传导电流的共同性质是按相同的规律激发磁场。

位移电流最初只是一种假说。基于这一假说，麦克斯韦提出了著名的四方程，并预言了电磁波的存在，这一预言又于 1888 年被赫兹通过实验所证明，从而反过来证明了位移电流假说的正确性。

根据法拉第电磁感应定律可知，任何随时间变化的磁场都会在邻近的空间激发感应电场，并且时变的磁场所激发的电场也是时变的，即在充满时变磁场的空间中同时也存在着时变的电场。根据全电流定律可知，任何时变的电场都会在邻近的空间激发起时变的磁场。时变电场与时变磁场相互激励，从而构成统一电磁场。电磁感应定律和全电流定律从两个方面描述了时变电磁场的特性，被认为是反映宏观电磁场规律的普遍真理。

例 5-3　设处于某种导电媒质中的电磁场其电场强度 $E(t)=E_{\mathrm{m}}\cos\omega t$，这里 $\omega=10^3\,\mathrm{rad/s}$，导电媒质的电导率 $\gamma=1\times10^{-16}\,\mathrm{S/m}$，相对介电常数 $\varepsilon_{\mathrm{r}}=2.5$。计算此媒质中的传导电流密度和位移电流密度之比。

解　传导电流密度 $J=\gamma E(t)=\gamma E_{\mathrm{m}}\cos\omega t$，其振幅 $J_{\mathrm{m}}=\gamma E_{\mathrm{m}}$

位移电流密度 $J_{\mathrm{d}}=\dfrac{\partial D(t)}{\partial t}=\varepsilon\dfrac{\partial E(t)}{\partial t}=-\varepsilon\omega E_{\mathrm{m}}\sin\omega t$，其振幅 $J_{\mathrm{dm}}=\varepsilon\omega E_{\mathrm{m}}$。

传导电流密度和位移电流密度之比，应为二者的有效值之比，或者振幅之比，故有

$$\frac{J_{\mathrm{m}}}{J_{\mathrm{dm}}}=\frac{\gamma E_{\mathrm{m}}}{\varepsilon\omega E_{\mathrm{m}}}=\frac{\gamma}{\varepsilon\omega}$$

代入本题的已知条件，得

$$\frac{J_{\mathrm{m}}}{J_{\mathrm{dm}}}=\frac{1\times10^{-16}}{2.5\times8.85\times10^{-12}\times10^{3}}=4.52\times10^{-9}$$

5.3 时变电磁场基本方程——麦克斯韦方程

麦克斯韦在总结法拉第等人工作的基础上，提出了位移电流假说，采用严格的数学方法将电磁场理论归结为四个方程式，这就是著名的麦克斯韦方程组（Maxwell’s equations），也称为电磁场基本方程组。这组方程概括了宏观电磁现象的基本性质，是经典电磁理论的基础，它在电磁场理论中的地位犹如牛顿定理在经典力学中的地位。

麦克斯韦根据方程推断，随时间变化的电荷激发时变的电场，后者反过来又激发时变的磁场，而时变的磁场又激发起时变的电场……如此交替激发；同样，时变电流激发的磁场也会进一步激发时变的电场，时变的电场又激发时变的磁场……这样激发的时变电磁场将以波动的方式按光速向远方传播，这就是麦克斯韦关于电磁波的著名预言。本节重点讨论麦克斯韦方程所反映的电磁场基本特征。

麦克斯韦方程的积分形式为

$$\oint_l \boldsymbol{H} \cdot \mathrm{d}\boldsymbol{l} = \int_S \left(\boldsymbol{J} + \frac{\partial \boldsymbol{D}}{\partial t}\right) \cdot \mathrm{d}\boldsymbol{S} \qquad \text{（全电流定律）} \tag{5-15a}$$

$$\oint_l \boldsymbol{E} \cdot \mathrm{d}\boldsymbol{l} = -\int_S \frac{\partial \boldsymbol{B}}{\partial t} \cdot \mathrm{d}\boldsymbol{S} \qquad \text{（电磁感应定律）} \tag{5-15b}$$

$$\oint_S \boldsymbol{B} \cdot \mathrm{d}\boldsymbol{S} = 0 \qquad \text{（磁通连续性原理）} \tag{5-15c}$$

$$\oint_S \boldsymbol{D} \cdot \mathrm{d}\boldsymbol{S} = \int_V \rho \mathrm{d}V \qquad \text{（高斯定律）} \tag{5-15d}$$

在一般电磁学范围内，通常只需要麦克斯韦方程的积分形式。但在电磁场理论中，为了研究场点的电磁场量的变化规律，还需要这组方程的微分形式，如下：

$$\nabla \times \boldsymbol{H} = \boldsymbol{J} + \frac{\partial \boldsymbol{D}}{\partial t} \tag{5-16a}$$

$$\nabla \times \boldsymbol{E} = -\frac{\partial \boldsymbol{B}}{\partial t} \tag{5-16b}$$

$$\nabla \cdot \boldsymbol{B} = 0 \tag{5-16c}$$

$$\nabla \cdot \boldsymbol{D} = \rho \tag{5-16d}$$

以下对麦克斯韦方程所反映的电磁场基本特征及其物理意义进行讨论和说明。

1）式（5-15a）和式（5-16a）是修正后的安培环路定律，称为全电流定律，亦称麦克斯韦第一方程。它表明电流和时变的电场都将产生磁场。

2）式（5-15b）和式（5-16b）是推广的电磁感应定律，亦称麦克斯韦第二方程，表明时变的磁场将产生电场。

另外，麦克斯韦第一、二方程均表明：在时变电磁场中，电场、磁场的方向处处垂直。

3）式（5-15c）和（5-16c）表达了磁通连续性原理，这一方程式原本是在恒定磁场中得到的，麦克斯韦将之推广到时变的磁场中。该方程式说明磁场线是无头无尾的闭合曲线，从物理意义上看，意味着在空间中并不存在自由磁荷。

4）式（5-15d）、式（5-16d）是高斯定律，对于静电荷和时变电荷都适用，它表达了电荷能够激发电场这一观点。

5）麦克斯韦方程不仅描述了任意时刻、任意点上的电场和磁场的时空关系，而且将同一时空点上的电磁场量和场源联系在一起，即：对于时变电磁场而言，电场的源包括电荷和变化的磁场，磁场的源包括电流和时变的电场。时变的电场和时变的磁场相互激发、相互联系，形成统一的电磁场。

6）由微分形式的麦克斯韦方程易见，时变电场是有旋有散场，时变磁场是有旋无散场。但时变电磁场的电场与磁场是统一体中不可分割的两个方面，故时变电磁场是有旋有散场。

然而，在电荷与电流均不存在的无源区域，时变电磁场是有旋无散场。此时电场线与磁场线相互交链，自行闭合，形成电磁波。

7）通常情况下，时变电磁场的源量和场量既是空间坐标的函数又是时间 t 的函数，源量的时变性导致了场量的时变性。若源量不随时间变化，则场量也不随时间变化，此时的电磁场即为静态场，麦克斯韦方程也随之退化为静态电场、恒定磁场的基本方程。

8）麦克斯韦方程组中的四个方程并不是独立的。例如对方程式（5-16b）两边取散度，得

$$\nabla \cdot (\nabla \times \boldsymbol{E}) = \nabla \cdot \left(-\frac{\partial \boldsymbol{B}}{\partial t}\right) \tag{5-17}$$

由于式（5-17）左边恒为零，故有

$$\nabla \cdot \left(-\frac{\partial \boldsymbol{B}}{\partial t}\right) = -\frac{\partial}{\partial t}(\nabla \cdot \boldsymbol{B}) = 0 \tag{5-18}$$

如果式（5-18）恒成立，可能的原因只有两个：第一，$\boldsymbol{B}$ 不是时间函数，无论静态场还是时变场；第二，$\nabla \cdot \boldsymbol{B} = 0$。第一个原因显然没有可能性，唯一可行的选择是 $\nabla \cdot \boldsymbol{B} = 0$，这就是式（5-16c）。可见，方程式（5-16b）包含方程式（5-16c）。

同理，将方程式（5-16a）两边取散度，代入方程式（5-16d），可以导出

$$\nabla \cdot \boldsymbol{J} = -\frac{\partial \rho}{\partial t}$$

这就是电流连续性方程。

可见，电流连续性方程包含在麦克斯韦方程组中，并且麦克斯韦方程组中的四个方程并不是四个独立的方程。而描述电磁场运动规律的场量却有 $\boldsymbol{E}$、$\boldsymbol{D}$、$\boldsymbol{H}$、$\boldsymbol{B}$ 四个，因此，不可能通过上述的麦克斯韦方程组求解出 $\boldsymbol{E}$、$\boldsymbol{D}$、$\boldsymbol{H}$、$\boldsymbol{B}$ 四个场量。其原因是时变电磁场所在空间的媒质是任意的，即 $\boldsymbol{E}$ 和 $\boldsymbol{D}$ 之间、$\boldsymbol{B}$ 和 $\boldsymbol{H}$ 之间的关系是任意的。可见，上述的麦克斯韦方程组的积分形式和微分形式描述的是任意空间中的电磁场运动规律，而不是某一限定空间中的电磁场运动规律，故称式（5-15）和式（5-16）为**非限定形式的麦克斯韦方程**，它适用于任何媒质。所谓非限定，是指在媒质没有确定之前，$\boldsymbol{E}$、$\boldsymbol{D}$、$\boldsymbol{H}$、$\boldsymbol{B}$ 四个场量还无法确定。

在线性和各向同性的媒质中，$\boldsymbol{E}$、$\boldsymbol{D}$、$\boldsymbol{H}$、$\boldsymbol{B}$ 四个场量之间的关系为

$$\boldsymbol{D} = \varepsilon \boldsymbol{E} = \varepsilon_r \varepsilon_0 \boldsymbol{E} \tag{5-19}$$

$$\boldsymbol{B} = \mu \boldsymbol{H} = \mu_r \mu_0 \boldsymbol{H} \tag{5-20}$$

$$\boldsymbol{J} = \gamma \boldsymbol{E} \tag{5-21}$$

上述式（5-19）~式（5-21）称为媒质的本构关系方程。将其代入式（5-16），则麦克斯

韦方程组可用 $\boldsymbol{E}$ 和 $\boldsymbol{H}$ 两个场量写出，即

$$\nabla\times\boldsymbol{H}=\gamma\boldsymbol{E}+\varepsilon\frac{\partial\boldsymbol{E}}{\partial t} \tag{5-22a}$$

$$\nabla\times\boldsymbol{E}=-\mu\frac{\partial\boldsymbol{H}}{\partial t} \tag{5-22b}$$

$$\nabla\cdot\mu\boldsymbol{H}=0 \tag{5-22c}$$

$$\nabla\cdot\varepsilon\boldsymbol{E}=\rho \tag{5-22d}$$

上述方程组称为**限定形式的麦克斯韦方程**，它与媒质的特性有关。通过求解上述方程组，可求得 $\boldsymbol{E}$ 和 $\boldsymbol{H}$，进而得到 $\boldsymbol{E}$、$\boldsymbol{D}$、$\boldsymbol{H}$、$\boldsymbol{B}$ 四个场量。

麦克斯韦方程描述了宏观电磁现象的规律，所有电磁问题的求解原则上都可以归结为麦克斯韦方程的求解。只要在具体问题中给出电磁场的初始条件与边界条件，那么就可以通过求解麦克斯韦方程组得到基本场量 $\boldsymbol{E}$ 和 $\boldsymbol{H}$。

由麦克斯韦方程不难看出静态电磁场与时变电磁场的关系。前面讨论过的静态场基本方程就是在$\dfrac{\partial\boldsymbol{E}}{\partial t}=0$、$\dfrac{\partial\boldsymbol{H}}{\partial t}=0$ 这一特殊情况下的麦克斯韦方程，因此静态电磁场只是时变电磁场的一种特殊情形。

例 5-4　在无限大自由空间中，已知磁场强度 $\boldsymbol{H}(z,t)=9\times10^{-6}\cos(10^8t-kz)\boldsymbol{e}_y$ A/m，试求空间任一点的电位移 $\boldsymbol{D}$ 和电场强度 $\boldsymbol{E}$。这里，k 为常数。

解　自由空间为无源区域，没有传导电流（$\boldsymbol{J}=0$），因此麦克斯韦第一方程在这里可写为

$$\nabla\times\boldsymbol{H}=\frac{\partial\boldsymbol{D}}{\partial t}$$

根据已知条件，由上式进一步得到

$$\frac{\partial\boldsymbol{D}}{\partial t}=\nabla\times\boldsymbol{H}=\begin{vmatrix}\boldsymbol{e}_x & \boldsymbol{e}_y & \boldsymbol{e}_z\\ \dfrac{\partial}{\partial x} & \dfrac{\partial}{\partial y} & \dfrac{\partial}{\partial z}\\ H_x & H_y & H_z\end{vmatrix}=\begin{vmatrix}\boldsymbol{e}_x & \boldsymbol{e}_y & \boldsymbol{e}_z\\ \dfrac{\partial}{\partial x} & \dfrac{\partial}{\partial y} & \dfrac{\partial}{\partial z}\\ 0 & H_y & 0\end{vmatrix}=\frac{\partial H_y}{\partial x}\boldsymbol{e}_z-\frac{\partial H_y}{\partial z}\boldsymbol{e}_x$$

$$=-\frac{\partial H_y}{\partial z}\boldsymbol{e}_x=-9\times10^{-6}k\sin(10^8t-kz)\boldsymbol{e}_x\ \text{C/m}^2$$

即

$$\frac{\partial D_x}{\partial t}=-9\times10^{-6}k\sin(10^8t-kz)\ \text{C/m}^2$$

上式对时间变量 t 进行不定积分，得到

$$D_x=9\times10^{-14}k\cos(10^8t-kz)+c$$

式中，c 为由初始条件确定的积分常数，在无限大空间的条件下可取 $c=0$。

因此，空间任一点的电位移 $\boldsymbol{D}$（单位 C/m^2）和电场强度 $\boldsymbol{E}$（单位 V/m）为

$$\boldsymbol{D}(z,t)=9\times10^{-14}k\cos(10^8t-kz)\boldsymbol{e}_x\ \text{C/m}^2$$

$$\boldsymbol{E}=\frac{\boldsymbol{D}}{\varepsilon_0}=\frac{9\times10^{-14}k}{8.854\times10^{-12}}\cos(10^8t-kz)\boldsymbol{e}_x=1.02\times10^{-2}\beta\cos(10^8t-kz)\boldsymbol{e}_x\ \text{V/m}^2$$

例 5-5　在无限大自由空间中，已知电场强度 $\boldsymbol{E}(z,t)=E_{\mathrm{m}}\sin(\omega t-kz)\boldsymbol{e}_y$，试求空间任一点的磁场强度 $\boldsymbol{H}$ 和磁感应强度 $\boldsymbol{B}$。这里，E_{m}，k 均为常数。

解　根据麦克斯韦第二方程 $\nabla\times\boldsymbol{E}=-\dfrac{\partial\boldsymbol{B}}{\partial t}$求解此题。

由已知条件可知，本题中 $E(z,t)=E_y$，故有

$$\nabla\times\boldsymbol{E}=\begin{vmatrix}\boldsymbol{e}_x & \boldsymbol{e}_y & \boldsymbol{e}_z\\ \dfrac{\partial}{\partial x} & \dfrac{\partial}{\partial y} & \dfrac{\partial}{\partial z}\\ E_x & E_y & E_z\end{vmatrix}=\begin{vmatrix}\boldsymbol{e}_x & \boldsymbol{e}_y & \boldsymbol{e}_z\\ \dfrac{\partial}{\partial x} & \dfrac{\partial}{\partial y} & \dfrac{\partial}{\partial z}\\ 0 & E_y & 0\end{vmatrix}=\frac{\partial E_y}{\partial x}\boldsymbol{e}_z-\frac{\partial E_y}{\partial z}\boldsymbol{e}_x$$

因 E_y 仅为 z 的函数，故$\dfrac{\partial E_y}{\partial x}=0$，上式可进一步简化为 $\nabla\times\boldsymbol{E}=-\dfrac{\partial E_y}{\partial z}\boldsymbol{e}_x$。根据麦克斯韦第二方程和上述计算结果，并代入已知条件，得到

$$\frac{\partial\boldsymbol{B}}{\partial t}=-\ \nabla\times\boldsymbol{E}=\frac{\partial E_y}{\partial z}\boldsymbol{e}_x=-kE_{\mathrm{m}}\cos(\omega t-kz)\boldsymbol{e}_x$$

上式对时间变量 t 进行不定积分，得到

$$B_x=-\frac{kE_{\mathrm{m}}}{\omega}\sin(\omega t-kz)+c$$

式中，c 是由初始条件确定的积分常数，这里可取 $c=0$。故可知

$$B_x=-\frac{kE_{\mathrm{m}}}{\omega}\sin(\omega t-kz)$$

因此，磁感应强度 $\boldsymbol{B}$（单位 T）和磁场强度 $\boldsymbol{H}$（单位 A/m）分别为

$$\boldsymbol{B}=-\frac{kE_{\mathrm{m}}}{\omega}\sin(\omega t-kz)\boldsymbol{e}_x$$

$$\boldsymbol{H}=\frac{\boldsymbol{B}}{\mu_0}=-\frac{kE_{\mathrm{m}}}{\omega\mu_0}\sin(\omega t-kz)\boldsymbol{e}_x$$

5.4　时变电磁场的媒质分界面衔接条件

以上应用麦克斯韦方程讨论了同一媒质区域中电磁场量的分布和变化情况，但在实际问题中，所研究的场域内可能同时存在几种不同的媒质。由于不同媒质的电磁特性不完全相同，会使媒质分界面上有电荷或电流存在，从而导致场量在分界面上不连续，此时必须用边界条件来确定分界面上电磁场的特性。本节将基于积分形式的麦克斯韦方程，导出时变电磁场在两种不同媒质分界面上的边界条件，即场域分界面上的衔接条件。

时变电磁场的边界条件是描述场矢量在分界面上的变化规律的一组方程，它是把积分形式的麦克斯韦方程应用于媒质分界面且令方程中各积分区域无限缩小并趋近于分界面上一个点时所得到的极限形式的一组方程，其推导过程与静态场边界条件的推导过程相似。

图 5-6 所示为媒质 1（ε_1，μ_1，γ_1）与媒质 2（ε_2，μ_2，γ_2）分界面上的磁场与电场矢

量。图中，场量由媒质 1 指向媒质 2，$\boldsymbol{e}_n$ 为媒质分界面的法向单位矢量，$\boldsymbol{e}_t$ 为媒质分界面的切向单位矢量。

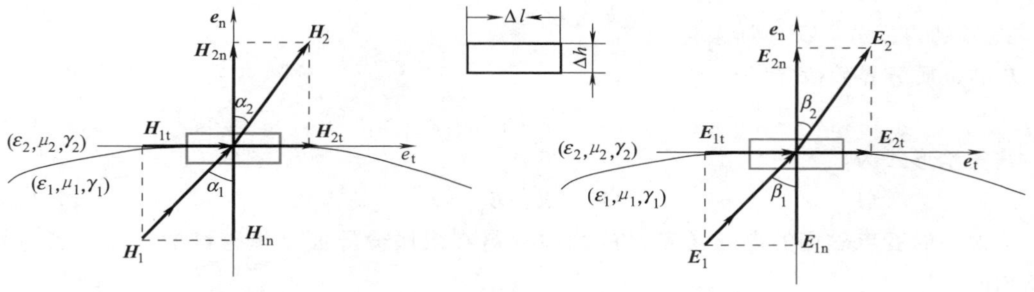

图 5-6　不同媒质分界面上的磁场与电场

1. $\boldsymbol{H}$ 的媒质分界面衔接条件

在图 5-6 中，设媒质分界面上的面电流密度 $\boldsymbol{K}$ 的方向垂直纸面向外，则磁场强度 $\boldsymbol{H}$ 在交界面处的分布如图所示。取一个很小的、跨在分界面两侧的矩形闭合回路，按照右手螺旋法则该有向回路的方向应为逆时针方向，设其长 Δl、宽 Δh 均为无穷小量。把积分形式的麦克斯韦第一方程应用于此回路，得到

$$\oint_l \boldsymbol{H}\cdot \mathrm{d}\boldsymbol{l} = H_{1t}\Delta l + H_{1n}\Delta h/2 + H_{2n}\Delta h/2 + (-H_{2t})\Delta l - H_{2n}\Delta h/2 - H_{1n}\Delta h/2$$

$$= H_{1t}\Delta l + (-H_{2t})\Delta l = (H_{1t} - H_{2t})\Delta l = \int_S\left(\boldsymbol{J} + \frac{\partial \boldsymbol{D}}{\partial t}\right)\cdot \mathrm{d}\boldsymbol{S}$$

记：$\mathrm{d}S=\Delta h\Delta l$，为跨在分界面两侧的矩形回路所包围的面积。当 $\Delta h\to 0$ 时，有

$$(H_{1t} - H_{2t}) = \lim_{\Delta h\to 0}\frac{\int_S \boldsymbol{J}\cdot \mathrm{d}\boldsymbol{S}}{\Delta l} + \lim_{\Delta h\to 0}\frac{\int_S \frac{\partial \boldsymbol{D}}{\partial t}\cdot \mathrm{d}\boldsymbol{S}}{\Delta l} = \lim_{\Delta h\to 0}\frac{\Delta I}{\Delta l} + \lim_{\Delta h\to 0}\left(\frac{\partial \boldsymbol{D}}{\partial t}\right)_{\boldsymbol{e}_n}\cdot \Delta h$$

式中，$\left(\frac{\partial \boldsymbol{D}}{\partial t}\right)_{\boldsymbol{e}_n}$ 为 $\frac{\partial \boldsymbol{D}}{\partial t}$ 在小矩形回路包围的面元 $\mathrm{d}\boldsymbol{S}$ 法向上的分量，由于它是一个有限量，所以有 $\lim\limits_{\Delta h\to 0}\left(\frac{\partial \boldsymbol{D}}{\partial t}\right)_{\boldsymbol{e}_n}\cdot \Delta h=0$，从而得到

$$H_{1t}-H_{2t}=K \tag{5-23}$$

式（5-23）写成矢量形式，为

$$\boldsymbol{e}_n\times(\boldsymbol{H}_2-\boldsymbol{H}_1)=\boldsymbol{K} \tag{5-24}$$

若分界面上不存在传导电流，则有

$$H_{1t}=H_{2t}$$

或写为

$$\boldsymbol{e}_n\times(\boldsymbol{H}_2-\boldsymbol{H}_1)=0$$

可见，如果在两种媒质分界面上存在传导面电流，磁场强度 $\boldsymbol{H}$ 的切向分量就会发生突变，其突变量等于分界面上的面电流密度 $\boldsymbol{K}$。如果媒质分界面上不存在面电流，则磁场强度 $\boldsymbol{H}$ 的切向分量是连续的。

在实际工程中，由于媒质的电导率多是有限值（非理想导体），这样电流是体电流模型

而非面电流，方程的右边为零反而是最为常见的情况。

应用麦克斯韦方程组中的另外三个方程式，采用同样的方法可得到其他三个场量的边界条件。

2. $\boldsymbol{E}$ 的媒质分界面衔接条件

$\boldsymbol{E}$ 的媒质分界面衔接条件为

$$E_{2t}-E_{1t}=0 \tag{5-25}$$

其矢量形式为

$$\boldsymbol{e}_n\times(\boldsymbol{E}_2-\boldsymbol{E}_1)=0 \tag{5-26}$$

这说明**时变电磁场的电场强度 $\boldsymbol{E}$ 的切向分量在媒质分界面上是连续的**。这一点与静态电场相同。

3. $\boldsymbol{B}$ 的媒质分界面衔接条件

$\boldsymbol{B}$ 的媒质分界面衔接条件为

$$B_{1n}-B_{2n}=0 \tag{5-27}$$

其矢量形式为

$$\boldsymbol{e}_n\cdot(\boldsymbol{B}_2-\boldsymbol{B}_1)=0 \tag{5-28}$$

可见，**时变电磁场的磁感应强度 $\boldsymbol{B}$ 的法向分量在媒质分界面上是连续的**。这一点与静态磁场相同。

4. $\boldsymbol{D}$ 的媒质分界面衔接条件

$\boldsymbol{D}$ 的媒质分界面衔接条件为

$$D_{2n}-D_{1n}=\sigma \tag{5-29}$$

其矢量形式为

$$\boldsymbol{e}_n\cdot(\boldsymbol{D}_2-\boldsymbol{D}_1)=\sigma \tag{5-30}$$

若分界面上没有自由面电荷，则为

$$D_{2n}-D_{1n}=0,\text{或 } \boldsymbol{e}_n\cdot(\boldsymbol{D}_2-\boldsymbol{D}_1)=0$$

与静态电场相同，在时变场中，若媒质分界面上存在自由面电荷，则电位移 $\boldsymbol{D}$ 的法向分量将发生突变，突变量等于自由电荷面密度 σ；若 $\sigma=0$，则 $\boldsymbol{D}$ 的法向分量是连续的。

下面讨论在两种特殊情况下，时变电磁场的分界面衔接条件。

(1) 两种理想介质的分界面

理想介质的电导率为零，因此通常情况下，在两种理想介质的分界面上不存在自由面电荷和面电流。或者说，两种理想介质的分界面上的自由电荷面密度 $\sigma=0$，并且面电流密度 $K=0$。此时，时变电磁场的分界面衔接条件为

$$\begin{cases}H_{2t}=H_{1t}\\E_{2t}=E_{1t}\\B_{2n}=B_{1n}\\D_{2n}=D_{1n}\end{cases}\quad\text{即}\begin{cases}\boldsymbol{e}_n\times(\boldsymbol{H}_2-\boldsymbol{H}_1)=0\\\boldsymbol{e}_n\times(\boldsymbol{E}_2-\boldsymbol{E}_1)=0\\\boldsymbol{e}_n\cdot(\boldsymbol{B}_2-\boldsymbol{B}_1)=0\\\boldsymbol{e}_n\cdot(\boldsymbol{D}_2-\boldsymbol{D}_1)=0\end{cases}$$

(2) 理想导体与理想介质的分界面

设媒质 1 为理想导体（电导率 $\gamma_1=\infty$），媒质 2 为理想介质（$\gamma_2=0$）。由于理想导体内部的电磁场为零，即 $\boldsymbol{H}_1=0$，$\boldsymbol{E}_1=0$，$\boldsymbol{B}_1=0$，$\boldsymbol{D}_1=0$，所以此时的时变电磁场分界面衔接条件为

$$\begin{cases}H_{2t}=K\\E_{2t}=0\\B_{2n}=0\\D_{2n}=\sigma\end{cases}\quad \text{即}\begin{cases}\boldsymbol{e}_n\times\boldsymbol{H}_2=\boldsymbol{K}\\\boldsymbol{e}_n\times\boldsymbol{E}_2=0\\\boldsymbol{e}_n\cdot\boldsymbol{B}_2=0\\\boldsymbol{e}_n\cdot\boldsymbol{D}_2=\sigma\end{cases}$$

上式也称为理想导体表面的边界条件。它表明**在理想导体表面外侧的介质中，磁场线与导体表面相平行，电场线与导体表面相垂直。**

5. 电磁折射定律

根据以上分析可知，当两种不同媒质的分界面上不存在面分布的自由电荷和传导电流时（$\sigma=0$，$K=0$），有

$$\begin{cases}H_{1t}=H_{2t}\\E_{1t}=E_{2t}\\B_{1n}=B_{2n}\\D_{1n}=D_{2n}\end{cases}\quad \text{即}\quad\begin{cases}H_1\sin\alpha_1=H_2\sin\alpha_2\\E_1\sin\beta_1=E_2\sin\beta_2\\\mu_1H_1\cos\alpha_1=\mu_2H_2\cos\alpha_2\\\varepsilon_1E_1\cos\beta_1=\varepsilon_2E_2\cos\beta_2\end{cases}\tag{5-31}$$

从而得到时变电磁场的折射定律，即

$$\begin{cases}\dfrac{\tan\alpha_1}{\tan\alpha_2}=\dfrac{\mu_1}{\mu_2}\\[2ex]\dfrac{\tan\beta_1}{\tan\beta_2}=\dfrac{\varepsilon_1}{\varepsilon_2}\end{cases}\tag{5-32}$$

式中，α_1、α_2 分别为媒质 1、媒质 2 中的磁场强度 $\boldsymbol{H}_1$、$\boldsymbol{H}_2$ 与媒质分界面法线的夹角；β_1、β_2 分别为媒质 1、媒质 2 中的电场强度 $\boldsymbol{E}_1$、$\boldsymbol{E}_2$ 与媒质分界面法线的夹角。

应注意电磁折射定律的使用条件，即媒质的分界面上不存在自由电荷和传导电流。

6. 唯一性定理

在闭合面 S 包围的区域 V 中，只要给定 $t=0$ 时刻的电场强度 $\boldsymbol{E}$ 和磁场强度 $\boldsymbol{H}$（即给定电磁场的初始条件），并且给定 $t>0$ 时间内的电场强度的切向分量 $\boldsymbol{E}_t$ 或磁场强度的切向分量 $\boldsymbol{H}_t$（即给定电磁场的边界条件），那么在 $t>0$ 的任意时刻，区域 V 中任一点的电磁场都可以由麦克斯韦方程唯一确定。

以上即时变电磁场的唯一性定理。

例 5-6　现有两种媒质形成分界面，其中媒质 1 为空气，媒质 2 是一种非理想导电媒质（即电导率为有限值）。已知 $E_1=50\sin(10^4t+15°)$ V/m，其方向与分界面法线成 60° 角，求 E_2。

解　根据已知条件，可知媒质 1 中电场的切向、法向分量分别为

$$E_{1t}=E_1\sin60°=25\sqrt{3}\sin(10^4t+15°)\ \text{V/m}$$

$$E_{1n}=E_1\cos60°=25\sin(10^4t+15°)\ \text{V/m}$$

由边界条件可知，电场的切向分量连续，故有

$$E_{2t}=E_{1t}=25\sqrt{3}\sin(10^4t+15°)\ \text{V/m}$$

因电流的法向分量连续，故有

$$J_{2n}=J_{1n}，\text{即}\quad \gamma_2E_{2n}=\gamma_1E_{1n}$$

因媒质 1 为空气，故 $\gamma_1=0$，从而可知

$$E_{2n}=\gamma_1 E_{1n}/\gamma_2=0$$

所以，在媒质 2 一侧仅有电场的切向分量。于是得

$$\boldsymbol{E}=25\sqrt{3}\sin(10^4 t+15°)\boldsymbol{e}_t \text{ V/m}$$

例 5-7　极板面积为 S 的平板电容器中填充有两层不同媒质，媒质厚度分别为 h_1 和 h_2，电容器外加交变电压 $u=U_m\cos\omega t$，如图 5-7 所示。设媒质 1 的参数（ε_1，μ_1，γ_1）和媒质 2 的参数（ε_2，μ_2，γ_2）是已知的，试求在下列两种情况下，电容器中的电场强度 $\boldsymbol{E}$、损耗功率 P 以及媒质分界面上的电荷面密度 σ。

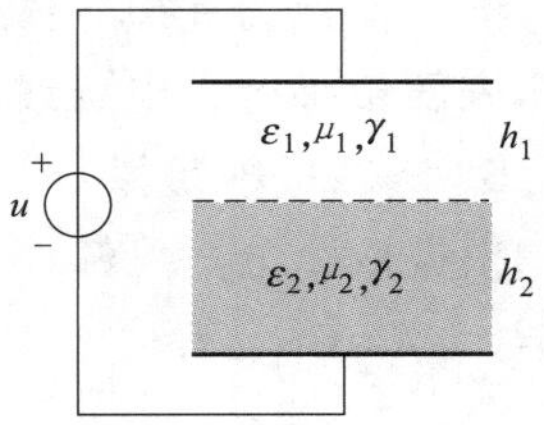

图 5-7　例 5-7 图

（1）两种媒质均为导电媒质，即 $\gamma_1\neq\gamma_2\neq 0$；

（2）媒质 1 为空气，媒质 2 为导电媒质，即 $\gamma_1=0$，$\gamma_2\neq 0$。

解　（1）因两种媒质均为导电媒质，所以电容器中存在传导电流 $\boldsymbol{J}$，且在媒质分界面上是连续的，即 $\boldsymbol{J}_1=\boldsymbol{J}_2$。同时，根据 $\boldsymbol{J}=\gamma\boldsymbol{E}$，可知两种媒质中的电场强度 $\boldsymbol{E}_1$、$\boldsymbol{E}_2$ 满足

$$\gamma_1 E_1=\gamma_2 E_2$$

根据电场强度与电压的关系，可知

$$-\int_0^{h_2}\boldsymbol{E}_2\cdot \mathrm{d}\boldsymbol{l}-\int_{h_2}^{h_1+h_2}\boldsymbol{E}_1\cdot \mathrm{d}\boldsymbol{l}=u$$

即

$$E_1 h_1+E_2 h_2=U_m\cos\omega t$$

由此解得

$$E_1=\frac{\gamma_2}{\gamma_1 h_2+\gamma_2 h_1}U_m\cos\omega t,\ E_2=\frac{\gamma_1}{\gamma_1 h_2+\gamma_2 h_1}U_m\cos\omega t$$

功率损耗为 $P=\gamma_1 E_1^2+\gamma_2 E_2^2$，带入电场强度的计算值，则有

$$P=\frac{\gamma_1\gamma_2(\gamma_1+\gamma_2)}{\gamma_1 h_2+\gamma_2 h_1}U_m^2\cos^2\omega t$$

根据电磁场的衔接条件，可知媒质分界面上的电荷面密度 $\sigma=D_{2n}-D_{1n}$。本题中，电位移 $\boldsymbol{D}$ 只在两媒质分界面的法线方向有分量，所以 $\sigma=D_{2n}-D_{1n}=D_2-D_1$。同时，根据媒质的本构关系 $\boldsymbol{D}=\varepsilon\boldsymbol{E}$，有

$$\sigma=D_2-D_1=\varepsilon_2 E_2-\varepsilon_1 E_1=\left(\frac{\varepsilon_2\gamma_1}{\gamma_1 h_2+\gamma_2 h_1}-\frac{\varepsilon_1\gamma_2}{\gamma_1 h_2+\gamma_2 h_1}\right)U_m\cos\omega t$$

（2）当 $\gamma_1=0$ 时，有

$$E_1=\frac{\gamma_2}{\gamma_1 h_2+\gamma_2 h_1}U_m\cos\omega t=\frac{U_m\cos\omega t}{h_1},\ E_2=\frac{\gamma_1}{\gamma_1 h_2+\gamma_2 h_1}U_m\cos\omega t=0$$

$$P=\frac{\gamma_1\gamma_2(\gamma_1+\gamma_2)}{\gamma_1 h_2+\gamma_2 h_1}U_m^2\cos^2\omega t=0$$

$$\sigma=\varepsilon_2 E_2-\varepsilon_1 E_1=-\varepsilon_1 E_1=-\frac{\varepsilon_1}{h_1}U_m\cos\omega t$$

分析与说明：

在本题的第二问中，电导率 $\gamma_1=0$，导致电容器中不存在传导电流，而仅有位移电流，且有 $J_d=\dfrac{\partial D_1}{\partial t}=\varepsilon_1\dfrac{\partial E_1}{\partial t}=-\dfrac{\varepsilon_1\omega U_m}{h_1}\sin\omega t$。两媒质的分界面上逐渐积累表面电荷，最终导致媒质 2 中的电场强度为零。同时，由于传导电流为零，使系统的功率损耗也为零。

例 5-8　同轴电缆的内、外导体均为理想导体，半径分别为 a、b，两导体之间填充有一种理想介质。在圆柱坐标下，已知理想介质中的电场强度 $\boldsymbol{E}=\dfrac{E_0}{r}\cos(\omega t-kz)\boldsymbol{e}_r$，其中 E_0、ω、k 均为常数，z 是沿电缆轴线的长度坐标。试求内导体表面电流的密度 $\boldsymbol{K}$。

解　本题首先根据麦克斯韦第二方程 $\nabla\times\boldsymbol{E}=-\dfrac{\partial\boldsymbol{B}}{\partial t}$求出磁场强度 $\boldsymbol{H}$，然后根据理想导体与理想介质分界面的边界条件，求出内导体表面电流的密度 $\boldsymbol{K}$。

本题中，有

$$\nabla\times\boldsymbol{E}=\frac{\partial E_r}{\partial z}\boldsymbol{e}_\phi-\frac{1}{r}\frac{\partial E_z}{\partial r}\boldsymbol{e}_z=\frac{\partial E_r}{\partial z}\boldsymbol{e}_\phi=\frac{\partial}{\partial z}\left[\frac{E_0}{r}\cos(\omega t-kz)\right]\boldsymbol{e}_\phi=\frac{kE_0}{r}\sin(\omega t-kz)\boldsymbol{e}_\phi \tag{5-33}$$

式（5-33）中，因 $\boldsymbol{E}$ 在 $\boldsymbol{e}_z$ 方向上的分量 $E_z=0$，故$\dfrac{\partial E_z}{\partial r}=0$。

根据麦克斯韦第二方程以及式（5-33）的结果，可知理想介质中的磁场强度为

$$\boldsymbol{H}=-\frac{1}{\mu_0}\int\nabla\times\boldsymbol{E}\mathrm{d}t=-\frac{1}{\mu_0}\int\frac{kE_0}{r}\sin(\omega t-kz)\mathrm{d}t\boldsymbol{e}_\phi=\frac{1}{\mu_0}\frac{kE_0}{\omega r}\cos(\omega t-kz)\boldsymbol{e}_\phi$$

记内导体为媒质 1，内、外导体之间的理想介质为媒质 2，根据理想导体与理想介质分界面的衔接条件 $\boldsymbol{e}_n\times\boldsymbol{H}_2=\boldsymbol{K}$，可求出内导体表面的电流密度为

$$\boldsymbol{K}=\boldsymbol{e}_n\times\boldsymbol{H}_2\big|_{r=a}=(\boldsymbol{e}_r\times\boldsymbol{e}_\phi)\frac{1}{\mu_0}\frac{kE_0}{\omega r}\cos(\omega t-kz)\big|_{r=a}=\frac{kE_0}{\mu_0\omega a}\cos(\omega t-kz)\boldsymbol{e}_z$$

例 5-9　空气与理想导体在直角坐标系下的 $y=0$ 处形成分界面，且空气位于 $y>0$ 一侧，分界面处的磁场强度为 $\boldsymbol{H}=H_0\sin kx\cos(\omega t-ky)\boldsymbol{e}_x$。试求：（1）媒质分界面处的电场强度 $\boldsymbol{E}$；（2）理想导体表面的电荷分布及电流分布。

解　（1）由于系统中不存在传导电流（$\boldsymbol{J}=0$），故有 $\nabla\times\boldsymbol{H}=\boldsymbol{J}+\dfrac{\partial\boldsymbol{D}}{\partial t}=\dfrac{\partial\boldsymbol{D}}{\partial t}=\varepsilon_0\dfrac{\partial\boldsymbol{E}}{\partial t}$。根据已知条件，又有

$$\nabla\times\boldsymbol{H}=\frac{\partial H_x}{\partial z}\boldsymbol{e}_y-\frac{\partial H_x}{\partial y}\boldsymbol{e}_z=-\frac{\partial H_x}{\partial y}\boldsymbol{e}_z=-kH_0\sin kx\sin(\omega t-ky)\boldsymbol{e}_z$$

故可知 $\varepsilon_0\dfrac{\partial\boldsymbol{E}}{\partial t}=-kH_0\sin kx\sin(\omega t-ky)\boldsymbol{e}_z$。该式对时间 t 积分，为

$$\varepsilon_0\int\frac{\partial\boldsymbol{E}}{\partial t}\mathrm{d}t=-kH_0\sin kx\int\sin(\omega t-ky)\mathrm{d}t\boldsymbol{e}_z$$

据此求得

$$\boldsymbol{E}=\frac{kH_0}{\omega\varepsilon_0}\sin kx\cos(\omega t-ky)\boldsymbol{e}_z+c$$

式中，c 为积分常数，这里可令 $c=0$。

因理想导体内部的电场强度 $\boldsymbol{E}=0$，所以上式中的 $\boldsymbol{E}$ 为导体表面的电场强度。

（2）上述计算结果说明，媒质分界面处的 $\boldsymbol{E}$ 不存在法向分量，即 $E_n=E_y=0$。因此，分界面处的面电荷密度 $\sigma=\varepsilon_0 E_n=0$。

处于时变电磁场的导体表面会有感应电流存在，其密度为

$$\boldsymbol{K}=\boldsymbol{e}_n\times\boldsymbol{H}=\boldsymbol{e}_y\times\boldsymbol{H}=-H_0\sin kx\cos(\omega t-ky)\boldsymbol{e}_z$$

5.5 时变电磁场的位函数及其边值问题

5.5.1 时变场矢量位与标量位

在静态电场和恒定磁场中，根据场的不同性质，引入了标量电位 φ 和矢量磁位 $\boldsymbol{A}$，使得对场的分析得到简化。同样，在时变电磁场中也可以引入一些位函数作为辅助变量来简化电磁场方程的求解。

麦克斯韦方程是电磁场空间各点都应满足的基本方程。式（5-16c）说明，时变磁场是无散场。由场论知识可知，旋度的散度恒为零。因此引入一个矢量函数 $\boldsymbol{A}$，使得

$$\boldsymbol{B}=\nabla\times\boldsymbol{A} \tag{5-34}$$

式中，$\boldsymbol{A}$ 称为矢量位函数，简称矢量位，其单位为 Wb/m（韦伯/米）。

式（5-34）为矢量位 $\boldsymbol{A}$ 的定义。将其代入式（5-16b），得到

$$\nabla\times\boldsymbol{E}=-\frac{\partial}{\partial t}(\nabla\times\boldsymbol{A})$$

整理得

$$\nabla\times\left(\boldsymbol{E}+\frac{\partial\boldsymbol{A}}{\partial t}\right)=0 \tag{5-35}$$

式（5-35）表明，矢量场 $\boldsymbol{E}+\frac{\partial\boldsymbol{A}}{\partial t}$ 为无旋场。根据场论知识可知，梯度的旋度恒为零，因此无旋的矢量可用一个标量函数的梯度替代。为此引入标量函数 φ，使

$$\boldsymbol{E}+\frac{\partial\boldsymbol{A}}{\partial t}=-\nabla\varphi$$

即

$$\boldsymbol{E}=-\frac{\partial\boldsymbol{A}}{\partial t}-\nabla\varphi \tag{5-36}$$

式中，φ 称为标量位函数，简称标量位，其单位为 V（伏）。

由于 $\boldsymbol{A}$、φ 不仅是空间坐标的函数，而且是时间的函数，都随时间变化，所以也称为动态位函数，简称动态位（time-varying potentials）。当 $\boldsymbol{A}$、φ 与时间无关时，它们与电磁场量的关系完全相同于静态场，因此矢量位 $\boldsymbol{A}$ 又称为矢量磁位，标量位 φ 又称为标量电位。

如果说，麦克斯韦第二方程 $\nabla\times\boldsymbol{E}=-\frac{\partial\boldsymbol{B}}{\partial t}$ 揭示了时变的磁场产生电场，那么通过后面的讨论可以了解，式（5-36）则是以另一种形式再次表达了这一观点。

5.5.2 时变场位函数方程——达朗贝尔方程

对于动态位 $\boldsymbol{A}$ 和 φ，只要求得其解，就可以由式（5-34）和式（5-36）求得 $\boldsymbol{B}$ 和 $\boldsymbol{E}$。但是，满足这两式的动态位并不是唯一的。若要唯一确定 $\boldsymbol{A}$ 和 φ，不仅要规定 $\boldsymbol{A}$ 的旋度，还必须规定 $\boldsymbol{A}$ 的散度。以下讨论为 $\boldsymbol{A}$ 的散度 $\nabla\cdot\boldsymbol{A}$ 赋以何值时，$\boldsymbol{A}$、φ 才会更易于求解。

将式（5-34）、式（5-36）代入式（5-16a）和式（5-16d），并利用线性、均匀、各向同性媒质的本构关系方程 $\boldsymbol{B}=\mu\boldsymbol{H}$ 和 $\boldsymbol{D}=\varepsilon\boldsymbol{E}$，可得

$$\nabla\times\frac{1}{\mu}(\nabla\times\boldsymbol{A})=\boldsymbol{J}+\frac{\partial}{\partial t}\varepsilon\left(-\nabla\varphi-\frac{\partial\boldsymbol{A}}{\partial t}\right) \tag{5-37}$$

$$\nabla\cdot\varepsilon\left(-\nabla\varphi-\frac{\partial\boldsymbol{A}}{\partial t}\right)=\rho \tag{5-38}$$

利用矢量恒等式 $\nabla\times\nabla\times\boldsymbol{A}=\nabla(\nabla\cdot\boldsymbol{A})-\nabla^2\boldsymbol{A}$，将式（5-37）整理成

$$\nabla^2\boldsymbol{A}-\varepsilon\mu\frac{\partial^2\boldsymbol{A}}{\partial t^2}-\nabla\left(\nabla\cdot\boldsymbol{A}+\mu\varepsilon\frac{\partial\varphi}{\partial t}\right)=-\mu\boldsymbol{J} \tag{5-39}$$

式（5-38）可整理成

$$\nabla^2\varphi+\frac{\partial}{\partial t}(\nabla\cdot\boldsymbol{A})=-\frac{\rho}{\varepsilon} \tag{5-40}$$

式（5-39）和式（5-40）是两个偏微分方程。不难看出，若 $\nabla\cdot\boldsymbol{A}$ 取值不同，则上述两个方程的形式也不同。理论上可以为 $\nabla\cdot\boldsymbol{A}$ 赋以任意值，例如采用库伦规范 $\nabla\cdot\boldsymbol{A}=0$，然而此时尽管式（5-40）简化为泊松方程，但式（5-39）却不能得到有效简化，式中依然存在 $\boldsymbol{A}$ 与 φ 的耦合。为了去除这种耦合，可将 $\nabla\cdot\boldsymbol{A}$ 赋值为

$$\nabla\cdot\boldsymbol{A}=-\varepsilon\mu\frac{\partial\varphi}{\partial t} \tag{5-41}$$

此即洛伦兹规范（Lorentz’s standards gauge），也称洛伦兹条件。

采用洛伦兹规范，可将式（5-39）和式（5-40）简化为

$$\nabla^2\boldsymbol{A}-\varepsilon\mu\frac{\partial^2\boldsymbol{A}}{\partial t^2}=-\mu\boldsymbol{J} \tag{5-42}$$

$$\nabla^2\varphi-\varepsilon\mu\frac{\partial^2\varphi}{\partial t^2}=-\frac{\rho}{\varepsilon} \tag{5-43}$$

这是两个非齐次的波动方程，称为动态位的达朗贝尔方程（D'alembert's equations）。

可见，由于洛伦兹规范的引入，实现了对时变电磁场位函数方程式（5-39）、式（5-40）中矢量位 $\boldsymbol{A}$ 和标量位 φ 的方程解耦，得到了更加对称、简洁和优美的达朗贝尔方程式（5-42）、式（5-43）。需注意，表面上看，$\boldsymbol{A}$ 单独地由传导电流密度 $\boldsymbol{J}$ 决定，φ 单独地由自由电荷体密度 ρ 决定，但实质上，两个位函数仍然是由洛伦兹规范耦合在一起的。因此，达朗贝尔方程只是在洛伦兹规范下成立，在学习这部分知识时，要注意抓住时变场的本质，不要被表象迷惑。

在确定了动态位 $\boldsymbol{A}$ 与 φ 的源之后，便不难理解式（5-36）的物理意义，即不仅电荷可以产生电场，时变的磁场也可以产生电场。

当激励源不随时间变化时，场量也不随时间变化。此时，电磁场为静态场，达朗贝尔方

程在这一条件下便退化为恒定磁场和静电场中的泊松方程或者拉普拉斯方程，表 5-1 列出了这些方程之间的关系。

表 5-1　达朗贝尔方程与泊松方程、拉普拉斯方程之间的关系

	时变场		静态场	
有源区	$\nabla^2\boldsymbol{A}-\varepsilon\mu\dfrac{\partial^2\boldsymbol{A}}{\partial t^2}=-\mu\boldsymbol{J}$ $\nabla^2\varphi-\varepsilon\mu\dfrac{\partial^2\varphi}{\partial t^2}=-\dfrac{\rho}{\varepsilon}$	达朗贝尔方程	$\nabla^2\boldsymbol{A}=-\mu\boldsymbol{J}$ $\nabla^2\varphi=-\dfrac{\rho}{\varepsilon}$	泊松方程
无源区	$\nabla^2\boldsymbol{A}-\varepsilon\mu\dfrac{\partial^2\boldsymbol{A}}{\partial t^2}=0$ $\nabla^2\varphi-\varepsilon\mu\dfrac{\partial^2\varphi}{\partial t^2}=0$	齐次达朗贝尔方程	$\nabla^2\boldsymbol{A}=0$ $\nabla^2\varphi=0$	拉普拉斯方程
规范	$\nabla\cdot\boldsymbol{A}=-\varepsilon\mu\dfrac{\partial\varphi}{\partial t}$	洛伦兹规范	$\nabla\cdot\boldsymbol{A}=0$	库仑规范

需要说明的是，达朗贝尔方程是在洛伦兹规范下得到的。如果不采用这一规范，而是为 $\nabla\cdot\boldsymbol{A}$ 赋以另外一个值，那么得到的关于 $\boldsymbol{A}$ 与 φ 的方程将是不同的，进而得到的 $\boldsymbol{A}$ 与 φ 的解也有所区别。但是，无论怎样为 $\nabla\cdot\boldsymbol{A}$ 赋值，根据 $\boldsymbol{A}$、φ 求出的 $\boldsymbol{B}$ 与 $\boldsymbol{E}$ 都是相同的。

例 5-10　在圆柱坐标系下，已知动态位函数 $\boldsymbol{A}=0.5r^2\sin\omega t\boldsymbol{e}_z+\nabla f$，$\varphi=-\dfrac{\partial f}{\partial t}$。这里，$f$ 为任意函数。试求电场强度 $\boldsymbol{E}$ 和磁场强度 $\boldsymbol{H}$。

解　由电场强度 $\boldsymbol{E}$ 与动态位函数 $\boldsymbol{A}$、φ 的关系 $\boldsymbol{E}=-\dfrac{\partial\boldsymbol{A}}{\partial t}-\nabla\varphi$，可得

$$\boldsymbol{E}=-\frac{\partial}{\partial t}(0.5r^2\sin\omega t)\boldsymbol{e}_z-\frac{\partial}{\partial t}\nabla f-\nabla\left(-\frac{\partial f}{\partial t}\right)=-\frac{\partial}{\partial t}(0.5r^2\sin\omega t)\boldsymbol{e}_z=-0.5r^2\omega\cos\omega t\boldsymbol{e}_z$$

为了便于计算，这里，记

$$\boldsymbol{A}=\boldsymbol{A}'+\nabla f,\text{其中 }\boldsymbol{A}'=0.5r^2\sin\omega t\boldsymbol{e}_z=A'_z\boldsymbol{e}_z$$

根据 $\boldsymbol{A}$ 的定义及本题的已知条件，可得

$$\boldsymbol{B}=\nabla\times\boldsymbol{A}=\nabla\times\boldsymbol{A}'+\nabla\times\nabla f=\nabla\times\boldsymbol{A}'=\frac{1}{r}\frac{\partial A'_z}{\partial\phi}\boldsymbol{e}_r-\frac{\partial A'_z}{\partial r}\boldsymbol{e}_\phi$$

$$=-\boldsymbol{e}_\phi\frac{\partial A'_z}{\partial r}=-\frac{\partial}{\partial r}(0.5r^2\sin\omega t)\boldsymbol{e}_\phi=-r\sin\omega t\boldsymbol{e}_\phi$$

因此有

$$\boldsymbol{H}=\frac{\boldsymbol{B}}{\mu_0}=-\frac{r\sin\omega t}{\mu_0}\boldsymbol{e}_\phi$$

注：在上述计算过程中，使用了矢量恒等式 $\nabla\times\nabla f=0$。

例 5-11　已知在无限大自由空间中矢量位 $\boldsymbol{A}=A_{\mathrm{m}}\cos(\omega t-kz)\boldsymbol{e}_x$，其中，$A_{\mathrm{m}}$、$k$ 均为常数。试求电场强度 $\boldsymbol{E}$ 和磁场强度 $\boldsymbol{H}$。

解　由洛伦兹规范 $\nabla\cdot\boldsymbol{A}=-\varepsilon\mu\dfrac{\partial\varphi}{\partial t}$，得

$$\frac{\partial\varphi}{\partial t}=-\frac{\nabla\cdot\boldsymbol{A}}{\varepsilon\mu}=-\frac{1}{\varepsilon\mu}\frac{\partial A_x}{\partial x}=-\frac{1}{\varepsilon\mu}\frac{\partial}{\partial x}[A_{\mathrm{m}}\cos(\omega t-kz)]=0$$

由此可知标量位 φ 不是时间的函数，而仅是空间坐标的函数。因标量位的源是电荷 ρ，既然 φ 不是时变量，故可推知本题中的 ρ 建立起来的电场为静电场。在处于无限大自由空间的时变电磁场中可以不考虑静电场，因此这里取 $\nabla\varphi=0$。于是有

$$\boldsymbol{E}=-\frac{\partial \boldsymbol{A}}{\partial t}-\nabla\varphi=-\frac{\partial}{\partial t}[A_{\mathrm{m}}\cos(\omega t-kz)]\boldsymbol{e}_x=\omega A_{\mathrm{m}}\sin(\omega t-kz)\boldsymbol{e}_x$$

由 $\boldsymbol{B}=\nabla\times\boldsymbol{A}$ 以及 $\boldsymbol{B}=\mu\boldsymbol{H}$，可得

$$\boldsymbol{H}=\frac{\boldsymbol{B}}{\mu_0}=\frac{1}{\mu_0}\nabla\times\boldsymbol{A}=\frac{1}{\mu_0}\frac{\partial A_x}{\partial z}\boldsymbol{e}_y=\frac{1}{\mu_0}\frac{\partial}{\partial z}[A_{\mathrm{m}}\cos(\omega t-kz)]\boldsymbol{e}_y=\frac{kA_{\mathrm{m}}}{\mu_0}\sin(\omega t-kz)\boldsymbol{e}_y$$

5.5.3 动态位的积分解与其滞后现象

1. 动态位积分解的时域形式

利用达朗贝尔方程可以较为便捷地得到动态位 $\boldsymbol{A}$ 与 φ 的解。以下通过求解此方程来获得 $\boldsymbol{A}$、φ 的解，并讨论动态位 $\boldsymbol{A}$、φ 与其激励源（或称场源）$\boldsymbol{J}$、ρ 的关系。由于达朗贝尔方程的两式具有完全相同的数学结构形式，所以只需求出其中任一方程的解即可。下面先求标量位 φ 的解，而矢量位 $\boldsymbol{A}$ 的解则可以通过套用 φ 的解的形式来获得。

这里，首先在激励源为时变点电荷的前提下求解 $\boldsymbol{A}$、φ，然后把点电荷视为一个点源，将求解结果推广到激励源为任意分布的体电荷的情形。

设在无限大均匀媒质中有一时变点电荷 $q(t)$ 位于坐标原点。由达朗贝尔方程可知，$q(t)$ 所激发的标量位 φ 在除原点之外的整个空间中都应满足波动方程，即

$$\nabla^2\varphi-\mu\varepsilon\frac{\partial^2\varphi}{\partial t^2}=0$$

在空间上，由于 φ 此时具有球对称性，因此在球坐标系下，描述 φ 只需使用坐标 r 而无须其余两个坐标，即 φ 仅是空间坐标 r 和时间 t 的函数，故有

$$\nabla^2\varphi=\frac{1}{r^2}\frac{\partial}{\partial r}\left(r^2\frac{\partial\varphi}{\partial r}\right)=\frac{1}{r}\frac{\partial^2(r\varphi)}{\partial r^2}$$

因此得到

$$\frac{1}{r}\frac{\partial^2(r\varphi)}{\partial r^2}=\mu\varepsilon\frac{\partial^2\varphi}{\partial t^2}=\nabla^2\varphi$$

即

$$\frac{\partial^2(r\varphi)}{\partial r^2}=\mu\varepsilon\frac{\partial^2(r\varphi)}{\partial t^2}$$

上式是一个关于 $r\varphi$ 的齐次波动方程，其通解为

$$r\varphi=f_1\left(t-\frac{r}{v}\right)+f_2\left(t+\frac{r}{v}\right)$$

或写为

$$\varphi=\frac{f_1\left(t-\frac{r}{v}\right)}{r}+\frac{f_2\left(t+\frac{r}{v}\right)}{r} \tag{5-44}$$

式中，$v=\frac{1}{\sqrt{\mu\varepsilon}}$，具有速度的量纲；$f_1\left(t-\frac{r}{v}\right)$ 和 $f_2\left(t+\frac{r}{v}\right)$ 代表两个具有二阶连续偏导数的两个

任意函数，其具体形式由点电荷的变化规律和周围介质情况决定。

由于在无限大均匀媒质中电磁波的传播方向是变化的，不存在反射，故取 $f_2=0$（有关知识见后续内容，在第 6 章会专门对一维波动方程的求解进行讨论），从而求得位于原点的时变点电荷产生的标量位为

$$\varphi(r,t)=\frac{f_1\left(t-\frac{r}{v}\right)}{r}$$

下面根据静电场知识确定函数 f_1。我们知道，当点电荷 q 不随时间变化时，它在周围空间建立的电位 $\varphi(r)=q/(4\pi\varepsilon r)$。由此推知位于坐标原点的时变点电荷 $q(t)$ 建立的标量位为

$$\varphi(r,t)=\frac{q\left(t-\frac{r}{v}\right)}{4\pi\varepsilon r} \tag{5-45}$$

只要对式（5-45）略做变换，即可将其推广到点电荷 $q(t)$ 不位于坐标原点的情形。这里，设 $R=|r-r'|$，表示从点电荷 $q(r')$ 所在位置 r' 到场点 r 的距离。此时有

$$\varphi(r,t)=\frac{q\left(r',t-\frac{R}{v}\right)}{4\pi\varepsilon R}=\frac{q\left(r',t-\frac{|r-r'|}{v}\right)}{4\pi\varepsilon|r-r'|} \tag{5-46}$$

如果激励源不是点电荷，而是在体积 V' 中按体密度 $\rho(r',t)$ 分布的时变体电荷，则方程的解可以写为

$$\varphi(r,t)=\frac{1}{4\pi\varepsilon}\int_{V'}\frac{\rho\left(r',t-\frac{R}{v}\right)}{R}\mathrm{d}V'=\frac{1}{4\pi\varepsilon}\int_{V'}\frac{\rho\left(r',t-\frac{|r-r'|}{v}\right)}{|r-r'|}\mathrm{d}V' \tag{5-47}$$

同理，关于体积 V' 中按电流密度 $\boldsymbol{J}(r',t)$ 分布的时变体电流，方程式（5-42）的解为

$$\boldsymbol{A}(r,t)=\frac{\mu}{4\pi}\int_{V'}\frac{\boldsymbol{J}\left(r',t-\frac{R}{v}\right)}{R}\mathrm{d}V'=\frac{\mu}{4\pi}\int_{V'}\frac{\boldsymbol{J}\left(r',t-\frac{|r-r'|}{v}\right)}{|r-r'|}\mathrm{d}V' \tag{5-48}$$

式中，V' 为电流 $\boldsymbol{J}(r',t)$ 的分布区域，$R=|r-r'|$ 为体积元 $\mathrm{d}V'$ 所在位置到场点 r 的距离。式（5-48）为在体积 V' 中按面密度 $\boldsymbol{J}(r',t)$ 分布的时变体电流建立的矢量位。

式（5-47）和式（5-48）为当激励源呈体分布时，由达朗贝尔方程解得的动态位 φ、$\boldsymbol{A}$ 积分解的时域形式。如果激励源为面分布和线分布时，只要把式（5-47）中的点源 $\rho(r',t)\mathrm{d}V'$ 替换成 $\sigma(r',t)\mathrm{d}S'$ 和 $\tau(r',t)\mathrm{d}l'$，把式（5-48）中的点源 $\boldsymbol{J}(r',t)\mathrm{d}V'$ 替换成 $\boldsymbol{K}(r',t)\mathrm{d}S'$ 和 $I(r',t)\mathrm{d}\boldsymbol{l}'$，并进行面积分和线积分，即可得到相应状态下 φ、$\boldsymbol{A}$ 的解。

2. 动态位的滞后现象

式（5-47）和式（5-48）均表明，空间某点在 t 时刻的动态位，取决于 $t-R/v$ 时刻的激励源分布情况。或者说，动态位随时间的变化总是滞后于激励源随时间的变化，滞后的时间为 R/v，而 R/v 正是以速度 v 推进距离 R 所需要的时间。由于 φ、$\boldsymbol{A}$ 对于源存在这种滞后现象，所以动态位 φ、$\boldsymbol{A}$ 又称滞后位（retarded potentials）或推迟位，其中 φ 称滞后电位，$\boldsymbol{A}$ 称滞后磁位。

滞后现象的存在，说明电磁波是从“源”向外以有限速度 v 推进的，并有

$$v=\frac{1}{\sqrt{\mu\varepsilon}} \tag{5-49}$$

式中，v 为电磁波的波速，单位为 m/s；μ、ε 分别为媒质的磁导率和介电常数。

v 的大小取决于媒质的特性。场点的动态位滞后于激励源的时间，就是电磁波从激励源以速度 v 传播到该场点所需的时间。真空中电磁波的波速 $v=1/\sqrt{\mu_0\varepsilon_0}=3\times10^8\text{m/s}$，即光速。有关 v 的进一步讨论，将在第 6 章详细介绍。

5.6 时变电磁场的能量守恒定理——坡印廷定理

能量是物质的基本属性之一。时变电磁场作为一种特殊形态的物质，也必然遵循能量守恒这一自然界一切物质运动过程都遵循的普遍规律，并基于此规律进行能量的转化与传播。

在静电场和恒定磁场中，曾分别对场域内任一点的电场能量密度 w_e、磁场能量密度 w_m 的计算问题进行过讨论，其结论为：在线性且各向同性的媒质中，有

$$w_e=\frac{1}{2}\boldsymbol{D}\cdot\boldsymbol{E}=\frac{1}{2}\varepsilon E^2,\quad w_m=\frac{1}{2}\boldsymbol{B}\cdot\boldsymbol{H}=\frac{1}{2}\mu H^2$$

这两个最初从静态场问题中获得的用于计算电场、磁场能量密度的公式，对于时变场也仍然适用。

与静态场不同的是，时变场中的电场强度、磁场强度都要随时间而变化，相应地，电、磁能量密度也必然随之发生变化，而空间各点能量密度的变化必然导致能量分布的不均匀，从而引起能量的流动和传播。因此，时变电磁场需要引入一个用于描述空间各点电磁能量流动状况的物理量，这就是本节的重点内容之一——坡印廷矢量。

本节的另一个重点内容是坡印廷定理。1884 年，坡印廷在“关于电磁场中的能量传递”一文中首次阐述了电磁能流与电磁场量之间的关系，并给出了一般表示式，后人称为坡印廷定理。坡印廷定理反映了时变电磁场的能量守恒和转化规律，它与麦克斯韦方程一起构成完整的电磁场理论的基础。

1. 坡印廷定理与瞬时坡印廷矢量

在无外源的区域中，对麦克斯韦第一、二方程进行适当运算，可得

$$\boldsymbol{H}\cdot(\nabla\times\boldsymbol{E})-\boldsymbol{E}\cdot(\nabla\times\boldsymbol{H})=-\boldsymbol{H}\cdot\frac{\partial\boldsymbol{B}}{\partial t}-\boldsymbol{E}\cdot\boldsymbol{J}-\boldsymbol{E}\cdot\frac{\partial\boldsymbol{D}}{\partial t}$$

设场域中的媒质是线性、各向同性的，媒质参数 ε，μ，γ 均不随时间变化。由矢量恒等式 $\boldsymbol{H}\cdot(\nabla\times\boldsymbol{E})-\boldsymbol{E}\cdot(\nabla\times\boldsymbol{H})=\nabla\cdot(\boldsymbol{E}\times\boldsymbol{H})$ 以及如下等式

$$\boldsymbol{H}\cdot\frac{\partial\boldsymbol{B}}{\partial t}=\boldsymbol{H}\cdot\frac{\partial(\mu\boldsymbol{H})}{\partial t}=\frac{1}{2}\frac{\partial}{\partial t}(\mu\boldsymbol{H}\cdot\boldsymbol{H})=\frac{\partial}{\partial t}\left(\frac{1}{2}\mu H^2\right)$$

$$\boldsymbol{E}\cdot\frac{\partial\boldsymbol{D}}{\partial t}=\boldsymbol{E}\cdot\frac{\partial(\varepsilon\boldsymbol{E})}{\partial t}=\frac{1}{2}\frac{\partial}{\partial t}(\varepsilon\boldsymbol{E}\cdot\boldsymbol{E})=\frac{\partial}{\partial t}\left(\frac{1}{2}\varepsilon E^2\right)$$

$$\boldsymbol{E}\cdot\boldsymbol{J}=\boldsymbol{E}\cdot(\gamma\boldsymbol{E})=\gamma E^2$$

可得

$$\nabla\cdot(\boldsymbol{E}\times\boldsymbol{H})=-\frac{\partial}{\partial t}\left(\frac{1}{2}\mu H^2+\frac{1}{2}\varepsilon E^2\right)-\gamma E^2 \tag{5-50}$$

坡印廷定理及其物理意义

对于空间任意区域，记其体积为 V，则式（5-50）可写成

$$\int_V \nabla\cdot(\boldsymbol{E}\times\boldsymbol{H})\mathrm{d}V=-\int_V \frac{\partial}{\partial t}\left(\frac{1}{2}\mu H^2+\frac{1}{2}\varepsilon E^2\right)\mathrm{d}V-\int_V(\gamma E^2)\mathrm{d}V \tag{5-51}$$

记式（5-51）中的体积 V 由闭合面 $\boldsymbol{A}$ 限定。对式（5-51）应用散度定理，可得

$$-\oint_A(\boldsymbol{E}\times\boldsymbol{H})\cdot\mathrm{d}\boldsymbol{A}=\frac{\partial}{\partial t}\int_V\left(\frac{1}{2}\mu H^2+\frac{1}{2}\varepsilon E^2\right)\mathrm{d}V+\int_V(\gamma E^2)\mathrm{d}V \tag{5-52}$$

此即坡印廷定理，又称时变电磁场的能量定理。任何满足麦克斯韦方程的时变电磁场都必然服从该定理。

假设体积 V 内不含场源，则式（5-52）中右端第一项是体积 V 中单位时间内磁场能量和电场能量总和的增加量（即体积 V 内总的电磁功率），右端第二项是由于传导电流在体积 V 中流动产生的焦耳热损耗功率。此两项之和必然是由外界场源提供且穿过闭合面 A 进入体积 V 中的，因此，根据能量守恒原理，式（5-52）左端的被积函数（$\boldsymbol{E}\times\boldsymbol{H}$）应是一个穿出单位面积的功率密度矢量。定义

$$\boldsymbol{S}=\boldsymbol{E}\times\boldsymbol{H} \tag{5-53}$$

为坡印廷矢量（Poynting vector），又称电磁能流密度矢量或功率密度矢量单位为瓦每平方米（$\mathrm{W/m^2}$）。显然，$\boldsymbol{S}$ 具有功率密度的意义，其方向就是电磁能量流动（或传播）的方向，故又称为电磁能量流密度矢量。

从式（5-53）可以看出，$\boldsymbol{E}$、$\boldsymbol{H}$、$\boldsymbol{S}$ 三者之间满足右手螺旋法则，这表明功率总是沿着与该处的 $\boldsymbol{E}$ 和 $\boldsymbol{H}$ 相垂直的方向传输。在时变电磁场中，只要已知空间任意一点的 $\boldsymbol{E}$ 和 $\boldsymbol{H}$，就能通过式（5-53）算出该点电磁能量流的大小，并判断其方向。由于 $\boldsymbol{E}$、$\boldsymbol{H}$ 是瞬时值，所以坡印廷矢量 S 也是瞬时值，表示电磁能量传播的瞬时功率。同时，因 $\boldsymbol{S}$ 的大小等于电场强度和磁场强度瞬时值之积，故只有当两者同时达到最大值时，$\boldsymbol{S}$ 才能达到最大值。若某一时刻 $\boldsymbol{E}$、$\boldsymbol{H}$ 的值有任何一者为零，则该时刻 $\boldsymbol{S}$ 的值也为零。

特别地，在无损耗媒质中，因电导率 $\gamma=0$，故式（5-52）中右端最后一项为零，此时，穿过闭合面 A 进入体积 V 中的功率等于单位时间内该体积中电磁能量的增加量。对于处在有损媒质中的恒定电磁场，由于各场量都不是时间的函数，因此式（5-52）中右端第一项为零，此时流入体积 V 中的总功率就等于该体积内的焦耳热损耗功率。或者说，在导电媒质中，体积 V 内的焦耳热损耗能量全部由外部输入的穿过其表面 A 的电磁能流提供。

2. 时变电磁场的能量密度

对于时变电磁场，在各向同性的线性媒质中，场域内任一点的电场能量密度、磁场能量密度的瞬时值分别为

$$w_{\mathrm{e}}(\boldsymbol{r},t)=\frac{1}{2}\varepsilon E^2(\boldsymbol{r},t)$$

$$w_{\mathrm{m}}(\boldsymbol{r},t)=\frac{1}{2}\mu H^2(\boldsymbol{r},t)$$

式中，$\boldsymbol{r}$ 为场点的位置矢量；$E(\boldsymbol{r},t)$、$H(\boldsymbol{r},t)$ 分别为时变电磁场的电场强度、磁场强度的瞬时值。因此，时变电磁场任一点的电磁能量密度的瞬时值为

$$w(\boldsymbol{r},t)=\frac{1}{2}\varepsilon E^2(\boldsymbol{r},t)+\frac{1}{2}\mu H^2(\boldsymbol{r},t) \tag{5-54}$$

如果时变电磁场域中存在传导电流，则媒质必然导电，即 $\gamma \neq 0$，此时单位体积内的损耗功率（即单位体积内的焦耳热损耗，又称损耗功率密度）的瞬时值为

$$p(\boldsymbol{r},t)=\boldsymbol{J}(\boldsymbol{r},t)\cdot\boldsymbol{E}(\boldsymbol{r},t)=\gamma E^2(\boldsymbol{r},t)=\frac{J^2(\boldsymbol{r},t)}{\gamma} \tag{5-55}$$

式中，$E(\boldsymbol{r},t)$、$J(\boldsymbol{r},t)$ 均为瞬时值。

式（5-55）和式（5-54）适用于激励源和场量随时间 t 按任意规律变化的时变电磁场。

特别地，对于正弦电磁场，由于正弦量的有效值为瞬时值二次方的周期平均值，因此其能量密度的周期平均值为

$$w_{\mathrm{av}}(\boldsymbol{r})=\frac{1}{T}\int_0^T w(\boldsymbol{r},t)\,\mathrm{d}t=\frac{1}{2}\varepsilon E^2(\boldsymbol{r})+\frac{1}{2}\mu H^2(\boldsymbol{r}) \tag{5-56}$$

式中，$E(\boldsymbol{r})$、$H(\boldsymbol{r})$ 均为有效值；$w_{\mathrm{av}}(\boldsymbol{r})$ 为正弦电磁场的平均储能密度。

类似地，可以得到正弦电磁场单位体积内的损耗功率的周期平均值为

$$p_{\mathrm{av}}(\boldsymbol{r})=\gamma E^2(\boldsymbol{r}) \tag{5-57}$$

式中，$E(\boldsymbol{r})$ 为 $E(\boldsymbol{r},t)$ 的有效值。

5.7 正弦电磁场及其复矢量方程（方程的复数表示）

时变场随时间的变化规律取决于对“场”起激发作用的激励源（或称场源）的形式。在线性系统中，响应与激励总是具有相同函数的变化规律，因此，激励源与场量随时间按正弦规律变化的电磁场具有普遍的代表意义：一方面，正弦激励在工程上易于获得，应用广泛；另一方面，由傅里叶级数可知，在线性媒质中，工程上常用的周期信号均可分解成一系列的正弦谐波信号。因此这里讨论正弦电磁场（也称为时谐场）的复数形式及其基本性质。

对于线性系统的时谐场，其场量都是以相同角频率（设为 ω）随时间按正弦规律变化的。在直角坐标系下，电场强度的瞬时值可表示为

$$\begin{aligned}\boldsymbol{E}(t)&=E_x(t)\boldsymbol{e}_x+E_y(t)\boldsymbol{e}_y+E_z(t)\boldsymbol{e}_z\\&=\sqrt{2}E_x\cos(\omega t+\theta_{x\mathrm{E}})\boldsymbol{e}_x+\sqrt{2}E_y\cos(\omega t+\theta_{y\mathrm{E}})\boldsymbol{e}_y+\sqrt{2}E_z\cos(\omega t+\theta_{z\mathrm{E}})\boldsymbol{e}_z\end{aligned}$$

式中，$E_x(t)=\sqrt{2}E_x\cos(\omega t+\theta_{x\mathrm{E}})$ 为电场强度 $\boldsymbol{E}$ 在 x 方向的分量；E_x、$\theta_{x\mathrm{E}}$ 分别为 $E_x(t)$ 的有效值和初相角，其余类推。

1. 正弦电磁场的复数表示

电路理论中引入相量分析法，很好地解决了正弦激励下电路方程的三角函数的复杂运算。类似地，在电磁场分析中，对于上述电场强度的每个分量，可仿照电路理论中的相量分析方法进行变换，即

$$E_x(t)=\sqrt{2}E_x\cos(\omega t+\theta_{x\mathrm{E}})=\mathrm{Re}\left[\sqrt{2}E_x\mathrm{e}^{\mathrm{j}(\omega t+\theta_{x\mathrm{E}})}\right]=\mathrm{Re}\left[\sqrt{2}\dot{E}_x\mathrm{e}^{\mathrm{j}\omega t}\right] \tag{5-58}$$

其中

$$\dot{E}_x=E_x\mathrm{e}^{\mathrm{j}\theta_{x\mathrm{E}}} \tag{5-59}$$

为 $E_x(t)$ 所对应的有效值相量。

类似地，有

$$E_y(t)=\mathrm{Re}\left[\sqrt{2}E_y\mathrm{e}^{\mathrm{j}(\omega t+\theta_{y\mathrm{E}})}\right]=\mathrm{Re}\left[\sqrt{2}\dot{E}_y\mathrm{e}^{\mathrm{j}\omega t}\right],\quad \dot{E}_y=E_y\mathrm{e}^{\mathrm{j}\theta_{y\mathrm{E}}}$$

$$E_z(t)=\mathrm{Re}\left[\sqrt{2}E_z\mathrm{e}^{\mathrm{j}(\omega t+\theta_{zE})}\right]=\mathrm{Re}\left[\sqrt{2}\dot{E}_z\mathrm{e}^{\mathrm{j}\omega t}\right],\quad \dot{E}_z=E_z\mathrm{e}^{\mathrm{j}\theta_{zE}}$$

合并可将电场强度矢量写为

$$\boldsymbol{E}(t)=E_x(t)\boldsymbol{e}_x+E_y(t)\boldsymbol{e}_y+E_z(t)\boldsymbol{e}_z=\mathrm{Re}\left[(\dot{E}_x\boldsymbol{e}_x+\dot{E}_y\boldsymbol{e}_y+\dot{E}_z\boldsymbol{e}_z)\sqrt{2}\mathrm{e}^{\mathrm{j}\omega t}\right]=\mathrm{Re}\left[\sqrt{2}\dot{\boldsymbol{E}}\mathrm{e}^{\mathrm{j}\omega t}\right] \quad (5\text{-}60)$$

式中，$\boldsymbol{E}(t)$ 为电场强度的瞬时矢量；并且称

$$\dot{\boldsymbol{E}}=\dot{E}_x\boldsymbol{e}_x+\dot{E}_y\boldsymbol{e}_y+\dot{E}_z\boldsymbol{e}_z \quad (5\text{-}61)$$

为电场强度的复矢量或矢量相量。

简单地说，瞬时矢量与复矢量的关系为

$$\boldsymbol{E}(t)=\mathrm{Re}\left[\sqrt{2}\dot{\boldsymbol{E}}\mathrm{e}^{\mathrm{j}\omega t}\right] \quad (5\text{-}62)$$

以上以电场强度为例，介绍了时变电磁场中瞬时矢量和复矢量的表示方法，以及二者的关系。对于时变电磁场的其他矢性场量，可参考上述方法来表示其瞬时矢量和复矢量。

电磁场量的复矢量既可用有效值相量表示又可用最大值相量表示（二者相差系数$\sqrt{2}$）。本书采用第一种表示方法。但无论采用哪种表示方法，**复矢量均有以下特点：**

1）复矢量具有矢量与相量的双重属性。这一点，与电路理论中的相量是不同的。

2）复矢量仅为空间坐标的函数，与时间无关。这一点，与瞬时矢量是不同的，瞬时矢量既是空间的函数又是时间的函数。

2. 麦克斯韦方程的复数形式

利用相量的微分运算规则可知

$$\frac{\mathrm{d}\boldsymbol{D}(t)}{\mathrm{d}t}=\mathrm{Re}\left[\sqrt{2}\mathrm{j}\omega\dot{\boldsymbol{D}}\mathrm{e}^{\mathrm{j}\omega t}\right],\quad \frac{\mathrm{d}\boldsymbol{B}(t)}{\mathrm{d}t}=\mathrm{Re}\left[\sqrt{2}\mathrm{j}\omega\dot{\boldsymbol{B}}\mathrm{e}^{\mathrm{j}\omega t}\right]$$

由此可将时域形式的麦克斯韦方程转换为复数形式，即

$$\begin{cases}\nabla\times\dot{\boldsymbol{H}}=\dot{\boldsymbol{J}}+\mathrm{j}\omega\dot{\boldsymbol{D}}\\ \nabla\times\dot{\boldsymbol{E}}=-\mathrm{j}\omega\dot{\boldsymbol{B}}\\ \nabla\cdot\dot{\boldsymbol{B}}=0\\ \nabla\cdot\dot{\boldsymbol{D}}=\dot{\rho}\end{cases} \quad (5\text{-}63)$$

对于正弦电磁场，线性媒质的本构关系方程可表达为

$$\begin{cases}\dot{\boldsymbol{D}}=\varepsilon\dot{\boldsymbol{E}}\\ \dot{\boldsymbol{J}}=\gamma\dot{\boldsymbol{E}}\\ \dot{\boldsymbol{B}}=\mu\dot{\boldsymbol{H}}\end{cases} \quad (5\text{-}64)$$

例 5-12　在相对磁导率 $\mu_r=1$ 的均匀理想介质中，已知时变电磁场

$$\boldsymbol{E}=60\pi\cos(\omega t-0.5z)\boldsymbol{e}_x\ \mathrm{V/m},\quad \boldsymbol{H}=20\cos(\omega t-0.5z)\boldsymbol{e}_y\ \mathrm{A/m}$$

请写出 $\boldsymbol{E}$ 和 $\boldsymbol{H}$ 的复数形式，并求正弦场量的角频率 ω 和介质的相对介电常数 ε_r。

解　(1) $\boldsymbol{E}$ 和 $\boldsymbol{H}$ 的复数形式为

$$\dot{\boldsymbol{E}}=30\sqrt{2}\pi\mathrm{e}^{-\mathrm{j}0.5z}\boldsymbol{e}_x\ \mathrm{V/m},\quad \dot{\boldsymbol{H}}=\boldsymbol{e}_y10\sqrt{2}\mathrm{e}^{-\mathrm{j}0.5z}\ \mathrm{A/m}$$

(2) 由于$\dot{\boldsymbol{E}}$ 只有 x 方向的分量，故 $\dot{E}=\dot{E}_x=30\sqrt{2}\pi\mathrm{e}^{-\mathrm{j}0.5z}$，并且有

$$\nabla\times\dot{\boldsymbol{E}}=\frac{\partial\dot{E}_x}{\partial z}\boldsymbol{e}_y-\frac{\partial\dot{E}_x}{\partial y}\boldsymbol{e}_z=\frac{\partial\dot{E}_x}{\partial z}\boldsymbol{e}_y=(-\mathrm{j}0.5)30\sqrt{2}\pi\mathrm{e}^{-\mathrm{j}0.5z}\boldsymbol{e}_y$$

把上述结果代入麦克斯韦第二方程 $\nabla\times\dot{\boldsymbol{E}}=-\mathrm{j}\omega\dot{\boldsymbol{B}}$（即 $\nabla\times\dot{\boldsymbol{E}}=-\mathrm{j}\omega\mu\dot{\boldsymbol{H}}$），可得

$$(-\mathrm{j}0.5)30\sqrt{2}\pi\mathrm{e}^{-\mathrm{j}0.5z}\boldsymbol{e}_y=-\mathrm{j}\omega\mu\dot{\boldsymbol{H}}=-\mathrm{j}\omega\mu_r\mu_0 10\sqrt{2}\mathrm{e}^{-\mathrm{j}0.5z}\boldsymbol{e}_y$$

从而解得

$$\omega=\frac{3\pi}{2\mu_r\mu_0}=\frac{3\pi}{2\mu_0}=3.75\times10^6\ \mathrm{rad/s}$$

本题中，由于电磁场处于理想介质中，故传导电流 $\boldsymbol{J}=0$，此时麦克斯韦第一方程可写为

$$\nabla\times\dot{\boldsymbol{H}}=\mathrm{j}\omega\dot{\boldsymbol{D}}=\mathrm{j}\omega\varepsilon\dot{\boldsymbol{E}}$$

因 $\dot{\boldsymbol{H}}$ 只有 y 方向的分量，故 $\dot{H}=\dot{H}_y$，此时有

$$\nabla\times\dot{\boldsymbol{H}}=\frac{\partial\dot{H}_y}{\partial x}\boldsymbol{e}_z-\frac{\partial\dot{H}_y}{\partial z}\boldsymbol{e}_x=-\frac{\partial\dot{H}_y}{\partial z}\boldsymbol{e}_x=-\frac{\partial}{\partial z}(10\sqrt{2}\mathrm{e}^{-\mathrm{j}0.5z})\boldsymbol{e}_x=-(-\mathrm{j}0.5)10\sqrt{2}\mathrm{e}^{-\mathrm{j}0.5z}\boldsymbol{e}_x$$

于是 $\nabla\times\dot{\boldsymbol{H}}=\mathrm{j}\omega\varepsilon\dot{\boldsymbol{E}}$ 可以写为

$$-(-\mathrm{j}0.5)10\sqrt{2}\mathrm{e}^{-\mathrm{j}0.5z}\boldsymbol{e}_x=(\mathrm{j}\omega\varepsilon)30\sqrt{2}\pi\mathrm{e}^{-\mathrm{j}0.5z}\boldsymbol{e}_x$$

从而求出介质的介电常数 ε 和相对介电常数 ε_r，即

$$\varepsilon=\frac{1}{6\pi\omega}$$

$$\varepsilon_r=\frac{\varepsilon}{\varepsilon_0}=\frac{1}{6\pi\omega\varepsilon_0}=1.6\times10^3$$

3. 达朗贝尔方程的复数形式

如果激励源按正弦规律变化，则空间各点处的动态位也都是同频率的正弦函数，因而都可以用相量形式表示。这种情况下，动态位的达朗贝尔方程就成为

$$\nabla^2\dot{\boldsymbol{A}}+\omega^2\varepsilon\mu\dot{\boldsymbol{A}}=-\mu\dot{\boldsymbol{J}} \tag{5-65}$$

$$\nabla^2\dot{\varphi}+\omega^2\varepsilon\mu\dot{\varphi}=-\frac{\dot{\rho}}{\varepsilon} \tag{5-66}$$

记 $k=\omega\sqrt{\mu\varepsilon}$，则达朗贝尔方程的解为

$$\dot{\boldsymbol{A}}=\frac{\mu}{4\pi}\int_{V'}\frac{\dot{\boldsymbol{J}}\mathrm{e}^{-\mathrm{j}kR}}{R}\mathrm{d}V' \tag{5-67}$$

$$\dot{\varphi}=\frac{1}{4\pi\varepsilon}\int_{V'}\frac{\dot{\rho}\mathrm{e}^{-\mathrm{j}kR}}{R}\mathrm{d}V' \tag{5-68}$$

这就是动态位积分解的复数形式。

式（5-67）和式（5-68）中，k 称为相位常数，单位为弧度每米（rad/m），表示电磁波在传播方向上每前进 1m，其相位改变的弧度。如果把上述两式与式（5-48）和式（5-47）相比，不难看出，当电磁波传播 R 距离之后，动态位在时间上推迟 R/v，在相位上滞后 $\omega R/v=kR$。

k 也称波数，表示包含在 2π 空间距离内的波的数目。并有

$$k=\frac{\omega}{v}=\frac{2\pi f}{v}=\frac{2\pi}{\lambda}=\omega\sqrt{\mu\varepsilon} \tag{5-69}$$

式中，f、ω、λ、v 分别为正弦电磁波（或正弦电磁场）的频率、角频率、波长、传播速度。

洛仑兹规范的相量形式为

$$\nabla \cdot \dot{\boldsymbol{A}} = -\mathrm{j}\omega\mu\varepsilon\dot{\varphi} \tag{5-70}$$

电场强度、磁场强度与动态位之间的关系也可用相量表示为

$$\dot{\boldsymbol{B}} = \nabla\times\dot{\boldsymbol{A}} \tag{5-71}$$

$$\dot{\boldsymbol{E}} = -\nabla\dot{\varphi} - \mathrm{j}\omega\dot{\boldsymbol{A}} = \frac{\nabla(\nabla\cdot\dot{\boldsymbol{A}})}{\mathrm{j}\omega\varepsilon\mu} - \mathrm{j}\omega\dot{\boldsymbol{A}} \tag{5-72}$$

需要说明的是，当 $kR\ll1$ 时，$\mathrm{e}^{-\mathrm{j}kR}\approx1$，由电磁场的波动性而导致的动态位$\boldsymbol{A}$、$\varphi$ 的滞后现象在此情况下可以忽略。也就是说，虽然激励源 $\boldsymbol{J}$、ρ 是随时间变化的，但在任意时刻，$\boldsymbol{A}$、φ 与其源 $\boldsymbol{J}$、ρ 的关系仍然服从静态电场以及恒定磁场中同样的规律，即可以按静态电场的规律求取标量电位 φ，按恒定磁场的规律求取矢量磁位 $\boldsymbol{A}$，只不过 $\boldsymbol{A}$、φ 都是时间的函数而已。$kR\ll1$ 相当于 $R\ll\lambda$，后者称为似稳条件，满足该条件的时变电磁场称为似稳场或缓变场。

电气工程中的许多实际问题都满足似稳条件。例如，对于 50Hz 的工业频率而言，电磁波的波长 $\lambda=6000\mathrm{km}$，在一般规模的研究区域内即可视为似稳场，此时不必考虑动态位的滞后。但随着电磁波频率的增加，波长 λ 逐渐变小，当 λ 小到可以与激励源到场点的距离 R 相比拟时，滞后现象就必须加以考虑了。

关于似稳场，将在第 7 章“准静态电磁场”中进一步讨论。

例 5-13　试求例 5-4 中的 k。原题中，时变电磁场处于无限大自由空间，其磁场强度 $\boldsymbol{H}$（单位 A/m）为

$$\boldsymbol{H}(z,t)=9\times10^{-6}\cos(10^8t-kz)\boldsymbol{e}_y$$

解　由已知条件可知，相位常数为

$$k=\omega\sqrt{\mu_0\varepsilon_0}=10^8\times\sqrt{4\pi\times10^{-7}\times\frac{1}{36\pi\times10^9}}\mathrm{rad/m}=\frac{1}{3}\mathrm{rad/m}$$

说明：在正弦电磁场中，正弦量的角频率 ω、相位常数 k、媒质的磁导率 μ 和介电常数 ε 四个物理量中只有三个是独立的。任意给定四个物理量中的三个，第四个便可唯一确定。

4. 坡印廷定理的复数形式

在正弦电磁场中，电场、磁场的瞬时值表示式分别为

$$\boldsymbol{E}=\sqrt{2}E_x\cos(\omega t+\theta_{x\mathrm{E}})\boldsymbol{e}_x+\sqrt{2}E_y\cos(\omega t+\theta_{y\mathrm{E}})\boldsymbol{e}_y+\sqrt{2}E_z\cos(\omega t+\theta_{z\mathrm{E}})\boldsymbol{e}_z$$

$$\boldsymbol{H}=\sqrt{2}H_x\cos(\omega t+\theta_{x\mathrm{H}})\boldsymbol{e}_x+\sqrt{2}H_y\cos(\omega t+\theta_{y\mathrm{H}})\boldsymbol{e}_y+\sqrt{2}H_z\cos(\omega t+\theta_{z\mathrm{H}})\boldsymbol{e}_z$$

其中，E_x 为电场 $\boldsymbol{E}$ 在 x 方向分量的有效值；$\theta_{x\mathrm{E}}$ 为 E_x 的初相角。其余类推。

把上述两式代入 $\boldsymbol{S}=\boldsymbol{E}\times\boldsymbol{H}$，可得出 $\boldsymbol{S}$ 在 x 方向的瞬时值，并有

$$S_x=2E_yH_z\cos(\omega t+\theta_{y\mathrm{E}})\cos(\omega t+\theta_{z\mathrm{H}})-2E_zH_y\cos(\omega t+\theta_{z\mathrm{E}})\cos(\omega t+\theta_{y\mathrm{H}})$$

S_x 的平均值为

$$S_{x\mathrm{av}}=\frac{1}{T}\int_0^T S_x\mathrm{d}t=E_yH_z\cos(\theta_{y\mathrm{E}}-\theta_{z\mathrm{H}})-E_zH_y\cos(\theta_{z\mathrm{E}}-\theta_{y\mathrm{H}}) \tag{5-73}$$

式中，$S_{x\mathrm{av}}$ 表示 x 方向的平均功率流密度；$T=2\pi/\omega$ 为正弦量的周期。式（5-73）也可以写为

$$S_{xav}=\mathrm{Re}[\dot{E}_y\dot{H}_z^*-\dot{E}_z\dot{H}_y^*]$$

式中，$\dot{E}_y=E_y\mathrm{e}^{\mathrm{j}\theta_{yE}}$，$\dot{E}_z=E_z\mathrm{e}^{\mathrm{j}\theta_{zE}}$；$\dot{H}_z^*=H_z\mathrm{e}^{-\mathrm{j}\theta_{zH}}$ 为 $\dot{H}_z=H_z\mathrm{e}^{\mathrm{j}\theta_{zH}}$ 的共轭复数，$\dot{H}_y^*=H_y\mathrm{e}^{-\mathrm{j}\theta_{yH}}$ 为 $\dot{H}_y=H_y\mathrm{e}^{\mathrm{j}\theta_{yH}}$ 的共轭复数。

同理可得 $S_{yav}=\mathrm{Re}[\dot{E}_z\dot{H}_x^*-\dot{E}_x\dot{H}_z^*]$，$S_{zav}=\mathrm{Re}[\dot{E}_x\dot{H}_y^*-\dot{E}_y\dot{H}_x^*]$，坡印廷矢量 $\boldsymbol{S}$ 的平均值为

$$\begin{aligned}\boldsymbol{S}_{av}&=\mathrm{Re}[(\dot{E}_y\dot{H}_z^*-\dot{E}_z\dot{H}_y^*)\boldsymbol{e}_x+(\dot{E}_z\dot{H}_x^*-\dot{E}_x\dot{H}_z^*)\boldsymbol{e}_y+(\dot{E}_x\dot{H}_y^*-\dot{E}_y\dot{H}_x^*)\boldsymbol{e}_z]\\&=\mathrm{Re}[\dot{\boldsymbol{E}}\times\dot{\boldsymbol{H}}^*]\end{aligned}\tag{5-74}$$

式中，$\boldsymbol{S}_{av}$ 为平均坡印廷矢量，亦称平均能流密度矢量，单位为瓦每平方米（$\mathrm{W/m^2}$），表示电磁场（或电磁波）穿过单位面积的有功功率。

类似于正弦交流电，可以记正弦电磁场坡印廷矢量的复数形式为

$$\widetilde{\boldsymbol{S}}=\dot{\boldsymbol{E}}\times\dot{\boldsymbol{H}}^*\tag{5-75}$$

式中，$\widetilde{\boldsymbol{S}}$ 为复坡印廷矢量，单位为伏安每平方米（$\mathrm{V\cdot A/m^2}$）；$\dot{\boldsymbol{H}}^*$ 为 $\dot{\boldsymbol{H}}$ 的共轭值。

$\widetilde{\boldsymbol{S}}$ 的实部 Re［$\widetilde{\boldsymbol{S}}$］为平均坡印廷矢量 $\boldsymbol{S}_{av}$，即有功功率密度，表示能量的流动（或传播），而其虚部 Im［$\widetilde{\boldsymbol{S}}$］为无功功率密度，表示电磁能量的交换。

同样的方法，可以求得电场能量密度和磁场能量密度的平均值分别为

$$w_{eav}=\frac{1}{T}\int_0^T w_e(\boldsymbol{r},t)\,\mathrm{d}t=\frac{1}{2}\varepsilon\dot{\boldsymbol{E}}\cdot\dot{\boldsymbol{E}}^*\tag{5-76}$$

$$w_{mav}=\frac{1}{T}\int_0^T w_m(\boldsymbol{r},t)\,\mathrm{d}t=\frac{1}{2}\mu\dot{\boldsymbol{H}}\cdot\dot{\boldsymbol{H}}^*\tag{5-77}$$

下面来推导坡印廷定理的复数形式。

类似于前面坡印廷定理的推导过程，先对 $\widetilde{\boldsymbol{S}}=\dot{\boldsymbol{E}}\times\dot{\boldsymbol{H}}^*$ 取散度，得到

$$\nabla\cdot\widetilde{\boldsymbol{S}}=\nabla\cdot(\dot{\boldsymbol{E}}\times\dot{\boldsymbol{H}}^*)=\dot{\boldsymbol{H}}^*\cdot(\nabla\times\dot{\boldsymbol{E}})-\dot{\boldsymbol{E}}\cdot(\nabla\times\dot{\boldsymbol{H}}^*)\tag{5-78}$$

将复数形式的麦克斯韦第一、二方程代入（5-76），注意其中 $\nabla\times\dot{\boldsymbol{H}}^*=\dot{\boldsymbol{J}}-\mathrm{j}\omega\dot{\boldsymbol{D}}$，得到

$$\nabla\cdot(\dot{\boldsymbol{E}}\times\dot{\boldsymbol{H}}^*)=-\dot{\boldsymbol{H}}^*\cdot\mathrm{j}\omega\dot{\boldsymbol{B}}-\dot{\boldsymbol{E}}\cdot(\dot{\boldsymbol{J}}-\mathrm{j}\omega\dot{\boldsymbol{D}})\tag{5-79}$$

整理后，可得

$$-\nabla\cdot(\dot{\boldsymbol{E}}\times\dot{\boldsymbol{H}}^*)=\mathrm{j}2\omega\left(\frac{1}{2}\mu\dot{\boldsymbol{H}}\cdot\dot{\boldsymbol{H}}^*-\frac{1}{2}\varepsilon\dot{\boldsymbol{E}}\cdot\dot{\boldsymbol{E}}^*\right)+\dot{\boldsymbol{E}}\cdot\dot{\boldsymbol{J}}^*\tag{5-80}$$

对于空间任意区域，记其体积为 V，则式（5-80）可写成

$$\int_V-\nabla\cdot(\dot{\boldsymbol{E}}\times\dot{\boldsymbol{H}}^*)\,\mathrm{d}V=\int_V\mathrm{j}2\omega\left(\frac{1}{2}\mu\dot{\boldsymbol{H}}\cdot\dot{\boldsymbol{H}}^*-\frac{1}{2}\varepsilon\dot{\boldsymbol{E}}\cdot\dot{\boldsymbol{E}}^*\right)\mathrm{d}V+\int_V\dot{\boldsymbol{E}}\cdot\dot{\boldsymbol{J}}^*\,\mathrm{d}V\tag{5-81}$$

记式（5-81）中的体积 V 由闭合面 $\boldsymbol{A}$ 限定。对式（5-81）应用散度定理，可得

$$-\oint_A(\dot{\boldsymbol{E}}\times\dot{\boldsymbol{H}}^*)\cdot\mathrm{d}\boldsymbol{A}=\mathrm{j}2\omega\int_V\left(\frac{1}{2}\mu\dot{\boldsymbol{H}}\cdot\dot{\boldsymbol{H}}^*-\frac{1}{2}\varepsilon\dot{\boldsymbol{E}}\cdot\dot{\boldsymbol{E}}^*\right)\mathrm{d}V+\int_V\dot{\boldsymbol{E}}\cdot\dot{\boldsymbol{J}}^*\,\mathrm{d}V\tag{5-82}$$

此即坡印廷定理的复数形式。其中，

$-\oint_A(\dot{\boldsymbol{E}}\times\dot{\boldsymbol{H}}^*)\cdot \mathrm{d}\boldsymbol{A}=-\oint_A\widetilde{\boldsymbol{S}}\cdot \mathrm{d}\boldsymbol{A}$，表示流入闭合面 A 内的复功率，可记为 $\overline{S}$。

$\mathrm{j}2\omega\int_V\left(\frac{1}{2}\mu\dot{\boldsymbol{H}}\cdot\dot{\boldsymbol{H}}^* - \frac{1}{2}\varepsilon\dot{\boldsymbol{E}}\cdot\dot{\boldsymbol{E}}^*\right)\mathrm{d}V$ 表示体积 V 内磁场能量和电场能量周期平均值之差的变化速率，是一个虚数，可记为 $\mathrm{j}Q$，Q 为无功功率；如果磁场能量和电场能量周期平均值相等，则区域内无功功率总量为零（$Q=0$），注意此时区域内仍有能量，周期平均值之差为零不代表任一时刻的磁能和电能之差为零；如果磁场能量和电场能量平均值不相等，则区域内无功功率总量不为零，说明电能和磁能周期平均值的差值还需要外部提供无功，即方程左边流入闭合面 A 的复功率的虚部。

$\int_V\dot{\boldsymbol{E}}\cdot\dot{\boldsymbol{J}}^*\mathrm{d}V$ 又可以写成 $\int_V\frac{\dot{\boldsymbol{J}}\cdot\dot{\boldsymbol{J}}^*}{\gamma}\mathrm{d}V$，表示体积 V 内导电媒质消耗的功率（热损耗），是一个实数，即有功功率，记为 P。

因此，坡印廷定理的复数形式又可表示成

$$\overline{S}=P+\mathrm{j}Q \tag{5-83}$$

工程上，可利用 $P=I^2R$ 确定一个电磁系统的等效电路参数，即

等效电阻 $$R=\frac{P}{I^2}=\frac{\mathrm{Re}[\overline{S}]}{I^2}=\frac{-\mathrm{Re}\left[\oint_A\widetilde{\boldsymbol{S}}\cdot\mathrm{d}\boldsymbol{A}\right]}{I^2}=\frac{-\mathrm{Re}\left[\oint_A(\dot{\boldsymbol{E}}\times\dot{\boldsymbol{H}}^*)\cdot\mathrm{d}\boldsymbol{A}\right]}{I^2}$$

等效电抗 $$X=\frac{Q}{I^2}=\frac{\mathrm{Im}[\overline{S}]}{I^2}=\frac{-\mathrm{Im}\left[\oint_A\widetilde{\boldsymbol{S}}\cdot\mathrm{d}\boldsymbol{A}\right]}{I^2}=\frac{-\mathrm{Im}\left[\oint_A(\dot{\boldsymbol{E}}\times\dot{\boldsymbol{H}}^*)\cdot\mathrm{d}\boldsymbol{A}\right]}{I^2}$$

再与电路中的说法进行比较，在 RLC 串联电路中，有功功率为

$$P=I^2R \tag{5-84}$$

无功功率为

$$Q=Q_L+Q_C=\omega LI^2-\omega CU^2=2\omega\left(\frac{1}{2}LI^2-\frac{1}{2}CU^2\right)=2\omega(W_L-W_C) \tag{5-85}$$

从一端口网络的端口看进去，相当于一个封闭系统，流入这个端口的复功率 $\overline{S}$，就等于有功功率 P 与无功功率 $\mathrm{j}Q$ 之和，显然符合方程式（5-83）。

需要说明的是，电路中所说的无功功率可以看作是电磁场中的特例，因为电路中的元件是理想化的模型，也就是说电场能量集中在电容器中，磁场能量集中在电感器中，因此它们之间存在能量互换，即无功补偿。而在电磁场中的一般情况下，电场能量和磁场能量同时存在于同一体积中，在同一点可以存在两种能量同时增加或减少，这和电路中无功功率的意义略有不同。

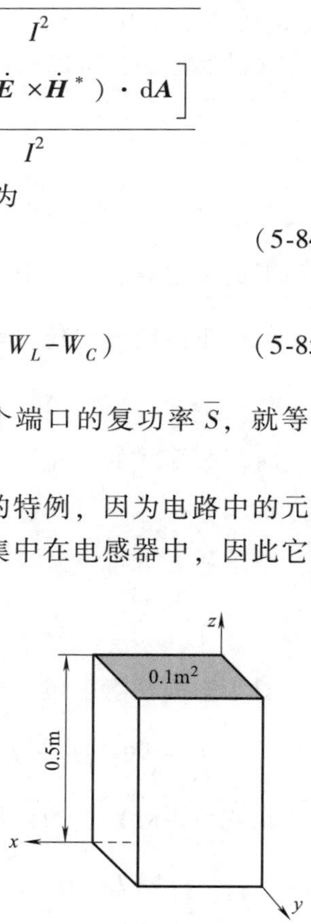

图 5-8　例 5-14 图

例 5-14　已知无限大自由空间中的电磁场为

$$\boldsymbol{E}(z,t)=2000\cos(\omega t-kz)\boldsymbol{e}_x,\ \boldsymbol{H}(z,t)=5.3\cos(\omega t-kz)\boldsymbol{e}_y$$

式中，$k=\omega\sqrt{\mu_0\varepsilon_0}=0.42\mathrm{rad/m}$。试求：（1）瞬时坡印廷矢量 $\boldsymbol{S}$；（2）平均坡印廷矢量 $\boldsymbol{S}_{\mathrm{av}}$；（3）流入图 5-8 所示的长方体中的净功率（该长方体的长为 0.5m，横截面积为 0.1m^2，它的一个顶

角置于直角坐标系的原点)。

解　(1) 瞬时坡印廷矢量

$$\boldsymbol{S}=\boldsymbol{E}\times\boldsymbol{H}=10600\cos^2(\omega t-kz)\boldsymbol{e}_z\ \mathrm{W/m^2}$$

(2) 平均坡印廷矢量为

$$\boldsymbol{S}_{\mathrm{av}}=\frac{1}{T}\int_0^T S_z\mathrm{d}t\boldsymbol{e}_z=\frac{\omega}{2\pi}\int_0^{\frac{2\pi}{\omega}}10600\cos^2(\omega t-kz)\mathrm{d}t\boldsymbol{e}_z\ \mathrm{W/m^2}$$
$$=5300\boldsymbol{e}_z\ \mathrm{W/m^2}$$

或者

$$\boldsymbol{S}_{\mathrm{av}}=\mathrm{Re}[\widetilde{\boldsymbol{S}}]=\mathrm{Re}[\dot{\boldsymbol{E}}\times\dot{\boldsymbol{H}}^*]=\mathrm{Re}[\dot{E}_x\dot{H}_y^*\boldsymbol{e}_z]$$
$$=\mathrm{Re}[E_x\mathrm{e}^{-\mathrm{j}kz}H_y\mathrm{e}^{\mathrm{j}kz}\boldsymbol{e}_z]$$
$$=E_xH_y\boldsymbol{e}_z=\frac{2000}{\sqrt{2}}\times\frac{5.3}{\sqrt{2}}\boldsymbol{e}_z\ \mathrm{W/m^2}=5300\boldsymbol{e}_z\ \mathrm{W/m^2}$$

(3) 设题图中的长方体所围的闭合面为 $\boldsymbol{A}$，记 $\boldsymbol{A}$ 的法向为 $\boldsymbol{e}_{\mathrm{n}}$，则流入该长方体中的净功率

$$P=-\oint_A\boldsymbol{S}\cdot\boldsymbol{e}_{\mathrm{n}}\mathrm{d}A=-0.1[\boldsymbol{S}\cdot(-\boldsymbol{e}_z)|_{z=0}+\boldsymbol{S}\cdot\boldsymbol{e}_z|_{z=0.5}]$$
$$=10600\times0.1[\cos^2(\omega t-0)-\cos^2(\omega t-0.42\times0.5)]\mathrm{W}$$
$$=1060[\cos^2\omega t-\cos^2(\omega t-0.21)]\ \mathrm{W}$$

例 5-15　已知真空区域中时变电磁场的磁场强度瞬时值为

$$\boldsymbol{H}(y,t)=10\sqrt{2}\cos4x\cos(\omega t-ky)\boldsymbol{e}_x$$

试求：(1) 电场强度 $\boldsymbol{E}$ 的复矢量，并将其表示为瞬时值形式；(2) 电磁场的平均储能密度 w_{av}；(3) 平均坡印廷矢量 $\boldsymbol{S}_{\mathrm{av}}$ 和复坡印廷矢量 $\widetilde{\boldsymbol{S}}$。

解　(1) 因真空中的传导电流为零，故此处有

$$\nabla\times\dot{\boldsymbol{H}}=\dot{\boldsymbol{J}}+\mathrm{j}\omega\dot{\boldsymbol{D}}=\mathrm{j}\omega\dot{\boldsymbol{D}}=\mathrm{j}\omega\varepsilon_0\dot{\boldsymbol{E}}$$

由已知条件可得，磁场强度的复矢量

$$\dot{\boldsymbol{H}}=10\cos4x\mathrm{e}^{-\mathrm{j}ky}\boldsymbol{e}_x$$

所以有

$$\dot{\boldsymbol{E}}=\frac{\nabla\times\dot{\boldsymbol{H}}}{\mathrm{j}\omega\varepsilon_0}=\frac{1}{\mathrm{j}\omega\varepsilon_0}\left(\boldsymbol{e}_z\frac{\partial\dot{H}_y}{\partial x}-\boldsymbol{e}_z\frac{\partial\dot{H}_x}{\partial y}\right)=-\boldsymbol{e}_z\frac{1}{\mathrm{j}\omega\varepsilon_0}\frac{\partial\dot{H}_x}{\partial y}$$
$$=-\frac{1}{\mathrm{j}\omega\varepsilon_0}(-\mathrm{j}k)10\cos4x\mathrm{e}^{-\mathrm{j}ky}\boldsymbol{e}_z\ \mathrm{V/m}=\sqrt{\frac{\mu_0}{\varepsilon_0}}10\cos4x\mathrm{e}^{-\mathrm{j}ky}\boldsymbol{e}_z\mathrm{V/m}$$

据此可知，电场强度的复矢量为

$$\dot{\boldsymbol{E}}=1200\pi\cos4x\mathrm{e}^{-\mathrm{j}ky}\boldsymbol{e}_z$$

电场强度的瞬时值为

$$\boldsymbol{E}(y,t)=1200\pi\sqrt{2}\cos4x\cos(\omega t-ky)\boldsymbol{e}_z\ \mathrm{V/m}$$

(2) 电磁场域的平均储能密度为

$$w_{\mathrm{av}}=\frac{1}{2}\varepsilon_0E_z^2+\frac{1}{2}\mu_0H_x^2=\frac{1}{2}\varepsilon_0(1200\pi\cos4x)^2+\frac{1}{2}\mu_0(10\cos4x)^2\mathrm{W/m^2}=4\pi\times10^{-5}\cos^24x\ \mathrm{W/m^2}$$

(3) 复坡印廷矢量

$$\widetilde{\boldsymbol{S}}=\dot{\boldsymbol{E}}\times\dot{\boldsymbol{H}}^{*}=1200\pi\cos4x\mathrm{e}^{-\mathrm{j}ky}\boldsymbol{e}_z\times10\cos4x\mathrm{e}^{\mathrm{j}ky}\boldsymbol{e}_x=12000\pi\cos^2 4x\boldsymbol{e}_y\ \mathrm{V\cdot A/m^2}$$

显见，$\widetilde{\boldsymbol{S}}$ 的实部 $\mathrm{Re}[\widetilde{\boldsymbol{S}}]=12000\pi\cos^2 4x\boldsymbol{e}_y\ \mathrm{V\cdot A/m^2}$，其虚部 $\mathrm{Im}[\widetilde{\boldsymbol{S}}]=0$。因此，平均坡印廷矢量

$$\boldsymbol{S}_{\mathrm{av}}=\mathrm{Re}[\widetilde{\boldsymbol{S}}]=12000\pi\cos^2 4x\ \boldsymbol{e}_y\ \mathrm{W/m^2}$$

当然，也可以采用如下方法计算平均坡印廷矢量

$$\begin{aligned}\boldsymbol{S}_{\mathrm{av}}&=\mathrm{Re}[\dot{\boldsymbol{E}}\times\dot{\boldsymbol{H}}^{*}]=\mathrm{Re}[\boldsymbol{e}_y\dot{E}_z\dot{H}_x^{*}]=\mathrm{Re}[E_z\mathrm{e}^{-\mathrm{j}ky}H_x\mathrm{e}^{\mathrm{j}ky}\boldsymbol{e}_y]\\&=E_zH_x\boldsymbol{e}_y=1200\pi\cos4x\times10\cos4x\boldsymbol{e}_y\,\mathrm{W/m^2}=12000\pi\cos^2 4x\boldsymbol{e}_y\ \mathrm{W/m^2}\end{aligned}$$

例 5-16 已知时变电磁场有关场量的复矢量为

$$\dot{\boldsymbol{E}}(z)=\mathrm{j}E_0\sin(kz)\boldsymbol{e}_x,\quad \dot{\boldsymbol{H}}(z)=\sqrt{\frac{\varepsilon_0}{\mu_0}}E_0\cos(kz)\boldsymbol{e}_y$$

这里，E_0 是一个正实数；$k=2\pi/\lambda_0$，其中 λ_0 为真空中电磁波的波长。试求：$z=0$，$\lambda_0/8$，$\lambda_0/4$ 各点处的瞬时坡印廷矢量、复坡印廷矢量和平均坡印廷矢量。

解 (1) 本书中，复矢量都是采用有效值相量表示的，故 $\boldsymbol{E}$ 和 $\boldsymbol{H}$ 的瞬时矢量为

$$\boldsymbol{E}(z,t)=\mathrm{Re}[\sqrt{2}\dot{\boldsymbol{E}}\mathrm{e}^{\mathrm{j}\omega t}]=\mathrm{Re}[\mathrm{j}\sqrt{2}E_0\sin(kz)\mathrm{e}^{\mathrm{j}\omega t}\boldsymbol{e}_x]=-\sqrt{2}E_0\sin(kz)\sin(\omega t)\boldsymbol{e}_x$$

$$\boldsymbol{H}(z,t)=\mathrm{Re}[\sqrt{2}\dot{\boldsymbol{H}}\mathrm{e}^{\mathrm{j}\omega t}]=\mathrm{Re}\left[\sqrt{\frac{2\varepsilon_0}{\mu_0}}E_0\cos(kz)\mathrm{e}^{\mathrm{j}\omega t}\boldsymbol{e}_y\right]=\sqrt{\frac{2\varepsilon_0}{\mu_0}}E_0\cos(kz)\cos(\omega t)\boldsymbol{e}_y$$

瞬时坡印廷矢量为

$$\boldsymbol{S}(z,t)=\boldsymbol{E}(z,t)\times\boldsymbol{H}(z,t)=-2\sqrt{\frac{\varepsilon_0}{\mu_0}}E_0^2\sin(kz)\cos(kz)\sin(\omega t)\cos(\omega t)\boldsymbol{e}_z$$

在 $z=0$ 处，由于 $\sin(kz)=0$，故该点的瞬时坡印廷矢量 $\boldsymbol{S}(0,\ t)=0\mathrm{W/m^2}$。由于 $k=2\pi/\lambda_0$，因此在 $z=\lambda_0/8$ 处，瞬时坡印廷矢量为

$$\boldsymbol{S}\left(\frac{\lambda_0}{8},t\right)=-2\sqrt{\frac{\varepsilon_0}{\mu_0}}E_0{}^2\sin\left(\frac{2\pi\lambda_0}{\lambda_0\ 8}\right)\cos\left(\frac{2\pi\lambda_0}{\lambda_0\ 8}\right)\sin(\omega t)\cos(\omega t)\boldsymbol{e}_z=-\frac{E_0^2}{2}\sqrt{\frac{\varepsilon_0}{\mu_0}}\sin(2\omega t)\boldsymbol{e}_z$$

在 $z=\lambda_0/4$ 处，由于 $\cos(kz)=\cos\left(\frac{2\pi\lambda_0}{\lambda_0\ 4}\right)=0$，故该点的瞬时坡印廷矢量 $\boldsymbol{S}\left(\frac{\lambda_0}{4},\ t\right)=0$。

(2) 复坡印廷矢量

$$\widetilde{\boldsymbol{S}}(z)=\dot{\boldsymbol{E}}(z)\times\dot{\boldsymbol{H}}^{*}(z)=\mathrm{j}E_0\sin(kz)\boldsymbol{e}_x\times\sqrt{\frac{\varepsilon_0}{\mu_0}}E_0\cos(kz)\boldsymbol{e}_y=\mathrm{j}\frac{E_0{}^2}{2}\sqrt{\frac{\varepsilon_0}{\mu_0}}\sin(2kz)\boldsymbol{e}_z$$

所以有

$\widetilde{\boldsymbol{S}}(0)=0$ （在 $z=0$ 处，$\sin(2kz)=0$）

$$\widetilde{\boldsymbol{S}}\left(\frac{\lambda_0}{8}\right)=\mathrm{j}\frac{E_0^2}{2}\sqrt{\frac{\varepsilon_0}{\mu_0}}\sin\left(2\times\frac{2\pi\lambda_0}{\lambda_0\ 8}\right)\boldsymbol{e}_z=\mathrm{j}\frac{E_0^2}{2}\sqrt{\frac{\varepsilon_0}{\mu_0}}\boldsymbol{e}_z$$

$\widetilde{S}\left(\frac{\lambda_0}{4}\right)=0 \quad \left[在 z=0 处, \sin(2kz)=\sin\left(2\frac{2\pi}{\lambda_0}\frac{\lambda_0}{4}\right)=0\right]$

(3) 由 $\widetilde{S}(z) = \mathrm{j}\frac{E_0^2}{2}\sqrt{\frac{\varepsilon_0}{\mu_0}}\sin(2kz)\boldsymbol{e}_z$ 可知，$\widetilde{S}(z)$ 的实部恒为零，所以在电磁场域的各点，平均坡印廷矢量均为零。即 $\boldsymbol{S}_{av}(z)=\mathrm{Re}\ [\widetilde{S}]=0$，$\forall z\in\Re$。这里，$\Re$ 为实数域。

本章小结

时变电场和时变磁场既是空间坐标的函数又是时间的函数，它们之间不再彼此独立，而是互为激励，无法分开来讨论，把它们统称为时变电磁场。

时变电磁场的基本方程——麦克斯韦方程组（微分形式）：

$$\nabla\times\boldsymbol{H}=\boldsymbol{J}+\frac{\partial\boldsymbol{D}}{\partial t} \quad (全电流定律)$$

$$\nabla\times\boldsymbol{E}=-\frac{\partial\boldsymbol{B}}{\partial t} \quad (电磁感应定律)$$

$$\nabla\cdot\boldsymbol{B}=0 \quad (磁通连续性定理)$$

$$\nabla\cdot\boldsymbol{D}=\rho \quad (高斯定理)$$

本构关系方程为

$$\boldsymbol{D}=\varepsilon\boldsymbol{E}、\boldsymbol{B}=\mu\boldsymbol{H}、\boldsymbol{J}=\gamma\boldsymbol{E}$$

时变电磁场在不同媒质上的衔接条件：

$$\begin{cases}\boldsymbol{e}_n\times(\boldsymbol{H}_2-\boldsymbol{H}_1)=\boldsymbol{K}\\ \boldsymbol{e}_n\times(\boldsymbol{E}_2-\boldsymbol{E}_1)=0\\ \boldsymbol{e}_n\cdot(\boldsymbol{B}_2-\boldsymbol{B}_1)=0\\ \boldsymbol{e}_n\cdot(\boldsymbol{D}_2-\boldsymbol{D}_1)=\sigma\end{cases}$$

动态位与场量的关系为

$$\boldsymbol{B}=\nabla\times\boldsymbol{A}$$

$$\boldsymbol{E}=-\frac{\partial\boldsymbol{A}}{\partial t}-\nabla\varphi$$

洛伦兹规范为

$$\nabla\cdot\boldsymbol{A}=-\varepsilon\mu\frac{\partial\varphi}{\partial t}$$

达郎贝尔方程为

$$\nabla^2\boldsymbol{A}-\varepsilon\mu\frac{\partial^2\boldsymbol{A}}{\partial t^2}=-\mu\boldsymbol{J}$$

$$\nabla^2\varphi-\varepsilon\mu\frac{\partial^2\varphi}{\partial t^2}=-\frac{\rho}{\varepsilon}$$

电磁能流密度——坡印廷矢量为

$$\boldsymbol{S}=\boldsymbol{E}\times\boldsymbol{H}$$

时变电磁场的能量守恒与转换定理——坡印廷定理为

$$-\oint_A (\boldsymbol{E}\times\boldsymbol{H})\cdot \mathrm{d}\boldsymbol{A} = \frac{\partial}{\partial t}\int_V \left(\frac{1}{2}\mu H^2 + \frac{1}{2}\varepsilon E^2\right)\mathrm{d}V + \int_V (\gamma E^2)\,\mathrm{d}V$$

正弦电磁场（时谐场）的复数形式，即复矢量的表示方法。

复坡印廷矢量为

$$\widetilde{\boldsymbol{S}} = \dot{\boldsymbol{E}}\times\dot{\boldsymbol{H}}^*$$

坡印廷定理的复数形式为

$$-\oint_A (\dot{\boldsymbol{E}}\times\dot{\boldsymbol{H}}^*)\cdot \mathrm{d}\boldsymbol{A} = \mathrm{j}2\omega\int_V \left(\frac{1}{2}\mu\dot{\boldsymbol{H}}\cdot\dot{\boldsymbol{H}}^* - \frac{1}{2}\varepsilon\dot{\boldsymbol{E}}\cdot\dot{\boldsymbol{E}}^*\right)\mathrm{d}V + \int_V \dot{\boldsymbol{E}}\cdot\dot{\boldsymbol{J}}^*\,\mathrm{d}V$$

导电媒质的等效电路参数为

$$R = \frac{-\mathrm{Re}\left[\oint_A (\dot{\boldsymbol{E}}\times\dot{\boldsymbol{H}}^*)\cdot \mathrm{d}\boldsymbol{A}\right]}{I^2}$$

$$X = \frac{-\mathrm{Im}\left[\oint_A (\dot{\boldsymbol{E}}\times\dot{\boldsymbol{H}}^*)\cdot \mathrm{d}\boldsymbol{A}\right]}{I^2}$$

习　题　5

5-1　一个面积为 $h\times w$ 的单匝矩形线圈放置在时变磁场 $\boldsymbol{B}=\boldsymbol{e}_y B_m \sin\omega t$ 中。开始时，线圈面的法线 $\boldsymbol{e}_n$ 与 y 轴成 α 角，如图 5-9 所示。求：（1）线圈静止时的感应电动势；（2）线圈以角速度 ω 绕 x 轴旋转时的感应电动势。

5-2　长直导线载有电流 $i=I_m\cos\omega t$，其附近有一 $a\times b$ 的矩形线框，如图 5-10 所示。在下列两种情况下求线圈中的感应电动势：（1）线圈静止不动；（2）线圈以速度 v 向右方运动。

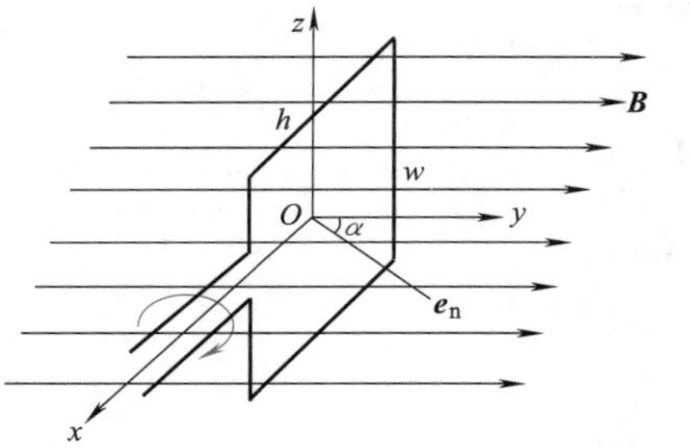

图 5-9　习题 5-1 图

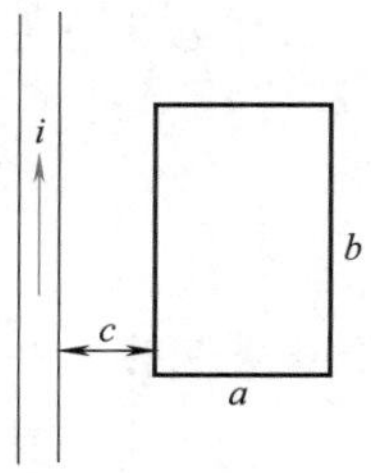

图 5-10　习题 5-2 图

5-3　在无源的自由空间中，已知磁场强度 $\boldsymbol{H}=7.2\times10^{-5}\cos(3\times10^9 t-10z)\boldsymbol{e}_y$，求位移电流密度。

5-4　已知导电媒质中传导电流密度的大小为 $J=1.25\times10^{-2}\cos10^9 t\ \mathrm{A/m^2}$，媒质参数为 $\gamma=10^3\mathrm{S/m}$，$\varepsilon_r=6.5$。求导电媒质中位移电流密度的值。

5-5　设同轴电缆中位移电流密度 $\boldsymbol{J}_d=\dfrac{10^4}{r}\cos(\omega t-kz)\boldsymbol{e}_r$，电缆的内、外导体之间填充了理想介质，介质参数为 $\varepsilon_r=2$，$\mu_r=1$。求：理想介质中的电场强度 $\boldsymbol{E}$ 和磁场强度 $\boldsymbol{H}$。

5-6　在无源区域，已知电磁场的电场强度 $\boldsymbol{E}=0.1\sin(6.28\times10^9 t-20.9z)\boldsymbol{e}_x$，求空间任一点的磁场强度

$\boldsymbol{H}$ 和磁感应强度 $\boldsymbol{B}$。

5-7 在两块导电平板 $z=0$ 和 $z=d$ 之间的空气中有电磁波传播，已知电场强度为

$$\boldsymbol{E}=E_{\mathrm{m}}\sin\frac{\pi}{d}z\cos(\omega t-kx)\boldsymbol{e}_y,\ \text{其中}\ \omega、k\ \text{为常数}$$

求：(1) 磁场强度 $\boldsymbol{H}$；(2) 两块导电平板表面上的电流密度 $\boldsymbol{K}$。

5-8 设真空中电磁场的电场强度 $\boldsymbol{E}$ 只有 y 方向分量，即

$$E_y=\begin{cases}E_{\mathrm{m}}\cos\omega(z/c-t) & z>0\\ E_{\mathrm{m}}\cos\omega(z/c+t) & z<0\end{cases}$$

试问：在 $z=0$ 处，产生此电磁场的电流源如何分布。

5-9 证明：在有电荷密度 ρ 和电流密度 $\boldsymbol{J}$ 的均匀无损耗媒质中，$\boldsymbol{E}$ 和 $\boldsymbol{H}$ 满足的波动方程为

$$\nabla^2\boldsymbol{E}-\mu\varepsilon\frac{\partial^2\boldsymbol{E}}{\partial t^2}=\mu\frac{\partial\boldsymbol{J}}{\partial t}+\nabla\left(\frac{\rho}{\varepsilon}\right),\ \nabla^2\boldsymbol{H}-\mu\varepsilon\frac{\partial^2\boldsymbol{H}}{\partial t^2}=-\nabla\times\boldsymbol{J}$$

5-10 同轴电缆的内、外导体半径分别为 1mm 和 4mm，两导体之间填充了 $\varepsilon_{\mathrm{r}}=2$，$\mu_{\mathrm{r}}=1$ 的理想介质。如果以电缆轴线为 z 轴建立圆柱坐标系，则理想介质中的电场强度可表示为 $\boldsymbol{E}=\frac{40}{r}\cos(5\times10^7t-kz)\boldsymbol{e}_{\mathrm{r}}$。求：(1) 判断电场是否具有波动性；(2) 介质中的磁场强度 $\boldsymbol{H}$、内导体表面的电流密度 $\boldsymbol{K}$、沿轴线 $0\leqslant z\leqslant10\mathrm{m}$ 区段内的位移电流 $\boldsymbol{i}_{\mathrm{d}}$。

5-11 在时变电磁场中，已知矢量位函数 $\boldsymbol{A}=A_{\mathrm{m}}\sin(\omega t-kz)\boldsymbol{e}_x$，其中 A_{m} 和 k 均为常数。试求电场强度 $\boldsymbol{E}$、磁场强度 $\boldsymbol{H}$ 和坡印廷矢量 $\boldsymbol{S}$。

5-12 给定真空中时变电磁场的标量位 $\varphi=x-ct$ 和矢量位 $\boldsymbol{A}=\left(\frac{x}{c}-t\right)\boldsymbol{e}_x$，式中 $c=(\mu_0\varepsilon_0)^{-0.5}$ 为电磁波在真空中的传播速度。求：(1) 证明动态位 $\boldsymbol{A}$、φ 满足洛仑兹规范 $\nabla\cdot\boldsymbol{A}=-\varepsilon_0\mu_0\frac{\partial\varphi}{\partial t}$；(2) 场量 $\boldsymbol{E}$、$\boldsymbol{D}$、$\boldsymbol{B}$、$\boldsymbol{H}$。

5-13 改写下列电场或磁场的表达式：

(1) 将瞬时形式改为复数形式

$\boldsymbol{E}=E_{\mathrm{m}}\cos2x\sin\omega t\boldsymbol{e}_x$，$\boldsymbol{H}=H_{\mathrm{m}}\mathrm{e}^{-ax}\cos(\omega t-\beta x)\boldsymbol{e}_y$

(2) 将复数形式改为瞬时形式

$\dot{\boldsymbol{E}}=\boldsymbol{e}_xE\sin\frac{\pi y}{\alpha}\mathrm{e}^{-(\alpha+\mathrm{j}\beta)}$，$\dot{\boldsymbol{H}}=\boldsymbol{e}_y\mathrm{j}H\cos\beta z$

5-14 测得媒质中电磁场的电场强度 $\boldsymbol{E}=0.5\sin(2\pi x)\cos(4\pi\times10^9t-kz)\boldsymbol{e}_y$，求磁场强度 $\boldsymbol{H}$ 和式中的常数 k。

5-15 已知无限大自由空间中电磁场的电场强度和磁场强度为 $\boldsymbol{E}=500\cos(\omega t-20z)\boldsymbol{e}_y$ V/m，$\boldsymbol{H}=-H_0\cos(\omega t-20z)\boldsymbol{e}_x$ A/m。求：(1) 正弦电场和磁场的角频率 ω；(2) 坡印廷矢量的瞬时值 $\boldsymbol{S}$ 和平均值，$\boldsymbol{S}_{\mathrm{av}}$；(3) 复坡印廷矢量 $\widetilde{\boldsymbol{S}}$。

5-16 已知无限大均匀导电媒质中电场和磁场的瞬时值为 $\boldsymbol{E}=E_0\mathrm{e}^{-az}\cos(\omega t-\beta z+\phi_x)\boldsymbol{e}_x$，$\boldsymbol{H}=H_0\mathrm{e}^{-az}\cos(\omega t-\beta z+\phi_y)\boldsymbol{e}_y$，式中 a，β 均为常数。试求：(1) $\boldsymbol{E}$ 和 $\boldsymbol{H}$ 的复数形式；(2) 瞬时坡印廷矢量 $\boldsymbol{S}$ 和平均坡印廷矢量 $\boldsymbol{S}_{\mathrm{av}}$。

5-17 半径为 a 的两块圆形极板构成平行板电容器，在两板上施加缓变电压 $u=U_{\mathrm{m}}\cos\omega t$，两极板间距离为 d，板间充满某种导电媒质，媒质参数 ε_{r}，μ_{r}，γ 均已知。求：(1) 电容器内的瞬时坡印廷矢量 $\boldsymbol{S}$、平均坡印廷矢量 $\boldsymbol{S}_{\mathrm{av}}$、复坡印廷矢量 $\widetilde{\boldsymbol{S}}$；(2) 进入电容器的平均功率；(3) 电容器内损耗的瞬时功率 P 和平均功率 P_{av}。

5-18　半径为 a、电导率为 γ 的无限长直圆柱导体，其表面均匀分布着密度为 σ 的面电荷。若沿其轴向通以均匀分布的恒定电流 I，求：导体表面外侧的坡印廷矢量 $\boldsymbol{S}$。

5-19　在球坐标系下，已知真空中时变电磁场的电场强度为 $\boldsymbol{E}(\boldsymbol{r},\ t)=\dfrac{E_0}{r}\sin\theta\cos(\omega t-kr)\boldsymbol{e}_\theta$，式中 $k=\omega\sqrt{\varepsilon_0\mu_0}$。试求：磁场强度 $\boldsymbol{H}$ 的复矢量、电磁场的平均储能密度 w_{av} 和平均坡印廷矢量 $\boldsymbol{S}_{\mathrm{av}}$。

5-20　载以恒定电流 I 的圆柱形导线长为 l，电阻为 R，导线材料的电导率为 γ。求证：由导线表面进入其内部的功率 $-\oint_A(\boldsymbol{E}\times\boldsymbol{H})\cdot\mathrm{d}\boldsymbol{A}$ 等于导线内的焦耳热损耗功率 I^2R。这里，$\boldsymbol{A}$ 为导线的外表面。

5-21　半径为 a 的两块圆形极板构成的平行板电容器，外施直流电压 U，两板间距离为 d，板间充满某种导电媒质，媒质参数 ε_{r}，μ_{r}，γ 均已知。求 (1) 该系统中的电流；(2) 电容器两极板之间任一点的坡印廷矢量；(3) 证明电容器消耗的功率等于电源提供的功率。

5-22　真空中两个沿+z 方向传播的电磁波的电场分别为 $\dot{\boldsymbol{E}}_1=E_{1\mathrm{m}}\mathrm{e}^{-\mathrm{j}kz}\boldsymbol{e}_x$，$\dot{\boldsymbol{E}}_2=E_{2\mathrm{m}}\mathrm{e}^{-\mathrm{j}(kz-\theta)}\boldsymbol{e}_y$，其中 θ 为常数，$k=\omega\sqrt{\mu_0\varepsilon_0}$。证明：合成波的平均坡印廷矢量等于两个波的平均坡印廷矢量之和。

第6章　正弦平面电磁波的传播

本章导学

变化的电场和变化的磁场之间存在着耦合，这种耦合以波动的形式存在于空间，即在空间有电磁场的传播，这种变化的电磁场即电磁波。由于实际空间充满了各种不同电磁特性的介质，使得电磁波在不同介质中传播表现出不同的特性，因此对电磁波的研究是无线通信、遥感、目标定位和环境监测的基础。均匀平面电磁波是一种最简单的电磁波，它的特性及讨论方法都比较简单，但却能表征出电磁波的主要性质。而在工程中，最常见的是场量随时间做正弦变化的情况，并且对于一个非正弦的周期量，总是可以分解成不同正弦量的叠加，因此主要讨论正弦均匀平面电磁波的传播。

本章从电磁场波动方程出发，首先介绍正弦均匀平面电磁波的概念，然后分别讨论无界和有界均匀媒质条件下波动方程的解，进而分析正弦均匀平面电磁波的传播特性，并结合工程实例介绍正弦平面电磁波理论的应用。本章知识结构如图 6-0 所示。

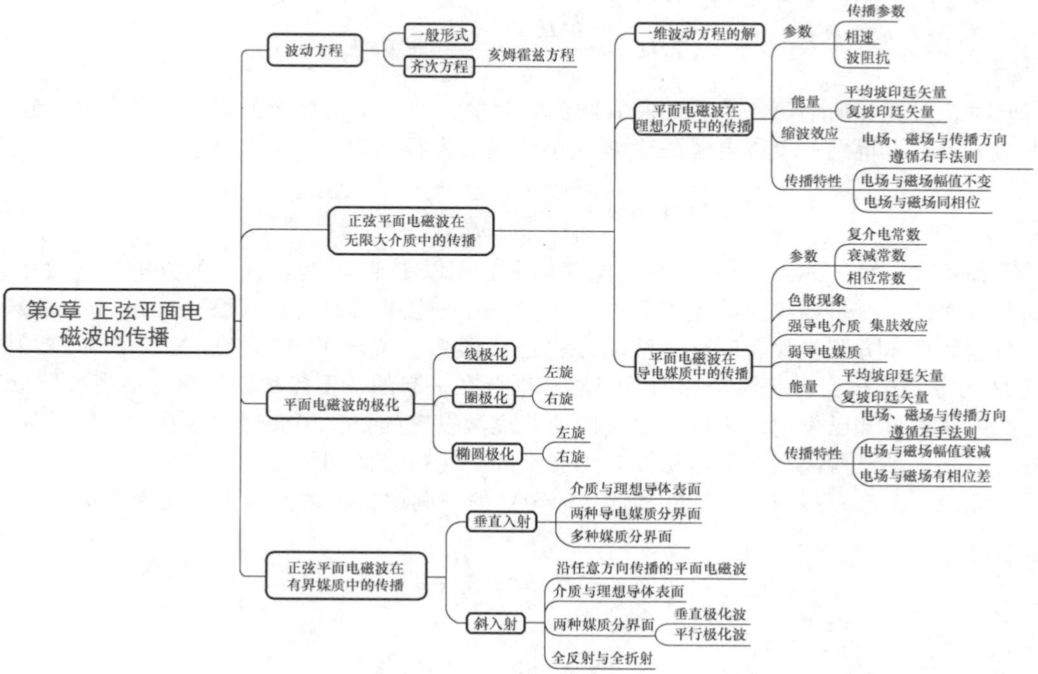

图 6-0　本章知识结构

6.1 波动方程和正弦均匀平面电磁波

6.1.1 波动方程的一般形式

麦克斯韦方程是电场与磁场的混合变量的方程，充分体现了电场与磁场之间的耦合、交链情况。但这种混合变量的方程不便于求解，因此希望将其转换为单变量方程。

在时变电磁场的场域内，设外源提供的电流为 $\boldsymbol{J}_e$，则麦克斯韦第一方程可写为

$$\nabla\times\boldsymbol{H}=\boldsymbol{J}+\frac{\partial\boldsymbol{D}}{\partial t}+\boldsymbol{J}_e \tag{6-1}$$

同时，设电磁场域内的媒质是线性、均匀、各向同性的，其参数 γ 和 ε 不随时间变化。将媒质的本构关系方程 $\boldsymbol{J}=\gamma\boldsymbol{E}$ 和 $\boldsymbol{D}=\varepsilon\boldsymbol{E}$ 代入式（6-1），得

$$\nabla\times\boldsymbol{H}=\gamma\boldsymbol{E}+\varepsilon\frac{\partial\boldsymbol{E}}{\partial t}+\boldsymbol{J}_e \tag{6-2}$$

对式（6-2）左右两侧取旋度。根据媒质的本构关系 $\boldsymbol{B}=\mu\boldsymbol{H}$、麦克斯韦第三方程 $\nabla\cdot\boldsymbol{B}=0$ 以及有关的矢量恒等式，可知式（6-2）左侧项的旋度为

$$\nabla\times\nabla\times\boldsymbol{H}=\nabla(\nabla\cdot\boldsymbol{H})-\nabla^2\boldsymbol{H}=\frac{1}{\mu}\nabla(\nabla\cdot\boldsymbol{B})-\nabla^2\boldsymbol{H}=-\nabla^2\boldsymbol{H}$$

根据麦克斯韦第二方程 $\nabla\times\boldsymbol{E}=-\frac{\partial\boldsymbol{B}}{\partial t}=-\mu\frac{\partial\boldsymbol{H}}{\partial t}$，可知式（6-2）右侧项的旋度为

$$\gamma\nabla\times\boldsymbol{E}+\varepsilon\frac{\partial\nabla\times\boldsymbol{E}}{\partial t}+\nabla\times\boldsymbol{J}_e=-\mu\gamma\frac{\partial\boldsymbol{H}}{\partial t}-\mu\varepsilon\frac{\partial^2\boldsymbol{H}}{\partial t^2}+\nabla\times\boldsymbol{J}_e$$

由此得到以磁场强度 $\boldsymbol{H}$ 为单变量的方程，即

$$\nabla^2\boldsymbol{H}-\mu\varepsilon\frac{\partial^2\boldsymbol{H}}{\partial t^2}-\mu\gamma\frac{\partial\boldsymbol{H}}{\partial t}=-\nabla\times\boldsymbol{J}_e \tag{6-3}$$

同时，对麦克斯韦第二方程的左右两侧取旋度，并根据麦克斯韦第一、四方程以及媒质的本构关系，可得到一个以电场强度 $\boldsymbol{E}$ 为单变量的方程，为

$$\nabla^2\boldsymbol{E}-\mu\varepsilon\frac{\partial^2\boldsymbol{E}}{\partial t^2}-\mu\gamma\frac{\partial\boldsymbol{E}}{\partial t}=\mu\frac{\partial\boldsymbol{J}_e}{\partial t}+\frac{\nabla\rho}{\varepsilon} \tag{6-4}$$

方程式（6-3）、式（6-4）是时变电磁场中分别以 $\boldsymbol{E}$ 和 $\boldsymbol{H}$ 为场变量的方程，它们是空间坐标与时间的单变量四维二阶偏微分方程，称为时变电磁场的波动方程（wave equations）。

与达朗贝尔方程类似，时变场波动方程也从形式上实现了电场强度矢量 $\boldsymbol{E}$ 与磁场强度矢量 $\boldsymbol{H}$ 的方程解耦，但是两个物理量仍然是耦合在一起的，不能片面理解为二者彼此分离。

由第 5 章可知已发射出去的电磁波即使脱离激发它的源，仍会继续存在并向前传播，本章关心的是这种已脱离场源的电磁波在无源空间的传播规律和特点。

在无源（$\boldsymbol{J}_e=0$，$\rho=0$）、理想介质（$\gamma=0$）的空间中，波动方程可简化为齐次形式，即

$$\begin{cases}\nabla^2\boldsymbol{H}-\mu\varepsilon\dfrac{\partial^2\boldsymbol{H}}{\partial t^2}=0\\[2ex]\nabla^2\boldsymbol{E}-\mu\varepsilon\dfrac{\partial^2\boldsymbol{E}}{\partial t^2}=0\end{cases} \tag{6-5}$$

对于正弦电磁场，其复数形式为

$$\begin{cases}\nabla^2\dot{\boldsymbol{H}}+k^2\dot{\boldsymbol{H}}=0\\ \nabla^2\dot{\boldsymbol{E}}+k^2\dot{\boldsymbol{E}}=0\end{cases}\tag{6-6}$$

这一复数形式的波动方程称为正弦电磁场的齐次亥姆霍兹方程（Helmholtz equations）。式（6-6）中，系数 $k=\omega\sqrt{\mu\varepsilon}$。

波动方程的解是空间中沿特定方向传播的电磁波。由波动方程的推导过程可知，这组波动方程在线性、均匀、各向同性的媒质中与麦克斯韦方程组等价，它们是研究电磁波问题的基础。

6.1.2　正弦均匀平面电磁波

在电磁波的传播过程中，对应于每一时刻 t，空间电磁场中电场 $\boldsymbol{E}$ 或磁场 $\boldsymbol{H}$ 具有相同相位的点构成的面称为等相位面，或波阵面。等相位面的形状取决于激发电磁波的场源，如电偶极子产生的辐射电磁场的等相位面在离偶极子较远的空间可视为球面，其电磁波可看作球面电磁波。

等相位面为平面的电磁波称为平面电磁波。如果在平面电磁波的等相位面的每一点上，电场强度均相同，磁场强度也相同，则这样的电磁波称为均匀平面电磁波（the uniform plane wave）。当观察点远离电磁波的激励源且讨论范围限于观察点附近区域时，可以将实际电磁波的等相位面近似看作为平面，且该平面上电场强度和磁场强度的振幅可近似看作为常量。事实上，实际存在的各种较复杂的电磁波都可看成由许多均匀平面电磁波叠加而成，所以分析平面电磁波有着重要的实际意义。

本章即以平面电磁波为例分析正弦电磁波在无界和有界媒质中的传播特性，为实际工程电磁波应用提供理论基础。前面几节先以单一方向的电场、磁场作为特例进行分析，然后再讨论任意方向分布的一般情况。

设以电磁波的传播方向作为直角坐标系的 z 坐标方向，由于电磁波的电场强度 $\boldsymbol{E}$ 的方向、磁场强度 $\boldsymbol{H}$ 的方向和电磁波的传播方向 $\boldsymbol{e}_z$ 三者相互垂直，且满足右手螺旋关系，因此将电场强度与磁场强度分别在 x、y 方向分解，即可构成图 6-1 所示的两种形式的电磁波。

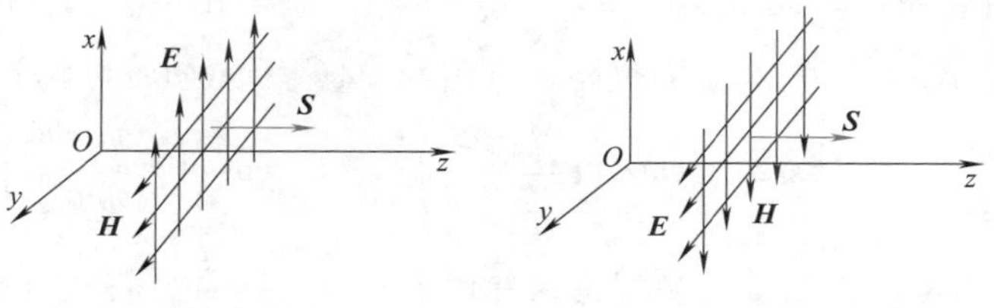

a) $\boldsymbol{E}=E_x(z)\boldsymbol{e}_x,\boldsymbol{H}=H_y(z)\boldsymbol{e}_y$　　b) $\boldsymbol{E}=E_y(z)\boldsymbol{e}_y,\boldsymbol{H}=H_x(z)(-\boldsymbol{e}_x)$

图 6-1　沿 z 方向传播的均匀平面电磁波示意图

分量 E_x 和 H_y 构成一组平面波，分量 E_y 和 H_x 构成另一组平面波，即

$$\begin{cases}\boldsymbol{E}=E_x(z)\boldsymbol{e}_x\\ \boldsymbol{H}=H_y(z)\boldsymbol{e}_y\end{cases}\qquad\begin{cases}\boldsymbol{E}=E_y(z)\boldsymbol{e}_y\\ \boldsymbol{H}=H_x(z)(-\boldsymbol{e}_x)\end{cases}$$

由均匀平面电磁波的定义可知，电场强度、磁场强度均为空间 z 坐标的函数，与坐标 x、

y 无关，或者说电场 $\boldsymbol{E}$ 和磁场 $\boldsymbol{H}$ 都与波的传播方向相垂直，而没有与波传播方向相平行的分量，即对传播方向来说它们是横向的，这样的电磁波称为横电磁波或 TEM 波（transverse electromagnetic wave）。

图 6-1 中两组分量波彼此独立，传播规律相似，因此只需对其中一组进行分析即可。本章主要以第一种由分量 $\boldsymbol{E}=E_x(z)\boldsymbol{e}_x$ 和 $\boldsymbol{H}=H_y(z)\boldsymbol{e}_y$ 构成的平面电磁波进行分析，对应的正弦电磁场（时谐场）无源情况下的波动方程为

$$\begin{cases}\dfrac{\mathrm{d}^2\dot{H}_y}{\mathrm{d}z^2}+\omega^2\mu\varepsilon\dot{H}_y-\mathrm{j}\omega\mu\gamma\dot{H}_y=0\\ \dfrac{\mathrm{d}^2\dot{E}_x}{\mathrm{d}z^2}+\omega^2\mu\varepsilon\dot{E}_x-\mathrm{j}\omega\mu\gamma\dot{E}_x=0\end{cases} \tag{6-7}$$

6.2 平面电磁波在无限大理想介质中的传播

6.2.1 一维波动方程的解及其物理意义

不难看出，式（6-7）中电场强度方程与磁场强度方程形式相同，因此只需对其中之一进行求解即可。以电场方程为例，无源、理想介质（$\gamma=0$）中正弦、均匀平面电磁波的齐次亥姆霍兹方程为一维二阶齐次常微分方程

$$\frac{\mathrm{d}^2\dot{E}_x}{\mathrm{d}z^2}+\omega^2\mu\varepsilon\dot{E}_x=0 \tag{6-8}$$

定义理想介质的传播常数（propagation constant）为

$$k=\omega\sqrt{\mu\varepsilon} \tag{6-9}$$

则微分方程的特征根与传播常数的关系为 $p_{1,2}=\pm\mathrm{j}\omega\sqrt{\mu\varepsilon}=\pm\mathrm{j}k$，故方程式（6-8）的通解为

$$\dot{E}_x=C_1\mathrm{e}^{p_1z}+C_2\mathrm{e}^{p_2z}=C_1\mathrm{e}^{-\mathrm{j}kz}+C_2\mathrm{e}^{\mathrm{j}kz}$$

式中，C_1，C_2 为待定系数。设 $C_1=C_{10}\mathrm{e}^{\mathrm{j}\phi_1}$，$C_2=C_{20}\mathrm{e}^{\mathrm{j}\phi_2}$，写出电场强度的正弦瞬时值，有

$$\begin{aligned}E_x(z,t)&=\sqrt{2}C_{10}\cos(\omega t-kz+\phi_1)+\sqrt{2}C_{20}\cos(\omega t+kz+\phi_2)\\&=\sqrt{2}C_{10}\cos\omega\left(t-\frac{kz}{\omega}+\frac{\phi_1}{\omega}\right)+\sqrt{2}C_{20}\cos\omega\left(t+\frac{kz}{\omega}+\frac{\phi_2}{\omega}\right)\end{aligned} \tag{6-10}$$

为简化表述，不考虑正弦量的初相位，并代入 $v=\dfrac{1}{\sqrt{\mu\varepsilon}}=\dfrac{\omega}{k}$，将式（6-10）简化，有

$$E_x=\sqrt{2}C_{10}\cos\omega\left(t-\frac{z}{v}\right)+\sqrt{2}C_{20}\cos\omega\left(t+\frac{z}{v}\right) \tag{6-11}$$

图 6-2 画出了式（6-11）右端第一项在不同时刻电场强度 E_x 的波形示意图，由此示意图可见，随着时间 t 的增加，波形向电磁波的传播方向，即 $+z$ 方向平移。对应的方程表达式则表示电磁波经过传播时间 $t_{\mathrm{k}}=\dfrac{z_{\mathrm{k}}}{v}$ 后沿 $+z$ 方向的电场强度的瞬时值；相应的，方程右端第二

项则为沿 $-z$ 方向传播的电磁波电场。这与第 5 章给出的时变场具有的滞后性的结论是一致的。

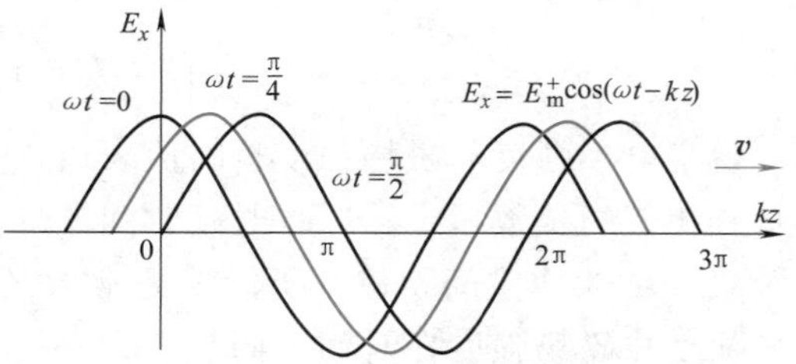

图 6-2 一维波动方程解的物理意义

6.2.2 理想介质中的正弦均匀平面电磁波的传播特性

若空间为无限大，则只有单一方向的电磁波存在，设为 $+z$ 方向，则系数 $C_2=0$。待定系数 C_1 的物理意义应为入射波电场强度的初始相量，若不考虑初相位则为有效值，记 $C_1=E_0^+$，其中上标“+”号代表电磁波沿 $+z$ 方向传播，将电场强度复矢量及其瞬时值分别写作

$$\dot{\boldsymbol{E}}=\dot{E}_x\boldsymbol{e}_x=E_0^+\mathrm{e}^{-\mathrm{j}kz}\boldsymbol{e}_x \tag{6-12}$$

$$\boldsymbol{E}(z,t)=\sqrt{2}E_0^+\cos(\omega t-kz)\boldsymbol{e}_x \tag{6-13}$$

磁场强度的通解可由类似的方法求解波动方程得到，也可将已求得的电场强度复矢量代入麦克斯韦第二方程 $\nabla\times\dot{\boldsymbol{E}}=-\mathrm{j}\omega\mu\dot{\boldsymbol{H}}$ 求得为

$$\dot{\boldsymbol{H}}=-\frac{1}{\mathrm{j}\omega\mu}\begin{vmatrix}\boldsymbol{e}_x & \boldsymbol{e}_y & \boldsymbol{e}_z\\ 0 & 0 & \dfrac{\partial}{\partial z}\\ \dot{E}_x & 0 & 0\end{vmatrix}=\mathrm{j}\frac{1}{\omega\mu}\frac{\partial\dot{E}_x}{\partial z}\boldsymbol{e}_y=\frac{k}{\omega\mu}E_0^+\mathrm{e}^{-\mathrm{j}kz}\boldsymbol{e}_y=\frac{k}{\omega\mu}\dot{E}_x\boldsymbol{e}_y$$

由此可得电场强度相量与磁场强度相量之比为

$$\frac{\dot{E}_x}{\dot{H}_y}=\frac{E_0^+}{H_0^+}=\frac{\omega\mu}{k}=\sqrt{\frac{\mu}{\varepsilon}} \tag{6-14}$$

令系数

$$\eta=\sqrt{\frac{\mu}{\varepsilon}} \tag{6-15}$$

可见 η 具有阻抗的量纲，其数值取决于介质的磁导率与介电常数，介质不同，二者的比值就不同。或者说介质的参数即决定了电场强度相量与磁场强度相量的比值，因此称系数 η 为介质的本征阻抗（intrinsic impedance），也称为波阻抗。

在理想介质中本征阻抗为常数，表明其电场强度与磁场强度同相位。真空情况下的本征阻抗值为

$$\eta_0=\sqrt{\frac{\mu_0}{\varepsilon_0}}=120\pi\Omega\approx377\Omega$$

用单位坐标矢量 $\boldsymbol{e}_S$ 表示电磁波的传播方向，有 $\boldsymbol{e}_S=\boldsymbol{e}_E\times\boldsymbol{e}_H$，则磁场强度复矢量与电场强度复矢量之间的关系可由式（6-14）写作

$$\dot{\boldsymbol{H}}=\frac{1}{\eta}\boldsymbol{e}_S\times\dot{\boldsymbol{E}} \tag{6-16}$$

将电场强度复矢量式（6-12）代入式（6-16），可求得对应的磁场强度瞬时值为

$$H_y(z,t)=\frac{\sqrt{2}E_0^+}{\eta}\cos(\omega t-kz) \tag{6-17}$$

观察电场强度与磁场强度瞬时值表达式（6-13）与式（6-17）可见，电场强度与磁场强度具有相似的函数形式，二者既是时间的周期函数（ωt 称为时间相位）又是空间坐标的周期函数（kz 叫作空间相位，所以传播常数又叫作相位常数），且二者的幅值均为常数不变；电场强度与磁场强度在时间上同相，即 $\phi_E=\phi_H=-kz$，显然在传播过程中二者总是同步的，即同时达到极值，同时过零点，其电磁波传播波形如图 6-3 所示。

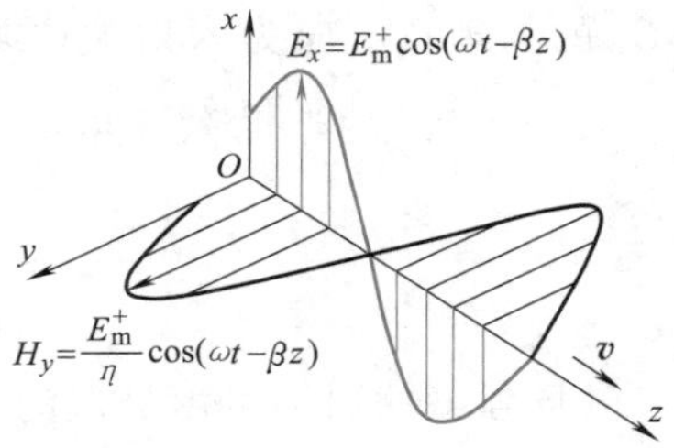

图 6-3　理想介质中的均匀平面波

时间相位变化 2π 所经历的时间称为电磁波的周期，以 T 表示，而 1s 内相位变化 2π 的次数称为频率，以 f 表示。那么由 $\omega T=2\pi$ 的关系式，得

$$T=\frac{2\pi}{\omega}=\frac{1}{f}$$

考虑到一般媒质相对介电常数都大于 1，相对磁导率近似于 1，因此，理想介质中均匀平面波的相速通常小于真空中的光速，即

$$v_p=\frac{\omega}{k}=\frac{\omega}{\omega\sqrt{\mu\varepsilon}}=\frac{1}{\sqrt{\mu_0\varepsilon_0}}\frac{1}{\sqrt{\mu_r\varepsilon_r}}=\frac{c}{\sqrt{\mu_r\varepsilon_r}}\leqslant c$$

按照正弦周期函数的意义，空间相位 kz 变化 2π 弧度相当于一个全波，因此 k 的大小可以衡量一个波长（2π 长度）内具有的全波数目，所以传播常数 k 又称为波数（wave number），即

$$k=\omega\sqrt{\mu\varepsilon}=\frac{\omega}{v_p}=\frac{2\pi f}{v_p}=\frac{2\pi}{\lambda} \tag{6-18}$$

该系数反映了电磁波的相位随空间位置变化的情况。在同一种媒质中传播的电磁波，频率越高，相位常数越大，表明电磁波在空间上相位差的改变量就越大。例如，$f=3\times10^6$Hz 的电磁波在真空中传播时，波长 $\lambda=100$m，相位常数 $k=(\pi/50)$rad/m，这样的波在 1cm 空间范围内产生的相移为 0.036°，这在一般情况下是可以忽略不计的；若频率更低一些，如工频 50Hz，则波长 $\lambda=6000$km，相位常数 $k=(\pi/3)\times10^{-6}$rad/m，此时，即便是 100m 的范围内相移也只有 0.006°，因此，在低频交流电路分析中把正弦量中的空间相位 kz 忽略掉是完全可行的，如电压 $u=\sqrt{2}U\cos(\omega t-kz+\phi)$ 简化为 $u=\sqrt{2}U\cos(\omega t+\phi)$。但是，当频率提高到 6×10^9Hz 时，波长 $\lambda=5$cm，相位常数 $k=40\pi$rad/m，此时，波在 1cm 空间范围内产生的相移将高达 72°。显然，这样大的相移就不允许再忽略了。

此外

$$\lambda=\frac{v_p}{f}=\frac{c}{f\sqrt{\mu_r\varepsilon_r}}=\frac{\lambda_0}{\sqrt{\mu_r\varepsilon_r}} \tag{6-19}$$

式中 $\lambda_0=c/f$ 是频率为 f 的平面波在真空中传播时的波长。

由式（6-19）可见，平面电磁波在媒质中传播的波长小于在真空中传播的波长，这种现象称为波长缩短效应，或简称为缩波效应。工程上可以通过电磁波波长的测量间接得到媒质的特性参数。

例 6-1 在自由空间中，某电磁波的波长为 0.15m，当该电磁波进入到某种理想电介质后，波长变为 0.08m。设 $\mu_r=1$，试求介质的相对介电常数 ε_r 及在该电介质中的波速。

解 电磁波在自由空间中的波长为

$$\lambda_0=\frac{c}{f}=\frac{3\times10^8}{f}=0.15\text{m}$$

故电磁波的频率为

$$f=\frac{3\times10^8}{0.15}\text{Hz}=2.0\times10^9\ \text{Hz}=2000\text{MHz}$$

而介质中的波长为 $\lambda=\frac{v}{f}=0.08\text{m}$，所以电介质中的波速为

$$v=0.08\times f=0.08\times2\times10^9\text{m/s}=1.6\times10^8\ \text{m/s}$$

由公式 $v=\frac{1}{\sqrt{\mu\varepsilon}}=\frac{1}{\sqrt{\mu_0\varepsilon_r\varepsilon_0}}=\frac{c}{\sqrt{\varepsilon_r}}$可得介质的相对介电常数为

$$\varepsilon_r=(c/v)^2=[3\times10^8/(1.6\times10^8)]^2=3.52$$

6.2.3 平面电磁波的能量密度与能流密度

由于正弦电磁场能量密度的周期平均值等于电场能量密度与磁场能量密度之和，因此有

$$w_{av}=w_e+w_m=\frac{1}{2}(\varepsilon E_0^2+\mu H_0^2)$$

将式（6-14）代入，有

$$w_{av}=\frac{1}{2}[\varepsilon E_0^2+\mu(\sqrt{\varepsilon/\mu}E_0)^2]=\varepsilon E_0^2=2w_e=2w_m=w$$

可见，理想介质中，任一时刻电场能量密度和磁场能量密度相等，且各为总电磁能量密度的一半。

复能流密度矢量为

$$\tilde{\boldsymbol{S}}=\dot{\boldsymbol{E}}\times\dot{\boldsymbol{H}}^*=E_0^+\text{e}^{-\text{j}\beta z}\boldsymbol{e}_x\times\frac{E_0^+}{\eta}\boldsymbol{e}^{\text{j}\beta z}\text{e}_y=\frac{E_0^{+2}}{\eta}\boldsymbol{e}_z \tag{6-20}$$

式（6-20）还可改写为

$$\tilde{\boldsymbol{S}}=\frac{E_0^{+2}}{\eta}\boldsymbol{e}_z=\frac{E_0^{+2}}{\sqrt{\mu/\varepsilon}}\boldsymbol{e}_z=\frac{\varepsilon E_0^{+2}}{\sqrt{\mu\varepsilon}}\boldsymbol{e}_z=vw\boldsymbol{e}_z$$

这说明在理想介质中电磁波能量流动的方向与波传播的方向一致，电磁波能量流动的大小等于电磁场总能量密度和能量流动速度的乘积，即入射波中电磁能量以与波传播速度相同的速度沿波的前进方向流动。

平均功率密度为

$$\boldsymbol{S}_{av}=\text{Re}[\tilde{\boldsymbol{S}}]=\frac{E_0^{+2}}{\eta}\boldsymbol{e}_z \tag{6-21}$$

可见，理想介质中电磁波的平均功率密度为常数，这表明与传播方向垂直的所有平面上，每单位面积通过的平均功率都相同，电磁波在传播过程中没有能量损失（沿传播方向

电磁波无衰减），因此理想媒质中的均匀平面电磁波是等振幅波。

例 6-2　一个在空气中沿 $+z$ 方向传播的均匀平面电磁波，其磁场强度 $\boldsymbol{H}$（单位 A/m）的瞬时值表达式为

$$\boldsymbol{H}=0.1\cos(10^8\pi t-kz)\boldsymbol{e}_y$$

求：（1）系数 k；（2）电场强度的瞬时值表达式；（3）平均坡印廷矢量。

解　（1）由磁场强度的瞬时值表达式可知

$$H_m=0.1,\quad \omega=10^8\pi$$

将空气近似看作真空，则本征阻抗为 $\eta_0=120\pi$，因此有

$$k=\omega\sqrt{\mu_0\varepsilon_0}=\frac{10^8\pi}{3\times10^8}\text{rad/m}=\frac{\pi}{3}\text{rad/m}$$

（2）由于　$$E_m=\eta_0H_m=12\pi\text{V/m}=37.68\text{V/m}$$

因此电场强度 $\boldsymbol{E}$ 的瞬时值表达式可写为

$$\boldsymbol{E}=37.68\cos\left(10^8\pi t-\frac{\pi}{3}z\right)\boldsymbol{e}_x\ \text{V/m}$$

（3）由式（6-21）可得平均坡印廷矢量

$$\boldsymbol{S}_{av}=\frac{E_0^2}{\eta_0}\boldsymbol{e}_z=\frac{(12\pi/\sqrt{2})^2}{120\pi}\boldsymbol{e}_z\ \text{V}\cdot\text{A/m}^2=1.885\boldsymbol{e}_z\ \text{V}\cdot\text{A/m}^2$$

例 6-3　一正弦均匀平面电磁波在各向同性的均匀介质中沿 $-z$ 方向传播，介质的特性参数为 $\varepsilon_r=4$，$\mu_r=1$，$\gamma=0$，设电场沿 x 方向，频率为 100MHz。当 $t=0$，$z=-1/12$m 时，电场等于其振幅值 10^{-6}V/m。求：（1）电场和磁场的瞬时值表达式 $\boldsymbol{E}(z,\ t)$、$\boldsymbol{H}(z,\ t)$；（2）电磁波的波长、传播速度。

解　（1）由于电场幅值不是出现在 $t=0$，$z=0$ 时，可见电场强度初相不为零，以余弦形式写出电场强度表示式则为

$$E_x(z,t)=E_m\cos(\omega t+kz+\psi_E)$$

注意表示式中 kz 前的符号。由已知条件得

$$k=\omega\sqrt{\mu\varepsilon}=\frac{2\pi f\sqrt{\mu_r\varepsilon_r}}{c}=\frac{2\pi\times10^8\times2}{3\times10^8}\text{rad/m}=\frac{4\pi}{3}\text{rad/m}$$

再由 $t=0$，$z=-1/12$m 时电场等于其振幅值，既 $E_m=10^{-6}$V/m 可得

$$E_x\left(-\frac{1}{12},0\right)=10^{-6}\cos\left(-\frac{4\pi}{3}\ \frac{1}{12}+\psi_E\right)\text{V/m}=10^{-6}\text{V/m}$$

可见 $\psi_E=\dfrac{\pi}{9}$。

由介质的本征阻抗 $\eta=\sqrt{\dfrac{\mu}{\varepsilon}}=\sqrt{\dfrac{\mu_r}{\varepsilon_r}}\eta_0=60\pi$ 可得 $H_m=\dfrac{E_m}{\eta}=\dfrac{10^{-7}}{6\pi}$。再由电场方向 $\boldsymbol{e}_x$ 与电磁波的传播方向 $\boldsymbol{e}_S=-\boldsymbol{e}_z$ 可判断磁场的方向为 $-\boldsymbol{e}_y$ 方向，故电场和磁场的瞬时值表达式分别为

$$\boldsymbol{E}(z,t)=10^{-6}\cos\left(2\pi\times10^8t+\frac{4\pi}{3}z+\frac{\pi}{9}\right)\boldsymbol{e}_x\ \text{V/m}$$

$$\boldsymbol{H}(z,t)=-\frac{10^{-7}}{6\pi}\cos\left(2\pi\times10^{8}t+\frac{4\pi}{3}z+\frac{\pi}{9}\right)\boldsymbol{e}_{y}\ \text{A/m}$$

（2）电磁波的传播速度及波长分别为

$$v=\frac{1}{\sqrt{\mu\varepsilon}}=\frac{c}{\sqrt{\mu_{\mathrm{r}}\varepsilon_{\mathrm{r}}}}=1.5\times10^{8}\text{m/s}$$

$$\lambda=\frac{2\pi}{k}=\frac{2\pi}{4\pi/3}\text{m}=1.5\text{m}\quad 或\quad \lambda=\frac{v}{f}=\frac{1.5\times10^{8}}{10^{8}}\text{m}=1.5\text{m}$$

例 6-4　一均匀平面电磁波在理想介质中传播，已知该介质的相对介电常数为 16，相对磁导率为 1，波的电场强度瞬时值为 $\boldsymbol{E}=2\cos(\omega t-2\pi x)\boldsymbol{e}_y$ V/m。求：（1）介质的本征阻抗、电磁波的频率和波长；（2）磁场强度的瞬时值；（3）复坡印廷矢量。

解　本题给出的电场强度表达式与前面讨论的形式不同，仔细观察不难看出，电场是坐标 x 与时间 t 的函数，因此平面电磁波的传播方向为 x 方向，即 $\boldsymbol{e}_S=\boldsymbol{e}_x$。各参数的计算只需代入相应公式即可。

（1）介质的本征阻抗为

$$\eta=\sqrt{\frac{\mu}{\varepsilon}}=\frac{1}{4}\eta_0=30\pi\Omega$$

由式（6-18）、式（6-19）及 $k=2\pi$，可求得

$$\lambda=\frac{2\pi}{k}\text{m}=1\text{m}$$

$$f=\frac{k}{2\pi\sqrt{\mu\varepsilon}}=\frac{c}{\sqrt{\mu_{\mathrm{r}}\varepsilon_{\mathrm{r}}}}=\frac{3}{4}\times10^{8}\text{Hz}$$

（2）电场强度复矢量可写为

$$\dot{\boldsymbol{E}}=\sqrt{2}\,\mathrm{e}^{-\mathrm{j}2\pi x}\boldsymbol{e}_y\ \text{V/m}$$

由电场强度、磁场强度与本征阻抗之间的关系式（6-16）可得磁场强度复矢量为

$$\dot{\boldsymbol{H}}=\frac{1}{\eta}\boldsymbol{e}_S\times\dot{\boldsymbol{E}}=\frac{\sqrt{2}}{30\pi}\mathrm{e}^{-\mathrm{j}2\pi x}\boldsymbol{e}_x\times\boldsymbol{e}_y=1.5\times10^{-2}\mathrm{e}^{-\mathrm{j}2\pi x}\boldsymbol{e}_z\ \text{A/m}$$

对应的磁场强度的瞬时值为

$$\boldsymbol{H}=1.5\sqrt{2}\times10^{-2}\cos(1.5\times10^{8}\pi t-2\pi x)\boldsymbol{e}_z\ \text{A/m}$$

（3）复坡印廷矢量为

$$\widetilde{\boldsymbol{S}}=\dot{\boldsymbol{E}}\times\dot{\boldsymbol{H}}^{*}=\sqrt{2}\,\mathrm{e}^{-\mathrm{j}2\pi x}\boldsymbol{e}_y\times\frac{\sqrt{2}}{30\pi}\mathrm{e}^{\mathrm{j}2\pi x}\boldsymbol{e}_z\ \text{V}\cdot\text{A/m}^2=2.122\times10^{-2}\boldsymbol{e}_x\ \text{V}\cdot\text{A/m}^2$$

由此例可见，均匀平面波空间各个波阵面上的能流密度相同，因此，如果能够产生这样的均匀平面波且在无限大空间传播出去，它将被传播到无穷远。而事实上，由于媒质的损耗不可避免，因此能量也将逐渐消耗，所以实际上的电磁波一定会逐渐衰减的。

6.3　平面电磁波在无限大导电媒质中的传播

导电媒质与理想介质的区别在于它的电导率不为零。因此只要有电磁波存在，就必然伴

随着出现传导电流 $\boldsymbol{J}=\gamma\boldsymbol{E}$，此时电磁波将产生不同于理想介质中的传播特性。

6.3.1 导电媒质中正弦均匀平面波的传播特性

对于导电媒质中的正弦均匀平面电磁波来说，电场强度的复数波动方程为

$$\frac{\mathrm{d}^2\dot{E}_x}{\mathrm{d}z^2}+\omega^2\mu\varepsilon\dot{E}_x-\mathrm{j}\omega\mu\gamma\dot{E}_x=0$$

将方程改写，有

$$\frac{\mathrm{d}^2\dot{E}_x}{\mathrm{d}z^2}+\omega^2\mu\varepsilon_{\mathrm{c}}\dot{E}_x=0 \tag{6-22}$$

其中，系数

$$\varepsilon_{\mathrm{c}}=\varepsilon\left(1-\mathrm{j}\frac{\gamma}{\omega\varepsilon}\right) \tag{6-23}$$

称为导电媒质的复介电常数（complex permittivity），或称为等效介电常数。

对比式（6-22）与理想介质中的波动方程式（6-8）可见，两者具有相似的形式，只是式（6-22）中的介电常数为复介电常数 ε_{c}。

仿照理想介质中电磁波的传播常数的定义，定义导电媒质的复传播常数（complex propagation constant）为

$$k_{\mathrm{c}}=\omega\sqrt{\mu\varepsilon_{\mathrm{c}}} \tag{6-24}$$

由于导电媒质中 ε_{c} 为复数，故微分方程式（6-22）的特征根 p 也一定是复数。令

$$p_1=\mathrm{j}k_{\mathrm{c}}=\mathrm{j}\omega\sqrt{\mu\varepsilon_{\mathrm{c}}}=\alpha+\mathrm{j}\beta$$

式中，α 和 β 均为常数。

相应的，将理想介质中正弦均匀平面电磁波的各公式中的介电常数 ε 用复介电常数 ε_{c} 代换，即可得出无限大导电媒质中平面电磁波的各相应表达式。其中电场强度复矢量为

$$\dot{\boldsymbol{E}}=E_0^+\mathrm{e}^{-p_1z}\boldsymbol{e}_x=E_0^+\mathrm{e}^{-\mathrm{j}k_{\mathrm{c}}z}\boldsymbol{e}_x=E_0^+\mathrm{e}^{-\alpha z}\mathrm{e}^{-\mathrm{j}\beta z}\boldsymbol{e}_x \tag{6-25}$$

瞬时形式的解为

$$E_x(z,t)=\sqrt{2}E_0^+\mathrm{e}^{-\alpha z}\cos(\omega t-\beta z) \tag{6-26}$$

对比式（6-26）与理想介质中电场强度瞬时值表达式（6-13）可见，导电媒质中的系数 β 与理想介质中的传播常数 k 具有相似的意义，都代表空间相位的变化率，只是理想介质中 $\alpha=0$。

由已求得的电场强度复矢量代入麦克斯韦第二方程 $\nabla\times\dot{\boldsymbol{E}}=-\mathrm{j}\omega\mu\dot{\boldsymbol{H}}$ 即可得到磁场强度复矢量为

$$\dot{\boldsymbol{H}}=-\frac{1}{\mathrm{j}\omega\mu}\begin{vmatrix}\boldsymbol{e}_x & \boldsymbol{e}_y & \boldsymbol{e}_z\\ 0 & 0 & \dfrac{\partial}{\partial z}\\ \dot{E}_x & 0 & 0\end{vmatrix}=\mathrm{j}\frac{1}{\omega\mu}\frac{\partial\dot{E}_x}{\partial z}\boldsymbol{e}_y=\frac{k_{\mathrm{c}}}{\omega\mu}E_0^+\mathrm{e}^{-\mathrm{j}k_{\mathrm{c}}z}\boldsymbol{e}_y=\sqrt{\frac{\varepsilon_{\mathrm{c}}}{\mu}}\dot{E}_x\boldsymbol{e}_y$$

定义导电媒质的本征阻抗为

$$\eta_c=\sqrt{\frac{\mu}{\varepsilon_c}}=|\eta_c|e^{j\phi} \tag{6-27}$$

这与理想介质中本征阻抗的形式相似，不同的是导电媒质中的本征阻抗一般情况下亦为复数，由此可得

$$\frac{\dot{E}_x}{\dot{H}_y}=\eta_c=|\eta_c|e^{j\phi} \tag{6-28}$$

显然，电场强度与磁场强度不再同相位。用单位坐标矢量 $\boldsymbol{e}_S$ 表示电磁波的传播方向，有 $\boldsymbol{e}_S=\boldsymbol{e}_E\times\boldsymbol{e}_H$，则磁场强度复矢量与电场强度复矢量之间的关系可进一步写作

$$\dot{\boldsymbol{H}}=\frac{1}{\eta_c}\boldsymbol{e}_S\times\dot{\boldsymbol{E}}=\frac{\dot{E}_x}{|\eta_c|}e^{-j\phi}\boldsymbol{e}_y \tag{6-29}$$

由此写出入射波磁场瞬时值为

$$H_y(z,t)=\frac{\sqrt{2}E_0^+}{|\eta_c|}e^{-\alpha z}\cos(\omega t-\beta z-\phi) \tag{6-30}$$

由电场强度时域表达式（6-26）与磁场强度时域表达式（6-30）画出均匀平面电磁波在导电媒质中的传播示意图如图 6-4 所示。与理想介质中均匀平面电磁波的传播对比，可归纳导电媒质中正弦均匀平面电磁波的传播特点为：

1）电场和磁场的振幅均出现了因子 $e^{-\alpha z}$，这表明电磁波在传播进程中振幅按指数规律衰减。衰减的快慢取决于系数 α 的大小，因此称 α 为衰减系数（attenuation coefficient），其单位为 Np/m（奈伯/米，Nepers per meter），1Np/m = 20lge = 8.686dB/m。

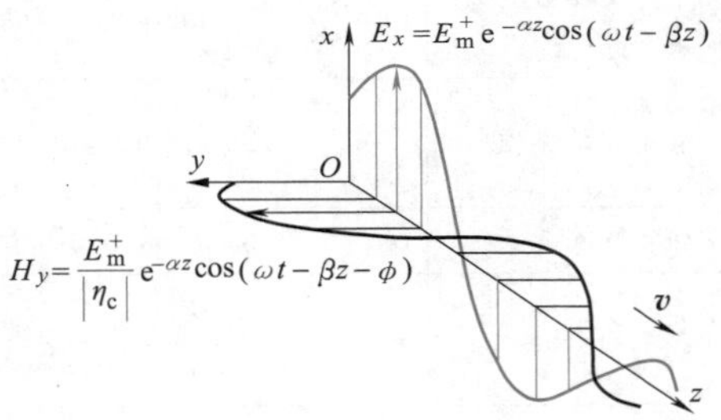

图 6-4 导电媒质中均匀平面电磁波

2）电场与磁场不在同相位，磁场强度的相位总是落后于电场强度 ϕ 角。相位改变的快慢则由相位常数（phase constant）β 决定，单位为 rad/m。将式（6-24）展开求解可以得到

$$\alpha=\omega\sqrt{\frac{\mu\varepsilon}{2}\left(\sqrt{1+\left(\frac{\gamma}{\omega\varepsilon}\right)^2}-1\right)} \tag{6-31}$$

$$\beta=\omega\sqrt{\frac{\mu\varepsilon}{2}\left(\sqrt{1+\left(\frac{\gamma}{\omega\varepsilon}\right)^2}+1\right)} \tag{6-32}$$

导电媒质中波的相速与波长分别为

$$v_p'=\frac{\omega}{\beta}=\frac{1}{\sqrt{\frac{\mu\varepsilon}{2}\left(\sqrt{1+\left(\frac{\gamma}{\omega\varepsilon}\right)^2}+1\right)}},\quad \lambda'=\frac{2\pi}{\beta}=\frac{2\pi}{\omega\sqrt{\frac{\mu\varepsilon}{2}\left(\sqrt{1+\left(\frac{\gamma}{\omega\varepsilon}\right)^2}+1\right)}}$$

由上述表达式可见，衰减常数、相位常数、本征阻抗、相速等参数除了与媒质本身的电导率、磁导率、介电常数等参数有关以外，还与电磁波的频率密切相关。在导电媒质中电磁

波的相速小于相同磁导率、介电常数的理想介质中电磁波的相速；此外，在同一媒质中，不同频率的电磁波的传播速度及波长是不同的，它们都是频率的函数。

实际的电磁波信号一般都含有多个频率成分，各个不同频率分量的电磁波以不同的相速传播，经过一段距离后，各频率分量之间的相位关系将发生变化，导致信号失真，这种现象称为色散（dispersion）现象。因此，导电媒质是色散媒质（dispersive media），理想介质是非色散媒质。色散会引起信号传递的失真，所以在工程实际应用中对色散现象应给予足够的重视。

此外，含有多个频率成分的电磁波在色散媒质中传播时，电磁波的角速度与相速度之比不再是线性关系。这时如果仍然用相速概念描述整个信号的传播速度就很困难，所以定义

$$v_g=\frac{d\omega}{d\beta}$$

为电磁波的群速，用于表示信号能量的传播速度。群速及其与之相应的信号调制、解调等知识请参考相关专业书籍，这里不进行过多介绍。

为了方便记忆、比较理想介质与导电媒质中平面电磁波的传播特性，将二者的方程、主要参数等列在表 6-1 中，通过对比可以清晰看出二者的异同。

表 6-1　理想介质与导电媒质中的平面电磁波对比

	理想介质中的平面电磁波	导电媒质中的平面电磁波
介质参数	电导率 $\gamma=0$ 介电常数 ε 为常数	电导率 $\gamma\neq0$ 等效介电常数 $\varepsilon_c=\varepsilon\left(1-j\dfrac{\gamma}{\omega\varepsilon}\right)$ 为复数
电场波动方程	$\dfrac{d^2\dot{E}_x}{dz^2}+k^2\dot{E}_x=0, k=\omega\sqrt{\mu\varepsilon}$	$\dfrac{d^2\dot{E}_x}{dz^2}+k_c^2\dot{E}_x=0, k_c=\omega\sqrt{\mu\varepsilon_c}$
波动方程的特征根	$p=jk=j\omega\sqrt{\mu\varepsilon}$ 为纯虚数	$p=jk_c=\alpha+j\beta$ 为复数
本征阻抗	$\eta=\dfrac{\dot{E}_x}{\dot{H}_y}=\sqrt{\dfrac{\mu}{\varepsilon}}$ 为常数	$\eta_c=\dfrac{\dot{E}_x}{\dot{H}_y}=\sqrt{\dfrac{\mu}{\varepsilon_c}}=\lvert\eta_c\rvert e^{j\phi}$ 为复数
电场方程通解（复矢量形式）	$\dot{\boldsymbol{E}}=E_0^+e^{-jkz}\boldsymbol{e}_x$	$\dot{\boldsymbol{E}}=E_0^+e^{-jk_cz}\boldsymbol{e}_x=E_0^+e^{-\alpha z}e^{-j\beta z}\boldsymbol{e}_x$
电场强度与磁场强度关系方程	$\dot{\boldsymbol{H}}=\dfrac{1}{\eta}\boldsymbol{e}_S\times\dot{\boldsymbol{E}}=\dfrac{\dot{E}_x}{\eta}\boldsymbol{e}_y$	$\dot{\boldsymbol{H}}=\dfrac{1}{\eta_c}\boldsymbol{e}_S\times\dot{\boldsymbol{E}}=\dfrac{\dot{E}_x}{\lvert\eta_c\rvert}e^{-j\phi}\boldsymbol{e}_y$
电场强度与磁场强度瞬时值	$E_x(z,t)=\sqrt{2}E_0^+\cos(\omega t-kz)$ $H_y(z,t)=\dfrac{\sqrt{2}E_0^+}{\eta}\cos(\omega t-kz)$	$E_x(z,t)=\sqrt{2}E_0^+e^{-\alpha z}\cos(\omega t-\beta z)$ $H_y(z,t)=\dfrac{\sqrt{2}E_0^+}{\lvert\eta_c\rvert}e^{-\alpha z}\cos(\omega t-\beta z-\phi)$
主要传播规律	电场、磁场与传播方向遵循右手法则 电场与磁场幅值不变 电场与磁场同相位	电场、磁场与传播方向遵循右手法则 电场与磁场幅值衰减 电场与磁场有相位差

6.3.2　强导电媒质中的电磁波

观察复介电常数、衰减常数、相位常数、本征阻抗等参数会发现它们拥有一个共同的因子$\dfrac{\gamma}{\omega\varepsilon}$。由第 5 章对传导电流与位移电流的讨论，可将对应于比值$\dfrac{\gamma}{\omega\varepsilon}=1$ 的频率称为界限频

率，它是划分媒质属于良导体与不良导体的判据。因此该比值的大小实际上反映了传导电流与位移电流的幅度之比。可见，理想介质中以位移电流为主，良导体中以传导电流为主。

强导电媒质又称为良导体，是指$\frac{\gamma}{\omega\varepsilon}\gg 1$的导电媒质。由此特性可将良导体中的衰减常数、相位常数、本征阻抗、相速和波长分别简化为

$$\alpha \approx \beta \approx \sqrt{\frac{\omega\mu\gamma}{2}}$$

$$\eta_c = \sqrt{\frac{\mu}{\varepsilon - \mathrm{j}\frac{\gamma}{\omega}}} \approx \sqrt{\frac{\mathrm{j}\omega\mu}{\gamma}} = \sqrt{\frac{\omega\mu}{2\gamma}}(1+\mathrm{j}) = \sqrt{\frac{\omega\mu}{\gamma}}\angle 45^\circ$$

$$v \approx \frac{\omega}{\beta} \approx \sqrt{\frac{2\omega}{\mu\gamma}}$$

$$\lambda \approx \frac{2\pi}{\beta} \approx 2\pi\sqrt{\frac{2}{\omega\mu\gamma}}$$

上述公式表明，电磁波在良导体中传播时电场与磁场的相位差近似保持为45°。此外，衰减常数、相位常数与媒质的电导率及电磁波的频率的二次方根近似成正比，故高频电磁波在良导体中的衰减常数变得非常大。这使得电场强度与磁场强度的振幅发生急剧衰减，以致电磁波无法进入良导体深处，仅集聚存在于其表面附近，这种现象称为集肤效应（skin effect）。

工程上定义电场强度的振幅衰减到其表面处振幅e^{-1}的深度为透入深度（penetration depth）或集肤深度，以δ表示。对于良导体，有

$$\delta = \frac{1}{\alpha} \approx \sqrt{\frac{2}{\omega\mu\gamma}} \tag{6-33}$$

可见，透入深度与电磁波的频率f及媒质的磁导率μ、电导率γ的二次方根成反比。比如对应频率为0.05MHz、1MHz、3×10^4MHz时铜（$\gamma=5.8\times10^7$S/m）的透入深度分别为29.8mm、0.066mm、0.00038mm，这说明，随着频率的升高，其透入深度将急剧减小。显然，在频率较高的电气装置中如果用实心的铜线作为导流排就会造成浪费，所以一般都采用中空的管状结构的设计来实现，同时这种中空结构还可进行冷循环降温，一举两得。

此外，还可得到良导体中电磁波的波长和波速分别为

$$\lambda = 2\pi\delta,\ v_p = \omega\delta$$

比如，50Hz的电磁波在铜导体中传播时，波长和波速分别为5.87cm和2.94m/s，这个速度比一般成人跑步的速度还要慢些。同样的电磁波如果在空气中传播，波长为6000km，波速则为光速。

上述关于透入深度的公式虽然是由无限大导电媒质得到的，但也可以用来近似分析有限大导电媒质的情形。例如半径为r、长度为l的圆柱导体，在直流情况下可认为电流在导体横截面上呈均匀分布，故导体的直流电阻为

$$R_{dc} = \frac{l}{\pi r^2\gamma}$$

但在时变场情况下，电流趋于表面分布，有效载流截面可近似看作以导体外表面周长为

长度、透入深度为宽度的长方形截面，因此导体的交流电阻为

$$R_{ac}=\frac{l}{2\pi r\delta\gamma}$$

介质极化与
微波加热

此时，同一根圆导线的交流电阻与直流电阻的比值为

$$\frac{R_{ac}}{R_{dc}}=\frac{r}{2\delta}$$

显然，导体的透入深度越小，其交流电阻值就越大。例如，当 $r=2\times10^{-3}$m，$f=3\times10^{8}$Hz，$\gamma=5.8\times10^{7}$S/m 时，$R_{ac}/R_{dc}=26.2$。这说明同一根导线的交流电阻比直流电阻大很多。在导线横截面积不变的情况下，为了减少交流电阻，唯一的办法就是增大导体表面面积，这就是工程上常把导线、输电线制成相互绝缘的多股细线的原因之一。

家用微波炉的工作频率通常在 2.5GHz 左右，而一般的食物中都含有一定量的水分，电磁波在这类食物中的透入深度可达 3~6cm，这个厚度对于一般大小的食物而言可以近似认为电磁波均匀分布，因此食物在微波作用下可以被迅速、均匀地加热。

在第 3 章中曾经给出理想导体内不可能存在电场的结论。通过本节的讨论可知，若导体为理想导体，即 $\gamma\to\infty$，则透入深度 $\delta\to0$。由此可以证实，电磁波是无法进入理想导体内部的，也就是说，理想导体内部的电场、磁场均为零，电磁波只能沿其表面传播。

例 6-5　已知向 $+z$ 方向传播的均匀平面波的频率为 2MHz，电场强度为 x 方向，其有效值为 100V/m。设电磁波在海水中传播，海水的电磁特性参数为 $\varepsilon_r=80$，$\mu_r=1$，$\gamma=4$S/m。求：（1）该平面波在海水中的相位常数、衰减常数、相速、波长、本征阻抗和透入深度；（2）设电场在 $z=0$ 处的初相位为零，试写出电场强度和磁场强度的瞬时值表达式。

解　（1）先判断海水在 2MHz 频率下的导电性能。由于

$$\frac{\gamma}{\omega\varepsilon}=\frac{4}{4\pi\times10^{6}\times\frac{1}{36\pi}\times10^{-9}\times80}=450\gg1$$

因此可将海水视为良导体，将各参数代入相应公式可得衰减常数与相位常数为

$$\alpha\approx\beta\approx\sqrt{\frac{\omega\mu\gamma}{2}}=\sqrt{\frac{4\pi\times10^{6}\times4\pi\times10^{-7}\times4}{2}}=\frac{4\pi}{\sqrt{5}}\approx5.62$$

即衰减常数 $\alpha=2.65$Np/m，相位常数 $\beta=5.62$rad/m。

本征阻抗为

$$\eta_c\approx\sqrt{\frac{\omega\mu}{\gamma}}\angle45^\circ=\sqrt{\frac{4\pi\times10^{6}\times4\pi\times10^{-7}}{4}}\angle45^\circ\Omega=1.987\angle45^\circ\Omega$$

相速和波长分别为

$$v\approx\frac{\omega}{\beta}=\frac{4\pi\times10^{6}}{4\pi/\sqrt{5}}\text{m/s}=2.236\times10^{6}\text{m/s}$$

$$\lambda\approx\frac{2\pi}{\beta}=\frac{2\pi}{4\pi/\sqrt{5}}\text{m}=1.118\text{m}$$

透入深度为

$$\delta=\frac{1}{\alpha}=\frac{\sqrt{5}}{4\pi}\text{m}=0.178\text{m}$$

(2) 根据上述结果可以写出电场强度及磁场强度的瞬时值分别为

$$\boldsymbol{E}(z,t)=100\sqrt{2}\,\mathrm{e}^{-5.62z}\cos(4\pi\times10^{6}t-5.62z)\boldsymbol{e}_x\,\mathrm{V/m}$$

$$\boldsymbol{H}(z,t)=71.18\sqrt{2}\,\mathrm{e}^{-5.62z}\cos(4\pi\times10^{6}t-5.62z-45°)\boldsymbol{e}_y\,\mathrm{A/m}$$

由此例可见，频率为2MHz的电磁波在海水中被强烈衰减，因此位于海水中的潜艇之间不可能通过海水中的高频波直接进行无线通信，必须降低通信频率。如频率为50Hz时，可计算得透入深度为35.6m。显然这个距离对于深水潜艇而言也是远远不够的，必须采用更低的通信频率，或者将其收发天线移至海水表面附近，利用海水表面的导波作用形成的表面波，或者利用电离层对于电磁波的“反射”作用形成的反射波作为传输媒体实现无线通信。因此，相关理论的研究对我国的国防现代化建设起到至关重要的作用。

例 6-6 证明均匀平面电磁波在良导体中传播时，每波长内场强的衰减约为55dB。

证明 设均匀平面电磁波的电场强度复矢量为

$$\boldsymbol{E}=E_0^{+}\mathrm{e}^{-\mathrm{j}k_c z}\boldsymbol{e}_x=E_0^{+}\mathrm{e}^{-\alpha z}\mathrm{e}^{-\mathrm{j}\beta z}\boldsymbol{e}_x$$

因此 $z=z_1+\lambda$ 处的电场强度与 $z=z_1$ 处的电场强度振幅比为

$$\frac{E_{\mathrm{m}}|_{z=z_1+\lambda}}{E_{\mathrm{m}}|_{z=z_1}}=\frac{\sqrt{2}E_0^{+}\mathrm{e}^{-\alpha z_1}\mathrm{e}^{-\alpha\lambda}}{\sqrt{2}E_0^{+}\mathrm{e}^{-\alpha z_1}}=\mathrm{e}^{-\alpha\lambda}$$

由于良导体中 $\alpha\approx\beta$，$\lambda\approx\dfrac{2\pi}{\beta}$，所以有

$$\frac{E_{\mathrm{m}}|_{z=z_1+\lambda}}{E_{\mathrm{m}}|_{z=z_1}}=\mathrm{e}^{-\alpha\lambda}=\mathrm{e}^{-2\pi}$$

即

$$20\lg\frac{E_{\mathrm{m}}|_{z=z_1+\lambda}}{E_{\mathrm{m}}|_{z=z_1}}=20\lg\mathrm{e}^{-2\pi}\,\mathrm{dB}=-54.575\mathrm{dB}$$

电磁屏蔽正是利用电磁波在良导体中迅速衰减这一传播特性原理实现的。由此例可知，若以波长 $\lambda=2\pi\delta$ 作为屏蔽装置的厚度，就可以实现对电磁波比较彻底的屏蔽，所以工程上一般情况下都将一个波长作为设计屏蔽层厚度的依据。

6.3.3 弱导电媒质中的电磁波

对应于 $\dfrac{\gamma}{\omega\varepsilon}\ll1$ 的导电媒质称为弱导电媒质，或称为低损耗介质。利用二项式展开公式有 $\sqrt{1+\left(\dfrac{\gamma}{\omega\varepsilon}\right)^2}\approx1+\dfrac{1}{2}\left(\dfrac{\gamma}{\omega\varepsilon}\right)^2$，由此可将衰减常数、相位常数和本征阻抗分别简化为

$$\alpha\approx\omega\sqrt{\frac{\mu\varepsilon}{2}\left[1+\frac{1}{2}\left(\frac{\gamma}{\omega\varepsilon}\right)^2-1\right]}=\frac{\gamma}{2}\sqrt{\frac{\mu}{\varepsilon}}$$

$$\beta\approx\omega\sqrt{\frac{\mu\varepsilon}{2}\left[1+\frac{1}{2}\left(\frac{\gamma}{\omega\varepsilon}\right)^2+1\right]}\approx\omega\sqrt{\mu\varepsilon}$$

$$\eta\approx\sqrt{\frac{\mu}{\varepsilon\left(1-\mathrm{j}\dfrac{\gamma}{\omega\varepsilon}\right)}}\approx\sqrt{\frac{\mu}{\varepsilon}}$$

可见低损耗介质中电磁波的相位常数、本征阻抗与理想介质中电磁波的相位常数、本征阻抗表达式近似相同。这表明，低损耗介质中电场强度与磁场强度除了幅值有衰减外，其余特性与理想介质中的电磁波的传播特性类似。与强导电媒质相比，由于低损耗介质的电导率 γ 较小，故其振幅的衰减比良导体中的衰减相对慢一些。或者说，低损耗介质中电磁波的透入深度比较大，电磁波可以相对容易地透入到媒质内部传播出去。

6.3.4 导电媒质中正弦均匀平面波的能量

复能流密度矢量为

$$\widetilde{S}=\dot{E}\times\dot{H}^{*}=E_0^{+}e^{-\alpha z}e^{-j\beta z}\boldsymbol{e}_x\times\frac{E_0^{+}}{|\eta_c|}e^{-\alpha z}e^{j\beta z}e^{j\phi}\boldsymbol{e}_y=\frac{E_0^{+2}}{|\eta_c|}e^{-2\alpha z}e^{j\phi}\boldsymbol{e}_z \tag{6-34}$$

平均坡印廷矢量

$$\boldsymbol{S}_{av}=\mathrm{Re}[\dot{E}\times\dot{H}^{*}]=\frac{E_0^{+2}}{|\eta_c|}e^{-2\alpha z}\cos\phi\boldsymbol{e}_z$$

因为电场强度与磁场强度的相位不同，复能流密度的实部及虚部均不为零，这就意味着平面波在导电媒质中传播时，既有单向流动的能量传播，又有来回流动的能量交换。而且由于 $\alpha\neq 0$，故电磁波在前进过程中能量不断损耗，这表现为场量振幅的减小，而损耗的原因则是由于传导电流所导致的焦耳热。

此外，对于良导体，由于电导率 γ 很大，电磁波的相速、波长、本征阻抗的值都较小，故电场能量密度远小于磁场能量密度，即

$$\frac{w_e}{w_m}=\frac{\varepsilon E^2}{\mu H^2}=\frac{\varepsilon(\eta_c H)^2}{\mu H^2}=\frac{\varepsilon}{\mu}\left(\sqrt{\frac{\omega\mu}{\gamma}}\right)^2=\frac{\omega\varepsilon}{\gamma}\ll 1$$

这说明良导体中的电磁波以磁场为主，这与传导电流是电流的主要成分相对应。故良导体中的磁场能量密度总是大于电场能量密度，这与理想介质中能流密度的分布规律是不同的。

6.4 平面电磁波的极化

在前面的讨论中，只针对沿 z 方向传播的均匀平面电磁波中电场仅含有一个方向分量的特殊情况进行了分析。实际上，在垂直于传播方向的平面内，电场既可以有 x 方向分量，又可以有 y 方向分量，而且合成电场的方向也可能是变化的，因此需要对一般情况进一步分析。

在通信工程中，常采用波的极化（wave polarization）来描述正弦平面电磁波中电场强度的组成情况。波的极化是通过电场强度矢量的末端端点在等相位面上随时间变化的轨迹来描述的。其轨迹形状可以是直线、圆和椭圆等，因此通常根据其轨迹分为直线极化、圆极化、椭圆极化三种类型。

电磁波的极化方式由辐射源（如天线）的性质决定。其极化特性反映了同频率、沿相同方向传播的若干个正弦平面电磁波的电场强度的相位和量值之间的不同关系。

不同极化方式的电磁波的传播特性是不同的。作为信息传送与接收的双方都应掌握其规

律才能有效控制和利用电磁波。例如某地面雷达装置向空中发出了右旋圆极化电磁波，如果该电磁波遇到某种介质反射回来，反射后的电磁波就可能转化为左旋圆或椭圆的极化电磁波（详见本章例6-10，例6-16），此时如果接收装置仍按照右旋圆极化电磁波的特性去接收就必定会造成失误。所以工程实际上，波的极化理论被广泛地应用于分析电磁波在自由空间及有限空间内的传播特性、天线的设计与制作等相关问题中。

6.4.1　直线极化

设均匀平面电磁波沿 $+z$ 方向传播，若电场仅含 x 方向分量，如

$$\boldsymbol{E}(z,t)=E_{xm}\cos(\omega t-\beta z+\psi_x)\boldsymbol{e}_x$$

则在任一垂直 z 轴的等相位面（观察面）上电场强度矢量端点的轨迹总在 x 轴上，如图6-5所示。因此该电磁波是 x 方向的直线极化波。

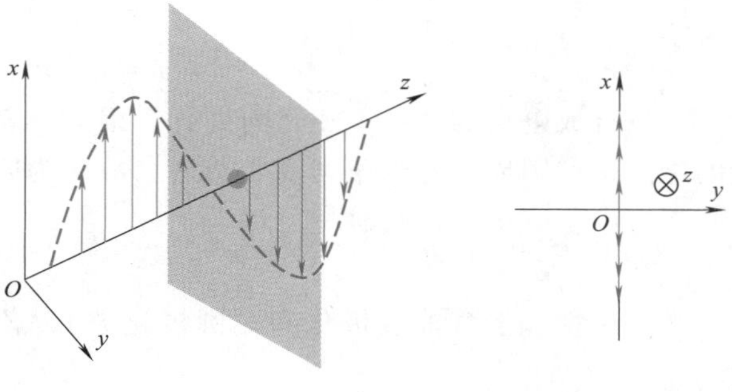

观察面 z=常量

图6-5　直线极化波

显然，任一单一方向的电场都是线极化（linearly polarized）的。

一般情况下，直角坐标系下的电场可以表示为两个相同频率、不同相位的分量的叠加，如

$$\boldsymbol{E}(z,t)=E_{xm}\cos(\omega t-\beta z+\psi_x)\boldsymbol{e}_x+E_{ym}\cos(\omega t-\beta z+\psi_y)\boldsymbol{e}_y$$

由于空间任意点处电场随时间的变化规律相同，故选取 $z=0$ 的等相位面作为观察面，并设 $\psi=\psi_y-\psi_x$，规定其取值范围为 $0\leqslant|\psi|\leqslant\pi$，则可将电场写为更简化的形式，即

$$\boldsymbol{E}(t)=E_{xm}\cos\omega t\boldsymbol{e}_x+E_{ym}\cos(\omega t+\psi)\boldsymbol{e}_y$$

显然，当 $\psi=0$ 或 $\psi=\pm\pi$ 时，电场强度的两个分量 E_x 与 E_y 相位相同或相反，则合成场强的幅值为

$$E(t)=\sqrt{E_x^2(t)+E_y^2(t)}=\sqrt{E_{xm}^2+E_{ym}^2}\cos\omega t$$

场强 $\boldsymbol{E}(t)$ 的方向与 x 轴的夹角为

$$\theta=\arctan\frac{E_y(t)}{E_x(t)}=\pm\arctan\frac{E_{ym}}{E_{xm}}=\text{常量}$$

这说明 $\boldsymbol{E}(t)$ 的取向与 x 轴的夹角始终保持不变，而其幅值随时间做正弦变化，即 $\boldsymbol{E}(t)$ 矢量末端随时间变化的轨迹为 XOY 坐标面内一、三象限或二、四象限的直线，仍然为线极化波。

6.4.2　圆极化

若电场的两个分量幅值相等，而且相位差为90°，即

$$E_{xm}=E_{ym}=E_m,\quad \psi=\psi_y-\psi_x=\pm\frac{\pi}{2}$$

则有

$$\boldsymbol{E}(z,t)=E_m\cos(\omega t+\beta z)\boldsymbol{e}_x\mp E_m\sin(\omega t+\beta z)\boldsymbol{e}_y$$

其合成电场的大小为

$$E=\sqrt{E_{xm}^2+E_{ym}^2}=E_m=常量$$

仍设合成电场与 x 轴的夹角为 θ，则有

$$\tan\theta=\tan\frac{E_y}{E_x}=\mp\tan(\omega t-\beta z)$$

即

$$\theta=\mp(\omega t-\beta z)$$

可见合成电场的大小不随时间变化，但方向却随时间以角频率 ω 改变，即合成电场矢量的端点在一圆周上并以角速度 ω 旋转，故称为圆极化（circular polarized）。

6.4.3 椭圆极化

在一般情况下（非线极化和非圆极化波），依然取 $E_x=E_{xm}\cos\omega t$，$E_y=E_{ym}\cos(\omega t+\psi)$，消去 ωt，可解得

$$\frac{E_x^2}{E_{xm}^2}+\frac{E_y^2}{E_{ym}^2}-\frac{2E_xE_y}{E_{xm}E_{ym}}\cos\psi=\sin^2\psi$$

显然，这是一个椭圆方程。这表明一般正弦均匀平面波都可构成椭圆极化（elliptically polarized）。

可以证明，直线极化波和圆极化波都可看成是椭圆极化波的特例。或者说，任一椭圆极化波都可分解为若干组直线极化波和圆极化波的叠加。

6.4.4 极化旋转方向的判断方法

1. 电磁波极化的时域判断方法

总结上述分析列出判断电磁波极化的时域分类方法如下：

对于电场强度矢量

$$\boldsymbol{E}(z,t)=E_{xm}\cos(\omega t-\beta z)\boldsymbol{e}_x+E_{ym}\cos(\omega t-\beta z+\psi)\boldsymbol{e}_y$$

若满足 $E_x=0$，$E_y=0$，$\psi=0$，$\psi=\pm\pi$ 条件之一，即为线极化；

若 $E_{xm}=E_{ym}$ 且 $\psi=\pm\pi/2$，则为圆极化；

若既不满足线极化条件，也不满足圆极化条件，则均为椭圆极化。

对于圆极化和椭圆极化，对应不同的相位差电场矢量的端点旋转方向一定有两种情况，即左旋圆极化（l. c. p）和右旋圆极化（r. c. p），或者左旋椭圆极化（l. e. p）和右旋椭圆极化（r. e. p）。现规定：

沿着电磁波的传播方向观察，电场的旋转方向为顺时针的称为右旋，为逆时针的称为左旋。如图 6-6 所示的圆极化波为右旋圆极化波。

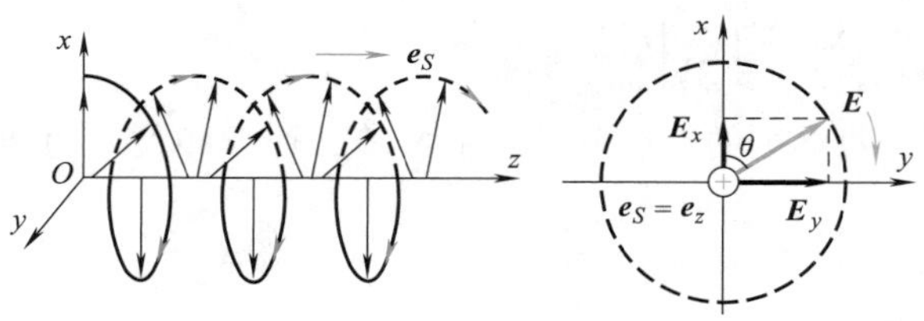

图 6-6 右旋圆极化波

与上述规定相对应的，当电场的 x 分量超前 y 分量时，为右旋；反之，当电场的 x 分量滞后 y 分量时，为

左旋。

一般情况下，对于任意两个相同频率、不同相位的分量构成的电场，其电磁波的绕行方向对应于由超前的电场强度分量向滞后的电场强度分量旋转的方向。

若用 $\boldsymbol{e}_{E超前}$ 表示超前的电场强度分量的方向，用 $\boldsymbol{e}_{E滞后}$ 表示滞后的电场强度分量的方向，则二者与电磁波传播方向的单位矢量 $\boldsymbol{e}_S$ 之间符合

$$\boldsymbol{e}_{E超前}\times\boldsymbol{e}_{E滞后}=\boldsymbol{e}_S \tag{6-35}$$

由此式（6-35）可得到判断电磁波的旋转方向的时域左右手法则：用拇指指向电磁波的传播方向，四指由超前的电场强度分量向滞后的电场强度分量旋转，满足右手关系的为右旋极化，满足左手关系的为左旋极化。当然四指的绕行角度必须小于 180°，以下类同。

2. 电磁波极化的工程判断方法

除了由电场强度瞬时值判断极化旋转方向的时域方法外，也可直接利用电场强度复矢量的实部与虚部之间的对应关系进行判断。将电场强度复矢量 $\dot{\boldsymbol{E}}(z)=[\dot{E}_x(z)\boldsymbol{e}_x+\dot{E}_y(z)\boldsymbol{e}_y]\mathrm{e}^{-\mathrm{j}\beta z}$ 各分量分解为实部与虚部，有

$$\dot{E}_x(z)=E_{x\mathrm{R}}(z)+\mathrm{j}E_{x\mathrm{I}}(z),\dot{E}_y(z)=E_{y\mathrm{R}}(z)+\mathrm{j}E_{y\mathrm{I}}(z)$$

代入电场强度复矢量并重新整理有

$$\dot{\boldsymbol{E}}(z)=\{[E_{x\mathrm{R}}(z)\boldsymbol{e}_x+E_{y\mathrm{R}}(z)\boldsymbol{e}_y)+\mathrm{j}(E_{x\mathrm{I}}(z)\boldsymbol{e}_x+E_{y\mathrm{I}}(z)\boldsymbol{e}_y]\}\mathrm{e}^{-\mathrm{j}\beta z}$$

即

$$\dot{\boldsymbol{E}}(z)=[\boldsymbol{E}_\mathrm{R}(z)+\mathrm{j}\boldsymbol{E}_\mathrm{I}(z)]\mathrm{e}^{-\mathrm{j}\beta z}$$

对应前面的分析，可将电磁波极化的工程判断方法总结如下：

若 $\boldsymbol{E}_\mathrm{R}(z)=0$ 或 $\boldsymbol{E}_\mathrm{I}(z)=0$ 或二者相互平行，则为线极化；

若 $\boldsymbol{E}_\mathrm{R}(z)\cdot\boldsymbol{E}_\mathrm{I}(z)=0$（即二者相互垂直）且 $E_\mathrm{R}(z)=E_\mathrm{I}(z)$，为圆极化；

不满足线极化和圆极化条件的均为椭圆极化。

可以证明，与时域电磁波极化旋转方向判断方法等价的工程左右手法则为：拇指指向电磁波的传播方向，四指由虚部矢量 E_I 方向向实部矢量 E_R 方向旋转，满足右手关系时为右旋极化，满足左手关系时为左旋极化。即电场强度复矢量的虚部单位矢量 $\boldsymbol{e}_{E_\mathrm{I}}$ 与实部单位矢量 $\boldsymbol{e}_{E_\mathrm{R}}$ 及电磁波传播方向的单位矢量 $\boldsymbol{e}_S$ 之间符合

$$\boldsymbol{e}_{E_\mathrm{I}}\times\boldsymbol{e}_{E_\mathrm{R}}=\boldsymbol{e}_S \tag{6-36}$$

例 6-7　根据下列电场表示式判断它们所表征的电磁波的极化形式。

（1）$\dot{\boldsymbol{E}}(z)=\mathrm{j}E_0\mathrm{e}^{-\mathrm{j}\beta z}\boldsymbol{e}_x+\mathrm{j}E_0\mathrm{e}^{-\mathrm{j}\beta z}\boldsymbol{e}_y$

（2）$\boldsymbol{E}(z,t)=E_\mathrm{m}\sin(\omega t+\beta z)\boldsymbol{e}_x+E_\mathrm{m}\cos(\omega t+\beta z)\boldsymbol{e}_y$

（3）$\dot{\boldsymbol{E}}(z)=E_0\mathrm{e}^{-\mathrm{j}\beta z}\boldsymbol{e}_x-\mathrm{j}E_0\mathrm{e}^{-\mathrm{j}\beta z}\boldsymbol{e}_y$

（4）$\dot{\boldsymbol{E}}(z)=[(2-\mathrm{j}3)\boldsymbol{e}_x+(3-\mathrm{j}2)\boldsymbol{e}_y]\mathrm{e}^{\mathrm{j}\beta z}$

解　（1）由于 $\boldsymbol{E}_\mathrm{R}(z)=0$，故电磁波为线极化波。

（2）电场符合 $E_{x\mathrm{m}}=E_{y\mathrm{m}}$ 且 $\psi=\pi/2$，故为圆极化。

注意电场强度表达式中相位为 $+\beta z$，这意味着电磁波的传播方向为 $-z$ 方向，因此，应用左右手法则判断极化方向时拇指的方向应为 $-z$ 方向。由于电场 x 方向分量落后于 y 方向分量，且传播方向为 $-z$ 方向，故圆极化波的旋转方向为右旋。

（3）很明显可以看出

$$\boldsymbol{E}_{\mathrm{R}}(z)=E_0\boldsymbol{e}_x,\boldsymbol{E}_{\mathrm{I}}(z)=E_0(-\boldsymbol{e}_y)$$

二者满足 $\boldsymbol{E}_{\mathrm{R}}(z)\perp\boldsymbol{E}_{\mathrm{I}}(z)$ 且 $E_{\mathrm{R}}(z)=E_{\mathrm{I}}(z)$ 的关系，故为圆极化；

画出电场强度的实部、虚部相量及电磁波传播方向，如图 6-7a 所示，由 $\boldsymbol{e}_{E_{\mathrm{I}}}\times\boldsymbol{e}_{E_{\mathrm{R}}}=\boldsymbol{e}_{\mathrm{S}}$ 及左右手法则可判断电磁波为右旋圆极化波。

（4）将表达式重新整理，有

$$\boldsymbol{E}_{\mathrm{R}}(z)=2\boldsymbol{e}_x+3\boldsymbol{e}_y,\boldsymbol{E}_{\mathrm{I}}(z)=-3\boldsymbol{e}_x-2\boldsymbol{e}_y$$

画出电场强度的实部、虚部相量及电磁波传播方向，如图 6-7b 所示，虽然 $E_{\mathrm{R}}(z)=E_{\mathrm{I}}(z)$，但 $\boldsymbol{E}_{\mathrm{R}}(z)\cdot\boldsymbol{E}_{\mathrm{I}}(z)\neq0$，即二者不垂直，故为椭圆极化。

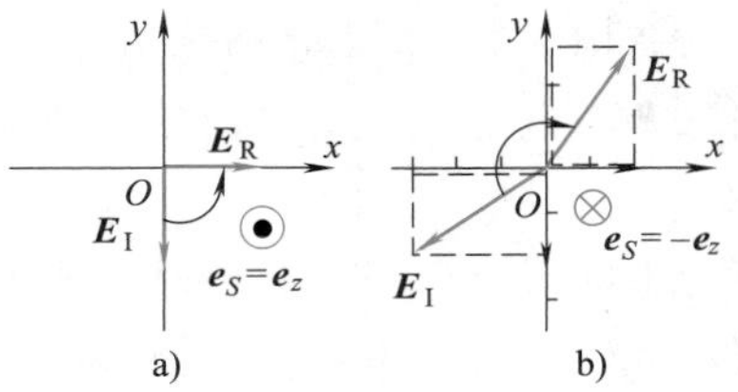

图 6-7　例 6-7 图

注意 $\boldsymbol{e}_S=-\boldsymbol{e}_z$，由左右手法则可判断电磁波为右旋椭圆极化。

例 6-8　已知某椭圆极化电磁波的电场为

$$\dot{\boldsymbol{E}}=(\dot{E}_x\boldsymbol{e}_x+\mathrm{j}\dot{E}_y\boldsymbol{e}_y)\mathrm{e}^{-\mathrm{j}\beta z}$$

试证明该电磁波可分解为两个旋向相反的圆极化波。

证明　设左旋和右旋圆极化波分别为

$$\begin{cases}\dot{\boldsymbol{E}}_1=E_1\mathrm{e}^{-\mathrm{j}\beta z}\boldsymbol{e}_x+\mathrm{j}E_1\mathrm{e}^{-\mathrm{j}\beta z}\boldsymbol{e}_y\\ \dot{\boldsymbol{E}}_2=E_2\mathrm{e}^{-\mathrm{j}\beta z}\boldsymbol{e}_x-\mathrm{j}E_2\mathrm{e}^{-\mathrm{j}\beta z}\boldsymbol{e}_y\end{cases}$$

按照题意应有 $\dot{\boldsymbol{E}}_1+\dot{\boldsymbol{E}}_2=\dot{\boldsymbol{E}}$，对应的则有

$$\begin{cases}E_1+E_2=E_x\\ E_1-E_2=E_y\end{cases}$$

解得

$$E_1=\frac{E_x+E_y}{2},\quad E_2=\frac{E_x-E_y}{2}$$

因此，只要按照上述公式即可将任一椭圆极化电磁波分解为两个旋向相反的圆极化波。

此外，还可证明，任一直线极化电磁波都可分解为两个旋向相反的圆极化波。请读者自行完成该证明过程。

6.5　平面电磁波在有界媒质中的传播——垂直入射

实际上，传播电磁波的媒质不可能总是单一、无限大的，因此需要研究在不同媒质交界面处电磁波的传播特性。

电磁波从一种媒质传播入射（incident）到另一种媒质时，一部分能量穿过边界透入（或称折射）到第二种媒质内部继续传播，形成透射波（transmitted wave），又称为折射波（refracted wave）；一部分能量被边界反射回到第一种媒质中，形成反射波（reflected wave）。这与光线遇到媒质时的状态类似，电磁波在两种媒质的边界上发生了反射和透射现象。对应的入射波、反射波和透射波变量分别用下标 i、r、t 加以区分。

当平面电磁波的入射方向和两种媒质分界面相垂直时，称为垂直入射或正入射（normal

incidence)。本书仍然以均匀平面电磁波为例进行分析，故假设分界面为无限大平面。

6.5.1　介质与理想导体表面的垂直入射

设平面波沿+z 方向从理想介质（设为介质 1）垂直入射到半无限大理想导体（设为介质 2），介质分界面为 xoy 平面。由于理想导体内电场、磁场均为零，即电磁波无法进入导体内部，因此入射波在导体表面全部被反射回来，如图 6-8 所示。

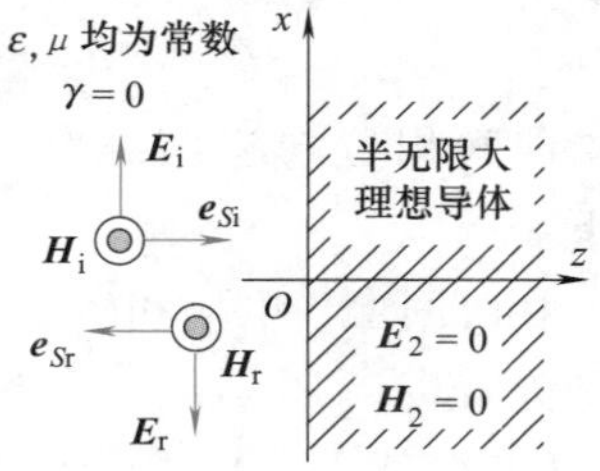

图 6-8　平面波的垂直入射

设以入射波电场的方向为 x 方向，电场强度有效值为 E_i^+，理想介质中电磁波不衰减，即 $\alpha=0$，相位常数为 β，则入射波电场复矢量为

$$\dot{\boldsymbol{E}}_i = E_i^+ e^{-j\beta z}\boldsymbol{e}_x$$

假设反射波电场与入射波电场同方向，其复矢量为

$$\dot{\boldsymbol{E}}_r = E_r^- e^{j\beta z}\boldsymbol{e}_x$$

则介质 1 中的合成波电场为

$$\dot{\boldsymbol{E}}_1 = \dot{\boldsymbol{E}}_i + \dot{\boldsymbol{E}}_r = E_i^+ e^{-j\beta z}\boldsymbol{e}_x + E_r^- e^{j\beta z}\boldsymbol{e}_x$$

由介质分界面衔接条件 $\boldsymbol{e}_n\times(\dot{\boldsymbol{E}}_2-\dot{\boldsymbol{E}}_1)\big|_{z=0}=0$ 及$\dot{\boldsymbol{E}}_2=0$ 可得 $E_r^-=-E_i^+$，这说明反射波电场的有效值与入射波电场的有效值相等，但二者相位相差 180°，或者说反射波电场与入射波电场方向相反，沿$-z$ 方向，即

$$\dot{\boldsymbol{E}}_r = -E_i^+ e^{j\beta z}\boldsymbol{e}_x$$

故合成波电场的复矢量为

$$\dot{\boldsymbol{E}}_1 = \dot{\boldsymbol{E}}_i + \dot{\boldsymbol{E}}_r = E_i^+ e^{-j\beta z}\boldsymbol{e}_x - E_i^+ e^{j\beta z}\boldsymbol{e}_x = -j2E_i^+ \sin\beta z\boldsymbol{e}_x \tag{6-37}$$

注意，此时合成波电场的复矢量表达式中已经没有了 $e^{\pm j\beta z}$ 因子，这表明合成波不再具有波动性。其瞬时值为

$$\boldsymbol{E}_1 = 2\sqrt{2}E_i^+ \sin\beta z\sin\omega t\boldsymbol{e}_x \tag{6-38}$$

由$\dot{\boldsymbol{H}}=\dfrac{1}{\eta}\boldsymbol{e}_S\times\dot{\boldsymbol{E}}$ 可求得入射波和反射波磁场分别为

$$\dot{\boldsymbol{H}}_i = \frac{1}{\eta}\boldsymbol{e}_z\times\dot{\boldsymbol{E}}_i = \frac{E_i^+}{\eta}e^{-j\beta z}\boldsymbol{e}_y,\ \dot{\boldsymbol{H}}_r = \frac{1}{\eta}(-\boldsymbol{e}_z)\times\dot{\boldsymbol{E}}_r = \frac{E_i^+}{\eta}e^{j\beta z}\boldsymbol{e}_y$$

故合成波磁场的复矢量为

$$\dot{\boldsymbol{H}}_1 = \dot{\boldsymbol{H}}_i + \dot{\boldsymbol{H}}_r = \frac{2E_i^+}{\eta}\cos\beta z\boldsymbol{e}_y \tag{6-39}$$

其瞬时值为

$$\boldsymbol{H}_1 = \frac{2\sqrt{2}E_i^+}{\eta}\cos\beta z\cos\omega t\boldsymbol{e}_y \tag{6-40}$$

由式（6-38）、式（6-40）分别画出空间平面合成波电场与磁场的示意图，如图 6-9 所示。观察其波形及瞬时值表达式，可将平面电磁波由理想介质垂直入射到理想导体表面反射后介质中的合成波的特点总结为三个“90°”的特性如下：

1）在方向上，电场与磁场相互垂直（互差 90°），且垂直于电磁波的传播方向；

2）在时间上，电场与磁场的时间相位互差 90°；

3）在空间上，沿着电磁波的传播轴，电场与磁场的空间相位互差 90°。

其中第一个特点很容易由关系式

$$\boldsymbol{e}_E \times \boldsymbol{e}_H = \boldsymbol{e}_x \times \boldsymbol{e}_y = \boldsymbol{e}_z = \boldsymbol{e}_S$$

得到。

时间相位与空间相位之间的对应关系分析如下：

在时间上，电场和磁场都随时间做正弦变化，分别为 $\sin\omega t$ 和 $\cos\omega t$，可见二者的时间相位互差 90°恒定不变。

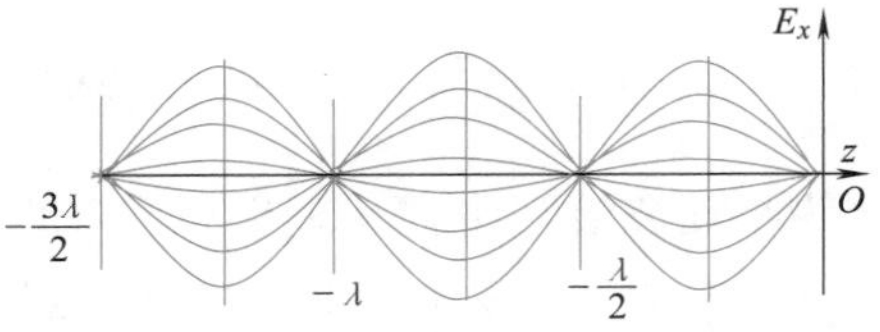

a) 电场强度合成波

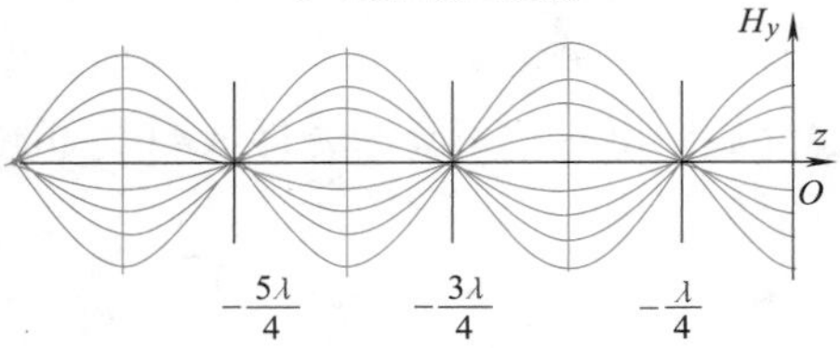

b) 磁场强度合成波

图 6-9 空间平面电磁波合成场分布示意图

在空间上，电场强度与磁场强度的幅值分别为 $2\sqrt{2}E_{\mathrm{i}}^{+}\sin\beta z$ 与 $(2\sqrt{2}E_{\mathrm{i}}^{+}/\eta)\cos\beta z$，可见二者的空间相位互差 90°。

但电场和磁场的瞬时值表达式中不存在 $t-z/v$ 因子，这说明空间各点的场量以不同的振幅随时间做正弦振动，而沿±z 轴方向没有波的移动，即合成波不存在波动性。

这说明入射波和反射波合成的结果没有向前移动，只是在原地振荡。称这种波为驻波（standing wave）。

由电场与磁场的幅值表达式还可看到，在任意时刻，合成电场和磁场都在距理想导体表面的某些位置有零值或最大值。其中：

电场的零值和磁场的最大值发生在 $\beta z=-n\pi$ 或 $z=-n\lambda/2$（其中 $n=0, 1, 2, \cdots$）处，这些点称为电场强度的波节点或磁场强度的波腹点；

电场的最大值和磁场的零值发生在 $\beta z=-(2n+1)\pi/2$ 或 $z=-(2n+1)\lambda/4$（其中 $n=0, 1, 2, \cdots$）处，这些点称为电场强度的波腹点或磁场强度的波节点。

可见，电场（或磁场）的相邻波节点间的距离为 $\lambda/2$，相邻波腹点间距离也是 $\lambda/2$，但波节点和相邻的波腹点之间的距离为 $\lambda/4$。磁场的波节点恰与电场的波腹点相重合，而电场的波节点恰是磁场的波腹点，说明电场和磁场在空间上错开了 $\lambda/4$，这与前面得到的相位上相差 90°的结论是一致的。此时，能量不能通过波节传递，所以电场能和磁场能之间的交换只限于在空间距离为 $\lambda/4$ 的范围内进行。

在理想导体表面上，电场强度为零，磁场强度最大，因此出现了一层面电流，由边界条件 $\boldsymbol{e}_{\mathrm{n}}\times(\dot{\boldsymbol{H}}_2-\dot{\boldsymbol{H}}_1)\big|_{z=0}=\dot{\boldsymbol{K}}$ 可得面电流密度为

$$\dot{\boldsymbol{K}}=-\boldsymbol{e}_z\times\dot{\boldsymbol{H}}_1\big|_{z=0}=\frac{2E_{\mathrm{i}}^{+}}{\eta}\boldsymbol{e}_x \tag{6-41}$$

总的电磁波的复能流密度矢量为

$$\widetilde{\boldsymbol{S}}=\dot{\boldsymbol{E}}\times\dot{\boldsymbol{H}}^{*}=(-\mathrm{j}2E_{\mathrm{i}}^{+}\sin\beta z)\boldsymbol{e}_x\times\frac{2E_{\mathrm{i}}^{+}}{\eta}\cos\beta z\boldsymbol{e}_y=-\mathrm{j}\frac{2E_{\mathrm{i}}^{+2}}{\eta}\sin 2\beta z\boldsymbol{e}_z \tag{6-42}$$

由于合成电场和磁场存在着 90°相位差，因此，理想介质中总的电磁波的平均功率流密度

为零，即只有电场能量和磁场能量间的互相交换，而无能量传递。

例 6-9　空气中沿 z 方向传播的均匀平面电磁波的电场为 $\boldsymbol{E}_i=0.2\cos(\omega t-\beta z)\boldsymbol{e}_x$ V/m，若电磁波在 $z=0$ 处遇到一无限大理想导体平面，求：（1）空气中合成电磁波的磁场强度 $\boldsymbol{H}$；（2）导体平面上的面电流密度。

解　（1）由式（6-38）求得合成波电场为

$$\boldsymbol{E}_1=2\sqrt{2}E_i^+\sin\beta z\sin\omega t\boldsymbol{e}_x=0.4\sin\beta z\sin\omega t\boldsymbol{e}_x\ \text{V/m}$$

再由式（6-40）及 $\eta_0=120\pi$，求得磁场强度 H_1（单位 A/m）为

$$\boldsymbol{H}_1=\frac{2\sqrt{2}E_i^+}{\eta}\cos\beta z\cos\omega t\boldsymbol{e}_y=\frac{1}{300\pi}\cos\beta z\cos\omega t\boldsymbol{e}_y\ \text{A/m}$$

（2）导体平面上的面电流密度可由式（6-41）求得，即

$$\dot{\boldsymbol{K}}=-\boldsymbol{e}_z\times\dot{\boldsymbol{H}}_1\big|_{z=0}=\frac{2E_i^+}{\eta}\boldsymbol{e}_x=\frac{1}{300\sqrt{2}\pi}\boldsymbol{e}_x\ \text{A/m}$$

回顾第 5 章例 5-16 可见，前例中的电磁场就属于这种合成驻波，能量在 $z=0$ 和 $\lambda_0/4$ 空间范围之间振荡。请读者用本节介绍的方法重新求解例 5-16。

例 6-10*　空气中沿 z 方向传播的均匀平面电磁波的电场强度为

$$\boldsymbol{E}_i=10\sqrt{2}\sin(\omega t-\beta z)\boldsymbol{e}_x+20\sqrt{2}\cos(\omega t-\beta z)\boldsymbol{e}_y\ \text{V/m}$$

若电磁波在 $z=0$ 处遇到一理想导体平面，求：（1）空气中合成电磁波的磁场强度 $\boldsymbol{H}$；（2）平均坡印廷矢量 $\boldsymbol{S}_{av}$；（3）导体平面上的面电流密度。

解　（1）先求合成波电场。

前面讨论的仅限于单一方向的电磁场在空间的传播，本例中入射波电场是具有 x、y 两个方向分量的左旋椭圆极化波，利用叠加定理仿照前面类似的方法分别对两个分量进行分析、求解即可。写出入射波电场的复矢量形式有

$$\dot{\boldsymbol{E}}_i=(-\text{j}10\boldsymbol{e}_x+20\boldsymbol{e}_y)\text{e}^{-\text{j}\beta z}\ \text{V/m}$$

由于电磁波在导体表面发生全反射，因此反射波电场应为

$$\dot{\boldsymbol{E}}_r=(\text{j}10\boldsymbol{e}_x-20\boldsymbol{e}_y)\text{e}^{\text{j}\beta z}\ \text{V/m}$$

此时反射波电场转化为右旋椭圆极化波。可以证明，这一结论适合于任意圆和椭圆极化平面电磁波。即任一圆或椭圆极化波遇到媒质平面后反射波的旋转方向一定与入射波的旋转方向相反。

由式（6-37）可求得合成波电场复矢量为

$$\dot{\boldsymbol{E}}=-\text{j}2(-\text{j}10\boldsymbol{e}_x+20\boldsymbol{e}_y)\sin\beta z=(-20\boldsymbol{e}_x-\text{j}40\boldsymbol{e}_y)\sin\beta z\ \text{V/m}$$

由 $\dot{\boldsymbol{H}}=\dfrac{1}{\eta}\boldsymbol{e}_S\times\dot{\boldsymbol{E}}$ 及叠加定理可求得合成波磁场为

$$\begin{aligned}\dot{\boldsymbol{H}}&=\frac{1}{120\pi}[\boldsymbol{e}_z\times(-\text{j}10\boldsymbol{e}_x+20\boldsymbol{e}_y)]\text{e}^{-\text{j}\beta z}+\frac{1}{120\pi}[-\boldsymbol{e}_z\times(\text{j}10\boldsymbol{e}_x-20\boldsymbol{e}_y)]\text{e}^{\text{j}\beta z}\ \text{A/m}\\&=\left(-\frac{\text{j}}{6\pi}\boldsymbol{e}_y-\frac{1}{3\pi}\boldsymbol{e}_x\right)\cos\beta z\end{aligned}$$

则合成波电场与磁场瞬时值表达式分别为

$$\boldsymbol{E}=-20\sqrt{2}\cos\omega t\sin\beta z\boldsymbol{e}_x+40\sqrt{2}\sin\omega t\sin\beta z\boldsymbol{e}_y\ \text{V/m}$$

$$\boldsymbol{H}=\frac{\sqrt{2}}{6\pi}\sin\omega t\cos\beta z\boldsymbol{e}_y-\frac{\sqrt{2}}{3\pi}\cos\omega t\cos\beta z\ \boldsymbol{e}_x\ \text{A/m}$$

(2) 由上面表达式可见，合成电磁波为两组驻波的叠加，故平均坡印廷矢量 $\boldsymbol{S}_{\text{av}}$ 为零。

(3) 由分界面衔接条件 $\boldsymbol{e}_n\times(\dot{\boldsymbol{H}}_2-\dot{\boldsymbol{H}}_1)\big|_{z=0}=\dot{\boldsymbol{K}}$ 得面电流密度

$$\dot{\boldsymbol{K}}=-\boldsymbol{e}_z\times\dot{\boldsymbol{H}}_1\big|_{z=0}=\left(-\frac{\text{j}}{6\pi}\boldsymbol{e}_x+\frac{1}{3\pi}\boldsymbol{e}_y\right)\cos\beta z\big|_{z=0}\ \text{A/m}=\left(-\frac{\text{j}}{6\pi}\boldsymbol{e}_x+\frac{1}{3\pi}\boldsymbol{e}_y\right)\ \text{A/m}$$

6.5.2 两种导电媒质分界面的垂直入射

设电磁波从媒质 1 垂直入射到媒质 2，如图 6-10 所示，由于两种媒质均为导电媒质，因此电磁波的复传播常数、本征阻抗均为复数，即

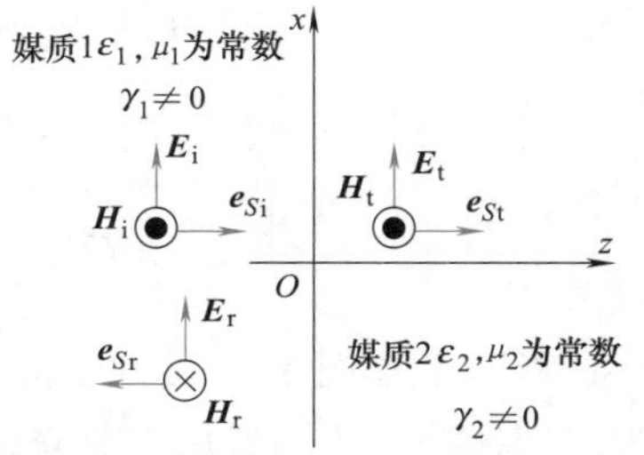

图 6-10 平面波从媒质 1 垂直入射到媒质 2

$$k_{\text{i}}=k_{\text{r}}=k_1=\omega\sqrt{\mu_1\varepsilon_{\text{c1}}}$$

$$k_{\text{t}}=k_2=\omega\sqrt{\mu_2\varepsilon_{\text{c2}}}$$

$$\eta_{\text{i}}=\eta_{\text{r}}=\eta_1=\sqrt{\frac{\mu_1}{\varepsilon_{\text{c1}}}},\quad \eta_{\text{t}}=\eta_2=\sqrt{\frac{\mu_2}{\varepsilon_{\text{c2}}}}$$

其中，等效介电常数分别为

$$\varepsilon_{\text{c1}}=\varepsilon_1\left(1-\text{j}\frac{\gamma_1}{\omega\varepsilon_1}\right),\quad \varepsilon_{\text{c2}}=\varepsilon_2\left(1-\text{j}\frac{\gamma_2}{\omega\varepsilon_2}\right)$$

假设入射波、反射波、透射波电场的方向均为 x 方向不变，由$\dot{\boldsymbol{H}}=\dfrac{1}{\eta}\boldsymbol{e}_S\times\dot{\boldsymbol{E}}$ 写出电场与磁场表达式分别为

$$\begin{cases}\dot{\boldsymbol{E}}_{\text{i}}=\dot{E}_{\text{i}}\text{e}^{-\text{j}k_1z}\boldsymbol{e}_x\\ \dot{\boldsymbol{H}}_{\text{i}}=\dfrac{\dot{E}_{\text{i}}}{\eta_1}\text{e}^{-\text{j}k_1z}\boldsymbol{e}_y\end{cases}\quad \begin{cases}\dot{\boldsymbol{E}}_{\text{r}}=\dot{E}_{\text{r}}\text{e}^{\text{j}k_1z}\boldsymbol{e}_x\\ \dot{\boldsymbol{H}}_{\text{r}}=-\dfrac{\dot{E}_{\text{r}}}{\eta_1}\text{e}^{\text{j}k_1z}\boldsymbol{e}_y\end{cases}\quad \begin{cases}\dot{\boldsymbol{E}}_{\text{t}}=\dot{E}_{\text{t}}\text{e}^{-\text{j}k_2z}\boldsymbol{e}_x\\ \dot{\boldsymbol{H}}_{\text{t}}=\dfrac{\dot{E}_{\text{t}}}{\eta_2}\text{e}^{-\text{j}k_2z}\boldsymbol{e}_y\end{cases}\tag{6-43}$$

设媒质分界面不存在传导电流，则由介质分界面衔接条件 $\boldsymbol{e}_{\text{n}}\times(\dot{\boldsymbol{E}}_2-\dot{\boldsymbol{E}}_1)\big|_{z=0}=0$，$\boldsymbol{e}_{\text{n}}\times(\dot{\boldsymbol{H}}_2-\dot{\boldsymbol{H}}_1)\big|_{z=0}=0$ 可得

$$\begin{cases}\dot{E}_{\text{i}}+\dot{E}_{\text{r}}=\dot{E}_{\text{t}}\\ \dfrac{\dot{E}_{\text{i}}}{\eta_1}-\dfrac{\dot{E}_{\text{r}}}{\eta_1}=\dfrac{\dot{E}_{\text{t}}}{\eta_2}\end{cases}$$

求解上述方程可得

$$\dot{E}_{\text{r}}=\frac{\eta_2-\eta_1}{\eta_2+\eta_1}\dot{E}_{\text{i}},\quad \dot{E}_{\text{t}}=\frac{2\eta_2}{\eta_2+\eta_1}\dot{E}_{\text{i}}$$

令

$$R=\frac{\dot{E}_{\mathrm{r}}}{\dot{E}_{\mathrm{i}}}=\frac{\eta_2-\eta_1}{\eta_2+\eta_1} \tag{6-44}$$

$$T=\frac{\dot{E}_{\mathrm{t}}}{\dot{E}_{\mathrm{i}}}=\frac{2\eta_2}{\eta_2+\eta_1} \tag{6-45}$$

可见

$$1+R=T \tag{6-46}$$

这表明，电磁波经过媒质交界面后反射波电场相量、透射波电场相量与入射波电场相量之间的关系满足

$$\dot{E}_{\mathrm{r}}=R\dot{E}_{\mathrm{i}},\dot{E}_{\mathrm{t}}=T\dot{E}_{\mathrm{i}} \tag{6-47}$$

式中，系数 R、T 分别称为电磁波的反射系数（reflection coefficient）和透射系数（transmission coefficient）。对于有损耗媒质，反射系数和透射系数也为复数。

若已知入射波电场强度及两种媒质的参数，即可由上述公式求得反射系数和透射系数，进一步求出反射波电磁场和透射波电磁场为

$$\begin{cases}\dot{\boldsymbol{E}}_{\mathrm{r}}=R\dot{E}_{\mathrm{i}}\mathrm{e}^{\mathrm{j}k_1z}\boldsymbol{e}_x\\ \dot{\boldsymbol{H}}_{\mathrm{r}}=-\dfrac{R\dot{E}_{\mathrm{i}}}{\eta_1}\mathrm{e}^{\mathrm{j}k_1z}\boldsymbol{e}_y\end{cases}\quad\begin{cases}\dot{\boldsymbol{E}}_{\mathrm{t}}=T\dot{E}_{\mathrm{i}}\mathrm{e}^{-\mathrm{j}k_2z}\boldsymbol{e}_x\\ \dot{\boldsymbol{H}}_{\mathrm{t}}=\dfrac{T\dot{E}_{\mathrm{i}}}{\eta_2}\mathrm{e}^{-\mathrm{j}k_2z}\boldsymbol{e}_y\end{cases} \tag{6-48}$$

特殊情况下，当 $R=-1$ 时，$T=0$，此时介质 2 中无透射波，介质 1 中的电磁波全部被分界面反射回去，这种情况称为全反射（total reflection）；

当 $R=0$ 时，$T=1$，此时媒质 1 中无反射波，电磁波经过分界面全部折射到媒质 2 中，这种情况称为全折射，或全透射（total transmission）。

若某种媒质能够将电磁波全部吸收而不反射，则称之为吸波材料。利用这种吸波材料制作飞机等，可以躲避雷达搜索，实现隐身的目的。

一般情况下，媒质 1 中既有入射波，又有反射波，将合成电场改写，有

$$\dot{\boldsymbol{E}}_1=\dot{\boldsymbol{E}}_{\mathrm{i}}+\dot{\boldsymbol{E}}_{\mathrm{r}}=\dot{E}_{\mathrm{i}}\mathrm{e}^{-\mathrm{j}k_1z}\boldsymbol{e}_x+R\dot{E}_{\mathrm{i}}\mathrm{e}^{\mathrm{j}k_1z}\boldsymbol{e}_x=(1+R)\dot{E}_{\mathrm{i}}\mathrm{e}^{-\mathrm{j}k_1z}\boldsymbol{e}_x-R\dot{E}_{\mathrm{i}}(\mathrm{e}^{-\mathrm{j}k_1z}-\mathrm{e}^{\mathrm{j}k_1z})\boldsymbol{e}_x \tag{6-49}$$

可见合成电场第一项表示沿 $+z$ 方向行进的电磁波，称为行波（traveling wave）；第二项与上一节讨论的理想导体表面反射的合成电磁波类似，是个驻波。这种既有行波分量又有驻波分量的电磁波称为行驻波，即一部分为行波（注意，其幅值恰好为媒质 2 中的透射波幅值的大小），沿 z 方向传递到媒质 2 中，另一部分为驻波，代表媒质 1 中电场能量和磁场能量的交换。

由式（6-49）可知媒质 1 中合成波电场强度的最大值应为 $E_{1\max}=(1+|R|)\sqrt{2}E_{\mathrm{i}}$、最小值应为 $E_{1\min}=(1-|R|)\sqrt{2}E_{\mathrm{i}}$。请读者自己分析出现最大及最小电场强度的空间位置。

为了描述媒质 1 中行驻波的性质，定义驻波比（standing-wave ratio）为媒质中最大电场强度与最小电场强度的比值，有

$$S=\frac{E_{1\max}}{E_{1\min}}=\frac{1+|R|}{1-|R|} \tag{6-50}$$

显然，当反射系数 R 从 -1 变化到 1 时，驻波比 S 的值从 1 变化到 ∞。当 $|R|=0$ 时，电

磁波无反射，为行波，$S=1$，场强的最大值与最小值的绝对值相等；当 $|R|=1$ 时，电磁波全反射，为纯驻波，此时 $S\to\infty$，场强的最小值为零。

工程上可通过测量驻波比间接测量反射系数，即

$$|R|=\frac{S-1}{S+1} \tag{6-51}$$

可以证明，若两种媒质均是理想介质，当 $\eta_2>\eta_1$ 时，边界处为电场驻波的最大点；当 $\eta_2<\eta_1$ 时，边界处为电场驻波的最小点。这个特性通常用于微波测量。

例 6-11　空气中沿 z 方向传播的均匀平面电磁波的电场强度有效值为 3V/m，从空气垂直入射到 $\varepsilon_r=9$、$\mu_r=1$ 的理想介质平面上，电磁波的频率为 $f=300\text{MHz}$，求：（1）反射系数、透射系数、驻波比；（2）入射波、反射波和透射波的电场和磁场；（3）入射波、反射波和透射波的平均功率密度。

解　（1）介质的本征阻抗分别为

$$\eta_1=\sqrt{\frac{\mu_0}{\varepsilon_0}}=120\pi\Omega,\quad \eta_2=\sqrt{\frac{\mu_0}{\varepsilon}}=\sqrt{\frac{\mu_0}{9\varepsilon_0}}=40\pi\Omega$$

故反射系数、透射系数、驻波比分别为

$$R=\frac{\eta_2-\eta_1}{\eta_2+\eta_1}=-\frac{1}{2},\quad T=\frac{2\eta_2}{\eta_2+\eta_1}=\frac{1}{2},\quad S=\frac{1+|R|}{1-|R|}=3$$

（2）介质的相位常数分别为

$$\beta_1=2\pi f\sqrt{\mu_0\varepsilon_0}=\frac{2\pi f}{c}=2\pi\ \text{rad/m},\quad \beta_2=2\pi f\sqrt{\mu\varepsilon}=\frac{2\pi f\sqrt{\varepsilon_r}}{c}=6\pi\ \text{rad/m}$$

设入射波为 x 方向的线极化波，沿 z 方向传播，则由式（6-48）可得入射波、反射波和透射波的电场和磁场分别为

$$\begin{cases}\dot{\boldsymbol{E}}_i(z)=3\mathrm{e}^{-\mathrm{j}2\pi z}\boldsymbol{e}_x\ \text{V/m}\\ \dot{\boldsymbol{H}}_i(z)=\dfrac{1}{40\pi}\mathrm{e}^{-\mathrm{j}2\pi z}\boldsymbol{e}_y\ \text{A/m}\end{cases}\quad \begin{cases}\dot{\boldsymbol{E}}_r(z)=-\dfrac{3}{2}\mathrm{e}^{\mathrm{j}2\pi z}\boldsymbol{e}_x\ \text{V/m}\\ \dot{\boldsymbol{H}}_r(z)=\dfrac{1}{80\pi}\mathrm{e}^{\mathrm{j}2\pi z}\boldsymbol{e}_y\ \text{A/m}\end{cases}\quad \begin{cases}\dot{\boldsymbol{E}}_t(z)=\dfrac{3}{2}\mathrm{e}^{-\mathrm{j}6\pi z}\boldsymbol{e}_x\ \text{V/m}\\ \dot{\boldsymbol{H}}_t(z)=\dfrac{3}{80\pi}\mathrm{e}^{-\mathrm{j}6\pi z}\boldsymbol{e}_y\ \text{A/m}\end{cases}$$

（3）由式（6-21）可得入射波、反射波和透射波的平均功率密度分别为

$$\boldsymbol{S}_{av}^{i}=\frac{E_i^2}{\eta_1}\boldsymbol{e}_z=\frac{3}{40\pi}\boldsymbol{e}_z\ \text{W/m}^2,\ \boldsymbol{S}_{av}^{r}=-\frac{E_r^2}{\eta_1}\boldsymbol{e}_z=-\frac{3}{160\pi}\boldsymbol{e}_z\ \text{W/m}^2$$

$$\boldsymbol{S}_{av}^{t}=\frac{E_t^2}{\eta_2}\boldsymbol{e}_z=\frac{9}{160\pi}\boldsymbol{e}_z\ \text{W/m}^2$$

由上式可见 $|\boldsymbol{S}_{av}^{i}|=|\boldsymbol{S}_{av}^{r}|+|\boldsymbol{S}_{av}^{t}|$，这再一次说明入射波的能量一部分穿过介质分界面透入到介质内部传播，另一部分则被介质表面反射回空气中。

6.5.3　多种媒质分界面的垂直入射

为了简化分析，我们仅以三层理想媒质为例，并假设电磁波在介质 1 与介质 2 之间不存在反射，如图 6-11 所示。此时三种介质中的电磁场分别为

$$\begin{cases}\dot{\boldsymbol{E}}_1=\dot{E}_1\mathrm{e}^{-\mathrm{j}\beta_1 z}\boldsymbol{e}_x\\ \dot{\boldsymbol{H}}_1=\dfrac{\dot{E}_1}{\eta_1}\mathrm{e}^{-\mathrm{j}\beta_1 z}\boldsymbol{e}_y\end{cases}\quad\begin{cases}\dot{\boldsymbol{E}}_2=\dot{E}_{2\mathrm{i}}\mathrm{e}^{-\mathrm{j}\beta_2 z}\boldsymbol{e}_x+\dot{E}_{2\mathrm{r}}\mathrm{e}^{\mathrm{j}\beta_2 z}\boldsymbol{e}_x\\ \dot{\boldsymbol{H}}_2=\dfrac{\dot{E}_{2\mathrm{i}}}{\eta_2}\mathrm{e}^{-\mathrm{j}\beta_2 z}\boldsymbol{e}_y-\dfrac{\dot{E}_{2\mathrm{r}}}{\eta_2}\mathrm{e}^{\mathrm{j}\beta_2 z}\boldsymbol{e}_y\end{cases}\quad\begin{cases}\dot{\boldsymbol{E}}_3=\dot{E}_3\mathrm{e}^{-\mathrm{j}\beta_3 z}\boldsymbol{e}_x\\ \dot{\boldsymbol{H}}_3=\dfrac{\dot{E}_3}{\eta_3}\mathrm{e}^{-\mathrm{j}\beta_3 z}\boldsymbol{e}_y\end{cases}$$

设媒质分界面不存在传导电流，则介质分界面电场与磁场的切线分量连续。在 $z=0$ 处，有

$$\begin{cases}\dot{E}_1=\dot{E}_{2\mathrm{i}}+\dot{E}_{2\mathrm{r}}\\ \dfrac{\dot{E}_1}{\eta_1}=\dfrac{\dot{E}_{2\mathrm{i}}}{\eta_2}-\dfrac{\dot{E}_{2\mathrm{r}}}{\eta_2}\end{cases}\tag{6-52}$$

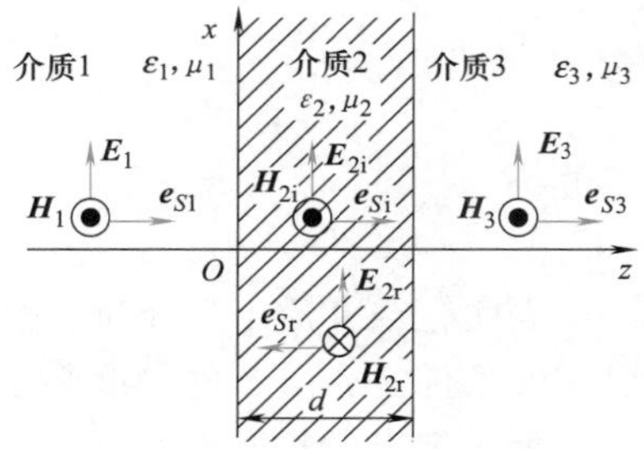

图 6-11　平面波在三层介质中传播

令系数 $\zeta=\dfrac{\dot{E}_{2\mathrm{r}}}{\dot{E}_{2\mathrm{i}}}$，代入式（6-52）可求得

$$\eta_1=\eta_2\frac{1-\zeta}{1+\zeta}\quad 或\quad \zeta=\frac{\eta_1-\eta_2}{\eta_1+\eta_2}$$

类似的，可求得在 $z=d$ 处

$$\begin{cases}\dot{E}_{2\mathrm{i}}\mathrm{e}^{-\mathrm{j}\beta_2 d}+\dot{E}_{2\mathrm{r}}\mathrm{e}^{\mathrm{j}\beta_2 d}=\dot{E}_3\mathrm{e}^{-\mathrm{j}\beta_3 d}\\ \dfrac{\dot{E}_{2\mathrm{i}}}{\eta_2}\mathrm{e}^{-\mathrm{j}\beta_2 d}-\dfrac{\dot{E}_{2\mathrm{r}}}{\eta_2}\mathrm{e}^{\mathrm{j}\beta_2 d}=\dfrac{\dot{E}_3}{\eta_3}\mathrm{e}^{-\mathrm{j}\beta_3 d}\end{cases}$$

将系数 $\zeta=\dfrac{\dot{E}_{2\mathrm{r}}}{\dot{E}_{2\mathrm{i}}}$代入上式可求得

$$\eta_2\frac{1+\zeta\mathrm{e}^{\mathrm{j}2\beta_2 d}}{1-\zeta\mathrm{e}^{\mathrm{j}2\beta_2 d}}=\eta_3$$

因此有

$$\mathrm{e}^{\mathrm{j}2\beta_2 d}=\cos(2\beta_2 d)+\mathrm{j}\sin(2\beta_2 d)=\frac{1}{\zeta}\frac{\eta_3-\eta_2}{\eta_3+\eta_2}=\frac{\eta_1+\eta_2}{\eta_1-\eta_2}\frac{\eta_3-\eta_2}{\eta_3+\eta_2}\tag{6-53}$$

由于理想介质的本征阻抗都是实数，所以式（6-53）右端也为实数，故必有

$$\sin(2\beta_2 d)=0\quad 或\quad 2\beta_2 d=n\pi$$

由此可见

$$d=\frac{n\pi}{2\beta_2}=n\frac{\lambda_2}{4}$$

即：要满足介质 1 与介质 2 之间不存在反射，介质 2 的厚度必须等于介质 2 中电磁波 1/4 波长的整数倍。

另一方面，如果 n 等于奇数，则

$$\cos(2\beta_2 d)=-1=\frac{1}{\zeta}\frac{\eta_3-\eta_2}{\eta_3+\eta_2}=\frac{\eta_1+\eta_2}{\eta_1-\eta_2}\frac{\eta_3-\eta_2}{\eta_3+\eta_2}$$

解得

$$\eta_2=\sqrt{\eta_1\eta_3}$$

以上说明当介质1和介质3不同时，介质1中无反射波的条件是介质2的本征阻抗必须等于介质1与介质3的本征阻抗的几何平均值，且介质2的厚度必须是其1/4波长的奇数倍。

如果 n 等于偶数，则

$$\cos(2\beta_2 d)=1=\frac{1}{\zeta}\frac{\eta_3-\eta_2}{\eta_3+\eta_2}=\frac{\eta_1+\eta_2}{\eta_1-\eta_2}\frac{\eta_3-\eta_2}{\eta_3+\eta_2}$$

解得

$$\eta_1=\eta_3$$

这表明，当介质1与介质3的本征阻抗相同（或者二者为同一种介质）时，介质1中无反射波的条件是介质2的厚度必须为其半波长的整数倍。

工程上把半波长厚度的介质片称为“半波窗”，因为它对给定波长的电磁波，犹如一个无反射的窗口。利用这一原理可以制作“雷达天线罩”，这种天线罩既可以保护雷达设备免受恶劣气候的影响，又可使电磁波通过时反射最小。

若将介质2中的任意点 z 处合成波电场强度与磁场强度的比值定义为该点的**输入本征阻抗**（impedance transformation），即

$$\eta_{\text{in}}(z)=\frac{\dot{E}_2(z)}{\dot{H}_2(z)}$$

则可用该输入本征阻抗等值替代自该处起沿 $+z$ 方向上所有不同媒质的共同特性。也就是说，如果用本征阻抗等于输入波阻抗的均匀半无限大媒质来代替该处沿 $+z$ 方向向右的所有媒质时，它对 z 处左方电磁波的作用与原来媒质的影响是相同的。因此，输入波阻抗又称为等效本征阻抗，这与电路中的入端阻抗概念非常相似。

可以证明，图6-11所示的三层介质中介质2内 $z=0$ 处的入端阻抗为

$$\eta(0)=\eta_2\frac{\eta_3\cos\beta_2 d+\mathrm{j}\eta_2\sin\beta_2 d}{\eta_2\cos\beta_2 d+\mathrm{j}\eta_3\sin\beta_2 d}$$

这表明，将厚度为 d、本征阻抗为 η_2 的介质层插在本征阻抗分别为 η_1 和 η_3 的介质之间，其效果相当于将介质2、介质3等效成本征阻抗为 $\eta(0)$ 的单一介质，由此可以简化问题的分析。

例6-12 设在图6-11所示两种介质中插入厚度为 $\lambda_2/4$ 的理想介质夹层，若希望消除介质1中的反射波，试确定该夹层介质的本征阻抗。

解 由于 $\beta_2 d=\beta_2\lambda_2/4=\pi/2$，所以从介质1与介质2交界面向右看介质的输入本征阻抗为

$$\eta(0)=\eta_2\frac{\eta_3\cos\beta_2 d+\mathrm{j}\eta_2\sin\beta_2 d}{\eta_2\cos\beta_2 d+\mathrm{j}\eta_3\sin\beta_2 d}=\eta_2\frac{\mathrm{j}\eta_2\sin(\pi/2)}{\mathrm{j}\eta_3\sin(\pi/2)}=\frac{\eta_2^2}{\eta_3}$$

由式（6-44）可知，若要求介质1中反射系数为零，必须保证从介质1与介质2分界面向右看介质的输入本征阻抗为介质1的阻抗，即

$$\eta(0)=\frac{\eta_2^2}{\eta_3}=\eta_1$$

即夹层介质的本征阻抗必须为

$$\eta_2=\sqrt{\eta_1\eta_3}$$

这与前面讨论得到的结论是一致的，可见利用等效本征阻抗的概念可以简化分析。

6.6　平面电磁波在有界媒质中的传播——斜入射

这一节讨论电磁波以一定角度入射到媒质交界面时电磁波的传播。定义入射线与分界面法线构成的平面为入射面（incidence plane）。此时的平面电磁波可分解为两种平面电磁波的组合：一种是垂直极化波（s-polarized），其电场方向垂直于入射面，这种波为横电波，故称为 TE 极化波；另一种是平行极化波（p-polarized），其电场方向平行于入射面，而磁场为垂直于入射面的方向，故相应的波为横磁波，又称为 TM 极化波，如图 6-12 所示。

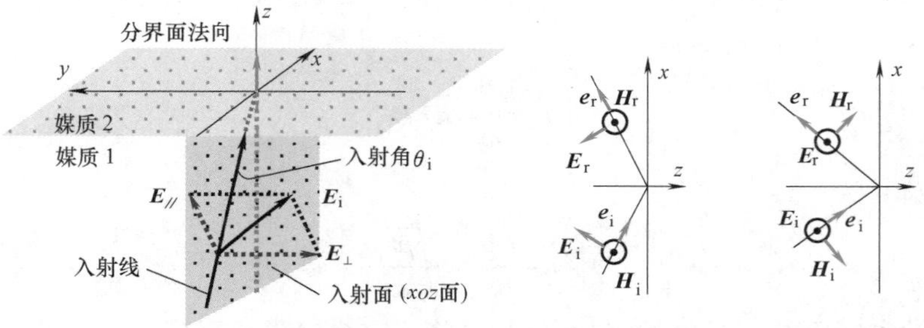

a) 入射波电场分解示意图　　b) 平行极化波 $E_{/\!/}$　　c) 垂直极化波 $E_\perp$

图 6-12　平面电磁波斜入射

本节先给出沿任意方向传播的平面波的基本概念，然后分析较简单的理想导体表面的斜入射，再讨论不同介质交界面的斜入射情况。

6.6.1　沿任意方向传播的平面波

在前面几节的讨论中，都是假设均匀电磁波是沿 z 坐标方向传播的。这只适用于单个孤立的平面波，在必须同时讨论几个沿不同方向传播的电磁波时，要用一个坐标系使其几个坐标轴分别与各个波的传播方向相重合，这显然是不可能的。因此必须讨论沿任意方向传播的均匀平面波。

现假设空间有一个均匀平面电磁波，其等相位面与传播方向如图 6-13 所示。

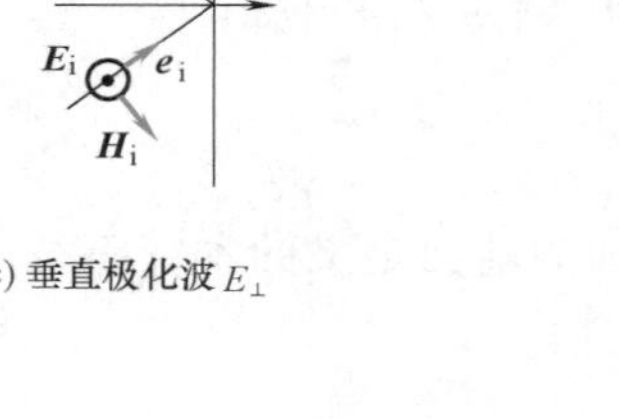

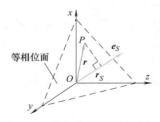

图 6-13　任意方向平面电磁波

对于任意线性、各向同性的媒质中传播的电磁波，设其传播常数为 k，则定义矢量

$$\boldsymbol{k}=k\boldsymbol{e}_S \tag{6-54}$$

为波矢量。

等相位面上任意一点 P 的矢径为

$$\boldsymbol{r}=x\boldsymbol{e}_x+y\boldsymbol{e}_y+z\boldsymbol{e}_z$$

由图 6-13 中各矢量的几何关系可得，电磁波沿 $\boldsymbol{e}_S$ 方向传播的相位常数与传播路径的乘积可表示为波矢量与场点矢径的点积，即

$$kr_S=\boldsymbol{k}\cdot\boldsymbol{r}$$

由此可将电场强度复矢量写作

$$\dot{\boldsymbol{E}}=\dot{\boldsymbol{E}}_0\mathrm{e}^{-\mathrm{j}kr_S}=\dot{\boldsymbol{E}}_0\mathrm{e}^{-\mathrm{j}\boldsymbol{k}\cdot\boldsymbol{r}} \tag{6-55}$$

由均匀平面电磁波的定义可知，电场、磁场与电磁波的传播方向相互垂直，因此电场强度 E、磁场强度 H 与电磁波波矢量 k 各矢量之间的点积应为零，即

$$\dot{E}\cdot k=\dot{H}\cdot k=\dot{E}\cdot\dot{H}=0 \tag{6-56}$$

再根据麦克斯韦方程 $\nabla\times\dot{\boldsymbol{E}}=-\mathrm{j}\omega\mu\dot{\boldsymbol{H}}$，即可由电场强度复矢量求得磁场强度复矢量为

$$\dot{\boldsymbol{H}}=-\frac{1}{\mathrm{j}\omega\mu}\nabla\times(\dot{\boldsymbol{E}}_0\mathrm{e}^{-\mathrm{j}\boldsymbol{k}\cdot\boldsymbol{r}}) \tag{6-57}$$

由均匀平面波的性质知，$\dot{\boldsymbol{E}}_0$ 与坐标无关，再由矢量恒等式 $\nabla\times(\alpha\boldsymbol{A})=\alpha\nabla\times\boldsymbol{A}+\nabla\alpha\times\boldsymbol{A}$ 可得

$$\nabla\times(\dot{\boldsymbol{E}}_0\mathrm{e}^{-\mathrm{j}\boldsymbol{k}\cdot\boldsymbol{r}})=\nabla(\mathrm{e}^{-\mathrm{j}\boldsymbol{k}\cdot\boldsymbol{r}})\times\dot{\boldsymbol{E}}_0=-\mathrm{j}\boldsymbol{k}\times\dot{\boldsymbol{E}}_0\mathrm{e}^{-\mathrm{j}\boldsymbol{k}\cdot\boldsymbol{r}} \tag{6-58}$$

将式（6-58）代入式（6-57）有

$$\dot{\boldsymbol{H}}=\frac{1}{\omega\mu}\boldsymbol{k}\times\dot{\boldsymbol{E}} \tag{6-59}$$

由 $k=\omega\sqrt{\mu\varepsilon}$ 可知

$$\eta=\frac{\omega\mu}{k}=\sqrt{\frac{\mu}{\varepsilon}} \tag{6-60}$$

即为前面定义的本征阻抗。再由式（6-54），可将式（6-59）改写为

$$\dot{\boldsymbol{H}}=\frac{1}{\eta}\boldsymbol{e}_S\times\dot{\boldsymbol{E}} \tag{6-61}$$

这与前面讨论过的单一方向传播的电磁波中得到的结论一致。

例 6-13　自由空间中平面电磁波的电场为 $\dot{\boldsymbol{E}}=(2\boldsymbol{e}_x+\boldsymbol{e}_y+\mathrm{j}\sqrt{5}\boldsymbol{e}_z)\mathrm{e}^{-\mathrm{j}(2x+by+cz)}$ V/m，求电磁波的传播方向、波长，并判断电磁波的极化状态。

解　设电磁波的传播路径为 $\boldsymbol{r}=x\boldsymbol{e}_x+y\boldsymbol{e}_y+z\boldsymbol{e}_z$，则传播常数 k 应为 $\boldsymbol{k}=2\boldsymbol{e}_x+b\boldsymbol{e}_y+c\boldsymbol{e}_z$。由式（6-56）可得

$$\boldsymbol{E}\cdot\boldsymbol{k}=(2\boldsymbol{e}_x+\boldsymbol{e}_y+\mathrm{j}\sqrt{5}\boldsymbol{e}_z)\cdot(2\boldsymbol{e}_x+b\boldsymbol{e}_y+c\boldsymbol{e}_z)=4+b+\mathrm{j}\sqrt{5}c\equiv 0$$

因此得到方程中的系数为 $b=-4$，$c=0$。故电磁波的传播方向为

$$\boldsymbol{e}_S=\frac{\boldsymbol{k}}{k}=\frac{1}{\sqrt{5}}\boldsymbol{e}_x-\frac{2}{\sqrt{5}}\boldsymbol{e}_y$$

由波长与传播常数的关系可得

$$\lambda=\frac{2\pi}{k}=\frac{\pi}{\sqrt{5}}\mathrm{m}=1.405\mathrm{m}$$

将电场强度复矢量的实部与虚部分别写出，有

$$\boldsymbol{E}_\mathrm{R}=2\boldsymbol{e}_x+\boldsymbol{e}_y, \boldsymbol{E}_\mathrm{I}=\sqrt{5}\boldsymbol{e}_z$$

画出 $\boldsymbol{E}_\mathrm{R}$、$\boldsymbol{E}_\mathrm{I}$、$\boldsymbol{e}_S$ 三个矢量之间的对应关系示意图，如图 6-14 所示，可见

$$E_\mathrm{R}=E_\mathrm{I}\quad 且\quad \boldsymbol{E}_\mathrm{R}\perp\boldsymbol{E}_\mathrm{I}\perp\boldsymbol{e}_S$$

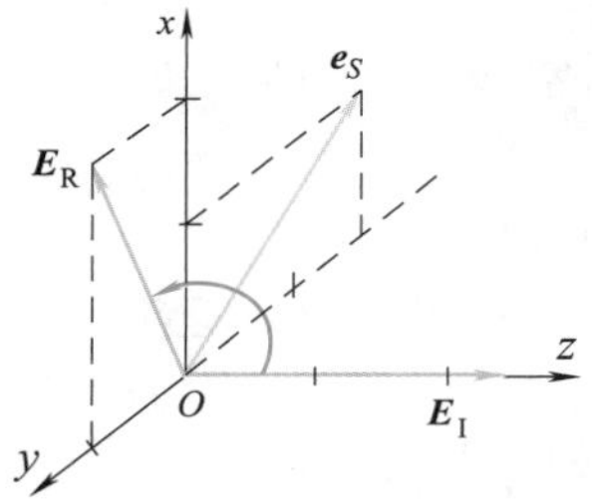

图 6-14　例 6-13 图

因此，电磁波为圆极化。由左右手法则可判断该圆极化波

是左旋圆极化波。

例 6-14　已知空气中均匀平面电磁波的磁场强度为

$$\dot{\boldsymbol{H}}=\frac{1}{120\pi}(-\sqrt{3}\boldsymbol{e}_x+\boldsymbol{e}_y+2\sqrt{3}\boldsymbol{e}_z)\mathrm{e}^{-\mathrm{j}0.17(3x-\sqrt{3}y+2z)}\ \mathrm{A/m}$$

试求：(1) 波矢量和频率；(2) 电场强度复矢量；(3) 坡印廷矢量的平均值。

解　(1) 由给定的磁场强度表达式可得

$$\boldsymbol{k}\cdot\boldsymbol{r}=k_x x+k_y y+k_z z=0.17(3x-\sqrt{3}y+2z)$$

故知波矢量为

$$\boldsymbol{k}=0.17(3\boldsymbol{e}_x-\sqrt{3}\boldsymbol{e}_y+2\boldsymbol{e}_z)\ \mathrm{rad/m}=0.68\left(\frac{3}{4}\boldsymbol{e}_x-\frac{\sqrt{3}}{4}\boldsymbol{e}_y+\frac{1}{2}\boldsymbol{e}_z\right)\ \mathrm{rad/m}$$

由此可得 $k=0.68\mathrm{rad/m}$，$\boldsymbol{e}_S=\frac{3}{4}\boldsymbol{e}_x-\frac{\sqrt{3}}{4}\boldsymbol{e}_y+\frac{1}{2}\boldsymbol{e}_z$。

由式 (6-18) 可得频率为

$$f=\frac{kc}{2\pi}=\frac{0.68\times3\times10^8}{2\pi}\mathrm{Hz}=3.25\times10^7\mathrm{Hz}=32.5\mathrm{MHz}$$

(2) 由电场强度、磁场强度和波矢量之间的关系式 (6-61) 可得电场强度为

$$\begin{aligned}\dot{\boldsymbol{E}}&=\eta_0\dot{\boldsymbol{H}}\times\boldsymbol{e}_S=120\pi\ \frac{1}{120\pi}\mathrm{e}^{-\mathrm{j}0.17(3x-\sqrt{3}y+2z)}(-\sqrt{3}\boldsymbol{e}_x+\boldsymbol{e}_y+2\sqrt{3}\boldsymbol{e}_z)\times\left(\frac{3}{4}\boldsymbol{e}_x-\frac{\sqrt{3}}{4}\boldsymbol{e}_y+\frac{1}{2}\boldsymbol{e}_z\right)\ \mathrm{V/m}\\&=(2\boldsymbol{e}_x+2\sqrt{3}\boldsymbol{e}_y)\mathrm{e}^{-\mathrm{j}0.17(3x-\sqrt{3}y+2z)}\ \mathrm{V/m}\end{aligned}$$

(3) 坡印廷矢量的平均值为

$$\boldsymbol{S}_{\mathrm{av}}=\mathrm{Re}[\dot{\boldsymbol{E}}\times\dot{\boldsymbol{H}}^*]=\frac{1}{120\pi}\begin{vmatrix}\boldsymbol{e}_x&\boldsymbol{e}_y&\boldsymbol{e}_z\\2&2\sqrt{3}&0\\-\sqrt{3}&1&2\sqrt{3}\end{vmatrix}\ \mathrm{W/m^2}=\frac{16}{120\pi}\left(\frac{3}{4}\boldsymbol{e}_x-\frac{\sqrt{3}}{4}\boldsymbol{e}_y+\frac{1}{2}\boldsymbol{e}_z\right)\ \mathrm{W/m^2}=0.042\boldsymbol{e}_S\ \mathrm{W/m^2}$$

6.6.2　介质与理想导体表面的斜入射

设垂直极化入射波电场以入射角 θ_{i} 入射到导体表面，如图 6-15 所示，则入射线单位矢量为

$$\boldsymbol{e}_{\mathrm{i}}=\sin\theta_{\mathrm{i}}\boldsymbol{e}_x+\cos\theta_{\mathrm{i}}\boldsymbol{e}_z$$

由于反射波与入射波均在同一媒质中传播，故传播常数相同，设 $k_{\mathrm{i}}=k_{\mathrm{r}}=k$，$\boldsymbol{r}=x\boldsymbol{e}_x+z\boldsymbol{e}_z$ 则有

$$\boldsymbol{k}_{\mathrm{i}}\cdot\boldsymbol{r}=kx\sin\theta_{\mathrm{i}}+kz\cos\theta_{\mathrm{i}}$$

$$\dot{\boldsymbol{E}}_{\mathrm{i}}=\dot{E}_{\mathrm{i}}\mathrm{e}^{-\mathrm{j}(kx\sin\theta_{\mathrm{i}}+kz\cos\theta_{\mathrm{i}})}\boldsymbol{e}_y$$

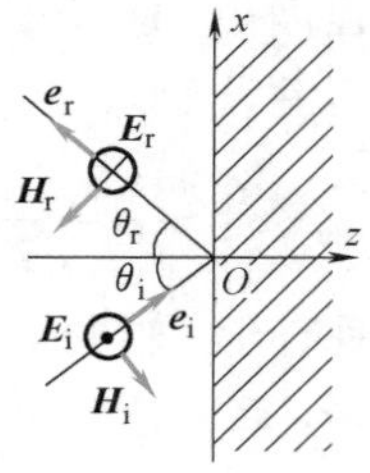

图 6-15　斜入射至理想导体

类似的，反射波电场中

$$\boldsymbol{e}_{\mathrm{r}}=\sin\theta_{\mathrm{r}}\boldsymbol{e}_x-\cos\theta_{\mathrm{r}}\boldsymbol{e}_z$$

故

$$\boldsymbol{k}_{\mathrm{r}}\cdot\boldsymbol{r}=kx\sin\theta_{\mathrm{r}}-kz\cos\theta_{\mathrm{r}}$$

$$\dot{\boldsymbol{E}}_{\mathrm{r}}=\dot{E}_{\mathrm{r}}\mathrm{e}^{-\mathrm{j}(kx\sin\theta_{\mathrm{r}}-kz\cos\theta_{\mathrm{r}})}\boldsymbol{e}_y$$

由分界面衔接条件 $\boldsymbol{e}_n\times(\dot{\boldsymbol{E}}_2-\dot{\boldsymbol{E}}_1)|_{z=0}=0$ 及$\dot{\boldsymbol{E}}_2=0$ 可得

$$\dot{\boldsymbol{E}}_1=\dot{\boldsymbol{E}}_i+\dot{\boldsymbol{E}}_r=\dot{E}_i e^{-jkx\sin\theta_i}\boldsymbol{e}_y+\dot{E}_r e^{-jkx\sin\theta_r}\boldsymbol{e}_y=0$$

故有

$$\begin{cases}\dot{E}_r=-\dot{E}_i\\ \theta_r=\theta_i\end{cases} \tag{6-62}$$

公式表明，电磁波斜入射时反射角总是与入射角相同，反射波电场强度与入射波电场强度的幅值相同、相位相差 180°，称为反射定律。

令 $k_x=k\sin\theta_i$，$k_z=k\cos\theta_i$，合成波电场可改写为

$$\dot{\boldsymbol{E}}_1=\dot{E}_i e^{-j(k_xx+k_zz)}\boldsymbol{e}_y-\dot{E}_i e^{-j(k_xx-k_zz)}\boldsymbol{e}_y=\dot{E}_i(e^{-jk_zz}-e^{jk_zz})e^{-jk_xx}\boldsymbol{e}_y$$

即

$$\dot{\boldsymbol{E}}_1=-j2\dot{E}_i\sin k_zz e^{-jk_xx}\boldsymbol{e}_y \tag{6-63}$$

再由麦克斯韦方程 $\nabla\times\dot{\boldsymbol{E}}=-j\omega\mu\dot{\boldsymbol{H}}$ 得

$$-j\omega\mu\dot{\boldsymbol{H}}=\frac{\partial\dot{E}_y}{\partial x}\boldsymbol{e}_z-\frac{\partial\dot{E}_y}{\partial z}\boldsymbol{e}_x \tag{6-64}$$

将式（6-63）代入式（6-64）并由式（6-60）即 $\eta=\dfrac{\omega\mu}{k}=\sqrt{\dfrac{\mu}{\varepsilon}}$ 代入可得

$$\dot{H}_x=\frac{1}{j\omega\mu}\frac{\partial\dot{E}_y}{\partial z}=-\frac{2\dot{E}_i\cos\theta_i}{\eta}\cos k_zz e^{-jk_xx} \tag{6-65}$$

$$\dot{H}_z=-\frac{1}{j\omega\mu}\frac{\partial\dot{E}_y}{\partial x}=-j\frac{2\dot{E}_i\sin\theta_i}{\eta}\sin k_zz e^{-jk_xx} \tag{6-66}$$

观察上述电场与磁场表达式，可见电磁场合成波具有如下特性：

1）在 $x=\text{const}$ 的平面上，场量 E_y、H_x 分别按 $\sin(k_zz)$、$\cos(k_zz)$ 分布形成 z 方向的驻波。

2）在 $z=\text{const}$ 的平面上，场量 E_y、H_z 均按 e^{-jk_xx} 分布，形成 x 方向的行波。

3）在驻波的等相位面上，即 $z=\text{const}$ 的平面上，电场强度 E_y 与磁场强度 H_x 的幅值为常数，所以驻波为均匀平面波；在行波的等相位面上，即 $x=\text{const}$ 的平面上，电场强度 E_y 与磁场强度 H_z 的幅值与坐标 z 有关，幅值不相等，所以不是均匀平面波，即合成电磁波为非均匀行驻波。

4）在 $z=-\dfrac{n\pi}{k_z}=-\dfrac{n\lambda}{2\cos\theta_i}$（其中 $n=0,1,2,3\cdots$）处，电场强度恒为零，因此在 $z=-\dfrac{n\lambda}{2\cos\theta_i}$ 处放置垂直于 z 轴的金属板将不破坏电场、磁场的边界条件（导体内电场、磁场均为零）。

5）在垂直于电磁波传播方向的平面上电场强度分量为零，磁场强度分量不为零，即 $E_z=0$，$H_z\neq0$，所以这种电磁波称为横电波，即 TE 波，而不是 TEM 波。

由性质 4 可知，在两块无限大理想导电板之间可以传播 TE 波。这种传播系统在微波技术中被称为平行板波导系统。如果在垂直于 y 轴的空间再放置两块理想导电板，就可构成传播 TE 波的矩形波导。有关波导内容见本书第 8 章。

例 6-15　已知一均匀平面电磁波由空气斜入射到理想导体平面上，如图 6-15 所示。设

入射波电场为 $\dot{\boldsymbol{E}}_i=10e^{-j(6x+8z)}\boldsymbol{e}_y$ V/m，求：（1）电磁波的频率、波长及入射角；（2）反射波及合成波电场、磁场的复矢量。

解　（1）由电场表达式 $\dot{\boldsymbol{E}}_i=10e^{-j(6x+8z)}\boldsymbol{e}_y$ V/m 可知 $\boldsymbol{e}_E=\boldsymbol{e}_y$，$\boldsymbol{r}=x\boldsymbol{e}_x+z\boldsymbol{e}_z$，且 $\boldsymbol{e}_E\perp\boldsymbol{r}$，因此该电磁波为垂直极化斜入射。对照前面的分析可知 $\boldsymbol{k}_i\cdot\boldsymbol{r}=kx\sin\theta_i+kz\cos\theta_i=6x+8z$，因此有

$$k=\sqrt{6^2+8^2}\text{rad/m}=10\text{rad/m}$$

故电磁波的波长、频率及入射角分别为

$$\lambda=\frac{2\pi}{k}=\frac{2\pi}{10}\text{m}=0.682\text{m}$$

$$f=\frac{c}{\lambda}=\frac{3\times10^8}{0.628}\text{Hz}=4.78\times10^8\text{Hz}$$

$$\theta_i=\arcsin\frac{6}{10}=36.9°$$

（2）由反射定律可知，$\dot{E}_r=-\dot{E}_i=-10$ V/m，$\theta_r=\theta_i=36.9°$，因此可直接写出反射波电场复矢量为

$$\dot{\boldsymbol{E}}_r=-10e^{-j(6x-8z)}\boldsymbol{e}_y\ \text{V/m}$$

由式（6-65）、式（6-66）即可得到合成波磁场分量分别为

$$\dot{H}_x=-\frac{2\dot{E}_i\cos\theta_i}{\eta}\cos k_z z e^{-jk_x x}=-\frac{2\times10\times0.8}{120\pi}\cos8ze^{-j6x}\ \text{A/m}=-\frac{2}{15\pi}\cos8ze^{-j6x}\ \text{A/m}$$

$$\dot{H}_z=-j\frac{2\dot{E}_i\sin\theta_i}{\eta}\sin k_z z e^{-jk_x x}=-j\frac{2\times10\times0.6}{120\pi}\sin8ze^{-j6x}\ \text{A/m}=-j\frac{1}{10\pi}\sin8ze^{-j6x}\ \text{A/m}$$

合成波电场复矢量由式（6-63）有

$$\dot{\boldsymbol{E}}_1=-j2\dot{E}_i\sin k_z z e^{-jk_x x}\boldsymbol{e}_y=-j20\sin8ze^{-j6x}\boldsymbol{e}_y\ \text{V/m}$$

合成波磁场复矢量则为

$$\dot{\boldsymbol{H}}=\dot{H}_x\boldsymbol{e}_x+\dot{H}_z\boldsymbol{e}_z=-\left(\frac{2}{15\pi}\cos8z\boldsymbol{e}_x+j\frac{1}{10\pi}\sin8z\boldsymbol{e}_z\right)e^{-j6x}\ \text{V/m}$$

观察上述表达式可以更加直观地理解前面对合成电磁波传播特性的分析。该合成波电场、磁场的幅值只是坐标 z 的函数，传播方向则只有 x 方向，即构成了 x 方向的行驻波。

6.6.3　两种媒质分界面上的斜入射

1. 垂直极化波的斜入射

设两种半无限大理想介质分界面的法向与 z 轴重合，介质 1 和介质 2 的参数分别为 ε_1、μ_1 和 ε_2、μ_2，现有垂直极化电磁波从介质 1 斜入射到介质 2 中，如图 6-16 所示。设入射波的传播方向与 z 轴的夹角为 θ_i，反射波的传播方向与 z 轴的夹角为 θ_r，折射波的传播方向与 z 轴的夹角为 θ_t，则有

$$\boldsymbol{e}_i=\sin\theta_i\boldsymbol{e}_x+\cos\theta_i\boldsymbol{e}_z$$

$$\boldsymbol{e}_r=\sin\theta_r\boldsymbol{e}_x-\cos\theta_r\boldsymbol{e}_z$$

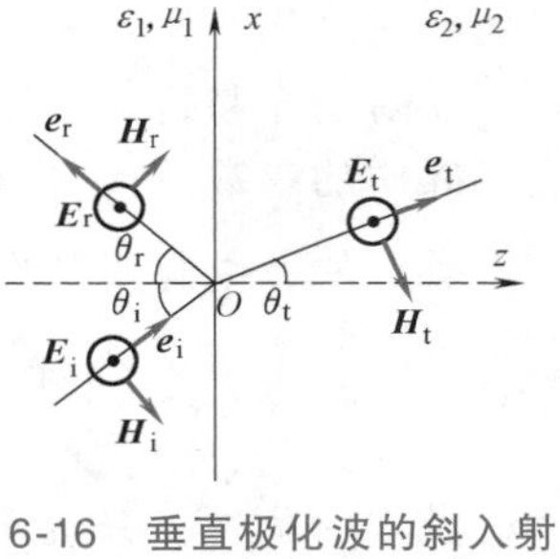

图 6-16　垂直极化波的斜入射

$$\boldsymbol{e}_t=\sin\theta_t\boldsymbol{e}_x+\cos\theta_t\boldsymbol{e}_z$$

由于反射波与入射波均在同一介质中传播，故传播常数、本征阻抗相同。设 $k_i=k_r=k_1$，$\eta_i=\eta_r=\eta_1$，则入射波可写为

$$\dot{\boldsymbol{E}}_i=\dot{E}_i e^{-jk_1(x\sin\theta_i+z\cos\theta_i)}\boldsymbol{e}_y$$

由式（6-61）可得入射波磁场强度为

$$\dot{\boldsymbol{H}}_i=\frac{1}{\eta_1}\boldsymbol{e}_i\times\dot{\boldsymbol{E}}_i=\frac{\dot{E}_i}{\eta_1}(-\cos\theta_i\boldsymbol{e}_x+\sin\theta_i\boldsymbol{e}_z)e^{-jk_1(x\sin\theta_i+z\cos\theta_i)}$$

类似的，可写出反射波电场、磁场分别为

$$\dot{\boldsymbol{E}}_r=\dot{E}_r e^{-jk_1(x\sin\theta_r-z\cos\theta_r)}\boldsymbol{e}_y$$

$$\dot{\boldsymbol{H}}_r=\frac{1}{\eta_1}\boldsymbol{e}_r\times\dot{\boldsymbol{E}}_r=\frac{\dot{E}_r}{\eta_1}(\cos\theta_r\boldsymbol{e}_x+\sin\theta_r\boldsymbol{e}_z)e^{-jk_1(x\sin\theta_r-z\cos\theta_r)}$$

折射波电场、磁场分别为

$$\dot{\boldsymbol{E}}_t=\dot{E}_t e^{-jk_2(x\sin\theta_t+z\cos\theta_t)}\boldsymbol{e}_y$$

$$\dot{\boldsymbol{H}}_t=\frac{1}{\eta_2}\boldsymbol{e}_t\times\dot{\boldsymbol{E}}_t=\frac{\dot{E}_t}{\eta_2}(-\cos\theta_t\boldsymbol{e}_x+\sin\theta_t\boldsymbol{e}_z)e^{-jk_2(x\sin\theta_t+z\cos\theta_t)}$$

由媒质分界面衔接条件 $\boldsymbol{e}_n\times(\dot{\boldsymbol{E}}_2-\dot{\boldsymbol{E}}_1)\big|_{z=0}=0$ 可得

$$\boldsymbol{e}_z\times(\dot{E}_i e^{-jk_1x\sin\theta_i}\boldsymbol{e}_y+\dot{E}_r e^{-jk_1x\sin\theta_r}\boldsymbol{e}_y-\dot{E}_t e^{-jk_2x\sin\theta_t}\boldsymbol{e}_y)=0 \tag{6-67}$$

若式（6-67）在分界面任意点（x 为任意值）都成立，只能有

$$\dot{E}_i+\dot{E}_r=\dot{E}_t \tag{6-68}$$

且

$$k_1\sin\theta_i=k_1\sin\theta_r=k_2\sin\theta_t$$

即

$$\theta_i=\theta_r \tag{6-69}$$

$$\frac{\sin\theta_t}{\sin\theta_i}=\frac{k_1}{k_2}=\frac{v_2}{v_1} \tag{6-70}$$

式（6-69）称为电磁波的反射定律。该定律表明，平面电磁波在遇到媒质分界面反射时，反射角总是与入射角相同。这一结论与电磁波斜入射到导体平面时遵守的反射定律是一致的。

式（6-70）称为电磁波的折射定律，又称为斯涅尔折射定律（Snell's law of refraction）。定律表明，电磁波在两种媒质中的传播方向与交界面法向夹角的正弦之比正比于其传播速度之比，或反比于其传播常数之比。

反射定律与折射定律即给出了斜入射时反射角、折射角与入射角之间的对应关系，在给定了媒质的参数及入射角后，就可以利用上述定律计算得到相应的反射角与折射角。

类似的，由媒质分界面衔接条件 $\boldsymbol{e}_n\times(\dot{\boldsymbol{H}}_2-\dot{\boldsymbol{H}}_1)\big|_{z=0}=0$ 及反射定律可得

$$\frac{\cos\theta_i}{\eta_1}(\dot{E}_i-\dot{E}_r)=\frac{\cos\theta_t}{\eta_2}\dot{E}_t$$

设 $\dot{E}_r=R_\perp\dot{E}_i$，$\dot{E}_t=T_\perp\dot{E}_i$，再由式（6-68），即 $\dot{E}_i+\dot{E}_r=\dot{E}_t$，可推出用于求解反射波与折

射波电场强度幅值的菲涅尔（fresnel）公式为

$$\begin{cases} R_{\perp}=\dfrac{\dot{E}_{r}}{\dot{E}_{i}}=\dfrac{\eta_2\cos\theta_i-\eta_1\cos\theta_t}{\eta_2\cos\theta_i+\eta_1\cos\theta_t} \\ T_{\perp}=\dfrac{\dot{E}_{t}}{\dot{E}_{i}}=\dfrac{2\eta_2\cos\theta_i}{\eta_2\cos\theta_i+\eta_1\cos\theta_t} \end{cases} \tag{6-71}$$

反射系数和折射系数之间存在如下关系

$$1+R_{\perp}=T_{\perp} \tag{6-72}$$

特殊情况下，若入射角 $\theta_i=0$，则有 $\theta_r=\theta_i=0$，$\theta_t=0$，式（6-71）简化为 $R_{\perp}=\dfrac{\eta_2-\eta_1}{\eta_2+\eta_1}$，$T_{\perp}=\dfrac{2\eta_2}{\eta_2+\eta_1}$，这与垂直入射情况下反射系数和折射系数公式（6-44）、式（6-45）分别相同，因此说垂直入射是斜入射的特例。

2. 平行极化波的斜入射

采用类似的分析方法可以证明，平行极化波斜入射时反射角、折射角与入射角之间的关系仍然满足上述反射定律和折射定律。

但是反射系数与折射系数不同。可以求得（请读者自己推导）平行极化斜入射时相应的菲涅尔公式为

$$\begin{cases} R_{/\!/}=\dfrac{\dot{E}_{r}}{\dot{E}_{i}}=\dfrac{\eta_1\cos\theta_i-\eta_2\cos\theta_t}{\eta_1\cos\theta_i+\eta_2\cos\theta_t} \\ T_{/\!/}=\dfrac{\dot{E}_{t}}{\dot{E}_{i}}=\dfrac{2\eta_2\cos\theta_i}{\eta_1\cos\theta_i+\eta_2\cos\theta_t} \end{cases} \tag{6-73}$$

此外，平行极化波的反射系数和折射系数之间的关系式也与垂直极化波斜入射时不同，为

$$1+R_{/\!/}=T_{/\!/}\frac{\eta_1}{\eta_2},1-R_{/\!/}=T_{/\!/}\frac{\cos\theta_t}{\cos\theta_i} \tag{6-74}$$

注意式（6-73）与式（6-71）的区别。在电磁波分别以垂直极化方式和平行极化方式斜入射时，反射系数与折射系数是不一样的，这说明电磁波在两种媒质中传播时反射波电场、折射波电场的大小与入射波的极化方向是有关的。

此外，无论是平行极化斜入射还是垂直极化斜入射，折射系数总为正，这说明折射波电场与入射波电场的方向总是相同的；而反射系数可正可负，当它为负值时，反射波电场与入射波电场的方向相反，这相当于损失了半个波长，故称为半波损失。

6.6.4 全反射与全折射

1. 全反射

对于一般非铁磁性媒质，通常情况下总有 $\mu_2=\mu_1$，故斯涅尔折射定律可简化为

$$\frac{\sin\theta_t}{\sin\theta_i}=\sqrt{\frac{\varepsilon_1}{\varepsilon_2}} \tag{6-75}$$

当 $\varepsilon_2<\varepsilon_1$ 时，即波从光密媒质入射到光疏媒质时折射角会大于入射角。很明显，当入射角增大为某一特定角度时，折射角等于 90°，当入射角进一步增大时，就将不再存在折射波。此时，电磁波被完全反射回来，这种现象称为全反射。

将 $\sin\theta_t=1$ 时对应的入射角称为全反射临界角（critical angle），用 θ_c 表示，有

$$\theta_c=\arcsin\sqrt{\frac{\varepsilon_2}{\varepsilon_1}} \tag{6-76}$$

当 $\theta_i\geqslant\theta_c$ 时 $\sin\theta_t\geqslant 1$，此时媒质分界面处会发生全反射。

上述情况只有当 $\varepsilon_2<\varepsilon_1$ 时才有意义。因此，全反射只能在入射角大于等于临界角，且电磁波由光密媒质到光疏媒质传播时出现。

全反射现象在工程实际中有很多应用。如选用介电常数大于周围媒质介电常数的介质棒或纤维作为传播电磁波的载体，在入射角大于临界角时，电磁波就会被限制在介质棒或纤维中连续不断地在内壁上全反射，使携带信息的电磁波沿 W 字形路径由发送端传播到接收端，达到通信的目的，如图 6-17 所示。这就是光纤等介质波导的工作原理。

当然，在有些情况下全反射现象也会带来不利的影响。如示波器中电子枪射出的电子束打到荧光屏玻璃层内，如图 6-18 所示，由于光在玻璃与空气的交界面上发生全反射，只有锥角 $2\theta_c$ 以内的光才能透射出来，其余的光被界面反射回去，这就造成光的输出大大降低。

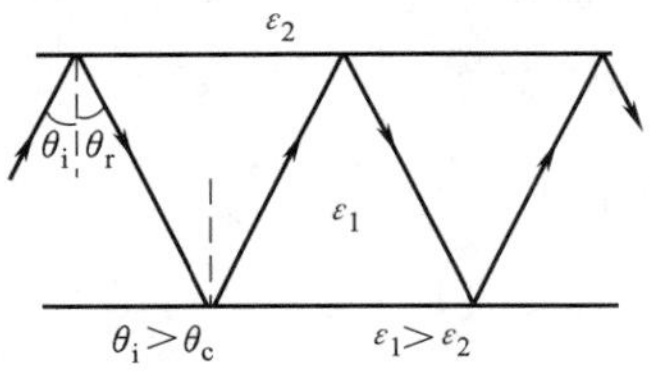

图 6-17　利用全反射传输电磁波

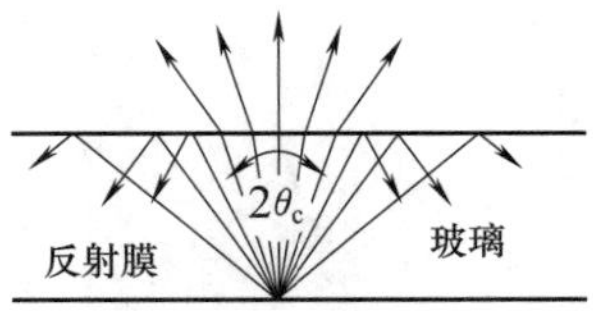

图 6-18　荧光屏内的全反射

2. 介质中的全反射与金属表面的全反射之间的对比

对于理想导体，全反射时：

$$R_{\perp}=-1,\quad T_{\perp}=0$$

此时理想导体表面将电磁波全部反射回介质中，即电磁波不会透入导体内传播。

对于媒质分界面表面：

当 $\theta_i\geqslant\theta_c$ 时 $\sin\theta_t\geqslant 1$，此时 $\cos\theta_t=\pm\sqrt{1-\sin^2\theta_t}=\pm\mathrm{j}\sqrt{\sin^2\theta_t-1}$，故

$$R_{\perp}=\frac{\eta_2\cos\theta_i-\eta_1\cos\theta_t}{\eta_2\cos\theta_i+\eta_1\cos\theta_t}=\frac{\eta_2\cos\theta_i\mp\mathrm{j}\eta_1\sqrt{\sin^2\theta_t-1}}{\eta_2\cos\theta_i\pm\mathrm{j}\eta_1\sqrt{\sin^2\theta_t-1}}=\frac{a\mp\mathrm{j}b}{a\pm\mathrm{j}b}=\mathrm{e}^{\mathrm{j}\psi}$$

可见反射系数的幅值仍然为 1，即

$$|R_{\perp}|=\left|\frac{a\mp\mathrm{j}b}{a\pm\mathrm{j}b}\right|=1$$

但折射系数不为零，有

$$T_{\perp}=\frac{2\eta_2\cos\theta_i}{\eta_2\cos\theta_i+\eta_1\cos\theta_t}\neq 0$$

这说明，此时的电磁波除了一部分反射回媒质 1 中以外，还有一部分贴着分界面表面传

播出去。

3. 全折射——无反射

1）对于垂直极化波，当 $\eta_2\cos\theta_i=\eta_1\cos\theta_t$ 时 $R_\perp=0$，此时媒质 1 中不存在反射波，电磁波全部进入媒质 2 中，这种现象称为全折射。此时有

$$\begin{cases}\cos\theta_i=\dfrac{\eta_1}{\eta_2}\cos\theta_t=\sqrt{\dfrac{\mu_1\varepsilon_2}{\varepsilon_1\mu_2}}\cos\theta_t\\ \dfrac{\sin\theta_i}{\sin\theta_t}=\dfrac{v_1}{v_2}=\dfrac{\sqrt{\varepsilon_2\mu_2}}{\sqrt{\varepsilon_1\mu_1}}\end{cases}$$

与此对应的入射角称为布儒斯特角（brewster angle），用 $\theta_{B\perp}$ 表示，有

$$\theta_{B\perp}=\arcsin\sqrt{\frac{\mu_1\varepsilon_2-\mu_2\varepsilon_1}{\varepsilon_1(\mu_1^2-\mu_2^2)}\mu_2} \tag{6-77}$$

显然若 $\mu_1=\mu_2$，$\theta_{B\perp}$ 不存在。若 $\varepsilon_1=\varepsilon_2$，有

$$\theta_{B\perp}=\arcsin\sqrt{\frac{\mu_2}{\mu_1+\mu_2}} \tag{6-78}$$

即垂直极化波只有在磁导率不同的两种磁性媒质交界处才有可能发生全折射（无反射）现象。

2）对于平行极化情况，可进行类似的分析（请读者自己推导）。

若 $\mu_1=\mu_2$，对应 $R_{//}=0$ 的布儒斯特角为

$$\theta_{B//}=\arcsin\sqrt{\frac{\varepsilon_2}{\varepsilon_1+\varepsilon_2}}=\arctan\sqrt{\frac{\varepsilon_2}{\varepsilon_1}} \tag{6-79}$$

即对于一般介质而言，平行极化波总会在某个角度上发生全折射（无反射）现象。

光学上又将全折射时的入射角称为偏振角（polarization angle）。在工程实际中，可以利用测量布儒斯特角来测量介质的介电常数，也可以利用布儒斯特角提取入射波的垂直极化分量。因为任意方向的极化波都可分解为垂直极化波分量和平行极化波分量的叠加，当这种电磁波以角度 $\theta_{c//}$ 入射到分界面时，透射波中只有垂直极化波分量；当以角度 $\theta_{c\perp}$ 入射到分界面时，透射波中只有平行极化波分量；当以角度 $\theta_{B//}$ 入射到分界面时，反射波中就只有垂直极化波分量了。

例 6-16　已知一频率为 300MHz 的垂直极化波 $\dot{\boldsymbol{E}}_i=12e^{-jk_1(x\sin\theta_i+z\cos\theta_i)}\boldsymbol{e}_y$ V/m 以 20°的入射角分别由：（1）空气斜入射到某介质中；（2）介质斜入射到空气中。设介质无损耗，其他电磁特性参数为 $\varepsilon_r=81$，$\mu_r=1$，试分别计算两种情况下电磁波的反射系数、折射系数、全反射时的临界角以及反射波电场和折射波电场。

解　（1）电磁波由空气 $\varepsilon_1=\varepsilon_0$，$\mu_1=\mu_0$ 斜入射到介质 $\varepsilon_2=81\varepsilon_0$，$\mu_2=\mu_0$ 中

由斯涅尔折射定律有

$$\sin\theta_t=\frac{v_2}{v_1}\sin\theta_i=\frac{\sqrt{\mu_1\varepsilon_1}}{\sqrt{\mu_2\varepsilon_2}}\sin\theta_i=\frac{1}{\sqrt{81}}\sin20°=0.038$$

可得反射角 $\theta_r=\theta_i=20°$，折射角为 $\theta_t=2.18°$

代入式（6-71）并由 $\eta_1=\eta_0$，$\eta_2=\dfrac{\eta_0}{\sqrt{\varepsilon_{r2}}}=\dfrac{\eta_0}{9}$可得到反射系数和折射系数分别为

$$R_\perp=\frac{\eta_2\cos\theta_i-\eta_1\cos\theta_t}{\eta_2\cos\theta_i+\eta_1\cos\theta_t}=\frac{\cos20°-9\cos2.18°}{\cos20°+9\cos2.18°}=-0.811$$

$$T_\perp=\frac{2\eta_2\cos\theta_i}{\eta_2\cos\theta_i+\eta_1\cos\theta_t}=\frac{2\cos20°}{\cos20°+9\cos2.18°}=0.189$$

空气与介质中的波数分别为

$$k_1=2\pi f\sqrt{\mu_1\varepsilon_1}=\frac{2\pi\times3\times10^8}{3\times10^8}=2\pi\ \text{rad/m}$$

$$k_2=2\pi f\sqrt{\mu_2\varepsilon_2}=\frac{2\pi\times3\times10^8\times9}{3\times10^8}=18\pi\ \text{rad/m}$$

由 $\dot{E}_r=R_\perp\dot{E}_i$，$\dot{E}_t=T_\perp\dot{E}_i$ 可写出入射波电场、反射波电场和折射波电场分别为

$$\dot{\boldsymbol{E}}_i=\dot{E}_i e^{-jk_1(x\sin\theta_i+z\cos\theta_i)}\boldsymbol{e}_y=12e^{-j(2.15x+5.94z)}\boldsymbol{e}_y\ \text{V/m}$$

$$\dot{\boldsymbol{E}}_r=\dot{E}_r e^{-jk_1(x\sin\theta_r-z\cos\theta_r)}\boldsymbol{e}_y=-9.732e^{-j(2.15x-5.94z)}\boldsymbol{e}_y\ \text{V/m}$$

$$\dot{\boldsymbol{E}}_t=\dot{E}_t e^{-jk_2(x\sin\theta_t+z\cos\theta_t)}\boldsymbol{e}_y=2.268e^{-j(2.15x+25.12z)}\boldsymbol{e}_y\ \text{V/m}$$

注意观察会发现：

① 入射波、反射波和折射波电场均含有相同的因子 $e^{-j2.15x}$，这与“电场强度沿交界面的切向分量总是连续”的结论是一致的。

② 各电场的 z 方向因子不同，这与两种介质分界面处“电场强度的法向分量一般不连续”的结论相符。

③ 分界面处，反射波电场与折射波电场的大小均小于入射波电场，反射波电场与入射波电场相位相差 180°，折射波电场与入射波电场相位相同。这与两种介质分界面垂直入射时相似，即入射波的能量一部分穿过介质分界面透入到介质内部传播，另一部分则被介质表面反射回来。

（2）当电磁波由介质 $\varepsilon_1=81\varepsilon_0$，$\mu_1=\mu_0$ 斜入射到空气 $\varepsilon_2=\varepsilon_0$，$\mu_2=\mu_0$ 中时，电磁波是由光密介质到光疏介质传播。

由式（6-76）可求得全反射临界角为

$$\theta_c=\arcsin\sqrt{\frac{\varepsilon_2}{\varepsilon_1}}=\arcsin\sqrt{\frac{1}{81}}=6.38°$$

此时 $\theta_i=20°>\theta_c$，因此电磁波发生了全反射。由斯涅尔折射定律可得

$$\sin\theta_t=\frac{\sqrt{\mu_1\varepsilon_1}}{\sqrt{\mu_2\varepsilon_2}}\sin\theta_i=\sqrt{81}\sin20°=3.08>1$$

再由 $(\sin\theta_t)^2+(\cos\theta_t)^2=1$ 可见，$\cos\theta_t$ 应为虚数，即 $\cos\theta_t=\pm\sqrt{1-(\sin\theta_t)^2}=\pm j2.91$，代入式（6-71）并由 $\eta_1=\dfrac{\eta_0}{\sqrt{\varepsilon_{r1}}}=\eta_0/9$、$\eta_2=\eta_0$ 可得到反射系数和折射系数分别为

$$R_{\perp}=\frac{\eta_2\cos\theta_i-\eta_1\cos\theta_t}{\eta_2\cos\theta_i+\eta_1\cos\theta_t}=\frac{9\cos20°\mp j2.91}{9\cos20°\pm j2.91}=1.0\ e^{\mp j38.04°}$$

$$T_{\perp}=\frac{2\eta_2\cos\theta_i}{\eta_2\cos\theta_i+\eta_1\cos\theta_t}=\frac{18\cos20°}{9\cos20°\pm j2.91}=1.89\ e^{\mp j19.02°}$$

由 $\dot{E}_r=R_{\perp}\dot{E}_i$，$\dot{E}_t=T_{\perp}\dot{E}_i$，$k_1=18\pi$ rad/m，$k_2=2\pi$ rad/m，并取 $\cos\theta_t=-j2.91$，写出入射波电场、反射波电场和折射波电场分别为

$$\dot{\boldsymbol{E}}_i=\dot{E}_i e^{-jk_1(x\sin\theta_i+z\cos\theta_i)}\boldsymbol{e}_y=12e^{-j(19.35x+53.46z)}\boldsymbol{e}_y\ \text{V/m}$$

$$\dot{\boldsymbol{E}}_r=\dot{E}_r e^{-jk_1(x\sin\theta_r-z\cos\theta_r)}\boldsymbol{e}_y=12e^{-j38.04°}e^{-j(19.35x-53.46z)}\boldsymbol{e}_y\ \text{V/m}$$

$$\dot{\boldsymbol{E}}_t=\dot{E}_t e^{-jk_2(x\sin\theta_t+z\cos\theta_t)}\boldsymbol{e}_y=22.68e^{-j19.02°}e^{-18.28z}e^{-j19.35x}\boldsymbol{e}_y\ \text{V/m}$$

观察上述表达式可见：

1）入射波、反射波和折射波电场均含有相同的因子 $e^{-j19.35x}$，这与前一种情况类似。

2）由于 $\theta_i=20°>\theta_c$，因此发生了全反射；在分界面处，反射波电场与入射波电场大小相同，相位相差 38.04°。

3）与导体表面发生的全反射不同的是，光疏介质中仍然存在着折射波电场；而且折射波电场是入射波电场的 1.89 倍，相位相差 19.02°。

4）折射波中不含 e^{-jk_zz} 因子，而是包含 $e^{-j19.35x}$ 因子，这说明介质 2 中的电磁波没有 z 方向的传播分量，但是却有沿着平行于介质分界面 x 方向的传播分量，从这个角度上可以说折射角为 90°；而折射波（见图 6-19）中含 $e^{-18.28z}$ 因子，这说明光疏介质中的折射波电场在介质内沿法向按指数规律衰减。即折射波电场只在靠近分界面的一薄层内贴着分界面传播，一般称这种波为表面波。

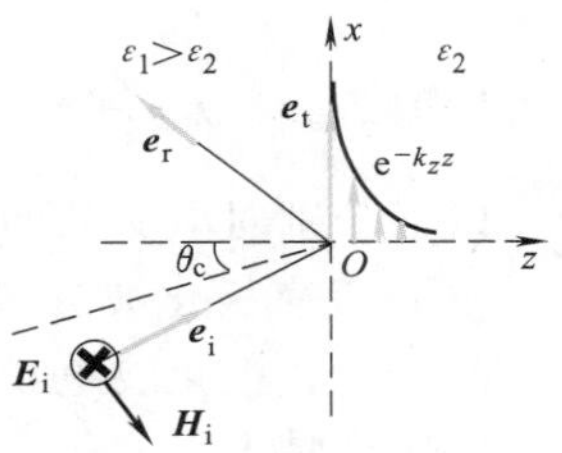

图 6-19　表面折射波

此时介质 2 的等效阻抗 $\eta_{2eq}=\eta_2\cos\theta_t=-j2.91\eta_0$ 是纯虚数，具有电抗的性质。由电路理论可知，在交流电路中，虽然通过电抗的平均功率为零，但其中仍然有电流流过，而且其电流或电压有时会大于主回路的电流或电压。这里的折射波电场强度即大于入射波电场强度，可见路论与场论的结论是一致的。

应用光纤波导传输信号时，由于外部介质中存在表面波，因此要在光缆外层加装金属外壳给予屏蔽。

例 6-17　一频率为 300MHz、电场强度有效值为 10V/m 的右旋圆极化平面波以 60°入射角自空气（$\varepsilon_{r1}=1$，$\mu_{r1}=1$）向媒质（$\varepsilon_{r2}=9$，$\mu_{r2}=1$）斜入射。试求反射波、折射波的表示式及其极化特性。

解　设介质交界面仍然为 XOY 平面。与上面例 6-16 不同的是这里的电场不再是线极化（单一方向）而是圆极化。按照叠加定理可将其分解成两个线极化波分别求解。

由给定的频率及媒质参数可求得空气中的相位常数为

$$k_1=\frac{2\pi f}{c}=\frac{2\pi\times3\times10^8}{3\times10^8}\text{rad/m}=2\pi\text{rad/m}$$

由于入射角为 60°，故由 $\boldsymbol{e}_i=\sin\theta_i\boldsymbol{e}_x+\cos\theta_i\boldsymbol{e}_z$ 可得

$$\boldsymbol{k}_i=k_1(\sin\theta_i\boldsymbol{e}_x+\cos\theta_i\boldsymbol{e}_z)=2\pi\left(\frac{\sqrt{3}}{2}\boldsymbol{e}_x+\frac{1}{2}\boldsymbol{e}_z\right)\ \text{rad/m}$$

设其电场为

$$\dot{\boldsymbol{E}}_{\mathrm{i}}=(\boldsymbol{E}_{\mathrm{R}}+\mathrm{j}\boldsymbol{E}_{\mathrm{I}})\mathrm{e}^{-\mathrm{j}\boldsymbol{k}_{\mathrm{i}}\cdot\boldsymbol{r}}$$

已知电磁波为电场强度有效值 10V/m 的右旋圆极化波，如图 6-20a 所示，为简化分析，设电场强度复矢量的虚部为 $-y$ 坐标方向，即 $\boldsymbol{E}_{\mathrm{I}}=-10\boldsymbol{e}_y$，实部方向与入射波传播方向垂直，即

$$\boldsymbol{E}_{\mathrm{R}}=10(\cos\theta_{\mathrm{i}}\boldsymbol{e}_x-\sin\theta_{\mathrm{i}}\boldsymbol{e}_z)=10\left(\frac{1}{2}\boldsymbol{e}_x-\frac{\sqrt{3}}{2}\boldsymbol{e}_z\right)\ \mathrm{V/m}$$

故入射波电场可表示为

$$\dot{\boldsymbol{E}}_{\mathrm{i}}=10\left(\frac{1}{2}\boldsymbol{e}_x-\frac{\sqrt{3}}{2}\boldsymbol{e}_z-\mathrm{j}\boldsymbol{e}_y\right)\mathrm{e}^{-\mathrm{j}\pi(\sqrt{3}x+z)}\ \mathrm{V/m}$$

由此可将该入射波分解为一个垂直极化波和一个平行极化波，分别表示如下：

$$\dot{\boldsymbol{E}}_{\perp}=-\mathrm{j}10\mathrm{e}^{-\mathrm{j}\pi(\sqrt{3}x+z)}\boldsymbol{e}_y\ \mathrm{V/m}$$

$$\dot{\boldsymbol{E}}_{/\!/}=5(\boldsymbol{e}_x-\sqrt{3}\boldsymbol{e}_z)\mathrm{e}^{-\mathrm{j}\pi(\sqrt{3}x+z)}\ \mathrm{V/m}$$

由斯涅尔折射定律有

$$\sin\theta_{\mathrm{t}}=\frac{v_2}{v_1}\sin\theta_{\mathrm{i}}=\frac{\sqrt{\mu_1\varepsilon_1}}{\sqrt{\mu_2\varepsilon_2}}\sin\theta_{\mathrm{i}}=\frac{1}{\sqrt{9}}\sin60°=\frac{\sqrt{3}}{6}$$

可得反射角 $\theta_{\mathrm{r}}=\theta_{\mathrm{i}}=60°$，折射角为 $\theta_{\mathrm{t}}=16.8°$，$\cos\theta_{\mathrm{t}}=\sqrt{1-\sin^2\theta_{\mathrm{t}}}=\dfrac{\sqrt{33}}{6}$。

以下分别对电场的两个极化分量进行分析：

(1) 垂直极化波分量产生的反射与折射

由于垂直极化波电场是单一方向的场，因此其反射波电场和折射波电场均为同一方向不变，比较容易求得。

由式 (6-71) 及 $\eta_1=\eta_0$，$\eta_2=\dfrac{\eta_0}{\sqrt{\varepsilon_{\mathrm{r2}}}}=\eta_0/3$ 可得到反射系数和折射系数分别为

$$R_{\perp}=\frac{\eta_2\cos\theta_{\mathrm{i}}-\eta_1\cos\theta_{\mathrm{t}}}{\eta_2\cos\theta_{\mathrm{i}}+\eta_1\cos\theta_{\mathrm{t}}}=\frac{\cos\theta_{\mathrm{i}}-3\cos\theta_{\mathrm{t}}}{\cos\theta_{\mathrm{i}}+3\cos\theta_{\mathrm{t}}}=\frac{1/2-3(\sqrt{33}/6)}{1/2+3(\sqrt{33}/6)}=-0.703$$

$$T_{\perp}=\frac{2\eta_2\cos\theta_{\mathrm{i}}}{\eta_2\cos\theta_{\mathrm{i}}+\eta_1\cos\theta_{\mathrm{t}}}=\frac{2\cos\theta_{\mathrm{i}}}{\cos\theta_{\mathrm{i}}+3\cos\theta_{\mathrm{t}}}=\frac{1}{1/2+3(\sqrt{33}/6)}=0.297$$

媒质中的波数为

$$k_2=2\pi f\sqrt{\mu_2\varepsilon_2}=\frac{2\pi\times3\times10^8\times3}{3\times10^8}\mathrm{rad/m}=6\pi\mathrm{rad/m}$$

$$\boldsymbol{k}_{\mathrm{t}}=k_2(\sin\theta_{\mathrm{t}}\boldsymbol{e}_x+\cos\theta_{\mathrm{t}}\boldsymbol{e}_z)=6\pi\left(\frac{\sqrt{3}}{6}\boldsymbol{e}_x+\frac{\sqrt{33}}{6}\boldsymbol{e}_z\right)=\pi(\sqrt{3}\boldsymbol{e}_x+\sqrt{33}\boldsymbol{e}_z)\ \mathrm{rad/m}$$

由 $\dot{E}_{\mathrm{r}}=R_{\perp}\dot{E}_{\mathrm{i}}$，$\dot{E}_{\mathrm{t}}=T_{\perp}\dot{E}_{\mathrm{i}}$ 可写出垂直极化入射波电场、反射波电场和折射波电场分别为

$$\dot{\boldsymbol{E}}_{\mathrm{i}\perp}=-\mathrm{j}10\mathrm{e}^{-\mathrm{j}\pi(\sqrt{3}x+z)}\boldsymbol{e}_y\ \mathrm{V/m}$$

$$\dot{\boldsymbol{E}}_{\mathrm{r}\perp}=\dot{E}_{\mathrm{r}}\mathrm{e}^{-\mathrm{j}k_1(x\sin\theta_{\mathrm{r}}-z\cos\theta_{\mathrm{r}})}\boldsymbol{e}_y=\mathrm{j}7.03\mathrm{e}^{-\mathrm{j}\pi(\sqrt{3}x-z)}\boldsymbol{e}_y\ \mathrm{V/m}$$

$$\dot{\boldsymbol{E}}_{\mathrm{t}\perp}=\dot{E}_{\mathrm{t}}\mathrm{e}^{-\mathrm{j}k_2(x\sin\theta_{\mathrm{t}}+z\cos\theta_{\mathrm{t}})}\boldsymbol{e}_y=-\mathrm{j}2.97\mathrm{e}^{-\mathrm{j}\pi(\sqrt{3}x+\sqrt{33}z)}\boldsymbol{e}_y\ \mathrm{V/m}$$

（2）平行极化波分量产生的反射与折射

对于平行极化波，有

$$R_{/\!/}=\frac{\eta_1\cos\theta_i-\eta_2\cos\theta_t}{\eta_1\cos\theta_i+\eta_2\cos\theta_t}=\frac{3\cos\theta_i-\cos\theta_t}{3\cos\theta_i+\cos\theta_t}=\frac{3/2-\sqrt{33}/6}{3/2+\sqrt{33}/6}=0.22$$

$$T_{/\!/}=\frac{2\eta_2\cos\theta_i}{\eta_1\cos\theta_i+\eta_2\cos\theta_t}=\frac{2\cos\theta_i}{3\cos\theta_i+\cos\theta_t}=\frac{1}{3/2+\sqrt{33}/6}=0.407$$

平行极化入射波电场方向与分界面法向相交 60°，如图 6-20a 所示，反射波电场和折射波电场除了数值发生变化，方向也要相应的改变，这与反射角和折射角对应，如图 6-20b 所示。故有

$$\dot{\boldsymbol{E}}_{i/\!/}=10\left(\frac{1}{2}\boldsymbol{e}_x-\frac{\sqrt{3}}{2}\boldsymbol{e}_z\right)\mathrm{e}^{-\mathrm{j}\pi(\sqrt{3}x+z)}\ \mathrm{V/m}$$

$$\dot{\boldsymbol{E}}_{r/\!/}=\boldsymbol{E}_{r/\!/}\mathrm{e}^{-\mathrm{j}k_1(x\sin\theta_r-z\cos\theta_r)}=2.21\left(-\frac{1}{2}\boldsymbol{e}_x-\frac{\sqrt{3}}{2}\boldsymbol{e}_z\right)\mathrm{e}^{-\mathrm{j}\pi(\sqrt{3}x-z)}\ \mathrm{V/m}$$

$$\dot{\boldsymbol{E}}_{t/\!/}=\boldsymbol{E}_{t/\!/}\mathrm{e}^{-\mathrm{j}k_2(x\sin\theta_t+z\cos\theta_t)}=4.07\left(\frac{\sqrt{33}}{6}\boldsymbol{e}_x-\frac{\sqrt{3}}{6}\boldsymbol{e}_z\right)\mathrm{e}^{-\mathrm{j}\pi(\sqrt{3}x+\sqrt{33}z)}\ \mathrm{V/m}$$

将两个极化分量结果叠加即可得到合成反射波、折射波的电场强度分别为

$$\dot{\boldsymbol{E}}_r=\dot{\boldsymbol{E}}_{r\perp}+\dot{\boldsymbol{E}}_{r/\!/}=[-1.1(\boldsymbol{e}_x+\sqrt{3}\boldsymbol{e}_z)+\mathrm{j}7.03\boldsymbol{e}_y]\mathrm{e}^{-\mathrm{j}\pi(\sqrt{3}x-z)}\ \mathrm{V/m}$$

$$\dot{\boldsymbol{E}}_t=\dot{\boldsymbol{E}}_{t\perp}+\dot{\boldsymbol{E}}_{t/\!/}=[0.68(\sqrt{33}\boldsymbol{e}_x-\sqrt{3}\boldsymbol{e}_z)-\mathrm{j}2.97\boldsymbol{e}_y]\mathrm{e}^{-\mathrm{j}\pi(\sqrt{3}x+\sqrt{33}z)}\ \mathrm{V/m}$$

利用左、右手法则，由图 6-20c 可判断，右旋圆极化入射波的反射波为左旋椭圆极化波，折射波为右旋椭圆极化波。

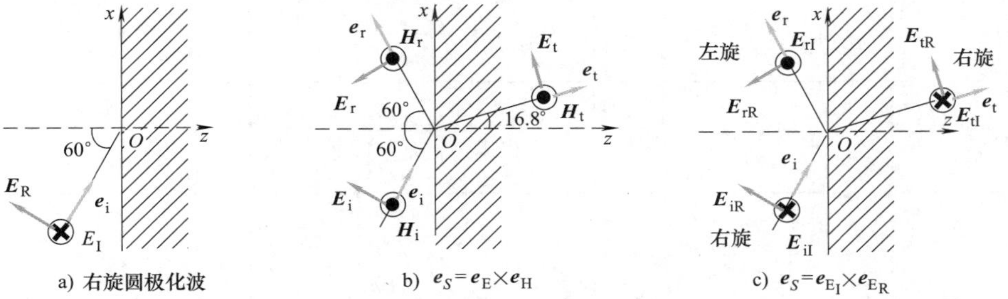

图 6-20　右旋圆极化波的斜入射

本章小结

在时变电磁场中，电场和磁场之间存在着耦合，以波动的形式存在于空间，即在空间有电磁场的传播。时变电磁场在空间的传播称为电磁波。

电场强度 $\boldsymbol{E}$ 和磁场强度 $\boldsymbol{H}$ 的波动方程为

$$\nabla^2\boldsymbol{E}-\mu\varepsilon\frac{\partial^2\boldsymbol{E}}{\partial t^2}-\mu\gamma\frac{\partial\boldsymbol{E}}{\partial t}=\mu\frac{\partial\boldsymbol{J}_e}{\partial t}+\frac{\nabla\rho}{\varepsilon}$$

$$\nabla^2 \boldsymbol{H}-\mu\varepsilon\frac{\partial^2 \boldsymbol{H}}{\partial t^2}-\mu\gamma\frac{\partial \boldsymbol{H}}{\partial t}=-\nabla\times\boldsymbol{J}_{\mathrm{e}}$$

在无源（$\boldsymbol{J}_{\mathrm{e}}=0$、$\rho=0$）、理想介质（$\gamma=0$）的空间中，波动方程可简化为

$$\begin{cases}\nabla^2 \boldsymbol{H}-\mu\varepsilon\dfrac{\partial^2 \boldsymbol{H}}{\partial t^2}=0\\ \nabla^2 \boldsymbol{E}-\mu\varepsilon\dfrac{\partial^2 \boldsymbol{E}}{\partial t^2}=0\end{cases}$$

正弦电磁场中的齐次亥姆霍兹方程：

$$\begin{cases}\nabla^2 \dot{\boldsymbol{H}}+k^2\dot{\boldsymbol{H}}=0\\ \nabla^2 \dot{\boldsymbol{E}}+k^2\dot{\boldsymbol{E}}=0\end{cases}$$

式中，系数 $k=\omega\sqrt{\mu\varepsilon}$。

本章重点介绍不同媒质中传播的正弦均匀平面电磁波。

表 6-2 为三类常见媒质中的正弦均匀平面电磁波的特性及参数。

表 6-2　三类常见媒质中的正弦均匀平面电磁波的特性及参数

	理想介质	导电媒质	良导体
传播常数 k	$\omega\sqrt{\mu\varepsilon}=\dfrac{\omega}{v}=\dfrac{2\pi}{\lambda}$	$\omega\sqrt{\mu\varepsilon\left(1-\mathrm{j}\dfrac{\gamma}{\omega\varepsilon}\right)}$	$\sqrt{\omega\mu\gamma}\angle 45^\circ$
相位常数 β	$\omega\sqrt{\mu\varepsilon}$	$\omega\sqrt{\dfrac{\mu\varepsilon}{2}\left[\sqrt{1+\left(\dfrac{\gamma}{\omega\varepsilon}\right)^2}+1\right]}$	$\sqrt{\dfrac{\omega\mu\gamma}{2}}$
衰减常数 α	0	$\omega\sqrt{\dfrac{\mu\varepsilon}{2}\left[\sqrt{1+\left(\dfrac{\gamma}{\omega\varepsilon}\right)^2}-1\right]}$	$\sqrt{\dfrac{\omega\mu\gamma}{2}}$
相速 v	$\dfrac{1}{\sqrt{\mu\varepsilon}}$	$\dfrac{1}{\sqrt{\dfrac{\mu\varepsilon}{2}\left[\sqrt{1+\left(\dfrac{\gamma}{\omega\varepsilon}\right)^2}+1\right]}}$	$\sqrt{\dfrac{2\omega}{\mu\gamma}}$
波长 λ	$\dfrac{T}{\sqrt{\mu\varepsilon}}$	$\dfrac{2\pi}{\omega\sqrt{\dfrac{\mu\varepsilon}{2}\left[\sqrt{1+\left(\dfrac{\gamma}{\omega\varepsilon}\right)^2}+1\right]}}$	$2\pi\sqrt{\dfrac{2}{\omega\mu\gamma}}$
波阻抗 η	$\sqrt{\dfrac{\mu}{\varepsilon}}$	$\sqrt{\dfrac{\mu}{\varepsilon\left(1-\mathrm{j}\dfrac{\gamma}{\omega\varepsilon}\right)}}$	$\sqrt{\dfrac{\omega\mu}{\gamma}}\angle 45^\circ$

用波的极化来描述正弦平面电磁波中电场强度的组成情况。可根据电场强度矢量的末端端点在等相位面上随时间变化的轨迹将波的极化分为直线极化、圆极化、椭圆极化三种类型。对于圆极化和椭圆极化，又有左旋和右旋的区分。

均匀平面电磁波传播到不同媒质分界面，会发生折射和反射。

当平面电磁波的入射方向和两种媒质分界面相垂直时，称为垂直入射或正入射。

正弦均匀平面电磁波由介质垂直入射到理想导体表面时，发生全反射，入射波和反射波的合成波为驻波，合成电场和磁场存在着 90°相位差，理想介质中总的电磁波的平均功率流

密度为零。任一圆或椭圆极化波遇到介质平面后反射波的旋转方向一定与入射波的旋转方向相反。

在两种导电媒质分界面的垂直入射情况下，反射系数和透射系数分别为

$$R=\frac{\dot{E}_{\mathrm{r}}}{\dot{E}_{\mathrm{i}}}=\frac{\eta_2-\eta_1}{\eta_2+\eta_1}\qquad T=\frac{\dot{E}_{\mathrm{t}}}{\dot{E}_{\mathrm{i}}}=\frac{2\eta_2}{\eta_2+\eta_1}$$

两者有关系式

$$1+R=T$$

描述反射波大小的参数，驻波比为

$$S=\frac{E_{1\max}}{E_{1\min}}=\frac{1+|R|}{1-|R|}$$

工程上可通过测量驻波比间接测量反射系数，即

$$|R|=\frac{S-1}{S+1}$$

发生斜入射时，可将入射波分解为垂直极化波和平行极化波分别处理。

根据分界面上的衔接条件得到：

反射定律
$$\theta_{\mathrm{i}}=\theta_{\mathrm{r}}$$

折射定律
$$\frac{\sin\theta_{\mathrm{t}}}{\sin\theta_{\mathrm{i}}}=\frac{v_2}{v_1}$$

习　题　6

6-1　已知无源的空气中的磁场强度 $\boldsymbol{H}=\boldsymbol{e}_y 0.5\sin(2\pi x)\cos(4\pi\times10^9 t-kz)$ A/m，试利用波动方程求常数 k。

6-2　真空中正弦电磁场的磁场强度 $\boldsymbol{H}$ 为已知，其复矢量 $\dot{\boldsymbol{H}}=-\boldsymbol{e}_y \mathrm{j}\cos(15\pi x)\mathrm{e}^{-\mathrm{j}kz}$ A/m，其频率 $f=2.5\times10^9$Hz。试求：电场强度 $\boldsymbol{E}$ 和式中的常数 k。

6-3　已知自由空间中电磁波的电场强度表达式 $\boldsymbol{E}=50\cos(6\pi\times10^8 t-\beta x)\boldsymbol{e}_y$ V/m，试求：（1）此波是否是均匀平面波？（2）求出该波的频率、波长、波速、相位常数和波传播方向，并写出磁场强度的表达式；（3）若在 $x=x_0$ 处水平放置一半径 $R=2.5$m 的圆环，求垂直穿过圆环的平均电磁功率。

6-4　已知真空中电场强度 $\dot{\boldsymbol{E}}_{\mathrm{i}}=E_0\cos k(z-ct)\boldsymbol{e}_x+E_0\sin k(z-ct)\boldsymbol{e}_y$，式中 $k=2\pi/\lambda_0=\omega/c$。试求：（1）磁场强度和坡印廷矢量的瞬时值；（2）对于给定的 z 值，确定电场强度随时间变化的轨迹；（3）平均坡印廷矢量。

6-5　均匀平面波的磁场强度的振幅为 3πA/m，以相位常数 30rad/m 在空气中沿 $-z$ 方向传播。当 $t=0$、$z=0$ 时，磁场强度最大。若磁场取 $-\boldsymbol{e}_y$ 方向，试写出电场强度和磁场强度瞬时值表示式，并求出频率和波长。

6-6　在自由空间中，某电磁波的波长为 0.2m。当该波进入到理想电介质后，波长变为 0.09m。设 $\varepsilon_{\mathrm{r}}=1$，试求 μ_{r} 及在该电介质中的波速。

6-7　海水的 $\gamma=4$S/m，$\varepsilon_{\mathrm{r}}=81$，求频率分别为 10kHz、100kHz、1MHz、10MHz、1GHz 的电磁波在海水中的波长、衰减常数和本征阻抗。

6-8　均匀平面电磁波频率为 100MHz，从空气正入射到 $x=0$ 的理想导体平面上，设入射波电场沿 y 方

向，振幅为 $E_m=6\times10^3$ V/m，试写出：(1) 入射波的电场和磁场瞬时值表达式；(2) 反射波的电场和磁场瞬时值表达式；(3) 空气中合成波的电场和磁场瞬时值表达式；(4) 空气中距离理想导体表面第一个电场波腹点的位置。

6-9 已知理想介质中均匀平面波电场强度瞬时值为 $\boldsymbol{E}(x,t)=\sin\left(18\pi\times10^6t-\dfrac{\pi}{3}x\right)\boldsymbol{e}_y$ V/m，试求磁场强度的瞬时值，平面波的频率、波长、相速及能流密度。

6-10 频率为 100MHz 的正弦均匀平面波，$\boldsymbol{E}=E_0\boldsymbol{e}_y$，在 $\varepsilon_r=4$，$\mu_r=1$ 的理想介质中沿 $+x$ 方向传播。当 $t=0$，$x=0.125$m 时，电场等于其最大值 10^{-4}V/m。求：(1) 电磁波的波长、相速和相位常数；(2) 写出电场强度和磁场强度的瞬时表达式；(3) $t=10^{-8}$s 时，电场强度为最大正值的位置。

6-11 某电台发射 600kHz 的电磁波，在离电台足够远处可以认为是平面波。设在某一点 a，某瞬间的电场强度为 10^{-4}V/m，求该点瞬间的磁场强度。若沿电磁波的传播方向前行 100m，到达另一点 b，问该点要迟多少时间，才具有 10^{-4}V/m 电场。

6-12 设真空中平面波的磁场强度瞬时值为 $\boldsymbol{H}(y,t)=2.4\pi\cos(6\pi\times10^8t+2\pi y)\boldsymbol{e}_z$ A/m，求该平面波的频率、波长、相位常数、相速、电场强度复矢量及能流密度。

6-13 当频率分别为 10kHz 与 10GHz 的平面波在海水（$\gamma=4$S/m，$\varepsilon_r=81$）中传播时，求此平面波在海水中的波长、传播常数、相速及特性阻抗。

6-14 由导电媒质中均匀平面电磁波的传播特性说明集肤效应、涡流、交流电阻、邻近效应与电磁屏蔽等概念。

6-15 为了抑制无线电干扰室内电子设备，计划采用一层铜皮包裹该室，设铜的电磁参数为 $\mu=\mu_0$，$\varepsilon=\varepsilon_0$，$\gamma=5.8\times10^7$S/m。若要求屏蔽的频率是 10kHz～100MHz，铜皮的厚度应是多少？

6-16 微波炉利用磁控管输出的 2.45GHz 的微波加热食品。在该频率上，牛排的等效复介电常数 $\varepsilon_c=40\varepsilon_0$，复介电常数的损耗角正切 $\tan\delta_c=\tan\dfrac{\gamma}{\omega\varepsilon}=0.3$。求：(1) 求微波传入牛排的趋肤深度，在牛排内 8mm 处的微波场强是表面处的百分之几；(2) 微波炉中盛牛排的盘子是用发泡聚苯乙烯制成的，其等效复介电常数和损耗角正切分别为 $\varepsilon_{c1}=1.03\varepsilon_0$，$\tan\delta_{c1}=3\times10^{-5}$，说明为何用微波加热时牛排被烧熟而盘子并没有被烧毁。

6-17 如果要求电子仪器的铝（$\mu_r=1$，$\gamma=3.54\times10^7$S/m）外壳至少为 5 个透入深度，为防止 20kHz～200MHz 的无线电干扰，铝外壳应取多厚？

6-18 真空中一平面电磁波的电场强度为 $\dot{\boldsymbol{E}}=\sqrt{2}(e_x+\mathrm{j}e_y)\mathrm{e}^{-\mathrm{j}\frac{\pi}{2}z}$ V/m，此电磁波是何种极化？旋向如何？写出对应的磁场强度复矢量。

6-19 设媒质 1 为自由空间，媒质 2 的参数为 $\varepsilon_{r2}=8.5$，$\mu_{r2}=1$ 及 $\gamma_2=0$。波由自由空间正入射到媒质 2，在两区的平面分界面上入射波电场的振幅为 2×10^{-3}V/m，求反射波和折射波电场和磁场的振幅。

6-20 一均匀平面电磁波从自由空间正入射到半无限大的理想介质表面上。已知在自由空间中，合成波的驻波比为 3，理想介质内波的波长是自由空间波长 1/6，且介质表面上为合成电场最小点。求理想介质的相对磁导率和相对介电常数。

6-21 已知正弦平面电磁波的入射波电场 $\dot{\boldsymbol{E}}_i=[(3\boldsymbol{e}_x+4\boldsymbol{e}_y)+\mathrm{j}(6\boldsymbol{e}_x-8\boldsymbol{e}_y)]\mathrm{e}^{-\mathrm{j}2z}$ V/m 由空气垂直入射到位于 $z=0$ 的无限大理想导体板上，试求：(1) 确定该入射波电场的极化状态；(2) 反射波电场 $\dot{\boldsymbol{E}}_r$，说明其极化状态。

6-22 右旋圆极化平面波自真空沿正 z 方向向位于 $z=0$ 平面的理想导体平面垂直投射，若其电场强度的有效值为 E_0，试求：(1) 电场强度的瞬时形式及复数形式；(2) 反射波电场强度的表示式；(3) 理想导体表面的电流密度。

6-23 已知正弦平面电磁波的入射波电场 $\dot{\boldsymbol{E}}_i=(6\boldsymbol{e}_x+\mathrm{j}8\boldsymbol{e}_y)\mathrm{e}^{-\mathrm{j}2z}$ V/m 由空气垂直入射到位于 $z=0$ 的无限

大理想导体板上，确定该入射波电场的极化状态；求反射波电场$\dot{\boldsymbol{E}}_r$及其极化状态；求合成波电场并说明合成波的特性。

6-24　在设计潜艇通信时，必须考虑海水是一种良导体。为了使通信距离足够远，请就下面两个问题给出设计方案：①有两种不同频率ω_1和ω_2的发射机和接受机，且$\omega_1>\omega_2$，请问选择哪种频率的通信设备？为什么？②有两种不同接收特性的天线可供选择，其中天线1对电场敏感，天线2对磁场敏感，选择哪种天线作为通信的接受天线？为什么？

6-25　设飞机地面导航雷达的本征阻抗与空气相同，雷达的中心工作频率为5GHz。为保护雷达天线的清洁，通常覆加一个非磁性塑料天线罩，其相对介电常数为3。为使雷达天线工作时无反射波，天线罩的厚度应为多少？

6-26　已知天线罩的相对介电常数$\varepsilon_r=2.8$，为消除频率为3GHz的平面波的反射，试求：(1) 介质层的厚度；(2) 若频率提高10%时产生的最大驻波比（天线罩的两侧的媒质可以当作空气）。

6-27　当平面波向位于空气中厚度为d的无限大介质斜入射时，若介质层的介电常数为ε，入射角为θ，试求介质中以及空气中的折射角。

6-28　已知平面波的电场强度为$\dot{\boldsymbol{E}}=[(2+\mathrm{j}3)\boldsymbol{e}_x+4\boldsymbol{e}_y+2\boldsymbol{e}_z]\mathrm{e}^{\mathrm{j}(1.2y-2.4z)}$ V/m，试判断该电磁波是否是TEM波，确定其极化特性，并求出传播常数k。

6-29　假设真空中一平面电磁波的波矢量为$\boldsymbol{k}=\dfrac{\pi}{2\sqrt{2}}(\boldsymbol{e}_x+\boldsymbol{e}_y)$ rad/m，其电场强度的振幅为$3\sqrt{3}$ V/m，极化于z轴方向。试求电场强度及其磁场强度的瞬时表达式。

6-30　当平面波向理想介质边界斜入射时，试证明布儒斯特角与相应的折射角之和为$\pi/2$。

6-31　当平面波自空气向无限大的介质平面斜入射时，若平面波的电场强度振幅为1V/m，入射角为60°，介质的电磁参数为$\varepsilon_r=3$，$\mu_r=1$，试求对于水平和垂直两种极化平面波形成的反射波及折射波的电场振幅。

6-32　当均匀平面波由空气向位于$z=0$的理想导体表面斜入射时，已知入射波电场强度$\dot{\boldsymbol{E}}_i=10\mathrm{e}^{-\mathrm{j}(6x+8z)}\boldsymbol{e}_y$ V/m。试求：(1) 平面波的频率；(2) 入射角；(3) 反射波的电场强度和磁场强度；(4) 空气中的合成场及能流密度矢量。

6-33　理想介质中有一均匀平面电磁波沿z方向传播，其频率$\omega=2\pi\times10^9$ rad/m。当$t=0$时$z=0$处的电场强度为其振幅2mV/m。求当$t=1\mu$s时，在$z=150.025$m处的电场强度矢量，磁场强度矢量及坡印廷矢量。已知介质的参数为$\varepsilon_r=4$，$\mu_r=1$。

6-34　已知空气中一均匀平面电磁波的磁场强度复矢量为$\dot{\boldsymbol{H}}=(A\boldsymbol{e}_x+2\sqrt{6}\boldsymbol{e}_y+4\boldsymbol{e}_z)\mathrm{e}^{-\mathrm{j}\pi(4x+3z)}$ A/m，试求：(1) 常数A；(2) 波长、传播方向单位矢量及传播方向与z轴的夹角；(3) 电场强度复矢量。

6-35　若真空中正弦电磁场的电场的复矢量为$\dot{\boldsymbol{E}}=(-\mathrm{j}\boldsymbol{e}_x-2\boldsymbol{e}_y+\mathrm{j}\sqrt{3}\boldsymbol{e}_z)\mathrm{e}^{-\mathrm{j}0.05\pi(\sqrt{3}x+z)}$ V/m，求：(1) 电场强度的瞬时值；(2) 磁感应强度的复矢量；(3) 复能流密度矢量。

6-36　假设真空中一均匀平面电磁波的电场强度复矢量为

$$\dot{\boldsymbol{E}}=(3\boldsymbol{e}_x-3\sqrt{2}\boldsymbol{e}_y)\mathrm{e}^{-\mathrm{j}\pi\left(\frac{1}{3}x+\frac{\sqrt{2}}{6}y-\frac{\sqrt{3}}{6}z\right)}\ \mathrm{V/m}$$

求：(1) 电场强度的振幅、波矢量和波长；(2) 电场强度和磁场强度的瞬时表达式。

6-37　有一介电常数$\varepsilon>\varepsilon_0$的介质棒，欲使电磁波从棒的任一端以任何角度射入都被限制在该棒之内，直到该波从另一端射出，试求该棒相对介电常数ε_r的最小值。

6-38　已知平面电磁波的入射波磁场为$\dot{\boldsymbol{H}}_i=10\mathrm{e}^{-\mathrm{j}(4x+4z)}\boldsymbol{e}_y$ A/m。现电磁波由参数为$\varepsilon_{r1}=1.96$，$\mu_{r1}=1$，$\gamma_1=0$的半无限大介质中斜入射到位于$z=0$的空气中，试求：(1) 确定该入射波的入射角θ_i；(2) 入射波的频率、波长、相位常数和波速；(3) 该电磁波能否全部折入空气中？说明原因；(4) 该电磁波能否全部反射回介质中？说明原因。

第7章　准静态电磁场

本章导学

在忽略电磁感应效应或忽略位移电流效应的前提下，可将时变电磁场分别简化为电准静态场、磁准静态场。这两类电磁场统称为准静态电磁场。

由时变电磁场基本方程的物理含义可知，在忽略电磁感应效应前提下定义的电准静态场中，实际上略去了随时间变化的磁场对电场分布的影响，即略去了二次源 $\partial \boldsymbol{B}/\partial t$ 的作用。同样，在忽略位移电流效应前提下定义的磁准静态场中，略去了随时间变化的电场对磁场分布的影响，即略去了二次源传导电流 $\partial \boldsymbol{D}/\partial t$ 的作用。因此，尽管这两类场都属于时变电磁场，但却具有静态场的一些性质，或者说，这两类场既具有时变场的性质又具有静态场的特征。

准静态电磁场的研究对工程实际中经常遇到的一些问题有指导意义。例如：载流导体在自身电磁场的作用下会产生集肤效应，时变场内部导体由于存在电磁感应会产生涡流效应等，这些现象对场的分布都会产生影响，在不利于工程实际时要尽量避免，而在需要的时候则要充分加以利用。本章知识结构如图 7-0 所示。

电磁感应定律
及其工程应用

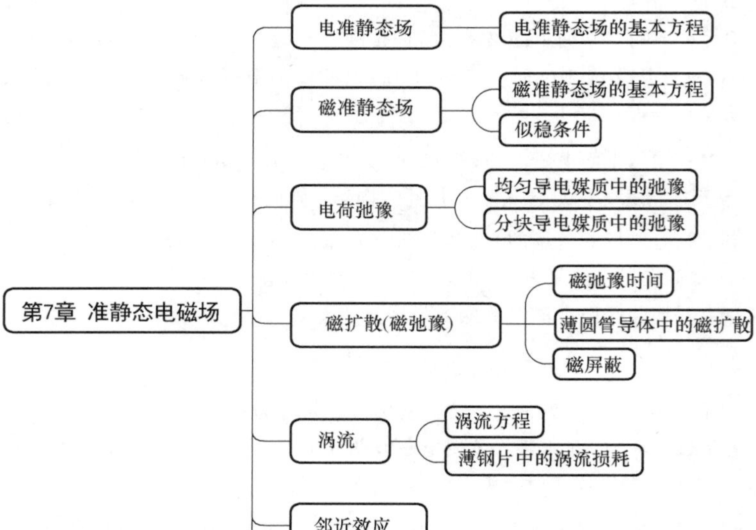

图 7-0　本章知识结构

7.1 电准静态场

在时变电场中，当库仑电场远远大于感应电场时，$\partial \boldsymbol{B}/\partial t$ 可以忽略不计，此时有

$$\nabla\times\boldsymbol{E}=\nabla\times(\boldsymbol{E}_{c}+\boldsymbol{E}_{in})\approx\nabla\times\boldsymbol{E}_{c}=0 \tag{7-1}$$

式中，$\boldsymbol{E}_c$ 为库仑电场，$\boldsymbol{E}_{in}$ 为感应电场。

满足上述条件的时变电场，定义为电准静态场（EQS-Electroquasistatic），此时电场可按静态场处理。由式（7-1）可见，在忽略电磁感应的条件下，电准静态场具有与静电场相似的有散无旋性。电准静态场的麦克斯韦方程的微分形式为

$$\begin{cases}\nabla\times\boldsymbol{H}=\boldsymbol{J}+\dfrac{\partial\boldsymbol{D}}{\partial t}\\ \nabla\times\boldsymbol{E}\approx 0\\ \nabla\cdot\boldsymbol{B}=0\\ \nabla\cdot\boldsymbol{D}=\rho\end{cases} \tag{7-2}$$

低频交流情况下，平板电容器中的电磁场即属于电准静态场。

应该指出，有时虽然感应电场 $\boldsymbol{E}_{in}$ 并不小，但其旋度 $\nabla\times\boldsymbol{E}_{in}$ 很小，此时，式（7-1）仍然成立，这样的时变电场仍可按电准静态场处理。

例 7-1　一圆形平行板电容器，极板半径 $R=10\text{cm}$，板间介质为理想绝缘介质。现设有频率为 50Hz，有效值为 0.1A 的正弦电流通过该电容器。若忽略边缘效应，试求电容器中的电场与磁场分布。

解　由于电容器极板间的介质为理想绝缘介质，因此极板间不可能存在传导电流，只能存在位移电流。按照麦克斯韦全电流定律，电容器中的位移电流 $\boldsymbol{J}_d$ 一定与线路中的传导电流 J 大小相等。在忽略边缘效应的前提下，可认为 J_d 在极板间均匀分布，并有

$$J_d=J=\frac{i}{\pi R^2}$$

其中，$i=0.1\sqrt{2}\cos 100\pi t\text{A}$，为与电容器相连的导线中的传导电流。

设圆柱坐标系的 z 轴与圆形平行板电容器的轴线重合，且电流的方向为 $+z$ 方向。在位于电容器两极板之间的 z 轴上任选一点为圆心，以 r 为半径画一个平行于极板的圆，记这个圆的圆周为回路 l，这个圆的面积为 S，运用全电流定律 $\oint_l \boldsymbol{H}\cdot\text{d}\boldsymbol{l}=\int_S J_d\text{d}S$，可得

$$2r\pi H=\frac{r^2\pi}{R^2\pi}i$$

于是可知电容器中的磁场强度为

$$\boldsymbol{H}=\frac{ri}{2\pi R^2}\boldsymbol{e}_\phi=2.25r\cos 100\pi t\boldsymbol{e}_\phi\ \text{A/m}$$

由位移电流的定义式可得电场强度为

$$E=\frac{1}{\varepsilon_0}\int J_d\text{d}t=\frac{1}{\varepsilon_0}\int\frac{0.1\sqrt{2}}{\pi R^2}\cos\omega t\text{d}t=\frac{1}{\varepsilon_0\omega}\frac{0.1\sqrt{2}}{\pi R^2}\sin\omega t=1.15\times 10^9\sqrt{2}\sin\omega t\ \text{V/m}$$

该电场在极板间也呈均匀分布，可视为电源给极板提供的电荷产生的库仑电场 $\boldsymbol{E}_c$。同

时，由磁场强度可求得感应电场 $\boldsymbol{E}_{\text{in}}$ 的旋度（单位 A/m）为

$$\nabla\times\boldsymbol{E}_{\text{in}}=-\frac{\partial\boldsymbol{B}}{\partial t}=-\mu_0\frac{\partial\boldsymbol{H}}{\partial t}=2.25r\omega\mu_0\sin100\pi t\boldsymbol{e}_\phi=8.88\times10^{-4}r\sin100\pi t\boldsymbol{e}_\phi$$

对比上式与电场强度的计算式，显见，由二次源 $\partial\boldsymbol{B}/\partial t$ 产生的感应电场（其数量级为 10^{-4}）比库仑电场（其数量级为 10^9）小得多，完全可以忽略不计。故电容器中的电场近似为

$$\boldsymbol{E}=1.15\times10^9\sqrt{2}\sin\omega t\ \boldsymbol{e}_z\ \text{V/m}$$

7.2 磁准静态场

在时变电磁场中，当传导电流 $J(t)$ 远远大于位移电流 $\partial\boldsymbol{D}/\partial t$ 时，$\partial\boldsymbol{D}/\partial t$ 可忽略不计，即

$$\nabla\times\boldsymbol{H}=\boldsymbol{J}+\frac{\partial\boldsymbol{D}}{\partial t}\approx\boldsymbol{J}$$

这种情形下时变场可按恒定磁场处理。由此可见，在忽略位移电流的条件下，磁准静态场（MQS-Magnetoquasistatic）具有与恒定磁场相似的无散有旋性。

磁准静态场的麦克斯韦方程的微分形式为

$$\begin{cases}\nabla\times\boldsymbol{H}\approx\boldsymbol{J}\\ \nabla\times\boldsymbol{E}=-\dfrac{\partial\boldsymbol{B}}{\partial t}\\ \nabla\cdot\boldsymbol{B}=0\\ \nabla\cdot\boldsymbol{D}=\rho\end{cases}\tag{7-3}$$

磁准静态场中的 $\boldsymbol{E}$、$\boldsymbol{B}$ 与动态位 $\boldsymbol{A}$ 和 φ 之间仍然保持如下关系：

$$\boldsymbol{B}=\nabla\times\boldsymbol{A},\quad \boldsymbol{E}=-\frac{\partial\boldsymbol{A}}{\partial t}-\nabla\varphi$$

且 $\boldsymbol{A}$ 和 φ 在线性介质中分别满足微分方程，即

$$\nabla^2\boldsymbol{A}=-\mu\boldsymbol{J},\quad \nabla^2\varphi=-\frac{\rho}{\varepsilon}$$

由此可见磁准静态场和恒定磁场的相似之处。虽然 $\boldsymbol{A}$ 和 φ 都是随着时间变化的，但磁准静态场却遵循静态场的规律。因此只要知道电流和电荷的分布，就完全可以利用静态情况下的公式计算 $\boldsymbol{A}$、φ。

若略去电磁场的波动性，可以认为场与源之间具有类似于静态场中场与源之间的即时依赖关系，所以也称这种场为似稳场。显然，时变电磁场可以视为似稳场的条件，是场量滞后于激励源的时间远小于时变场电磁波的周期，即

$$\frac{R}{v}\ll T\tag{7-4}$$

因 $\lambda=vT$，故可将上式等效为场域的空间尺寸远小于时变场电磁波的波长，即

$$R\ll\lambda\tag{7-5}$$

式（7-4）和式（7-5）为时变电磁场的似稳条件。

对于纯金属来说，其电导率一般在 10^7 数量级，$\varepsilon \approx \varepsilon_0$，代入 $\omega\varepsilon \ll \gamma$ 便得 $\omega \ll 10^{17}$ rad/s。由此数值可知，在良导体中，从较低频率的波一直到紫外波都允许将位移电流略去，从而将时变场视为似稳场。

这里必须注意，似稳场的判断是以尺寸与波长之比为判据的，而不是以绝对尺寸的大小和频率的高低为判据。例如工频 50Hz 的波在自由空间中的波长为 6000km，因此只有跨越数百公里的长距离输电才需要考虑波动过程。而到了微波波段，例如频率为 3GHz 的波，它在自由空间中的波长仅为 10cm，那么手掌大小的一个系统就需要考虑波动过程，而不能简单地作为电路问题来处理了。因此，处理这类问题时，一定要具体问题具体分析，避免形而上学。

尽管准静态情况下的时变电磁场与静态场具有相似的特性，但它毕竟是随时间变化的，因此还具有一些与静态场不同的特性，在实际应用中需要予以注意。

7.3 电荷弛豫

7.3.1 电荷在均匀导电媒质中的弛豫过程

在具有均匀的电导率 γ 和介电常数 ε 的导电媒质中，电荷守恒原理和高斯定律确定了整个体积内的自由电荷分布及其随时间的变化规律。对式（5-15a）第一式的两边取散度，并考虑到 $\boldsymbol{J}=\gamma\boldsymbol{E}$，有

$$\nabla\cdot(\nabla\times\boldsymbol{H}) = \nabla\cdot(\gamma\boldsymbol{E}) + \frac{\partial}{\partial t}\nabla\cdot\boldsymbol{D} = 0 \tag{7-6}$$

设导体中的自由电荷密度为 ρ，则 $\nabla\cdot\boldsymbol{E}=\dfrac{\rho}{\varepsilon}$，代入式（7-6）有

$$\frac{\partial\rho}{\partial t}+\frac{\gamma}{\varepsilon}\rho=0 \tag{7-7}$$

该一阶常微分方程的解为

$$\rho=\rho_0(x,y,z)\,\mathrm{e}^{-\frac{t}{\tau_e}} \tag{7-8}$$

式中，$\rho_0(x,\ y,\ z)$ 为 $t=0$ 时的 ρ；$\tau_e=\dfrac{\varepsilon}{\gamma}$，单位为 s（秒）。这个结果表明，导体中的自由电荷体密度随时间按指数规律衰减，其衰减的快慢决定于 τ_e 的大小。把这个衰减的过程称为电荷弛豫，把 τ_e 称为弛豫时间。在良导体中，$\tau_e \ll 1$，可认为良导体内部无自由电荷的积累，即 $\rho=0$。

接下来研究导电媒质中电荷弛豫过程的电位分布。在电准静态场中，$\nabla\times\boldsymbol{E}\approx 0$，则有

$$\boldsymbol{E}=-\nabla\varphi \tag{7-9}$$

又因为 $\nabla\cdot\boldsymbol{D}=\rho$，$\boldsymbol{D}=\varepsilon\boldsymbol{E}$，可得

$$\nabla^2\varphi=-\frac{\rho}{\varepsilon}$$

由式（7-8）可得

$$\nabla^2\varphi=-\frac{\rho_0}{\varepsilon}\mathrm{e}^{-\frac{t}{\tau_e}} \tag{7-10}$$

假设媒质均匀充满整个空间，对比静电场的泊松方程的解，可以得到式（7-10）的解为

$$\varphi(x,y,z,t)=\int_V \frac{\rho_0}{4\pi\varepsilon R}\mathrm{e}^{-\frac{t}{\tau_e}}\mathrm{d}V=\varphi_0(x,y,z)\mathrm{e}^{-\frac{t}{\tau_e}} \tag{7-11}$$

式中，$\varphi_0(x,\ y,\ z)=\int_V \frac{\rho_0 \mathrm{d}V}{4\pi\varepsilon R}$为 $t=0$ 时的电位分布。可见，导体中的电位分布随时间也按指数规律衰减，其衰减的快慢同样取决于弛豫时间 τ_e。如果是点电荷，则有 $\varphi=\frac{q_0}{4\pi\varepsilon R}\mathrm{e}^{-\frac{t}{\tau_e}}$。自由电荷在弛豫过程中的定向运动形成电流，这个电流也是按同样的指数规律衰减的。故电流产生的磁场随时间的变化率可以忽略，电荷弛豫过程的电磁场可用电准静态场来分析。

7.3.2 电荷在分块均匀导电媒质中的弛豫过程

当区域是分块均匀导电媒质时，自由电荷趋向于聚积在它们的分界面上，这种积累过程是比较复杂的。在分界面两侧，满足分界面的衔接条件，关系式为

$$E_{1t}=E_{2t} \tag{7-12}$$

和

$$D_{2n}-D_{1n}=\sigma \tag{7-13}$$

同时，由电荷守恒原理$\oint_S \boldsymbol{J}\cdot\mathrm{d}\boldsymbol{S}=-\frac{\partial q}{\partial t}$，可以导出，分界面上还需满足

$$J_{2n}-J_{1n}=-\frac{\partial\sigma}{\partial t} \tag{7-14}$$

联立式（7-13）和式（7-14）有

$$J_{2n}-J_{1n}=-\frac{\partial(D_{2n}-D_{1n})}{\partial t} \tag{7-15}$$

由于 $\boldsymbol{D}=\varepsilon\boldsymbol{E}$，$\boldsymbol{J}=\gamma\boldsymbol{E}$，代入式（7-15），可整理为

$$(\gamma_2 E_{2n}-\gamma_1 E_{1n})+\frac{\partial(\varepsilon_2 E_{2n}-\varepsilon_1 E_{1n})}{\partial t}=0 \tag{7-16}$$

式（7-16）表明，在时变电磁场中位于导电媒质分界面上的全电流密度法向分量连续。现以双层有损介质的平板电容器为例，利用式（7-16）来分析在导电媒质分界面上自由电荷的积累过程。

例 7-2 如图 7-1 所示的双层有损介质的平板电容器，连接到一直流电压源。若 $t=0$ 时开关闭合，分析其过渡过程。

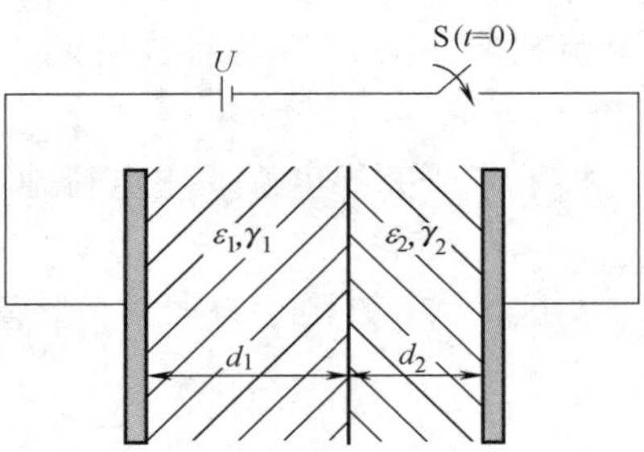

图 7-1 具有双层有损介质的平板电容器

解 设 $t=0$ 时，开关 S 闭合，相应的，用 $t=0_-$表示换路前的最终时刻，用 $t=0_+$表示换路后的最初时刻。电源电压加在两个电极板间后，会出现过渡过程。但是这个题很难用电路的方法来分析。当 $t\leqslant 0_-$时，电容器电压为 0，即 $u_c(0_-)=0$；而当 $t\geqslant 0_+$时，电容器电压为电源电压，即 $u_c(0_+)=U$。显然，$u_c(0_+)\neq u_c(0_-)$，不符合电路中的换路定律，这说明换路的瞬间电容器的电压被强制跃变，电路中出现冲激电

流，极板上的电荷也发生跃变。此时，位移电流较大，但电容器内的漏电流很小，$\partial \boldsymbol{B}/\partial t$ 可以忽略不计，故电容器中的电磁场可以看作电准静态场。

在电准静态场中，$t \geqslant 0_+$ 时，有

$$E_1 d_1 + E_2 d_2 = u(t) \tag{7-17}$$

其中，$u(t)$ 为极板间的电压。此外，在媒质分界面上，应满足式（7-16），可重写为

$$\frac{\mathrm{d}(\varepsilon_2 E_2 - \varepsilon_1 E_1)}{\mathrm{d}t} + (\gamma_2 E_2 - \gamma_1 E_1) = 0 \tag{7-18}$$

联立式（7-17）和式（7-18），消去 E_2，有

$$(d_2\varepsilon_1 + d_1\varepsilon_2)\frac{\mathrm{d}E_1}{\mathrm{d}t} + (d_2\gamma_1 + d_1\gamma_2)E_1 = \gamma_2 u + \varepsilon_2 \frac{\mathrm{d}u}{\mathrm{d}t} \tag{7-19}$$

这是关于 E_1 的一阶常微分方程，其通解形式为

$$E_1 = E_{1\mathrm{h}} + E_{1\mathrm{p}} \tag{7-20}$$

式中，$E_{1\mathrm{h}}$ 为相对应的齐次微分方程的通解；$E_{1\mathrm{p}}$ 为相对应非齐次微分方程的任一特解。先确定特解 $E_{1\mathrm{p}}$，当 $t\to\infty$ 时过渡过程结束，电路达到稳态，因此，$E_{1\mathrm{p}}$ 可以选成电路达到稳态时的解，此时，$\frac{\mathrm{d}u}{\mathrm{d}t}=0$，$u=U$ 故有

$$E_{1\mathrm{p}} = \frac{\gamma_2 U}{d_2\gamma_1 + d_1\gamma_2} \tag{7-21}$$

接下来，确定通解 $E_{1\mathrm{h}}$。式（7-16）所对应的齐次微分方程的特征方程为

$$(d_2\varepsilon_1 + d_1\varepsilon_2)p + (d_2\gamma_1 + d_1\gamma_2) = 0$$

由此求得方程的特征根为

$$p = -\frac{d_2\gamma_1 + d_1\gamma_2}{d_2\varepsilon_1 + d_1\varepsilon_2} = -\frac{1}{\tau_\mathrm{e}}$$

式中，τ_e 为弛豫时间，即

$$\tau_\mathrm{e} = \frac{d_2\varepsilon_1 + d_1\varepsilon_2}{d_2\gamma_1 + d_1\gamma_2}$$

因此，该齐次微分方程的通解为

$$E_{1\mathrm{h}} = A\mathrm{e}^{pt} = A\mathrm{e}^{-\frac{t}{\tau_\mathrm{e}}} \tag{7-22}$$

把式（7-21）和式（7-22）代入式（7-20），有

$$E_1 = A\mathrm{e}^{-\frac{t}{\tau_\mathrm{e}}} + \frac{\gamma_2 U}{d_2\gamma_1 + d_1\gamma_2} \tag{7-23}$$

为了确定待定系数 A，需要计算 E_1 的初始条件。将式（7-19）两边对时间 t 求积分，取时间区间为［0_-，0_+］，有

$$\int_{E_1(0_-)}^{E_1(0_+)} (d_2\varepsilon_1 + d_1\varepsilon_2)\mathrm{d}E_1 + \int_{0_-}^{0_+} (d_2\gamma_1 + d_1\gamma_2)E_1\mathrm{d}t = \int_{0_-}^{0_+} \gamma_2 u\mathrm{d}t + \int_{u(0_-)}^{u(0_+)} \varepsilon_2\mathrm{d}u \tag{7-24}$$

由前面的分析可知，$u(0_-)=0$，$E_1(0_-)=0$，$u(0_+)=u$，$(d_2\gamma_1+d_1\gamma_2)E_1$ 和 $\gamma_2 u$ 均为有限值，所以

$$E_1(0_+) = \frac{\varepsilon_2 U}{d_2\varepsilon_1 + d_1\varepsilon_2} \tag{7-25}$$

当 $t=0_+$时，解得

$$A=\frac{\varepsilon_2 U}{d_2\varepsilon_1+d_1\varepsilon_2}-\frac{\gamma_2 U}{d_2\gamma_1+d_1\gamma_2}$$

这样，开关闭合后，E_1 的过渡过程为

$$E_1=\frac{\gamma_2 U}{d_2\gamma_1+d_1\gamma_2}\left(1-e^{-\frac{t}{\tau_e}}\right)+\frac{\varepsilon_2 U}{d_2\varepsilon_1+d_1\varepsilon_2}e^{-\frac{t}{\tau_e}} \tag{7-26}$$

将式（7-26）代入式（7-17），可得

$$E_2=\frac{\gamma_1 U}{d_2\gamma_1+d_1\gamma_2}\left(1-e^{-\frac{t}{\tau_e}}\right)+\frac{\varepsilon_1 U}{d_2\varepsilon_1+d_1\varepsilon_2}e^{-\frac{t}{\tau_e}} \tag{7-27}$$

进而，可以得到分界面上的电荷面密度为

$$\sigma=\varepsilon_2 E_2-\varepsilon_1 E_1=\frac{\varepsilon_2\gamma_1-\varepsilon_1\gamma_2}{d_2\gamma_1+d_1\gamma_2}U\left(1-e^{-\frac{t}{\tau_e}}\right) \tag{7-28}$$

由式（7-28）可以看出，开关闭合瞬间，分界面上的 $\sigma=0$。随着时间增加，分界面上开始有面电荷积累，直到电路达到稳态，$\sigma=\dfrac{\varepsilon_2\gamma_1-\varepsilon_1\gamma_2}{d_2\gamma_1+d_1\gamma_2}U$ 为常数，即保持不变。

以上结论可以推广到一般情况，即当对多层导电媒质的电容器充电时，在不同导电媒质的分界面上会产生面自由电荷的分布。特别的，如果当相邻媒质的材料属性满足 $\varepsilon_2\gamma_1=\varepsilon_1\gamma_2$ 时，由式（7-28）可知，此时 $\sigma=0$，即不会有面电荷的积累。

7.4 磁扩散

对导电媒质突然施加外磁场，由于电磁感应现象的存在，在导电媒质中会产生感应电流，该感应电流的去磁效应使得导电媒质中的磁场不会发生突变。感应电流随着时间的增加逐渐衰减为零，最终导致去磁效应消失，从而形成恒定的磁场分布。这一过程称为磁扩散过程，也可称为磁弛豫。

在磁扩散过程的分析中位移电流的作用往往可以忽略不计，故而满足磁准静态场的分析条件。下面以位于磁场中的薄圆管导体为例，分析圆管内的磁扩散过程。

例 7-3　如图 7-2 所示，有一均匀长直薄圆管导体，若 $t=0$时刻，突然在圆管外部空间建立一均匀轴向磁场 $\boldsymbol{H}_0=H_0\boldsymbol{e}_z$，求在圆管导体内的环形电流密度和轴向磁场强度。

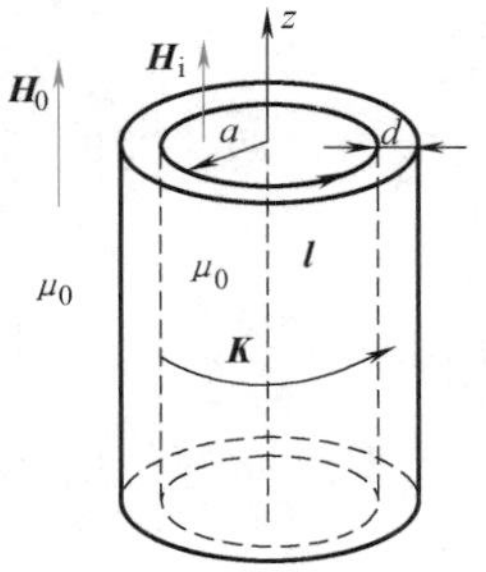

a) 薄圆管导体

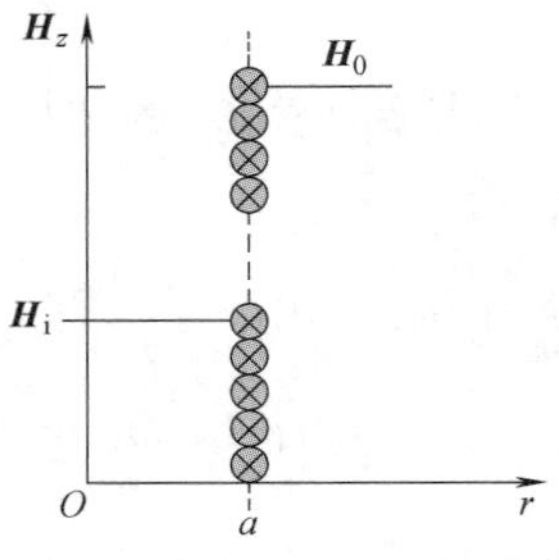

b) 磁扩散过程中的磁场分布

图 7-2　轴向磁场向圆管导体内部的扩散

解 由题意 $t=0$ 时刻，突然外加磁场，由于圆管导体内的感应电流的去磁作用，圆管内部空间的 $\boldsymbol{H}_{\mathrm{i}}$ 不能突变，保持原值为零。$t\geqslant 0_+$ 时，感应电流会衰减，进而磁场逐渐向导体内部透入，$\boldsymbol{H}_{\mathrm{i}}$ 开始增大，最终到达稳态值为 $\boldsymbol{H}_0$。

在此过程中，由分界面衔接条件，有

$$H_{\mathrm{i}}-H_0=K \tag{7-29}$$

式中，K 为圆管导体内面电流线密度的大小，即感应电流的分布，其值为

$$K=\gamma Ed \tag{7-30}$$

在薄圆管导体中取回路 l，如图 7-2 所示，由电磁感应定律，有

$$\oint_l \boldsymbol{E}\cdot \mathrm{d}\boldsymbol{l}=\int_S \frac{\partial \boldsymbol{B}_{\mathrm{i}}}{\partial t}\cdot \mathrm{d}\boldsymbol{S} \tag{7-31}$$

由式（7-30）知，$E=\dfrac{K}{\gamma d}$，代入式（7-31），得

$$\oint_l \frac{K}{\gamma d}\mathrm{d}l=\int_S \frac{\partial \boldsymbol{B}_{\mathrm{i}}}{\partial t}\cdot \mathrm{d}\boldsymbol{S} \tag{7-32}$$

将式（7-29）代入式（7-32），并整理，有

$$\frac{H_{\mathrm{i}}-H_0}{\gamma d}2\pi a=-\mu_0\pi a^2\frac{\mathrm{d}H_{\mathrm{i}}}{\mathrm{d}t} \tag{7-33}$$

将式（7-33）整理成

$$\frac{\mathrm{d}H_{\mathrm{i}}}{\mathrm{d}t}+\frac{2}{\mu_0\gamma da}H_{\mathrm{i}}=\frac{2H_0}{\mu_0\gamma da} \tag{7-34}$$

式（7-34）为关于 H_{i} 的一阶非齐次常微分方程，其特征根为

$$p=-\frac{2}{\mu_0\gamma da}=-\frac{1}{\tau_{\mathrm{m}}}$$

式中，τ_{m} 为磁弛豫时间（或磁扩散时间），即

$$\tau_{\mathrm{m}}=\frac{\mu_0\gamma da}{2} \tag{7-35}$$

由初始条件，$t=0_+$ 时，$H_{\mathrm{i}}=0$，得到微分方程式（7-34）的解为

$$H_{\mathrm{i}}=H_0\left(1-\mathrm{e}^{-\frac{t}{\tau_{\mathrm{m}}}}\right) \tag{7-36}$$

由式（7-29）可知，面电流密度为

$$K=-H_0\mathrm{e}^{-\frac{t}{\tau_{\mathrm{m}}}} \tag{7-37}$$

圆管导体内的磁场 $\boldsymbol{H}_{\mathrm{i}}$ 是由外加磁场 $\boldsymbol{H}_0$ 和感应电流 $\boldsymbol{K}$ 产生的磁场叠加而成。由式（7-29）和式（7-37）可以计算出，当 $t=0_+$ 时，$H_{\mathrm{i}}=0$，$K=-H_0$，即圆管导体内的磁场不能发生突变；随着时间 t 的增加，磁场 H_{i} 按指数规律增大，而面电流 K 按指数规律减小。经过若干个 τ_{m} 时间后，磁扩散过程基本结束，圆管导体内外磁场趋于相等，最终达到稳态，即 $\boldsymbol{H}_{\mathrm{i}}=\boldsymbol{H}_0$。

若外加磁场为正弦电磁场，可采用复数形式来分析。方程式（7-34）可改写为

$$j\omega\dot{H}_{i}+\frac{2}{\mu_0\gamma da}\dot{H}_{i}=\frac{2\dot{H}_0}{\mu_0\gamma da} \tag{7-38}$$

即

$$j\omega\dot{H}_{i}+\frac{\dot{H}_{i}}{\tau_{m}}=\frac{\dot{H}_0}{\tau_{m}}$$

因此

$$\dot{H}_{i}=\frac{\dot{H}_0}{1+j\omega\tau_{m}} \tag{7-39}$$

当 $\omega\gg\frac{1}{\tau_{m}}$时，$H_{i}\ll H_0$，可见薄圆管导体中的感应电流具有去磁作用。若在圆管内再套有圆管导体，则内管的磁场将更弱，因此薄圆管导体在这种情况下可以起磁屏蔽的作用。

7.5　涡流及其损耗

在第 6 章 6.3 节介绍了集肤效应，分析的是导体自身载有交变电流时，其内部的电流分布特性。本节将分析自身不载电流的导体置于外部时变磁场中时，其内部的感应电流（涡流）分布。

在许多电工设备中都存在着金属导体，例如发电机和变压器的铁心和端盖等。当这些导体处在变化的磁场中时，其内部就会有感应电流出现。这些感应电流在导体内部自成闭合回路，呈漩涡流动，因此称为漩涡电流（eddy current），简称涡流。

涡流在导体内流动时，会产生损耗从而引起导体发热，故涡流具有热效应；同时，涡流要产生减弱外磁场变化的磁场，因此涡流又具有去磁效应。涡流的这两个效应既有有利的一面，也有有害的一面。工业上可以利用涡流的热效应进行金属的加热和冶炼，利用涡流的去磁效应制成电磁闸，根据涡流的分布规律进行无损探测等。然而在某些情况下却需要减小涡流，避免设备因过热而损害，因去磁而影响工作性能。足见，研究涡流问题具有工程意义。

在 MQS 情况下，涡流问题中的电场强度，磁场强度方程简化为

$$\begin{cases}\nabla^2\boldsymbol{H}-\mu\gamma\dfrac{\partial\boldsymbol{H}}{\partial t}=0\\[2ex]\nabla^2\boldsymbol{E}-\mu\gamma\dfrac{\partial\boldsymbol{E}}{\partial t}=0\end{cases} \tag{7-40}$$

称为涡流方程，或扩散方程。求解该方程即可分析涡流场的分布，研究相应的涡流场问题。

在正弦电磁场中，对应的复数形式的扩散方程为

$$\begin{cases}\nabla^2\dot{\boldsymbol{H}}-k^2\dot{\boldsymbol{H}}=0\\ \nabla^2\dot{\boldsymbol{E}}-k^2\dot{\boldsymbol{E}}=0\end{cases} \tag{7-41}$$

式中，$k^2=j\omega\mu\gamma$，即

$$k=\sqrt{\mathrm{j}\omega\mu\gamma}=\sqrt{\frac{\omega\mu\gamma}{2}}(1+\mathrm{j})$$

变压器铁心是工程上涡流场分析的典型实例。为了降低涡流损耗，一般要将铁心用相互绝缘的薄片叠压制成，其中每片铁片都可看成是一片薄导电平板。可以证明，在每片薄板内部，电场、磁场及涡流的分布均呈现出集肤效应现象，即在薄板内部的中间区域场量的分布最弱，而在薄板表面两侧场量的分布比较集中。

以铁心中的硅钢片为例，如图 7-3 所示。因为 $l \gg a$ 和 $h \gg a$，所以硅钢片横截面内电场强度和磁场强度均近似为 x 的函数，与 y 和 z 无关。从图中可以看出，外磁场 B 沿 z 方向，则在 xoy 平面内形成闭合的感应电流。可忽略 y 方向两端的边缘效应，则 $\boldsymbol{E}$ 和 $\boldsymbol{J}$ 只有 y 方向分量。同理 $\boldsymbol{H}$ 只有 z 方向分量。

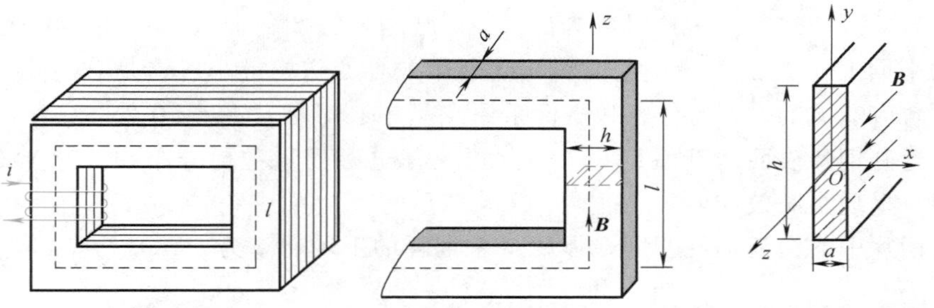

a) 硅钢叠片　　b) 单硅钢片　　c) 单硅钢片的横截面

图 7-3　铁心硅钢叠片

当线圈中通有正弦交流电流时，铁心处于正弦电磁场中，而硅钢片中的电磁场分布关于 y 轴对称。忽略位移电流，硅钢片中的涡流可用磁准静态场来分析，这是一个一维电磁场，其复数形式的扩散方程，由（7-41）可简化为

$$\frac{\mathrm{d}^2\dot{H}_z}{\mathrm{d}x^2}-k^2\dot{H}_z=0 \tag{7-42}$$

其通解为

$$\dot{H}_z=C_1\mathrm{e}^{-kx}+C_2\mathrm{e}^{+kx} \tag{7-43}$$

由于磁场的分布是对称的，有

$$\dot{H}_z\left(\frac{a}{2}\right)=\dot{H}_z\left(-\frac{a}{2}\right)$$

因此，取 $C_1=C_2=C/2$，采用双曲函数，通解式（7-43）可改写成

$$\dot{H}_z=C\cosh(kx) \tag{7-44}$$

设 $x=0$ 处，$\dot{B}_z(0)=\dot{B}_0$，则 $\dot{B}_0=\mu\dot{H}_z(0)=C\mu$。因此，硅钢片内的磁感应强度为

$$\dot{B}_z=\dot{B}_0\cosh(kx) \tag{7-45}$$

由 $\nabla\times\dot{\boldsymbol{H}}=\dot{\boldsymbol{J}}$ 和 $\dot{\boldsymbol{J}}=\gamma\dot{\boldsymbol{E}}$，可计算出电场强度和电流密度分别为

$$\dot{E}_y=-\frac{\dot{B}_0k}{\mu\gamma}\sinh(kx) \tag{7-46}$$

$$\dot{J}_y = -\frac{\dot{B}_0 k}{\mu}\sinh(kx) \tag{7-47}$$

可得到 $\dot{B}_z$ 和 $\dot{J}_y$ 的模值分别为

$$B_z = |\dot{B}_0|\sqrt{\frac{1}{2}[\cosh(2Kx)+\cos(2Kx)]} \tag{7-48}$$

$$J_y = \left|\frac{\dot{B}_0 k}{\mu}\right|\sqrt{\frac{1}{2}[\cosh(2Kx)-\cos(2Kx)]} \tag{7-49}$$

式中，$K=\sqrt{\frac{\omega\mu\gamma}{2}}$。

由式（7-48）和式（7-49）可以画出 B_z 和 J_y 随 x 的变化曲线，如图 7-4 所示。可以看出，$x=0$ 的平面上，B_z 的值最小，说明在硅钢片中心处磁场最小，这是涡流的去磁效应造成的。J_y 的分布和坐标系原点呈中心对称，在 $x=0$ 处为零，越接近硅钢片表面，其值越大。由此可见，电磁场量主要分布在硅钢片表面，呈现集肤效应。

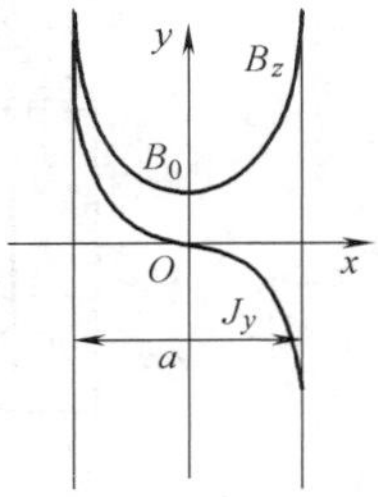

图 7-4　铁心硅钢叠片

计算硅钢片中的涡流损耗，即在体积 V 中消耗的平均功率为

$$P = \int_V \frac{1}{\gamma}|J_y|^2 \mathrm{d}V \tag{7-50}$$

当讨论频率较低情况时，可以导出消耗在铁心薄硅钢片中的涡流损耗为

$$P=\frac{1}{12}\gamma\omega^2 a^2 B_{zav}^2 V \tag{7-51}$$

式中，V 是硅钢片的体积，B_{zav} 是磁感应强度在 $[-a/2, a/2]$ 上有效值的平均值。根据式（7-51）可以看出，为了降低涡流损耗，电导率应尽可能小，硅钢片厚度尽可能薄。因此，交流电气设备中的铁心都是由彼此绝缘的硅钢片叠装而成。

对电工钢片来说，一般 $\mu\approx 1000\mu_0$，$\gamma=10^7$，设薄板厚度 $a=0.5\text{mm}$。当工作频率为工频 50Hz 时，透入深度 $\delta=0.715\text{mm}$，$a/\delta=0.7$，集肤效应不显著，可以认为场量还是沿截面均匀分布的。但当工作频率增至 2000Hz 时，$a/\delta=4.4$。可见在音频时，已不适宜采用 0.5mm 厚度的钢片了，必须选择更薄的钢片。当频率高到一定程度后，甚至要用粉状材料压制而成的铁心才可以实际应用。

7.6　邻近效应和电磁屏蔽

本节主要介绍时变电磁场中相互靠近的导体会产生邻近效应，以及抑制措施——电磁屏蔽。

7.6.1　邻近效应

当多个导体共存且通有交变电流时，相互靠近的导体不仅每一导体处于自身电流产生的电磁场中，同时还处于其他导体中的电流所产生的电磁场中。显然，这时各个导体中的电流分布与其单独存在时不一样，会受到邻近导体的影响，这种现象称为邻近效应。频率越高，导体靠得越近，邻近效应越显著。

事实上，邻近效应与集肤效应是共存的，它们都会使导体中电磁场的场量分布不均匀。

例如，对于一单根长直导线，如果通以正弦交流电流，由于集肤效应，电流主要均匀集中分布在导线的表面附近。而在二线传输线中，电流就不再均匀对称的分布在导体中，而是比较集中在两导线相对的内侧。这是因为电源能量主要是通过两线之间的空间以电磁波的形式传送给负载。两线相对的内侧处电磁波能量密度大，传入导线的功率大，故电流密度也较大。

7.6.2　电磁屏蔽

随着各种电磁新技术的广泛应用，电气装置的电磁兼容性能要求越来越高。电磁屏蔽（electromagnetic shield）是最早用于隔离电气设备之间电磁场相互干扰的设备之一。在绝大多数情况下，电磁屏蔽由金属（包括铜、铝、钢等）制成。例如在收音机中，以空心的铝壳罩在中周线圈外面，使它不受外界高频电磁场的干扰。

因为电磁屏蔽利用导体内的涡流所产生的电磁场来抑制外加电磁场，从而对被保护区域进行屏蔽，所以电磁屏蔽又称涡流屏蔽。为了达到良好的屏蔽效果，屏蔽罩的厚度 h 必须接近于屏蔽材料透入深度的 3~6 倍。根据第 6 章中的电磁波理论可以证明，良导体中电磁波的波长即为其透入深度的 2π 倍，因此一般情况下即以电磁波的波长作为屏蔽罩的厚度，即

$$h=\lambda=2\pi\delta \tag{7-52}$$

这样，电磁场不能透过屏蔽体，从而对屏蔽装置内外均起到隔离作用。

由于透入深度与屏蔽体材料的电导率、磁导率、被屏蔽电磁场的频率都有关，故在电磁屏蔽的设计中必须综合考虑上述因素来选择屏蔽体的材料及尺寸。例如在工频情况下，铁板金属外壳即可对一般电子设备起到屏蔽作用；而在中高频情况下，因铁磁材料在中高频时损耗较大，发热严重，会给被屏蔽装置带来不利影响，所以此时一般不再使用铁质屏蔽。

本章小结

时变电磁场，在忽略电磁感应效应，即忽略 $\partial \boldsymbol{B}/\partial t$ 时，称为电准静态场（EQS）。其基本方程组（微分形式）为

$$\begin{cases}\nabla\times\boldsymbol{H}=\boldsymbol{J}+\dfrac{\partial \boldsymbol{D}}{\partial t}\\ \nabla\times\boldsymbol{E}\approx 0\\ \nabla\cdot\boldsymbol{B}=0\\ \nabla\cdot\boldsymbol{D}=\rho\end{cases}$$

时变电磁场，在忽略位移电流效应，即忽略 $\partial \boldsymbol{D}/\partial t$ 时，称为磁准静态场（MQS）。其基本方程组（微分形式）为

$$\begin{cases}\nabla \times \boldsymbol{H} \approx \boldsymbol{J} \\ \nabla \times \boldsymbol{E} = -\dfrac{\partial \boldsymbol{B}}{\partial t} \\ \nabla \cdot \boldsymbol{B} = 0 \\ \nabla \cdot \boldsymbol{D} = \rho\end{cases}$$

若略去电磁场的波动性，可以认为场与源之间具有类似于静态场中场与源之间的即时依赖关系，所以也称这种场为似稳场。似稳条件为

$$R \ll \lambda$$

电荷弛豫过程的电磁场可按电准静态场来分析。

无限大均匀导体中的自由电荷体密度和电位分布都随时间按指数规律衰减，其衰减的快慢决定于 τ_e 的大小。把这个衰减的过程称为电荷弛豫，把 τ_e 称为弛豫时间，即

$$\tau_e = \frac{\varepsilon}{\gamma}$$

在良导体中，$\tau_e \ll 1$，可认为良导体内部无自由电荷的积累，即 $\rho = 0$。

同样，在导体分界面上自由电荷的积累过程也是按指数规律随时间衰减，过渡过程产生的原因是因为分界面上 $\partial\sigma/\partial t$ 不为零。

双层有损介质平板电容器的弛豫时间为 $\tau_e = \dfrac{d_2\varepsilon_1 + d_1\varepsilon_2}{d_2\gamma_1 + d_1\gamma_2}$，分界面上的面电荷积累达到稳态时，$\sigma = \dfrac{\varepsilon_2\gamma_1 - \varepsilon_1\gamma_2}{d_2\gamma_1 + d_1\gamma_2}U$。特别的，相邻媒质的材料属性满足 $\varepsilon_2\gamma_1 = \varepsilon_1\gamma_2$ 时，$\sigma = 0$。

磁扩散现象也称为磁弛豫，在持续若干个磁扩散时间（或磁弛豫时间）τ_m 后将基本消失，稳态时导体内磁场与外加恒定磁场趋于相等。在磁扩散过程的分析中位移电流的作用往往可以忽略不计，满足磁准静态场的分析条件。

时变电磁场中的导体内会产生涡流，当位移电流产生的磁场远小于外加磁场时可按磁准静态场处理。

涡流具有热效应和去磁效应。

涡流问题中的电场强度、磁场强度方程简化为

$$\begin{cases}\nabla^2 \boldsymbol{H} - \mu\gamma \dfrac{\partial \boldsymbol{H}}{\partial t} = 0 \\ \nabla^2 \boldsymbol{E} - \mu\gamma \dfrac{\partial \boldsymbol{E}}{\partial t} = 0\end{cases}$$

低频时，消耗在铁心薄硅钢片中的涡流损耗为

$$P = \frac{1}{12}\gamma\omega^2 a^2 B_{zav}^2 V$$

邻近效应是指通有变化电流的导体相互靠近时会相互影响。电磁屏蔽也叫涡流屏蔽，是抑制临近效应的一种有效措施。一般情况下以电磁波的波长作为屏蔽罩的厚度，即 $h = \lambda = 2\pi\delta$。

习　题　7

7-1　半径为 a 的两块圆形极板构成平行板电容器，对它外施缓变电压 $u=U_m\cos\omega t$，两极板间距离为 d，板间充满某种导电媒质，媒质参数 ε_r，μ_r，γ 均已知。求极板间任意一点的位移电流密度和电场强度（忽略边缘效应）。（注：因 u 为缓变电压，ω 不大，故本系统的时变电磁场为准静态场，可以不考虑变化的磁场对电场的影响，电场分布与静态场情形相同。）

7-2　长度为 l 的圆柱形电容器，其内、外导体半径分别为 a、b，内、外导体之间填充了介电常数为 ε 的理想介质，电容器外加正弦缓变电压 $u=U_m\cos\omega t$。求：（1）介质中的位移电流密度；（2）穿过半径为 r（$a<r<b$）的圆柱表面的总位移电流，并证明此电流等于电容器引线中的传导电流。

7-3　试证明，电荷在导电媒质中发生弛豫时，空间任一点的磁场强度都为零。（提示：磁场是由传导电流和位移电流产生的。）

7-4　无限大均匀导电媒质中，突然放置一个初始电量为 q_0 的点电荷。求：（1）该点电荷的电量随时间的变化规律；（2）空间任一点的电场强度；（3）空间任一点的电流密度；（4）空间任一点的磁场强度。

7-5　如图 7-5 所示的双层有损介质的平板电容器，连接到一直流电压源。当 $t=0$ 时开关闭合。已知 $\varepsilon_1=2\varepsilon_0$，$\varepsilon_2=2\varepsilon_1$，$\gamma_1=3\times10^{-8}\text{S/m}$，$\gamma_2=10^{-8}\text{S/m}$，$a=b=10^{-3}\text{m}$，$U=100\text{V}$。计算当 $t>0$ 时，电场的过渡过程。

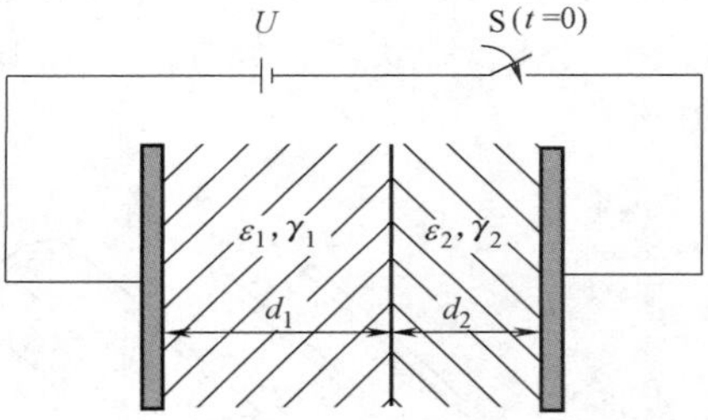

图 7-5　题 7-5 图

7-6　已知条件同题 7-5，但是电容器连接至工频交流电源。试计算进入交流稳态后两介质电场之间的相位差。

7-7　长薄铜圆管如图 7-2a 所示，已知电导率 $\gamma=5.8\times10^7\text{S/m}$，圆管厚度 $d=1\text{mm}$，圆管的内径 $a=40\text{mm}$。试求：（1）其磁弛豫时间 τ_m；（2）如果外加励磁电流为阶跃电流，求阶跃后经 τ_m 时间的瞬时 H_i 和 H_0 的比值。

7-8　为了达到良好的屏蔽效果，试计算：（1）收音机中周变压器的铝制屏蔽罩的厚度（$f=465\text{kHz}$）；（2）电源变压器铁制屏蔽罩的厚度（$f=50\text{Hz}$）；（3）若电源变压器也用铝作屏蔽罩是否合适？（铝：$\gamma=3.72\times10^7\text{S/m}$，$\varepsilon_r=1$，$\mu_r=1$；铁：$\gamma=10^7\text{S/m}$，$\varepsilon_r=1$，$\mu_r=10^4$）

第8章　导行电磁波

本章导学

在第 6 章讨论了电磁波在无限大或半无限大介质中传播时所遵循的规律。而在实际当中，任意一种介质所占据的空间都是有限的，电磁波也是在有限的空间中传播的。工程上将束缚和引导电磁波在有限的空间中传播的装置称为导波系统，简称波导。波导通常包括平行双线、同轴、带状线、微带线、矩形波导、脊波导、圆波导、椭圆波导、介质波导等，如图 8-0 所示。

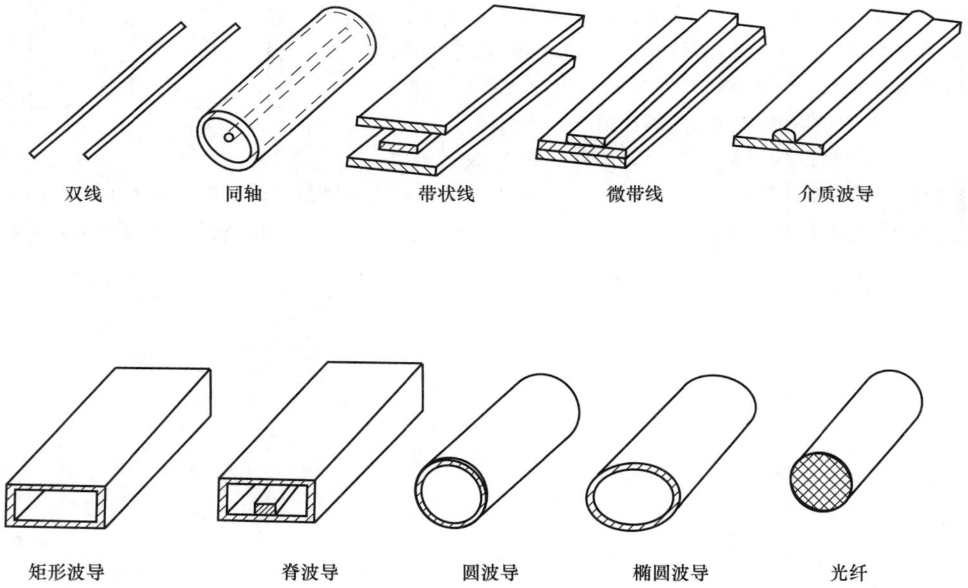

图 8-0　波导示意图

由此，电磁波可分为在自由空间中传播的自由空间波和在导波系统中传播的导行电磁波。本章讨论导行电磁波在波导中的传播规律，知识结构如图 8-1 所示。

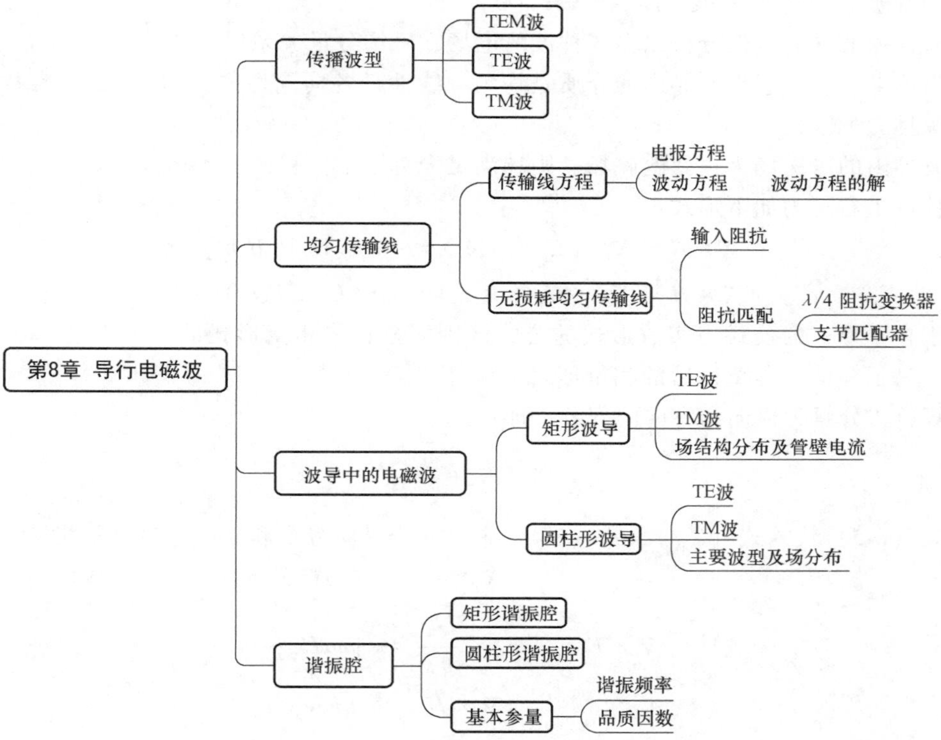

图 8-1　本章知识结构

8.1　TEM 波、TE 波、TM 波

波导是引导电磁波沿一定方向传输的装置，所以导行电磁波总是沿一定方向传播。通常将电磁波传播的方向称为纵向，与电磁波传播方向相垂直的方向称为横向。为分析方便，建立广义直角坐标系 $(u,\ v,\ z)$，称 $(u,\ v)$ 为横向坐标，z 为纵向坐标，如图 8-2 所示，图中波导的横截面形状是任意的，但沿纵向是均匀不变的。

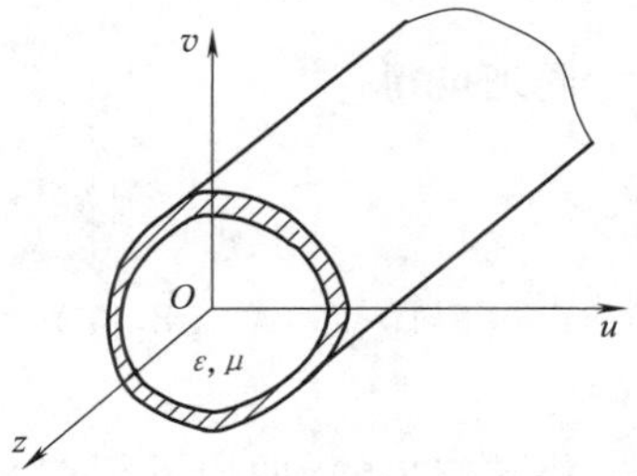

图 8-2　任意横截面形状的波导

波导中的电场和磁场可由横向分量和纵向分量合成，表示为

$$\boldsymbol{E}(u,v,z)=\boldsymbol{E}_{\mathrm{t}}(u,v,z)+\boldsymbol{E}_z(u,v,z)=\boldsymbol{E}_{\mathrm{t}}+E_z\boldsymbol{e}_z \tag{8-1}$$

$$\boldsymbol{H}(u,v,z)=\boldsymbol{H}_{\mathrm{t}}(u,v,z)+\boldsymbol{H}_z(u,v,z)=\boldsymbol{H}_{\mathrm{t}}+H_z\boldsymbol{e}_z \tag{8-2}$$

式中，$\boldsymbol{E}_{\mathrm{t}}$、$\boldsymbol{H}_{\mathrm{t}}$ 为电场和磁场的横向分量；E_z、H_z 为相应场变量的纵向分量。

根据纵向场分量的有无，导行电磁波可分为以下 3 种传播波型，也称 3 种模式（简称模）：

1） TEM 波：$E_z=0$，$H_z=0$。

2） TE 波，也称为 H 波：$\boldsymbol{E}_z=0$，$\boldsymbol{H}_z\neq0$。

3）TM 波，也称为 E 波：$\boldsymbol{E}_z\neq 0$，$\boldsymbol{H}_z=0$。

下面根据波导的特性分析以上 3 种波的电场、磁场分量关系。

为简单求解，可假设波导内的介质是均匀、线性且各向同性的，即 ε、μ 为常数，波导远离场源且为无限长。

若波导内的电磁场为正弦电磁场，则场满足麦克斯韦方程，引入相量形式，其中的两个旋度方程可重新写为如下形式：

$$\nabla\times\boldsymbol{E}=\nabla\times(\boldsymbol{E}_\mathrm{t}+E_z\boldsymbol{e}_z)=-\mathrm{j}\omega\mu(\boldsymbol{H}_\mathrm{t}+H_z\boldsymbol{e}_z)\tag{8-3}$$

$$\nabla\times\boldsymbol{H}=\nabla\times(\boldsymbol{H}_\mathrm{t}+H_z\boldsymbol{e}_z)=\mathrm{j}\omega\varepsilon(\boldsymbol{E}_\mathrm{t}+E_z\boldsymbol{e}_z)\tag{8-4}$$

由于相量形式的公式与实数形式的公式区别明显，将相量形式的“·”去掉，不会引起混淆。为了简洁，本章以后的相量形式不再打“·”。

将算符 ∇分解为横向和纵向两部分，即

$$\nabla=\nabla_\mathrm{t}+\frac{\partial}{\partial z}\boldsymbol{e}_z\tag{8-5}$$

将式（8-5）代入式（8-3）、式（8-4）中，并令纵向分量和横向分量分别相等，可得到

$$\nabla_\mathrm{t}\times\boldsymbol{E}_\mathrm{t}=-\mathrm{j}\omega\mu H_z\boldsymbol{e}_z\tag{8-6}$$

$$\nabla_\mathrm{t}\times E_z\boldsymbol{e}_z+\boldsymbol{e}_z\times\frac{\partial\boldsymbol{E}_\mathrm{t}}{\partial z}=-\mathrm{j}\omega\mu\boldsymbol{H}_\mathrm{t}\tag{8-7}$$

$$\nabla_\mathrm{t}\times\boldsymbol{H}_\mathrm{t}=\mathrm{j}\omega\varepsilon E_z\boldsymbol{e}_z\tag{8-8}$$

$$\nabla_\mathrm{t}\times H_z\boldsymbol{e}_z+\boldsymbol{e}_z\times\frac{\partial\boldsymbol{H}_\mathrm{t}}{\partial z}=\mathrm{j}\omega\varepsilon\boldsymbol{E}_\mathrm{t}\tag{8-9}$$

将式（8-7）两边同乘 $\boldsymbol{e}_z\times\frac{\partial}{\partial z}$，式（8-9）两边同乘 $\mathrm{j}\omega\mu$，可将含有 $\boldsymbol{H}_\mathrm{t}$ 的项消去，引用前面章节定义的物理量 $k^2=\omega^2\mu\varepsilon$，得到

$$\left(k^2+\frac{\partial^2}{\partial z^2}\right)\boldsymbol{E}_\mathrm{t}=\frac{\partial}{\partial z}\nabla_\mathrm{t}E_z+\mathrm{j}\omega\mu(\boldsymbol{e}_z\times\nabla_\mathrm{t}H_z)\tag{8-10}$$

同理可得

$$\left(k^2+\frac{\partial^2}{\partial z^2}\right)\boldsymbol{H}_\mathrm{t}=\frac{\partial}{\partial z}\nabla_\mathrm{t}H_z-\mathrm{j}\omega\varepsilon(\boldsymbol{e}_z\times\nabla_\mathrm{t}E_z)\tag{8-11}$$

式（8-10）、式（8-11）说明，在导波系统中电磁场的横向分量可以由纵向分量完全确定。

将式（8-6）两边进行 $\nabla_\mathrm{t}\times$运算，得到

$$\nabla_\mathrm{t}\times\nabla_\mathrm{t}\times\boldsymbol{E}_\mathrm{t}=-\mathrm{j}\omega\mu\nabla_\mathrm{t}\times H_z\boldsymbol{e}_z\tag{8-12}$$

对于式（8-12）左边应用矢量恒等式 $\nabla\times\nabla\times\boldsymbol{A}=\nabla(\nabla\cdot\boldsymbol{A})-\nabla^2\boldsymbol{A}$ 展开，可得

$$\nabla_\mathrm{t}\times\nabla_\mathrm{t}\times\boldsymbol{E}_\mathrm{t}=\nabla_\mathrm{t}(\nabla_\mathrm{t}\cdot\boldsymbol{E}_\mathrm{t})-\nabla^2\boldsymbol{E}_\mathrm{t}=-\nabla_\mathrm{t}\left(\frac{\partial}{\partial z}E_z\right)-\nabla_\mathrm{t}^2\boldsymbol{E}_\mathrm{t}$$

对于式（8-12）右边，应用式（8-9），有

$$-\mathrm{j}\omega\mu\nabla_\mathrm{t}\times H_z\boldsymbol{e}_z=-\mathrm{j}\omega\mu\left(\mathrm{j}\omega\varepsilon\boldsymbol{E}_\mathrm{t}-\boldsymbol{e}_z\times\frac{\partial\boldsymbol{H}_\mathrm{t}}{\partial z}\right)=k^2\boldsymbol{E}_\mathrm{t}+\frac{\partial^2\boldsymbol{E}_\mathrm{t}}{\partial z^2}-\frac{\partial}{\partial z}\nabla_\mathrm{t}E_z$$

可得

$$\left(\nabla_{\mathrm{t}}^2+\frac{\partial^2}{\partial z^2}\right)\boldsymbol{E}_{\mathrm{t}}+k^2\boldsymbol{E}_{\mathrm{t}}=0$$

即

$$\nabla^2\boldsymbol{E}_{\mathrm{t}}+k^2\boldsymbol{E}_{\mathrm{t}}=0 \tag{8-13}$$

同理可求得

$$\nabla^2\boldsymbol{H}_{\mathrm{t}}+k^2\boldsymbol{H}_{\mathrm{t}}=0 \tag{8-14}$$

式（8-13）、式（8-14）说明波导内的横向场分量满足亥姆霍兹方程。

对式（8-11）两边进行 $\nabla_{\mathrm{t}}\times$运算，并应用式（8-10），消除含有 $\boldsymbol{H}_{\mathrm{t}}$ 的项，得到

$$\nabla^2E_z+k^2E_z=0 \tag{8-15}$$

同理可求得

$$\nabla^2H_z+k^2H_z=0 \tag{8-16}$$

式（8-15）、式（8-16）说明波导内的纵向场分量满足亥姆霍兹方程。

电磁波沿+z 方向传输，空间波动因子为 $\mathrm{e}^{-\gamma z}$，则有

$$k^2+\frac{\partial^2}{\partial z^2}=k^2+\gamma^2=k_{\mathrm{c}}^2 \tag{8-17}$$

那么，由式（8-10）、式（8-11）可求得导波系统中场的横向分量和纵向分量之间的关系如下：

$$\boldsymbol{E}_{\mathrm{t}}=\frac{1}{k_{\mathrm{c}}^2}\left[\frac{\partial}{\partial z}\ \nabla_{\mathrm{t}}E_z+\mathrm{j}\omega\mu(\boldsymbol{e}_z\times\nabla_{\mathrm{t}}H_z)\right] \tag{8-18}$$

$$\boldsymbol{H}_{\mathrm{t}}=\frac{1}{k_{\mathrm{c}}^2}\left[\frac{\partial}{\partial z}\ \nabla_{\mathrm{t}}H_z-\mathrm{j}\omega\varepsilon(\boldsymbol{e}_z\times\nabla_{\mathrm{t}}E_z)\right] \tag{8-19}$$

式（8-18）、式（8-19）的右边都是纵向场分量，左边为横向场分量。将式（8-18）、式（8-19）在广义坐标系中展开，就可以得到横向场分量和纵向场分量的关系。讨论如下：

1）在直角坐标系下，横向坐标（u，v）为（x，y），则 $\nabla=\nabla_{\mathrm{t}}+\frac{\partial}{\partial z}\boldsymbol{e}_z=\frac{\partial}{\partial x}\boldsymbol{e}_x+\frac{\partial}{\partial y}\boldsymbol{e}_y+\frac{\partial}{\partial z}\boldsymbol{e}_z$，$\nabla^2=\frac{\partial^2}{\partial x^2}+\frac{\partial^2}{\partial y^2}+\frac{\partial^2}{\partial z^2}$，则得出横向分量和纵向分量的关系式如下：

$$E_x=-\frac{1}{k_{\mathrm{c}}^2}\left(\gamma\frac{\partial E_z}{\partial x}+\mathrm{j}\omega\mu\frac{\partial H_z}{\partial y}\right) \tag{8-20a}$$

$$E_y=\frac{1}{k_{\mathrm{c}}^2}\left(-\gamma\frac{\partial E_z}{\partial y}+\mathrm{j}\omega\mu\frac{\partial H_z}{\partial x}\right) \tag{8-20b}$$

$$H_x=\frac{1}{k_{\mathrm{c}}^2}\left(\mathrm{j}\omega\varepsilon\frac{\partial E_z}{\partial y}-\gamma\frac{\partial H_z}{\partial x}\right) \tag{8-20c}$$

$$H_y=-\frac{1}{k_{\mathrm{c}}^2}\left(\mathrm{j}\omega\varepsilon\frac{\partial E_z}{\partial x}+\gamma\frac{\partial H_z}{\partial y}\right) \tag{8-20d}$$

2）在柱坐标系下，横向坐标（u，v）为（r，ϕ），则 $\nabla=\nabla_{\mathrm{t}}+\boldsymbol{e}_z\frac{\partial}{\partial z}=\boldsymbol{e}_{\mathrm{r}}\frac{\partial}{\partial r}+\boldsymbol{e}_\phi\frac{\partial}{r\partial\phi}+$

$\boldsymbol{e}_z\dfrac{\partial}{\partial z}$，$\nabla^2=\dfrac{1}{r}\dfrac{\partial}{\partial r}\left(r\dfrac{\partial}{\partial r}\right)+\dfrac{1}{r^2}\dfrac{\partial^2}{\partial\phi^2}+\dfrac{\partial^2}{\partial z^2}$，则得出横向分量和纵向分量的关系式如下：

$$E_{\mathrm{r}}=-\frac{1}{k_{\mathrm{c}}^2}\left(\gamma\frac{\partial E_z}{\partial r}+\mathrm{j}\frac{\omega\mu}{r}\frac{\partial H_z}{\partial\phi}\right)\tag{8-21a}$$

$$E_\phi=\frac{1}{k_{\mathrm{c}}^2}\left(-\frac{\gamma}{r}\frac{\partial E_z}{\partial\phi}+\mathrm{j}\omega\mu\frac{\partial H_z}{\partial r}\right)\tag{8-21b}$$

$$H_{\mathrm{r}}=\frac{1}{k_{\mathrm{c}}^2}\left(\mathrm{j}\frac{\omega\varepsilon}{r}\frac{\partial E_z}{\partial\phi}-\gamma\frac{\partial H_z}{\partial r}\right)\tag{8-21c}$$

$$H_\phi=-\frac{1}{k_{\mathrm{c}}^2}\left(\mathrm{j}\omega\varepsilon\frac{\partial E_z}{\partial r}+\frac{\gamma}{r}\frac{\partial H_z}{\partial\phi}\right)\tag{8-21d}$$

对于 TEM 波，$\boldsymbol{E}_z=0$，$\boldsymbol{H}_z=0$，根据式（8-18）、式（8-19），欲使电磁场存在，即 $\boldsymbol{E}_{\mathrm{t}}\neq 0$、$\boldsymbol{H}_{\mathrm{t}}\neq 0$，则必须有

$$k_{\mathrm{c}}^2=k^2+\gamma^2=0\tag{8-22}$$

对于 TE 波，$\boldsymbol{E}_z=0$，则有

$$\boldsymbol{E}_{\mathrm{t}}=\frac{\mathrm{j}\omega\mu}{k_{\mathrm{c}}^2}\boldsymbol{e}_z\times\nabla_{\mathrm{t}}H_z\tag{8-23a}$$

$$\boldsymbol{H}_{\mathrm{t}}=\frac{1}{k_{\mathrm{c}}^2}\frac{\partial}{\partial z}\nabla_{\mathrm{t}}H_z\tag{8-23b}$$

对于 TM 波，$\boldsymbol{H}_z=0$，则有

$$\boldsymbol{E}_{\mathrm{t}}=\frac{1}{k_{\mathrm{c}}^2}\frac{\partial}{\partial z}\nabla_{\mathrm{t}}E_z\tag{8-24a}$$

$$\boldsymbol{H}_{\mathrm{t}}=-\frac{\mathrm{j}\omega\varepsilon}{k_{\mathrm{c}}^2}\boldsymbol{e}_z\times\nabla_{\mathrm{t}}E_z\tag{8-24b}$$

由上述可知，式（8-18）、式（8-19）表示的是 $E_z\neq 0$、$H_z\neq 0$ 的情形，这种波是由 TE 波和 TM 波的合成波，这种合成波也称为混合波，对其求解可分别求解 TE 波和 TM 波，然后相加即可。

8.2 均匀传输线方程及其正弦稳态分析

根据传输波的不同，波导可以分传输 TEM 波的波导，传输 TE 波、TM 波的波导，和传输混合波的波导。传输 TEM 波的波导，通常包括平行双线传输线、同轴传输线、带状线和微带线等具有双导体的波导，这类波导工程上称为传输线，相关的理论称为传输线理论；传输 TE 波、TM 波的波导，通常包括矩形波导、圆波导、椭圆波导和脊波导等单导体构成的波导，这类波导工程上称为金属波导，相关的理论称为规则（金属）波导理论；传输混合波的波导通常有介质波导、镜像线等。

均匀传输线是指传输线的几何尺寸、相对位置、导体材料以及周围介质沿着电磁波的传播方向保持不变的传输线，也就是说，沿着电磁波传播方向传输线的参数是恒定的。本章讨论的传输线均指均匀传输线。

8.2.1　传输线方程

传输线中传输的是 TEM 波，在传输线上只存在横向场分量，$\boldsymbol{E}_z=0$，$\boldsymbol{H}_z=0$，无法应用式（8-18）、式（8-19）求解 $\boldsymbol{E}_{\mathrm{t}}$、$\boldsymbol{H}_{\mathrm{t}}$。但由式（8-6）和式（8-8），得到

$$\nabla_{\mathrm{t}}\times\boldsymbol{E}_{\mathrm{t}}=-\mathrm{j}\omega\mu H_z\boldsymbol{e}_z=0 \tag{8-25}$$

$$\nabla_{\mathrm{t}}\times\boldsymbol{H}_{\mathrm{t}}=\mathrm{j}\omega\varepsilon E_z\boldsymbol{e}_z=0 \tag{8-26}$$

根据矢量恒等式 $\nabla\times\nabla\Phi=0$，可令横向电场分量 $\boldsymbol{E}_{\mathrm{t}}$ 为某一标量函数 Φ 的梯度，即

$$\boldsymbol{E}_{\mathrm{t}}=-\nabla_{\mathrm{t}}\Phi \tag{8-27}$$

在广义坐标系下，可将标量函数 Φ 分解为如下形式：

$$\Phi(u,\ v,\ z)=U(z)\phi(u,\ v) \tag{8-28}$$

式中，$U(z)$ 、$\phi(u,\ v)$ 为待求函数。

将式（8-27）、式（8-28），代入式（8-9）可得到

$$\boldsymbol{H}_{\mathrm{t}}=-\int\mathrm{j}\omega\varepsilon U(z)\mathrm{d}z\ \nabla_{\mathrm{t}}\phi(u,\ v)\times\boldsymbol{e}_z \tag{8-29}$$

将式（8-29）代入式（8-7）可得到

$$\nabla_{\mathrm{t}}^2\phi(u,\ v)=0 \tag{8-30}$$

可见传输线中标量函数 $\phi(u,\ v)$ 满足二维的拉普拉斯方程，与静电场电位函数具有相同的性质。

若将标量函数 Φ 视为 TEM 波横向电场 $\boldsymbol{E}_{\mathrm{t}}$ 的电位函数，那么，$\phi(u,\ v)$ 表示电位函数 Φ 在横向的变化规律为

$$\boldsymbol{E}_{\mathrm{t}}=-U(z)\nabla_{\mathrm{t}}\phi(u,\ v) \tag{8-31}$$

式中，$\nabla_{\mathrm{t}}\phi(u,\ v)$ 表示 TEM 波横向电场 $\boldsymbol{E}_{\mathrm{t}}$ 的横向分布情况；$U(z)$ 表示为 TEM 波横向电场 $\boldsymbol{E}_{\mathrm{t}}$ 沿着纵向 z 的分布情况。

若令 $I(z)=-\int\mathrm{j}\omega\varepsilon U(z)\mathrm{d}z$，式（8-29）可写为

$$\boldsymbol{H}_{\mathrm{t}}=I(z)\nabla_{\mathrm{t}}\phi(u,\ v)\times\boldsymbol{e}_z \tag{8-32}$$

式中，$\nabla_{\mathrm{t}}\phi(u,\ v)\times\boldsymbol{e}_z$ 表示 TEM 波横向磁场 $\boldsymbol{H}_{\mathrm{t}}$ 的横向分布情况；$I(z)$ 表示为 TEM 波横向磁场 $\boldsymbol{H}_{\mathrm{t}}$ 沿着纵向 z 的分布情况。

参照电路理论知识，纵向分布函数 $U(z)$ 、$I(z)$ 具有电压和电流的物理意义。$U(z)$ 称为模式电压，$I(z)$ 称为模式电流。但模式电压 $U(z)$ 、模式电流 $I(z)$ 并不等同于低频网络中的电压和电流。实践证明，传输线传输电磁波仅是通过传输线引导电磁波的传播，而不是经过导体内部传递。

求解传输线上 TEM 波的传播问题实际就是求解 $\boldsymbol{E}_{\mathrm{t}}$ 和 $\boldsymbol{H}_{\mathrm{t}}$。由上面分析可以看出，求解 $\boldsymbol{E}_{\mathrm{t}}$ 和 $\boldsymbol{H}_{\mathrm{t}}$ 可归结为求解纵向分布函数 $U(z)$ 、$I(z)$ 和横向分布函数 $\phi(u,\ v)$，前者称为纵向问题，后者称为横向问题。

由式（8-30）可知，$\phi(u,\ v)$ 满足二维的拉普拉斯方程，求解传输线上横向问题实际就是求解二维静电场问题，可见，无论传输线的横截面结构如何，均可利用式（8-30）求解。

下面求解纵向分布函数 $U(z)$ 、$I(z)$ 。

将式（8-31）和式（8-32）分别代入式（8-7）、式（8-9），得到

$$\boldsymbol{e}_z\times\frac{\partial[-U(z)\ \nabla_t\phi(u,v)]}{\partial z}=-\mathrm{j}\omega\mu I(z)\ \nabla_t\phi(u,v)\times\boldsymbol{e}_z$$

$$\boldsymbol{e}_z\times\frac{\partial[I(z)\ \nabla_t\phi(u,v)\times\boldsymbol{e}_z]}{\partial z}=-\mathrm{j}\omega\varepsilon U(z)\ \nabla_t\phi(u,v)$$

整理得到

$$\frac{\partial U(z)}{\partial z}\ \nabla_t\phi(u,v)\times\boldsymbol{e}_z+\mathrm{j}\omega\mu I(z)\ \nabla_t\phi(u,v)\times\boldsymbol{e}_z=0$$

$$\frac{\partial I(z)}{\partial z}\ \nabla_t\phi(u,v)+\mathrm{j}\omega\varepsilon U(z)\ \nabla_t\phi(u,v)=0$$

因为 $\nabla_t\phi(u,v)\neq 0$，可得

$$\frac{\partial U(z)}{\partial z}+\mathrm{j}\omega\mu I(z)=0 \tag{8-33a}$$

$$\frac{\partial I(z)}{\partial z}+\mathrm{j}\omega\varepsilon U(z)=0 \tag{8-33b}$$

式（8-33）称为传输线方程，又称为电报方程。它们反映了沿线电压、电流的变化规律。由上述分析可知，传输线方程适用于任意截面的传输线。

根据传输线传输 TEM 波的这一特点，分析式（8-33）这两个方程，可以得到传输线的等效电路，如图 8-3 所示。这是一个分布参数电路模型，传输线上的电压和电流是关于位置 z 的函数，图中的 R、L、G、C 是传输线上单位长度的电阻、电感、电导和电容。

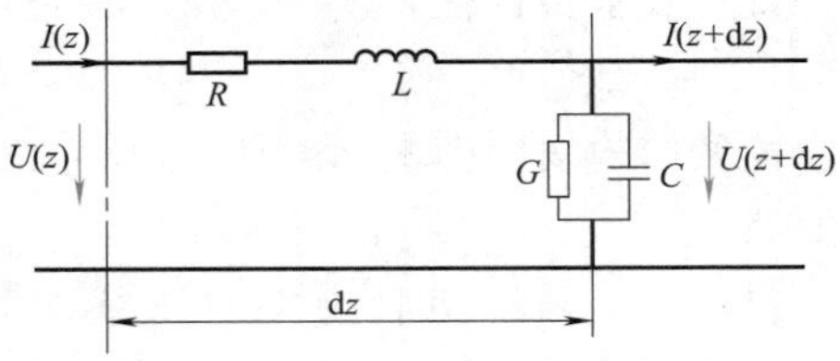

图 8-3　传输线分布参数等效电路

由基尔霍夫定律可得

$$U(z+\mathrm{d}z)-U(z)=\frac{\partial U(z)}{\partial z}\mathrm{d}z=\left[RI(z)+L\frac{\partial I(z)}{\partial t}\right]\mathrm{d}z$$

$$I(z+\mathrm{d}z)-I(z)=\frac{\partial I(z)}{\partial z}\mathrm{d}z=\left[GU(z+\mathrm{d}z)+C\frac{\partial U(z+\mathrm{d}z)}{\partial t}\right]\mathrm{d}z$$

又 $U(z+\mathrm{d}z)=U(z)+\dfrac{\partial U(z)}{\partial(z)}\mathrm{d}z$，忽略$\dfrac{\partial U(z)}{\partial z}\mathrm{d}z$ 项，整理得到

$$\frac{\partial U(z)}{\partial z}+\left[RI(z)+L\frac{\partial I(z)}{\partial t}\right]=0 \tag{8-34a}$$

$$\frac{\partial I(z)}{\partial z}+\left[GU(z)+C\frac{\partial U(z)}{\partial t}\right]=0 \tag{8-34b}$$

通常情况下，传输线中传播的是正弦电磁波，即传输线上的电压和电流是角频率为 ω 的正弦稳态信号。此时，式（8-34）可写为

$$\frac{\partial U(z)}{\partial z}+(R+\mathrm{j}\omega L)I(z)=0$$

$$\frac{\partial I(z)}{\partial z}+(G+\mathrm{j}\omega C)U(z)=0$$

将方程式（8-33）、式（8-34）等式两边对 z 再进行一次微分，并令 $\gamma^2=(R+\mathrm{j}\omega L)(G+\mathrm{j}\omega C)$，可以得到如下相同的结果：

$$\frac{\mathrm{d}^2U(z)}{\mathrm{d}z^2}-\gamma^2U(z)=0 \tag{8-35a}$$

$$\frac{\mathrm{d}^2I(z)}{\mathrm{d}z^2}-\gamma^2I(z)=0 \tag{8-35b}$$

式（8-35a）、式（8-35b）称为均匀传输线的波动方程。γ 称为传输线上波的传播常数，通常情况下为复数，$\gamma=\sqrt{(R+\mathrm{j}\omega L)(G+\mathrm{j}\omega C)}=\alpha+\mathrm{j}\beta$，实部 α 称为衰减常数，虚部 β 称为相位常数或相移常数。

以上由电路理论方法得到用电压和电流表示的传输线方程，不涉及电场与磁场，而把电路中电压、电流及阻抗等概念引入传输线问题，实践证明，用场的方法分析得到的结果和用路的方法分析得到的结果是一致的。而应用电路理论的分析方法比用场的分析方法简便。因此，在许多实际问题中，有关传输线的问题总是用路的方法来处理。

8.2.2　正弦稳态下均匀传输线方程及其解

求解传输线方程，就是求解传输线的波动方程。波动方程式（8-35）是二阶齐次常微分方程，其通解为

$$U(z)=A_1\mathrm{e}^{-\gamma z}+A_2\mathrm{e}^{\gamma z}$$

$$I(z)=A_3\mathrm{e}^{-\gamma z}+A_4\mathrm{e}^{\gamma z}$$

求解可得

$$U(z)=A_1\mathrm{e}^{-\gamma z}+A_2\mathrm{e}^{\gamma z} \tag{8-36a}$$

$$I(z)=\frac{1}{Z_0}(A_1\mathrm{e}^{-\gamma z}-A_2\mathrm{e}^{\gamma z}) \tag{8-36b}$$

式中，$Z_0=\sqrt{\dfrac{R+\mathrm{j}\omega L}{G+\mathrm{j}\omega C}}$；$A_1$、$A_2$ 为待定常数。

由式（8-36）可以看出，传输线上任意一点的电压 $U(z)$ 为 $A_1\mathrm{e}^{-\gamma z}$ 与 $A_2\mathrm{e}^{\gamma z}$ 之和，其中 $A_1\mathrm{e}^{-\gamma z}$ 表示沿着 $+z$ 方向传播的电磁波，称为入射电压；$A_2\mathrm{e}^{\gamma z}$ 表示沿着 $-z$ 方向传播的电磁波，称为反射电压。传输线上任意一点的电流 $I(z)$ 为 $\dfrac{A_1}{Z_0}\mathrm{e}^{-\gamma z}$ 与 $-\dfrac{A_2}{Z_0}\mathrm{e}^{\gamma z}$ 之和，其中 $\dfrac{A_1}{Z_0}\mathrm{e}^{-\gamma z}$ 表示沿着 $+z$ 方向传播的电磁波，称为入射电流；$-\dfrac{A_2}{Z_0}\mathrm{e}^{\gamma z}$ 表示沿着 $-z$ 方向传播的电磁波，称为反射电流。

式（8-36）中 Z_0 为传输线上入射电压 $A_1\mathrm{e}^{-\gamma z}$ 与入射电流 $\dfrac{A_1}{z_0}\mathrm{e}^{-\gamma z}$ 之比，称为传输线的特性阻抗，由 $Z_0=\sqrt{\dfrac{R+\mathrm{j}\omega L}{G+\mathrm{j}\omega C}}$，可以看出特性阻抗只与传输线本身的电气参数有关，是表征传输线电气特性的参数，也称为特征阻抗。

待定常数 A_1、A_2 的值决定于波动方程组的边界条件。传输线上电压和电流如图 8-4 所示。

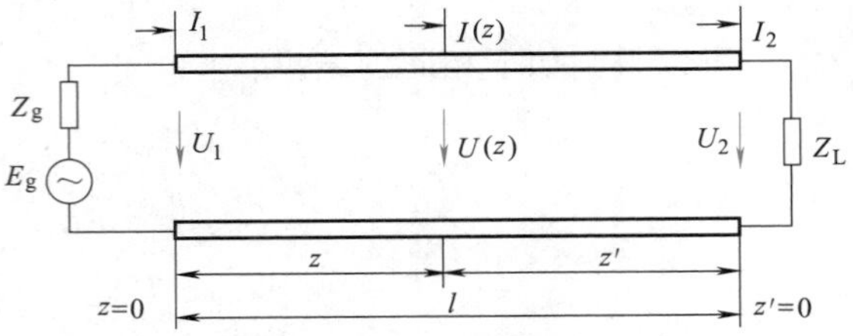

图 8-4 传输线上电压和电流

通常情况下传输线的边界条件有 3 种，分别讨论如下：

1）已知终端电压 U_2 和电流 I_2。此时，$z=l$，$U(l)=U_2$，$I(l)=I_2$，代入式（8-36），可得

$$A_1=\frac{U_2+I_2Z_0}{2}e^{\gamma l} \tag{8-37a}$$

$$A_2=\frac{U_2-I_2Z_0}{2}e^{-\gamma l} \tag{8-37b}$$

将 A_1、A_2 值代入式（8-36），并根据 $z+z'=l$，可得

$$U(z')=\frac{U_2+I_2Z_0}{2}e^{\gamma z'}+\frac{U_2-I_2Z_0}{2}e^{-\gamma z'} \tag{8-38a}$$

$$I(z')=\frac{U_2+I_2Z_0}{2Z_0}e^{\gamma z'}-\frac{U_2-I_2Z_0}{2Z_0}e^{-\gamma z'} \tag{8-38b}$$

2）已知始端电压 U_1 和电流 I_1。此时，$z=0$，$U(0)=U_1$，$I(0)=I_1$，代入式（8-36），可得

$$A_1=\frac{U_1+I_1Z_0}{2} \tag{8-39a}$$

$$A_2=\frac{U_1-I_1Z_0}{2} \tag{8-39b}$$

将 A_1、A_2 值代入式（8-36），可得

$$U(z)=\frac{U_1+I_1Z_0}{2}e^{-\gamma z}+\frac{U_1-I_1Z_0}{2}e^{\gamma z} \tag{8-40a}$$

$$I(z)=\frac{U_1+I_1Z_0}{2Z_0}e^{-\gamma z}-\frac{U_1-I_1Z_0}{2Z_0}e^{\gamma z} \tag{8-40b}$$

3）已知电源电动势 E_g、电源内阻 Z_g 和负载阻抗 Z_L。此时，$z=0$，$U(0)=E_g-I_1Z_g$，$I(0)=I_1$，$z=l$，$U(l)=I_2Z_L$，代入式（8-36），分别消去 I_1、I_2，可得

$$A_1=\frac{E_gZ_0}{(Z_L+Z_0)(1-\Gamma_1\Gamma_2e^{-2\gamma l})} \tag{8-41a}$$

$$A_2=\frac{E_gZ_0\Gamma_2e^{-2\gamma l}}{(Z_g+Z_0)(1-\Gamma_1\Gamma_2e^{-2\gamma l})} \tag{8-41b}$$

将 A_1、A_2 值代入式（8-36），可得

$$U(z)=\frac{E_gZ_0}{(Z_g+Z_0)}\frac{e^{-\gamma z}+\Gamma_2e^{-2\gamma l}e^{\gamma z}}{(1-\Gamma_1\Gamma_2e^{-2\gamma l})} \tag{8-42a}$$

$$I(z)=\frac{E_{\mathrm{g}}}{(Z_{\mathrm{g}}+Z_0)}\frac{\mathrm{e}^{-\gamma z}-\Gamma_2\mathrm{e}^{-2\gamma l}\mathrm{e}^{\gamma z}}{(1-\Gamma_1\Gamma_2\mathrm{e}^{-2\gamma l})} \tag{8-42b}$$

式中，$\Gamma_1=\dfrac{Z_{\mathrm{g}}-Z_0}{Z_{\mathrm{g}}+Z_0}$，$\Gamma_2=\dfrac{Z_{\mathrm{L}}-Z_0}{Z_{\mathrm{L}}+Z_0}$。

这里引入传输线反射系数的概念，通常用Γ表示，传输线上任意一点z的反射系数定义为该点上反射电压和入射电压之比，由式（8-37）得到

$$\Gamma(z)=\frac{A_2\mathrm{e}^{\gamma z}}{A_1\mathrm{e}^{-\gamma z}}=\frac{(U_2-I_2Z_0)\mathrm{e}^{-\gamma l}}{(U_2+I_2Z_0)\mathrm{e}^{\gamma l}}\mathrm{e}^{2\gamma z}=\frac{(I_2Z_{\mathrm{L}}-I_2Z_0)}{(I_2Z_{\mathrm{L}}+I_2Z_0)}\mathrm{e}^{-2\gamma(l-z)}=\frac{Z_{\mathrm{L}}-Z_0}{Z_{\mathrm{L}}+Z_0}\mathrm{e}^{-2\gamma z'} \tag{8-43}$$

在传输线的终端，即当$z'=0$时，$\Gamma(z')=\Gamma(0)=\dfrac{Z_{\mathrm{L}}-Z_0}{Z_{\mathrm{L}}+Z_0}=\Gamma_2$，故$\Gamma_2$称为终端反射系数。

在传输线的始端，即当$z'=l$时，$\Gamma(z')=\Gamma(l)=\dfrac{Z_{\mathrm{g}}-Z_0}{Z_{\mathrm{g}}+Z_0}=\Gamma_1$，故$\Gamma_1$称为始端反射系数。

8.2.3　无损耗均匀传输线及其阻抗匹配

在传输线电路模型中，包含有电阻、电感、电导和电容等4种元件。其中电阻和电导是耗能元件。当传输线没有损耗时，等效模型中的电阻$R=0$，电导$G=\infty$。那么，无耗均匀传输线的传播常数γ中的实部衰减常数$\alpha=0$，传播常数$\gamma=\mathrm{j}\beta$，也就是说，波在传输线上传播不存在衰减，只是存在相位的变化。此时，

相位常数为

$$\beta=\omega\sqrt{LC} \tag{8-44}$$

特征阻抗为

$$Z_0=\sqrt{\frac{L}{C}} \tag{8-45}$$

相应的，无损耗传输线上电压、电流的3种解如下：

1）已知终端电压U_2和电流I_2

$$U(z')=U_2\cos\beta z'+\mathrm{j}I_2Z_0\sin\beta z' \tag{8-46a}$$

$$I(z')=\mathrm{j}\frac{U_2}{Z_0}\sin\beta z'+I_2\cos\beta z' \tag{8-46b}$$

2）已知始端电压U_1和电流I_1

$$U(z)=U_1\cos\beta z-\mathrm{j}I_1Z_0\sin\beta z \tag{8-47a}$$

$$I(z)=-\mathrm{j}\frac{U_1}{Z_0}\sin\beta z'+I_1\cos\beta z \tag{8-47b}$$

3）已知电源电动势E_{g}、电源内阻Z_{g}和负载阻抗Z_{L}

$$U(z)=\frac{E_{\mathrm{g}}Z_0}{(Z_{\mathrm{g}}+Z_0)}\frac{\mathrm{e}^{-\mathrm{j}\beta z}+\Gamma_2\mathrm{e}^{\mathrm{j}\beta(z-2l)}}{(1-\Gamma_1\Gamma_2\mathrm{e}^{-2\mathrm{j}\beta l})} \tag{8-48a}$$

$$I(z)=\frac{E_{\mathrm{g}}}{(Z_{\mathrm{g}}+Z_0)}\frac{\mathrm{e}^{-\mathrm{j}\beta z}-\Gamma_2\mathrm{e}^{\mathrm{j}\beta(z-2l)}}{(1-\Gamma_1\Gamma_2\mathrm{e}^{-2\mathrm{j}\beta l})} \tag{8-48b}$$

现在引入传输线输入阻抗的概念，通常用 Z_{in} 表示。传输线上任意一点 z' 的输入阻抗定义为传输线上总电压和总电流之比，由式（8-38）得到

$$Z_{in}(z')=\frac{U(z')}{I(z')}=Z_0\frac{Z_L\cosh\gamma z'+jZ_0\sinh\gamma z'}{Z_0\cosh\gamma z'+jZ_L\sinh\gamma z'}=Z_0\frac{Z_L+jZ_0\tanh\gamma z'}{Z_0+jZ_L\tanh\gamma z'} \tag{8-49}$$

由此可以得到，无耗传输线的输入阻抗为

$$Z_{in}(z')=Z_0\frac{Z_L\cos\beta z'+jZ_0\sin\beta z'}{Z_0\cos\beta z'+jZ_L\sin\beta z'}=Z_0\frac{Z_L+jZ_0\tan\beta z'}{Z_0+jZ_L\tan\beta z'} \tag{8-50}$$

例 8-1　某一均匀无耗传输线的分布电感 $L=1.665\text{nH/mm}$，分布电容 $C=0.666\text{pF/mm}$，介质为空气。求：(1) 该传输线的特性阻抗；(2) 当传输线中信号频率为 50Hz、500MHz 时，计算每厘米的传输线引入的串联电抗和并联电纳；(3) 若该传输线中的信号频率为 500MHz，计算当终端开路时，距离终端 3cm 处的输入阻抗；(4) 当传输线终端接一 50Ω 的电阻时，求传输线上反射系数的模值。

解　(1) 对于无耗传输线，其特性阻抗为 $Z_0=\sqrt{\frac{L}{C}}=1\,581\Omega$。

(2) 当传输线中信号频率为 50Hz 时，每厘米传输线引入的串联电抗和并联电纳分别为

$$X=\omega L=2\pi fL=2\pi\times50\times1.665\times10^{-6}\Omega=5.23\times10^{-4}\Omega$$

$$B=\omega C=2\pi fC=2\pi\times50\times0.666\times10^{-12}\text{S}=2.09\times10^{-10}\text{S}$$

当传输线中信号频率为 500MHz 时，每厘米传输线引入的串联电抗和并联电纳分别为

$$X=\omega L=2\pi fL=2\pi\times500\times10^{6}\times1.665\times10^{-6}\Omega=52.3\Omega$$

$$B=\omega C=2\pi fC=2\pi\times500\times10^{6}\times0.666\times10^{-12}\text{S}=2.09\times10^{-5}\text{S}$$

(3) 当传输线中信号频率为 500MHz 时，相位常数为

$$\beta=\omega\sqrt{LC}=2\pi\times500\times10^{6}\times\sqrt{1.665\times10^{-6}\times0.666\times10^{-12}}\text{rad/mm}=3.31\text{rad/mm}$$

传输线终端开路，即 $Z_L=\infty$，则在距离终端 3cm 处（$z'=30\text{mm}$）的输入阻抗为

$$Z_{in}(z')=Z_0\frac{Z_L+jZ_0\tan\beta z'}{Z_0+jZ_L\tan\beta z'}=-jZ_0\cot\beta z'=-j2467.5\Omega$$

(4) 当传输线终端接一 50Ω 的电阻时，$Z_L=50\Omega$，则传输线上反射系数的模值为

$$|\Gamma(z')|=\left|\frac{Z_L-Z_0}{Z_L+Z_0}e^{-2\gamma z'}\right|=\left|\frac{Z_L-Z_0}{Z_L+Z_0}\right|=\left|\frac{50-1581}{50+1581}\right|=0.94$$

由式（8-43）变形可得 $\Gamma(z')(U_2+I_2Z_0)e^{\gamma z'}=(U_2-I_2Z_0)e^{-\gamma z'}$，代入式（8-38）得到输入阻抗与反射系数之间的关系为

$$Z_{in}(z')=\frac{U(z')}{I(z')}=Z_0\frac{1+\Gamma(z')}{1-\Gamma(z')} \tag{8-51}$$

$$\Gamma(z')=\frac{Z_{in}(z')-Z_0}{Z_{in}(z')+Z_0} \tag{8-52}$$

可以看出，当传输线的输入阻抗 $Z_{in}(z')$ 等于传输线的特性阻抗 Z_0 时，$\Gamma(z')=0$，传输线上不存在反射波而只有入射波。传输线上只有入射波而无反射波的工作状态成为行波状态。从能量的观点来看，从电源送往负载的能量全部被负载吸收，此时传输线的传输效率最高。因此，行波状态是传输能量所希望的一种工作状态。

欲使传输线上不出现反射波，有两种情况可以满足：一种是传输线为无限长，即 $z'=\infty$，$\Gamma(z')=\Gamma_2 e^{-2\gamma\infty}=0$，线上只存在入射波；一种是传输线终端所接负载的阻抗值等于其特性阻抗，即 $Z_L=Z_0$，此时 $\Gamma(z')=\Gamma_2 e^{-2\gamma z'}=0$。这是一种特殊情况，称为阻抗匹配。

传输线阻抗匹配是传输线理论的重要内容，关系到传输线系统的传输效率、功率容量和工作稳定性，是设计传输线系统时必须考虑的重要问题。传输线的阻抗匹配，就是使传输线处于行波工作状态，包括两个方面：一是信号源与传输线之间的匹配；二是传输线与负载之间的匹配。

在图 8-4 所示的传输线系统中，为了使信号源与传输线的始端达到阻抗匹配，即 $\Gamma_1=\dfrac{Z_g-Z_0}{Z_g+Z_0}=0$，要求信号源的内阻 $Z_g=Z_0$，此时的信号源称为匹配信号源。由于特性阻抗 Z_0 是实数，实际信号源的内阻抗很难满足这一条件。故要在信号源与传输线之间接入某一网络，使得在网络的两端接入点达到阻抗匹配，从而消除传输线上的反射波。该网络称为匹配网络。

同理，终端负载也不可能满足 $Z_L=Z_0$，故必须用阻抗匹配网络使传输线和负载之间实现无反射传输。

最常用的匹配网络有两种，下面分别介绍。

1. λ/4 阻抗变换器

λ/4 阻抗变换器是由一段长度为 λ/4 的传输线构成的，如图 8-5 所示。将 $z'=\lambda/4$ 代入输入阻抗式（8-50）中，可得到 $Z_{in}=Z_0^2/Z_L$，即负载阻抗经过 1/4 波长的无损耗传输线变换到输入端后，就等于它的倒数与特性阻抗 Z_0 二次方的乘积，这一性质在阻抗匹配中得到应用。

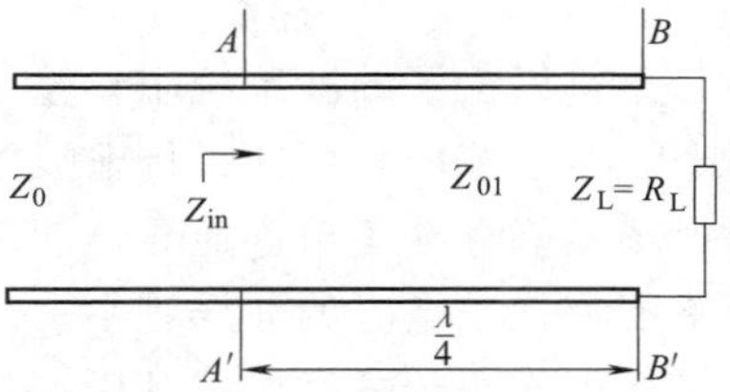

图 8-5　λ/4 阻抗变换器

当主传输线的特性阻抗为 Z_0，负载阻抗为纯电阻 $Z_L=R_L$，$Z_0\neq R_L$ 时，为实现匹配，可将特性阻抗为 Z_{01}、长度为 λ/4 的传输线接在主传输线和负载之间，并使 $Z_{01}=\sqrt{Z_0 R_L}$，即可实现主传输线与负载之间的匹配。

由于无耗传输线的特性阻抗是个实数，因此，原则上 λ/4 阻抗变换器只能对纯电阻负载进行匹配。若负载阻抗不是纯电阻，λ/4 阻抗变换器仍然可以实现匹配。根据输入阻抗的定义，沿着主传输线向左可以找出一点，使该点的输入阻抗为实数，将 λ/4 阻抗变换器接在该点上即可实现匹配。

λ/4 阻抗变换器的缺点是频带窄，为了扩展频带，可以采用两节或多节阻抗变换器。

2. 支节匹配器

支节匹配就是在传输线上并接一段终端短路或开路的的支节线，用短路支节的电纳抵消主传输线上的电纳以达到匹配的目的。通常有单支节、双支节或多支节匹配。此处只讨论单支节匹配器。

传输线终端短路，即 $Z_L=0$，代入输入阻抗公式（8-50）中得到：$Z_{in}(z')=jZ_0\tan\beta z'$，为纯电纳；同理，当传输线终端开路（$Z_L=\infty$）时得到：$Z_{in}(z')=-jZ_0\cot\beta z'$，也为纯电纳；支节匹配器就是利用这一性质制成的。

下面以短路线为例介绍单支节匹配器的原理，如图 8-6 所示，在主传输线上距离终端负

载 d 处并联一长度为 l、特性阻抗与主传输线相同的终端短路传输线（称为短路支节线），此时 A 点的输入阻抗应为 $Z_{in1}/\!/Z_{in2}$，若在 A 点达到匹配，则有 $Z_0=Z_{in1}/\!/Z_{in2}$，即

$$\frac{1}{Z_0}=\frac{1}{Z_{in1}}+\frac{1}{Z_{in2}}$$

为到达 A 点匹配，首先调整 d 使得 Z_{in1} 满足

$$\frac{1}{Z_{in1}}=\frac{1}{Z_0}+jB$$

然后调节 l，使得 Z_{in2} 满足

$$\frac{1}{Z_{in2}}=-jB$$

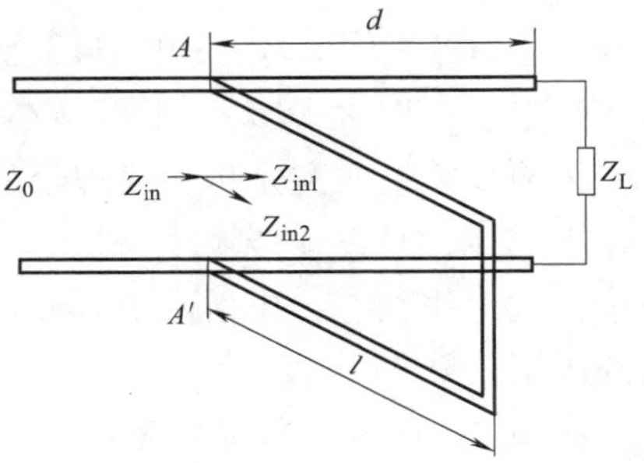

图 8-6　单支节匹配器

这样就消除了从电源到并接点处的反射波，到达了匹配。

单短路支节线优点是简单，缺点是需要调节两个长度，尤其是频率变化时需重新调节。为克服这一缺点，工程上多用双支节线或多支节线进行阻抗匹配。

8.3　波导中的电磁波

上节讨论了导波系统中传输 TEM 波的情形，本节讨论导波系统中传输 TE 波、TM 波的情形。由上节内容可知，传输线中传播 TEM 波的电场分布与静电场中的电场分布相同，而静电场不能存在于单连通导体区域，因此 TEM 波只能存在于由两个导体构成的导波系统中，而不能存在于空心的波导管中。

对于双线传输线，当其中传输电磁波的频率提高到其波长与两根导线间的距离相比拟时，电磁能量就向空中辐射出去，此时双线就不能传输信号；为此，将传输线做成封闭形式的同轴线，避免了辐射损耗。但随着频率的提高，同轴线的横截面尺寸必须做得很小才能保证传输的是 TEM 波，而这样却导致同轴线的内导体损耗很大，传输的功率容量降低。

如果将同轴线的内导体去掉，就会消除导体损耗、提高功率容量，那么空心金属管能否传输电磁波呢？直到 1933 年，人们才在实验中发现当空心金属管的截面尺寸与电磁波的波长满足一定的关系时，空心金属管是可以用来传输电磁波的。

本节讨论由单导体构成的金属波导中传输 TE 波、TM 波的场形分布及传输规律。

8.3.1　矩形波导中的电磁波

矩形波导是由横截面为矩形的空心金属管构成的，如图 8-7 所示，其管壁材料通常是铜、铝或银等金属，机械强度大、结构简单。封闭式的结构可以避免能量辐射，也可屏蔽外界干扰；只存在外部导体，因而无内导体损耗，功率容量大。由于以上诸多的优点，矩形波导作为最早使用的导波系统至今仍被广泛使用，特别是在大功率系统中。

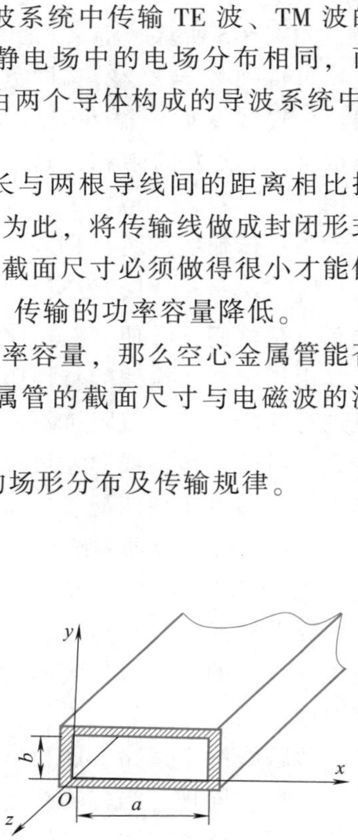

图 8-7　矩形波导

作为能量传输系统的矩形波导是依靠传播 TE 波或 TM

波来传输电磁能量的。

下面讨论其传输模式、场分布的规律。

对于矩形波导的分析，采用直角坐标系进行。图中的 a、b 分别为矩形波导的宽边和窄边。此时式（8-15）、式（8-16）变为

$$\frac{\partial^2 E_z}{\partial x^2}+\frac{\partial^2 E_z}{\partial y^2}+k_c^2 E_z=0 \tag{8-53}$$

$$\frac{\partial^2 H_z}{\partial x^2}+\frac{\partial^2 H_z}{\partial y^2}+k_c^2 H_z=0 \tag{8-54}$$

1. **TE 波**

传输 TE 波时，波导内 $E_z=0$、$H_z\neq 0$，需求解 E_x、E_y、H_x、H_y、H_z 这 5 个分量。

用分离变量法求解式（8-54），设

$$H_z=X(x)Y(y)\mathrm{e}^{-\mathrm{j}\beta z} \tag{8-55}$$

式中，X 只是关于 x 的函数，Y 只是关于 y 的函数。将式（8-55）代入式（8-54）得到

$$\frac{X''}{X}+\frac{Y''}{Y}+k_c^2=0 \tag{8-56}$$

由于 k_c^2 是常数，欲使式（8-56）成立，则必须有

$$\frac{X''}{X}=-k_x^2 \tag{8-57}$$

$$\frac{Y''}{Y}=-k_y^2 \tag{8-58}$$

从而有

$$k_x^2+k_y^2=k_c^2 \tag{8-59}$$

由式（8-57）、式（8-58）得到

$$X(x)=c_1\cos k_x x+c_2\sin k_x x \tag{8-60}$$

$$Y(y)=c_3\cos k_y y+c_4\sin k_y y \tag{8-61}$$

将式（8-60）、式（8-61）代入式（8-55）得到

$$H_z=(c_1\cos k_x x+c_2\sin k_x x)(c_3\cos k_y y+c_4\sin k_y y)\mathrm{e}^{-\mathrm{j}\beta z} \tag{8-62}$$

矩形波导的管壁材料为金属，可视为理想导体，其边界条件就是在内管壁上切向电场为零，且 $E_y\propto\frac{\partial H_z}{\partial x}$，$E_x\propto\frac{\partial H_z}{\partial y}$，应用边界条件为

$$\left.\frac{\partial H_z}{\partial x}\right|_{x=0,\ a}=0,\ \text{得到}\ c_2=0,\ k_x=\frac{m\pi}{a},\quad m=0,1,2,\cdots$$

$$\left.\frac{\partial H_z}{\partial y}\right|_{y=0,\ b}=0,\ \text{得到}\ c_4=0,\ k_y=\frac{n\pi}{b},\quad n=0,1,2,\cdots$$

将上述值代入式（8-62），并令 $H_0=c_1c_3$，从而得

$$H_z=(c_1\cos k_x x)(c_3\cos k_y y)\mathrm{e}^{-\mathrm{j}\beta z}=H_0\cos\left(\frac{m\pi}{a}x\right)\cos\left(\frac{n\pi}{b}y\right)\mathrm{e}^{-\mathrm{j}\beta z} \tag{8-63}$$

式中，H_0 由激励决定。

利用式（8-20），可求得横向场分量为

$$E_x = \mathrm{j}\frac{\omega\mu}{k_c^2}\frac{n\pi}{b}H_0\cos\left(\frac{m\pi}{a}x\right)\sin\left(\frac{n\pi}{b}y\right)\mathrm{e}^{-\mathrm{j}\beta z} \tag{8-64a}$$

$$E_y = -\mathrm{j}\frac{\omega\mu}{k_c^2}\frac{m\pi}{a}H_0\sin\left(\frac{m\pi}{a}x\right)\cos\left(\frac{n\pi}{b}y\right)\mathrm{e}^{-\mathrm{j}\beta z} \tag{8-64b}$$

$$H_x = \mathrm{j}\frac{\beta}{k_c^2}\frac{m\pi}{a}H_0\sin\left(\frac{m\pi}{a}x\right)\cos\left(\frac{n\pi}{b}y\right)\mathrm{e}^{-\mathrm{j}\beta z} \tag{8-64c}$$

$$H_y = \mathrm{j}\frac{\beta}{k_c^2}\frac{n\pi}{b}H_0\cos\left(\frac{m\pi}{a}x\right)\sin\left(\frac{n\pi}{b}y\right)\mathrm{e}^{-\mathrm{j}\beta z} \tag{8-64d}$$

式中

$$k_c^2 = \left(\frac{m\pi}{a}\right)^2 + \left(\frac{n\pi}{b}\right)^2 \tag{8-65}$$

由式（8-64）、式（8-65）可知，矩形波导中的 TE 波随着 m、n 的不同有无穷多个模式，以 TE_{mn} 或 H_{mn} 表示。m 和 n 称为波型指数，指数不同，波型不同。但 m 和 n 不能同时为零，至少应有一个不为零。可见，矩形波导中最简单的 TE 波型为 TE_{10} 模。

2. **TM 波**

传输 TM 波时，波导内 $E_z \neq 0$，$H_z = 0$，需求解 E_x、E_y、E_z、H_x、H_y 这 5 个分量。

参照 TE 波的求解方法，用分离变量法求解得

$$E_z = E_0\sin\left(\frac{m\pi}{a}x\right)\sin\left(\frac{n\pi}{b}y\right)\mathrm{e}^{-\mathrm{j}\beta z} \tag{8-66}$$

式中，E_0 由激励决定。

利用式（8-20），可求得横向场分量为

$$E_x = -\mathrm{j}\frac{\beta}{k_c^2}\frac{m\pi}{a}E_0\cos\left(\frac{m\pi}{a}x\right)\sin\left(\frac{n\pi}{b}y\right)\mathrm{e}^{-\mathrm{j}\beta z} \tag{8-67a}$$

$$E_y = -\mathrm{j}\frac{\beta}{k_c^2}\frac{n\pi}{b}E_0\sin\left(\frac{m\pi}{a}x\right)\cos\left(\frac{n\pi}{b}y\right)\mathrm{e}^{-\mathrm{j}\beta z} \tag{8-67b}$$

$$H_x = \mathrm{j}\frac{\omega\varepsilon}{k_c^2}\frac{n\pi}{b}E_0\sin\left(\frac{m\pi}{a}x\right)\cos\left(\frac{n\pi}{b}y\right)\mathrm{e}^{-\mathrm{j}\beta z} \tag{8-67c}$$

$$H_y = -\mathrm{j}\frac{\omega\varepsilon}{k_c^2}\frac{m\pi}{a}E_0\cos\left(\frac{m\pi}{a}x\right)\sin\left(\frac{n\pi}{b}y\right)\mathrm{e}^{-\mathrm{j}\beta z} \tag{8-67d}$$

同样，矩形波导中的 TM 波随着 m、n 的不同有无穷多个模式，以 TM_{mn} 或 E_{mn} 表示。但 m 和 n 都不能为零，否则所有分量都为零。矩形波导中最简单的 TM 波型为 TM_{11} 模。

尽管矩形波导中的电磁波存在无穷多个波型，但能否在波导内传输还受到电磁波工作频率、波导尺寸、激励方式的制约。

对于无耗传输线 $\gamma = \mathrm{j}\beta$，由式（8-17），即 $k_c^2 = k^2 + \gamma^2$，得到 $\beta^2 = k_c^2 - k^2 = \left(\frac{2\pi}{\lambda_c}\right)^2 - \left(\frac{2\pi}{\lambda}\right)^2$，$k = \omega\sqrt{\varepsilon\mu}$ 是电磁波在自由空间中传输时的相位常数，β 是电磁波沿着纵向传输时的相位传播常数。可见，若使电磁波在矩形波导内传播，条件是

$$k_c^2 > k^2 \text{ 或 } \lambda > \lambda_c \tag{8-68}$$

由式（8-65），$k_c^2 = k_x^2 + k_y^2$，得到

$$k_c = \sqrt{k_x^2 + k_y^2} = \sqrt{\left(\frac{m\pi}{a}\right)^2 + \left(\frac{n\pi}{b}\right)^2} = \frac{2\pi}{\lambda_c} \tag{8-69}$$

$$\lambda_c = \frac{2}{\sqrt{\left(\frac{m}{a}\right)^2 + \left(\frac{n}{b}\right)^2}} \tag{8-70}$$

$$f_c = \frac{v}{\lambda_c} = \frac{\sqrt{\left(\frac{m}{a}\right)^2 + \left(\frac{n}{b}\right)^2}}{2\sqrt{\mu\varepsilon}} \tag{8-71}$$

式中，λ_c、f_c 称为截止波长、截止频率。可见，电磁波在波导中的传输条件是工作波长小于截止波长，或者是工作频率大于截止频率，因而矩形波导被称为天然的高通滤波器。

对于某一波导，其截面尺寸 a 和 b 都是固定的，对应 m、n 的不同值，波导中有不同的截止波长或截止频率。波导中具有最长截止波长的波型通常称为波导的主模，或称为最低波型。其他的波型称为高次模或高次波型。当 m 和 n 相同时，TE 波和 TM 波具有相同的截止波长，这种不同波型具有相同截止波长的现象，称为波导的模式简并，如 TE_{11} 模和 TM_{11} 模。

由式（8-70）可知，TE_{10} 模的截止波长最长，所以矩形波导中的主模为 TE_{10} 模，其截止波长为 $2a$。为使波导中实现单模传输，当波导尺寸给定且 $a>2b$ 时，电磁波的工作波长满足

$$2b < a < \lambda < 2a \tag{8-72}$$

当工作波长给定时，则波导的尺寸应满足

$$b < \frac{\lambda}{2} < a < \lambda \tag{8-73}$$

例 8-2　已知某一矩形波导中传输 TM 模式的电磁波，其纵向电场分量为

$$E_z = E_0 \sin\left(\frac{\pi}{3}x\right)\sin\left(\frac{\pi}{4}y\right)\cos\left(\omega t - \frac{\pi}{5}z\right)$$

其中，x、y、z 的单位为 cm，试求：（1）截止波长 λ_c；（2）若此模式为 TM_{32}，求波导尺寸。

解　根据 E_z 的表达式可知，$k_x = \frac{\pi}{3}\text{rad/cm}$，$k_y = \frac{\pi}{4}\text{rad/cm}$，$k_y = \frac{\pi}{5}\text{rad/cm}$，则有

（1）截止波长 $\lambda_c = \frac{2\pi}{\sqrt{k_x^2 + k_y^2}} = 4.8\text{cm}$。

（2）若此模式是 TM_{32}，则有 $k_x = \frac{3\pi}{a} = \frac{\pi}{3}$，$k_y = \frac{2\pi}{b} = \frac{\pi}{4}$，得到波导的尺寸为 $a = 9\text{cm}$，$b = 8\text{cm}$。

3. 矩形波导中场结构分布及管壁电流

场结构图是用电场线和磁场线来描述电场和磁场的分布图，通常用实线表示电场线，虚

线表示磁场线，矢量线的方向表示电场或磁场的方向，矢量线的疏密程度表示电场或磁场的大小。

矩形波导中主模为 TE_{10} 模，通过讨论 TE_{10} 模的场结构，可得到其他模式场结构的分布规律。

下面着重讨论 TE_{10} 模的场结构。首先导出 TE_{10} 模的场分布数学表达式，然后根据数学表达式分别画出电场和磁场的分布图，最后将两者结合得出 TE_{10} 模的场结构分布图。

将 $m=1$、$n=0$ 代入式（8-67）中即可得出 TE_{10} 模的场分布表达式为

$$E_x = E_z = H_y = 0 \tag{8-74a}$$

$$E_y = -\mathrm{j}\frac{\omega\mu}{k_c^2}\frac{\pi}{a}H_0\sin\left(\frac{\pi}{a}x\right)\mathrm{e}^{-\mathrm{j}\beta z} \tag{8-74b}$$

$$H_x = \mathrm{j}\frac{\beta}{k_c^2}\frac{\pi}{a}H_0\sin\left(\frac{\pi}{a}x\right)\mathrm{e}^{-\mathrm{j}\beta z} \tag{8-74c}$$

$$H_z = H_0\cos\left(\frac{\pi}{a}x\right)\mathrm{e}^{-\mathrm{j}\beta z} \tag{8-74d}$$

TE_{10} 模的电场只有一个分量 E_y，其振幅与 $\sin\frac{\pi}{\alpha}x$ 成正比，与 y 无关，即电场 E_y 振幅沿着 x 方向呈正弦分布，沿着 y 方向无变化，负号表示矢量线指向 $-y$ 方向；沿着 z 方向为行波，呈周期变化。那么，在某一时刻，电场 E_y 的分布图如图 8-8 所示。

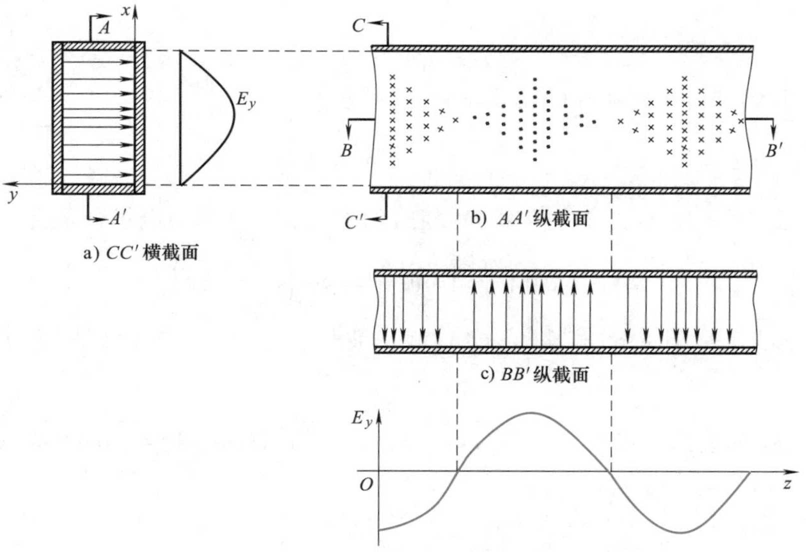

图 8-8 TE_{10} 模横向电场分布图

TE_{10} 模的磁场有两个分量 H_x 和 H_z。H_x 沿着 x 方向呈正弦分布，在 $x=0$ 和 $x=a$ 时，其值为零，而在 $x=a/2$ 时，其值最大。H_z 沿着 x 方向呈余弦分布，在 $x=0$ 和 $x=a$ 时，其值最大，而在 $x=a/2$ 时，其值为零。H_x 和 H_z 沿着 y 方向均无变化；沿着 z 方向为行波，呈周期变化。但沿着 z 方向 H_x 和 H_z 有 90°的相位差，即在 z 方向上，H_x 和 H_z 其中一个为最大值

时，另一个为零。某一时刻磁场的分布图如图 8-9 所示。

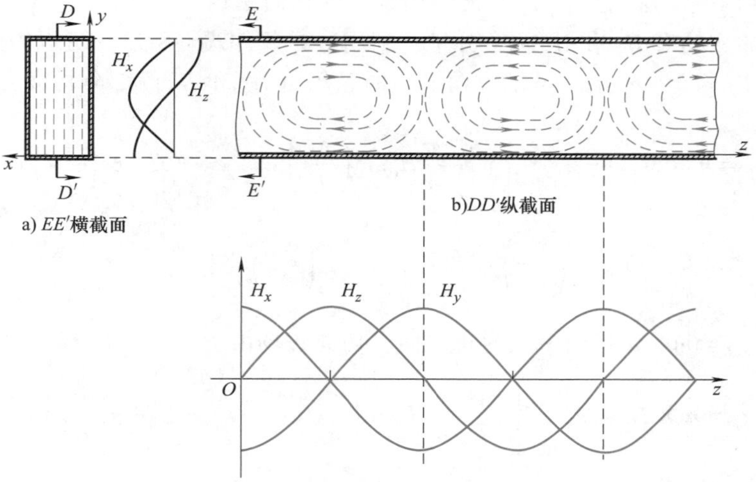

图 8-9　TE_{10} 模横向磁场分布图

将上述的电场结构分布图和磁场结构分布图结合在一起，考虑各分量之间的相位关系，即可得到 TE_{10} 模的完整场结构图，如图 8-10 所示。

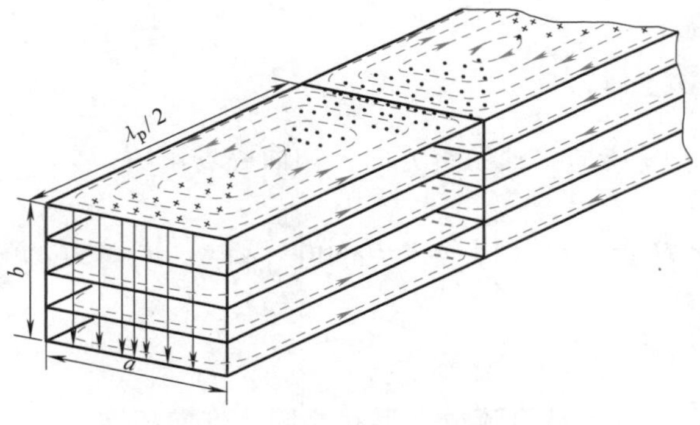

图 8-10　TE_{10} 模完整场结构图

由图 8-10 可以看出，m 和 n 分别表示在矩形波导宽边和窄边上电场的半驻波个数。TE_{10} 模在宽边上有电场的 1 个半驻波分布，在窄边上没有电场的半驻波分布，呈现均匀分布。可见，TE_{20} 模、TE_{30} 模则表示波沿着宽边分布有 2 个、3 个电场的半驻波。通过上述分析可知，只要掌握了 TE_{10} 模的场结构图，就可分析并得出 TE 波任意模式的场结构图。

而对于 TM 波的分析与 TE 波分析完全类似，只是对于 TM 波，m 和 n 分别表示在矩形波导宽边和窄边上磁场的半驻波个数。

当波导中有高频电磁波通过时，波导的管壁上会出现感应电流，称为管壁电流。它是传导电流，因为管壁为导体，所以管壁电流只存在于内管壁上。又因波导的内壁都是由良导体构成的，由于趋肤效应，可以认为管壁电流为面电流。

管壁电流是由于管壁上的磁场分布所致，由磁场的分界面衔接条件可知

$$\boldsymbol{J}_s=\boldsymbol{n}\times\boldsymbol{H}_t \tag{8-75}$$

式中，$\boldsymbol{n}$ 为波导内壁的法向量；$\boldsymbol{H}_t$ 为波导内壁上的切向磁场。

TE_{10} 模中的磁场有 H_x 和 H_z 两个分量，利用边界条件式（8-75）可以得到管壁电流。

在顶壁上（$y=b$），$\boldsymbol{n}$ 指向$-y$ 轴方向，切向磁场由 H_x 和 H_z 两部分构成，有

$$\boldsymbol{J}_s|_{y=b}=\boldsymbol{n}\times\boldsymbol{H}_t=-\boldsymbol{e}_y\times\left[\mathrm{j}\frac{\beta}{k_c^2}\frac{\pi}{a}H_0\sin\left(\frac{\pi}{a}x\right)\mathrm{e}^{-\mathrm{j}\beta z}\boldsymbol{e}_x+H_0\cos\left(\frac{\pi}{a}x\right)\mathrm{e}^{-\mathrm{j}\beta z}\boldsymbol{e}_z\right]$$

$$=\mathrm{j}\frac{\beta}{k_c^2}\frac{\pi}{a}H_0\sin\left(\frac{\pi}{a}x\right)\mathrm{e}^{-\mathrm{j}\beta z}\boldsymbol{e}_z-H_0\cos\left(\frac{\pi}{a}x\right)\mathrm{e}^{-\mathrm{j}\beta z}\boldsymbol{e}_x$$

在底壁上（$y=0$），$\boldsymbol{n}$ 指向 y 轴的正方向，切向磁场由 H_x 和 H_z 两部分构成，故有

$$\boldsymbol{J}_s|_{y=b}=\boldsymbol{n}\times\boldsymbol{H}_t=\boldsymbol{e}_y\times\left[\mathrm{j}\frac{\beta}{k_c^2}\frac{\pi}{a}H_0\sin\left(\frac{\pi}{a}x\right)\mathrm{e}^{-\mathrm{j}\beta z}\boldsymbol{e}_x+H_0\cos\left(\frac{\pi}{a}x\right)\mathrm{e}^{-\mathrm{j}\beta z}\boldsymbol{e}_z\right]$$

$$=-\boldsymbol{J}_s|_{y=b}$$

可知，顶壁和底壁上的管壁电流分布形状相同但方向相反。

在左壁上（$x=0$），n 指向 x 轴的正方向，切向磁场由 H_x 和 H_z 两部分构成，有

$$\boldsymbol{J}_s|_{x=0}=\boldsymbol{n}\times\boldsymbol{H}_t=\boldsymbol{e}_x\times\left[\mathrm{j}\frac{\beta}{k_c^2}\frac{\pi}{a}H_0\sin\left(\frac{\pi}{a}x\right)\mathrm{e}^{-\mathrm{j}\beta z}\boldsymbol{e}_x+H_0\cos\left(\frac{\pi}{a}x\right)\mathrm{e}^{-\mathrm{j}\beta z}\boldsymbol{e}_z\right]$$

$$=-H_0\mathrm{e}^{-\mathrm{j}\beta z}\boldsymbol{e}_y$$

在右壁上（$x=a$），$\boldsymbol{n}$ 指向 x 轴的负方向，切向磁场由 H_x 和 H_z 两部分构成，有

$$\boldsymbol{J}_s|_{x=a}=\boldsymbol{n}\times\boldsymbol{H}_t=-\boldsymbol{e}_x\times\left[\mathrm{j}\frac{\beta}{k_c^2}\frac{\pi}{a}H_0\sin\left(\frac{\pi}{a}x\right)\mathrm{e}^{-\mathrm{j}\beta z}\boldsymbol{e}_x+H_0\cos\left(\frac{\pi}{a}x\right)\mathrm{e}^{-\mathrm{j}\beta z}\boldsymbol{e}_z\right]$$

$$=-H_0\mathrm{e}^{-\mathrm{j}\beta z}\boldsymbol{e}_y=\boldsymbol{J}_s|_{x=0}$$

可见，左壁和右壁上的管壁电流分布形状相同、方向相同。

由此分析，可得出 TE_{10} 模的管壁电流结构图如图 8-11 所示。由图可以看出，在宽壁上，管壁电流有中断的地方，电流似乎出现了不连续现象，这是由于波导内部有位移电流所致。

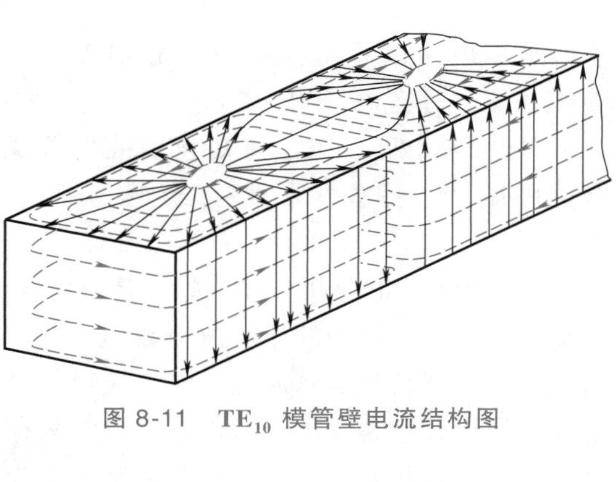

图 8-11　TE_{10} 模管壁电流结构图

研究管壁电流对设计天线等微波器件、微波测量等方面具有重要的理论指导作用。在设计开槽天线时，希望波导内的能量向空间产生辐射，开槽的位置必须选在切割管壁电流的地方；而在进行微波信号测量时，不希望影响原来波导内的传输特性，就应在波导宽壁的中心线上开纵向槽，在窄壁上开横向槽。

8.3.2 圆柱形波导中的电磁波

圆柱形波导是指横截面为圆形的波导，也称圆波导，如图 8-12 所示。圆柱形波导具有损耗小和双极化的特点，可作为双极化天线的馈线、圆柱形谐振腔、旋转开关等各种元件。

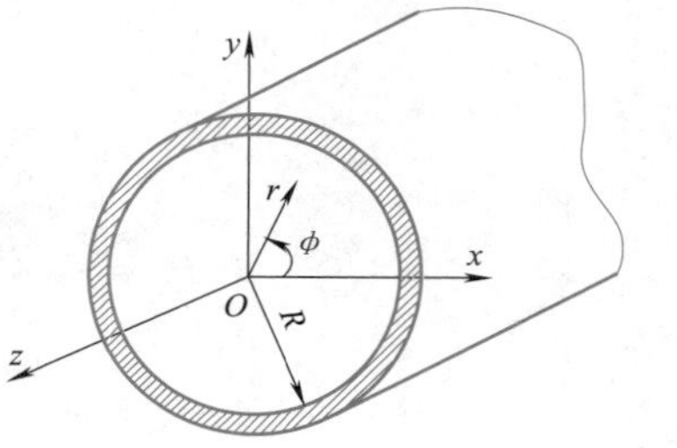

图 8-12 圆柱形波导

圆柱形波导研究方法和矩形波导的研究方法一样，首先求解波动方程，结合圆柱形波导的边界条件，解出圆柱形波导内的纵向场分量，得到横向场分量的表达式，进而得到圆柱形波导的主要波形和场分布结构。

圆柱形波导的分析要采用圆柱坐标系，此时广义坐标系的横向坐标 (u, v) 变为 (r, ϕ)，由式（8-15）、式（8-16），可得到在圆柱坐标系下纵向电场和纵向磁场所满足的波动方程为

$$\frac{\partial^2 H_z}{\partial r^2}+\frac{1}{r}\frac{\partial H_z}{\partial r}+\frac{1}{r^2}\frac{\partial^2 H_z}{\partial \phi^2}+\frac{\partial^2 H_z}{\partial z^2}+k^2H_z=0 \tag{8-76}$$

$$\frac{\partial^2 E_z}{\partial r^2}+\frac{1}{r}\frac{\partial E_z}{\partial r}+\frac{1}{r^2}\frac{\partial^2 E_z}{\partial \phi^2}+\frac{\partial^2 E_z}{\partial z^2}+k^2E_z=0 \tag{8-77}$$

下面分别进行分析求解。

1. **TE 波**

传输 TE 波时，波导内 $E_z=0$，$H_z\neq0$，需求解 E_x、E_y、H_x、H_y、H_z 这 5 个分量。

用分离变量法求解式（8-76），设

$$H_z=R(r)\Phi(\phi)\mathrm{e}^{-\mathrm{j}\beta z} \tag{8-78}$$

式中，R 只是关于 r 的函数，Φ 只是关于 ϕ 的函数。将式（8-78）代入式（8-76）得到

$$\frac{r^2}{R}\frac{\partial^2 R}{\partial r^2}+\frac{r}{R}\frac{\partial R}{\partial r}+k_\mathrm{c}^2r^2=-\frac{1}{\Phi}\frac{\partial^2\Phi}{\partial\phi^2} \tag{8-79}$$

由于 k_c^2 是常数，欲使式（8-79）成立，可令 $-\frac{1}{\Phi}\frac{\partial^2\Phi}{\partial\phi^2}=m^2$，则可得

$$r^2\frac{\partial^2 R}{\partial r^2}+R\frac{\partial R}{\partial r}+(k_\mathrm{c}^2r^2-m^2)R=0 \tag{8-80}$$

$$\frac{\mathrm{d}^2\Phi}{\mathrm{d}\phi^2}+m^2\Phi=0 \tag{8-81}$$

于是得到 R 和 Φ 的通解为

$$R(r)=c_1J_m(k_\mathrm{c}r)+c_2N_m(k_\mathrm{c}r) \tag{8-82}$$

$$\Phi(\phi)=c_3\cos m\phi+c_4\sin m\phi \tag{8-83}$$

式中，c_1、c_2、c_3、c_4 为待定常数；$J_m(k_\mathrm{c}r)$ 是第一类 m 阶贝塞尔函数；$N_m(k_\mathrm{c}r)$ 是第二类 m 阶贝塞尔函数。

根据贝塞尔函数的性质，当 $r\to0$ 时，$N_m(k_\mathrm{c}r)\to\infty$，而圆柱形波导中轴处的场强应该为有限值，则必有 $c_2=0$，得到

$$H_z = R(r)\Phi(\phi)\mathrm{e}^{-\mathrm{j}\beta z} = c_1 J_m(k_c r)(c_3\cos m\phi + c_4\sin m\phi)\mathrm{e}^{-\mathrm{j}\beta z} \tag{8-84}$$

式中，c_1、c_3、c_4 为常数，由激励源决定。将式（8-84）代入式（8-21）得到其他场分量为

$$E_r = \pm\mathrm{j}\frac{\omega\mu m}{k_c^2\gamma}c_1 J_m(k_c r)(c_3\cos m\phi + c_4\sin m\phi)\mathrm{e}^{-\mathrm{j}\beta z} \tag{8-85a}$$

$$E_\phi = \mathrm{j}\frac{\omega\mu}{k_c}c_1 J'_m(k_c r)(c_3\cos m\phi + c_4\sin m\phi)\mathrm{e}^{-\mathrm{j}\beta z} \tag{8-85b}$$

$$H_r = -\mathrm{j}\frac{\beta}{k_c}c_1 J'_m(k_c r)(c_3\cos m\phi + c_4\sin m\phi)\mathrm{e}^{-\mathrm{j}\beta z} \tag{8-85c}$$

$$H_\phi = \pm\mathrm{j}\frac{\beta m}{k_c^2 r}c_1 J_m(k_c r)(c_3\cos m\phi + c_4\sin m\phi)\mathrm{e}^{-\mathrm{j}\beta z} \tag{8-85d}$$

由边界条件知，在管壁（$r=R$）处，$E_\phi=0$，得到

$$J'_m(k_c R) = 0$$

设第 m 阶贝塞尔函数导数第 n 个根的值为 μ_{mn}，则 $k_c R=\frac{2\pi}{\lambda_c}R=\mu_{mn}$，$n=1, 2, \cdots$，于是得到圆柱形波导中 TE 波的截止波长为

$$\lambda_c = \frac{2\pi R}{\mu_{mn}} \tag{8-86}$$

圆柱形波导中 TE 波的截止波长随着第 m 阶贝塞尔函数导数的第 n 个根的值 μ_{mn} 的变化见表 8-1。

2. **TM 波**

传输 TM 波时，波导内 $E_z\neq0$，$H_z=0$，需求解 E_x、E_y、E_z、H_x、H_y 这 5 个分量。

用同样的方法可求得圆柱形波导中 TM 模的场分量为

$$E_z = c_1 J_m(k_c r)(c_3\cos m\phi + c_4\sin m\phi)\mathrm{e}^{-\mathrm{j}\beta z} \tag{8-87a}$$

$$E_r = -\mathrm{j}\frac{\beta}{k_c}c_1 J'_m(k_c r)(c_3\cos m\phi + c_4\sin m\phi)\mathrm{e}^{-\mathrm{j}\beta z} \tag{8-87b}$$

$$E_\phi = \pm\mathrm{j}\frac{\beta m}{k_c^2}c_1 J_m(k_c r)(c_3\cos m\phi + c_4\sin m\phi)\mathrm{e}^{-\mathrm{j}\beta z} \tag{8-87c}$$

$$H_r = \mp\mathrm{j}\frac{\omega\varepsilon m}{k_c^2 r}c_1 J_m(k_c r)(c_3\cos m\phi + c_4\sin m\phi)\mathrm{e}^{-\mathrm{j}\beta z} \tag{8-87d}$$

$$H_\phi = -\mathrm{j}\frac{\omega\varepsilon}{k_c}c_1 J'_m(k_c r)(c_3\cos m\phi + c_4\sin m\phi)\mathrm{e}^{-\mathrm{j}\beta z} \tag{8-87e}$$

由边界条件知，在管壁（$r=R$）处，$E_z=0$，得到

$$J_m(k_c R) = 0$$

设第 m 阶贝塞尔函数第 n 个根的值为 v_{mn}，则 $k_c R=\frac{2\pi}{\lambda_c}R=v_{mn}$，$n=1, 2, \cdots$，于是得到圆柱形波导中 TM 波的截止波长为

$$\lambda_c = \frac{2\pi R}{v_{mn}} \tag{8-88}$$

圆柱形波导中 TM 波的截止波长随着第 m 阶贝塞尔函数的第 n 个根的值 v_{mn} 的变化规律见表 8-2。

表 8-1　圆柱形波导中 TE 波的截止波长

波　型	μ_{mn}	λ_c	波　型	μ_{mn}	λ_c
TE_{11}	1.841	3.41R	TE_{12}	5.332	1.18R
TE_{21}	3.054	2.06R	TE_{22}	6.705	0.94R
TE_{01}	3.832	1.64R	TE_{02}	7.016	0.90R
TE_{31}	4.201	1.50R	TE_{13}	8.536	0.74R

表 8-2　圆柱形波导中 TM 波的截止波长

波　型	v_{mn}	λ_c	波　型	v_{mn}	λ_c
TM_{01}	2.405	2.62R	TM_{12}	7.016	0.90R
TM_{11}	3.382	1.64R	TM_{22}	8.417	0.75R
TM_{21}	5.135	1.22R	TM_{03}	8.650	0.72R
TM_{02}	5.520	1.14R	TM_{13}	10.173	0.62R

3. 圆柱形波导中的主要波型及场分布

随着 m、n 的不同，圆柱形波导中的 TE 波、TM 波存在无穷多个模式，分别表示为 TE_{mn} 或 H_{mn}、TM_{mn} 或 E_{mn}。但圆柱形波导中 n 不能为零，因此圆柱形波导中只存在 TE_{0n} 模、TE_{mn} 模、TM_{0n} 模和 TM_{mn} 模。

圆柱形波导与矩形波导一样，也具有高通特性，其传输电磁波的条件也是工作波长 λ 小于截止波长 λ_c。由表 8-1 和表 8-2 可知，圆柱形波导中的主模为 TE_{11} 模，第一高次模为 TM_{01} 模，所以圆柱形波导中单模传输的条件为

$$2.62R < \lambda < 3.41R \tag{8-89}$$

圆柱形波导有 3 种常用的传输模式：TE_{11} 模、TM_{01} 模和 TE_{01}。下面分别介绍 3 种模式的场分布及其特点。

(1) TE_{11} 模

此时，$m=1$，$n=1$，由式（8-85）、式（8-84）得到场分量为

$$E_r = \pm \mathrm{j}\frac{\omega\mu R^2}{(1.841)^2\nu}c_1 J_1\left(\frac{1.841}{R}r\right)(c_3\cos\phi + c_4\sin\phi)\mathrm{e}^{-\mathrm{j}\beta z} \tag{8-90a}$$

$$E_\phi = \mathrm{j}\frac{\omega\mu R}{1.841}c_1 J'_1\left(\frac{1.841}{R}r\right)(c_3\cos\phi + c_4\sin\phi)\mathrm{e}^{-\mathrm{j}\beta z} \tag{8-90b}$$

$$H_r = -\mathrm{j}\frac{\beta R}{1.841}c_1 J'_1\left(\frac{1.841}{R}r\right)(c_3\cos\phi + c_4\sin\phi)\mathrm{e}^{-\mathrm{j}\beta z} \tag{8-90c}$$

$$H_\phi = \pm \mathrm{j}\frac{\beta R^2}{(1.841)^2 r}c_1 J_1\left(\frac{1.841}{R}r\right)(c_3\cos\phi + c_4\sin\phi)\mathrm{e}^{-\mathrm{j}\beta z} \tag{8-90d}$$

$$H_z = c_1 J_1\left(\frac{1.841}{R}r\right)(c_3\cos\phi + c_4\sin\phi)\mathrm{e}^{-\mathrm{j}\beta z} \tag{8-90e}$$

图 8-13 为圆柱形波导主模 TE_{11} 波的场分布图。由图可见，场分量沿着 ϕ 方向和 r 方向

均呈驻波分布。圆柱形波导中的 TE_{11} 模的场分布与矩形波导中的 TE_{10} 波相似，因此圆柱形波导中的 TE_{11} 模很容易通过矩形波导中的 TE_{10} 模过渡得到，并且圆柱形波导中的 TE_{11} 模的截止波长最长，可以实现单模传输。

由式（8-90）可知，圆柱形波导中 5 个场分量同时含有 $\cos\phi$ 和 $\sin\phi$ 项，沿着 ϕ 旋转 90°后其值与原来的值相同，这种现象称为极化简并，这是圆柱形波导的缺点。因此，尽管圆柱形波导中的主模是 TE_{11} 模，但由于存在极化简并，通常情况下不采用 TE_{11} 模来传输能量。

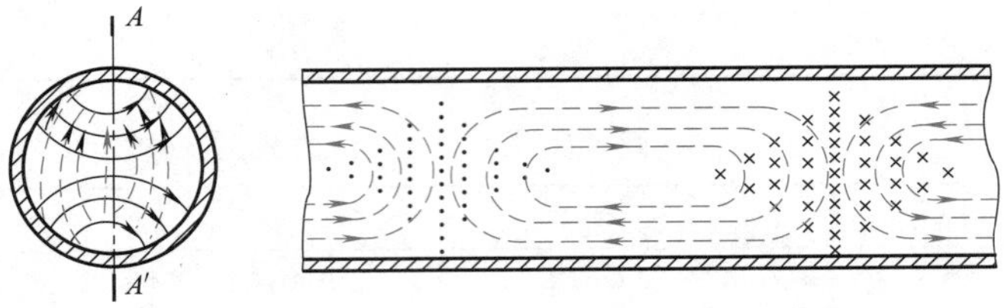

图 8-13　圆柱形波导主模 TE_{11} 波的场分布图

（2）TE_{01} 模

此时，$m=0$，$n=1$，由式（8-85）、式（8-84）得到场分量为

$$E_r = 0 \tag{8-91a}$$

$$E_\phi = \mathrm{j}\frac{\omega\mu R}{3.832}c_1 J'_1\left(\frac{3.832}{R}r\right)(c_3\cos\phi + c_4\sin\phi)\mathrm{e}^{-\mathrm{j}\beta z} \tag{8-91b}$$

$$H_r = -\mathrm{j}\frac{\beta R}{3.832}c_1 J'_m\left(\frac{3.832}{R}r\right)(c_3\cos\phi + c_4\sin\phi)\mathrm{e}^{-\mathrm{j}\beta z} \tag{8-91c}$$

$$H_z = c_1 c_3 J_1\left(\frac{1.841}{R}r\right)\cos\phi\mathrm{e}^{-\mathrm{j}\beta z} \tag{8-91d}$$

图 8-14 为圆柱形波导中 TE_{01} 波的场分布图。由图可见，TE_{01} 模的电场只存在 E_ϕ 分量，且在轴线和波导壁上电场为零。波导管壁上只存在磁场 H_z 分量，故在管壁上只有 ϕ 方向的电流，并且随着频率的升高而减小，从而 TE_{01} 模的导体损耗随着频率的上升而减少，因此，该模式可用作高 Q 值谐振腔和远距离毫米波传输的工作模式，也可作为连接元件和天线馈线的工作模式，但因该模式不是主模，需要采取措施抑制其他模式。

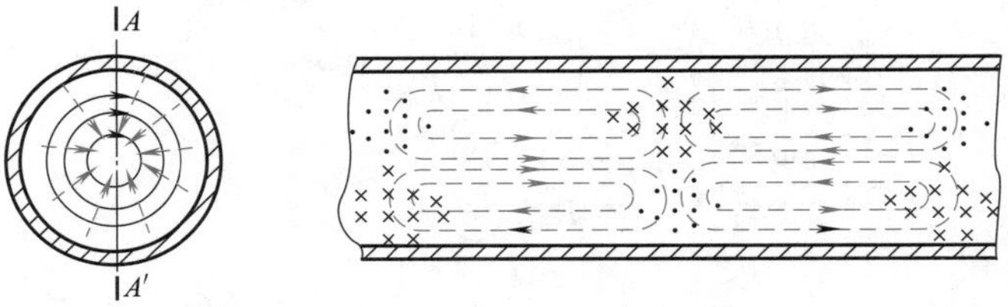

图 8-14　圆柱形波导 TE_{01} 波的场分布图

（3）TM_{01} 模

此时，$m=0$，$n=1$，由式（8-87）得到场分量为

$$E_r = \mathrm{j}\frac{\beta R}{2.405}c_1 c_3 J'_0\left(\frac{2.405}{R}r\right)\mathrm{e}^{-\mathrm{j}\beta z} \tag{8-92a}$$

$$E_z = c_1 c_3 J_0\left(\frac{2.405}{R}r\right) e^{-j\beta z} \tag{8-92b}$$

$$H_\phi = j\frac{\omega\varepsilon R}{2.405}c_1 c_3 J'_0\left(\frac{2.405}{R}r\right) e^{-j\beta z} \tag{8-92c}$$

图 8-15 为圆柱形波导 TM_{01} 波的场分布图。

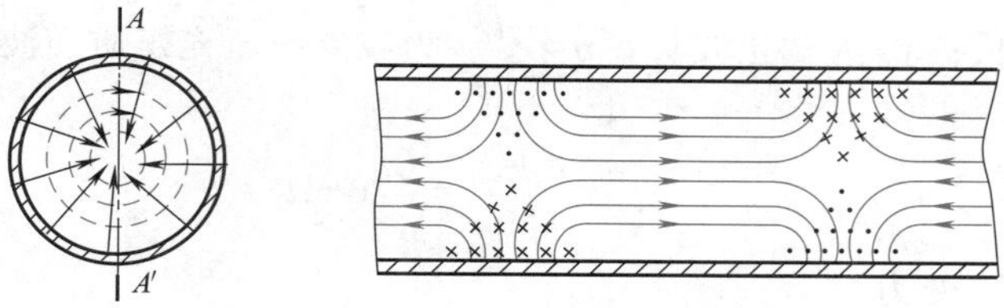

图 8-15 圆柱形波导中 TM_{01} 波的场分布图

由图 8-15 可见，TM_{01} 模的磁场只存在 H_ϕ 分量，具有轴对称分布的圆磁场；电场有 E_z 分量，且在轴心处值最大，管壁上只有 z 方向的电流，便于和电子交换能量，可作为电子直线加速器中的工作模式。

例 8-3 一空气填充的圆柱形波导的内径为 $D = 5\text{cm}$，试求：(1) 模式 TE_{11}、TE_{01}、TM_{01}、TM_{11} 的截止波长；(2) 当工作波长分别为 6cm、3cm 时，该波导可传输哪些模式？

解 圆柱形波导的内径为 $D = 5\text{cm}$，则 $R = 2.5\text{cm}$，根据表 8-1 和表 8-2 可得到不同模式的截止波长，按截止波长的长短顺序排列如下：

$$\lambda_{TE_{11}} = 8.53\text{cm},\quad \lambda_{TM_{01}} = 6.53\text{cm},\quad \lambda_{TE_{21}} = 5.14\text{cm},\quad \lambda_{TE_{01}} = 4.10\text{cm}$$

$$\lambda_{TM_{11}} = 4.10\text{cm},\quad \lambda_{TE_{31}} = 3.74\text{cm},\quad \lambda_{TM_{21}} = 3.06\text{cm},\quad \lambda_{TE_{12}} = 2.95\text{cm}$$

(1) 模式 TE_{11}、TE_{01}、TM_{01}、TM_{11} 的截止波长为

$$\lambda_{TE_{11}} = 8.53\text{cm},\quad \lambda_{TE_{01}} = 4.10\text{cm},\quad \lambda_{TM_{01}} = 6.53\text{cm},\quad \lambda_{TM_{11}} = 4.10\text{cm}$$

(2) 对于工作波长为 6cm 时，波导中可传输的模式为 TE_{11}、TM_{01}。

对于工作波长为 3cm 时，波导中可传输的模式有 TE_{11}、TM_{01}、TE_{21}、TE_{01}、TM_{11}、TE_{31}、TM_{21}。

8.4 波导中的传输功率

无论在矩形波导还是在圆柱形波导中，沿纵向均有能量流动。根据波导中电场及磁场的横向分量求出坡印廷矢量，然后沿波导的横截面进行积分即可求得波导中的平均传输功率。

设坡印廷矢量为 $\boldsymbol{S}$，波导的横截面为 S，面元为 $\mathrm{d}\boldsymbol{S}$，则波导中传输的平均功率为

$$P = \frac{1}{2}\int_S \boldsymbol{S}\cdot \mathrm{d}\boldsymbol{S} = \frac{1}{2}\int_S (\boldsymbol{E}_t \times \boldsymbol{H}_t^*)\cdot \boldsymbol{e}_z \mathrm{d}S \tag{8-93}$$

式 (8-93) 适用于波导中的任意波型。

若定义波导中的横向电场与横向磁场之比为波型阻抗，简称波阻抗，则 TE 波的波阻抗与 TM 波的波阻抗分别为

$$Z_{TE}=\frac{|\boldsymbol{E}_t|}{|\boldsymbol{H}_t|}=\frac{\omega\mu}{\beta}=\frac{\eta}{\sqrt{1-\left(\frac{\lambda}{\lambda_c}\right)^2}} \tag{8-94}$$

$$Z_{TM}=\frac{|\boldsymbol{E}_t|}{|\boldsymbol{H}_t|}=\frac{\beta}{\varepsilon\omega}=\eta\sqrt{1-\left(\frac{\lambda}{\lambda_c}\right)^2} \tag{8-95}$$

式中，λ 为工作波长；λ_c 为截止波长；$\eta=\sqrt{\frac{\mu}{\varepsilon}}$ 为波导中填充媒质的波阻抗，在真空中为

$$\eta_0=\sqrt{\frac{\mu_0}{\varepsilon_0}}=120\pi\Omega$$

此时式（8-93）变为

$$P=\frac{1}{2Z}\int_S|\boldsymbol{E}_t|^2\mathrm{d}S=\frac{Z}{2}\int_S|\boldsymbol{H}_t|^2\mathrm{d}S \tag{8-96}$$

式中，Z 为波阻抗 Z_{TE} 或 Z_{TM}。

在矩形波导中，传输功率为

$$P=\frac{1}{2Z}\int_0^b\int_0^a[|E_x|^2+|E_y|^2]\mathrm{d}x\mathrm{d}y=\frac{Z}{2}\int_0^b\int_0^a[|H_x|^2+|H_y|^2]\mathrm{d}x\mathrm{d}y \tag{8-97}$$

在圆柱形波导中，传输功率为

$$P=\frac{1}{2Z}\int_0^\pi\int_0^a[|E_r|^2+|E_\phi|^2]r\mathrm{d}r\mathrm{d}\phi=\frac{Z}{2}\int_0^\pi\int_0^a[|H_r|^2+|H_\phi|^2]r\mathrm{d}r\mathrm{d}\phi \tag{8-98}$$

下面以矩形波导为例计算波导中的传输功率。在实际当中，矩形波导几乎全部为主模 TE_{10} 工作，所以空气填充的矩形波导主模 TE_{10} 传输的平均传输功率为

$$P=\frac{1}{2}\int_0^b\int_0^a\frac{\left|E\sin\left(\frac{m\pi}{a}x\right)\right|^2}{Z_{TE_{10}}}\mathrm{d}x\mathrm{d}y=\frac{ab|E|^2}{480\pi}\sqrt{1-\left(\frac{\lambda}{2a}\right)^2} \tag{8-99}$$

式（8-99）表明，矩形波导的传输功率与波导横截面的尺寸有关，截面尺寸越大，功率容量越大。因此，大功率电磁波的传输时常采用矩形波导。

若矩形波导中空气的击穿场强为 E_0，则在空气填充的波导中传输的最大功率为

$$P_{br}=\frac{ab|E_{br}|^2}{480\pi}\sqrt{1-\left(\frac{\lambda}{2a}\right)^2} \tag{8-100}$$

实际设计中，为了安全通常取传输功率为$\left(\frac{1}{5}\sim\frac{1}{3}\right)P_{br}$。

例 8-4　用 BJ-100 型（$a\times b=2.286\text{cm}\times1.016\text{cm}$）矩形波导传输在行波状态下的频率为 10GHz 的 TE_{10} 模式的电磁波，试求：

（1）当波导中填充空气时，计算波导的最大传输功率（空气的击穿电场强度为 $E_{br}=30\text{kV/cm}$）；

（2）当波导中填充 $\mu_r=1$、$\varepsilon_r=4$ 的介质时，若电磁波的电场强度振幅为 $E_m=10\text{V/cm}$ 时，计算波导的传输功率。

解　由题知 $a=2.286\text{cm}$，$b=1.016\text{cm}$，$m=1$，$n=0$，截止波长 $\lambda_c=2a=4.572\text{cm}$。

（1）当波导中填充空气时，空气的波阻抗、工作波长分别为

$$\eta_0=\sqrt{\frac{\mu_0}{\varepsilon_0}}=120\pi\Omega,\quad \lambda=\frac{c}{f}=\frac{3\times10^8}{10\times10^9}\text{m}=3\text{cm}$$

$$Z_{\text{TE}_{10}}=\frac{\eta_0}{\sqrt{1-\left(\dfrac{\lambda}{\lambda_c}\right)^2}}=\frac{120\pi}{\sqrt{1-\left(\dfrac{3}{4.572}\right)^2}}\Omega=499.6\Omega$$

则波导传输的最大功率为 $P_{\text{br}}=\dfrac{abE_{\text{br}}^2}{4Z_{\text{TE}_{10}}}=1.05\times10^6\text{W}$。

（2）当波导中填充 $\mu_r=1$，$\varepsilon_r=4$ 的介质时，介质的波阻抗、工作波长分别为

$$\eta=\sqrt{\frac{\mu}{\varepsilon}}=\sqrt{\frac{\mu_0\mu_r}{\varepsilon_0\varepsilon_r}}=60\pi\Omega,\quad \lambda=\frac{v}{f}=\frac{\dfrac{c}{\sqrt{\mu_r\varepsilon_r}}}{f}=\frac{1.5\times10^8}{10\times10^9}\text{m}=1.5\text{cm}$$

$$Z_{\text{TE}_{10}}=\frac{\eta_0}{\sqrt{1-\left(\dfrac{\lambda}{\lambda_c}\right)^2}}=\frac{60\pi}{\sqrt{1-\left(\dfrac{1.5}{4.572}\right)^2}}\Omega=200\Omega$$

则波导的传输功率为 $P=\dfrac{abE_{\text{m}}^2}{4Z_{\text{TE}_{10}}}=2.91\times10^6\text{W}$。

8.5　谐振腔

前面讨论的导行电磁波，无论是传输线中的 TEM 波，还是波导中的 TE 波、TM 波，共同的特点是其电磁场在横坐标方向为驻波分布，而在纵向呈现为行波分布，电磁波沿着纵向传播，且纵向长度为无限长。若纵向为有限长，并将传输线或波导的两端开路或短路时，其中的电磁波将不能向前传输而只能在其中来回振荡。谐振腔就是用金属导体围成的空腔，它把电磁振荡全部约束在空腔内，电磁场没有辐射。谐振腔中的电磁场不仅横向呈现驻波分布，而在纵向同样呈现驻波分布。与低频电路中的 LC 回路可以产生电磁振荡类似，谐振腔可以激发高频电磁振荡，是一种适用于高频的储能和选频元件，广泛应用于微波信号源、滤波器、频率计以及振荡器中。

本节主要讨论矩形谐振腔、圆柱形谐振腔中的电磁场分布及电磁波的特性。

1. 矩形谐振腔内的电磁场

两端短路的矩形波导即为矩形谐振腔，其横截面尺寸为 $a\times b$，纵向长度为 l，如图 8-16 所示。矩形谐振腔内的电磁场可以借助矩形波导中传输模式的场分布来求解，即在矩形波导中传输模式场分布的基础上，使其满足纵向 $z=0$ 和 $z=l$ 两个短路面处的边界条件，就可以求得矩形谐振腔中电磁场的分布。

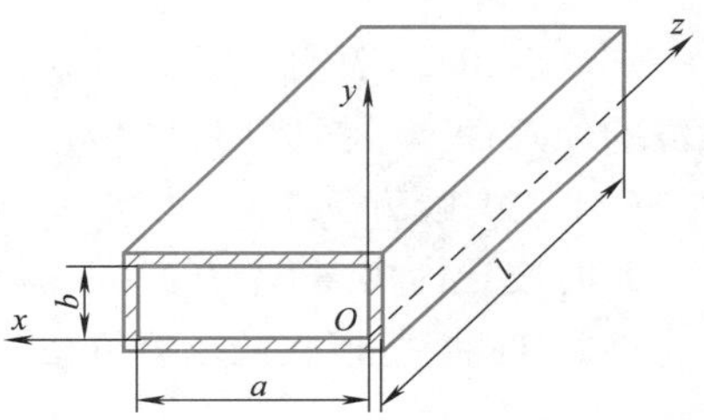

图 8-16　矩形谐振腔

在无限长矩形波导中的电磁波在横向（x、y 方

向）为驻波分布，沿纵向（z 方向）为行波。而在纵向长度为 l 的谐振腔内，当电磁波行走到 $z=l$ 处，由于短路导体面的反射，电磁波将沿着 $-z$ 方向继续传播。当电磁波沿着 $-z$ 方向行走到 $z=0$ 处，由于短路导体面的反射，电磁波将沿着 z 方向继续传播。如此往返，形成振荡。因此，应用式（8-15）、式（8-16）求解矩形谐振腔的电磁场时，只是在纵向分量增加了沿着 $-z$ 方向传播的反射波部分 $e^{j\beta z}$。矩形波导中存在传输 TE 模、TM 模，相应的，矩形谐振腔也存在 TE 振荡模式和 TM 振荡模式，下面分别求解。

（1）TE 振荡模式

此时波导内 $E_z=0$，$H_z\neq 0$，需求解 E_x、E_y、H_x、H_y、H_z 这 5 个分量。由上分析，纵向磁场分量可在式（8-63）中增加反射波分量得到

$$H_z=(H_{01}e^{-j\beta z}+H_{02}e^{j\beta z})\cos\left(\frac{m\pi}{a}x\right)\cos\left(\frac{n\pi}{b}y\right) \tag{8-101}$$

式中，H_{01}、H_{02} 分别为沿 $+z$、$-z$ 方向传输电磁波的振幅。

根据金属导体的边界条件可知，在 $z=0$ 和 $z=l$ 处，$H_z=0$。由此边界条件可求得

$$H_z\big|_{z=0}=(H_{01}+H_{02})\cos\left(\frac{m\pi}{a}x\right)\cos\left(\frac{n\pi}{b}y\right)=0$$

$$H_z\big|_{z=l}=(H_{01}e^{-j\beta l}+H_{02}e^{j\beta l})\cos\left(\frac{m\pi}{a}x\right)\cos\left(\frac{n\pi}{b}y\right)=0$$

解得 $H_{01}=-H_{02}$，$\sin(\beta l)=0$。则必有 $\beta l=p\pi$，即

$$\beta=\frac{p\pi}{l} \tag{8-102}$$

式中，$p=1, 2, 3, \cdots$。由此可得矩形谐振腔 TE 振荡模式的纵向磁场分量为

$$H_z=-j2H_{01}\cos\left(\frac{m\pi}{a}x\right)\cos\left(\frac{n\pi}{b}y\right)\sin\left(\frac{p\pi}{l}z\right) \tag{8-103a}$$

利用式（8-20），可求得横向场分量为

$$E_x=\frac{2}{k_c^2}\frac{\pi}{b}H_{01}\cos\left(\frac{m\pi}{a}x\right)\sin\left(\frac{n\pi}{b}y\right)\sin\left(\frac{p\pi}{l}z\right) \tag{8-103b}$$

$$E_y=-\frac{2}{k_c^2}\frac{\pi}{a}H_{01}\sin\left(\frac{m\pi}{a}x\right)\cos\left(\frac{n\pi}{b}y\right)\sin\left(\frac{p\pi}{l}z\right) \tag{8-103c}$$

$$H_x=j\frac{2}{k_c^2}\frac{m\pi}{a}\frac{p\pi}{l}H_{01}\sin\left(\frac{m\pi}{a}x\right)\cos\left(\frac{n\pi}{b}y\right)\cos\left(\frac{p\pi}{l}z\right) \tag{8-103d}$$

$$H_y=j\frac{2}{k_c^2}\frac{n\pi}{b}\frac{p\pi}{l}H_{01}\cos\left(\frac{m\pi}{a}x\right)\sin\left(\frac{n\pi}{b}y\right)\cos\left(\frac{p\pi}{l}z\right) \tag{8-103e}$$

式（8-103）表明，矩形谐振腔内的 TE 波沿横向和纵向都呈驻波分布。由于 m、n、p 取值的任意性，谐振腔内存在无穷多个 TE 振荡模式，以 TE_{mnp} 或 H_{mnp} 表示。

（2）TM 振荡模式

此时波导内 $E_z\neq 0$、$H_z=0$，需求解 E_x、E_y、E_z、H_x、H_y 这 5 个分量。

参照 TE 振荡模式的求解方法，可解得矩形谐振腔 TM 振荡模式的电磁场分量为

$$E_z=E_{01}\sin\left(\frac{m\pi}{a}x\right)\sin\left(\frac{n\pi}{b}y\right)\cos\left(\frac{p\pi}{l}z\right) \tag{8-104a}$$

$$E_x = -\frac{2}{k_c^2}\frac{m\pi}{a}\frac{p\pi}{l}E_{01}\cos\left(\frac{m\pi}{a}x\right)\sin\left(\frac{n\pi}{b}y\right)\sin\left(\frac{p\pi}{l}z\right) \tag{8-104b}$$

$$E_y = -\frac{2}{k_c^2}\frac{n\pi}{b}\frac{p\pi}{l}E_{01}\sin\left(\frac{m\pi}{a}x\right)\cos\left(\frac{n\pi}{b}y\right)\sin\left(\frac{p\pi}{l}z\right) \tag{8-104c}$$

$$H_x = \mathrm{j}\frac{2\omega\varepsilon}{k_c^2}\frac{n\pi}{b}E_{01}\sin\left(\frac{m\pi}{a}x\right)\cos\left(\frac{n\pi}{b}y\right)\cos\left(\frac{p\pi}{l}z\right) \tag{8-104d}$$

$$H_y = -\mathrm{j}\frac{2\omega\varepsilon}{k_c^2}\frac{m\pi}{a}E_{01}\cos\left(\frac{m\pi}{a}x\right)\sin\left(\frac{n\pi}{b}y\right)\cos\left(\frac{p\pi}{l}z\right) \tag{8-104e}$$

同样，矩形谐振腔内的 TM 波沿横向和纵向也都呈驻波分布，存在无穷多个 TM 振荡模式，以 TM_{mnp} 或 E_{mnp} 表示。

（3）矩形谐振腔内的场结构

矩形谐振腔内存在无穷多个 TE_{mnp}、TM_{mnp} 振荡模式，m、n、p 分别表示沿着宽壁 a、窄壁 b 和纵向长度 l 上半驻波的个数。矩形谐振腔内最低振荡模式为 TE_{101}，$m=1$，$n=0$，$p=1$，由式（8-103）得到各场分量为

$$H_z = -\mathrm{j}2H_{01}\cos\left(\frac{\pi}{a}x\right)\sin\left(\frac{\pi}{l}z\right) \tag{8-105a}$$

$$E_y = -\frac{2a\omega\mu}{\pi}H_{01}\sin\left(\frac{\pi}{a}x\right)\sin\left(\frac{\pi}{l}z\right) \tag{8-105b}$$

$$H_x = \mathrm{j}\frac{2a}{l}H_{01}\sin\left(\frac{\pi}{a}x\right)\cos\left(\frac{\pi}{l}z\right) \tag{8-105c}$$

其余三个分量 $E_x=E_z=H_y=0$。根据式（8-105）可得到矩形谐振腔内 TE_{101} 模的场分布图，如图 8-17 所示。

2. 圆柱形谐振腔内的电磁场

两端短路的圆柱形波导为圆柱形谐振腔，其横截面为半径 R 的圆，纵向长度为 l。圆柱形谐振腔内的电磁场的求解采用圆柱坐标系，如图 8-18 所示。

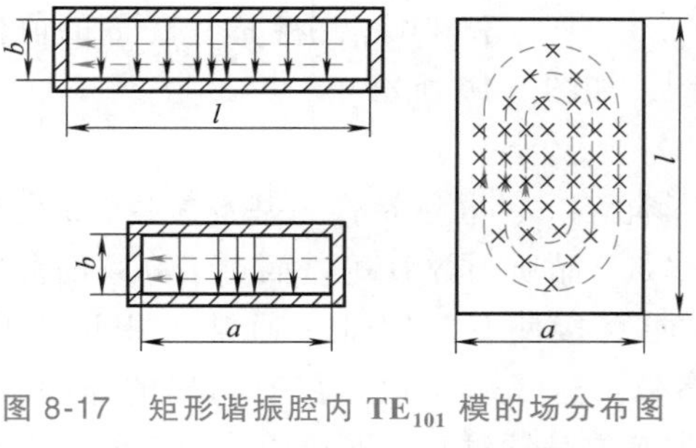

图 8-17　矩形谐振腔内 TE_{101} 模的场分布图

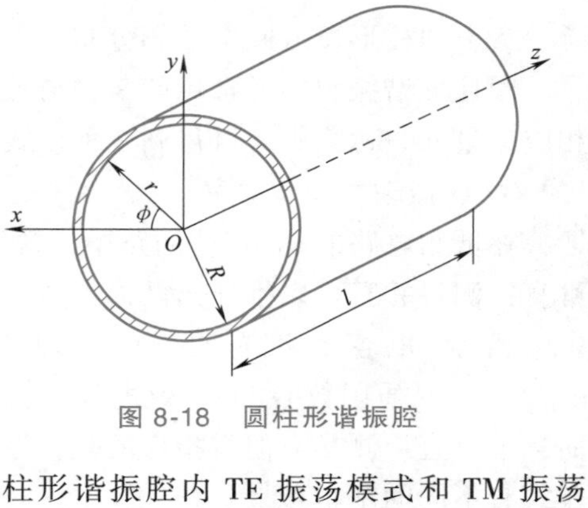

图 8-18　圆柱形谐振腔

采用与求解矩形谐振腔相同的方法，可以求得圆柱形谐振腔内 TE 振荡模式和 TM 振荡模式的电磁场分别如下：

（1）TE 振荡模式的电磁场

此时圆柱形谐振腔内 $E_z=0$，横向分量和纵向分量均呈驻波分布，各分量为

$$H_z = H_0 J_m(k_c r)\cos m\phi \sin\left(\frac{p\pi}{l}z\right) \tag{8-106a}$$

$$E_r = \mathrm{j}\frac{\omega\mu}{k_c^2}\frac{m}{r}H_0 J_m(k_c r)\sin(m\phi)\sin\left(\frac{p\pi}{l}z\right) \tag{8-106b}$$

$$E_\phi = \mathrm{j}\frac{\omega\mu}{k_c}H_0 J'_m(k_c r)\cos(m\phi)\sin\left(\frac{p\pi}{l}z\right) \tag{8-106c}$$

$$H_r = \mathrm{j}\frac{1}{k_c}\frac{p\pi}{l}H_0 J'_m(k_c r)\cos(m\phi)\sin\left(\frac{p\pi}{l}z\right) \tag{8-106d}$$

$$H_\phi = -\frac{1}{k_c^2}\frac{m}{r}\frac{p\pi}{l}H_0 J_m(k_c r)\sin(m\phi)\cos\left(\frac{p\pi}{l}z\right) \tag{8-106e}$$

式中，$k_c = \dfrac{\mu_{mn}}{R}$，可知圆柱形谐振腔内存在无穷多个 TE 谐振模式，用 TE_{mnp} 或 H_{mnp} 表示。

(2) TM 振荡模式的电磁场

此时圆柱形谐振腔内 $H_z=0$，横向分量和纵向分量均呈驻波分布，各分量为

$$E_z = E_0 J_m(k_c r)\cos(m\phi)\cos\left(\frac{p\pi}{l}z\right) \tag{8-107a}$$

$$E_r = -\frac{p\pi}{k_c l}E_0 J'_m(k_c r)\cos(m\phi)\sin\left(\frac{p\pi}{l}z\right) \tag{8-107b}$$

$$E_\phi = \frac{mp\pi}{k_c^2 rl}E_0 J_m(k_c r)\sin(m\phi)\sin\left(\frac{p\pi}{l}z\right) \tag{8-107c}$$

$$H_r = -\mathrm{j}\frac{\omega\varepsilon m}{k_c^2 r}E_0 J_m(k_c r)\sin(m\phi)\cos\left(\frac{p\pi}{l}z\right) \tag{8-107d}$$

$$H_\phi = -\mathrm{j}\frac{\omega\varepsilon}{k_c}E_0 J'_m(k_c r)\cos(m\phi)\cos\left(\frac{p\pi}{l}z\right) \tag{8-107e}$$

式中，$k_c = \dfrac{v_{mn}}{R}$，可知圆柱形谐振腔内存在无穷多个 TM 谐振模式，用 TM_{mnp} 或 E_{mnp} 表示。

(3) 圆柱形谐振腔中的场分布

圆柱形谐振腔中最常用的 3 种谐振模式为 TE_{011}、TE_{111} 和 TM_{010}，将 m、n、p 的值代入相应场量的表达式中，可得到 3 种模式的场分布图，如图 8-19 所示。

3. 谐振腔的基本参量

在低频电路的 LC 振荡回路中，常采用电感 L、电容 C、电阻 R 作为基本参数，3 个参数可直接测量并且可以推导出其他参数，如谐振频率 ω、品质因数 Q 等。而对于高频的谐振腔中电感 L、电容 C 没有明确的物理意义，也不能直接测量。因此，通常采用谐振频率 $\omega_0(f_0)$、品质因数 Q_0 和等效电导 G_0 作为基本参数。这 3 个参数不仅有明确的物理意义，而且可以直接测量。但需指出的是，谐振腔的基本参数是针对某一谐振模式而言的，不同的模式有不同的基本参量。

下面主要介绍谐振频率 $\omega_0(f_0)$ 和品质因数 Q_0。

(1) 谐振频率 $\omega_0(f_0)$

谐振频率是谐振腔最重要的一个参数，它描述了谐振腔内电磁波的振荡规律，表征了谐

振腔内振荡存在的条件。当谐振腔内的电场和磁场沿横向和纵向都形成驻波时，达到了谐振条件。

根据式（8-17）、式（8-69），可得到

$$k_c^2 - \gamma^2 = \omega^2\mu\varepsilon$$

对于无损传输时，$\gamma = j\beta$，在谐振腔中式（8-102）始终成立，即 $\beta=\dfrac{p\pi}{l}$，则有

$$\omega^2\mu\varepsilon = k_c^2 + \left(\frac{p\pi}{l}\right)^2$$

可得谐振频率为

$$\omega_0 = \frac{1}{\sqrt{\mu\varepsilon}}\sqrt{k_c^2 + \left(\frac{p\pi}{l}\right)^2} \tag{8-108}$$

另外，波数 $\beta = \dfrac{2\pi}{\lambda_g}$，而波导波长 $\lambda_g = \dfrac{\lambda}{\sqrt{1-\left(\dfrac{\lambda}{\lambda_c}\right)^2}}$，根据 $\beta=\dfrac{p\pi}{l}$，可得到谐振波长为

$$\lambda_0 = \frac{2}{\sqrt{\left(\dfrac{1}{\lambda_c}\right)^2 + \left(\dfrac{p}{2l}\right)^2}} \tag{8-109}$$

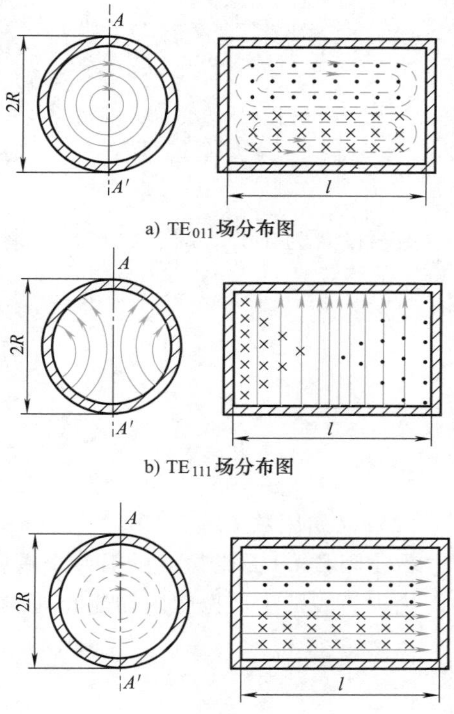

a) TE_{011} 场分布图

b) TE_{111} 场分布图

c) TE_{010} 场分布图

图 8-19　圆柱形谐振腔场分布图

式（8-108）为谐振腔内存在电磁谐振时，角频率所满足的条件；式（8-109）为谐振腔内存在电磁谐振时，谐振波长所满足的条件。

对于矩形谐振腔，$k_c^2=\left(\dfrac{m\pi}{a}\right)^2+\left(\dfrac{n\pi}{b}\right)^2$，由式（8-108）得到谐振腔内 TE_{mnp} 或 TM_{mnp} 的谐振角频率为

$$\omega_0 = \frac{1}{\sqrt{\mu\varepsilon}}\sqrt{\left(\frac{m\pi}{a}\right)^2 + \left(\frac{n\pi}{b}\right)^2 + \left(\frac{p\pi}{l}\right)^2} \tag{8-110a}$$

相应的谐振波长为

$$\lambda_0 = \frac{2}{\sqrt{\left(\dfrac{m}{a}\right)^2 + \left(\dfrac{n}{b}\right)^2 + \left(\dfrac{p}{l}\right)^2}} \tag{8-110b}$$

可见，当谐振腔的尺寸 a、b、l 一定时，随着 m、n、p 值的不同可得到一系列不连续的谐振频率。谐振频率的不连续性，也即谐振频率不能连续可调，是谐振腔的一个重要特点。另外，在空腔尺寸一定的情况下，由于 m、n、p 值的不同组合，不同的谐振模式也可具有相同的谐振频率，把具有相同谐振频率的不同谐振模式叫作简并模式。

对于圆柱形谐振腔，振荡模式为 TE_{mnp} 时，$k_c=\dfrac{\mu_{mn}}{R}$，谐振角频率、波长分别为

$$\omega_0 = \frac{1}{\sqrt{\mu\varepsilon}}\sqrt{\left(\frac{\mu_{mn}}{R}\right)^2 + \left(\frac{p\pi}{l}\right)^2} \tag{8-111a}$$

$$\lambda_0 = \frac{2}{\sqrt{\left(\frac{\mu_{mn}}{2\pi R}\right)^2 + \left(\frac{p}{2l}\right)^2}} \tag{8-111b}$$

振荡模式为 TM_{mnp} 时，$k_c = \frac{v_{mn}}{R}$，谐振角频率、波长分别为

$$\omega_0 = \frac{1}{\sqrt{\mu\varepsilon}}\sqrt{\left(\frac{v_{mn}}{R}\right)^2 + \left(\frac{p\pi}{l}\right)^2} \tag{8-112a}$$

$$\lambda_0 = \frac{2}{\sqrt{\left(\frac{v_{mn}}{2\pi R}\right)^2 + \left(\frac{p}{2l}\right)^2}} \tag{8-112b}$$

（2）品质因数 Q_0

品质因数 Q_0 是谐振腔的另一个重要参数，它描述了谐振腔能量损耗的快慢和频率选择性的优劣，表征了谐振腔内储能和耗能之间的关系，其定义为

$$Q_0 = 2\pi\frac{W_0}{W_T} = \omega\frac{W_0}{P_T} \tag{8-113}$$

式中，W_0 为谐振腔中的储能；W_T 为一个周期内谐振器的能量损耗；P_T 为一个周期内的平均损耗功率，$W_T = TP_T$，T 为周期；ω 为谐振频率。

在谐振时，谐振器的损耗包括导体损耗、辐射损耗和介质损耗。谐振腔是封闭的谐振器，不存在辐射损耗；通常谐振腔内填充介质为空气，可认为是无耗介质，谐振腔中只存在管壁电流的热损耗，则

$$P_T = \frac{1}{2}\oint_S |J_l|^2 R_S \mathrm{d}S = \frac{R_S}{2}\oint_S |H_t|^2 \mathrm{d}S \tag{8-114}$$

而谐振腔内的电磁总能量为

$$W_0 = \frac{\varepsilon}{2}\int_V \boldsymbol{E}\cdot\boldsymbol{E}^*\,\mathrm{d}V = \frac{\mu}{2}\int_V \boldsymbol{H}\cdot\boldsymbol{H}^*\,\mathrm{d}V \tag{8-115}$$

由此可得谐振腔的品质因数的计算公式为

$$Q_0 = \omega\frac{\frac{\mu}{2}\int_V \boldsymbol{H}\cdot\boldsymbol{H}^*\,\mathrm{d}V}{\frac{R_S}{2}\oint_S |H_t|^2\mathrm{d}S} = \frac{2\int_V |H|^2\mathrm{d}V}{\delta\oint_S |H_t|^2\mathrm{d}S} \tag{8-116}$$

式中，R_S 为谐振腔导体内表面电阻率；J_l 为谐振腔导体内表面的电流线密度；H_t 为谐振腔导体内表面的切向磁场；δ 为谐振腔导体的趋肤厚度，$\delta = \sqrt{\frac{2}{\omega\mu\gamma}}$ 通常为微米数量级。因此，谐振腔的品质因数可达 $10^4 \sim 10^5$ 数量级，远大于低频电路中 LC 谐振回路的品质因数。

例 8-5　一空气填充的矩形谐振腔，尺寸为 $a\times b\times l$，在如下情况下确定谐振腔的主模：（1）$a>b>l$；（2）$a>l>b$；（3）$a=l=b$。

解　在矩形谐振腔中，对于 TE_{mnp} 模，m、n 不能同时为零，而 p 不可以为零；对于 TM_{mnp} 模，m、n 均不能为零，而 p 可以为零，故谐振腔的较低模式有 TE_{011}、TE_{101}、TM_{110}。

(1) 当 $a>b>l$ 时，截止波长最长为

$$\lambda_0=\frac{2}{\sqrt{\left(\frac{1}{a}\right)^2+\left(\frac{1}{b}\right)^2}}$$

故此时主模为 TM_{110}。

(2) 当 $a>l>b$ 时，截止波长最长为

$$\lambda_0=\frac{2}{\sqrt{\left(\frac{1}{a}\right)^2+\left(\frac{1}{l}\right)^2}}$$

故此时主模为 TE_{101}。

(3) 当 $a=b=l$ 时，上述 3 个模式的截止波长相等，为 $\lambda_0=2a$，故此时主模为 TE_{011}、TE_{101}、TM_{110}。

可见，谐振腔主模取决于谐振腔的尺寸。

本章小结

根据纵向场分量的有无，导行电磁波可分为以下 3 种传播波型：

1) TEM 波：$\boldsymbol{E}_z=0$，$\boldsymbol{H}_z=0$

2) TE 波，也称为 H 波：$\boldsymbol{E}_z=0$，$\boldsymbol{H}_z\neq0$

3) TM 波，也称为 E 波：$\boldsymbol{E}_z\neq0$，$\boldsymbol{H}_z=0$

传输线方程（电报方程）为

$$\frac{\partial U(z)}{\partial z}+\mathrm{j}\omega\mu I(z)=0$$

$$\frac{\partial I(z)}{\partial z}+\mathrm{j}\omega\varepsilon U(z)=0$$

传输线的等效电路模型如图 8-20 所示。

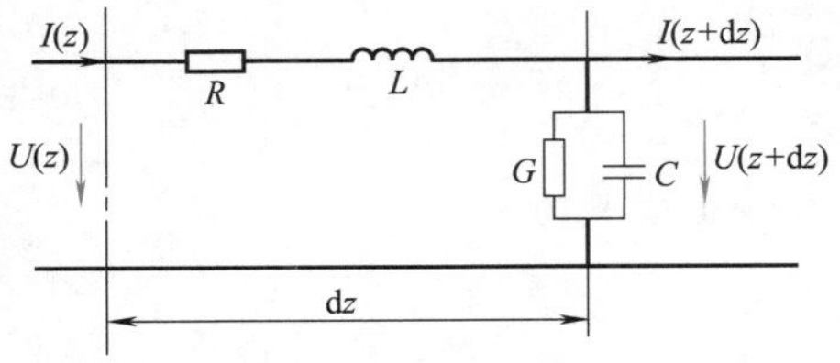

图 8-20　等效电路

均匀传输线的波动方程为

$$\frac{\mathrm{d}^2U(z)}{\mathrm{d}z^2}-\gamma^2U(z)=0$$

$$\frac{\mathrm{d}^2I(z)}{\mathrm{d}z^2}-\gamma^2I(z)=0$$

式中，$\gamma=\sqrt{(R+\mathrm{j}\omega L)(G+\mathrm{j}\omega C)}=\alpha+\mathrm{j}\beta$。实践证明，用场的方法分析得到的结果和用路的方法分析得到的结果是一致的，在许多实际问题中，有关传输线的问题总是用路的方法来处理。

传输线的波动方程的解为

$$U(z)=A_1\mathrm{e}^{-\gamma z}+A_2\mathrm{e}^{\gamma z}$$

$$I(z)=\frac{1}{Z_0}(A_1 e^{-\gamma z}-A_2 e^{\gamma z})$$

式中，$Z_0=\sqrt{\dfrac{R+j\omega L}{G+j\omega C}}$；$A_1$、$A_2$ 为待定常数。

无耗传输线的输入阻抗为

$$Z_{in}(z')=Z_0\frac{Z_L+jZ_0\tan\beta z'}{Z_0+jZ_L\tan\beta z'}$$

常用的匹配网络有 $\lambda/4$ 阻抗变换器和支节匹配器。

TEM 波只能存在于由两个导体构成的导波系统中，而不能存在于空心的波导管中。由单导体构成的金属波导中可传输 TE 波、TM 波。

波导中传输的平均功率为

$$P=\frac{1}{2}\int_S \boldsymbol{S}\cdot d\boldsymbol{S}=\frac{1}{2}\int_S (\boldsymbol{E}_t\times\boldsymbol{H}_t^*)\cdot\boldsymbol{e}_z dS$$

此式适用于波导中的任意波型。

TE 波的波阻抗与 TM 波的波阻抗分别为

$$Z_{TE}=\frac{|\boldsymbol{E}_t|}{|\boldsymbol{H}_t|}=\frac{\omega\mu}{\beta}=\frac{\eta}{\sqrt{1-\left(\dfrac{\lambda}{\lambda_c}\right)^2}}$$

$$Z_{TM}=\frac{|\boldsymbol{E}_t|}{|\boldsymbol{H}_t|}=\frac{\beta}{\varepsilon\omega}=\eta\sqrt{1-\left(\frac{\lambda}{\lambda_c}\right)^2}$$

式中，λ 为工作波长；λ_c 为截止波长；$\eta=\sqrt{\dfrac{\mu}{\varepsilon}}$ 为波导中填充介质的波阻抗，在真空中为 $\eta_0=\sqrt{\dfrac{\mu_0}{\varepsilon_0}}=120\pi\Omega$。

谐振腔是一种适用于高频的谐振元件。

谐振腔中的电磁场不仅横向呈现驻波分布，而在纵向同样呈现驻波分布。

谐振角频率为

$$\omega_0=\frac{1}{\sqrt{\mu\varepsilon}}\sqrt{k_c^2+\left(\frac{p\pi}{l}\right)^2}$$

截止波长为

$$\lambda_0=\frac{2}{\sqrt{\left(\dfrac{1}{\lambda_c}\right)^2+\left(\dfrac{p}{2l}\right)^2}}$$

对于矩形谐振腔，谐振角频率为

$$\omega_0=\frac{1}{\sqrt{\mu\varepsilon}}\sqrt{\left(\frac{m\pi}{a}\right)^2+\left(\frac{n\pi}{b}\right)^2+\left(\frac{p\pi}{l}\right)^2}$$

相应的谐振波长为

$$\lambda_0=\frac{2}{\sqrt{\left(\frac{m}{a}\right)^2+\left(\frac{n}{b}\right)^2+\left(\frac{p}{l}\right)^2}}$$

对于圆柱形谐振腔，振荡模式为 TE_{mnp} 时，$k_c=\frac{\mu_{mn}}{R}$，谐振角频率、波长分别为

$$\omega_0=\frac{1}{\sqrt{\mu\varepsilon}}\sqrt{\left(\frac{\mu_{mn}}{R}\right)^2+\left(\frac{p\pi}{l}\right)^2}$$

$$\lambda_0=\frac{2}{\sqrt{\left(\frac{\mu_{mn}}{2\pi R}\right)^2+\left(\frac{p}{2l}\right)^2}}$$

振荡模式为 TM_{mnp} 时，$k_c=\frac{v_{mn}}{R}$，谐振角频率、波长分别为

$$\omega_0=\frac{1}{\sqrt{\mu\varepsilon}}\sqrt{\left(\frac{v_{mn}}{R}\right)^2+\left(\frac{p\pi}{l}\right)^2}$$

$$\lambda_0=\frac{2}{\sqrt{\left(\frac{v_{mn}}{2\pi R}\right)^2+\left(\frac{p}{2l}\right)^2}}$$

品质因数 Q_0 描述了谐振腔能量损耗的快慢和频率选择性的优劣，表征了谐振腔内储能和耗能之间的关系，其定义为

$$Q_0=2\pi\frac{W_0}{W_T}=\omega\frac{W_0}{P_T}$$

式中，W_0 为谐振腔中的储能；W_T 为一个周期内谐振器的能量损耗；P_T 为一个周期内的平均损耗功率，$W_T=TP_T$，T 为周期；ω 为谐振频率。

谐振腔的品质因数的计算公式为

$$Q_0=\omega\frac{\frac{\mu}{2}\int_V \boldsymbol{H}\cdot\boldsymbol{H}^*\mathrm{d}\boldsymbol{V}}{\frac{R_S}{2}\oint_S|H_t|^2\mathrm{d}S}=\frac{2\int_V|H|^2\mathrm{d}\boldsymbol{V}}{\delta\oint_S|H_t|^2\mathrm{d}S}$$

习　题　8

8-1　横电波、横磁波和横电磁波各自的特点是什么？

8-2　已知传输线中信号频率为800MHz时，其分布参数分别为 $R=10.4\mathrm{m}\Omega/\mathrm{mm}$，$L=3.67\mathrm{nH/mm}$，$G=0.8\mathrm{nS/mm}$，$C=8.35\mathrm{pF/mm}$ 时，求传输线的特性阻抗、衰减常数和相位常数。

8-3　同轴线和双线是利用导线周围的电磁场能流来传输功率的还是通过导线内部传递功率的？

8-4　什么是传输线的特性阻抗、输入阻抗和负载阻抗？它们之间的关系如何？

8-5　反射系数是如何表征传输线上波的反射特性的？

8-6　特性阻抗为50Ω的同轴线，负载阻抗为（25+j25）Ω，求线上反射系数的模值。

8-7 一无耗传输线的特性阻抗为500Ω，负载阻抗为（300+j250）Ω，当工作频率为1GHz时，若使用$\lambda/4$阻抗变换器使得负载与传输线匹配，求$\lambda/4$阻抗变换器的特性阻抗及安放的位置。

8-8 什么是波导的截止波长？工作波长大于或小于截止波长时，波导中的电磁波有何特性？

8-9 某矩形波导中传输电磁波的工作波长分别是8mm和8.2mm时，选哪种型号的波导可传输单模TE_{10}？

8-10 圆柱形波导中的波形指数m、n有何意义？为何不存在$n=0$的波？

8-11 何谓波导的模式简并？矩形波导和圆柱形波导的模式简并有何不同？

8-12 若一圆柱形波导只传输TE_{11}模，信号的工作波长为5cm，问圆柱的半径为多少？

8-13 用$a\times b=4.755\text{cm}\times 2.215\text{cm}$的矩形波导制成矩形谐振器，内部填充介质为聚乙烯（$\varepsilon_r=2.25$），若该谐振器的谐振频率为5GHz，求振荡模式分别为TE_{101}、TE_{102}时谐振器的长度？

8-14 设空气填充的圆柱形谐振器的直径为3cm，对同一谐振频率，若振荡模式为TM_{012}时，空腔的长度比振荡模式为TM_{011}时，空腔的长度长2.32cm，求该谐振频率。

8-15 用于S波段雷达的无耗空气矩形波导的尺寸$a\times b=7.124\text{cm}\times 3.404\text{cm}$，主模沿$+z$方向传播，频率为3GHz，如果电场的激励电平为10kV/m，求传输的平均功率。

8-16 证明在矩形波导中TE_{10}波的平均功率等于波导中每单位长度电磁能量密度的平均值乘以波的能量传播速度。

第9章 电磁辐射

本章导学

在前几章中，讨论了电磁波在自由空间的传播，在分界面上的反射与折射，在受约束的空间——各种波导系统中的导行波的传播特性。但所有这些都没有对波的来源进行探讨，也没有触及导波系统中的电磁波如何转换成自由空间中的电磁波。本章介绍电磁辐射就是对上述问题的解答，主要内容包括电磁波辐射的基本原理，电偶极子、磁偶极子基本辐射单元产生的辐射场的特性。本章知识结构如图 9-0 所示。

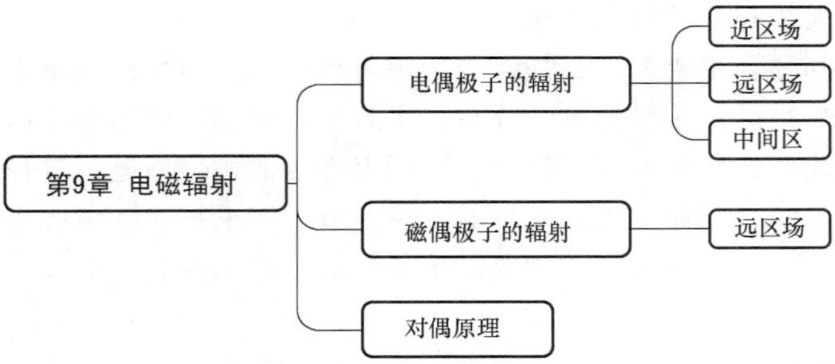

图 9-0 本章知识结构

9.1 电磁波的辐射

电磁波是时变电荷和电流所产生的。导体表面有时变电荷和时变电流时，导体的周围就有时变电磁场以及对应的电磁能量。在一定的条件下，受导体所约束的电磁能量的一部分可以转变为自由传播的电磁能量。把携带能量的电磁波脱离源向远处传播出去而不再返回波源的现象，称为电磁波的辐射，简称电磁辐射。电磁波的辐射是一种客观存在的物理现象。

由前面章节内容可知，在静电荷周围只能建立感应电场，其大小与场点和源点之间距离的二次方成反比，且幅值下降速度很快，不可能向外辐射。如图 9-1a 所示，电容器接在直流电源上，极板分别分布有正负电荷，在极板间只存在静电场，不产生电磁波。

电磁辐射只能在交变电荷情况下产生。在图 9-1b 中，电容器接在交变电源上，极板上的电荷在不同时间段做正负变化，在极板间存在交变电磁场。但此时由于极板间的距离较小，交变电磁场基本束缚在极板之间。若将极板逐渐张开，如图 9-1c、d 所示，交变电磁场

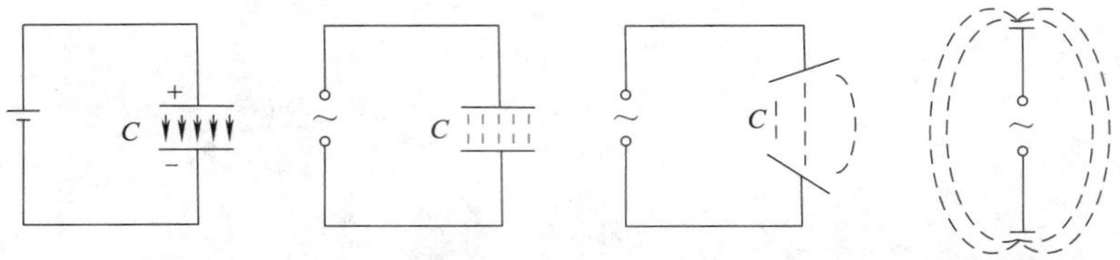

图 9-1　交变电场

就逐渐向极板外扩大，并向远处传播，形成电磁辐射。事实证明，随着极板上正负电荷交替速率的加快，即交变电磁场的频率不断提高，辐射的范围逐渐加强，也即频率越高（波长越短)，辐射越强。

由上述分析可知，电磁辐射还与电磁波波源的结构形式有关。通常情况下，开放的结构有利于辐射的形成，封闭的结构一般不形成辐射。另外，只有辐射系统的尺寸大小能和电磁波波长相比拟时，才有可能产生明显的辐射效应。

使电磁能量产生辐射的装置称为天线或辐射器，它是实现导行电磁波和自由空间电磁波之间过渡和匹配的一种电磁结构，是一种能量转换器。当波源的频率提高到使电磁波的波长与天线尺寸可比拟时，天线上就会出现明显的电磁辐射。天线的类型可大体分为线天线与面天线，几乎所有的天线都是开放式结构。

对电磁波辐射问题，主要关心的是天线的辐射场强、方向性以及辐射功率。因此，电磁辐射问题又可以说成是已知天线的电流分布，求解空间中的电磁场分布以及电磁波在空间中的传播问题。天线辐射的严格求解必须解麦克斯韦方程的边值问题，这在数学计算上是十分困难的，甚至无法求解，因而在求解过程的不少环节上都根据实际情况进行一些近似。下面主要介绍基本的天线——电偶极子、磁偶极子的辐射场的求解。

9.2　电偶极子的辐射

电偶极子也称为电基本振子，是为分析线状天线而抽象出来的天线最小构成单元。电偶极子是一种应用范围最广的基本辐射单元，它是一段通有高频电流的直导线，当导线长度 l 远小于波长 λ 且导线直径远小于导线长度 l 时，导线上所有点的电流振幅和相位都认为是恒定的，即等幅同相分布。实际辐射电磁波的天线可以看成是无穷多个电偶极子的叠加，研究电偶极子的辐射特性具有广泛的代表性。

求解电偶极子的辐射场，就是求解电偶极子形成的电磁场。通常应用动态位方程求解电偶极子的矢量磁位 $\boldsymbol{A}$，然后通过矢量磁位 $\boldsymbol{A}$ 与磁场 $\boldsymbol{H}$ 和电场 $\boldsymbol{E}$ 之间的关系，求得磁场 $\boldsymbol{H}$ 和电场 $\boldsymbol{E}$。

若将电偶极子位于坐标原点，沿 z 轴放置，如图 9-2 所示，短导线长度为 l，截面积为 ΔS，电偶极子上的电流分布为 $I=I_{\mathrm{m}}\mathrm{e}^{\mathrm{j}\omega t}$。

根据第 5 章动态位方程的知识，空间任意场点的矢量磁位为

$$\boldsymbol{A}(r)=\frac{\mu}{4\pi}\int_V\frac{\boldsymbol{J}(r')\mathrm{e}^{-\mathrm{j}kR}}{R}\mathrm{d}V'$$

式中，$R=|r-r'|$。

对于电偶极子，其体积元 $dV'=dl\Delta S$，电流密度 $\boldsymbol{J}(r')=\dfrac{\boldsymbol{I}}{\Delta S}$，由于电偶极子位于坐标原点，且 $l\ll\lambda$，因而有 $R=|r-r'|\approx r$，则电偶极子在 P 点的矢量位为

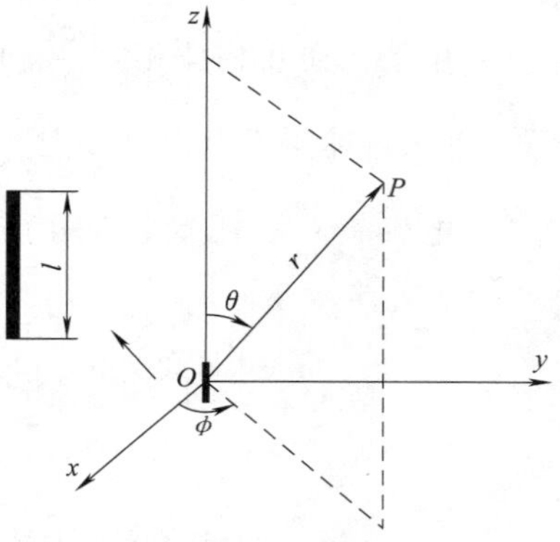

图 9-2 电偶极子

$$\boldsymbol{A}(r)=\frac{\mu}{4\pi}\int_V\frac{\boldsymbol{J}(r')e^{-jkR}}{R}dV'\approx\frac{\mu}{4\pi}\int_0^l\frac{\boldsymbol{I}dle^{-jkr}}{r}$$

$$=\frac{\mu}{4\pi}\frac{\boldsymbol{I}le^{-jkr}}{r}=\frac{\mu}{4\pi r}Ile^{-jkr}\boldsymbol{e}_z \tag{9-1}$$

将式（9-1）的直角坐标在球坐标系中展开为 A_r、A_ϕ、A_θ 分量，并利用 $\boldsymbol{H}=\dfrac{1}{\mu}\nabla\times\boldsymbol{A}$ 可以求得磁场 $\boldsymbol{H}$，又由 $\boldsymbol{E}=\dfrac{1}{j\omega\varepsilon}\nabla\times\boldsymbol{H}$ 可以求得电场 $\boldsymbol{E}$。求得的电场 $\boldsymbol{E}$ 和磁场 $\boldsymbol{H}$ 在球坐标系中的各分量为

$$\begin{cases}E_r=\dfrac{Il}{2\pi\omega\varepsilon_0}\cos\theta\left(\dfrac{k}{r^2}-j\dfrac{1}{r^3}\right)e^{-jkr}\\ E_\theta=\dfrac{Il}{4\pi\omega\varepsilon_0}\sin\theta\left(j\dfrac{k^2}{r}+\dfrac{k}{r^2}-j\dfrac{1}{r^3}\right)e^{-jkr}\\ E_\phi=0\\ H_r=0\\ H_\theta=0\\ H_\phi=\dfrac{Il}{4\pi}\sin\theta\left(j\dfrac{k}{r}+\dfrac{1}{r^2}\right)e^{-jkr}\end{cases} \tag{9-2}$$

由式（9-2）可知，电偶极子产生的电磁场中电场 $\boldsymbol{E}$ 和磁场 $\boldsymbol{H}$ 互相垂直，电场 $\boldsymbol{E}$ 处于电偶极子所在的平面，电场 $\boldsymbol{E}$ 有 E_r、E_θ 分量，磁场 $\boldsymbol{H}$ 只有 H_ϕ 分量，分量中含有 r^{-1}、r^{-2} 或 r^{-3} 项。

为了便于分析，根据 kr 的大小将电偶极子周围的空间分为近区（$kr\ll1$）、远区（$kr\gg1$）、中间区 3 个区域，下面分别加以讨论。

1. 近区场

当 $kr\ll1$ 时，因 $k=\dfrac{2\pi}{\lambda}$，有 $r\ll\dfrac{\lambda}{2\pi}$，即场点 P 与源点的距离 r 远小于波长 λ。此时，$e^{-jkr}\approx1$，式（9-2）中各量只保留 $\dfrac{1}{r}$ 的高次项。于是式（9-2）近似为

$$\begin{cases}E_r\approx-j\dfrac{Il}{2\pi\omega\varepsilon_0r^3}\cos\theta\\ E_\theta\approx-j\dfrac{Il}{4\pi\omega\varepsilon_0r^3}\sin\theta\\ H_\phi\approx\dfrac{Il}{4\pi r^2}\sin\theta\end{cases} \tag{9-3}$$

通过分析可得出近区场的如下特点：

1）电场与磁场相位相差$\frac{\pi}{2}$，因此平均坡印廷矢量 $\boldsymbol{S}_{av}=\boldsymbol{E}\times\boldsymbol{H}=0$。说明在上述近似的条件下，近区场能量没有向外辐射，故近区场又称为感应场或束缚场。

2）电流 $I=\frac{dq}{dt}$，用复数表示为 $\dot{I}=j\omega q$，将其代入式（9-3）中，得到电场 E_r 和 E_θ 分别为

$$E_r=\frac{ql}{2\pi\varepsilon_0 r^3}\cos\theta$$

$$E_\theta=\frac{ql}{4\pi\varepsilon_0 r^3}\sin\theta$$

可见，时变电偶极子电场与静电场中电偶极子产生的电场近似相等。因此，近区场也称为准静态场。

应该指出，以上有关近区场的结论是在忽略了 $1/r$ 及 $1/r^2$ 项得出的，实际上被忽略的部分能量是由近区场辐射出去形成了远区场中的电磁波。只不过在近区，辐射场的能量远小于束缚场的能量。

2. 远区场

当 $kr\gg1$ 时，因 $k=\frac{2\pi}{\lambda}$，有 $r\gg\frac{\lambda}{2\pi}$，即场点 P 与源点的距离 r 远大于波长 λ。此时式（9-2）中各量只保留$\frac{1}{r}$项。于是式（9-2）近似为

$$\begin{cases}E_\theta\approx j\dfrac{k^2Il}{4\pi\omega\varepsilon_0 r}\sin\theta e^{-jkr}=j\dfrac{Il}{2\lambda r}\eta_0\sin\theta e^{-jkr}\\ H_\phi\approx j\dfrac{kIl}{4\pi r}\sin\theta e^{-jkr}=j\dfrac{Il}{2\lambda r}\sin\theta e^{-jkr}\end{cases}\tag{9-4}$$

式中，η_0 为自由空间的波阻抗，$\eta_0=\sqrt{\frac{\mu_0}{\varepsilon_0}}=120\pi\Omega$。

远区场的特点如下：

1）远区场只有 E_θ 和 H_ϕ 项，它们在空间上相互垂直，在时间上同相，平均坡印廷矢量为

$$\boldsymbol{S}_{av}=\frac{1}{2}\mathrm{Re}(\boldsymbol{E}\times\boldsymbol{H}^*)=\frac{\eta_0}{2}|H_\phi|^2\boldsymbol{e}_r=\eta_0\left(\frac{Il}{2\lambda r}\sin\theta\right)^2\boldsymbol{e}_r\tag{9-5}$$

说明，远区场能量向外辐射。并且能量辐射方向与电场和磁场方向都垂直，远区场近似为 TEM 波。

2）远区场中电场和磁场都有空间相位因子 e^{-jkr}，因子 e^{-jkr} 说明相位随 r 的加大而持续滞后，因此辐射有滞后性。等相位面是 r 为常数的球面，故远区辐射场为球面波。由于等相位面上不同点的 E_θ 和 H_ϕ 项的振幅并非一定相同，所以球面波又是非均匀平面波。

3）远区场中电场和磁场振幅都有因子 $\sin\theta$，说明在不同方向上辐射强度不相等，也就是说辐射有方向性。当 $\theta=\pi/2$ 时，即在垂直于天线轴的方向上，辐射场的振幅最大；平行于天线轴的方向，辐射场振幅为零。方向性是天线的主要特性之一。

4）远区场中电场和磁场的振幅与 r 成反比，与 Il/λ 成正比。电场和磁场的振幅不仅与电偶极子的几何尺寸 l 有关，还与电偶极子的电长度 l/λ 有关。而电场和磁场的振幅之间的关系为

$$\frac{E_\theta}{H_\phi} = \eta_0 \tag{9-6}$$

5）电偶极子向空间辐射的平均功率为

$$P = \int_S |S_{av}|\mathrm{d}S = \int_S \frac{\eta_0}{2}|H_\phi|^2\mathrm{d}S = 40\pi^2 I^2\left(\frac{l}{\lambda}\right)^2 \tag{9-7}$$

6）电偶极子辐射出去的能量不再返回，对于波源来说辐射出去的功率是损耗的功率。参照电路理论，可以引入一个等效电阻，此电阻消耗的功率即等于辐射功率，这个等效电阻称为辐射电阻 R_r，定义为

$$R_r = \frac{2P}{I^2} = 80\pi^2\left(\frac{l}{\lambda}\right)^2 \tag{9-8}$$

辐射电阻 R_r 反映了天线辐射电磁波的能力，它仅仅取决于天线的结构和工作波长，是天线的一个重要参数。

3. 中间区

介于远区和近区之间的区域称为中间区。由于中间区工程上考虑得较少，不再讨论。

9.3 磁偶极子的辐射

磁偶极子又称为磁基本振子，物理世界当中并不存在，它只是工程上的一种等效模型，是一个半径为 $a(a \ll \lambda)$ 的载有高频电流的细小导体圆环，也称电流环，如图 9-3 所示。

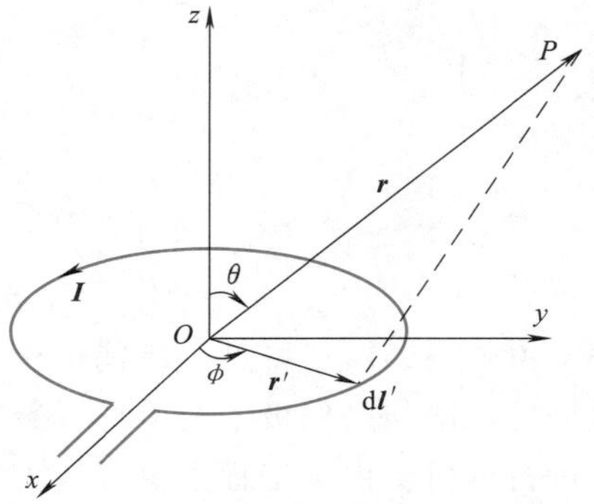

图 9-3 磁偶极子

当导体圆环的周长远小于波长时，可认为流过圆环的高频电流的振幅和相位为一定值，环上各点的振幅和相位处处相同。磁偶极子的辐射场求解方法与求解电偶极子辐射场的方法相似。

小导体圆环半径为 $a(a \ll \lambda)$，其面积为 $S=\pi a^2$，其上电流为 $I=I_m e^{j\omega t}$，任取线上一小段 $\mathrm{d}\boldsymbol{l}'$，导体的截面积为 ΔS，其体积元 $\mathrm{d}V'=\mathrm{d}l'\Delta S$，电流密度 $\boldsymbol{J}(r')=\frac{\boldsymbol{I}}{\Delta S}$，由上节内容可知，其在 P 点处的矢量磁位为

$$\boldsymbol{A}(r) = \frac{\mu}{4\pi}\int_V \frac{\boldsymbol{J}(r')e^{-jkR}}{R}\mathrm{d}V' = \frac{\mu}{4\pi}\oint \frac{e^{-jkR}}{R}I\mathrm{d}\boldsymbol{l}' = \frac{\mu}{4\pi}\oint \frac{e^{-jk|r-r'|}}{|\boldsymbol{r}-\boldsymbol{r}'|}I\mathrm{d}\boldsymbol{l}' \tag{9-9}$$

式（9-9）的精确求解非常困难，只能近似求解。令 $r=|\boldsymbol{r}|$，因 $|\boldsymbol{r}'|=a \ll r$，可进行如下近似计算：

$$e^{-jk|r-r'|} = e^{-jkR} = e^{-jk(R-r+r)} = e^{-jkr}e^{-jk(R-r)} \approx e^{-jkr}[1-jk(R-r)]$$

上述结果是将 $e^{-jk(R-r)}$ 按泰勒级数展开并忽略高次幂项的近似结果。将上述结果代入式

(9-9) 得到

$$A(r)=\frac{\mu}{4\pi}\oint\frac{e^{-jk|r-r'|}}{|r-r'|}I\mathrm{d}l'\approx\frac{\mu I}{4\pi}\oint\frac{e^{-jkr}}{R}(1+jkr-jkR)\mathrm{d}l' \tag{9-10}$$

式 (9-10) 是对原点变量的积分，场点变量 r 可视为常数，则式 (9-10) 可改写为

$$A(r)\approx\frac{\mu I}{4\pi}\oint\frac{e^{-jkr}(1+jkr)}{|r-r'|}\mathrm{d}l'-\frac{\mu I}{4\pi}\oint\frac{e^{-jkr}}{R}jkR\mathrm{d}l'=e^{-jkr}(1+jkr)\left[\frac{\mu I}{4\pi}\oint\frac{\mathrm{d}l'}{|r-r'|}\right] \tag{9-11}$$

式 (9-11) 方括号中的部分与恒定电流环的矢量磁位表达式相同，当 $a\ll r$ 时，其在球坐标系下的结果如下：

$$\frac{\mu I}{4\pi}\oint\frac{\mathrm{d}l'}{|r-r'|}\approx e_\phi\frac{\mu I\pi a^2}{4r^2}\sin\theta \tag{9-12}$$

由此可得到磁偶极子的矢量磁位为

$$A(r)\approx e^{-jkr}(1+jkr)e_\phi\frac{\mu I\pi a^2}{4r^2}\sin\theta \tag{9-13}$$

利用 $H=\frac{1}{\mu}\nabla\times A$ 以及 $E=\frac{1}{j\omega\varepsilon}\nabla\times H$，可以求得电场 E 和磁场 H 在球坐标系中的各分量为

$$\begin{cases}E_r=0\\E_\theta=0\\E_\phi=-j\dfrac{\pi a^2 I}{4\pi}k\eta_0\sin\theta\left(\dfrac{jk}{r}+\dfrac{1}{r^2}\right)e^{-jkr}\\H_r=\dfrac{\pi a^2 I}{2\pi}\cos\theta\left(\dfrac{jk}{r^2}+\dfrac{1}{r^3}\right)e^{-jkr}\\H_\theta=\dfrac{\pi a^2 I}{4\pi}\sin\theta\left(-\dfrac{k^2}{r}+\dfrac{jk}{r^2}+\dfrac{1}{r^3}\right)e^{-jkr}\\H_\phi=0\end{cases} \tag{9-14}$$

由式 (9-14) 可见，磁偶极子产生的电磁场中电场 E 和磁场 H 互相垂直，只是电场、磁场的取向与电偶极子的电场、磁场相互交换。磁偶极子的电磁场也可以分为近区场和远区场进行分析，由于工程上更多地关注远区场的场分布，故下面仅对远区场进行讨论。

对于远区场，$kr\gg1$，只保留电场、磁场中含有 $1/r$ 的项，从而得到磁偶极子的远区场为

$$\begin{cases}E_\phi=\dfrac{\pi^2a^2I}{\lambda^2 r}\eta_0\sin\theta e^{-jkr}\\H_\theta=-\dfrac{\pi^2a^2I}{\lambda^2 r}\sin\theta e^{-jkr}\end{cases} \tag{9-15}$$

由式 (9-15) 可知，磁偶极子的辐射场与电偶极子的辐射场有许多相似之处。磁偶极子的辐射场也是 TEM 非均匀球面波，都有方向性函数 $\sin\theta$，电场与磁场振幅都相差波阻抗 η_0 倍。磁偶极子有 E_ϕ、H_θ 分量，电偶极子有 E_θ、H_ϕ 分量。

与电偶极子的计算类似，可得到磁偶极子的平均辐射功率为

$$P=\frac{160\pi^6 a^4 I^2}{\lambda^4} \tag{9-16}$$

磁偶极子的辐射电阻 R_r 为

$$R_r=\frac{320\pi^6 a^4}{\lambda^4} \tag{9-17}$$

比较电偶极子和磁偶极子的场强公式，可以发现两者非常类似。电偶极子的磁场分量相当于磁偶极子的电场分量，电偶极子的电场分量相当于磁偶极子的磁场分量。于是人们将电流环设想成为磁流元，进而引入磁荷的概念。事实证明，这样的假设是非常有意义的，对偶原理正是基于以上假设的。

9.4 对偶原理

迄今为止，人们还不能确定在自然界是否存在静止的磁荷和磁流，但引入磁荷和磁流的概念，有时可以大大简化计算，其结果的正确性也经过实验证明。

在稳态电磁场中，电场的源是静止的电荷，磁场的源是恒定电流。那么，引入磁荷和磁流的概念后，是否可以相应的得出静止的磁荷产生磁场，恒定的磁流产生电场的结论呢？为此，将原本由电荷和电流产生的电磁场分为两部分，一部分是由电荷和电流产生，另一部分由磁荷和磁流产生。相应的，麦克斯韦方程组可重新写为

$$\nabla\times\boldsymbol{H}=\boldsymbol{J}+\varepsilon\frac{\partial\boldsymbol{E}}{\partial t} \tag{9-18a}$$

$$\nabla\times\boldsymbol{E}=-\boldsymbol{J}^m-\mu\frac{\partial\boldsymbol{H}}{\partial t} \tag{9-18b}$$

$$\varepsilon\nabla\cdot\boldsymbol{E}=\rho \tag{9-18c}$$

$$\mu\nabla\cdot\boldsymbol{H}=\rho^m \tag{9-18d}$$

式（9-18）称为广义麦克斯韦方程。公式中的上标 m 表示磁量，$\boldsymbol{J}^m$ 是磁流密度，其量纲是伏/米^2（V/m^2）；ρ^m 是磁荷密度，其量纲是瓦/米^2（W/m^2）。式（9-18a）等号右边用正号，表示电流与磁场之间存在右手螺旋关系；式（9-18b）等号右边用负号，表示磁流与电场之间存在左手螺旋关系。

如果由电荷及电流产生的电场和磁场用 $\boldsymbol{E}^e$ 和 $\boldsymbol{H}^e$ 表示，由磁荷及磁流产生的电场和磁场用 $\boldsymbol{E}^m$ 和 $\boldsymbol{H}^m$ 表示，则有

$$\boldsymbol{E}=\boldsymbol{E}^e+\boldsymbol{E}^m \tag{9-19a}$$

$$\boldsymbol{H}=\boldsymbol{H}^e+\boldsymbol{H}^m \tag{9-19b}$$

将式（9-19）代入式（9-18）中，因麦克斯韦方程中的算子（微分、散度、旋度）为线性算子，麦克斯韦方程具有线性特征，则可将广义麦克斯韦方程分解为如下的两组方程：

$$\nabla\times\boldsymbol{H}^e=\boldsymbol{J}^e+\varepsilon^e\frac{\partial\boldsymbol{E}^e}{\partial t} \tag{9-20a}$$

$$\nabla\times\boldsymbol{E}^e=-\mu^e\frac{\partial\boldsymbol{H}^e}{\partial t} \tag{9-20b}$$

$$\varepsilon^{e}\ \nabla\cdot\boldsymbol{E}^{e}=\rho^{e} \tag{9-20c}$$

$$\mu^{e}\ \nabla\cdot\boldsymbol{H}^{e}=0 \tag{9-20d}$$

式（9-20）是描述只有电荷、电流产生的电磁场。

$$\nabla\times\boldsymbol{H}^{m}=\varepsilon^{m}\frac{\partial\boldsymbol{E}^{m}}{\partial t} \tag{9-21a}$$

$$\nabla\times\boldsymbol{E}^{m}=-\boldsymbol{J}^{m}-\mu^{m}\frac{\partial\boldsymbol{H}^{m}}{\partial t} \tag{9-21b}$$

$$\varepsilon^{m}\ \nabla\cdot\boldsymbol{E}^{m}=0 \tag{9-21c}$$

$$\mu^{m}\ \nabla\cdot\boldsymbol{H}^{m}=\rho^{m} \tag{9-21d}$$

式（9-21）是描述只有磁荷、磁流产生的电磁场。式中，磁荷密度和磁流密度之间的关系如下：

$$\nabla\cdot\boldsymbol{J}^{m}=-\frac{\partial\rho^{m}}{\partial t} \tag{9-22}$$

式（9-22）称为磁流连续性方程，其意义与电流连续性方程相同。

式（9-20）和式（9-21）在形式上相似，若用 $\boldsymbol{H}^{m}$ 代替 $\boldsymbol{E}^{e}$，用 $-\boldsymbol{E}^{m}$ 代替 $\boldsymbol{H}^{e}$，用 ρ^{m} 代替 ρ^{e}，用 $\boldsymbol{J}^{m}$ 代替 $\boldsymbol{J}^{e}$，用 μ^{m} 代替 ε^{e}，用 ε^{m} 代替 μ^{e}，那么，式（9-20）就变为式（9-21）。这就意味着这两个方程组的解在形式上也相似，在已知 $\boldsymbol{E}^{e}$ 和 $\boldsymbol{H}^{e}$ 解的情况直接通过上述的替换得到 $\boldsymbol{E}^{m}$ 和 $\boldsymbol{H}^{m}$ 的解。上述这种对应关系就称为对偶原理，也称二重性原理。

利用对偶原理从一种麦克斯韦方程组的解直接得出另一种麦克斯韦方程组的解，可避免大量复杂的计算工作。表 9-1 列出了对偶原理中场量的对偶关系。

表 9-1　对偶原理中场量的对偶关系

$\boldsymbol{E}^{e}$	$\boldsymbol{H}^{e}$	ρ^{e}	$\boldsymbol{J}^{e}$	ε^{e}	μ^{e}
$\boldsymbol{H}^{m}$	$-\boldsymbol{E}^{m}$	ρ^{m}	$\boldsymbol{J}^{m}$	μ^{m}	ε^{m}

应用对偶原理，磁偶极子的辐射场可根据电偶极子的场强公式直接写出来。根据式（9-4），电偶极子的远区场分布为

$$E_{\theta}=\mathrm{j}\frac{Il}{2\lambda r}\eta_{0}\sin\theta\mathrm{e}^{-\mathrm{j}kr}$$

$$H_{\phi}=-\mathrm{j}\frac{Il}{2\lambda r}\sin\theta\mathrm{e}^{-\mathrm{j}kr}$$

应用对偶原理，将上式中的 E_{θ} 替换为 H_{θ}，H_{ϕ} 替换为 $-E_{\phi}$，$\eta_{0}=\sqrt{\dfrac{\mu_{0}}{\varepsilon_{0}}}$ 替换为 $\dfrac{1}{\eta_{0}}=\sqrt{\dfrac{\varepsilon_{0}}{\mu_{0}}}$，$I$ 替换为 I_{m}，可直接写出磁偶极子的远区辐射场为

$$H_{\theta}=\mathrm{j}\frac{I_{\mathrm{m}}l}{2\eta_{0}\lambda r}\sin\theta\mathrm{e}^{-\mathrm{j}kr}$$

$$E_{\phi}=-\mathrm{j}\frac{I_{\mathrm{m}}l}{2\lambda r}\sin\theta\mathrm{e}^{-\mathrm{j}kr}$$

式中，$I_{\mathrm{m}}l$ 定义为磁流元，它与电流环之间的关系为

$$I_{\mathrm{m}}l = \mathrm{j}\omega\mu_0 SI = \mathrm{j}k\eta_0 IS = \mathrm{j}\frac{2\pi}{\lambda}\eta_0 I\pi a^2 = \mathrm{j}\frac{2\pi^2 a^2}{\lambda}\eta_0 I$$

综合上述结果，经整理后可得到

$$E_\phi = \frac{\pi^2 a^2 I}{\lambda^2 r}\eta_0 \sin\theta \mathrm{e}^{-\mathrm{j}kr}$$

$$H_\theta = -\frac{\pi^2 a^2 I}{\lambda^2 r}\sin\theta \mathrm{e}^{-\mathrm{j}kr}$$

这与前面应用矢量位求解得出的磁偶极子的场强完全一致。这也证明了利用对偶原理求解电磁学中的一些问题可使求解过程大大简化，因此，引入磁荷和磁流的假想是有意义的。

本章小结

电偶极子是为分析线状天线而抽象出来的天线最小构成单元，也是一种应用范围最广的基本辐射单元。实际辐射电磁波的天线可以看成是无穷多个电偶极子的叠加。根据 kr 的大小可将电偶极子周围的空间分为近区（$kr \ll 1$）、远区（$kr \gg 1$）、中间区三个区域。

近区时变电偶极子电场与静电场中电偶极子产生的电场近似相等，近区也称为似稳区。

远区辐射场为球面波。电场和磁场的振幅之间的关系为

$$\eta_0 = \frac{E_\theta}{H_\phi} = \sqrt{\frac{\mu}{\varepsilon}}$$

电偶极子向空间辐射的平均功率为

$$P = \int_S |S_{\mathrm{av}}| \mathrm{d}S = \int_S \frac{\eta_0}{2}|H_\phi|^2 \mathrm{d}S = 40\pi^2 I^2 \left(\frac{l}{\lambda}\right)^2$$

引入辐射电阻 R_{r} 为

$$R_{\mathrm{r}} = \frac{2P}{I^2} = 80\pi^2\left(\frac{l}{\lambda}\right)^2$$

R_{r} 反映了天线辐射电磁波的能力，是天线的一个重要参数。

磁偶极子产生的电磁场中电场 $\boldsymbol{E}$ 和磁场 $\boldsymbol{H}$ 互相垂直，只是电场、磁场的取向与电偶极子的电场、磁场相互交换。

在远区，磁偶极子的平均辐射功率为

$$P = \frac{160\pi^6 a^4 I^2}{\lambda^4}$$

磁偶极子的辐射电阻 R_{r} 为

$$R_{\mathrm{r}} = \frac{320\pi^6 a^4}{\lambda^4}$$

引入磁荷和磁流的概念，有时可以大大简化计算。利用对偶原理可从一种麦克斯韦方程组的解直接得出另一种麦克斯韦方程组的解。对偶原理中场量的对偶关系为

$\boldsymbol{E}^{\mathrm{e}}$	$\boldsymbol{H}^{\mathrm{e}}$	ρ^{e}	$\boldsymbol{J}^{\mathrm{e}}$	ε^{e}	μ^{e}
$\boldsymbol{H}^{\mathrm{m}}$	$-\boldsymbol{E}^{\mathrm{m}}$	ρ^{m}	$\boldsymbol{J}^{\mathrm{m}}$	μ^{m}	ε^{m}

习 题 9

9-1 辐射电阻是否意味着天线在辐射电磁能量时损耗或阻力？辐射电阻的大小与哪些参量有关系？

9-2 设一内阻为零的高频电源向某一点电基本振子天线供电，该天线的长度为 $\Delta l=5\text{m}$，天线中的电流 $I=35\text{A}$，电源的频率 $f=10^6\text{Hz}$，求电源的输出功率。

9-3 一发射天线位于坐标原点，离天线较远处测得天线激发电磁波的场强为

$$\boldsymbol{E}(r,t)=E_0\frac{\sin\theta I}{r}\sin\left[\omega\left(t-\frac{r}{c}\right)\right]\boldsymbol{e}_\theta\ \text{V/m}$$

式中，c 为真空中的光速。求天线辐射的平均功率。

9-4 设天线的轴线沿着东西方向放置，在远方有一移动接收电台在正南方并且接收到最大电场强度。当电台沿着以天线为中心的圆周在地面上运动时，电场强度逐渐减小。当电场强度减小到最大值的 70.7% 时，电台偏离正南方多少度？

9-5 垂直放置的电偶极子作为辐射天线，已知 $q_m=3\times10^{-7}\text{C}$，$f=5\text{MHz}$，$\Delta l=5\text{m}$，分别求与地面成 40°、离电偶极子中心 30m 和 5km 处的电场和磁场的表达式。

附录 常用公式

广义正交曲面坐标系中常用公式：

$$\nabla\varphi=\frac{1}{h_1}\frac{\partial\varphi}{\partial u_1}\boldsymbol{e}_1+\frac{1}{h_2}\frac{\partial\varphi}{\partial u_2}\boldsymbol{e}_2+\frac{1}{h_3}\frac{\partial\varphi}{\partial u_3}\boldsymbol{e}_3 \tag{附录-1}$$

$$\nabla\cdot\boldsymbol{A}=\frac{1}{h_1h_2h_3}\left[\frac{\partial}{\partial u_1}(h_2h_3A_1)+\frac{\partial}{\partial u_2}(h_1h_3A_2)+\frac{\partial}{\partial u_3}(h_1h_2A_3)\right] \tag{附录-2}$$

$$\nabla\times\boldsymbol{A}=\frac{1}{h_1h_2h_3}\begin{vmatrix} h_1\boldsymbol{e}_1 & h_2\boldsymbol{e}_2 & h_3\boldsymbol{e}_3 \\ \dfrac{\partial}{\partial u_1} & \dfrac{\partial}{\partial u_2} & \dfrac{\partial}{\partial u_3} \\ h_1A_1 & h_2A_2 & h_3A_3 \end{vmatrix} \tag{附录-3}$$

$$\nabla^2\varphi=\nabla\cdot\nabla\varphi=\frac{1}{h_1h_2h_3}\left[\frac{\partial}{\partial u_1}\left(\frac{h_2h_3}{h_1}\frac{\partial\varphi}{\partial u_1}\right)+\frac{\partial}{\partial u_2}\left(\frac{h_1h_3}{h_2}\frac{\partial\varphi}{\partial u_2}\right)+\frac{\partial}{\partial u_3}\left(\frac{h_1h_2}{h_3}\frac{\partial\varphi}{\partial u_3}\right)\right] \tag{附录-4}$$

圆柱坐标系中常用公式：

拉梅系数为 $h_r=1$，$h_\phi=r$，$h_z=1$

$$\nabla\varphi=\frac{\partial\varphi}{\partial r}\boldsymbol{e}_r+\frac{1}{r}\frac{\partial\varphi}{\partial\phi}\boldsymbol{e}_\phi+\frac{\partial\varphi}{\partial z}\boldsymbol{e}_z \tag{附录-5}$$

$$\nabla\cdot\boldsymbol{A}=\frac{1}{r}\frac{\partial}{\partial r}(rA_r)+\frac{1}{r}\frac{\partial A_\phi}{\partial\phi}+\frac{\partial A_z}{\partial z} \tag{附录-6}$$

$$\nabla\times\boldsymbol{A}=\left(\frac{1}{r}\frac{\partial A_z}{\partial\phi}-\frac{\partial A_\phi}{\partial z}\right)\boldsymbol{e}_r+\left(\frac{\partial A_r}{\partial z}-\frac{\partial A_z}{\partial r}\right)\boldsymbol{e}_\phi+\frac{1}{r}\left(\frac{\partial}{\partial r}(rA_\phi)-\frac{\partial A_r}{\partial\phi}\right)\boldsymbol{e}_z \tag{附录-7}$$

$$\nabla^2\varphi=\frac{1}{r}\frac{\partial}{\partial r}\left(r\frac{\partial\varphi}{\partial r}\right)+\frac{1}{r^2}\frac{\partial^2\varphi}{\partial\phi^2}+\frac{\partial^2\varphi}{\partial z^2} \tag{附录-8}$$

$$\nabla^2\boldsymbol{A}=\left(\nabla^2A_r-\frac{2}{r^2}\frac{\partial A_\phi}{\partial\phi}-\frac{A_r}{r^2}\right)\boldsymbol{e}_r+\left(\nabla^2A_\phi+\frac{2}{r^2}\frac{\partial A_r}{\partial\phi}-\frac{A_\phi}{r^2}\right)\boldsymbol{e}_\phi+\nabla^2A_z\boldsymbol{e}_z \tag{附录-9}$$

球坐标系中常用公式：

拉梅系数为 $h_r=1$，$h_\theta=r$，$h_\phi=r\sin\theta$

$$\nabla\varphi=\frac{\partial\varphi}{\partial r}\boldsymbol{e}_r+\frac{1}{r}\frac{\partial\varphi}{\partial\theta}\boldsymbol{e}_\theta+\frac{1}{r\sin\theta}\frac{\partial\varphi}{\partial\phi}\boldsymbol{e}_\phi \tag{附录-10}$$

$$\nabla\cdot\boldsymbol{A}=\frac{1}{r^2}\frac{\partial}{\partial r}(r^2A_r)+\frac{1}{r\sin\theta}\frac{\partial}{\partial\theta}(\sin\theta A_\theta)+\frac{1}{r\sin\theta}\frac{\partial A_\phi}{\partial\phi} \tag{附录-11}$$

$$\nabla\times\boldsymbol{A}=\frac{1}{r\sin\theta}\left[\frac{\partial}{\partial\theta}(A_{\phi}\sin\theta)-\frac{\partial A_{\theta}}{\partial\phi}\right]\boldsymbol{e}_{r}+\frac{1}{r}\left[\frac{1}{\sin\theta}\frac{\partial A_{r}}{\partial\phi}-\frac{\partial}{\partial r}(rA_{\phi})\right]\boldsymbol{e}_{\theta}+\frac{1}{r}\left[\frac{\partial}{\partial r}(rA_{\theta})-\frac{\partial A_{r}}{\partial\theta}\right]\boldsymbol{e}_{\phi} \quad \text{(附录-12)}$$

$$\nabla^{2}\varphi=\frac{1}{r^{2}}\frac{\partial}{\partial r}\left(r^{2}\frac{\partial\varphi}{\partial r}\right)+\frac{1}{r^{2}\sin\theta}\frac{\partial}{\partial\theta}\left(\sin\theta\frac{\partial\varphi}{\partial\theta}\right)+\frac{1}{r^{2}\sin^{2}\theta}\frac{\partial^{2}\varphi}{\partial\phi^{2}} \quad \text{(附录-13)}$$

部分习题参考答案

1-1　$z=(x+y)^2$

1-2　$\left.\frac{\partial\varphi}{\partial A}\right|_M=-\frac{1}{3}$

1-4　$\nabla u=-12\boldsymbol{e}_x-9\boldsymbol{e}_y+16\boldsymbol{e}_z$

1-5　$\nabla u=-\frac{4}{r^3}\cos\theta\boldsymbol{e}_r-\frac{2}{r^3}\sin\theta\boldsymbol{e}_\theta$

1-11　$\nabla\cdot\boldsymbol{A}=5$；　$\nabla\times\boldsymbol{A}=\boldsymbol{e}_y$

1-16　（1）不是；（2）是

2-3　$\boldsymbol{E}=-\left(\frac{2x}{\varepsilon_0}+\frac{U}{d}\right)\boldsymbol{e}_x$ V/m；$\rho=-2\text{C/m}^3$

2-4　（1）是　（2）$\varphi=x^2-xyz$

2-6　$\boldsymbol{E}_\text{i}=\frac{\rho_0}{\varepsilon_0 ra}\left(\frac{1}{a}-r\text{e}^{-\alpha r}-\frac{1}{a}\text{e}^{-\alpha r}\right)\boldsymbol{e}_r$，$\boldsymbol{E}_\text{o}=\frac{\rho_0}{\varepsilon_0 ra}\left(\frac{1}{a}-a\text{e}^{-\alpha r}-\frac{1}{a}\text{e}^{-\alpha r}\right)\boldsymbol{e}_r$

2-7　$\rho=\frac{5\varepsilon E_0 r^2}{a^3}$

2-8　$\rho=A\left(1-\frac{5r^2}{3a^2}\right)$，$r<a$；$\sigma=B$，$r=a$

2-10　$\boldsymbol{D}_0=\begin{cases}\frac{\sigma}{2}\boldsymbol{e}_z, & z>0\\ \frac{\sigma}{2}(-\boldsymbol{e}_z), & z<0\end{cases}$

2-11　$q_{\max}=\frac{a^2}{3}\times10^{-3}\text{C}$，$\varphi_{\max}=3a\times10^6\text{V}$

2-12　$q=4\pi A(b-a)$，$\boldsymbol{E}_1=\frac{A(r-a)}{\varepsilon r^2}\boldsymbol{e}_r$，$\boldsymbol{E}_2=\frac{A(b-a)}{\varepsilon_0 r^2}\boldsymbol{e}_r$

2-13　$E(r)=\frac{\sigma a^2}{\varepsilon_0 r^2}+\frac{\rho_0}{3\varepsilon_0}\left(r-\frac{a^3}{r^2}\right)(a<r<b)$，$\varphi=\frac{\sigma a^2(b-r)}{\varepsilon_0 br}+\frac{\rho_0}{3\varepsilon_0}\left[\frac{b^2-r^2}{2}-\frac{a^3(b-r)}{br}\right]$

其中 $\sigma=\frac{\varepsilon_0 bU_0}{a(b-a)}-\frac{\rho_0}{6a}(b^2+ab-2a^2)$

2-14　$r>b$，$\boldsymbol{E}=\dfrac{\rho}{2\varepsilon_0}\left(\dfrac{b^2\boldsymbol{r}}{r^2}-\dfrac{a^2\boldsymbol{r}'}{r'^2}\right)$；$r<b$、$r'>a$，$\boldsymbol{E}=\dfrac{\rho_0}{2\varepsilon_0}\left(\boldsymbol{r}-\dfrac{a^2\boldsymbol{r}'}{r'^2}\right)$；$r'<a$，$\boldsymbol{E}=\dfrac{\rho_0}{2\varepsilon_0}(\boldsymbol{r}-\boldsymbol{r}')=\dfrac{\rho_0}{2\varepsilon_0}\boldsymbol{c}$

2-15　$a=\dfrac{b}{\mathrm{e}}\approx\dfrac{b}{2.718}$，$E_{\min}=\dfrac{\mathrm{e}}{b}U=2.718\dfrac{U}{b}$

2-16　（1）$\rho_{\mathrm{p}}=-\dfrac{K}{r^2}$，$\sigma_{\mathrm{p}}=\dfrac{K}{R}$　（2）$\rho=\dfrac{\varepsilon}{\varepsilon-\varepsilon_0}\dfrac{K}{r^2}$

（3）$\boldsymbol{E}_1=\dfrac{K}{(\varepsilon-\varepsilon_0)r}\boldsymbol{e}_r$，$r<R$，$\boldsymbol{E}_2=\dfrac{\varepsilon RK}{\varepsilon_0(\varepsilon-\varepsilon_0)r^2}\boldsymbol{e}_r$，$r>R$；

$\varphi_1=\dfrac{K}{\varepsilon-\varepsilon_0}\ln\dfrac{R}{r}+\dfrac{\varepsilon K}{\varepsilon_0(\varepsilon-\varepsilon_0)}$，$r\leqslant R$，$\varphi_2=\dfrac{\varepsilon RK}{\varepsilon_0(\varepsilon-\varepsilon_0)\ r}$，$r\geqslant R$

2-17　$C=\dfrac{K}{\ln(1+d)}$

2-18　$\boldsymbol{E}=\dfrac{\tau_0}{2\pi K}\boldsymbol{e}_r$，$\rho_{\mathrm{p}}=\dfrac{\varepsilon_0\tau_0}{2\pi Kr}$，$\sigma_{\mathrm{p}}(r_1)=\dfrac{\tau_0}{2\pi}\left(\dfrac{\varepsilon_0}{K}-\dfrac{1}{r_1}\right)$，$\sigma_{\mathrm{p}}(r_2)=\dfrac{\tau_0}{2\pi}\left(\dfrac{1}{r_2}-\dfrac{\varepsilon_0}{K}\right)$

2-19　（1）$\theta_1=14°$；（2）$\sigma_{\mathrm{p}}=\pm0.728\varepsilon_0E_0$

2-20　介质 2 中的 $\boldsymbol{E}_2$ 和 $\boldsymbol{D}_2$ 在 $z=0$ 处的表达式分别为

$\boldsymbol{E}_2(x,y,0)=2y\boldsymbol{e}_x-3x\boldsymbol{e}_y+\dfrac{10}{3}\boldsymbol{e}_z$，$\boldsymbol{D}_2(x,y,0)=\varepsilon_0(6y\boldsymbol{e}_x-9x\boldsymbol{e}_y+10\boldsymbol{e}_z)$

2-22　$\varphi_1(x)=\dfrac{\sigma_0(a-x_0)}{\varepsilon_0 a}x\quad(0\leqslant x\leqslant x_0)$，$\varphi_2(x)=\dfrac{\sigma_0x_0}{\varepsilon_0a}(a-x)\quad(x_0\leqslant x\leqslant a)$；

$\boldsymbol{E}_1=-\dfrac{\sigma_0(a-x_0)}{\varepsilon_0a}\boldsymbol{e}_x$，$0<x<x_0$，$\boldsymbol{E}_2=\dfrac{\sigma_0x_0}{\varepsilon_0a}\boldsymbol{e}_x$，$x_0<x<a$

2-25

$$\begin{cases}\dfrac{\partial^2\varphi}{\partial x^2}+\dfrac{\partial^2\varphi}{\partial y^2}=0, & 0\leqslant x\leqslant a,0\leqslant y\leqslant b\\ \varphi=0, & x=0,0\leqslant y\leqslant b\\ \varphi=0, & x=a,0\leqslant y\leqslant b\\ \varphi=0, & y=0,0\leqslant x\leqslant a\\ \left.\dfrac{\partial\varphi}{\partial y}\right|=\dfrac{\sigma}{\varepsilon_0}, & y=b,0\leqslant x\leqslant a\end{cases}$$

2-27　$\varphi(x,y,z)=\dfrac{\pi U_0}{\sinh(\sqrt{2}\pi)}\sin\dfrac{\pi x}{a}\left(\sin\dfrac{\pi y}{a}\sinh\dfrac{\sqrt{2}\pi z}{a}+\sin\dfrac{\pi z}{a}\sinh\dfrac{\sqrt{2}\pi y}{a}\right)$

2-29　（1）$\varphi_{h/2}=\dfrac{4q_1+q_2}{9\pi\varepsilon_0h}$　（2）$F_{q_1}=\dfrac{-q_1^2+2q_1q_2}{48\pi\varepsilon_0h^2}$

2-30　$F_q=\dfrac{q^2}{4\pi\varepsilon_0}\left(\dfrac{-Rh}{(h^2-R^2)^2}+\dfrac{Rh}{(h^2+R^2)^2}+\dfrac{-1}{4h^2}\right)$

2-31 $q=\sqrt{16\pi\varepsilon_0 h^2 mg}=5.9\times10^{-8}$ C

2-33 不会被击穿

2-37 （1）$\boldsymbol{E}_{\mathrm{o}}=\dfrac{q}{4\pi\varepsilon_0 r^2}\boldsymbol{e}_r$，$r>a$，$\boldsymbol{E}_{\mathrm{i}}=\dfrac{qr}{4\pi\varepsilon a^3}\boldsymbol{e}_r$，$r<a$

（2）$\rho_{\mathrm{p}}=-\dfrac{3(\varepsilon-\varepsilon_0)q}{4\pi\varepsilon a^3}$，$\sigma_{\mathrm{p}}=\dfrac{(\varepsilon-\varepsilon_0)q}{4\pi\varepsilon a^2}$ （3）$W_{\mathrm{e}}=\dfrac{q^2}{8\pi a}\left(\dfrac{1}{5\varepsilon}+\dfrac{1}{\varepsilon_0}\right)$

2-41 $Q=l_2\sqrt{4\pi\varepsilon_0 mg\dfrac{l_2-l_1}{l_1-l_0}}$

3-1 $J=\dfrac{3Q\omega\sin\theta}{4\pi a^3}$，$I=\dfrac{Q\omega}{2\pi}$

3-2 （1）$I=399$A （2）$J=296.121\text{A/m}^2$ （3）$J_{x\mathrm{av}}=285\text{A/m}^2$

3-5 （1）$E_1=\dfrac{\gamma_2 U_0}{r\left(\gamma_2\ln\dfrac{b}{a}+\gamma_1\ln\dfrac{c}{b}\right)}$，$a<r<b$；$E_2=\dfrac{\gamma_1 U_0}{r\left(\gamma_2\ln\dfrac{b}{a}+\gamma_1\ln\dfrac{c}{b}\right)}$，$b<r<c$；

$\boldsymbol{J}=\dfrac{\gamma_1\gamma_2 U_0}{r\left(\gamma_2\ln\dfrac{b}{a}+\gamma_1\ln\dfrac{c}{b}\right)}\boldsymbol{e}_r$，$a<r<c$ （2）$\sigma=-\dfrac{\varepsilon_1\gamma_2-\varepsilon_2\gamma_1}{b\left(\gamma_2\ln\dfrac{b}{a}+\gamma_1\ln\dfrac{c}{b}\right)}U_0$

3-6 $\dfrac{\varepsilon_1}{\gamma_1}\neq\dfrac{\varepsilon_2}{\gamma_2}$

3-9 （1）$\rho=\varepsilon_0 J_0\dfrac{\rho_{R1}-\rho_{R2}}{d}$ （2）$U=\dfrac{1}{2}(3\rho_{R1}-\rho_{R2})J_0 d$ （3）$P=\dfrac{1}{2}(3\rho_{R1}-\rho_{R2})J_0^2 Ad$

3-10 $E_1=\dfrac{U_0\gamma_2}{\gamma_2 d_1+\gamma_1 d_2}$，$E_2=\dfrac{U_0\gamma_1}{\gamma_2 d_1+\gamma_1 d_2}$，$R=\dfrac{1}{S}\left(\dfrac{d_1}{\gamma_1}+\dfrac{d_2}{\gamma_2}\right)$

3-11 $P=1.59\times10^6$W

3-12 $R=\dfrac{\gamma_2 c(b-a)+\gamma_1 a(c-b)}{2\pi\gamma_1\gamma_2 abcU_0}$，$P=\dfrac{2\pi\gamma_1\gamma_2 abcU_0^2}{\gamma_2 c(b-a)+\gamma_1 a(c-b)}$

3-13 $R=\dfrac{1}{4\pi\gamma a}$

3-14 $G=\dfrac{2\pi b}{b-a}$

3-15 $R=\dfrac{1}{4\pi\gamma}\left(\dfrac{1}{R_2}+\dfrac{1}{R_1}-\dfrac{1}{d-R_1}-\dfrac{1}{d-R_2}\right)$

3-16 （1）$I=1357.2$A （2）$\rho=2\varepsilon_0\gamma_0\alpha r_0^2 E(r_0)\dfrac{r-r_0}{r^2\gamma(r)}$，$\sigma=-8.85\times10^{-10}\ \text{C/m}^2$

（3）$\varphi(r_0)=-384000$V

3-17 （1）$E=\dfrac{abU_0}{(b-a)r^2}$，$a<r<b$；$J_1=\dfrac{ab\gamma_1 U_0}{(b-a)r^2}$，$a<r<c$；$J_2=\dfrac{ab\gamma_2 U_0}{(b-a)r^2}$，$c<r<b$

（2）$R=\dfrac{b-a}{2\pi(\gamma_1+\gamma_2)ab}$；（3）$P=\dfrac{2\pi(\gamma_1+\gamma_2)abU_0^2}{b-a}$

3-18 （1）$R=2.19\times10^{-5}\Omega$；（2）$I=2.28\times10^3\text{A}$；（3）$J=1.43\times10^6\ \text{A/m}^2$；（4）$E=2.50\times10^{-2}\text{V/m}$；（5）$P=1.14\times10^2\text{W}$

3-19 （1）$R=\dfrac{1}{2\pi\gamma a}$；（2）$U_{AB}=42I$

3-20 （1）$R=\dfrac{2h}{\gamma(r_2^2-r_1^2)\alpha_0}$；（2）$R=\dfrac{1}{\gamma\alpha_0 h}\ln\dfrac{r_2}{r_1}$

4-1 b）$\boldsymbol{B}=\dfrac{\mu_0 I}{2a}\boldsymbol{e}_z$；c）$B=\dfrac{(\pi-\alpha)\mu_0 I}{2\pi a}+\dfrac{\mu_0 I(1-\cos\alpha)}{2\pi a\sin\alpha}$

4-3 1）$\boldsymbol{J}=\dfrac{70}{\mu_0}\boldsymbol{e}_z$；2）$\boldsymbol{J}=\dfrac{2Ar}{\mu_0}\boldsymbol{e}_z$；3）$\boldsymbol{J}=0$

4）$\boldsymbol{F}$ 不表示磁感应强度 $\boldsymbol{B}$；5）$\boldsymbol{J}=0$；6）$\boldsymbol{F}$ 不表示磁感应强度 $\boldsymbol{B}$

4-4 （1）$\boldsymbol{B}_1=\dfrac{\mu_0 I}{2\pi r}\boldsymbol{e}_\phi$，$\boldsymbol{B}_2=\dfrac{\mu I}{2\pi r}\boldsymbol{e}_\phi$；（2）$\boldsymbol{J}_m=0$，$\boldsymbol{K}_m=\dfrac{(\mu-\mu_0)I}{2\pi\mu_0 r}\boldsymbol{e}_r$

4-5 圆铁杆样品 $\boldsymbol{M}=\dfrac{4999}{\mu_0}\boldsymbol{e}_z$；圆铁盘样品 $\boldsymbol{M}=\dfrac{4999}{5000\mu_0}\boldsymbol{e}_z$

4-7 （1）$\boldsymbol{J}_1=\dfrac{5\times10^7}{12\pi}\boldsymbol{e}_z\text{A/m}^2$，$\boldsymbol{J}_2=\dfrac{5\times10^7}{3\pi}\boldsymbol{e}_z\ \text{A/m}^2$；

（2）$\boldsymbol{B}=0.833r\,\boldsymbol{e}_\phi$，$r<a_1$；$\boldsymbol{B}=\left(\dfrac{10}{3}r-\dfrac{10^{-5}}{r}\right)\boldsymbol{e}_\phi$，$a_1<r<a_2$；

$\boldsymbol{B}=\dfrac{2\times10^{-5}}{r}\boldsymbol{e}_\phi$，$r>a_2$

4-8 $\boldsymbol{B}=\dfrac{\mu_0 J_0}{3a}r^2\boldsymbol{e}_\phi$，$r<a$；$\boldsymbol{B}=\dfrac{\mu_0 J_0}{3r}a^2\boldsymbol{e}_\phi$，$r>a$

4-9 （1）$\boldsymbol{H}=\dfrac{NI}{2\pi r}\boldsymbol{e}_\phi$，$\boldsymbol{B}=\dfrac{\mu_0\mu_r NI}{2\pi\ r}\boldsymbol{e}_\phi$；（2）$\psi=\dfrac{\mu_0\mu_r N^2 IS}{2\pi r}$；

（3）$L=\dfrac{\mu_0\mu_r N^2 S}{2\pi r}$；（4）$W=\dfrac{\mu_0\mu_r}{4\pi r}N^2 SI^2$

4-10 圆铁盘轴线上 $B=\dfrac{\mu_0 Mba^2}{2(z^2+a^2)^{3/2}}$，$H=\dfrac{Mba^2}{2(z^2+a^2)^{3/2}}$

4-11 $\boldsymbol{H}_1=\dfrac{2\mu_2}{\mu_1+\mu_2}\boldsymbol{H}_0$，$\boldsymbol{H}_2=\dfrac{2\mu_1}{\mu_1+\mu_2}\boldsymbol{H}_0$

4-12 $\boldsymbol{H}_2=2\boldsymbol{e}_x+6\boldsymbol{e}_y+\boldsymbol{e}_Z$ A/m

4-13 磁介质中 $\boldsymbol{B}=2500\boldsymbol{e}_x-10\boldsymbol{e}_y$；空气中 $\boldsymbol{B}_0=0.002\boldsymbol{e}_x+0.5\boldsymbol{e}_y$

4-14 $\boldsymbol{B}=\dfrac{\mu_0 J_0}{2}(y\boldsymbol{e}_x+x\boldsymbol{e}_y)$

4-15 （1）$B=2\times10^{-2}\text{T}$，$H=32\text{A/m}$；（2）$K=1.59\times10^4\text{A/m}$；

（3）$\mu=6.25\times10^{-4}\mathrm{H/m}$，$\mu_r=498$　（4）$M=1.59\times10^{4}\mathrm{A/m}$

4-17　$\boldsymbol{A}_1=\frac{1}{9}\mu_0J_0(r^3-a^3)\boldsymbol{e}_z$，$r\leqslant a$；$\boldsymbol{A}_2=\frac{1}{3}\mu_0J_0a^3\ln\frac{r}{a}\boldsymbol{e}_z$，$r\geqslant a$；

$\boldsymbol{B}_1=-\frac{1}{3}\mu_0J_0r^2\boldsymbol{e}_\varphi$，$\boldsymbol{B}_2=-\frac{1}{3r}\mu_0J_0a^3\boldsymbol{e}_z$，$r>a$

4-19　$L=2.346\mathrm{H}$，$L=0.944\mathrm{H}$，$\frac{W_{\mathrm{m0}}}{W_{\mathrm{m}\mu}}=1.487$

4-20　（1）$W_{\mathrm{m}}=\frac{\mu_0I^2}{16\pi}+\frac{\mu_1\mu_2I^2}{2\pi(\mu_1+\mu_2)}\ln\frac{b}{a}$　（2）$L=\frac{\mu_0}{8\pi}+\frac{\mu_1\mu_2}{\pi(\mu_1+\mu_2)}\ln\frac{b}{a}$

4-23　（1）$w_{\mathrm{e}}=5.344\times10^{-3}\mathrm{J/m^3}$，$w_{\mathrm{m}}=4.07\times10^{-4}\mathrm{J/m^3}$　（2）$F_{\mathrm{m}}=-0.97\times10^{-4}\mathrm{N/m}$

4-24　$\boldsymbol{F}=-\frac{\mu_0I_1I_3c}{2\pi}\left(\frac{1}{a}-\frac{1}{a+b}\right)\boldsymbol{e}_x$

4-25　（1）$L=\frac{N\Phi}{I}$　（2）$\boldsymbol{F}=-\frac{\Phi_1^2}{\mu_0S}\boldsymbol{e}_y$

5-1　（1）　$-\omega B_{\mathrm{m}}hw\cos\omega t\cos\alpha$；（2）$-\omega B_{\mathrm{m}}hw\cos2\omega t$

5-2　（1）$\frac{\mu_0b\omega}{2\pi}I_{\mathrm{m}}\sin\omega t\ln\frac{c+a}{c}$

（2）$\frac{\mu_0bI_{\mathrm{m}}}{2\pi}\left[\omega\sin\omega t\ln\frac{c+a+vt}{c+vt}+\frac{av}{(c+vt)(c+a+vt)}\cos\omega t\right]$

5-3　$\boldsymbol{J}_{\mathrm{d}}=-7.2\times10^{-4}\sin(3\times10^9t-10z)\boldsymbol{e}_x$ A/m

5-4　$J_{\mathrm{d}}=7.19\times10^{-7}\sin10^9t$ A/m

5-6　$\boldsymbol{B}=3.33\times10^{-10}\sin(6.28\times10^9t-20.9z)\boldsymbol{e}_y$ T

$\boldsymbol{H}=2.65\times10^{-4}\sin(6.28\times10^9t-20.9z)\boldsymbol{e}_y$ A/m

5-7　（1）$\boldsymbol{H}=\frac{E_{\mathrm{m}}}{\mu_0\omega}\left[\frac{\pi}{d}\cos\frac{\pi z}{d}\sin(\omega t-kx)\boldsymbol{e}_x+k\sin\frac{\pi z}{d}\cos(\omega t-kx)\boldsymbol{e}_z\right]$

（2）$\boldsymbol{K}\mid_{z=0}=\frac{\pi E_{\mathrm{m}}}{\mu_0\omega d}\sin(\omega t-kx)\boldsymbol{e}_y$，$\boldsymbol{K}\mid_{z=d}=-\frac{\pi E_{\mathrm{m}}}{\mu_0\omega d}\sin(\omega t-kx)\boldsymbol{e}_y$

5-8　$K_y=2\sqrt{\frac{\varepsilon_0}{\mu_0}}E_{\mathrm{m}}\cos\omega t$

5-10　（1）是　（2）$K=0.2357\mathrm{rad/m}$，$\boldsymbol{H}=\frac{0.150}{r}\cos(5\times10^7t-0.2357z)\boldsymbol{e}_\phi$ A/m

$i_{\mathrm{d}}=-0.9432[\cos(5\times10^7t-2.357)-\cos(5\times10^7t)]$

5-11　$\boldsymbol{H}=-\frac{k}{\mu}A_{\mathrm{m}}\cos(\omega t-kz)\boldsymbol{e}_y$，$\boldsymbol{E}=-\omega A_{\mathrm{m}}\cos(\omega t-kz)\boldsymbol{e}_x$，$\boldsymbol{S}=\frac{\omega k}{\mu}A_{\mathrm{m}}^2\cos^2(\omega t-kz)\boldsymbol{e}_z$

5-13　（1）$\dot{\boldsymbol{E}}=-\mathrm{j}\frac{E_{\mathrm{m}}}{\sqrt{2}}\cos2x\boldsymbol{e}_x$，　$\dot{\boldsymbol{H}}=\frac{H_{\mathrm{m}}}{\sqrt{2}}\mathrm{e}^{-\alpha x}\mathrm{e}^{-\mathrm{j}\beta x}\boldsymbol{e}_y$

（2）$\boldsymbol{E}=\sqrt{2}E\sin\frac{\pi y}{a}\mathrm{e}^{-\alpha x}\cos(\omega t-\beta x)\boldsymbol{e}_x$，$\boldsymbol{H}=\sqrt{2}H\cos\beta z\cos(\omega t+90°)\boldsymbol{e}_y$

5-14 $\boldsymbol{H}=4.115\times10^{-3}\sin(2\pi x)\cos(4\pi\times10^{9}t-41.345z)\boldsymbol{e}_x-1.990\times10^{-4}\cos(2\pi x)\sin(4\pi\times10^{9}t-41.345z)\boldsymbol{e}_z$ A/m

$k=41.345$rad/m

5-16 （1） $\dot{\boldsymbol{E}}=E_0\mathrm{e}^{-\alpha z}\mathrm{e}^{-\mathrm{j}(\beta z-\phi_x)}\boldsymbol{e}_x$，$\dot{\boldsymbol{H}}=H_0\mathrm{e}^{-\alpha z}\mathrm{e}^{-\mathrm{j}(\beta z-\phi_y)}\boldsymbol{e}_y$

（2） $\boldsymbol{S}=E_0H_0\mathrm{e}^{-2\alpha z}\cos(\omega t-\beta z+\phi_x)\cos(\omega t-\beta z+\phi_y)\boldsymbol{e}_z$

$\boldsymbol{S}_{\mathrm{av}}=E_0H_0\mathrm{e}^{-2\alpha z}\cos(\phi_x-\phi_y)\boldsymbol{e}_z$

5-17 （1） $\widetilde{\boldsymbol{S}}=\dfrac{1}{2}[\dot{\boldsymbol{E}}_{\mathrm{m}}\times\dot{\boldsymbol{H}}_{\mathrm{m}}^{*}]=\boldsymbol{e}_\phi\dfrac{rU_{\mathrm{m}}^2}{4d^2}(\gamma+\mathrm{j}\omega\varepsilon)$，$\boldsymbol{S}_{\mathrm{av}}=\mathrm{Re}[\widetilde{\boldsymbol{S}}]=\boldsymbol{e}_\phi\dfrac{rU_{\mathrm{m}}^2\gamma}{4d^2}$

5-18 $\boldsymbol{S}=\boldsymbol{E}\times\boldsymbol{H}\big|_{r=a}=-\dfrac{I^2}{2\pi^2a^3\gamma}\boldsymbol{e}_r+\dfrac{\sigma I}{2\pi\varepsilon_0 a}\boldsymbol{e}_z$

5-21 （1） $\boldsymbol{I}=\dfrac{\gamma U\pi a^2}{d}\boldsymbol{e}_z$ （2） $\boldsymbol{S}=-\dfrac{\gamma U^2 r}{2d^2}\boldsymbol{e}_r$ （3） 功率等于 IU。

6-1 $k\approx41.41$rad/m

6-2 $k\approx22.82$rad/m，$\dot{\boldsymbol{E}}=\mathrm{j}297.6\cos(15\pi x)\mathrm{e}^{-\mathrm{j}22.82z}\boldsymbol{e}_x+339\sin(15\pi x)\mathrm{e}^{-\mathrm{j}22.82z}\boldsymbol{e}_z$

6-3 （1） 是均匀平面波 （2） $f=3\times10^{8}$Hz，$\lambda=1$m，$v_0=3\times10^{8}$m/s，$\beta=6.243$rad/m，传播方向为 x 方向，$\boldsymbol{H}=\dfrac{50}{377}\cos(6\pi\times10^{8}t-\beta x)\boldsymbol{e}_z$ A/m （3） $P=65.1$W

6-4 （1） $\boldsymbol{S}=-\dfrac{{E_0}^2}{\mu_0 c}\boldsymbol{e}_z$，$\boldsymbol{H}=\dfrac{E_0}{\mu_0 c}\sin k_0(z-ct)\boldsymbol{e}_x-\dfrac{E_0}{\mu_0 c}\cos k_0(z-ct)\boldsymbol{e}_y$

（2） 圆 （3） $\boldsymbol{S}_{\mathrm{av}}=-\dfrac{{E_0}^2}{\mu_0 c}\boldsymbol{e}_z$

6-5 $\lambda=0.21$m，$f=1.43\times10^{9}$Hz，$\boldsymbol{H}=-3\pi\cos(9\times10^{9}t+30z)\boldsymbol{e}_y$ A/m

$\boldsymbol{E}=360\pi^2\cos(9\times10^{9}t+30z)\boldsymbol{e}_x$ V/m

6-6 $\mu_{\mathrm{r}}=4.94$，$v=1.35\times10^{8}$m/s

6-8 （1） $\mathbf{E}^{+}(x,t)=6\times10^{-3}\cos\left(2\pi\times10^{8}t-\dfrac{2\pi}{3}x\right)\boldsymbol{e}_y$ V/m，$\mathbf{H}^{+}(x,t)=\dfrac{6\times10^{-3}}{377}\cos\left(2\pi\times10^{8}t-\dfrac{2\pi}{3}x\right)\boldsymbol{e}_z$ A/m；

（2） $\mathbf{E}^{-}(x,t)=-6\times10^{-3}\cos\left(2\pi\times10^{8}t+\dfrac{2\pi}{3}x\right)\boldsymbol{e}_y$ V/m，$\mathbf{H}^{-}(x,t)=\dfrac{6\times10^{-3}}{377}\cos\left(2\pi\times10^{8}t+\dfrac{2\pi}{3}x\right)\boldsymbol{e}_z$ A/m；

（3） $\boldsymbol{E}=12\times10^{3}\sin\dfrac{2\pi}{3}x\sin(2\pi\times10^{8}t)\boldsymbol{e}_y$ V/m，$\boldsymbol{H}=\dfrac{12\times10^{3}}{377}\cos\dfrac{2\pi}{3}x\cos(2\pi\times10^{8}t)\boldsymbol{e}_z$ A/m；

（4） $x=-\dfrac{\lambda}{4}=-\dfrac{3}{4}$m

6-9 $\boldsymbol{H}(x,t)=\dfrac{1}{\eta}\sin\left(18\pi\times10^{6}t-\dfrac{\pi}{3}x\right)\boldsymbol{e}_z$ A/m，$f=\dfrac{\omega}{2\pi}=9\times10^{6}$Hz，$\lambda=\dfrac{2\pi}{k}=6$m，$v_{\mathrm{p}}=f\lambda=$

54×10^6m/s，$\boldsymbol{S}=\dfrac{1}{\eta}\sin^2\left(18\pi\times10^6 t-\dfrac{\pi}{3}x\right)\boldsymbol{e}_x$ W/m²

6-10 （1）$v=1.5\times10^8$m/s，$\beta=\dfrac{4\pi}{3}$rad/s，$\lambda=1.5$m

（2）$\boldsymbol{E}(x,t)=10^{-4}\cos\left(2\pi\times10^8 t-\dfrac{4\pi}{3}x+\dfrac{\pi}{6}\right)\boldsymbol{e}_y$ V/m，$\boldsymbol{H}(x,t)=\dfrac{10^{-4}}{60\pi}\cos\left(2\pi\times10^8 t-\dfrac{4\pi}{3}x+\dfrac{\pi}{6}\right)e_z$ V/m

（3）$x=\dfrac{13}{8}\mp\dfrac{3}{2}n=\dfrac{13}{8}\mp n\lambda$，$n=0$，1，2，…

6-12 $f=3\times10^8$Hz，$\lambda=1$m，$v_p=3\times10^8$m/s，

$\dot{\boldsymbol{E}}=\dfrac{2.4\pi}{\sqrt{2}}\eta_0 e^{j2\pi y}\boldsymbol{e}_x$ V/m，$\dot{\boldsymbol{H}}=\dfrac{2.4\pi}{\sqrt{2}}e^{j2\pi y}\boldsymbol{e}_z$ A/m，$\boldsymbol{S}_{av}=-345.6\pi^2\boldsymbol{e}_y$ W/m²

6-13 $f=10$kHz 时，$\alpha\approx0.4$Np/m，$\beta\approx0.4$rad/m，$\lambda=5\pi$m，$v=3.142\times10^5$m/s，$\eta_c\approx0.14\ \angle45°\Omega$；

$f=10$GHz 时，$\alpha\approx84.3$Np/m，$\beta\approx1884.96$rad/m，$\lambda=\dfrac{1}{300}$m，$v=\dfrac{1}{3}\times10^8$m/s，$\eta_c\approx\dfrac{40\pi}{3}\Omega$

6-15 $h=5\delta=0.0033$m

6-18 左旋圆极化波；$\dot{\boldsymbol{H}}=\dfrac{\sqrt{2}}{120\pi}(\boldsymbol{e}_y-j\boldsymbol{e}_x)e^{-j\frac{\pi}{2}z}$ A/m

6-19 $\dot{E}_{rm}=-0.98\times10^{-3}$ V/m，$H_{rm}=2.6\times10^{-6}$ A/m，$E_{tm}=1.02\times10^{-3}$ V/m，$H_{tm}=7.91\times10^{-6}$ A/m

6-20 $\mu_r=2$，$\varepsilon_r=2$

6-21 （1）右旋圆极化

（2）反射波电场为左旋圆极化，$\dot{\boldsymbol{E}}_r=-[(3\boldsymbol{e}_x+4\boldsymbol{e}_y)+j(6\boldsymbol{e}_x-8\boldsymbol{e}_y)]e^{j2z}$ V/m

6-22 （1）$\boldsymbol{E}=\sqrt{2}E_0\cos(\omega t-kz)\boldsymbol{e}_x+\sqrt{2}E_0\cos(\omega t-kz-\pi/2)\boldsymbol{e}_y$，$\dot{\boldsymbol{E}}=E_0(\boldsymbol{e}_x-j\boldsymbol{e}_y)e^{-jkz}$

（2）$\dot{\boldsymbol{E}}_r=-E_0(\boldsymbol{e}_x-j\boldsymbol{e}_y)e^{jkz}$ （3）$\dot{\boldsymbol{K}}=\dfrac{2E_0}{\eta_0}(\boldsymbol{e}_x-j\boldsymbol{e}_y)$

6-25 1.73cm

6-26 （1）$d=n\dfrac{\lambda'}{2}=0.030n$m，$n=1$，2，3，… （2）$S=1.068$

6-27 $\theta_t=\arcsin\left(\sqrt{\dfrac{\varepsilon_0}{\varepsilon}}\sin\theta_i\right)$

6-28 TEM 波，左旋圆极化波；$k=2.683$rad/m

6-29 $\boldsymbol{E}=3\sqrt{3}\cos\left[\omega t-\dfrac{\pi}{2\sqrt{2}}(x+y)\right]\boldsymbol{e}_z$ A/m，$\boldsymbol{H}=40\sqrt{\dfrac{3}{2}}\pi(-\boldsymbol{e}_y+\boldsymbol{e}_x)\cos\left[\omega t-\dfrac{\pi}{2\sqrt{2}}(x+y)\right]$ A/m

6-32 （1）$f=4.77\times10^8$Hz （2）$\theta_i=\arcsin\left(\dfrac{3}{5}\right)=37°$ （3）$\dot{\boldsymbol{E}}_r=-10e^{-j(6x-8z)}\ \boldsymbol{e}_y$ A/m，

$\dot{\boldsymbol{H}}_r=\dfrac{1}{\eta_0}(-6\boldsymbol{e}_z-8\boldsymbol{e}_x)\mathrm{e}^{-\mathrm{j}(6x-8z)}$ A/m；（4）合成波 $\dot{\boldsymbol{E}}=-\mathrm{j}20\sin 8z\mathrm{e}^{-\mathrm{j}6x}\boldsymbol{e}_y$ A/m，

$\dot{\boldsymbol{H}}=-\dfrac{2}{15\pi}\cos 8z\mathrm{e}^{-\mathrm{j}6x}\boldsymbol{e}_x-\dfrac{\mathrm{j}}{10\pi}\sin 8z\mathrm{e}^{-\mathrm{j}6x}-\boldsymbol{e}_z$ A/m，$\widetilde{\boldsymbol{S}}=\dfrac{1}{5\pi}\sin^2 8z\boldsymbol{e}_x-\dfrac{\mathrm{j}2}{15\pi}\sin 16z\boldsymbol{e}_z$ V · A/m

6-33 $\boldsymbol{E}=1\boldsymbol{e}_x$ mV/m，$\boldsymbol{H}=\dfrac{1}{\eta_0}\boldsymbol{e}_y$ mA/m，$\widetilde{\boldsymbol{S}}=\dfrac{1}{120\pi}\boldsymbol{e}_z$ mV · mA/m^2

6-34 （1）$A=-3$ （2）$|K|=5\pi, \lambda=0.4\mathrm{m}$；

（3）$\dot{\boldsymbol{E}}=24\pi(6\sqrt{6}\boldsymbol{e}_x-9\boldsymbol{e}_y-8\sqrt{6}\boldsymbol{e}_z)\mathrm{e}^{-\mathrm{j}\pi(4x+3z)}$ V/m

6-36 （1）$E_0=3\sqrt{3}$ V/m，$k=\dfrac{\pi}{2}$，$\lambda=4\mathrm{m}$

（2）$\boldsymbol{E}(t)=3\sqrt{2}(\boldsymbol{e}_x-\sqrt{2}\boldsymbol{e}_y)\cos\left[\omega t-\dfrac{\pi}{6}\left(2x+\sqrt{2}y-\sqrt{3}z\right)\right]$ V/m，

$\boldsymbol{H}(t)=\dfrac{1}{\eta_0}(\sqrt{6}\boldsymbol{e}_x+\sqrt{3}\boldsymbol{e}_y+3\sqrt{2}\boldsymbol{e}_z)\cos\left[\omega t-\dfrac{\pi}{6}\left(2x+\sqrt{2}y-\sqrt{3}z\right)\right]$ A/m

6-38 （1）$\theta_{\mathrm{i}}=45°$

（2）$f=1.93\times10^8$ Hz，$\lambda=1.11$ m，$\beta=5.656$ rad/m，$v=2.143\times10^8$ m/s

（3）可以发生全折射 （4）可以发生全反射

7-1 $\boldsymbol{J}_{\mathrm{d}}=-\omega\varepsilon\dfrac{U_{\mathrm{m}}}{d}\sin\omega t\boldsymbol{e}_z$，$\boldsymbol{J}_{\mathrm{c}}=\gamma\boldsymbol{E}=\dfrac{\gamma U_{\mathrm{m}}}{d}\cos\omega t\boldsymbol{e}_z$，$\boldsymbol{E}=\dfrac{U_{\mathrm{m}}}{d}\cos\omega t\boldsymbol{e}_z$

7-2 （1）$\boldsymbol{J}_D=-\varepsilon\omega\dfrac{U_{\mathrm{m}}}{r\ln\dfrac{b}{a}}\sin\omega t\boldsymbol{e}_r$ （2）$i_D=\boldsymbol{J}_D\cdot\boldsymbol{S}=-2\pi l\varepsilon\omega\dfrac{U_{\mathrm{m}}}{\ln\dfrac{b}{a}}\sin\omega t$

7-3 $\dfrac{\partial\rho}{\partial t}+\dfrac{\gamma}{\varepsilon}\rho=0$，该一阶常微分方程的解为 $\rho=\rho_0(x, y, z)\mathrm{e}^{-\frac{t}{\tau_e}}$，假设媒质均匀充满整个空间，$\varphi(x, y, z, t)=\int_V\dfrac{\rho_0}{4\pi\varepsilon R}\mathrm{e}^{-\frac{t}{\tau_e}}\mathrm{d}V=\varphi_0(x, y, z)\mathrm{e}^{-\frac{t}{\tau_e}}$，$\boldsymbol{E}=\dfrac{\rho_0}{4\pi\varepsilon R^2}\mathrm{e}^{-\frac{t}{\tau_e}}\boldsymbol{e}_R$，$\boldsymbol{J}_{\mathrm{c}}=\gamma\boldsymbol{E}=-\dfrac{\partial\boldsymbol{D}}{\partial t}$

7-4 （1）$q(t)=q_0\mathrm{e}^{-\frac{t}{\tau_e}}$ （2）$\boldsymbol{E}=\dfrac{q_0}{4\pi\varepsilon r^2}\mathrm{e}^{-\frac{t}{\tau_e}}\boldsymbol{e}_r$ （3）$\boldsymbol{J}=\gamma\boldsymbol{E}=\dfrac{\gamma q_0}{4\pi\varepsilon r^2}\mathrm{e}^{-\frac{t}{\tau_e}}\boldsymbol{e}_r$ （4）磁场处处为零。

7-5 $\tau_{\mathrm{e}}=\dfrac{d_2\varepsilon_1+d_1\varepsilon_2}{d_2\gamma_1+d_1\gamma_2}$，$E_1=\dfrac{\gamma_2 U}{d_2\gamma_1+d_1\gamma_2}(1-\mathrm{e}^{-\frac{t}{\tau_e}})+\dfrac{\varepsilon_2 U}{d_2\varepsilon_1+d_1\varepsilon_2}\mathrm{e}^{-\frac{t}{\tau_e}}=0.25\times10^5(1-\mathrm{e}^{-240\pi t})+0.67\times10^5\mathrm{e}^{-240\pi t}$，$E_2=\dfrac{\gamma_1 U}{d_2\gamma_1+d_1\gamma_2}(1-\mathrm{e}^{-\frac{t}{\tau_e}})+\dfrac{\varepsilon_1 U}{d_2\varepsilon_1+d_1\varepsilon_2}\mathrm{e}^{-\frac{t}{\tau_e}}=0.75\times10^5(1-\mathrm{e}^{-240\pi t})+0.33\times10^5\mathrm{e}^{-240\pi t}$

7-6 $|\theta|=37.5°$

7-7 （2）$\dfrac{H_{\mathrm{i}}(\tau_{\mathrm{m}})}{H_{\mathrm{o}}}=0.632$

7-8 （1）$h\approx2\pi\delta=0.76\mathrm{mm}$；（2）$h\approx2\pi\delta=1.414\mathrm{mm}$

（3）原则上中周变压器可用铁屏蔽罩，电源变压器不能用铝屏蔽罩，50Hz 时，铝的透

入深度为 1.167cm，$h \approx 2\pi\delta = 7.37\text{cm}$，太厚

8-6　$\sqrt{\frac{1}{5}}$

8-12　$1.47\text{cm} < R < 1.91\text{cm}$

8-13　TE_{101} 时的长度为 2.21cm；TE_{102} 时的长度为 4.41cm

8-14　100MHz

9-2　285.23W

9-4　45°

参考文献

[1] 张惠娟，杨文荣，李玲玲，等. 工程电磁场与电磁波基础［M］. 北京：机械工业出版社，2009.

[2] 冯慈璋，马西奎. 工程电磁场导论［M］. 北京：高等教育出版社，2000.

[3] 谢处方，饶克谨. 电磁场与电磁波［M］. 4版. 北京：高等教育出版社，2006.

[4] 马信山，张济世，王平. 电磁场基础［M］. 北京：清华大学出版社，1995.

[5] 倪光正. 工程电磁场原理［M］. 2版. 北京：高等教育出版社，2009.

[6] 王泽忠，全玉生，卢斌先. 工程电磁场［M］. 2版. 北京：清华大学出版社，2011.

[7] 苏东林，陈爱新，谢树果. 电磁场与电磁波［M］. 北京：高等教育出版社，2009.

[8] 徐永斌，卢才成，苏东林，等. 工程电磁场基础［M］. 北京：北京航空航天大学出版社，1992

[9] 苏东林，陈爱新，谢树果. 电磁场理论学习辅导与典型题解［M］. 北京：电子工业出版社，2005.

[10] 叶齐政，陈德智. 电磁场［M］. 北京：机械工业出版社，2019.

[11] 雷银照. 电磁场［M］. 2版. 北京：高等教育出版社，2010.

[12] KRAUS J D, FLEISCH D A. Electromagnetics with Applications［M］. Boston：McGraw-Hill，1999.

[13] YANG R G. WONG T Y. Electromagnetics Fields and Waves［M］. 北京：高等教育出版社，2006.

[14] HAYT W H, BUCK J A. Engineering Electromagnetics［M］. 6th ed. Boston：McGraw-Hill，2002.